U0626512

高等学校电子信息类"十三五"规划教材
国家重点教材

雷 达 原 理

（第四版）

丁鹭飞　　耿富禄　　陈建春　编著

西安电子科技大学出版社

内 容 简 介

本书共 9 章,内容分为雷达主要分机、雷达测量方法、运动目标检测以及高分辨力雷达。雷达主要分机包括雷达发射机、雷达接收机及雷达终端,书中阐述了它们的组成、工作原理及质量指标;雷达测量方法包括经典的测距、测角及测速的基本原理和各种实现途径,并相应地介绍了多种雷达体制的基本工作原理,对日益受到重视的相控阵雷达也有详尽的阐述。运动目标检测部分对动目标显示(MTI)、脉冲多普勒(PD)体制、强杂波中提取运动目标信号的基本工作原理、雷达信号处理技术及实现方法均有较深入的讨论。高分辨力雷达部分论述了雷达分辨理论、高距离分辨力信号以及 SAR 和 ISAR 成像雷达的基本工作原理。书中对雷达方程也做了全面的分析,说明了探测距离和内外诸因素的关系。全书较好地体现了当前雷达技术的发展状况。

本书可作为电子工程有关专业本科生和研究生的教材,也可作为雷达工程技术人员的参考书。

图书在版编目(CIP)数据

雷达原理/丁鹭飞,耿富禄,陈建春编著. —4 版. —西安:西安电子科技大学出版社,2020.1
(2020.8 重印)

ISBN 978 - 7 - 5606 - 5559 - 8

Ⅰ. ① 雷… Ⅱ. ① 丁… ② 耿… ③ 陈… Ⅲ. ① 雷达—高等学校—教材

Ⅳ. ① TN951

中国版本图书馆 CIP 数据核字(2019)第 277595 号

责任编辑 许青青

出版发行 西安电子科技大学出版社(西安市太白南路 2 号)

电 话 (029)88242885 88201467 邮 编 710071

网 址 www.xduph.com 电子邮箱 xdupfxb001@163.com

经 销 新华书店

印刷单位 陕西天意印务有限责任公司

版 次 2020 年 1 月第 4 版 2020 年 8 月第 20 次印刷

开 本 787 毫米×1092 毫米 1/16 印张 33.5

字 数 800 千字

印 数 85 001~88 000 册

定 价 79.00 元

ISBN 978 - 7 - 5606 - 5559 - 8/TN

XDUP 5861004 - 20

* * * 如有印装问题可调换 * * *

前　言

　　本书是在 2002 年出版的《雷达原理(第三版)》的基础上修订而成的。

　　雷达是集中现代电子科学技术先进成果的一个电子系统。20 世纪 80 年代以来，由于微电子技术及电子元器件的迅速发展，雷达的各分机及体系结构不断更新，雷达的数字化推进迅猛并持续向雷达前端迈进，先进技术的应用极大地提升了雷达的性能并显著扩展了其应用范围。

　　雷达技术发展值得提出的几个方面如下：

　　超大规模集成电路(VLSI)技术及数字信号处理(DSP)技术的发展使雷达信号处理机变得更为精巧，其功能更强大，再加上对杂波和环境的深入研究，目前雷达可以明显改善严重杂波背景下检测小运动目标的性能。因而动目标显示(MTI)及脉冲多普勒(PD)体制雷达获得了比较普遍的应用。本书第 8 章"运动目标检测"对这方面进行了深入讨论。

　　数字技术和新型器件的应用紧密结合，可以比较方便地产生和处理各类复杂信号波形，从而使雷达能同时获取高的目标分辨性能和好的目标探测能力。在发射、接收和天线分系统中不断引入数字技术，采用新型固态器件，从而使分机有了新面貌，如直接数字频率合成器(DDS)、复杂波形产生器、数字接收机(中频正交采样、数字正交鉴相等)、数字波束形成(DBF)及数字阵列等。本书的第 3 章"雷达接收机"部分对此做了详细的论述。由数字技术产生的各种新型显示器件使雷达的终端设备变得更加轻便、灵活，功能多样。数据处理也获得了相应的快速发展，从而能在目标数据中提取更多的有用信息。第 4 章"雷达终端"对此做了专门讨论。

　　相控阵雷达已批量生产和广泛使用，从早期的战略防御到目前的战术使用，包括地面、舰载和机载雷达。因为相控阵雷达的天线波束形状和扫描方式可以灵活、快速形成和变化，再加上数据处理、计算机管理和控制，使相控阵雷达具有多功能、多目标、高数据率和高可靠性等优点。微波固态器件的发展和多个波段 T/R 组件的日趋成熟，加速了有源相控阵雷达的发展和应用。本书的第 2 章"雷达发射机"和第 7 章"角度测量"对此均有深入讨论。

　　传统的雷达分辨力较低，将普通目标视为点目标而只测量其空间坐标及运动参数。从雷达遥感成像、目标识别等用途来讲，需要将目标看得更清楚，即必须明显提高雷达的分辨能力。第 9 章"高分辨力雷达"讨论了雷达分辨力、高距离分辨力信号及处理、合成孔径雷达(SAR)和逆合成孔径雷达(ISAR)。

　　雷达距离方程是原理课程必须学习的专业内容，它揭示了雷达探测目标的能力与内部及外部各种因素之间的关系，并可作为系统设计的工具。这一部分内容在第 5 章"雷达作用距离"中体现。雷达距离测量是雷达的最基本功能，第 6 章"目标距离的测量"对距离测量方法及距离跟踪原理进行了具体讨论。

雷达的基本理论，诸如最佳线性处理的匹配滤波器、分辨理论、雷达模糊函数、雷达测量精度等内容在本书中都做了介绍。雷达的目标识别能力、严酷工作环境下对军用雷达的反干扰要求(它推动着军用雷达系统的重大改进)在本书中也有涉及。

本书作为教材使用时，应当注重基本原理和基本理论。书中各章具有相对的独立性，在教学过程中，可根据本科生、研究生的不同要求选择相关内容。

本书的再版工作由丁鹭飞(负责第5章、第6章、第8章、第9章)、耿富禄(负责第2章、第3章、第7章)、陈建春(负责第1章、第4章，并参与第8章、第9章的编写)共同完成。

由于作者水平有限，书中难免存在一些不足之处，殷切希望广大读者批评、指正。

作者

2019年9月

目　　录

第1章 绪 论

1.1 雷达的基本任务

雷达是英文 Radar 的音译，源于英文 Radio Detection and Ranging 的缩写，原意是"无线电探测和测距"，即用无线电方法发现目标并测定它们在空间的位置，因此雷达也称为无线电定位。随着雷达技术的发展，雷达的任务不仅是测量目标的距离、方位角和仰角，还包括测量目标的速度，以及从目标回波中获取更多有关目标的信息。

雷达是利用目标对电磁波的反射（或称为二次散射）现象来发现目标并测定其位置的。飞机、导弹、人造卫星、各种舰艇、车辆、兵器、炮弹及建筑物、山川、云雨等，都可能作为雷达的探测目标，这要根据雷达的用途而定。

1.1.1 雷达回波中的可用信息

当雷达探测到目标后，就要从目标回波中提取有关信息：当目标尺寸小于雷达分辨单元时，可将目标视为点目标，这时可对目标的距离和空间角度定位，目标位置的变化率可从其距离和角度随时间变化的规律中得到，并由此建立对目标的跟踪；雷达的测量如果能在一维或多维上有足够的分辨力，这时的目标就不是一个"点"，而可视为由多个散射点组成的复杂目标，从而可得到目标的尺寸和形状信息；采用不同的极化，可测量目标形状的对称性。从原理上讲，雷达还可测定目标的表面粗糙度及介电特性等。

目标在空间、陆地或海面上的位置可以用多种坐标系来表示。最常见的是直角坐标系，即空间任一个点目标 P 的位置可用 x、y、z 三个坐标值来决定。在雷达应用中，测定目标坐标常采用极（球）坐标系统，如图 1.1 所示。图中，空间任一目标 P 所在位置可用下列三个坐标值确定：

· 目标的斜距 R：雷达到目标的直线距离 OP，也称径向距离。

· 目标的方位角 α：目标斜距 R 在水平面上的投影 OB 与某一起始方向（正北、正南或其他参考方向）在水平面上的夹角。

· 目标的俯仰角 β：斜距 R 与它在水平面上的投影 OB 在铅垂面上的夹角，有时也称为倾角或高低角。上视时常称 β 为仰角，下视时常称 β 为俯角。

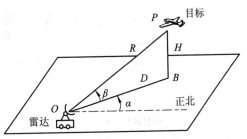

图 1.1 用极（球）坐标系统表示目标位置

如果需要知道目标的高度和水平距离，那么利用圆柱坐标系统比较方便。在这种系统中，目标的位置由以下三个坐标值来确定：水平距离 D，方位角 α，高度 H。

这两种坐标系统之间的关系如下：

$$\begin{cases} D = R\cos\beta \\ H = R\sin\beta \\ \alpha = \alpha \end{cases} \quad (1.1.1)$$

上述这些关系仅在目标的距离不太远时是正确的。当距离较远时，由于地面是弯曲的，因此必须进行适当的修正。

现以典型的收、发共用的单基地脉冲雷达为例来说明雷达测量的基本工作原理，图 1.2 示出了这种雷达的简化框图。

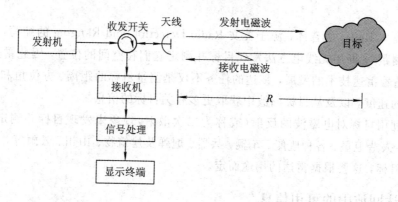

图 1.2 雷达的原理及其基本组成

由雷达发射机产生的电磁能经收发开关后传输给天线，再由天线将此电磁能定向辐射于大气中。电磁能在大气中以光速(约 3×10^8 m/s)传播，如果目标恰好位于定向天线的波束内，则它将要截取一部分电磁能。目标将被截取的电磁能向各方向散射，其中部分散射的能量朝向雷达接收方向。雷达天线收集到这部分散射的电磁波后，经传输线和收发开关馈送给接收机。接收机将该微弱信号放大并经信号处理后即可获取所需信息，并将结果送至终端显示。

1. 目标斜距的测量

"点"目标的空间位置测量是雷达最基本的测量，它包括距离、角度和径向速度。雷达工作时，发射机经天线向空间发射一串重复周期一定的高频脉冲。如果在电磁波传播的途径上有目标存在，那么雷达就可以接收到由目标反射回来的回波。由于回波脉冲往返于雷达与目标之间，因此它将滞后于发射脉冲一个时间 t_r，如图 1.3 所示。

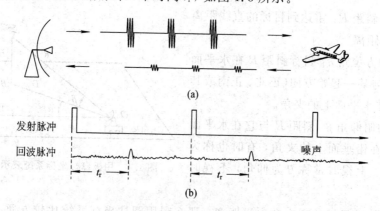

图 1.3 目标距离测量

(a) 测距原理；(b) 发射脉冲与回波脉冲的时间关系

我们知道电磁波的能量是以光速传播的，设目标的距离为 R，则传播的距离等于光速乘时间间隔，即

$$2R = ct_r$$

或

$$R = \frac{ct_r}{2} \tag{1.1.2}$$

式中，R 为目标到雷达站的单程距离，单位为 m(米)；t_r 为电磁波往返于目标与雷达之间的时间间隔，单位为 s(秒)；c 为光速，$c = 3 \times 10^8$ m/s。

由于电磁波传播的速度很快，因此雷达技术常用的时间单位为 μs(微秒)。回波脉冲滞后于发射脉冲 1 μs 时，对应的目标斜距 R 为

$$R = \frac{ct_r}{2} = 150 \text{ m} = 0.15 \text{ km}$$

能在远距离和近距离测量目标距离是雷达的一个突出优点，而且受气候条件的影响较小，这是优于其他传感器的。测距的精度和分辨力与发射信号带宽(或处理后的脉冲宽度)有关，脉冲越窄，性能越好。目前远程空中监视雷达的距离测量精度可达数十米量级，而精密系统的精度则可达亚米级。

利用调频连续波也可以进行目标距离的测量，其测距原理是同一时刻目标回波信号相对于发射信号有频率偏移，该偏移量与回波信号滞后于发射信号的时间成正比，测得这一频率偏移量就可以经换算得到目标距离(详见第 6 章)。

2. 目标角位置的测量

目标角位置指方位角或仰角，在雷达技术中测量这两个角位置基本上都是利用天线的方向性来实现的。雷达天线将电磁能量汇集在窄波束内，当天线波束轴对准目标时，回波信号最强，当目标偏离天线波束轴时，回波信号减弱，如图 1.4 所示。根据接收回波最强时的天线波束指向，就可确定目标的方向，这就是角坐标测量的基本原理。天线波束指向实际上也是辐射波的波前方向。

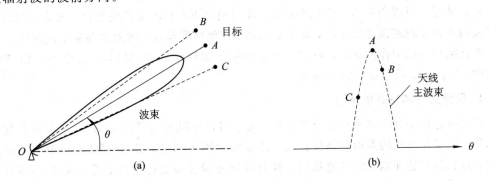

图 1.4 目标角坐标测量
(a) 测角原理；(b) 天线对目标回波的响应

为了提高角度测量的精度，还有一些改进的测量方法(详见第 7 章)。天线尺寸增加，波束变窄，测角精度和角分辨力会提高。测角精度远比天线波束宽度窄。典型情况下，测角精度约为波束宽度的 1/10，而用于靶场测量的单脉冲雷达测角精度比典型情况还要高一个数量级以上，可达 0.1 毫弧度均方根(约 0.006°)。

回波的波前方向（角位置）还可以通过测量两个分离接收天线收到信号的相位差来决定。

3. 目标相对速度的测量

有些雷达除确定目标的位置外，还需测定运动目标的相对速度，例如测量飞机或导弹飞行时的速度。当目标与雷达站之间存在相对速度时，接收到回波信号的载频相对于发射信号的载频产生一个频移，这个频移在物理学上称为多普勒频移，如图 1.5 所示，它的数值为

$$f_d = \frac{2v_r}{\lambda} \tag{1.1.3}$$

式中，f_d 为多普勒频移，单位为 Hz（赫兹）；v_r 为雷达与目标之间的径向速度，单位为 m/s；λ 为载波波长，单位为 m。

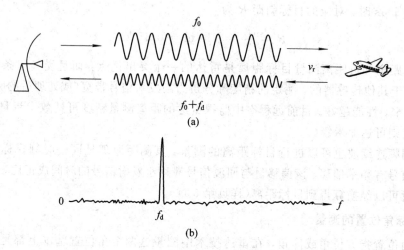

图 1.5　目标速度测量
(a) 测速原理；(b) 差拍信号频谱

当目标向着雷达站运动时，$v_r > 0$，回波载频提高；反之，$v_r < 0$，回波载频降低。雷达只要能够测量出回波信号的多普勒频移 f_d，就可以确定目标与雷达站之间的相对速度。

径向速度也可以用距离的变化率求得，此时精度不高但不会产生模糊。无论是用距离变化率或用多普勒频移来测量速度，都需要时间。观测时间越长，则速度测量精度越高。

多普勒频移除用作测速外，更广泛的是应用于动目标显示（MTI）、脉冲多普勒（PD）等雷达中，以区分运动目标回波和杂波。

4. 目标尺寸和形状的测量

早期雷达由于其距离和角度分辨力低，通常将目标视为"点"，雷达的基本任务是探测到目标并给出其在空间的距离和角度位置。随着雷达距离和横向距离（角度）分辨力的提高及雷达信号和数据处理能力的迅速提升，就有可能分辨复杂目标上的各个散射中心并对回波信号进行精细处理，从而推断目标的某些性质达到能对目标分类并在可能条件下识别的目的。

如果雷达测量具有足够高的分辨力，则当目标可视为具有多个散射点的复杂目标时，雷达就可以用于测量目标尺寸。由于许多目标的尺寸在数十米量级，因而分辨力应为数米或更小。用足够宽的信号频谱宽度，目前雷达的分辨力在距离维已能达到（如图 1.6 所示的一维距离像），但在通常作用距离下切向距离（RQ）维的分辨力还远远达不到，通过增加天线的实际孔径来解决此问题是不现实的。然而当雷达和目标的各个部分有相对运动时，就可以利用

多普勒频率域的分辨力来获得切向距离维的分辨力。例如，装于飞机和宇宙飞船上的 SAR（合成孔径雷达），与目标的相对运动是由雷达的运动产生的。高分辨力雷达可以获得目标在距离和切向距离方向的轮廓（雷达成像）。

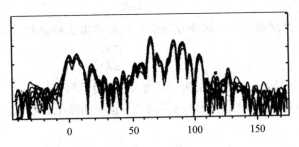

图 1.6 用 L 波段约 1 m 距离分辨力的雷达获得的商用 757 飞机的径向剖面图
（7 个时间上接续的脉冲径向剖面图的重叠，横坐标单位为英尺，注：1 英尺＝0.3048 米）

此外，比较目标对不同极化波（如正交极化等）的散射场，就可以提供目标形状不对称性的量度。复杂目标的回波振幅会随着时间变化。例如，螺旋桨的转动和喷气发动机的转动将使回波振幅的调制各具特点，这可经过谱分析检测到，如图 1.7 所示。这些信息为目标识别提供了相应的基础。

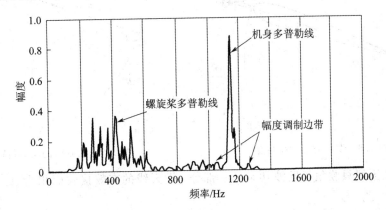

图 1.7 四引擎 DC－7 型商用飞机的引擎调制信号频谱图
（该图是由 S 波段雷达用 1 s 驻留时间得到的）

1.1.2 雷达探测能力——基本雷达方程

雷达究竟能在多远的距离发现（检测到）目标，这要由雷达方程来确定。雷达方程将雷达的作用距离与雷达发射天线、接收天线和环境等因素联系起来，因此它不仅可以用来决定雷达检测某类目标的最大作用距离，也可以作为了解雷达的工作关系和设计雷达的一种依据。

下面根据雷达的基本工作原理来推导自由空间的雷达方程。

设雷达发射机功率为 P_t，当用各向均匀辐射的天线发射时，距雷达 R 远处任一点的功率密度 S_1' 等于功率被假想的球面积 $4\pi R^2$ 所除，即

$$S_1' = \frac{P_t}{4\pi R^2}$$

实际雷达总是使用定向天线将发射机功率集中辐射于某些方向上。天线增益用来表示

相对于各向同性天线，实际天线在辐射方向上功率增加的倍数。因此当发射天线增益为 G 时，由图 1.8 可知，距雷达 R 处目标所照射到的功率密度为

$$S_1 = \frac{P_t G}{4\pi R^2} \tag{1.1.4}$$

目标截获了一部分照射功率，该部分功率与目标的雷达截面积 σ 成正比，其值为

$$P_\sigma = S_1 \sigma = \frac{P_t G}{4\pi R^2} \sigma$$

σ 的大小随具体目标而异，它可以理解为目标被雷达"看见"的尺寸。

目标将其截获的功率重新辐射于空间不同的方向，如图 1.9 所示。辐射回雷达处的回波信号功率密度为

$$S_2 = \frac{P_\sigma}{4\pi R^2} = \frac{P_t G}{4\pi R^2} \cdot \frac{\sigma}{4\pi R^2} \tag{1.1.5}$$

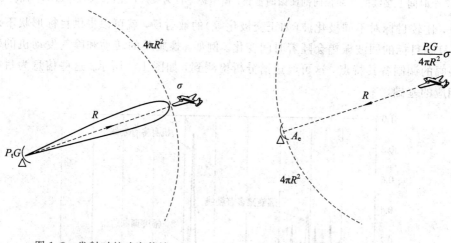

图 1.8　发射时的功率传输　　　　　　　　　图 1.9　接收时的功率传输

雷达接收天线只收集了回波功率的一部分，设天线的有效接收面积为 A_e，则雷达收到的回波功率 P_r 为

$$P_r = A_e S_2 = \frac{P_t G A_e \sigma}{(4\pi R^2)^2} = \frac{P_t G A_e \sigma}{(4\pi)^2 R^4} \tag{1.1.6}$$

当接收到的回波功率 P_r 等于最小可检测信号 $S_{\min}$ 时，雷达达到其最大作用距离 $R_{\max}$，即

$$R_{\max} = \left[\frac{P_t G A_e \sigma}{(4\pi)^2 S_{\min}} \right]^{\frac{1}{4}} \tag{1.1.7}$$

超过这个距离 $R_{\max}$ 后，雷达就不能有效地检测到目标了。

通常收发共用天线，天线增益 G 和它的有效接收面积 A_e 具有以下关系：

$$G = \frac{4\pi A_e}{\lambda^2} \tag{1.1.8}$$

因此基本方程又可写成以下形式：

$$R_{\max} = \left[\frac{P_t G^2 \lambda^2 \sigma}{(4\pi)^3 S_{\min}} \right]^{\frac{1}{4}} = \left[\frac{P_t A_e^2 \sigma}{4\pi \lambda^2 S_{\min}} \right]^{\frac{1}{4}} \tag{1.1.9}$$

上述基本雷达方程可以正确地反映雷达各参数对其检测能力影响的程度，但并不能充

分反映实际雷达的性能，这是因为许多影响作用距离的环境和实际因素在方程中没有被包括。关于雷达作用距离的深入讨论将在第 5 章展开。

1.2 雷达的基本组成

下面以典型单基地脉冲雷达为例来说明雷达的基本组成及其作用。如图 1.10 所示，脉冲雷达主要由天线、发射机、接收机、信号处理机和终端设备等组成。

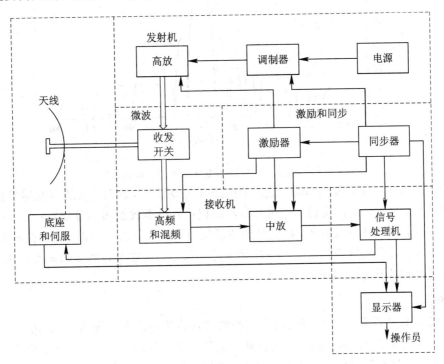

图 1.10 脉冲雷达基本组成框图

1. 发射机

雷达发射机产生辐射所需强度的脉冲功率，其波形是脉冲宽度为 τ、重复周期为 T_r 的高频脉冲串。发射机现有两种类型：一种是直接振荡式发射机（如磁控管振荡器），它在脉冲调制器控制下产生的高频脉冲功率被直接馈送到天线；另一种是功率放大式发射机（即主振放大式发射机），它是由高稳定度的频率源（频率综合器）作为频率基准，在低功率电平上形成所需波形的高频脉冲串作为激励信号，在发射机中予以放大并驱动末级功放从而获得大的脉冲功率来馈给天线的。功率放大式发射机的优点是频率稳定度高且每次辐射是相参的，这便于对回波信号进行相参处理，同时也可以产生各种所需的复杂脉压波形。

发射机输出的功率馈送到天线，而后经天线辐射到空间。

2. 天线

脉冲雷达天线一般具有很强的方向性，以便集中辐射能量来获得较大的观测距离，其方向增益示意图如图 1.11 所示。天线的方向性越强，天线波瓣宽度越窄，雷达测向的精度和分辨力就越高。常用的微波雷达天线是抛物面反射体，馈源放置在焦点上，天线反射体将高频能量聚成窄波束。天线波束在空间的扫描常采用机械转动天线来得到，由天线控制系统来控制天线在空间的扫描,控制系统同时将天线的转动数据送到终端设备,以便取得天线指向的角度数据。根据雷达用途的不同,波束形状可以是扇形波束,也可以是针状波束。天线波束的空间扫描也可以采用电子控制的方法,它比机械扫描的速度快,灵活性好,这就是 20 世纪末开始日益广泛使用的平面相控阵天线和电子扫描的阵列天线。前者在方位角和仰角两个角度上均实行电扫描;后者则一维为电扫描,另一维为机械扫描。

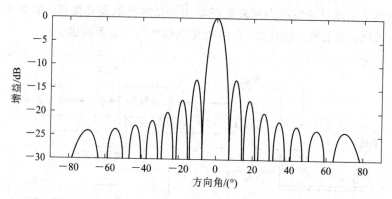

图 1.11　雷达天线的方向增益示意图(一维法向)

脉冲雷达的天线是收发共用的,这需要高速开关装置。发射时,天线与发射机接通,并与接收机断开,以免强大的发射功率进入接收机把接收机高放混频部分烧毁;接收时,天线与接收机接通,并与发射机断开,以免微弱的接收功率因发射机旁路而减弱。这种装置称为天线收发开关。天线收发开关属于高频馈线中的一部分,通常由高频传输线和放电管组成,或用环行器及隔离器等来实现。

3. 接收机

接收机多为超外差式,由高频放大(有些雷达接收机不用高频放大)、混频、中频放大、检波、视频放大等电路组成。接收机的首要任务是把微弱的回波信号放大到足以进行信号处理的电平,同时接收机内部的噪声应尽量小,以保证接收机的高灵敏度,因此接收机的第一级常采用低噪声高频放大器。一般在接收机中也进行一部分信号处理。例如,中频放大器的频率特性应设计为发射信号的匹配滤波器,这样就能在中放输出端获得最大的峰值信号噪声功率比。对于需要进行较复杂信号处理的雷达,如需分辨固定杂波和运动目标回波而将杂波滤去的雷达,则可以由典型接收机后接的信号处理机完成。

接收机中的检波器通常是包络检波器,它取出调制包络并送到视频放大器,如果后面要进行多普勒处理,则可用相位检波器替代包络检波器。

4. 信号处理机

信号处理机的目的是消除不需要的信号(如杂波)及干扰,从而通过或加强由目标产生的回波信号。信号处理是在做出检测判决之前完成的。信号处理机通常包括动目标显示(MTI)和脉冲多普勒雷达中的多普勒滤波器,有时也包括复杂信号的脉冲压缩处理器。

许多现代雷达在检测判决之后要进行数据处理。数据处理的主要例子是自动跟踪,而目标识别是另一个例子。性能好的雷达在信号处理中消去了不需要的杂波和干扰,而自动跟踪只需处理检测到的目标回波,输入端如有杂波剩余,可采用恒虚警(CFAR)等技术加以补救。

5. 终端设备

通常情况下，接收机中放输出后经检波器取出脉冲调制波形，由视频放大器放大后送到终端设备。最简单的终端设备是显示器。例如，在平面位置显示器(PPI)上可根据目标亮弧的位置，测读目标的距离和方位角这两个坐标。

显示器除了可以直接显示由雷达接收机输出的原始视频外，还可以显示经过处理的信息。例如，由自动检测和跟踪设备(ADT)先将收到的原始视频信号(接收机或信号处理机输出)按距离方位分辨单元分别积累，而后经门限检测，取出较强的回波信号而消去大部分噪声，对门限检测后的每个目标建立航迹跟踪，最后，按照需要，将经过上述处理的回波信息加到终端显示器。自动检测和跟踪设备的各种功能常要依靠数字计算机来完成。

同步设备(频率综合器)是雷达的频率和时间标准。它产生的各种频率振荡之间保持严格的相位关系，从而保证雷达全相参工作。时间标准提供统一的时钟，使雷达各分机保持同步工作。

图 1.10 所示的雷达组成框图只是其基本框图，不同类型的雷达还有一些补充和差别，这些问题将在以后章节中讨论。

1.3 雷达的工作频率

1.3.1 雷达频段

按照雷达的工作原理，不论发射波的频率如何，只要是通过辐射电磁能量和利用从目标反射回来的回波而对目标探测和定位，都属于雷达系统的工作范畴。常用的雷达工作频率范围为 220 MHz～35 GHz，实际上各类雷达的工作频率超出了上述范围。例如，天波超视距(OTH)雷达的工作频率为 4 MHz 或 5 MHz，而地波超视距雷达的工作频率则低至 2 MHz，毫米波雷达的工作频率超过 94 GHz，实验毫米波雷达的工作频率超过 240 GHz，激光(Laser)雷达的工作频率更高。工作频率不同的雷达在工程实现时差别很大。

雷达的工作频率和电磁波频谱如图 1.12 所示，实际上绝大部分雷达工作于 200 MHz～10 GHz 频段。由于 20 世纪 70 年代后已制成能产生毫米波的大功率管，因此之后毫米波雷达获得了许多实际应用。

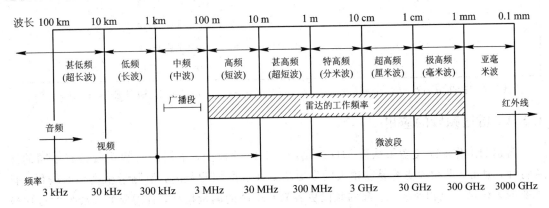

图 1.12 雷达的工作频率和电磁波频谱

目前在雷达技术领域里的常用频段用 L、S、C、X 等英文字母来命名。这是在第二次世界大战中一些国家为了保密而采用的，之后就一直沿用下来，我国也经常采用。表 1.1 列出了雷达频段和频率的对应关系。表中的频段有时以波长来表示，如 L 波段代表以 22 cm 为中心的 20～25 cm(S 代表以 10 cm 为中心，相应地，C 代表以 5 cm 为中心，X 代表以 3 cm 为中心，Ku 代表以 2.2 cm 为中心，Ka 代表以 8 mm 为中心等)。表中还列出了国际电信联盟分配给雷达的具体波段。例如，L 波段包括的频率范围应是 1000～2000 MHz，而 L 波段雷达的工作频率却被约束在 1215～1400 MHz 的范围。

表 1.1　　IEEE 标准雷达和频率的对应关系频段

波段命名	标称频率范围	依据 ITU(国际电信联盟)在第二栏中分配的专用雷达频率范围
HF	3～30 MHz	
VHF	30～300 MHz	138～144 MHz
		216～225 MHz
UHF	300～1000 MHz	420～450 MHz
		850～942 MHz
L	1～2 GHz	1215～1400 MHz
S	2～4 GHz	2300～2500 MHz
		2700～3700 MHz
C	4～8 GHz	5250～5925 MHz
X	8～12 GHz	8500～10 680 MHz
Ku	12～18 GHz	13.4～14.0 GHz
		15.7～17.7 GHz
K	18～27 GHz	24.05～24.25 GHz
Ka	27～40 GHz	33.4～36 GHz
V	40～75 GHz	59～64 GHz
W	75～110 GHz	76～81 GHz
		81～92 GHz
mm	110～300 GHz	100～126 GHz
		144～149 GHz
		231～235 GHz
		238～248 GHz

注：本表摘自 *IEEE standard Letter designations for Radar Frequency Band*，即 IEEE std 521 - 1984。

1.3.2　雷达频段的应用

雷达的工作频率覆盖了从数 MHz 到数百 GHz 的范围，不同的雷达频段具有不同的探测特性。通常，低频段更容易获得大的发射功率及远的探测距离，但测量精度相对较低，且需要的天线尺寸也相对较大。高的频段更容易获得高的测量精度，且需要的天线尺寸也比较小，但较难产生大的发射功率，且有明显的气象效应，探测距离相对较近。因此不同用途的雷达根据其应用的特殊性一般使用不同的雷达频段。雷达频段的应用情况如表 1.2 所示。

表 1. 2　雷达频段的应用

频段	应　　用
HF	超远程监视。利用电离层的折射效应,具有超远程作用距离(数千 km)。空间分辨力及精度较低。常用于超视距雷达
VHF、UHF	远程视线监视(200～500 km)。具有中等分辨力及精度,无气象效应。适用于机载预警雷达(AEW)、探地雷达等
L	远程监视。具有中等分辨力和适度的气象效应。适用于对空监视雷达,如航路监视雷达等
S	中程监视(约 100～200 km)和远程跟踪(50～150 km)。具有中等精度,在雪或暴雨情况下有严重的气象效应。适用于机场监视雷达、气象雷达等
C	近程监视、远程跟踪与制导。具有高精度,在雪或中雨情况下有更严重的气象效应。目前雷达应用该频段的较少
X	晴朗天气或小雨情况下的近程监视。晴朗天气情况下的高精度远程跟踪,在降雨条件下降为中程或近程(25～50 km)跟踪。该波段为目前应用最广泛的雷达频段,适用于军用机载雷达、合成孔径雷达、民用航海雷达、机载多普勒导航雷达、RTMS 交通监测雷达等
Ku、K、Ka	近程跟踪和制导(10～25 km)。用于天线尺寸受限且不需要全天候工作的情况。适用于云雨层以上各高度的军用机载雷达。此频段也是民用雷达应用的主要频段,如测速雷达、汽车辅助驾驶防撞系统、入侵探测、料位仪等
V	当必须避免在较远距离上信号被截获时,用于很近距离的跟踪
W	很近距离的跟踪和制导(2～5 km)
mm	很近距离的跟踪和制导(<2 km)。用于雷达导引头、低空火控雷达等

1.4　雷达的战术参数及技术参数

　　雷达的性能包括战术(应用)性能和技术性能两个方面。战术性能反映雷达的用途和能力;技术性能反映雷达各分机及系统总的技术指标。雷达的战术性能与技术性能是密切相关的,后者往往根据前者的要求而确定。

1.4.1　雷达的主要战术参数

　　雷达的主要战术参数如下:

　　(1)雷达的用途。

　　(2)雷达的威力范围。雷达的威力范围由最大作用距离、最小作用距离、最大仰角、最小仰角及方位角范围决定。

　　(3)分辨力(也称分辨率)。分辨力是雷达区分两个点目标的能力,包括距离分辨力、角分辨力及速度分辨力。

　　距离分辨力是指同一方向上两个目标之间最小可区分的距离 ΔR,如图 1.13(a)所示。如果两个点目标的距离小于 ΔR,那么它们的回波脉冲在时间上就重叠在一起,不能分辨开来。

角分辨力是指在相同距离上两个不同方向的点目标之间最小能区分的角度 $\Delta\theta$，如图 1.13(b)所示。在水平面内的分辨力称为方位角分辨力，在铅垂面内的分辨力称为仰角分辨力。

速度分辨力是指在同一波束内的两个不同速度的点目标之间最小能区分的速度差 Δv，如图 1.13(c)所示。如果两个点目标的速度差小于 Δv，那么它们的频谱线就重叠在一起，不能分辨开来。图 1.13(c)中，$\Delta f = 2\Delta v/\lambda$，$\lambda$ 为雷达工作波长。

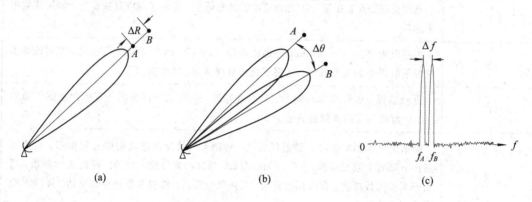

图 1.13　雷达分辨力

（a）距离分辨力；（b）角分辨力；（c）速度分辨力

（4）数据率。数据率是指雷达对整个威力范围内完成一次搜索（即对这个威力范围内所有目标提供一次信息）所需时间的倒数，也就是单位时间内雷达对同一目标所能提供的数据的次数。时间的单位一般用秒，个别也有用分钟表示的。有时数据率直接用上述所需时间来表示。数据率表征搜索雷达和三坐标雷达的工作速度。

（5）跟踪速度。跟踪速度是指自动跟踪雷达连续跟踪运动目标的最大可能速度。

（6）抗干扰能力。雷达通常在各种自然干扰和人为干扰（在军事中使用时主要是敌方施放的干扰，如偶极子干扰和使用干扰发射机产生的干扰等）的条件下工作。干扰最后作用于雷达显示设备或其他终端设备，严重时可能使雷达失去工作能力。近代雷达必须具有较强的抗干扰能力。

（7）雷达测定目标坐标的数目和精确度。

（8）抗摧毁能力。

（9）体积和重量。

（10）工作的可靠性。工作的可靠性包括平均故障时间和平均修复时间。

（11）使用条件。使用条件包括运输条件、架设和撤收时间、连续工作时间、机动性等。

1.4.2　雷达的主要技术参数

雷达的主要技术参数如下：

（1）工作频率（或波长）及带宽。雷达的工作频率主要根据目标的特性、电波传播条件、天线的尺寸、高频器件的性能及测量精确度的要求等来决定；工作带宽或频率范围主要根据雷达分辨力及抗干扰的要求等来决定。

（2）发射功率和调制波形。脉冲雷达的发射功率分为脉冲功率和平均功率。发射功率的大小直接影响雷达的作用距离，但功率大小还受器件、电馈源容量和体积等条件限制，要根据情况适当选择。一般搜索、警戒雷达的峰值功率为兆瓦数量级,火控雷达的峰值功率则为数百千瓦。

在早期雷达中,发射信号的调制波形常采用简单的脉冲波形,近代雷达则多采用复杂波形,以适应雷达的各种不同任务。

(3) 脉冲宽度。脉冲宽度是指脉冲雷达发射信号所持续的时间。一般雷达的脉冲宽度是不变的,但复杂雷达工作时可以有多种脉宽和调制波形以供选择。脉冲宽度除影响雷达的探测能力外,还影响雷达的距离分辨力。

(4) 重复频率。重复频率是指发射机每秒钟发射的脉冲个数,其倒数是重复周期。重复频率既决定了雷达单值测距的范围,也影响不模糊测速区域的大小。为了满足测距测速的性能要求,现代雷达常采用多种重复频率或参差重复频率。

(5) 天线波束形状。天线波束形状一般用水平面和垂直面内的波束宽度来表示。米波雷达的波束宽度在十度量级,而厘米波雷达的波束宽度在几度左右。炮瞄或制导雷达的波束是针状的,两坐标雷达的波束在方位上要求窄,在仰角上可以宽一些;测高雷达的波束则与之相反,在仰角上要窄,而在方位上宽一些。此外,还有一些其他形状的波束。

(6) 天线的扫描方式。搜索和跟踪目标时,天线的主瓣按照一定规律在空间所作的往复运动,称为天线波束扫描。它可分为机械扫描和电扫描两大类。按扫描时波束在空间的运动规律,扫描方式大致可分为圆周扫描、圆锥扫描、扇形扫描、锯齿形扫描和螺旋扫描等。

(7) 接收机的灵敏度。接收机收到的回波信号功率是非常微弱的。接收机的灵敏度大小取决于接收机所能感受的输入功率的大小。通常规定在保证 $50\% \sim 90\%$ 的发现概率条件下,接收机输入端回波信号的功率作为接收机的最小可检测信号功率,这个功率越小,接收机的灵敏度越高,雷达的作用距离就越远。

(8) 显示器的形式和数量。雷达显示器是向操纵人员提供雷达信息的一种终端设备,是人机联系的一个环节。

根据雷达的任务与性质不同,所采用的显示器形式也不同。例如,按坐标形式分,有极坐标形式的平面位置显示器,有直角坐标形式的距离-方位显示器、距离-高度显示器,或者是上述两种形式的变形。显示器可以直接显示由接收机输出的雷达原始信息,也可以显示经过处理和加工后的雷达二次数据。

1.4.3 雷达的分类

雷达可以根据其采用的技、战术参数进行相应分类。

1. 按雷达布站形式分类

按雷达布站形式,雷达可分为如下几类:

单基地雷达:雷达发射机与接收机位于同一地点。

双(多)基地雷达:雷达的发射机与一个或多个接收机分别位于不同的地点。

2. 按雷达信号的形式分类

按雷达信号的形式,雷达可分为如下几类:

脉冲雷达:发射的波形为矩形脉冲,按一定的或交错的重复周期工作,是目前应用最广泛的雷达信号形式。

连续波雷达:发射连续的正弦波,主要用来测量目标的速度。如果同时还要测量目标的距离，则需对发射的波形进行调制，如经过频率调制的调频连续波等。

3. 按测量的参量分类

按测量的参量，雷达可分为如下几类：

两坐标雷达：能够测量目标的斜距及方位角，或目标的斜距及仰角两个参数。

三坐标雷达：能够测量目标的斜距、方位角及仰角三个参数。

测高雷达：用于测量目标的相对高度。

测速雷达：用于测量目标的相对运动速度。

4. 按天线扫描方式分类

按天线扫描方式，雷达可分为如下几类：

机械扫描雷达：天线波束对空域的扫描覆盖是通过电机带动天线座转动来实现的。

相控阵雷达：天线波束对空域的扫描覆盖是通过改变天线阵上各阵元的相位来实现的。

频率扫描雷达：天线波束对空域的扫描覆盖是通过改变馈入天线阵信号的频率来实现的。

5. 按角跟踪方式分类

按角跟踪方式，雷达可分为单脉冲雷达、圆锥扫描雷达、隐蔽扫描雷达。

6. 按信号处理方式分类

按信号处理方式，雷达可分为各种分集（频率、极化等）雷达、动目标显示雷达、动目标检测雷达、脉冲压缩雷达、脉冲多普勒雷达、合成孔径雷达等。

雷达也常按其用途进行分类，1.5 节将进行介绍。

1.5　雷达的应用和发展

1.5.1　雷达的应用

雷达最初主要用于军事目的，随着雷达应用领域的扩展，目前在民事方面的应用也非常广泛。雷达可以探测地面、空中、海上、太空甚至地下目标。地面雷达主要用来对空中目标（飞机、导弹、云、雨、风、鸟等）和太空目标（星体、卫星、飞船等）进行探测、定位和精密跟踪；舰船雷达除探测空中和海上目标外，还可用作导航工具；机载雷达完成空中及地面目标探测、火力控制等任务并保证飞行安全（导航、地形回避等），有的机载成像雷达还可用于大地测绘；在宇宙飞行中，雷达可用来控制宇宙飞行体的飞行和降落。在航天技术迅速发展的今天，卫星上装载的预警和监视雷达（星载或天基雷达）更可全天候地监视和跟踪目标，从而成为各国密切重视和发展的类型。

1. 军事应用

第二次世界大战期间，雷达主要用于军事目的并发挥了重要作用，它可对空中敌机进行探测和精密跟踪，控制武器（主要为火炮）对其摧毁。第二次世界大战后，特别是 20 世纪 70 年代以来，雷达技术在科技发展的基础上有了长足的进步，并在海、陆、空各军种中获得了更为广泛的应用。

雷达是防空和作战系统的重要组成部分。在防空方面，它要完成目标监视和武器控制功能。目标监视是指在监视区域内探测目标，对其进行识别、跟踪并将目标分配到某个武器系统。武器控制雷达要对目标进行精密跟踪，引导武器对其拦截和摧毁。主动攻击的导弹也需依靠雷达进行武器制导和引爆。反导防卫系统主要防卫来袭的弹道导弹，整个系统也是由雷达及早发现来袭导弹并对其进行跟踪的，同时雷达还要引导和控制我方拦截导弹在合适的时间和地点摧毁来袭导弹。

近年来，由于低空及超低空袭击的威胁日益严重，为了及早发现这类目标并采取相应对策，目前用一部机载预警雷达来完成对地面搜索和引导指挥雷达的功能。地面雷达由于低空盲区及视距的限制，对低空飞行目标的探测距离很近，而装在飞机上的预警雷达可以登高而望远。20 世纪 70 年代以来，把脉冲多普勒体制的预警雷达装于预警飞机上，可以保证雷达在很强杂波的背景下将运动目标的回波信号检测出来。装在预警机上的预警雷达同时兼有引导指挥雷达的功能，此时预警机的作用等于把地面区域防空指挥所搬到了飞机上，从而成为一个完整的空中预警和控制系统，这是当前一种重要的雷达类型。

在当今航天技术发展水平的条件下，将雷达安装在人造卫星平台上成为星载或天基雷达，这也是各国在军事建设上关注的问题。星载的预警和监视雷达可以实时探测轰炸机群及由陆地、空中、潜艇等地发射的弹道导弹，此外也探测、跟踪部分轨道式武器以及在轨的太空飞行器，因此是国家空间预警系统中比较理想的探测系统。由多颗低轨道卫星上的监视雷达联成网，就可对全球范围感兴趣的地区实现全天时、全天候的探测、测绘和成像。已经广泛使用的高分辨力成像雷达，如合成孔径雷达 SAR，装在飞机或卫星平台上，可用于成像侦察及监测战场上的固定目标和运动目标。机载雷达共同的要求是体积小、重量轻，工作可靠性高。根据飞机任务的不同，可装备各种不同用途的雷达，如机载导航、护尾雷达等，战斗机上更会装备截击和火控雷达等。机上的无线电测高仪测定飞机的飞行高度，而导弹头上的无线电引信则能使其命中率进一步提高。

根据雷达在军事方面实现的任务，可以将其大致归纳为以下几类：

1）搜索警戒雷达（监视雷达）

搜索警戒雷达主要用于发现目标，其作用距离一般可达数百公里到数千公里，配置在沿海、边界线以及国土纵深地区，用于探测远距离的敌方飞机、导弹、舰艇等。按探测距离，搜索警戒雷达可大致划分为如下几种：

（1）近程搜索警戒雷达：探测距离为 200～300 km。

（2）中程搜索警戒雷达：探测距离为 300～500 km。

（3）远程搜索警戒雷达：探测距离为 500～4000 km。

（4）超远程搜索警戒雷达（预警雷达）：探测距离为 4000 km 以上。

这类雷达的共同特点是：需要探测的空域宽广，几乎达到 360°覆盖，对测定目标坐标的精度和分辨力要求不高。典型的搜索警戒雷达有以下几类，其实例如图 1.14 所示。

（1）二维搜索雷达。该种雷达在垂直面上为一个扇形波束，因此在俯仰角上不具备分辨力。它在水平面上的波束很窄，因此方位角的分辨力较高。天线沿圆周或扇形扫掠，可快速实现较大空域的覆盖。

（2）机载预警雷达。这种雷达安装在预警机上，用于探测空中各种高度上（尤其是低空、超低空）的飞行目标，并引导己方飞机拦截敌机，攻击敌舰或地面目标。它具有良好的下视能力和广阔的探测范围。

（3）弹道导弹预警雷达。这种雷达用来发现洲际、中程和潜地弹道导弹，以便尽早发出警戒，并测定其瞬时位置、速度、发射点、弹着点等弹道参数。

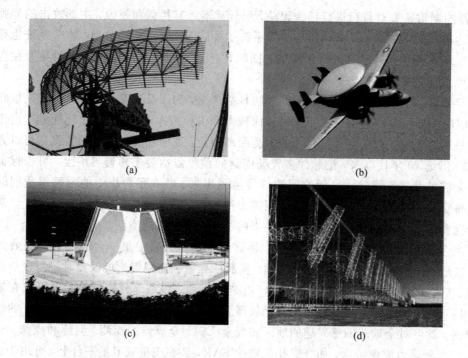

图 1.14　搜索警戒雷达

(a) 二维搜索雷达；(b) 机载预警雷达；(c) 弹道导弹预警雷达；(d) 超视距雷达

（4）超视距雷达。这种雷达利用短波在电离层与地面之间的折射效应，探测地平线以下的目标。它能及早发现刚从地面发射的洲际弹道导弹和超低空飞行的战略轰炸机等目标，可为防空系统提供较长的预警时间，但精度较低。

2）跟踪雷达

跟踪雷达主要用于给武器系统提供连续的、精确的目标坐标参数及运动轨迹，以引导武器系统对目标进行精确打击。跟踪雷达对测量的实时性、精度和分辨力要求很高，且具备多目标跟踪能力。需要说明的是，目前跟踪雷达一般也同时具备近程搜索的功能，有些还具备边搜索边跟踪的功能。典型的跟踪雷达有以下几类，其实例如图 1.15 所示。

（1）炮瞄雷达。炮瞄雷达用于连续测定目标坐标的实时数据，通过射击指挥仪控制火炮瞄准射击。

（2）制导雷达。制导雷达利用雷达引导和控制各种战术导弹的飞行，主要用于对地空导弹、空空导弹和地上或空中发射的反舰导弹等的制导。

（3）截击雷达。截击雷达安装在歼击机上，用于搜索、截获和跟踪空中目标，并控制航炮、火箭和导弹瞄准射击。

（4）精密跟踪测量雷达。精密跟踪测量雷达在反导武器系统和导弹靶场测量中用于连续测定飞行中的弹道导弹的坐标、速度，并精确预测其未来位置。

（5）轰炸瞄准雷达。轰炸瞄准雷达安装在轰炸机上，用于搜索、识别并跟踪地面或海面目标，能够将飞机自身的速度、高度及风速等因素综合考虑计算，以确定投弹位置。

（6）雷达引信。雷达引信是装置在炮弹或导弹头上的一种小型雷达，用来连续测量弹头附近目标物的距离，在距离缩小到足以击伤目标的瞬间，实施引爆，以提高打击目标的命中率。

图 1.15 跟踪雷达
(a) 炮瞄雷达；(b) 制导雷达；(c) 截击雷达；(d) 精密跟踪测量雷达

3) 侦察校射雷达

侦察校射雷达主要用于侦察敌情，测定其所处距离、方位及动态。典型的侦察校射雷达有以下几类，其实例如图 1.16 所示。

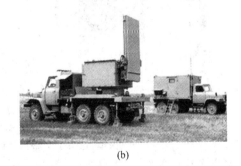

图 1.16 侦察校射雷达
(a) 战场监视雷达；(b) 炮位侦察校射雷达

(1) 战场监视雷达。战场监视雷达由陆军侦察分队用于侦察和监视战场上敌方运动中的人员和车辆。

(2) 炮位侦察校射雷达。炮位侦察校射雷达也称炮位侦察雷达，用于侦察正在发射的敌方火炮位置和测定己方炮弹的弹着点坐标，以校准火炮的设计。

(3) 侦察与地形显示雷达。侦察与地形显示雷达安装在飞机上，用于侦察地面、海面的活动目标与固定目标，测绘地形。它采用合成孔径天线，具有很高的分辨力，所获得的地形图像其清晰度与光学摄影相接近。

2. 民事应用

目前雷达也广泛应用于民事领域,主要的应用包括空中或海上导航、气象监测、地下探测、防撞、交通监测、雷达遥感等。常见的民用雷达类型如下所述,其实例如图 1.17 所示。

图 1.17　民用雷达
(a) 空中交通管制雷达;(b) 船舶导航雷达;(c) 气象雷达;
(d) 探地雷达;(e) 雷达料位仪;(f) 交通监测雷达

1) 空中交通管制雷达(ATC)

现代航空飞行运输体系中,对于机场周围以及航路上的飞机,都要实行严格的飞行安全管制,对地面车辆、交通和在地面滑行的飞机的安全同样要实行管制。机场航行管制雷达兼有警戒和引导雷达的作用,还要对雨区进行观测测绘,引导飞机避开雷雨,故有观测机场附近气象的多普勒气象雷达。交通管制系统还广泛使用雷达信标系统(类同于军用的敌我识别器)作为二次雷达,地面设备发射询问信号,机上设备收到询问后发出一个回答信号,回答信号的内容包括目标高度、速度和属性等,用以识别目标。

2) 机载导航及防碰雷达

该种雷达装设在飞机上,用于能见度不良情况下的导航和防碰,测定飞机速度、高度,测量降雨区和危险的风切变区的轮廓线,避开雷雨区、空中目标和地形地物,以保障飞机安全飞行。

3) 船舶导航雷达（海事雷达）

此类雷达安装在船舶上，用于船舶定位，航行避碰，狭水道导航，盲目进出港，水上交通管理、调度、监视、报警等。

4) 地形跟随与地物回避雷达

这类雷达安装在飞机上，用于保障飞机低空、超低空飞行安全。它和有关机载设备结合起来，可使飞机在飞行过程中保持一定的安全高度，自动避开地形障碍物。这类雷达也可应用于未来无人自动驾驶汽车中，即时探测和获取车身四周的路况信息并传输给自动控制系统。

5) 着陆（舰）雷达

这种雷达通常架设在机场或航空母舰甲板跑道中段的一侧，用于在复杂气象条件下引导飞机安全着陆或着舰。

6) 气象雷达

气象雷达可探测空中云、雨的状态，测定云层的高度和厚度，测定不同大气层里的风向、风速和其他气象要素。它包括测雨雷达、测云雷达、测风雷达等。

7) 探地雷达（GPR）

探地雷达用于确定地下金属或非金属管道、下水道、缆线、缆线管道、孔洞、基础层、混凝土中的钢筋及其他地下埋件的位置，探测不同岩层的深度和厚度，以及地下的矿藏结构，对地层作评估。

8) 雷达料位仪

这种雷达用于生产过程的控制，可以对封闭容器或恶劣生产环境中的液体、颗粒及浆料的料位进行非接触式连续精确测量。

9) 交通监测雷达

这种雷达安装于道路上空或路侧，用于对道路上的车辆进行测速，对车流量进行监控等。

10) 自动防撞雷达

这种雷达安装于汽车上，探测并估算可能出现的碰撞事故，辅助实现自动驾驶或协助启动刹车系统。

11) 探鸟雷达

这种雷达用于探测鸟类的迁徙，发现鸟群的运动规律，或架设在机场附近，探测鸟类活动轨迹，以避免其对飞行器的起降造成潜在的威胁。

12) 雷达遥感

这种雷达安装于飞机或卫星上，可作为微波遥感设备，它主要感受地球物理方面的信息。由于这类雷达具有二维高分辨力，因而可以对地形、地貌进行成像。雷达遥感也参与地球资源的勘探，其中包括对海的情况、水资源、冰覆盖层、农业情况、森林覆盖、地质结构及环境污染等进行测量和地图描绘。人们也曾利用此类雷达来探测月亮和行星。

13) 无线电测高仪

无线电测高仪也称高度计，是一种调频连续波雷达，通常安置在飞机上，用来测量飞机离开地面或海面的高度。

另外，空间飞行器用雷达来控制其交会和对接以及在月球上的登陆。大型地面雷达可用来对卫星和其他空间物体进行探测和跟踪。雷达天文学领域利用地基雷达系统帮助理解流星性质及建立天文单位的精确测量。

　　有许多雷达是军民两用的，但军方仍是雷达的主要用户，军事用途是雷达新技术产生的主要推动力。

1.5.2　雷达的发展

　　雷达的历史可以追溯到 19 世纪后期，当时的英国物理学家法拉第等人提出了电场和磁场的概念并预言了电磁波的存在；随后麦克斯韦根据这一概念建立了经典电磁学理论；其后，赫兹通过实验证实了电磁波的存在并发现了其反射特性。电磁学的这些成果为雷达的诞生奠定了科学基础。

　　1935 年英国的罗伯特·沃森·瓦特研制了世界上第一台实用雷达；1936 年美国海军研究实验室研制了 T/R(收发)开关，可使雷达系统的接收和发射分系统共用一副天线，大大简化了雷达系统结构。

　　20 世纪 40 年代第二次世界大战期间，由于军事上的迫切需要，雷达获得了实质的应用和发展。其间机载对海搜索雷达和机载夜间截击雷达正式装备，成为世界上首批实用的机载雷达。1940 年研制成功多腔磁控管，为机载雷达跨入微波波段创造了重要条件。英、美的国际合作使雷达技术与生产迅速取得成效，并在 1942 年开始了雷达的批量生产。

　　20 世纪 50 年代是雷达理论发展的重要时期，雷达设计从基于工程经验阶段，进入了以理论为基础、结合实践经验的高级阶段。这一时期雷达发展的主要成果有匹配滤波理论、统计检测理论、雷达模糊图理论和动目标显示技术等。

　　20 世纪 60 年代，由于航空与航天技术的飞速发展，飞机、导弹、人造卫星及宇宙飞船等采用雷达作为探测和控制的手段。为探测洲际弹道导弹而研制的反导系统，对雷达提出了高精度、远距离、高分辨力及多目标测量等要求。由于解决了一系列关键问题，雷达进入了蓬勃发展的新阶段。例如，脉冲压缩技术得以采用；单脉冲雷达和相控阵雷达成功研制；在微波高功率放大管试制成功后，研制了主控振荡器——功率放大器型高功率、高稳定度的雷达发射机，并用于相参雷达体制；脉冲多普勒雷达体制的研制，使雷达能测量目标的位置和相对运动速度，并具有良好的抑制地物杂波干扰等能力；微波接收机高频系统中许多低噪声器件，如低噪声行波管、量子放大器、参量放大器、隧道二极管放大器等的应用，使雷达接收机的灵敏度大为提高，增大了雷达的作用距离；由于雷达中数字电路的广泛应用及计算机与雷达的配合使用并逐步合成一体，雷达的结构组成和设计发生了根本性变化。雷达采用这些重大技术后，工作性能大为提高，测角精度从 1 密位以上提高到 0.05 密位以下，提高幅度超过一个数量级；雷达的作用距离提高到数千公里，测距误差达到 5 m 量级，单脉冲雷达跟踪带有信标机的飞行器，作用距离可达数十万公里以上；雷达的工作波长从短波扩展至毫米波、红外线和紫外线领域。在这个时期，微波全息雷达、毫米波雷达、激光雷达和超视距雷达相继出现。

　　20 世纪 70 年代，随着数字技术的快速发展，雷达的性能日益提高，应用范围也持续拓宽，主要体现在以下几个方面：

　　(1) 由于超高速集成电路(VHSIC)及超大规模集成电路(VLSI)的迅猛发展，数字技术和计算机的应用更为广泛和深入。动目标检测(MTD)和脉冲多普勒(PD)等雷达信号处理机更为精巧、灵活，性能显著提高。自动检测和跟踪系统得到完善，提高了工作的自动化程度。

（2）合成孔径雷达（SAR）具有很高的距离和角度（切向距）分辨能力，因而可以对实景成像；逆合成孔径雷达（ISAR）则可用于目标成像。成像处理中已用数字处理代替了光学处理。

（3）更多地采用复杂的大时宽带宽脉压信号，以满足距离分辨力和电子反对抗的需要。

（4）高可靠性的固态功率源更加成熟，可以组成普通固态发射机或分布于相控阵雷达的阵元上组成有源阵。

（5）许多场合可用平面阵列天线代替抛物面天线。

阵列天线的基本优点是可以快速、灵活地实现波束扫描和波束形状变化，因而有很好的应用前景。例如：

① 在三坐标雷达中实现一维相扫。

② 获得超低副瓣，用于机载雷达或抗干扰。

③ 组成自适应旁瓣相消系统以抗干扰。

④ 相控阵雷达持续出现，不仅用于战略，而且用于战术雷达，如制导、战场炮位侦察等。

20 世纪 80 年代，无源相控阵雷达研制成功并装备于载机，气象雷达采用了数字化处理和彩色显示技术。80 年代后期，超高速集成电路技术的发展，使雷达信号处理能力取得了重大突破并实用化，数字电路使处理机的体积缩小到原来的 1/10，同时雷达进行模块化、多功能和软件工程化设计，使机载雷达的平均故障间隔时间达到 100 小时以上。

20 世纪 90 年代是各种雷达体制发展的成熟时期，各种新技术的应用及数字技术的进一步发展，促进了雷达技术的迅猛发展。例如，有源相控阵体制雷达的应用、毫米波雷达的日臻成熟、合成孔径雷达的实战应用、机载雷达与多传感器的数据融合等，使雷达具有多功能、综合化、高可靠、抗干扰、远距离、多目标和高精度等先进特性，满足了军事和经济等方面的要求。

目前，雷达的发展以基于相位控制及利用的相控阵、合成孔径、脉冲多普勒等三种主流体制的演变和完善，以及雷达的网络化、智能化为主要标志。共形数字相控阵雷达、双多基合成孔径雷达、下视三维合成孔径雷达等新体制日趋成熟。本阶段已发生的历次高技术局部战争，揭示了以信息主导和远程精确打击为主要特征的新军事模式的到来，本阶段雷达装备的主要特征将是二维多视角布局，多通道共形构形和多维信号空间处理。未来的雷达探测技术将突破现有思路的束缚，向分布式的信息获取、基于体系的探测模式、频谱约束的设计原则、多频段多极化的系统构成、目标匹配正交的信号波形、自适应及智能化的工作模式、环境知识辅助的检测方法等方向拓展。这一时期雷达装备的主要特征将可能是三维多视角布局，多通道复杂构形和高维信号空间处理。

1.5.3　现代雷达技术简介

与早期的常规雷达相比，现代雷达系统引入了很多先进技术。这些技术主要体现在天线、信号处理及雷达体制等方面，其中包括相控阵技术、合成孔径技术、数字波束形成技术、脉冲压缩技术、动目标显示技术、动目标检测技术、脉冲多普勒技术以及单脉冲雷达、双多基地雷达、超视距雷达、毫米波雷达、激光雷达、预警机等。

图 1.18 示出了与现代雷达各分机相关的雷达技术，其中有些技术共同体现在几个分机当中。例如，数字波束形成其作用对象是天线单元，但通常通过信号处理与天线协同实现。

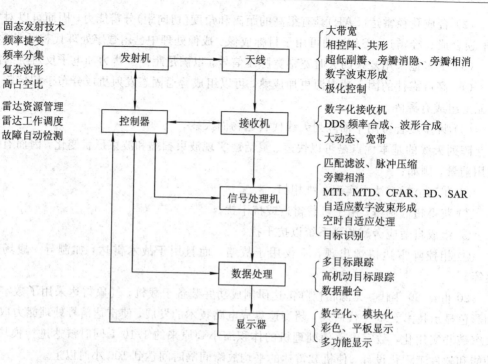

图 1.18　与现代雷达各分机相关的雷达技术

　　以下仅简要介绍其中最具代表性的相控阵雷达、脉冲多普勒雷达及合成孔径雷达等技术，这些技术对现代雷达的发展产生了深远影响。

1. 相控阵雷达技术

　　相控阵雷达是一种多功能、高性能的新型雷达，其天线阵由许多天线单元排成的阵列组成。通常，天线阵元少则有几百，多则为几千，甚至有的达到数十万。由于此类雷达利用波束控制计算机按一定的程序来控制天线阵的移相器，从而改变阵面上的相位分布，促使波束在空间按一定规则扫描，因此称为相控阵雷达。它是雷达信号理论、信号处理技术、新型器件(功率微波器件、VHSIC、MMIC(单片微波集成电路)等)与计算机技术结合后发展到高级阶段的产物，是随着电子计算机和微波移相技术的发展而诞生的。相控阵雷达具有多功能、多目标、远距离、高数据率、高可靠性和高自适应能力等优点，因而是一种很重要的雷达，可较好地用于对付高动态性能、多目标的战略防空雷达。图 1.19 所示为相控阵雷达。

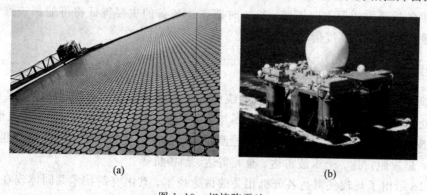

(a)　　　　　　　　　　　　　　　(b)

图 1.19　相控阵雷达

(a) 相控阵雷达天线阵列；(b) 应用相控阵技术的 SBX 雷达(带天线罩)

目前，典型的相控阵雷达用移相器控制波束的发射和接收，共有两种组成形式：一种是收发共用一个发射机和一个接收机；另一种是每个天线辐射阵元用一个接收机和一个发射功率放大器的有源阵。

收发共用一个发射机(或少数几个发射机)和一个接收机(或少数几组接收机)的简化相控阵雷达如图1.20所示。图中，有阴影的方框部分表示这种雷达与一般雷达结构的不同之处。计算机根据程序输入指示信号和经过数据处理后有关目标的位置坐标，计算出波束当前应采取的扫描方式或指向的数据，送往波束控制计算机，由此再控制相控阵天线中辐射阵元的相位。目标回波经过接收机和信号处理机，输出目标信号的点迹，由数据处理器处理后，得出目标位置和速度的外推数据，再送往中心计算机。雷达中心计算机可根据观测任务、目标状态等因素而自适应地改变雷达的工作方式、工作参数、信号形式及信号能量等。

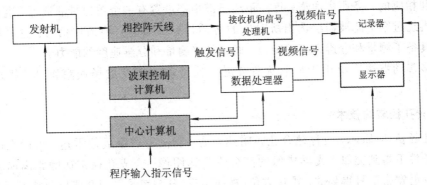

图 1.20　收发共用一个发射机和一个接收机的简化相控阵雷达方框图

2. 脉冲多普勒雷达技术

脉冲多普勒(PD)雷达是在动目标显示雷达的基础上发展起来的一种新型雷达技术。脉冲多普勒雷达既有普通脉冲雷达的距离测量与分辨能力，也具有连续波雷达的速度测量和分辨能力，且具有强的杂波抑制能力，能够在较强的杂波中分辨出运动目标回波，因此在机载雷达中被普遍采用。

脉冲多普勒雷达是利用多普勒效应探测目标的脉冲雷达(脉冲多普勒原理与应用见图1.21)，其具有如下特点：

(1) 具有足够高的脉冲重复频率，以保证无论杂波还是目标都不会出现速度模糊现象。

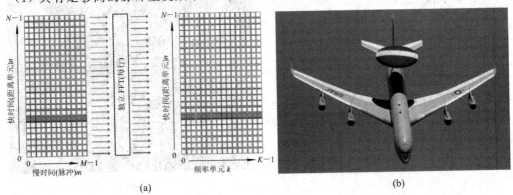

(a)　　　　　　　　　　　　　　　　　　　　　　(b)

图 1.21　脉冲多普勒原理与应用

(a) 脉冲多普勒信号处理；(b) 应用脉冲多普勒技术的 E-3 预警机

（2）能够实现对脉冲串频谱单根谱线的多普勒滤波，即频域滤波。

（3）由于采用较高的脉冲重复频率，因此通常会导致对目标的测距模糊。

脉冲多普勒雷达与普通雷达的组成基本相同，主要由天线、发射机、接收机、伺服系统、数字信号处理机、雷达数据处理机和数据总线等组成，其信号处理部分是其最重要且不同于普通雷达的部分。脉冲多普勒雷达通常采用相干体制的主振放大式发射机。为了提高雷达在杂波谱中检测有用信号的能力，需要有极高的载频稳定度和频谱纯度，还要有极低的天线旁瓣，并采取先进的数字信号处理技术。为了减少旁瓣杂波电平，减小主杂波在频域所占据的相对范围，脉冲多普勒雷达通常采用较高的脉冲重复频率。

由于脉冲多普勒雷达需要从主波束杂波、垂线杂波和旁瓣杂波的杂波谱背景中分离出有用目标的谱线，因此接收机的信号处理部分设有多个并列的距离门，每一距离门对应一个距离单元和相应的一条距离通道。每一距离通道中都设置有一个单边带滤波器，通过滤波器后的信号再经过窄带滤波器组选出所对应的运动目标回波的一根谱线信号。这样脉冲多普勒雷达就具备了测量和分辨距离的能力，而且具有测量和分辨速度的能力。

脉冲多普勒雷达广泛用于机载火控雷达、预警雷达以及战场侦察雷达、靶场测量雷达中。

3. 合成孔径雷达技术

合成孔径雷达（SAR）也称综合孔径雷达，是一种高分辨率成像雷达，可以在能见度极低的气象条件下得到类似于光学成像的高分辨雷达图像。合成孔径雷达的距离向分辨率是由采用的发射宽带信号得到的，雷达方位（横向距离）分辨率是采用合成口径技术得到的，即利用雷达与目标的相对运动，把尺寸较小的真实天线孔径用数据处理的方法合成为一个较大的等效天线孔径。合成孔径雷达的原理及成像如图 1.22 所示。合成孔径雷达的特点是空间（角度）分辨率高，能全天候工作，能发现隐蔽和伪装的目标，如识别伪装的导弹地下发射井，识别云雾笼罩地区的地面目标等。它一般安装在移动的载体上对相对静止的目标成像，此时称为逆合成孔径雷达（ISAR）。合成孔径雷达主要用于航空测量、航空遥感、卫星海洋观测、航天侦察、图像匹配制导等，还用于深空探测，如用合成孔径雷达探测月球、金星等的地质结构。

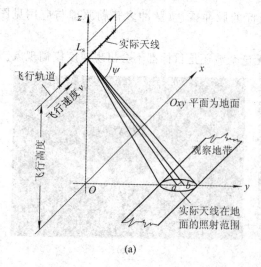

(a)　　　　　　　　　　　　　　　　　　　(b)

图 1.22　合成孔径雷达的原理及成像

(a) 合成孔径原理；(b) SAR 雷达对地面成像

合成孔径雷达工作时按一定的重复频率发、收脉冲,实际天线依次占一个虚拟线阵天线单元位置。把这些天线单元的接收信号的振幅与相对发射信号的相位叠加起来,便合成一个等效合成孔径天线的接收信号。若直接把各单元的信号矢量相加,则得到非聚焦合成孔径天线信号。在信号相加之前进行相位校正,使各单元的信号同相相加,从而得到聚焦合成孔径天线信号。

1.6 军用雷达与电子战

历次的中东战争,特别是 1991 年发生的海湾战争,集中体现了现代高技术战争的主要特征,勾画出了未来战争的基本模式。高技术兵器时代,所有高精武器系统及其指挥控制系统均离不开相应的电子和信息技术,只要破坏了电子系统的功能,这些武器将丧失威力。电子战将成为未来战争的主战场之一,它将先于战争开始并贯穿于整个战争的始终。电子战的成败对整个战争的胜负起着关键性作用。

1.6.1 电子战的科学定义

关于电子战(Electronic Warfare, EW)的科学定义,我们在这里直接引用我国原机电部部标《雷达对抗术语》中的有关内容:

电子战(EW)是指敌我双方利用无线电电子装备或器材所进行的电磁信息斗争。电子战包括电子对抗和电子反对抗。

电子对抗(ECM)是指为了探测敌方无线电电子装备的电磁信息,削弱或破坏其使用效能所采取的一切战术、技术措施。

电子反对抗(ECCM)是指在敌方实施电子对抗条件下保证我方有效地使用电磁信息所采用的一切战术、技术措施。

电子对抗(ECM)包括电子侦察、电子干扰、电子隐身和伪装、电子摧毁。与之相应的电子反对抗就包括反侦察、反干扰、反隐身和反摧毁。电子对抗的摧毁是指采用电子措施而实现的对敌电子设备的火力摧毁,如反辐射导弹就是一种电子对抗的摧毁措施,用以摧毁敌方的雷达、通信站、导航台等电子装备。

由以上定义可得到如图 1.23 所示的电子战的科学定义示意图。

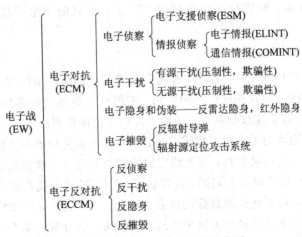

图 1.23 电子战的科学定义示意图

电子战是一个总概念，凡是军事电子设备和系统领域，都存在着电子对抗与电子反对抗的斗争。电子对抗的对象是一切利用军事电子技术的装备和系统，如通信、雷达、导航、C^3I、制导等，这些领域的电子对抗和反对抗均属电子战的领域，我们在这里只讨论雷达的对抗与反对抗，并且重点讨论雷达本身采取的反对抗措施。

1.6.2 电子战频段

电子战频段的定义及划分不同于雷达频段，其频段代号及频率如表 1.3 所示。

表 1.3 电子战频段

频 段	频 率 范 围	频 段	频 率 范 围
A	30~250 MHz	H	6~8 GHz
B	250~500 MHz	I	8~10 GHz
C	500~1000 MHz	J	10~20 GHz
D	1~2 GHz	K	20~40 GHz
E	2~3 GHz	L	40~60 GHz
F	3~4 GHz	M	60~100 GHz
G	4~6 GHz		

1.6.3 雷达抗干扰

军用雷达工作的环境中可能出现各种有源干扰和无源干扰（一方面是在低空和超低空发现来袭目标时，存在固有的苛刻的自然环境；另一方面是由于存在敌方施放的有源干扰和无源干扰），因此需采取相应的反干扰措施来消除或减弱这些干扰的影响，以发挥雷达的功能。千方百计地提高雷达的抗干扰性能已成为雷达设计者所面临的严峻任务。没有抗干扰能力的雷达是很难在现代战争中发挥作用的，而且会成为敌方利用和摧毁的目标。20 世纪 70 年代中期以来，已有 100 多种抗干扰措施出现，随着干扰和抗干扰的斗争，今后还将继续发展各种有效的针对性的抗干扰方法。

下面按天线、发射机、接收机和信号处理机等主要雷达分机分别讨论其抗干扰措施。值得指出的是，抗干扰包括为了削弱敌方电子干扰活动而采用的任何行动，除了电子技术和方法外，还可能包括战术、配置和运用原则等，不过本书只限于电子技术和方法类抗干扰措施。

1. 与天线有关的电子抗干扰

天线是雷达与工作环境间的转换器，是抵御外界干扰的第一道防线。收发天线的方向性可以作为电子抗干扰的一种方式进行空间鉴别。它能产生雷达空间鉴别技术，包括低旁瓣、旁瓣消隐、旁瓣对消、波束宽度控制、天线覆盖范围和扫描控制。

当有一部分较远距离的干扰机干扰雷达时，如果设法保持极低的天线旁瓣，则可以防止干扰能量通过旁瓣进入雷达接收机；当天线主波瓣扫描到包含干扰机的方位扇区时，闭塞或关断接收机，抑或减小扫描覆盖的扇区，使雷达不会"观察"到干扰机而受其干扰，这样便可在整个扇区内基本上保持雷达探测目标的性能，而干扰机所处方位附近除外。这种天线扫描覆盖区控制可以用自动或自适应的方法来实现，以消除空间分散的单个干扰源，并防止在规定区域内雷达的辐射被电子侦察接收机和测向机发现。

可以采用窄的天线波束宽度，此时相应地高增益天线集中照射目标，并"穿透"干扰。具有多个波束的天线可用来去除包含干扰的波束而保留其他波束的检测能力。

某些欺骗干扰机依靠已知或测出的天线扫描速率来施行欺骗干扰，这时采用随机性的电子扫描能有效地防止这些欺骗干扰机与天线扫描同步。

从以上讨论可看出，控制天线波束、覆盖区和扫描方法等对所有雷达来说是有价值的和值得采用的电子抗干扰措施，其代价可能是增加天线的复杂性、成本甚至重量。

除了对天线主瓣的干扰外，更重要的是天线旁瓣干扰。为了抑制从旁瓣进入的干扰，要求天线的旁瓣电平极低(本书作者曾估算过，机载干扰时，地面远程防空搜索雷达的天线旁瓣增益应为 -60 dB 或更低；远距干扰时，旁瓣应低于 -40 dB)，这对实际的天线设计来讲是很难达到的，为此应寻找其他的旁瓣反干扰方法。

防止干扰经雷达旁瓣进入的反干扰技术有两种，即旁瓣消隐(SLB)和旁瓣相消(SLC)。

1) 旁瓣消隐

旁瓣消隐系统在主天线以外增加了一个全向的辅助天线和一个并行的接收通道，其中辅助天线的增益 G_A 约比主天线的最大旁瓣增益 G_{a1} 高 $3\sim4$ dB，如图 1.24 所示。将辅助通道信号与主通道信号相比较，当前者较后者大时，主通道内的信号必是经旁瓣进入的，此时选通波门关闭，阻止旁瓣干扰信号进入接收机，因而不被显示。

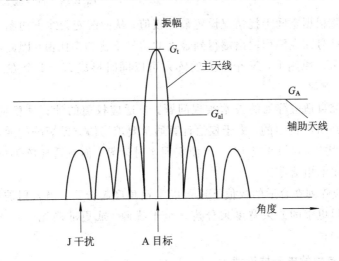

图 1.24　旁瓣消隐(SLB)系统的主、辅天线方向图

该技术只对低占空系数的脉冲干扰或扫频干扰有效，高占空系数的脉冲干扰或噪声干扰会使主通道在大部分时间内关闭，从而使雷达失效。

2) 旁瓣相消

旁瓣相消技术用来抑制通过天线旁瓣进入的高占空比和类噪声干扰。

旁瓣相消系统的天线方向图如图 1.25 所示。使用一个或多个辅助天线，对辅助通道信号的相位和幅度进行自适应控制并将其输出与主通道合并，便会在干扰机方向产生合成天线方向图响应的零点，即旁瓣进入的干扰被相消，通过连续地自适应调整辅助通道信号的振幅和相位，即可使合成方向图的零点跟踪干扰机而达到旁瓣相消的目的。实现自适应旁瓣相消相当复杂，特别是当要求相消效果好时。如果同时有多个方向的干扰机产生旁瓣干扰，则相消系统的辅助天线也要有多个。事实上，至少需要 N 个辅助天线方向图在振幅和相位上分别控制来强迫主天线接收方向图在 N 个方向形成零点。

未来雷达将更多地使用阵列天线。此时可采用自适应阵列来实现旁瓣相消。如图 1.26 所示，线阵天线由 N 个间距为 d 的天线阵元组成，各阵元的输出经过不同的复加权 w_i（改变其振幅和相位）后送入相加网络。相加网络的输出 z 送到后端信号处理和检测系统。阵列天线的方向图由其复权矢量 $W = [w_1, w_2, \cdots, w_N]^T$ 决定，根据干扰环境的变化自适应地调整权矢量 W 以抵消干扰并增强所需目标信号是自适应阵列首先要研究的问题。这时自适应阵列就是上面所讨论旁瓣相消（SLC）系统概念的推广和更通用的形式。

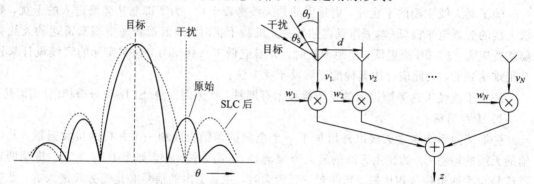

图 1.25　自适应旁瓣相消系统（SLC）的天线方向图　　　　图 1.26　自适应天线阵

　　自适应天线阵根据空间干扰情况设置最佳权值，从而改变天线方向图，使之在消除干扰的同时增强目标信号而在阵列输出端得到最大的信号干扰功率比值，因此，自适应阵列是一个最佳空域滤波器。原则上，N 个阵元的阵列可以同时形成 $N-1$ 个方向图零点，以对付 $N-1$ 个方向的干扰源。

　　当前着重研究自适应阵列的技术实现问题。自适应权值的计算速度应与干扰环境的变化相适应，以达到 SLC 的目的。由于权值计算通常要求出协方差矩阵的逆，因此目前实验型自适应阵列的 N 均较小（如 8 或 16），以便实现实时计算，而自适应阵列的实现逐渐与数字波束形成（DBF）技术相结合。

　　此外，自适应阵列在合适的权值下还可以实现角度超分辨。当入射波的信噪比较高时，自适应阵列可获得更窄的波束宽度来分辨多个干扰源，或更准确地确定干扰方向。这些对 ECCM 也是很重要的。

2. 与发射机有关的电子抗干扰

不同类型的 ECCM 的实现就是适当地利用和控制发射信号的功率、频率和波形。

（1）增加有效辐射功率。这是一种对抗有源干扰的强有力的手段，此方法可增加信号干扰功率比。如果再配合天线，对目标"聚光"照射，便能明显增大此时雷达的探测距离。雷达的发射要采用功率管理，以减小平时雷达被侦察的概率。

（2）在发射频率上采用频率捷变或频率分集的办法。前者是指雷达在脉冲与脉冲间或脉冲串与脉冲串之间改变发射频率，后者是指几部雷达发射机工作于不同的频率将其接收信号综合利用。这些技术代表了一种扩展频谱的电子抗干扰方法，发射信号将在频域内尽可能展宽，以降低被敌方侦察时的可检测度，并且加重敌方电子干扰的负荷，从而使干扰更困难。

（3）发射波形编码。波形编码包括脉冲重复频率跳变、参差及编码和脉间编码等。所有这些技术使得欺骗干扰更加困难，因为敌方将无法获悉或无法预测发射波形的精确结构。

脉内编码的可压缩复杂信号可有效地改善目标检测能力。它具有大的平均功率而峰值功率较小；其较宽的带宽可改善距离分辨力并能减小箔条类无源干扰的反射；它的峰值功率低，辐射信号不易被敌方电子支援措施侦察到。因此，采用此类复杂信号的脉冲压缩雷达具有较好的 ECCM 性能。

3. 与接收机和信号处理机有关的电子抗干扰

（1）接收机抗饱和。经天线反干扰后残存的干扰如果足够大，则将引起接收处理系统的饱和。接收机饱和将导致目标信息丢失。因此，要根据雷达的用途研制主要用于抗干扰的增益控制和抗饱和电路。而已采用的宽-限-窄电路是一种主要用来抗扫频干扰以防接收机饱和的专门电路。

（2）信号鉴别。对抗脉冲干扰的有效措施是采用脉宽和脉冲重复频率鉴别电路。这类电路测量接收到脉冲的宽度和（或）重复频率后，如果发现和发射信号的参数不同，则不让它们到达信号处理设备或终端显示器。

（3）信号处理技术。现代雷达信号处理技术已经比较完善。例如，用来消除地面和云雨杂波的动目标显示（MTI）和动目标检测（MTD），对于消除箔条等干扰是同样有效的。除了上述相参处理外，非相参处理的恒虚警率电路可以用提高检测门限的办法来减小干扰的作用。在信号处理机中获得信号积累增益也是一种有效的电子抗干扰手段。

1.6.4 隐身和反隐身

雷达探测和跟踪目标的能力依赖于接收到的回波信号功率与干扰功率的比值，信号功率正比于目标的雷达有效反射面（RCS）σ_t，而干扰功率则可能是接收机内部噪声或外部的有源干扰和无源干扰。敌方入侵飞机只要设法减小此比值，就可使我方雷达性能恶化，从而有利于敌方的行动。

降低飞行器自身的 RCS 即可达到上述目的，这项技术称为飞行器的隐身技术。该技术减小了目标的可观测性。RCS 减小后对雷达探测性能的影响如下：

当雷达探测能力受限于噪声（内部噪声或干扰）时，根据基本雷达方程，接收到的信号功率 S_r 可表示为

$$S_r = \frac{P_t G_t A_e}{(4\pi)^2 R^4} \sigma_t \tag{1.6.1}$$

则当目标的 RCS 由原来的 σ_{t_0} 减小为 σ_t 时，探测距离 R 与原探测距离 R_0 的关系为

$$R = R_0 \left(\frac{\sigma_t}{\sigma_{t_0}} \right)^{\frac{1}{4}} \tag{1.6.2}$$

当目标的 RCS 减小 12 dB 或约为原来的 95% 时，探测距离将缩短一半。

当雷达在杂波背景下探测目标（如在低擦地角 φ）时，接收到的信噪比为

$$\frac{S}{C} = \frac{\sigma_t}{\sigma_{t_0} R\theta_B \frac{c\tau}{2} \sec\varphi} \tag{1.6.3}$$

这时由于 σ_t 减小而引起的性能下降是惊人的，其关系如下：

$$R = R_0 \left(\frac{\sigma_t}{\sigma_{t_0}} \right) \tag{1.6.4}$$

可见，目标的 RCS 减小一半，相应的探测距离也将缩短一半。

目标 RCS 的减小引起回波信号减弱也会加强任一种积极干扰的效果。

因此，在电子战中，世界各国都重视隐身技术的研究。以美国为例，从 20 世纪 50 年代开始就在 U-2、P-2V 等高空侦察机上采用吸波材料(RAM)等隐身措施，以减小飞机的 RCS。20 世纪 70 年代中期研制的 B1-B 战略轰炸机，其 RCS 只有原 B-52 的 3%～5%，从而使雷达对它的探测距离下降 58%。20 世纪 80 年代以来，飞行器隐身技术有了突破性进展，第三代隐形飞机 F-117A(战斗轰炸机)和 B-2 已于 20 世纪 80 年代末期装备部队，它们的 RCS 约减小 20～30 dB，使雷达的探测距离缩短为原值的 1/3～1/6。目前的第五代隐形战机的 RCS 可低达 -40～-20 dBsm。

隐形飞机再加上障碍隐形(低空、超低空背景或电子干扰掩护)对雷达的威胁更为严重。1991 年海湾战争的战例充分表明隐身飞机在现代战争中所起到的隐蔽和突袭作用。

雷达作为防御和武器控制系统的主要探测器，正面临隐身飞行器的严峻挑战，因此必须积极发展反隐身技术来迎接这一挑战，以保证雷达能在预定的空域探测到隐身飞行器。反隐身技术的两种应用途径是：针对隐身飞行器造成的影响，提高现有雷达的性能去克服该影响；针对隐身技术的现存缺点，去抗击这些缺点。

飞行器的隐身技术主要包括外形设计、涂覆电波吸收材料(RAM)和选用新的结构材料等方法。隐身飞机的隐身效果(RCS 减小)不是全方位的，它主要减小从正前方(鼻锥)附近(水平 $\pm45°$、垂直 $\pm30°$)范围照射时的后向散射截面，而目标其他方向(特别是前向散射) RCS 明显增大，因此可以采用在空间不同方向接收隐身目标散射波进行空间分集来发现它。另外，涂覆的吸波材料有一定的频带范围，通常是 2～18 GHz。也就是说，涂覆的吸波材料对长的波长是无效的。当飞行器尺寸和工作波长可以相比时，其 RCS 进入谐振区，外形设计对隐身的作用会明显下降。这就是说，米波或更长波长的雷达具有良好的反隐身能力。以上表明，可从频率域进行反隐身。

根据以上思路，可采用各种反隐身技术。

1. 发挥单基地雷达的潜力

为弥补目标 RCS 减小所造成的探测距离的缩短，应采用提高雷达发射功率和天线孔径，采用频率分集、极化分集，优化信号设计和改善信号处理等措施。如果采用相控阵雷达，则较容易实现上述要求并可增强电子战能力。

2. 采用先进的组网技术

这也是探测隐身飞机的有效手段，方法是各种工作频率的雷达联网，网中雷达从各个不同视角观测目标，将多站信息合成，以实现空间分集。特别要提到的是组网中的米波雷达本身就有良好的反隐身能力，它的不足之处是角分辨力差，绝对可变带宽窄。为了利用米波雷达反隐身，人们已在研究克服其缺点的途径。例如，正研究的综合脉冲与天线的米波分布阵雷达就可较好地克服上述缺点。

3. 超视距后向散射(OTH-B)雷达

这是一种工作在 3～30 MHz 短波频段，利用电离层返回散射传播机理实现对地平线以下超远程(700～3500 km)运动目标进行探测的新体制陆基雷达，其工作原理如图 1.27 所示。OTH-B 雷达探测距离远，覆盖面积大，单部雷达为 60°，扇面覆盖区可达百万平方公里，可对付有人或无人驾驶的轰炸机、空对地导弹和巡航导弹之类的喷气式武器的低空突袭，特别是可对洲际导弹发射进行早期预警，这是其突出优点。

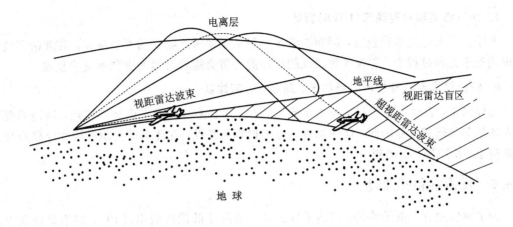

图 1.27 超视距后向散射(OTH-B)雷达原理图

OTH-B 雷达工作在高频波段,其波长为 $10\sim60$ m,大部分飞行器的尺寸及其主要结构的特征尺寸均与其波长接近或小于波长,因此目标的散射处于谐振区或瑞利区,其 RCS 会大于光学区的 RCS。处于瑞利区时,其 RCS 与目标形状的细节无关,而只同其体积或照射面积有关,即外形设计隐身这时是无效的。

在此工作频段,吸收材料的作用也是无效的,而且 OTH-B 的电波被电离层反射后自上而下照射目标,这正是隐身外形设计最薄弱的视角。由此可见,超视距雷达 OTH-B 是探测隐身目标最有希望的手段。

OTH-B 雷达也存在局限性。因为它是靠电离层反射传播的,而电离层的高度和参数随时间变化,所以难以完善预测,有时甚至导致雷达不能正常工作。另外,近区盲距为 $600\sim900$ km,定位误差为数十公里,因此这种雷达只能用于早期预警。

4. 双/多基地雷达

双基地雷达的收发系统分置两地,且分置的距离可以与雷达探测距离相比。由于接收机静默,因此这种体制的雷达在抗后向有源干扰和抗反辐射导弹方面具有明显优势。在抗隐身方面,双/多基地雷达也有潜力,这是因为隐身飞行器的隐身效果主要表现在鼻锥方向的后向散射上,而双基地接收站收到的是目标在其他方向的散射,其等效的双基地 RCS 为 σ_B,较后向散射 σ_t 大。以双基地雷达为基础组成的多基地雷达系统可以实现探测的空间分集,以此来发现隐身飞行器,因此,人们普遍认为双/多基地雷达体制是探测隐身飞行器最有潜力的一种体制。

一部发射机、多个监视同一空域的分散配置接收机同步工作,就组成了多基地雷达系统。由于空间配置的多部接收机可以充分利用目标的散射能量,特别是对于隐身飞行器,因此只要用合适的方法综合多部接收机的接收信号来实现空间分集,就能使其检测能力明显优于单基地雷达。

图 1.28 所示为双基地雷达测量坐标系(二维)。

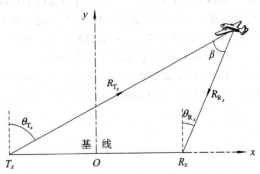

图 1.28 双基地雷达测量坐标系(二维)

5. 冲击雷达和超宽频带(UWB)雷达

由于这类雷达的频带极宽，因而提供了一种从频率域反隐身的可能途径。其理论和技术实现仍处于完善过程中，它在各种领域的应用潜力将会随着过程的进展而逐步显现。

6. 积极探索反隐身技术的新构思、新原理、新体制

总体来说，雷达反隐身技术还处于起始阶段，比起隐身技术来讲还不成熟，因而需要更深入地从基础研究工作做起，摸透隐身目标的机理与特性，在此基础上积极研究反隐身技术的新构思、新原理、新体制。

1.6.5　反侦察和反摧毁

为了对抗敌方的电子侦察，雷达采取的自卫措施是低截获概率(LPI)，即不易被敌方侦察到。低截获概率的技术包括许多方面。例如，雷达的信号波形应是大时宽带宽积的复杂波形，以保持低脉冲功率和不易侦察的参数；天线应保持低的副瓣电平；应具有自适应的波形参数和扫描参数变化；等等。

反摧毁斗争中的重要问题是当前反辐射导弹的性能明显改进而使用数量增加，因此研究对付反辐射导弹的各种战术、技术措施已成为当务之急。例如，使用闪烁欺骗使其不易找到真正的雷达辐射源；研制反辐射导弹告警设备及相应的摧毁反辐射导弹的措施；等等。

参 考 文 献

[1]　丁鹭飞，耿富禄. 雷达原理. 3版. 西安：西安电子科技大学出版社，2002.

[2]　SKOLNIK M I. Radar Handbook. New York：McGraw-Hill，1970.

[3]　SKOLNIK M I. Introduction to Radar Systems. 3rd ed. New York：McGraw-Hill，2006.

[4]　BARTON D K, COOK C E, HAMILTON P. Radar Evaluation Handbook. London：Artech House，1990.

[5]　伊伏斯 J L，等. 现代雷达原理. 卓荣邦，等译. 北京：电子工业出版社，1991.

[6]　PRZEMIENIECKI J S. Radar Electronic Warfare. Washington：AIAA Education series. 1987.

[7]　SKOLINIK M I. Radar Handbook. 2nd ed. New York：McGraw-Hill，1990.

[8]　军事电子战专辑. 西安电子科技大学，1991.

[9]　反隐身技术研讨会论文集. 北京：机电部电子科学研究院，1990.

[10]　张光义. 相控阵雷达中的一些关键技术. 南京：南京电子技术研究所，1999.

[11]　BARTON D K, LEONOV S A. Radar Technology Encyclopedia. London：Artech House，1997.

[12]　张明友，汪学刚. 雷达系统. 3版. 北京：电子工业出版社，2011.

[13]　RICHARDS M A, SCHEER J A, HOLM W A. Principles of Modern Radar（vol. I）：Basic Principles. Edison：SciTech Publishing，2010.

[14]　SKOLNIK M I. Radar Handbook. 3rd ed. New York：McGraw-Hill，2008.

[15]　BAKER C. An Introduction to Radar systems. Columbus：The Ohio State University，2013.

第 2 章　雷达发射机

2.1　概　述

2.1.1　雷达发射机的任务和功能

雷达发射机的任务是为雷达系统提供一种满足特定要求的大功率射频发射信号，经过馈线和收发开关并由天线辐射到空间。雷达发射机通常分为脉冲调制发射机和连续波发射机。应用最多的是脉冲调制发射机。脉冲调制发射机通常又分为单级振荡式发射机和主振放大式发射机两类。

单级振荡式发射机主要有两种：一种是早期雷达使用的微波三极管和微波器四极管振荡式发射机，其工作频率在 VHF 至 UHF 频段；另一种为磁控管振荡式发射机，可覆盖 L 波段至 Ka 波段(1～40 GHz)。单级振荡式发射机的组成相对比较简单，成本也比较低，但性能较差，特别是频率稳定度低，不具有全相参特性。需要指出，磁控管振荡式发射机可以工作在多个雷达频率波段，加上结构简单、成本较低以及效率高等优点，至今仍有不少雷达系统采用磁控管振荡式发射机。

主振放大式发射机的组成相对复杂，但性能指标好：具有很高的频率稳定度；发射全相参信号，能产生复杂的信号波形，可实现脉冲压缩工作方式；适用于宽带频率捷变工作；等等。但是，主振放大式发射机成本高，组成复杂，效率也较低。迄今为止，大多数雷达，尤其是高稳定、高性能的测控雷达和相控阵雷达等都采用主振放大式发射机。较早的应用实例是 20 世纪 70 年代末期问世的采用大功率速调管放大器的测控雷达发射机，20 世纪 80 年代中期已开始装备使用。紧接着，采用全固态相控阵的三坐标远程警戒雷达发射机也投入使用。

从 20 世纪 60 年代开始，经过 10 多年的努力，到 20 世纪 70 年代中后期，已经有多种全固态雷达发射机开始装备使用。目前，工作频率在 4 GHz 以下的各种全固态雷达发射机，一般采用硅微波双极功率晶体管，已大量地更换掉原有的真空微波雷达发射机。近年来，随着砷化镓场效应晶体管(GaAsFET)的快速发展，使得在 C 波段、X 波段的全固态雷达发射机研究已接近实用阶段。

全固态雷达发射机通常分为两种：一种是集中合成输出结构的高功率固态发射机；另一种是分布合成的相控雷达发射机，详细内容将在本章后面讲述。

2.1.2　单级振荡式发射机和主振放大式发射机

脉冲雷达发射机主要分为单级振荡式发射机和主振放大式发射机两类，下面分别讲述它们的工作原理、基本组成和特点。

1. 单级振荡式发射机

单级振荡式发射机的基本组成如图 2.1 所示，它主要由大功率射频振荡器、脉冲调制器和电源等部分组成。发射机中的大功率射频振荡器在米波一般采用超短波真空三极管，在分米波可采用微波真空三极管、四极管及多腔磁控管,在厘米波至毫米波则常用多腔磁控管和同轴磁控管。常用的脉冲调制器主要有线型(软性开关)调制器、刚性开关调制器和浮动板调制器三类。图 2.1 中还示出了单级振荡式发射机的各级波形,振荡器产生大功率的射频脉冲输出,它的振荡受调制脉冲控制。图 2.1 中,τ 为脉冲宽度,T_r 为脉冲重复周期。

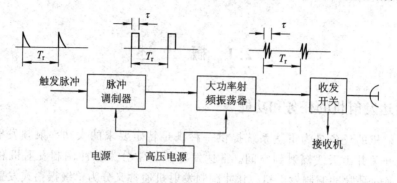

图 2.1　单级振荡式发射机的基本组成

单级振荡式发射机的主要优点是结构简单,比较轻便,效率较高,成本低,所以时至今日仍有一些雷达系统使用磁控管单级振荡式发射机。它的缺点是频率稳定性差(磁控管振荡器的频率稳定度一般为 10^{-4},采用稳频装置以及自动频率调整系统后也只有 10^{-5}),难以产生复杂信号波形,相继的射频脉冲信号之间的相位不相等,因而往往难以满足脉冲压缩、脉冲多普勒等现代雷达系统的要求。

2. 主振放大式发射机

主振放大式发射机的组成如图 2.2 所示,主要由射频放大链、脉冲调制器、固态频率源及高压电源等组成。射频放大链是主振放大式发射机的核心部分,它主要由前级放大器、中间射频功率放大器和输出射频功率放大器组成。前级放大器一般采用微波硅双极功率晶体管;中间射频功率放大器和输出射频功率放大器可采用高功率增益速调管放大器、高增益行波管放大器或高增益前向波管放大器等,或者根据功率、带宽和应用条件将它们适当组合构成。固态频率源是雷达系统的重要组成部分,它主要由高稳定的基准频率源、频率合成器、波形产生器和发射激励(上变频)等部分组成。固态频率源为雷达系统提供射频发射信号频率 f_{RF}、本振信号频率(f_{L1},f_{L2})、中频相干振荡频率 f_{COHO}、定时触发脉冲频率 f_r 以及时钟

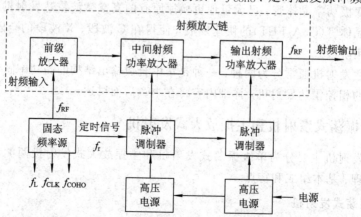

图 2.2　主振放大式发射机的组成

频率 f_{CLK}，这些信号频率受高稳定的基准源控制，它们之间有确定的相位关系，通常称为全相等（或全相干）信号。

脉冲调制器也是主振放大式发射机的重要组成部分。对于脉冲雷达而言，在定时脉冲（即触发脉冲，重复频率为 f_r）的作用下，各级功率放大器受对应的脉冲调制器控制，将频率源送来的发射激励信号进行放大，最后输出大功率的射频脉冲信号。

2.1.3　现代雷达对发射机的主要要求

图 2.3 所示为现代全相参雷达的主振放大式发射机方框图，为了讲述方便，图中主要给出了主振放大式发射机和频率源（见图中虚线框）两部分。图 2.3 中，频率源主要由基准源、频率合成器、波形产生器以及发射激励（上变频）组成。

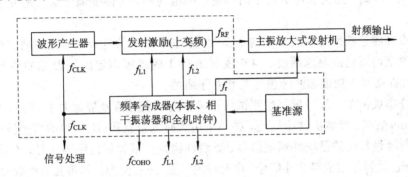

图 2.3　现代全相参雷达的主振放大式发射机方框图

现代雷达对发射机的主要要求如下所述。

1. 发射相位全相参信号

现代雷达需要解决的首要问题是在各种强杂波背景中发现目标并准确地检测出目标的各种参数。这里的杂波主要是地物、海浪、云雨和雪等形成的强反射回波。雷达系统抑制这些杂波主要采用动目标显示（MTI）技术、动目标检测（MTD）技术和脉冲多普勒（PD）技术。无论是 MTI、MTD 或是 PD 技术，都要求输出高稳定的全相参信号，必须采用全相参的主振放大式发射机。

这里所说的相参性，是指发射的射频信号与雷达频率源输出的各种信号（见图 2.3）存在着确定的相位关系。对于单级振荡式发射机，由于脉冲调制器直接控制振荡器工作，每个射频脉冲的起始相位是由振荡器的噪声决定的，因而相继脉冲的射频相位是随机的，或者说单级振荡器输出的射频信号是不相参的。因此通常把单级振荡式发射机称为非相参发射机。

2. 具有很高的频率稳定度

对于 MTI、MTD 和 PD 雷达，为了提供抑制杂波，检测目标回波的性能，要求雷达系统具有很高的频率稳定度（$10^{-8} \sim 10^{-9}$ 甚至更高），必须采用高性能的主振放大式发射机。

在单级振荡式发射机中，信号的载频直接由大功率振荡器决定。由于振荡器的预热漂移、温度漂移、负载变化引起的频率拖引、电子频移、调谐游移以及校准误差等因素，单级振荡式发射机难以具有高频率精度和稳定度。

在主振放大式发射机中，输出射频的精度和稳定度由低功率频率源决定。采用高性能的基准源、直接频率合成技术、锁相环（PLL）频率合成技术以及直接数字频率合成（DDS）技术，可以得到很高的频率稳定度。

3. 能产生复杂信号波形

现代雷达发射机的另一个重要要求是能输出多种复杂信号波形。图 2.3 所示的全相参雷达发射机中，频率源中的波形产生器能产生多种信号波形，如线性调频信号、非线性调频信号及相位编码信号等。

早期的脉冲雷达发射机输出的几乎都是载频固定的矩形脉冲调制波形。载频固定的矩形脉冲调制波形的脉冲宽度 τ 与信号带宽 B 的乘积约等于 $1(B\tau \approx 1)$，不能满足现代雷达系统的要求。

在一定虚警概率下，提高雷达的探测能力必须增加发射信号的能量。信号能量与峰值功率和脉冲宽度 τ 成正比。单方面增加峰值功率，除了增大成本、体积重量之外，还存在许多技术上的困难。因此，加大脉冲宽度 τ 而不增加峰值功率，是保证满足需要的发射信号能量的有效方法。

测距精度和测速精度是现代雷达的重要性能指标：增加信号带宽可以提高测距精度；增加信号脉冲宽度可以提高测速精度。对于发射 $B\tau = 1$ 的载频固定的矩形脉冲调制信号的雷达而言，同时提高测距精度和测速精度是相互矛盾的。

现代高分辨成像雷达和目标特性测试雷达通常要求发射信号带宽大于 10%，脉冲宽度 τ 为 $50\ \mu s \sim 1\ ms$ 量级。要解决这个问题，必须采用大时宽带宽积（$B\tau \gg 1$）的信号波形。这种大时宽带宽积信号最常用的是线性调频信号、非线性调频信号和相位编码信号，在接收机中经脉冲压缩匹配滤波器压缩成窄脉冲信号，窄脉冲的时宽 $\Delta\tau$ 近似为信号带宽的倒数（$\Delta\tau = 1/B$）。

4. 适用宽带频率捷变雷达

现代高性能雷达必须具备的另一种能力是抗干扰性能。对雷达进行干扰的方法有很多，其中最难对付的是发射频谱接近于白噪声的有源干扰，采用宽频带发射机和频率捷变工作方式是对付这种干扰的一种有效方法。

5. 全固态有源相控阵发射机

人们从 20 世纪 60 年代末开始进行固态雷达发射机的设计和研究，到 20 世纪 70 年代中期就已经有多种全固态发射机开始投入使用，如美国的 AN/TPS - 59 和 Pave Paws 雷达发射机。

目前工作频率在 4 GHz 以下的全固态雷达发射机一般采用硅微波双极功率晶体管，已大量地更换原有的电子管发射机。同时，随着砷化镓场效应晶体管（GaAs FET）技术水平的不断进步，全固态发射机在 C 波段、X 波段的研制工作已成为可能。

全固态有源相控阵雷达发射机是一种分布式放大合成发射机，其多辐射单元的有源天线阵由射频固态放大器与馈线、功率分配器、移相器、T/R（收发）组件等构成。固态发射机能实现雷达的多功能化，发射脉冲宽度由射频激励信号决定，它不需要调制器，而且很容易发射各种复杂的信号波形。固态放大器很适合宽脉冲、大工作比应用，适用于 $B\tau \gg 1$ 的脉冲压缩雷达系统。

2.2　雷达发射机的主要质量指标

根据雷达系统的要求，结合现代雷达发射机的技术发展水平，需要对雷达发射机提出一些具体的技术要求。也就是说，必须对发射机规定一些主要的质量指标。这些质量指标基本上可以确定发射机的类型以及相关组成。下面讲述发射机的主要质量指标，而其他有关性能指标及结构、冷却和保护监控等可参阅有关专著。

2.2.1　工作频率和瞬时带宽

雷达发射机的频率是按照雷达的用途确定的。为了提高雷达系统的工作性能和抗干扰能力，有时还要求发射机能在多个频率或多个波段上跳变工作或同时工作。选择工作频率时需要考虑其他有关问题：电波传播受气候条件的影响（吸收、散射和衰减等因素），雷达的测试精度、分辨率，雷达的应用环境（地面、机载、舰载或太空应用等）因素，目前和近期微波功率管的技术水平。

对于地面测控雷达、远程警戒雷达，一般不受体积和重量限制，可选用较低的工作频率。精密跟踪雷达需要选用较高的工作频率。大多数机载雷达因受体积、重量等因素限制而选用 X 波段。

早期的远程警戒雷达的工作频率为 VHF、UHF 频段，发射机大多采用真空三极管、四极管。而在 1000 MHz 以上（如 UHF、L、S、C 和 X 等波段）的发射机，根据工作需要可以采用磁控管、大功率速调管、行波管及前向波管等。

随着微波硅双极晶体管的迅速发展，固态放大器的应用技术也趋于成熟，目前工作在 S 波段的雷达已大量采用全固态发射机。C 波段、X 波段的发射机则仍以真空管为主。近年来，随着砷化镓场效应晶体管放大器技术的进步及其与成熟的有源相控阵技术相结合，C 波段和 X 波段的全固态有源相控阵发射机已从研究阶段逐步走向实用。

雷达发射机的瞬时带宽是指输出功率变化小于 1 dB 的工作频率范围。通常窄频带发射机采用三极真空管、四极真空管、速调管和硅双极晶体管。宽带发射机则选用行波管、前向波管、行波速调管、多注速调管和砷化镓场效应管。对于某些特殊应用的雷达（如成像雷达和目标识别雷达等），信号带宽很宽，需要采用宽带、超宽带雷达发射机。

2.2.2　输出功率

雷达发射机的输出功率直接影响雷达的威力范围和抗干扰能力。通常规定发射机送至馈线系统的功率为发射机输出功率。有时为了测量方便，也可以规定在保证馈线上一定电压驻波比的条件下送到测试负载上的功率为发射机输出功率。

雷达发射机输出功率可分为峰值功率 P_t 和平均功率 P_{av}。P_t 是指脉冲期间射频振荡的平均功率，它不是射频正弦振荡的最大瞬时功率。P_{av} 是指脉冲重复周期内的输出功率的平均值。如果发射波形是简单的矩形射频脉冲串，脉冲宽度为 τ，脉冲重复周期为 T_r，则有

$$P_{av} = P_t \frac{\tau}{T_r} = P_t f_v \qquad (2.2.1)$$

式中，$f_v = \tau/T_r = \tau f_r$，称为雷达的工作比。其中 $f_r = 1/T_r$，是脉冲重复频率。

2.2.3　信号形式和脉冲波形

1. 信号形式

迄今为止，已经有多种形式的雷达信号波形，并可以从不同观点进行分类，通常按照调制方式进行分类。

按照调制方法，可以将雷达信号波形归纳为如图 2.4 所示的几种。

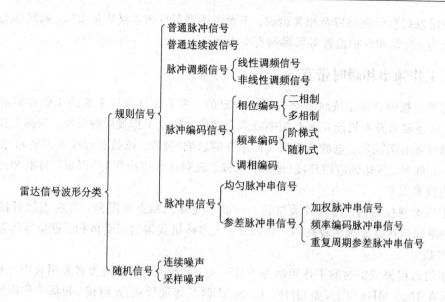

图 2.4　雷达信号波形分类

根据雷达体制的不同，可选用相应的信号形式。表 2.1 列出了常用的几种信号波形的调制方式和工作比 τ/T_r。

表 2.1　雷达常用信号波形的调制方式和工作比

波形	调制类型	工作比（%）
简单脉冲	矩形振幅调制	0.1～1
脉冲压缩	线性调频、脉内相应编码	1～10
高工作比多普勒	矩形调幅	30～50
调频连续波	线性调频、正弦调频、相位编码	100
连续波		100

图 2.5 示出了目前应用较多的三种典型雷达信号形式和调制波形。图 2.5(a)表示简单的载频固定的矩形脉冲调制波形，其中，τ 为脉冲宽度，T_r 为脉冲重复周期；图 2.5(b)是脉冲压缩雷达中所用的线性调频信号；图 2.5(c)示出了相位编码脉冲压缩雷达中使用的相位编码信号（图中所示为 5 位巴克码信号），图中 τ_0 表示子脉冲宽度。

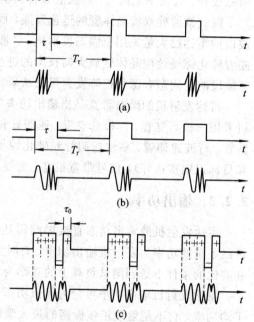

图 2.5　三种典型的雷达信号形式和调制波形
(a) 载频固定的矩形脉冲调制信号；
(b) 线性调频信号；(c) 相位编码信号

2. 脉冲波形

在脉冲雷达中，脉冲波形既有简单等周期矩形脉冲串，也有复杂编码脉冲串。理想矩形脉冲的参数主要为脉冲幅度和脉冲宽度。然而，实际的发射信号一般都不是矩形脉冲，而是具有上升边和下降边的脉冲，而且还有顶部波动和顶部倾斜。

　　图 2.6 示出了发射信号的检波波形示意图。图中，脉冲宽度 τ 为脉冲上升边幅度的 $0.9A$ 处至下降边幅度 $0.9A$ 处之间的脉冲持续时间；脉冲上升边宽度 τ_r 为脉冲上升边幅度 $0.1A\tau$ 到 $0.9A$ 处之间的持续时间；脉冲下降边宽度 τ_f 为脉冲下降边 $0.9A$ 到 $0.1A$ 处之间的持续时间；顶部波动为顶部振铃波形的幅度 Δu 与脉冲幅度 A 之比；顶部倾斜为顶部倾斜幅度与脉冲幅度 A 之比。上述发射信号的检波波形的参数为雷达发射信号的基本参数。

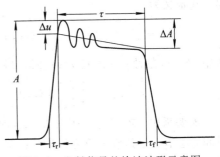

图 2.6　发射信号的检波波形示意图

2.2.4　信号的稳定度和频谱纯度

　　信号的稳定度是指信号的各项参数，即信号的振幅、频率(或相位)、脉冲宽度及脉冲重复频率等随时间变化的程度。由于信号参数的任何不稳定都会影响高性能雷达主要性能指标的实现，因而对信号稳定度提出了严格要求。

　　雷达发射信号 $s(t)$ 可表示为

$$s(t) = \begin{cases} [E_0 + \varepsilon(t)]\cos[2\pi f_0 t + \varphi(t) + \varphi_0], & t_0 + nT_r + \Delta t_0 \leqslant t \leqslant t_0 + nT_r + \Delta t_0 + \tau + \Delta \tau \\ 0, & \text{其余时间} \end{cases}$$

$$(2.2.2)$$

式中，E_0 是等幅射频信号的振幅；$\varepsilon(t)$ 为叠加在 E_0 上的不稳定量；f_0 为射频载波频率；φ_0 为信号的初相；Δt_0 为脉冲信号起始时间的不稳定量；$\Delta \tau$ 为脉冲信号宽度的不稳定量；$n = 0, 1, 2, \cdots$。

　　信号的瞬时频率 f 可表示为

$$f = \frac{\mathrm{d}}{\mathrm{d}t}(2\pi f_0 t + \varphi(t) + \varphi_0) = 2\pi f_0 + \dot{\varphi}(t)$$

$$(2.2.3)$$

式中，$\varphi(t)$ 为相位的不稳定量；$\dot{\varphi}(t)$ 为频率的不稳定量。

　　这些不稳定量通常都很小，即 $\left|\dfrac{\varepsilon(t)}{E_0}\right|$、$|\varphi(t)|$、$\left|\dfrac{\dot{\varphi}(t)}{2\pi f_0}\right|$、$\left|\dfrac{\Delta t_0}{T}\right|$ 和 $\left|\dfrac{\Delta \tau}{\tau}\right|$ 都远小于 1。

　　信号的上述不稳定量可以分为确定的不稳定量和随机的不稳定量。确定的不稳定量是由电源的纹波、脉冲调制波形的顶部波形和外界有规律的机械振动等因素产生的，通常随时间周期性变化；随机性的不稳定量则是由发射管的噪声、调制脉冲的随机起伏等原因造成的。对于这些随机变化，必须用统计的方法进行分析。信号的稳定度可以从时间上度量，也可在频域用傅里叶分析法来度量，两者是等价的。

　　1. 信号稳定度的时域分析

　　信号的确定的不稳定量比较容易分析。由于信号的不稳定量是周期性变化的，因此可以用傅里叶级数展开，取影响较大的基频分量的幅值作为信号稳定度时域度量。为了方便起见，有时可以直接取信号不稳定的幅值和频率作为信号不稳定度的时域度量。

　　对于信号的随机的不稳定量，可以取不稳定量 $x(t)$ 的方差作为度量，方差的定义为

$$\sigma_x^2 = \langle x^2(t) \rangle$$

$$(2.2.4)$$

式中，$\langle \ \rangle$ 表示对集合取统计平均，这里假设 $x(t)$ 的平均值 $\bar{x}$ 等于 0。这个定义在实际中应用起来很困难，因为它要求测量连续数据和无限数据的长度。更为方便的是用采样方差作为度

量，其定义为

$$\sigma_x^2(N, T, \tau) = \left\langle \frac{1}{N-1} \sum_{n=1}^{N} x_n^2 \right\rangle \tag{2.2.5}$$

式中，x_n 是在时间 τ 内对 $x(t)$ 进行采样测量所得到的值，即

$$x_n = \frac{1}{\tau} \int_{t_n}^{t_n+\tau} x(t) \mathrm{d}t, \quad t_{n+1} = t_n + T \quad (n = 0, 1, 2, \cdots) \tag{2.2.6}$$

需要指出，式(2.2.6)中 τ 是采样时间，不一定等于脉冲宽度；T 是相邻两次采样测量的时间，也不一定是脉冲重复周期。在某些特殊情况下，τ 可能等于脉冲宽度，T 可能等于脉冲重复周期，N 为采样测量的总次数。要使上述方差 x_n 的定义成立，需要满足两个条件：一是采样次数 N 增加时，采样方差收敛；二是每 N 次测试为一组，要求取无限次测试的统计平均值。实际上只能进行有限组测量，第二个条件要求取无限次测量难以实现。理论分析表明，对于频率稳定度，由于闪烁噪声的影响，当 $N \to \infty$ 时，会使稳定度的采样方差变得不收敛。为了解决这个问题，20 世纪 70 年代初期美国 IEEE 小组推荐采用双采样($N=2$)无间歇($T=\tau$)方差作为频率稳定度的时域度量，又称阿仑方差：

$$\sigma_y^2(\tau) = \left\langle \frac{1}{2} (\bar{y}_{k+1} - \bar{y}_k)^2 \right\rangle \tag{2.2.7}$$

式中：

$$\bar{y}_k = \frac{1}{\tau} \int_{t_k}^{t_k+\tau} y(t) \mathrm{d}t \tag{2.2.8}$$

$$y(t) = \frac{\dot{\varphi}(t)}{2\pi f_0} \tag{2.2.9}$$

目前阿仑方差的概念已被普遍采用，当然，阿仑方差也有不足之处，因此有人在探求更完善的度量方法。

对于雷达信号的稳定度，通常更关心短期稳定度，可以忽略那些变化非常缓慢的过程。因此可以把阿仑方差从频率稳定度应用到雷达其他参数的稳定度分析中。忽略了变化非常缓慢的过程后，$\sigma_x^2(N, T, \tau)$ 不收敛的问题就不存在了，在不同场合也可以用 $\sigma_x^2(N, T, \tau)$ 作为时域度量。可以证明，当测量组数 m 很大时，m 组平均所得值与真实方差值之间的相对误差 δ 服从正态分布，其均值为 0。当 $m > 10$ 时，其方差近似为

$$\sigma(\delta) \approx \frac{1}{\sqrt{m}} \tag{2.2.10}$$

例如，进行了 1000 组测量，$\sigma(\delta) \approx 3\%$，这就是说 m 组测试的平均结果与真实方差之间的误差在 $\pm 3\%$ 以内的概率为 68%，误差在 $\pm 10\%$ 以内的概率为 99.9%。

以上分析表明，对于雷达信号的随机的不稳定量，可以分别用振幅、频率或相位、脉冲宽度和定时的采样方差进行度量。

2. 信号稳定度的频域分析

任何平稳随机过程可以在傅里叶频率内用它的功率谱密度(简称谱密度)来表示。根据维纳-辛钦(Wiener-Khinchin)定理，平稳遍历随机过程的功率谱密度与其自相关函数成傅里叶变换对关系。对于实随机过程，由于相关函数和谱密度都是偶函数，因此傅里叶变换具有余弦形式。随机过程 $\xi(t)$ 的自相关函数 $R(\tau)$ 定义为

$$R(\tau) = \langle \xi(t)\xi(t+\tau) \rangle = \lim_{T \to \infty} \frac{1}{T} \int_{-\frac{T}{2}}^{\frac{T}{2}} \xi(t)\xi(t+\tau) \mathrm{d}t \tag{2.2.11}$$

而其谱密度 $W(f)$ 与 $R(\tau)$ 分别为

$$W(f) = 2\int_{-\infty}^{\infty} R(\tau)\cos 2\pi f\tau \, \mathrm{d}\tau \tag{2.2.12}$$

$$R(\tau) = \int_{0}^{\infty} W(f)\cos 2\pi f\tau \, \mathrm{d}f \tag{2.2.13}$$

注意式(2.2.12)和式(2.2.13)中，$W(f)$ 是单边功率谱密度，即它考虑的傅里叶频率范围是 $0\rightarrow\infty$，没有考虑负频率成分。有的书上定义 $W(f)$ 为双边功率谱密度，它所考虑的傅里叶频率是 $-\infty\rightarrow\infty$。显然，单边谱密度的值要比双边谱密度大一倍，图 2.7 示出了两者的关系，它们是只有寄生相位调制而无振幅调制信号的两种频谱表示法。由于对雷达信号进行谱密度测量时所得的是单边谱密度，所以为一致起见在这里采用单边谱密度的定义。

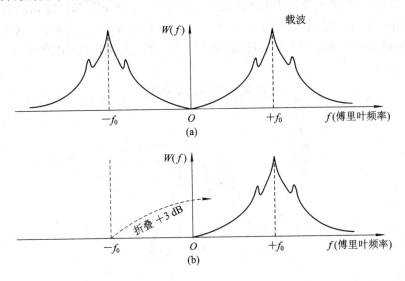

图 2.7 信号功率谱密度的两种表示法
(a) 双边谱密度；(b) 单边谱密度

如果随机过程 $\xi(t)$ 实际上是一个确定性的过程，如 $\xi(t) = A_0\cos 2\pi f_0 t$，则其自相关函数具有周期性形式：

$$R(\tau) = \frac{A_0^2}{2}\cos 2\pi f_0 \tau \tag{2.2.14}$$

此时，式(2.2.12)是不收敛的。然而，可以引入分配函数的概念：

$$\int_{-\infty}^{\infty} \cos 2\pi ft \, \mathrm{d}t = \delta(f) \tag{2.2.15}$$

式中，$\delta(f)$ 是冲激函数，则相应的谱密度可表示为

$$W(f) = \frac{A_0^2}{2}\int_{-\infty}^{\infty} \left[\cos 2\pi(f+f_0)\tau + \cos 2\pi(f-f_0)\tau\right]\mathrm{d}\tau$$

$$= \frac{A_0^2}{2}\delta(f-f_0) \tag{2.2.16}$$

式中没有包括 $\delta(f+f_0)$ 这一项，因为它对正傅里叶频率没有贡献。式(2.2.16)说明谱密度为离散分量。这个离散分量($f=f_0$)具有功率 $\frac{A_0^2}{2}$。在一般情况下谱密度是连续分布的，因而在某个频率上功率无穷小，只有在一个频带内才具有一定的功率电平。

根据以上说明，可以考察雷达信号 $s(t)$。如前所述，$s(t)$ 可以看作一个平稳遍历性随机

过程，所以它有谱密度 $S(f)$ 存在。显然，如果 $s(t)$ 没有任何寄生调制，而是一个完全稳定的信息，例如是一个理想的矩形射频脉冲列，那么它的谱密度为纯离散谱结构，仅在 $f_0 \pm nf_r$（f_r 为脉冲重复频率，$n=1,2,3,\cdots$）各个傅里叶频率上有分量，它们相对于载频 f_0 的振幅是按辛格函数变化的。图 2.8 示出了矩形射频脉冲列的理想频谱。实际上，由于发射机各部分的不稳定性，发射信号会在理想的梳齿状谱线之外产生寄生输出。图 2.9 示出了实际发射信号的频谱。从图中可以看出，存在两种类型的寄生输出：一类是离散型寄生输出，另一类是分布型寄生输出。前者相应于信号的规律性不稳定，后者相应于信号的随机性不稳定。对于离散型寄生输出，信号频谱纯度定义为该离散分量的单边带功率与信号功率之比，以分贝（dB）计。对于分布型寄生输出，信号频谱纯度则定义为以偏离载频若干赫兹（Hz）的傅里叶频率（以 f_m 表示）上每单位频带的单边带功率与信号功率之比，其单位以 dB/Hz 计。由于分布型寄生输出对于 f_m 的分布是不均匀的，所以信号频谱纯度是 f_m 的函数，通常用 $L(f_m)$ 表示。通常测量设备的有效带宽不是 1 Hz 而是 ΔB Hz，那么所测得的 dB 值与 $L(f_m)$ 的关系可近似表示为

$$L(f_m) = 10\ \lg \frac{\Delta B\ \text{带宽内的单边带功率}}{\text{信号功率}} - 10\ \lg \Delta B \quad \text{dB/Hz} \qquad (2.2.17)$$

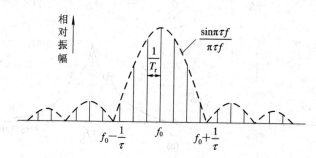

图 2.8　矩形射频脉冲列的理想频谱

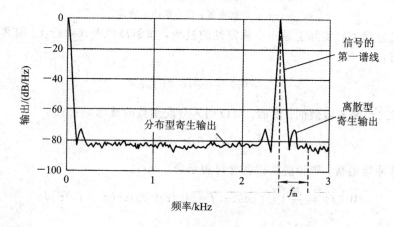

图 2.9　实际发射信号的频谱

现代雷达对信号的频谱纯度提出了很高的要求。例如，对于脉冲多普勒雷达发射机频谱纯度的典型要求是 -80 dB，为了满足这一要求，发射机需要精心设计。

2.2.5　发射机的效率

发射机的效率通常是指发射机输出射频功率与输入供电（交流市电）或发电机的输入功

率(包含冷却耗电)之比。连续波雷达的发射机效率较高,一般为 20%~30%。高峰值功率、低工作比的脉冲雷达发射机的效率较低;速调管、行波管发射机的效率较低;磁控管单级振荡式发射机、前向波管发射机的效率相对较高;分布式全固态发射机的效率也比较高。

需要指出,由于雷达发射机在雷达系统中成本最昂贵,耗电最多,因此提高发射机,尤其单级振荡器或末级功率放大器的效率,对于节省能耗和降低运行费用都有重要意义。

除了上述对发射机的主要电性能要求之外,还有结构、使用及其他方面的要求。在结构上,应考虑发射机的体积、重量、通风、散热、防震、防潮、调整、调谐等问题;在使用上,应考虑控制监视、便于检查维修、安全保护和稳定可靠等因素。

2.3　雷达发射机的主要部件和各种应用

现代雷达已被广泛应用于国防、国民经济、航空航天、太空探测等领域。雷达发射机技术除了应用于雷达外,在导航、电子对抗、遥测、遥控、电离探测、高能加速器、工业微波加热、医疗设备、仪表设备、高能微波武器等方面都得到了广泛应用。

在雷达系统中,根据雷达的体制对雷达发射机提出了不同的要求。雷达发射机按产生射频信号的方式,分为单级振荡式发射机和主振放大式发射机;按发射信号形式,分为连续波发射机和脉冲发射机;按发射机产生射频信号所采用的器件,可分为电真空器件发射机和全固态发射机;按用途和应用平台不同,可分为地面雷达发射机、舰载雷达发射机、机载雷达发射机和星载雷达发射机等。

下面首先介绍发射机的主要部件,然后重点讲述几种典型的发射机应用。

2.3.1　发射机的主要部件

1. 射频大功率振荡器和射频放大链

单级振荡式发射机采用与要求的输出功率、工作频率相对应的真空三极电子管、四极电子管振荡器或磁控管振荡器。对于主振放大式发射机,峰值功率在 1 MW 以内,一般采用行波管速调管放大器,通常可以由一级固态放大器驱动一级电真空放大器;高增益的行波管-行波放大链具有较宽的瞬时带宽,可用较少的级数提供高的增益,常用于机载雷达以及轻便式移动雷达;峰值功率大于 1 MW 的行波或速调管发射机和峰值功率在 100 kW 以上的前向波管发射机,则可由一级固态放大器(前级放大器)、一级中功率放大器和一级高功率放大器组成;当需要获得更高的峰值功率和平均功率而采用单个末级微波功率管有困难时,则可通过将多个中、大功率微波管并联合成来获得,其方法有集中合成法和空间合成法两种。

2. 调制器、高压电源和冷却系统

调制器是雷达发射机的重要组成部分。高峰值功率阴极调制微波管需要大功率线型调制器或刚性调制器。线型调制器的高压电源一般采用多相整流的低频(50 Hz 或 400 Hz)电源。发射机的冷却系统一般采用强迫风冷却加液体冷却或者强迫风冷却、液体冷却加蒸发冷却的方式。

对于栅极调制(可分为阳极调制、聚焦电极调制以及控制电极调制等)微波管发射机,通常采用浮动板调制器。由于它的高压电源较高,功率较大,而且电源的稳定度和纹波直接影响输出信号的质量,因此一般采用稳定度较高的高频逆变电源,而冷却系统通常采用强迫风

冷却加液体冷却的方式。

3. 射频器件

射频器件主要包括收发开关、环行器、定向耦合器、移相器、隔离器和衰减器等。这里主要介绍收发开关和环行器。

脉冲雷达的天线是共用的，需要一个收发转换开关（简称收发开关，用 T/R 表示）。在发射时，收发开关与发射机接通，并与接收机断开，以免高功率射频信号烧毁接收机高频放大器或混频器；在接收时，天线与接收机接通，并与发射机断开。目前使用较多的是平衡式收发开关和由铁氧体环行器（或隔离器）与接收机保护器构成的收发开关。

平衡式收发开关的原理如图 2.10 所示。图中，TR_1、TR_2 是一对宽带的接收机保护放电管。在这对气体放电管的两侧，各接有一个 3 dB 裂缝桥，整个开关的四个波导口的连接如图 2.10 所示。3 dB 裂缝桥的特性为：在四个端口中，相邻两端（如端口 1 和端口 2）是相互隔离的，当信号从其一端输入时，从另外两端输出的信号大小相等，相位相差 90°。下面讨论这种收发开关的原理。

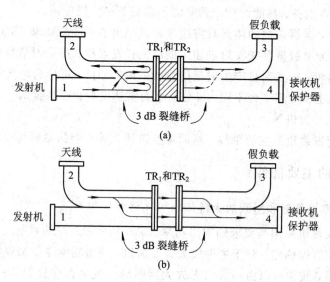

图 2.10　平衡式收发开关原理图
（a）发射状态；（b）接收状态

发射机状态的能量传输如图 2.10(a) 所示。这时来自发射机的高频大功率能量从 1 端输入，TR_1 和 TR_2 都放电，所以绝大部分能量都被反射回来，进入天线。漏过放电管的两路高频信号在 4 端反相相消，从而保护了接收机；而在 3 端则同相相加，被假负载所吸收。

接收状态的能量传输如图 2.10(b) 所示。这时从天线输入的回波信号很微弱，两个放电管均不放电，信号将通过放电管，在 4 端同相相加而进入接收机，在 3 端则反相相消而无输出。由于 3 dB 裂缝桥的隔离特性，回波信号只有极小一部分传向 1 端而进入发射机。平衡式收发开关的功率能量大，频带也较宽，一般为 5%～10%，而且在发射状态时，漏入接收机的能量也较小。

由于大功率、低损耗铁氧体环行器的研制成功，出现了一种由铁氧体环行器、TR 管（有源的或无源的）和微波限幅器组成的收发开关——接收机保护器，如图 2.11 所示。图中收发开关由环行器组成，接收机保护器由 TR 管和微波限幅器组成。

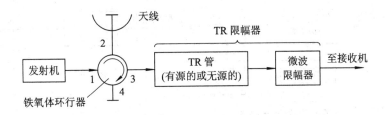

图 2.11　接收机保护器

　　大功率铁氧体环行器具有结构紧凑、承受功率大、插入损耗小(典型值为 0.5 dB)和使用寿命长等优点，但它的发射端 1 和接收端 3 之间的隔离约为 20~30 dB。一般来说，接收机与发射机之间的隔离度要求为 60~80 dB，所以在环行器 3 端与接收机之间必须加上由 TR 管和微波限幅器组成的接收机保护器。

　　TR 管分为有源的和无源的两类。有源的 TR 管工作时必须施加一定的辅助电压，使其中一部分气体电离。它有两个缺点：第一是由于外加辅助电压产生的附加噪声使系统噪声温度增加 50 K(约 0.7 dB)；第二是雷达关机时没有辅助电压，TR 管不起保护作用，此时邻近雷达的辐射能量将烧毁接收机。现在已出现了一种新型的无源 TR 管，其内部充有处于激发状态的氚气，不需要外加辅助电压，因此在雷达关机时仍能起保护接收机的作用。

2.3.2　几种典型的雷达发射机

　　这里主要介绍四种采用电真空器件的典型雷达发射机：自激(单级)振荡式发射机，高功率速调管发射机，宽带高增益行波管发射机，宽带大功率行波管-前向波管发射机。

　　图 2.12 示出了几种常用雷达发射机的典型组成方框图。

1. 自激(单级)振荡式发射机

　　早期的常规脉冲雷达对发射机的频率稳定度没有严格要求，一般都选择简单的自激振荡式发射机。图 2.12(a)示出了自激振荡式发射机的组成框图。当工作频率在 VHF 至 UHF 时，振荡器采用真空三极管、四极管；当工作频率在 L 波段至 Ka 波段(1~40 GHz)时，采用多腔磁控管或同轴磁控管振荡器。

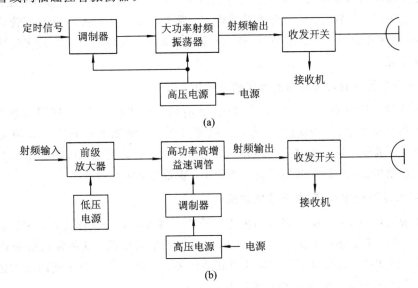

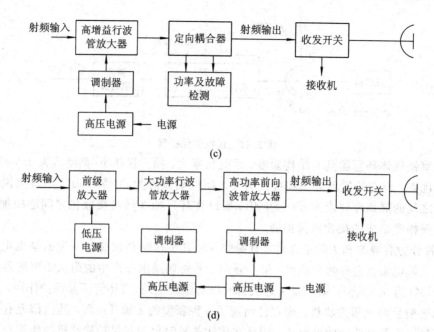

图 2.12　几种常用雷达发射机的典型组成方框图
(a) 自激振荡式发射机；(b) 高功率速调管发射机；(c) 宽带高增益行波管发射机；
(d) 宽带大功率行波管-前向波管发射机

　　早期的地面警戒引导雷达、火控雷达以及气象雷达等大多采用自激振荡式发射机。自激振荡式发射机的优点是结构简单，成本低，比较轻便。它的主要缺点是频率稳定性差（$10^{-4} \sim 10^{-5}$），难以产生复杂波形，相继高频脉冲之间的相位不相参，因而难以满足脉冲多普勒和脉冲压缩等现代雷达的要求。

2. 高功率速调管发射机

　　图 2.12(b)示出了高功率速调管发射机的典型组成。对于大型地面固定雷达，如远程预警雷达、精密跟踪雷达，要求发射机的输出功率高，瞬时带宽较窄，脉冲宽度和重复频率变化不大，应首选高功率速调管发射机。这种发射机大都采用高功率阴极调制单注速调管，具有功率大、效率高、寿命长、运行费用低等优点。需要说明一点，高功率速调管放大链需要的附加设备(如聚焦磁场、防护设备等)多，从而使放大链较为笨重，所以较多地应用于窄带工作的地面雷达。

3. 用于机载雷达的宽带高增益行波管发射机

　　机载雷达发射机目前大多工作在 X 波段，也有机载全相参雷达工作在 Ku 波段的。峰值功率为几千瓦至几十千瓦，平均功率为几百瓦至几千瓦。早期的机载雷达采用磁控管发射机，目前大多数机载雷达采用宽带高增益行波管发射机，其典型组成框图如图 2.12(c)所示。它的主要优点是增益高，瞬时带宽较宽，体积小，重量轻，成本较低。

4. 宽带大功率行波管-前向波管发射机

　　对于宽带大功率发射机，一般采用由行波管放大器推动前向波管放大的多级放大链。图 2.12(d)示出了宽带大功率行波管加前向波管发射机的组成框图。这种发射机的特点是行波管具有宽带，高增益，前向波管具有高功率和高效率。这是一种比较优选的放大链组合，主要应用于可移动式车载测控雷达和机载预警雷达。

2.3.3　全固态雷达发射机

全固态雷达发射机一般分为两种类型：第一种是集中合成式全固态雷达发射机；第二种是分布式空间合成有源相控阵雷达发射机。自 20 世纪 70 年代以来，全固态雷达发射机已经有了飞速发展。目前，全固态雷达发射机的工作频率范围在 P 波段、L 波段和 S 波段，在 C 波段和 X 波段的研究开发进展得也很快。

全固态雷达发射机与电真空管(如速调管、行波管、前向波管等)发射机相比具有明显的优点：全固态雷达发射机不需要阴极加热，不存在预热时间，节省了灯丝功率(当然也节省了制作工艺要求很高的灯系变压器)，使用寿命几乎是无限的；工作电压低；末级功率放大器的电源电压一般不超过 60 V；不需要电真空管发射机必需的大功率、高电压调制器；具有比电真空管发射机更宽的瞬时带宽，一般可达 20%～30%；具有高可靠性，其晶体管功率放大模块的平均无故障时间(MTBT)为 100 000～200 000 h；在某些应用场合效率较高，可达 20%；采用标准化、模块化、商品化的功率放大组件和 T/R 组件，具有很大的灵活性和很好的互换性。

图 2.13 示出了全固态雷达发射机的典型组成框图。图 2.13(a)为集中式高功率全固态发射机的组成框图。射频输入信号经前级固态放大器放大后送至 1：n 功率分配器，该功率分配器分别驱动 No.1～No.n 功率放大器组件。n：1 功率合成器将 n 路功率放大组件的输出合成并输出大功率的射频信号。功率放大器组件是集中式高功率全固态发射机的关键部件，应根据要求输出的总的峰值功率和平均功率来确定放大器的组件数量 n。从设计和技术实现考虑，n 值一般取为 8 的整数倍，如 8，16，24，…。

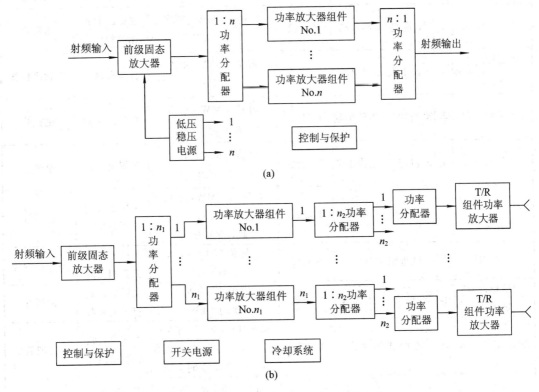

(a)

(b)

图 2.13　全固态雷达发射机的典型组成框图

(a) 集中式高功率全固态发射机；(b) 分布式有源相控阵雷达发射机

分布式有源相控阵雷达发射机的原理框图如图 2.13(b)所示，其主要组成部分为：前级固态放大器，$1:n_1$ 功率分配器和 n_1 个功率放大器组件，n_1 个 $1:n_2$ 功率分配器和 $n_1 \times n_2$ 个 T/R 组件功率放大器，以及开关电源、控制与保护、冷却系统等。从图 2.13(b)中看出，在分布式有源相控阵雷达发射机中，射频输入信号经过前级固态放大器和 n_1 个功率放大器组件放大，最后由 $n_1 \times n_2$ 个 T/R 组件功率放大器输出射率功率信号，通过相对应的辐射阵元天线在空间合成为大功率的射频信号，因此有时又将这种雷达发射机称为空间合成式有源相控阵雷达发射机。

T/R 组件功率放大器是有源相控阵雷达发射机最关键和最重要的部件，也是有源相控阵雷达的基本单元，其数量（$n_1 \times n_2$）少则几十、几百，多则成千上万。设计完善、制作精准的 T/R 组件功率放大器直接决定了发射机的性能、可靠性和造价，对整个雷达起着决定性的作用。

2.3.4　国内外典型雷达发射机概况

表 2.2 列出了近几十年来国内外一些典型雷达发射机的研制年代、工作频率、输出功率、工作方式（形式）和所选用的功率器件类型。

表 2.2　典型雷达发射机一览表

型号或代号	国别	研制年代	主要技术参数		形式	功率器件类型
			工作频率	输出功率		
测试雷达	中	20 世纪 60 年代初	VHF	峰值 1 MW，平均 4 kW	自激振荡式	四极管
AN/FPS-85	美	20 世纪 60 年代初	P 波段	峰值 32 MW，平均 400 kW	主振放大式无源相控阵	四极管
精密跟踪测量雷达	中	20 世纪 60 年代	C 波段	峰值 1 MW，平均 1 kW	自激振荡式	同轴磁控管
AN/FPS-16	美	20 世纪 50 年代中期	C 波段	峰值 1 MW，平均大于 640 kW	自激振荡式	磁控管
AN/FPS-50	美	20 世纪 50 年代中期	P 波段	峰值 5 MW，平均 300 kW	主振放大式	速调管
大型相控阵预警雷达	中	20 世纪 70 年代	P 波段	峰值 2.5 MW，平均 50 kW（单管），四管并联，空间合成	主振放大式无源相控阵	速调管
测试雷达	中	20 世纪 90 年代	S 波段	峰值 250 kW，平均 5 kW	主振放大式无源相控阵	多注速调管
舰载精密测试雷达	中	20 世纪 70 年代末	C 波段	峰值 2.5 kW，平均 6 kW	主振放大式双工或并联	速调管
AN/FPS-108	美	20 世纪 70 年代	L 波段	峰值 15.4 MW，平均 1 MW，96 个行波管推动 96 个子阵，空间合成	主振放大式有源相控阵	行波管
AN/TPQ-37	美	20 世纪 70 年代	S 波段	峰值 125 kW，平均 5 kW	主振放大式无源相控阵	行波管

型号或代号	国别	研制年代	主要技术参数		形式	功率器件类型
			工作频率	输出功率		
机载火控雷达	中	20 世纪 80 年代	X 波段		主振放大式	栅控行波管
机载火控雷达	中	20 世纪 80 年代	X 波段		主振放大式	双模栅控行波管
AN/FPS-70	美	20 世纪 80 年代初	S 波段	峰值 3.5 MW,平均 6.2 kW,宽带放大 200 MHz	主振放大式	行波速调管
AN/MPS-39	美	20 世纪 80 年代中期	C 波段	峰值 1MW,平均 5 kW,宽带放大 500 MHz	主振放大式无源相控阵	前向波放大管
车载测试雷达	中	20 世纪 80 年代末	C 波段	峰值 500 kW,平均 1 kW	主振放大式	前向波放大管
AN/FPS-115 (PAVE PAWS)	美	20 世纪 70 年代	P 波段	峰值 582.4 kW,平均 145 kW	主振放大式有源相控阵	硅双极晶体管
AN/SPS-40	美	20 世纪 60 年代	P 波段	峰值 250 kW,平均 4 kW	主振放大式高功率相加	硅双极晶体管
AN/FPS-117	美	20 世纪 70 年代	L 波段	峰值 24.75 kW,平均 5 kW	主振放大式行馈相控阵	硅双极晶体管
YLC-1	中	20 世纪 70 年代	P 波段	峰值约 25 kW,平均 2.5 kW	主振放大式行馈相控阵	硅双极晶体管
YLC-4	中	20 世纪 80 年代初	P 波段		主振集中放大式	硅双极晶体管
YLC-2	中	20 世纪 80 年代	L 波段		主振放大式行馈相控阵	硅双极晶体管
YLC-6	中	20 世纪 80 年代末	S 波段		主振集中放大式	硅双极晶体管
SLC-2	中	20 世纪 90 年代	S 波段		主振放大式有源相控阵	硅双极晶体管
精密跟踪制导雷达	中	21 世纪 10 年代初期	C 波段	峰值 125 kW,平均 5 kW	主振放大式无源相控阵	行波管
多功能精密跟踪制导雷达	中	21 世纪 10 年代初期	C 波段	峰值 200 kW,平均 10 kW	主振放大式无源相控阵	行波管

2.4　真空管雷达发射机

在脉冲雷达中,用于发射机的真空管按工作原理可以分为三种:真空微波三极管、四极管,线性电子注微波管(又称线性注管或 O 型管等),正交场微波管(又称 M 型管)。

真空微波三极管、四极管的工作原理是基于栅极的静电控制，但在结构上做了较大改进，减小了电子渡越效应、引线电感和极间电容的影响。目前，微波三极管、四极管的最高工作频率可达 2 GHz，但在发射机中作为功放级，大都在 1 GHz 以下。

O 型管和 M 型管都属于动态控制的微波管，它们包括电子枪（或阴极）、相互作用区（谐振腔或慢波系统）和收集极三部分。O 型管主要有行波管（螺旋线行波管、耦合腔行波管等）、速调管及行波速调管三种。M 型管主要分为谐振型和非谐振型两类：谐振型中最具有代表性的管种就是常规雷达中用得最多的磁控管；非谐振型主要有前向波管、返波管等。

20 世纪末期，用于雷达发射机的固态功率晶体管发展很快，相继出现了多种全固态发射机，目前它们的应用频率范围主要还在 P 波段、L 波段和 S 波段。但是，在高功率、高频率和窄脉冲的应用领域里，真空微波功率管仍占优势地位，两者处在不断发展之中，并将相互竞争、取长补短、长期共存地发展。

2.4.1　真空微波管的选择

根据发射机的不同用途和真空微波管的性能特点，择优选用所需的真空微波管，以满足雷达系统对发射机各项技术指标的要求，可以考虑从以下几个方面选择真空微波管。

1. 单级振荡式发射机

磁控管振荡器在早期雷达中使用已久，应用广泛。它的突出优点是工作电压较低，效率高，体积小，重量轻，价格低。因此，只要能满足雷达系统的要求，磁控管仍是优选的微波管。但是，磁控管发射机存在着频率稳定性差、射频脉冲间不具有相位相参性以及不适应产生复杂波形等缺点，使它在现代雷达的应用中受到了限制。

2. 地面固定雷达发射机

对于地面固定雷达，如远程搜索警戒雷达或精度测控雷达，要求发射机输出功率高，脉冲宽度和重复频率变化不大，瞬时带宽较窄。应首选阴极调制的高功率、高增益的单注速调管，它具有功率大、效率高、易冷却、电路较简单、寿命长和运行费用低等优点。

3. 机载侦察及火控雷达

机载侦察及火控雷达是一种多功能雷达，具有多种工作模式，因而要求发射机的脉冲宽度和重复频率变化范围大，瞬时频带宽，工作效率高，可靠性好，而且体积小，重量轻。应首选具有降压收集极的栅控调制、高增益行波管。

4. 机载预警雷达发射机

机载预警雷达要求发射机的输出功率大，瞬时频带宽，脉冲宽度和重复频率变化范围大，效率高，可靠性好，体积小，重量轻，可采用栅极调制的耦合腔行波管，也可以选用控制极调制或阴极调制的多注速调管。近年来，直流运行的前向波管也受到越来越多的重视。

5. 舰载雷达发射机

舰载雷达发射机的性能指标和基本组成与地面雷达发射机类似，早期采用单级振荡式磁控管发射机。近年来也开始使用主振放大式发射机。当要求窄带工作时，一般来说前级采用固态放大器，中间级采用行波管来推动末级大功率速调管；当要求宽带工作时，采用前级固态放大器推动末级大功率前向波管放大器。

6. 星载雷达发射机

星载雷达主要用来进行地形测绘成像，也用于开发自然资源等方面，要求发射机寿命长，效率高，体积小，重量轻，可靠性高。应首选高效率、长寿命的行波管放大器，有时采用永磁速调管放大器，也可选用由微波集成电器和微型行波管集成的微波功率模块（MPM）。目前越来越多的星载雷达发射机采用全固体微波晶体管放大器。

7. 低频大功率超视距雷达发射机

超视距雷达发射机要求输出功率大，相对频带宽，脉冲宽度宽，重复频率低或采用连续波工作方式。可以首选具有连续波工作能力的栅控管或固态微波功率放大器。

8. 高功率毫米波小目标测试、目标识别和成像雷达

由于要求发射机输出功率高，工作频带宽，采用多种信号形式，因而可首选毫米波回旋管放大器，当要求功率较小时也可以选用毫米波行波管。

表 2.3 列出了各种用途雷达发射机、导航信标及电子对抗发射机中常用的微波功率器件。

表 2.3　各种用途雷达发射机、导航信标及电子对抗发射机中常用的微波功率器件

应用器件 / 应用领域		地　面	空　用	太空用
雷达	搜索、警戒和测控	三极管和四极管、速调管、行波管、前向波管、耦合腔行波管、行波速调管、磁控管、微波硅双极管、金属氧化物半导体场效应管和砷化镓场效应管	行波管、速调管、微波硅双极管和砷化镓场效应管	行波管、速调管、微波硅双极管、砷化镓场效应管
	火控	行波管、正交场放大管、砷化镓场效应管	行波管、磁控管、砷化镓场效应管	
	机载预警		速调管、微波硅双极管、行波管、前向波管	
	气象雷达	速调管、微波硅双极管	行波管、磁控管	
	导弹制导	砷化镓场效应管	行波管	
导航信标		磁控管（已被固态代替）、微波硅双极管		
电子对抗		行波管、微波硅双极管	行波管、砷化镓场效应管	

2.4.2　线性注管（O 型管）

在雷达发射机中，使用较多的线性注管主要有行波管（螺旋行波管和耦合腔行波管等）、速调管（单注速调管和多注速调管等）和行波速调管三种。

电子注管的特点是电子枪所产生的电子呈直线形，因此又称为直线电子注微波管。直线形的电子注在相互作用区与输入射频信号所形成的射频场相互作用，电子注受到射频场的调制而形成群聚。群聚的电子注又把从直流场取得的能量交给射频场，使射频信号得以放大。射频能量的电子注仍以一定的速度打到收集极，被收集极吸收。为了使电子注在渡越过程中保持细长的圆柱形，通常需要加上与电子注平行的直流磁场，防止电子注的散焦。

1. 行波管

在雷达发射机中，行波管是一种应用范围最广和工作频率范围最宽的微波放大器件。行波管的结构包括电子枪（或阴极）、相互作用区（慢波结构）和收集极三部分。小功率和中功率行波管通常作为前级激励放大器去推动大功率多腔速调管或 M 型微波放大管。在机载雷达发射机中，普遍采用宽频带、大功率栅控行波管作为末级放大器。

根据行波管慢波结构的不同，可分为螺旋线行波管（含环圈、环杆行波管）和耦合腔行波管等几种。按功能要求，可分为宽带行波管、大功率行波管以及双模行波管等。在雷达发射机中，主要使用中、大功率的耦合腔行波管、双模行波管以及用于微波功率模块的微型行波管等。图 2.14 示出了螺旋线行波管和耦合腔行波管的内部结构示意图。

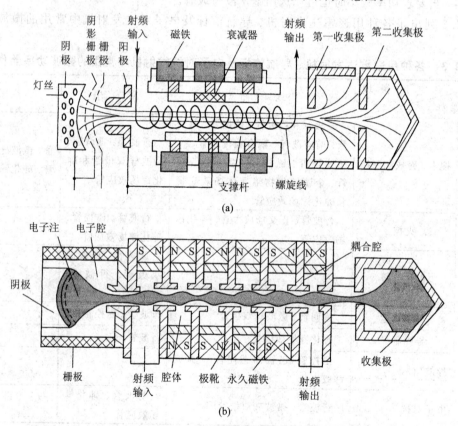

图 2.14　螺旋线行波管和耦合腔行波管的内部结构示意图
(a) 螺旋线行波管的内部结构剖视图；(b) 耦合腔行波管的内部结构剖视图

图 2.14(a)为螺旋线行波管的内部结构剖视图。螺旋线慢波电路由很细的钨丝或钼丝绕制而成。它非常脆弱而且热容量小，但带宽很宽。由于螺旋线是均匀的，因此在螺旋线中传播的射频波其相速可在一个很宽的频率范围内保持近似不变，再加上负色散技术可以将低频射频波相速拉平，所以通常可获得 3：1 或更大的带宽。还有一种衍生螺旋线行波管，其慢波电路为环圈、环杆和双带对绕或双螺线结构，它的尺寸和热容量比螺旋线大，因此具有较高的功率容量，但频带稍窄一些。

耦合腔行波管的内部结构剖视图如图 2.14(b)所示。耦合腔的慢波结构一般由 50～60 个全金属结构的相邻腔体组成。射频波通过相邻腔体壁的耦合槽或耦合孔传播时，好比在一个折叠波导中传播。这种结构是全金属的，具有尺寸大、功率容量大和容易冷却等优点，适用于高功率(峰值功率可达 200 kW，平均功率可达数十千瓦)发射机应用。它是行波管中的高功率放大器件，其瞬时带宽约为 10%。

2. 速调管

速调管的工作原理和性能与行波管类似，同属于线性电子注真空微波功率管。不同之处是速调管依靠腔体之间隙处的外加射频场对电子注中的电子进行速度调制而实现能量交换。在雷达发射机中，主要采用单注多腔速调管、多注速调管和行波速调管三类。

图 2.15 示出了单注多腔速调管的结构示意图。单注多腔速调管的相互作用结构由射频输入腔、漂移腔和射频输出腔组成。单注多腔速调管的电子枪比较简单，一般为二极管枪，它具有大功率、高增益的突出优点，但瞬时带宽较窄。提高速调管的增益可以适当增加腔体数目，一般情况有 3～5 个或更多腔体。就一定带宽而言，多腔速调管的增益可以从 30 dB 提高到 65 dB。采用腔体参差调谐或降低 Q 值，可以增加带宽，但同时会降低增益和效率，需要折中考虑。高功率的单注速调管采用阳极调制；中、低功率时可采用栅极调制或阳极调制。在 L 波段，高功率速调管输出峰值功率可大于 5 MW，增益通常为 30～65 dB，效率为 20%～65%，瞬时带宽为 1%～10%。高功率单注多腔速调管采用电磁线包聚焦系统，低功率、高频段、窄带速调管则可以采用同期永磁聚焦系统。

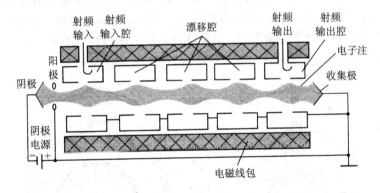

图 2.15　单注多腔速调管的结构示意图

多注速调管的电子枪多为带控制电极的电子枪，电子注数目多达 6～36 个，它的相互作用结构由输入腔、谐振腔、漂移腔和输出腔组成，该相互作用结构为多个电子注共用，其结构比较复杂。图 2.16 给出了多注速调管的内部结构示意图。

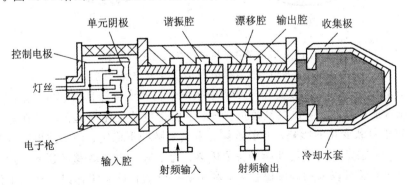

图 2.16　多注速调管的内部结构示意图

多注速调管的工作电压较低，可以方便地采用控制电极调制和永磁聚焦。它具有瞬时频带宽、效率高、体积小、重量轻等优点，是高机动雷达的优选微波管之一。

3. 行波速调管

行波速调管由输入腔、相互作用电路和输出腔三部分组成。它采用速调管的输入部分和行波管的输出部分，因而兼有两者的优点，其频带比速调管宽，但不及行波管。行波速调管的效率较高，很适合用于功率大、瞬时频带宽的场合。一个典型的应用实例是 S 波段主振放大式发射机，其峰值功率为 3.5 MW，平均功率为 6.2 kW，瞬时带宽为 200 MHz。

2.4.3　正交场微波管(M 型管)

正交场微波管(M 型管)按相互作用区间的不同，分为谐振型和非谐振型两类。谐振型在相互作用区间内存在的是射频驻波场，其最有代表性的管种就是常规雷达中用得最多的磁控管。非谐振型按电子注与射频场前向波(其相速与群速方向一致)相互作用还是与射频场的返相波(其相速与群速方向相反)相互作用来区分：前者称为前向波管；后者称为返波管。

1. 磁控管

磁控管主要有普通磁控管(多腔磁控管)和同轴磁控管两种。图 2.17 示出了两种常用磁控管的结构示意图，其中，图(a)为普通磁控管结构；图(b)为同轴磁控管结构。磁控管振荡器在早期雷达中已经广泛使用，它的突出优点是工作电压低，效率高，体积小，重量轻，成本低。但是，磁控管存在频率稳定度差、射频脉冲间没有相参性、不能产生多种信号波形等缺点，从而限制了其在现代雷达发射机中的应用。

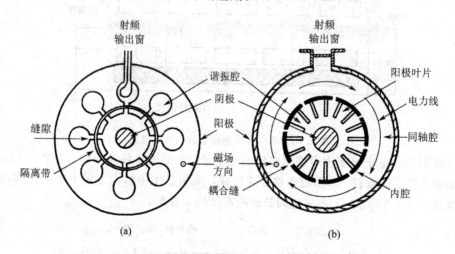

图 2.17　两种常用磁控管的结构示意图
(a) 普通磁控管结构；(b) 同轴磁控管结构

磁控管的频率不稳定性主要是电子频移、频率牵引和温度漂移引起的。温度漂移是慢变化的，对雷达性能影响较小，也容易校正。频率牵引是负载变化引起的，可在磁控管输出端加隔离器来减小负载变化的影响。电子频移是由调制脉冲不稳定、调制波形不好和管内随机噪声调制引起的，它是影响雷达性能的主要因素。为了减小电子频移的影响，除了改善调制脉冲的稳定性外，还可以采用同轴磁控管，利用磁控管的自同步工作以及锁定工作。

同轴磁控管的基本工作原理是外加高 Q 值谐振腔来稳定磁控管的频率，即把高 Q 值同轴腔和磁控管有机地结合在一起，使其工作性能有较大改善(改善了磁控管的频率稳定度，提了效率,在较高的频率上获得了较大的功率输出)。此外,还扩展了磁控管的调谐范围,简化了调谐机构,便于做成频率捷变磁控管。

2. 前向波管

在现代雷达中,常用的前向波管有两种:一种是阴极调制结构;另一种是直流运用结构。在目前的雷达发射机中,应用更多的是直流运用结构的前向波管,图 2.18 示出了其结构示意图。

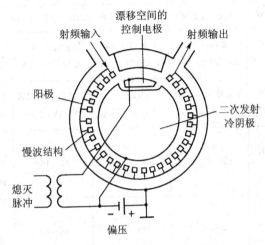

图 2.18 直流运用结构的前向波管结构示意图

直流运用结构的前向波管采用冷阴极工作方式,通过控制电极进行脉冲调制。它的控制电极是将阴极分离一部分而构成的,控制电极相对于阴极是绝缘的。这种行波管在工作时直流电压一直加在阴极。输入的射频激励脉冲通过冷阴极二次发射效应使管子启动并放大射频信号。当射频输入结束时,需要在控制极上加一个相对于阴极为正的熄灭脉冲以收集通过漂移区的电子,从而使管子终止工作。此外,加熄灭脉冲还可以防止在射频激励脉冲结束后产生寄生振荡。采用控制电极进行调制可以省去体积庞大的阴极调制器,而且适用于产生复杂调制信号的雷达发射机。

直流运用结构的前向波管是现代雷达发射机的优选微波功率器件,它具有如下优点:

(1) 采用冷阴极工作方式,提高了抑制寄生振荡的能力,并延长了使用寿命。

(2) 可以输出较大的射频功率,输出的波形很好,不会产生上升和下降过程的噪声。

(3) 效率高,瞬时频带宽,适用于脉冲压缩、相位编码体制的雷达发射机。

(4) 采用控制电极调制,电路简单,仅需要一个稳定性好的高压电源和一个小功率脉冲调制器。

(5) 体积小,重量轻,适用于机动性强的场合。

(6) 断开前向波管电压或者适当降低高压电源,可以实现快速变频射频输出功率,从而实现功率的程控输出。

2.4.4 真空微波管的性能比较和展望

1. 几种常用真空微波管的性能比较

表 2.4 列出了雷达发射机常用的几种真空微波管的性能比较,以帮助读者在设计和研究不同类型的雷达发射机时选择相应的真空微波管。

表2.4　雷达用脉冲真空微波管的性能比较

特性	线性注管				正交场微波管	
	速调管(含行波速调管)	多注速调管	螺旋行波管(含环圈、环杆)	耦合腔行波管	磁控管	正交场放大器
应用	放大器	放大器	放大器	放大器	振荡器	放大器
频率范围	UHF~La	L~Ku	L~Ka	UHF~Ka	UHF~Ka	UHF~Ka
最大峰值功率	L波段 5 MW	L波段 0.8 MW	L波段 20 kW	UHF波段 24 kW	L波段 1 MW	S波段 5 MW
最大平均功率	L波段 1 MW X波段>10 kW	L波段 14 kW X波段 17 kW	L波段 1 kW Ka波段 40 W	L波段 12 kW X波段 10 kW	L波段 1.2 kW X波段 100 W	L波段 13 kW X波段 2 kW
峰值功率下的阴极电压	L波段 5 MW 时,达 125 kV	L波段 0.8 MW 时,达 32 kV	L波段 20 kW 时,达 25 kV	L波段 0.2 MW 时,达 42 kV	L波段 1 MW 时,达 40 kV	L波段 5 MW 时,达 65 kV
相对带宽	窄带高增益时为 1%~10%	1%~10%	10%~400%	5%~15%	锁定时为 1%,机械调谐时为 15%	窄带高增益时为 5%~15%
增益/dB	30~65	40~45	30~65	30~65	注入锁定时为 10	一般 10~20,阴极激励时可达 35
效率(%)	20~65	30~45	20~65	达 60	达 70	达 80
导流系数/μP	一般为 0.5~2,也可用到 2~3	20~30(最多可达 36)	0.5~2	0.5~2		5~10
钛泵需求	峰值功率大于 1 MW 时需要					需要或自带泵
调制方式	高功率时为阴极调制,中、低功率时可用栅极调制或阳极调制	阴极调制或控制电极调制	栅极调制、阴极调制、聚焦电极调制或阳极调制	阴极调制、阳极调制、栅极调制或聚焦电极调制	阴极调制	可以阴极调制,还可以直流运用加熄灭电极调制
聚变方式	线包或PPM	PPM或线包	PPM	PPM或线包		永磁性
典型的调制灵敏度	$\dfrac{\mathrm{d}\theta}{\theta}=\dfrac{1}{3}\dfrac{\mathrm{d}v}{v}$		$\dfrac{\mathrm{d}\theta}{\theta}=\dfrac{1}{2}\dfrac{\mathrm{d}v}{v}$		$\dfrac{\mathrm{d}F}{F}=$ $0.003\dfrac{\mathrm{d}I}{I}$	$\mathrm{d}\theta=1°\sim3°$ $\left(\dfrac{\mathrm{d}I}{I}=1\%\right)$
热噪声	典型值为 -90 dBc/MHz				比线束约差 20 dB	

2. 真空微波管的发展动向

随着计算机仿真设计与真空微波管制作技术和制作工艺的进步,真空微波管的性能也有了很大提高。但是,近年来固态微波管的性能在较低频段(如 P、L、S 波段)占有明显优势,并有逐步取代真空微波管的趋势。这就要求未来真空微波管应向以下几个方面发展:

(1) 为了满足高能微波武器的发展需要,真空微波管应向超高功率、高效率、高频段和大带宽方向发展。

(2) 为了适应超高分辨率、超宽带雷达的要求,真空微波管还要向毫米波、超宽带、微型化和长寿命方向发展。

（3）要大力发展由真空功率放大器（VPB）、单片微波集成电路（$MMIC$）、固态放大器（SSA）及集成电源调制器（IPC）组成的微波功率模块（MPM）。

图 2.19 示出了当前单个真空微波管输出功率 P_{out} 与频率的关系曲线。

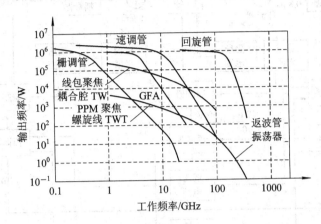

图 2.19　当前单个真空微波管输出功率 P_{out} 与频率的关系 $[P_{out}(f)]$ 曲线

2.4.5　几种典型的真空管发射机

下面讲述三种典型的真空微波管发射机：C 波段精密跟踪雷达发射机；带控制电极的微波管发射机；多注速调管发射机。

1. C 波段精密跟踪雷达发射机

某精密跟踪雷达发射机工作在 C 波段，要求输出脉冲功率为 2.5 MW，1 dB 带宽为 1%，射频脉冲宽度为 0.8 μs，脉冲重复频率可在 600～800 Hz 范围内以三种不同的值调度。

由于要求该雷达对所跟踪的目标进行多普勒测速，所以必须采用主振放大式发射机，其固态微波源输出功率为 20 mW、脉冲宽度为 4 μs 的射频脉冲。

根据输出和输入功率的要求，微波放大链的功率增益至少应为

$$G = 10\lg\frac{2.5 \times 10^6}{20 \times 10^{-3}} \approx 81 \text{ dB}$$

显然，这样高的功率输出必须采用射频放大链工作方式。根据真空微波管的具体情况，选用三级级联组成。为了避免各级之间的相互影响，级间必须用铁氧体环流器隔离。考虑到级间损耗，微波放大链的实际增益在 83 dB 以上。由于要求的输出功率大（2.5 MW），功率增益高，但带宽大（1%），且该雷达为固定式地面雷达，所以选用行波管-速调管放大链。图 2.20 示出了 C 波段精密跟踪雷达发射机的组成方框图。

在行波管-速调管放大链中，前两级为小、中功率的行波管放大器，末级选用四腔大功率速调管，它的前三腔采用参差调谐，输出腔为复合腔，以保证瞬时带宽大于 1%，速调管的功率增益为 32 dB。放大链的第一级小功率行波管为包装式结构的周期性永磁聚焦行波管，其最大增益为 32 dB，1 dB 带宽为 7%；第二级是中功率行波管，其增益大于 24 dB，3 dB 带宽为 2.5%。第一级小功率行波管采用栅极脉冲调制，第二级中功率行波管和末级大功率速调管采用阴极脉冲调制。

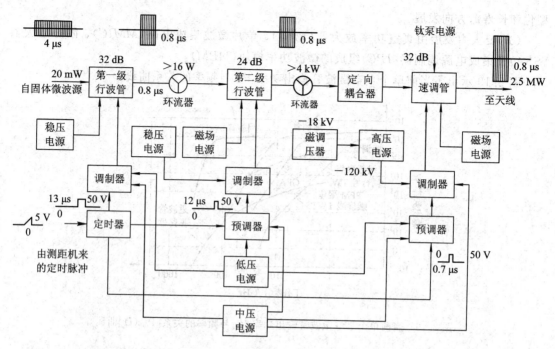

图 2.20　C波段精密跟踪雷达发射机的组成方框图

2. 带控制电极的微波管发射机

对于带控制电极的微波管发射机，根据控制电极的不同，微波管电子注的控制方式可分为阳极调制、聚焦电极调制和栅极调制等几种。

带控制电极的微波管发射机的优点是：具有多种工作模式，而且工作模式变换灵活；射频脉冲波形好；输出噪声电平低；等等。当高压电源的稳定性较好、纹波系数较小时，能获得较高的系统相位稳定性，因此广泛应用于多种高性能的机动性雷达。图 2.21 示出了带控制电极的微波管发射机的简化框图。

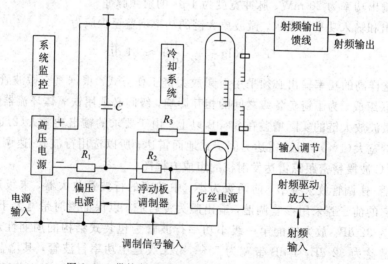

图 2.21　带控制电极的微波管发射机的简化框图

在带控制电极的微波管发射机中，微波管的阴极电压一般不超过 50 kV。图 2.21 所示的简化框图适用于大多数行波管、多注速调管和直流运用结构的前向波管等。

带控制电极的微波管发射机有两项关键技术：一是采用性能优良的浮动板调制器；二是采用稳定性好、纹波系数小的高压电源。关于浮动板调制器的基本结构和工作原理，将在本章稍后部分讨论。

3. 多注速调管发射机

采用多注速调管的发射机比较适用于高机动性雷达。多注速调管是一种性能优良的微波管，它的优点是工作电压比较低，增益高，瞬时频带宽，输出功率较大，效率高，冷却方便，体积小，重量轻等。由于多注速调管的增益较高(40~45 dB)，只用一级固态放大器驱动一级多注速调管就可以构成一个放大链，因此电路简单实用，具有较高的性价比。但是由于内部结构复杂，阴极发射电流密度大，因而影响使用寿命，还需要不断改进和完善。图 2.22示出了多注速调管发射机的原理框图。

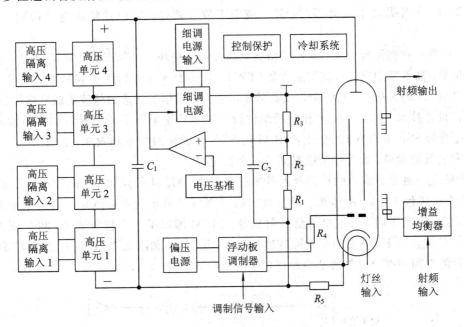

图 2.22　多注速调管发射机的原理框图

为了保证输出射频信号具有很高的频率和相位稳定度，要求高压电源纹波系数小，稳定性好。直流高压电源由高压隔离输入 1~4、高压单元 1~4 和储能电容 C_1 组成。电源稳流器比较复杂，主要包括电压基准、误差放大驱动、细调电源输入、细调电源以及高压电阻分压器 R_1、R_2 和 R_3 等部分。

由于宽带多注速调管的带内增益起伏比较大，需要进行适当的增益补偿，因此在射频输入端必须增加一个增益均衡器。为了消除振荡和防止多注速调管打火而损坏调制器或电源，在此采用的大功率高压电阻 R_4、R_5 起隔离和阻尼作用。调制器采用浮动板调制器，其原理和结构，将在本章稍后部分讲述。

2.4.6　微波功率模块(MPM)及空间功率合成方法

在 C 波段、X 波段以及频率更高的波段，当需要发射机输出更高的功率时，必须将多个真空微波管的输出功率进行空间合成，而实现这种空间合成的核心部件是微波功率模块(Microwave Power Module，MPM)。

微波功率模块的频率范围为微波到毫米波。MPM 是一种高集成超小型模块化的微波功率放大器。图 2.23 示出了 MPM 的原理框图。

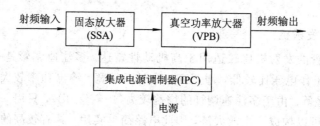

图 2.23　MPM 的原理框图

MPM 由真空功率放大器(Vacuum Power Booster，VPB，这是一种专用的行波管放大器 TWTA)、单片微波集成电路(MMIC)或固态放大器(SSA)以及集成电源调制器(IPC)组成。

MPM 是一种高性能、高可靠性的新概念微波功率模块。在 MPM 中的 VPB 是一种超小型、宽频带、高效率的新型行波管放大器(TWTA)。MPM 充分利用了 MMIC 的低噪声、高增益和 TWTA 的大功率、宽频带以及高效率的特点，采用了先进的微波集成电路设计技术、集成电源设计技术、热设计技术和低耗组件设计技术，还采用了新型材料和高精度封装技术。与传统的 SSA 和 TWTA 相比，MPM 比 SSA 有更高的功率和效率，比 TWTA 有更宽的频带和更低的噪声，而功率密度提高了一个数量级。

MPM 是一种很有潜力的军民两用微波功率模块。MPM 的高功率、高效率、大带宽(可在 2～3 个倍频程工作)、小体积、轻重量和高可靠性等突出优点，使它很适合用于电子对抗、航天器、移动车辆以及卫星通信发射机等。MPM 增加了一个接收通道，可以很灵活地应用于从 C 波段至 Ka 波段的相控阵雷达发射机，图 2.24 和图 2.25 分别示出了以 MPM 为核心部件的空间功率合成阵列结构和高功率的相控阵结构。

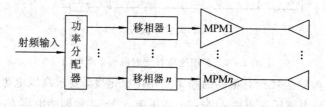

图 2.24　线性或二维阵列的空间功率合成阵列结构

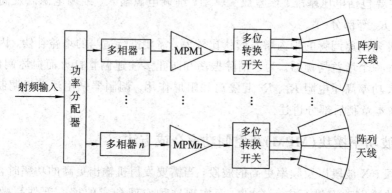

图 2.25　用 MPM 驱动的开关阵列高功率相控阵结构

2.5　固态雷达发射机

自 20 世纪 60 年代以来，微波功率晶体管的设计水平和制造技术不断提高，在输出功率不断提高的同时，工作频率也不断扩展，微波功率晶体管迅速进入实用阶段。从 20 世纪 70 年代末，固态雷达发射机有了飞速发展，早期的固态雷达发射机主要工作在短波、VHF 和 UHF 波段，随着现代雷达系统的需要和固态雷达发射机的成功运用，工作频率逐步扩展到 L 波段和 S 波段。目前在 S 波段以下的频段的全固态发射机已日趋成熟，并正在大量替换原来的电子管雷达发射机。

随着新型砷化镓场效应晶体管（GaAs FET）工作频率的不断扩展（最高工作频率可达 30～100 GHz）和输出功率的不断提高（C 波段单管输出功率已达 50 W，X 波段为 20 W），已经在 C 波段、X 波段采用 GaAs FET 做成微波功率放大器组件，从而使 C 波段、X 波段甚至毫米波段的全固态雷达发射机从研制水平开始进入试用阶段。随着微波功率器件制造水平的不断提高与固态雷达发射技术的不断进步和完善，必将有越来越多的固态雷达发射机替换原有的电子管雷达发射机。

固态发射机由多个功率放大器组件直接合成，或者在空间合成得到需要的输出功率。所使用的功率放大组件从几十个、几百个到成千上万个。即使有个别功率放大组件失效，对整机的输出功率也没有太大影响，因此使发射机具有故障弱化特性。固态发射机特别适用于高工作比和宽脉冲的工作方式，它具有工作电压低、可靠性高、维护性好、故障率很低和机动性好等优点。固态发射机现已广泛应用在地面、车载、舰载、机载和星载等雷达领域，在电子对抗和通信领域也得到了广泛应用。

2.5.1　微波晶体管及其发展概况

在固态放大器组件中常用的微波功率晶体管分为两大类：一类为硅双极型微波功率晶体管；另一类为场效应晶体管（FET）。按其工艺、材料和频率，FET 又分为金属氧化物半导体场效应晶体管（MOSFET）和砷化镓场效应晶体管（GaAs FET）。在毫米波段，用得较多的是雪崩二极管（IMPATT）。

1. 硅双极型微波功率晶体管

硅双极型微波功率晶体管普遍采用硅芯片材料，具有外延层双扩散 n-p-n 平面结构。它是目前固态雷达发射机中用得最多的微波功率晶体管。从短波、VHF、P、L、S 波段直到 3.5 GHz，固态雷达发射机都可以采用硅双极型微波功率晶体管。

硅双极型微波功率晶体管的单管功率，在 L 波段以下的频段为几百瓦，窄脉冲功率可达千瓦以上的量级，在 S 波段功率为 200 瓦量级。单个双极型微波功率晶体管适用的脉冲宽度一般为 100 微秒至几毫秒量级（也有适用于连续波的），最大工作比 D_{max} 约为 $10\% \sim 25\%$，功率增益为 $7 \sim 10$ dB，集电极效率 η 可达 50%。

2. 金属氧化物半导体场效应晶体管（MOSFET）

早期的 MOSFET 工作频率在 500 MHz 以下，已广泛用于数字集成电路，如计算机存储器和微处理器等。

MOSFET 是一种电压控制器件，由栅极上的电压来控制导电。随着微波功率晶体管制造技术的不断发展，以及 MOSFET 制造加工工艺的不断改进，MOSFET 已可用于微波频段，而且工作频率还在继续提高，与同一频段相比，它和硅双极型微波功率晶体管的输出功率相当。目前，MOSFET 的输出功率可达 300 W，功率增益和集电极效率也比硅双极型微波功率晶体管高，功率典型值为 10～20 dB，集电极效率为 40％～75％。

3. 砷化镓场效应晶体管(GaAs FET)

目前，砷化镓场效应晶体管是金属半导体场效应晶体管(MESFET)中应用最广的固态微波器件，其工作频率可高达 30 GHz。在过去的 20 多年中，GaAs FET 在微波低噪声放大器、中小功率放大器和单片集成电路中占据了支配地位，它的主要优点如下：① 是一种电压控制器件，由栅极上的电压来控制多数载流子的流动；② 具有电流增益，同时还具有电压增益；③ 具有低噪声和高效率性能；④ 器件可工作在很高的频率，可高达 30 GHz；⑤ 与双极型晶体管相比，抗辐射性能强。

GaAs FET 的最高工作频率为 30 GHz，甚至可达 100 GHz，输出功率也在不断提高。在 C 波段，单管(多芯的)输出功率已达 50 W，在 X 波段为 20 W。这是一种非常有应用潜力的固态微波功率器件。目前，在 C 波段、X 波段采用 GaAs FET 制成的功率放大组件已开始应用于全固态相控阵雷达。

4. 雪崩二极管(IMPATT)

最近 10 多年，固态毫米波器件发展很快，其主要器件是雪崩二极管(IMPact Avalanche Transit Time，IMPATT)和耿氏二极管(GUNN)。IMPATT 是碰撞雪崩渡越时间二极管的简称，又叫雪崩管。IMPATT 比 GUNN 输出功率更大。毫米波雷达和导弹寻的器常用 IMPATT 作为功率放大器或振荡器，而 GUNN 的噪声电平低，常用作接收机的本振。

目前，毫米波雷达和导弹寻的器的工作频率大多集中在 35 GHz 和 94 GHz，在这两个频段上大气损耗较小。IMPATT 作为固态毫米波振荡器，在 35 GHz 上可输出的连续波功率为 1.5 W，在 94 GHz 上可输出的连续波功率为 700 mW。当作为脉冲振荡器时，可输出更高的功率：在 35 GHz 频率输出峰值功率为 10 W；在 94 GHz 频率输出峰值功率为 5 W。

5. 微波功率晶体管的发展动向

目前，工作在 4 GHz 以下的全固态发射机(一般采用硅微波双极型功率组件)已得到了广泛应用，并大量地替换原有的微波电子管发射机。与此同时，随着砷化镓场效应晶体管(GaAs FET)制造技术和工艺水平的进步，在 C 波段和 X 波段采用 GaAs FET 的功率放大组件已开始应用于全固态相控阵雷达。

自 20 世纪 80 年代后，出现了采用新工艺制造的一批新器件，如异质结双极晶体管(HBT)、高电子迁移率晶体管(HEMT)、拟晶态高电子迁移率晶体管(FHEMT)及双异质结拟晶态高电子迁移率晶体管(DH - PHEMT)等。同时，传统工艺的微波固态器件也采用了新材料，如锗化硅、磷化铟、氮化硅等，使器件的输出功率和工作频率得到了进一步提高。这些新颖的晶体管的共同优点是：具有高功率和高效率，典型的电流密度为 $300～350\ mA/mm^2$，效率为 40％左右；工作频率较高，可高达毫米波波段，典型值为 75 GHz；输出功率大，S 波段最大输出功率为 230 W，其效率可达 40％。

2.5.2　固态发射机的分类和特点

固态发射机通常分为两种类型：一种是集中合成式全固态发射机；另一种是分布式空间

合成有源相控阵雷达发射机。全固态雷达发射机的典型组成框图如图 2.13 所示。

　　图 2.26 示出了固态雷达发射机输出功率合成方式。图 2.26(a)示出了固态雷达发射机集中合成输出结构，它可以单独用作中、小功率的雷达发射机，将多个这种集中合成输出结构作为基本单元再次进行集中合成或空间合成，可以构成超大功率的全固态雷达发射机。图 2.26(b)为空间合成输出结构，主要用于全固态有源相控阵雷达。这种空间合成输出结构也可以作为全固态相控雷达的子阵，将多个子阵按设计要求组合，即可构成超大功率的全固态有源相控阵雷达发射机。固态雷达发射机中的微波功率放大模块(组件)是最重要的核心部件，设计和制造高性价比的功率模块，对全固态雷达发射机的性能和成本起着十分关键的作用。需要说明一下，在图 2.26(a)、(b)中用作驱动放大的 $1 \sim n_1$ 个微波功率模块和末级输出的 $1 \sim n_2$ 个微波功率模块都是相同规格的标准化组件，而在图 2.26(b)所示的空间合成结构中，$1 \sim n_2$ 个末级功率输出模块每一个与相应的辐射单元相接，从而减小了射频功率的馈线传输损失，提高了发射效率。

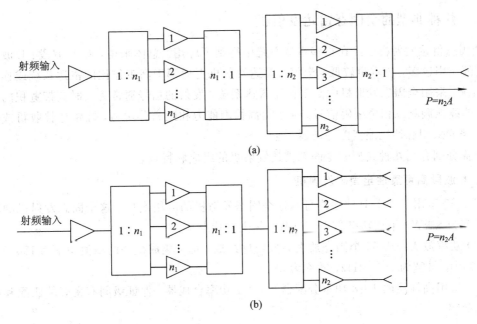

图 2.26　固态雷达发射机输出功率合成方式
(a) 集中合成输出结构；(b) 空间合成输出结构

　　全固态雷达发射机与真空微波管发射机(如速调管、行波管和正交场管发射机等)相比，具有以下优点：

　　(1) 不需要阴极加热，寿命长。发射机不消耗阴极加热功率，也没有预热延时，使用寿命几乎是无限的。

　　(2) 固态微波功率模块工作电压低，一般不超过 50 V。不需要体积庞大的高压电源(一般真空微波管发射机要求几千伏，甚至几万伏、几百万伏的高压)和防护 X 射线的附加设备，因此体积较小，重量较轻。

　　(3) 固态发射机模块均工作在 C 类放大器工作状态，不需要大功率、高电压脉冲调制器，从而进一步减小了体积和重量。

　　(4) 固态发射机可以达到比真空微波管发射机宽得多的瞬时带宽。对于高功率真空管发射机，瞬时带宽很难超过 $10\% \sim 20\%$，而固态发射机的瞬时带宽高达 $30\% \sim 50\%$。

（5）固态发射机很适合高工作比、宽脉冲工作方式，效率较高，一般可达 20%；而高功率、窄脉冲调制、低工作比的真空管发射机的效率仅为 10% 左右。

（6）固态发射机具有很高的可靠性。一方面，固态微波功率模块具有很高的可靠性，目前平均无故障间隔时间（MTBF）可达 100 000～200 000 h；另一方面，固态发射模块已做成统一的标准件，当组合应用时便于设置备份件，可做到现场在线维修。

（7）系统设计和应用灵活。一种设计良好的固态收发（T/R）模块可以满足多种雷达使用。固态发射机应用在相控阵雷达中具有更大的灵活性，相控阵雷达可根据相控阵天线阵面尺寸和输出功率来确定模块的数目，可以通过关断或降低某些 T/R 模块的输出功率来实现有源相控阵发射波瓣的加权，以降低天线波束副瓣。

虽然固态发射机有上述一系列优点，但是目前要想全面替代真空管发射机还不现实，特别是在 C 波段以上的频带，要求高峰值功率、窄脉冲和低工作比的应用场合，用固态发射会显得机体庞大，而且价格昂贵。

2.5.3 几种典型的全固态雷达发射机

全固态雷达发射机已经在很多雷达系统中得到了应用。总体来说，在 P 波段、L 波段至 S 波段的应用较多，成本也较低。全固态雷达发射机更适用于高工作比的雷达系统或连续波雷达系统。采用全固态发射机的高工作比雷达系统，发射的信号通常为大时宽带宽积的线性调频、非线性调频或相位编码信号。为了提高检测能力和距离分辨力，在雷达接收机或信号处理中需要采用脉冲压缩匹配滤波器。

下面分别介绍几种典型的全固态雷达发射机的组成和特点。

1. L 波段高可靠性全固态发射机

图 2.27 示出了一个 L 波段高可靠性全固态发射机的应用实例。这个固态发射机的输出峰值功率为 8 kW，平均功率为 1.25 kW。其主要特点是：

（1）功率放大级由 64 个固态放大集成组件组成，每个集成组件的峰值功率为 150 W，增益为 19 dB，带宽为 200 MHz，效率为 33%。

（2）采用高性能的 1∶8 功率分配器和 8∶1 功率合成器，保证级间有良好的匹配和高功率传输效率。

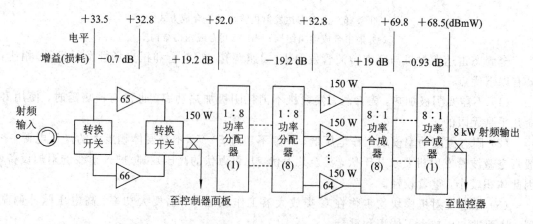

图 2.27 L 波段高可靠性全固态发射机的应用实例

（3）采用两套前置预放大器（组件 65 和 66），如果一路预放大器失效，转换开关将自动接通另一路。

上述三点使这个固态发射机具有高可靠性,而且体积小,重量轻,机动性好。

2. P 波段 30 kW 全固态雷达发射机

图 2.28 示出了 P 波段 30 kW 全固态雷达发射机的组成框图。该发射机采用集中功率合成结构,射频输入的激励信号通过超脉冲宽度、超工作比的脉冲保护电路,输入到前级放大器,前级放大器的输出功率大于 1 kW。经过 1:16 功率分配器将信号再分成 16 路,分别输入到 16 个功率放大器组件,然后经过这些功率放大器进行放大。16 路功率放大器组件的输出在 16:1 功率合成器中相加合成后,经过定向耦合器和高功率环行器,最终得到大于 30 kW 的输出功率。

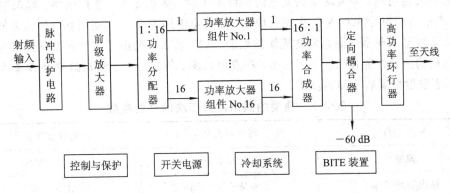

图 2.28 P 波段 30 kV 全固态雷达发射机的组成框图

该发射机的主要技术指标为:工作频率为 P 波段;瞬时带宽大于 10%;输出峰值功率大于 30 kW,平均功率大于 3 kW;全机功率增益大于 60 dB;脉冲重复频率为 200~1000 Hz(可变),脉冲宽度为 1~100 μs(可变),最大工作比为 10%。

该 P 波段全固态发射机具有高可靠性、高稳定性、结构简便、体积重量轻(重量小于 600 kg)等优点,其效率大于 25%。该发射机具有无人值守、远程开机和关机功能,它的 BITE 装置可把故障检测定位到每个可更换的单元,并可进行现场在线维修。

3. 用于连续波对空监视雷达的固态发射机

图 2.29 示出了一种用于连续波对空监视雷达系统的固态发射机的组成框图。这个连续波对空监视雷达提供高空卫星及其他空中目标的检测和跟踪数据,工作频率为 217 MHz。为了提高雷达系统的性能,用固态发射机直接代替了原来体积庞大、效率较低的电子管发射机。整个天线阵面由 2592 个相控阵偶极子辐射器组成,每个辐射器直接由一个平均功率为 320 W 的固体发射模块驱动。由于发射模块与偶极子辐射器采用了一体结构,因此与电子管发射机相比,功率传

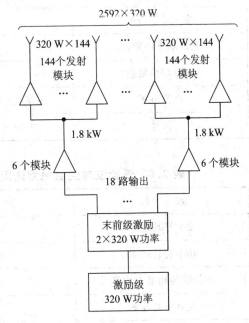

图 2.29 用于连续波对空监视雷达系统的固态发射机的组成框图

输效率提高了 1 dB。2592 个固态发射模块输出的总平均功率为830 kW，当考虑天线阵面增益时，在空中合成的有效辐射功率高达 98 dBW。

与原来的电子管发射机相比，这个固态发射机具有如下优点：

(1) 效率高，损耗低。由于 2592 个固态发射模块与对应的偶极子辐射器在结构上是一体化的，没有电子管发射机必不可少的微波功率输出分配网络带来的损耗，因此整个发射机的效率为 52.6%，比原来电子管发射机的效率（26.4%）提高了 1 倍。

(2) 可靠性高。固态发射模块本身的平均无故障间隔时间已超过 1 000 000 h，整个发射系统的可靠性为 0.9998。

(3) 体积小，重量轻，维护方便。原来的发射机由 18 个输出功率为 50 kW 的高功率电子管末级放大器组成，需要附加的安全防护设备很多，体积庞大，维护困难。固态发射机使用 2592 个平均功率为 320 W 的固态模块，直流供电电压为 28 V，使用和维护很方便。

表 2.5 给出了典型的固态发射模块的性能参数。表 2.6 列出了这个固态发射机与原来电子管发射机的主要性能比较。可以看出，在发射功率、传输效率、整机效率和设备可靠性等方面，固态发射机具有明显的优势。

表 2.5　典型的固态发射模块的性能参数

参　　数	特性规范值	特性实测值
频率	216.98 MHz	216.98 MHz
输出平均功率	300 W+0.5 dB	320.0 W
增益	16.8 dB	17.1 dB
高频输出	−70 dBc(最大值)	−75 dBc
高频/直流效率	58%	61.5%
输入反射损失	14 dB	14 dB
输出功率一致性	0.5 dB	0.29 dB
输出相位偏差	3°	3°
直流电压	28 V/19 A, 8.9 V/0.2 A	28 V/16.5 A, 8.9 V/0.18 A
尺寸	53 cm×66 cm×11 cm	53 cm×16 cm×11 cm

表 2.6　连续波对空监视雷达固态发射机和电子管发射机的性能比较

参　　数	固态发射机	原来的电子管发射机
发射平均功率	850 kW	576 kW
功率传输效率	95.9%	80%
同轴线传输最大功率	1.8 kW	40 kW
发射机总效率	52.6%	26.4%
发射机可靠性	0.9998	0.8

2.5.4　有源相控阵雷达全固态发射机及其特点

早在 20 世纪 60 年代后期，第一部超大型有源相控阵雷达 AN/FPS-805 建成，安装在美国佛罗里达州空军基地。这部有源相控阵雷达工作在 P 波段，具有 5184 个发射单元，其中有源单元为 4660 个，有源单元的功率放大器为真空四极管(4C×250)。20 世纪 70 年代末、80 年代初，又出现了 AN/FPS-115(PavePaws)双面阵大型相控阵雷达，这是第一部工作在 420~450 MHz 的全固态有源相控阵雷达。每个阵面有 5354 个收发单元，其中有源单元为 1792 个。每个阵面的峰值输出功率为 600 kW，平均功率达 150 kW，脉冲宽度可达 160 μs，工作比为 25%。功率放大器组件由 7 个 C 类工作的硅双极型晶体管按 1-2-4 结构组成，单个硅双极型晶体管的输出功率为 110 W，功率放大组件的输出功率为 340 W。

随着微波功率晶体管制造水平的不断提高和固态发射机技术的不断进步，特别是相控阵技术与全固态发射机技术的紧密结合，有力地推进了相控阵雷达的发展和应用，同时也给有源相控阵雷达全固态发射机带来了更大的发展空间。

图 2.13(b)示出了全固态有源相控阵雷达发射机的组成框图。它具有如下重要特点：

(1) 发射机与馈线、天线之间没有明显的划分界限，末级 T/R 功率放大组件输出的功率直接进入天线辐射单元，结构紧凑。

(2) 发射机采用分布式放大结构，直接与辐射单元连接，减小了馈线引入的损耗，有效提高了发射效率。

(3) 发射机可实现全模块化。模块化主要包括 T/R 组件模块化和放大器电源模块化。有源相控阵既有由几十个 T/R 组件构成的中、小型发射机，也有由几千个甚至几万个 T/R 组件构成的大型、超大型发射机。

(4) 发射机具有完善的故障指示和工作状态检测机制，一般都可以将故障隔离到每个可更换单元，可实现在线更换，迅速排出故障。

(5) 具有故障弱化特性，运行可用度很高。通常允许少量 T/R 组件(如 5% 的组件)出现故障而不必立即更换，并仍保证能够工作。

(6) 发射机具有寿命长、可靠性高、维修方便快捷等优点，并且开机和关机简单、迅速，各种安装保护措施齐全。

2.5.5　有源相控阵雷达的 T/R 组件

T/R 组件是有源相控阵雷达的基本构造单元，而 T/R 组件中的功率放大器又是组件的关键部件，一般的中、小型有源相控阵雷达的固态发射机需要几十个、几百个 T/R 组件，而超大型全固态发射机则需要几千个甚至几万个 T/R 组件。因此，一个成功设计和制造的 T/R 组件将直接决定相控阵雷达的性能、可靠性和造价。

1. 单片微波集成电路(MMIC)T/R 组件

单片微波集成电路(MMIC)的最新发展，使固态 T/R 组件在相控阵雷达中的应用达到了实用阶段。MMIC 采用了新的模块化设计方法，将固态 T/R 组件中的有源器件(线性放大器、低噪声放大器、饱和放大器及有源开关等)和无源器件(电阻、电容、电感、二极管和传输线等)制作在同一块砷化镓(GaAs)基片上，从而大大提高了固态 T/R 组件的技术性能，使成品的一致性好，尺寸小，重量轻。

图 2.30 和图 2.31 分别示出了用于相控阵雷达的单片集成收发组件的原理框图和组成

框图。收发组件主要由功率放大器、低噪声放大器、移相器、限幅器、环形器等部件组成,具有高集成度、高可靠性和多功能等特点。

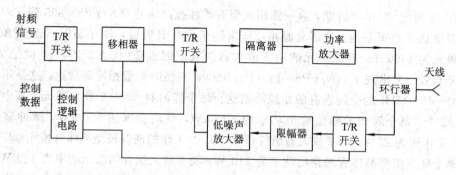

图 2.30　用于相控阵雷达的单片集成收发组件的原理框图

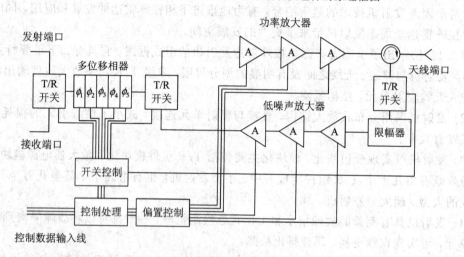

图 2.31　用于相控阵雷达的单片集成收发组件的组成框图

近年来,单片微波集成收发组件发展很快,并已经成为相控阵雷达的关键部件。从超高频波段至厘米波段,都有可供实用的微波单片集成收发组件。表 2.7 列出了从 L 波段至 X 波段的几种单片集成收发组件的主要性能参数及其体积、重量。

表 2.7　用于相控阵雷达的几种单片集成收发组件的主要性能参数及其体积、重量

频率	发射模块			接收模块				体积 /英寸³[①]	重量 /盎司[②]
	输出功率/W	增益 /dB	效率 (%)	增益 /dB	噪声系数 /dB	均方根误差			
						增益 /dB	相位 /(°)		
L 波段	11	35	30	30	3.0	0.8	5.0	4.0	4.0
C 波段	10	31	16	25	4.1	0.5	4.0	2.4	2.4
S 波段	2	23	22	27	3.8	—	4.6	2.9	3.6
S/X 波段	2	30	25					0.25	
X 波段	2.5	30	15	22	4.0	0.6	6.0	0.7	0.7

注：① 1 英寸³＝16.3871 cm³；② 1 盎司＝0.0283 kg。

单片微波集成收发组件的主要优点如下：

(1) 成本低。因为由有源器件和无源器件构成的高集成度和多功能电路是用批量生产工艺制作在同一基片上的，它不需要常规的电路焊接装配过程，所以成本低廉。

(2) 可靠性高。采用先进的集成电路工艺和优化的微波网络技术，没有常规分离元件电路硬线连接和元件组装过程，因此单片集成收发组件的可靠性大大提高。

(3) 电路的一致性好，成品率高。单片集成收发组件是在相同材料的基片上批量生产制作的，因此电路性能的一致性好，成品率高，在使用中替换性也很好。

(4) 尺寸小，重量轻。有源器件和无源器件制作在同一片砷化镓基片上，电路的集成度很高，它的尺寸和重量与常规的分离元件制作的收发模块相比占有明显优势。例如，表 2.7 中所给出的 L 波段单片集成收发组件的尺寸为 65.5 cm³，重量仅为 4 盎司(即 0.113 kg)。

2. 固态微波 T/R 模块

固态微波 T/R 模块在相控阵雷达中的应用也发展很快。相控阵天线中每个辐射单元由单个辐射阵元(天线阵元)和固态 T/R 模块组成。相控阵天线利用相位扫描方式，将每个固态模块辐射的能量在空间合成所需的高功率输出，从而避免了采用微波网络合成功率所引起的损耗。

图 2.32 示出了典型的 L 波段相控阵 T/R 模块组成框图，它由功率放大器、环行器、限幅器、T/R 开关、低噪声接收机、移相器等组成。该模块的主要技术参数是：最大峰值功率为 1 kW；带宽为 10%～20%；脉冲宽度大于 10 μs；接收机噪声系数为 3 dB；四位数字式移相器的移相量分别为 22.5°、45°、90° 和 180°。

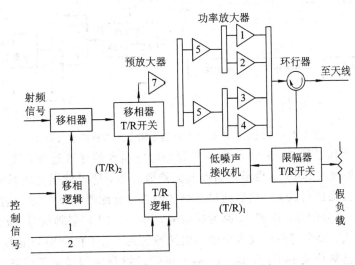

图 2.32　典型的 L 波段相控阵 T/R 模块组成框图

在发射状态，逻辑控制电路发出控制信号，使移相器 T/R 开关处于发射状态，保证移相器与预放大器接通。射频信号经过移相器加到由硅双极型晶体管组成的预放大器和功率放大器，经过功率放大后再通过环行器直接激励相控阵天线上的某个阵元。在接收状态，逻辑控制电路使移相器收发开关处于接收方式，使低噪声接收机与移相器接通。由天线阵元接收到的射频回波经环行器和限幅器 T/R 开关加至低噪声接收机，然后经过移相器送至射频综合网络。射频综合网络合成从各个阵元的 T/R 模块返回的射频信号，最后送至由计算器控制的相控阵雷达信号处理器。

2.5.6　有源相控阵雷达全固态发射机

这里主要讲述我国自行研制生产的 S 波段有源相控阵雷达全固态发射机和 L 波段超大型有源相控阵雷达全固态发射机的原理、组成和特点。

1. S 波段有源相控阵雷达全固态发射机

20 世纪 90 年代，我国第一部 S 波段有源相控阵雷达开始研制，之后投入使用。该雷达的相控阵面的辐射元分别由 576 个 T/R 组件馈送功率，其中射频功率放大器由 4 个 C 类工作的硅双极型功率晶体管组成。图 2.33 示出了 S 波段有源相控阵雷达全固态发射机的原理框图，主要由输入保护电路、前级放大器、阵面放大器、列驱动放大器、T/R 组件功率放大器、控制保护分机以及开关电源等部分组成。

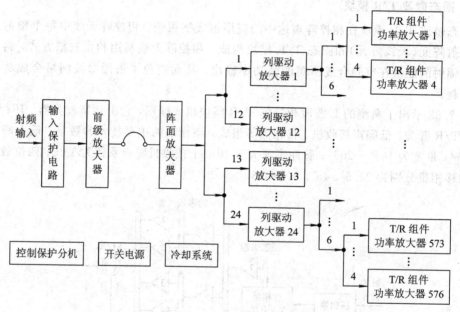

图 2.33　S 波段有源相控阵雷达全固态发射机的原理框图

该发射机的工作过程如下：将来自频率源的射频输入信号通过保护电路输入到 MMIC 电路，输入信号被放大到 1W，再经过前级放大器放大后，通过低损耗的长电缆传送到天线阵面上的阵面放大器进行放大。然后通过 1 分 2 的功率分配器分成两路。这两路信号分别再送至 1 分 12 的功率分配器，得到 24 路射频信号，再将这 24 路射频信号分别送至 24 个列驱动放大器进行放大。每个列驱动放大器的输出又被送到 1 分 6 的功率分配器，此时在天线阵面上的射频信号已被分成 144 路。这 144 路射频信号被分别传送至天线阵面上的 144 个小舱。在每个小舱内，射频信号又被 1 分 4，分别加到 4 个 T/R 组件的输入端，经过移相器和收发开关分别进入 576 个功率放大器进行功率放大，最后经辐射单元向空中辐射出射频信号并在空间进行功率合成。

这部 S 波段发射机具有全固态发射机的突出优点：模块化、小型化、高效率（发射机总效率大于 20%）、高可靠性和长寿命，当 5% 的 T/R 组件放大器出现故障时，雷达仍然能保证性能地工作。

该发射机内部的故障检测和控制保护分机可使发射机的故障被隔离到每个可更换单元，即 T/R 组件功率放大器、列驱动放大器、阵面放大器和开关电源。阵面放大器、列驱动放大器和 576 个 T/R 组件功率放大器都采用同一种电路结构的组件，输出功率相同，输入功率也相同，因而最大限度地实现了模块化和通用化，提高了生产和调试的效率，同时也大大降低了发射机的成本。

2. L 波段超大型相控阵雷达全固态发射机

近 10 多年来，国外和国内都开展了多种规模和多种功能、多种功率量级的有源相控阵全固态发射机的研制和生产工作，并广泛应用在地面、移动、车载、机载或星载等多种相控阵雷达中。

图 2.34 给出了一种典型的 L 波段超大型有源相控阵雷达全固态发射机的原理框图，它主要由保护电路、前双工器、前级放大器、后双工器、子阵放大器、T/R 功率放大器组件、开关电源子系统、控制保护子系统和冷却子系统等组成。这是一个复杂的庞大系统，上述各组成部分必须协调一致才能保证这个超大型发射机正常工作。

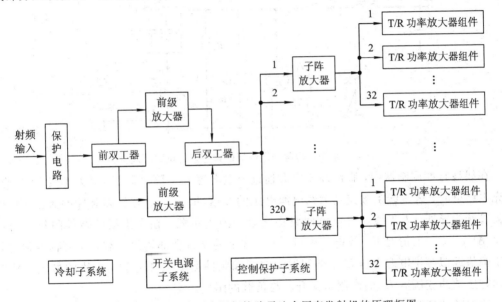

图 2.34　L 波段超大型有源相控阵雷达全固态发射机的原理框图

由图 2.34 可见，来自频率源的射频输入信号经过保护电路送至前双工器，前双工器其中一路经前级放大器进行放大，再经过后双工器后由子阵分配网络分成 320 路，这 320 路信号分别由对应的子阵放大器放大，然后由阵面分配网络将每路信号再分为 32 路信号，最后分别送至相对应的 T/R 功率放大器组件进行功率放大。发射机共有 10 240 个 T/R 组件，由天线辐射单元向空中辐射，并进行空间合成，形成所需的发射波束。

该超大型发射机采用前、后双工器工作方式，即由前双工器、后双工器和两个前级放大器组成，两路互为备份，其中前双工器为 PIN 开关管，后双工器为耐大功率的铁氧体开关，因此提高了发射机的可靠性和可用度。冷却子系统采用一次水冷却、二次强迫风冷却的工作方式，以更好地保证 T/R 功率放大器组件和天线阵面的散热效果。

2.6　脉 冲 调 制 器

脉冲调制器主要用于以脉冲方式工作的雷达发射机，它和真空微波功率管同样是脉冲雷达发射机的重要组成部分。脉冲调制器的任务是为雷达发射机的射频各级提供满足一定技术要求的大功率视频调制脉冲。调制脉冲有简单的矩形调制脉冲和比较复杂的编码调制脉冲或变脉冲宽度、变重复频率的脉冲串调制脉冲。

脉冲调制器主要分为线型脉冲(软性开关)调制器、刚性开关脉冲调制器和浮动板调制器。下面分别讲述这几种调制器的基本组成、工作原理和应用特点。

2.6.1　线型脉冲(软性开关)调制器

1. 线型脉冲调制器的基本组成和工作原理

图 2.35 示出了采用线型脉冲调制器的雷达发射机的原理电路。线型脉冲调制器主要由高压电源、充电电路(包括充电电感 L_C 和隔离器 V_{D1})、脉冲形成网络 PFN(又称人工线或仿真线)、软性放电开关 V_1 和脉冲变压器 B_1 等部分组成。

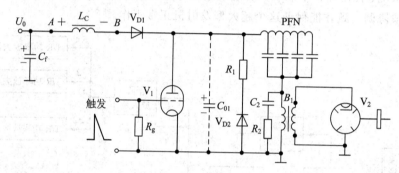

图 2.35　采用线型脉冲调制器的雷达发射机的原理电路

在线型脉冲调制器中,直流高压电源通过充电电感 L_C、隔离器 V_{D1} 对人工线 PFN 充电。在充电结束时,人工线上被充到大约电源电压的 2 倍(即 $2U_0$)。在触发脉冲的激励下,软件开关管开始导通,人工线通过放电回路将能量转换给负载。在人工线的特性阻抗 ρ 与负载 R_L 匹配($\rho = R_L$)的情况下,放电结束时,人工线上的能量全部传给负载,在负载得到的脉冲电压幅值近似等于电源电压 U_0。调制器的波形和脉冲宽度 τ 取决于人工线的参数。图 2.35 中的升压脉冲变压器 B_1 的作用是使升压与负载的阻抗匹配。

线型脉冲调制器的放电开关是软性开关,在触发脉冲控制其导通后,当放电电流小于放电开关的维持电流(接近于零)时,放电开关才恢复到阻断状态。常用的软性开关有两类:电真空类有充气(氢气、氘气等)闸流管、引燃管和真空火花隙等;固件器件有晶闸管(SCR)、反向开关整流管等。软性开关的特性决定了人工线几乎都是完全放电,特别是当阻抗匹配($\rho = R_L$)时,人工线上的储能几乎全部传给负载。

图 2.35 中的 V_{D2} 和 R_1 称为过压保护电路,其作用是防止人工线上出现过高的负电压而损坏闸流管。当负载打火时,人工线发生严重的不匹配,人工线向接近短路的负载放电,其上的电压会变成负极性。由于闸流管不能反向导电,因此这个负电压不会消失,严重时将会损坏闸流管。在电路中接入 V_{D2} 和 R_1 之后,负载打火时人工线上产生的负电压就可以通过 V_{D2} 和 R_1 放掉,从而防止了人工线上过电压的产生。图 2.35 中的 R_2 和 C_2 称为反肩峰电路。磁控管和速调管等微波器件是一种非线性电阻,并非在所有条件下都与人工线匹配。这种不匹配放电会在调制脉冲的前沿引起显著的肩峰,$R_2 C_2$ 电路起着减小和消除这种肩峰的作用。

2. 线型脉冲调制器的主要优点与缺点

线型脉冲调制器的主要优点如下:

(1) 转换功率大，电路效率高。这是因为软性开关导通时内阻很小，可以通过的电流很大。目前典型的充氢闸流管的导通脉冲电流为 $500\sim10\ 000$ A，转换功率可达 $10\sim100$ MW。

(2) 要求的触发脉冲振幅小，功率低，对波形要求不严格，因此预调器也比较简单。

(3) 高压电源电压较低，电路也比较简单。

线型脉冲调制器的主要缺点如下：

(1) 输出波形和脉冲宽度由人工线参数决定，因此随意改变脉冲宽度很困难，不适用于要求多种脉冲宽度的应用场合。

(2) 对负载阻抗的适应性较差，因为正常工作时要求人工线的特性阻抗与负载阻抗匹配。

由此可见，线型脉冲调制器适用于精度要求不高、波形要求不严而功率输出要求较大的雷达发射机，如大型远程警戒雷达。

3. 线型脉冲调制器放电开关的选择

线型脉冲调制器的放电开关主要包括充氢闸流管、充氙闸流管、充汞闸流管、多电极氢闸流管、静电控制氢闸流管(Crossatron)、晶闸管(SCR)、反向开关整流器(BDT)、反向导通二极管、门极关断晶闸管(GTO)、场控晶闸管(CMT)等。线型脉冲调制器中最常用的放电开关是充氢闸流管、充氙闸流管、静电控制氢闸流管、晶闸管和反向开关整流器等。这些放电开关通常又称为软性开关。表 2.8 列出了常用软性开关的特性。

表 2.8　常用软性开关的特性

参　数	器　件　名　称			
	充氢(或氙)闸流管	静电控制氢闸流管	晶闸管	反向开关整流器
阻断电压/V	$5000\sim50\ 000$	50 000	14 000 以内	1200 以内
导通脉冲电流/A	$500\sim10\ 000$	2500	$10\sim500$	$500\sim3000$
通态饱和压降/V	小于 500	$300\sim500$	小于 3	<3
触发电压/V	高达 2000	$1000\sim2000$	7(3 A)	>1200
触发电极电容/pF	50	数十	1000	100
开关功率容量/W	100M	2M	1000	2000
开通时间/ns	$15\sim40$	$20\sim500$	$100\sim1000$	$50\sim500$
时间抖动/ns	多电极管可小至 2	3	100	50
关断式恢复时间/μs	$5\sim25$	$0.1\sim0.6$	$2.5\sim25$	$1\sim10$
PRF/kHz	10	50	小于 5	小于 5
寿命/h	5000	上万	上百万	上百万
加热功率/W	数十至数百	0(冷阴极)	0	0
预热时间/min	$3\sim15$	0	0	0

2.6.2　刚性开关脉冲调制器

图 2.36 示出了刚性开关脉冲调制器的原理电路，它主要由高压电源、充电隔离元件(一般为电阻或充电电感)、储能电容、刚性放电开关管和充电旁通电路等组成。在图 2.36 中，R_1 为充电限流电阻，C 为储能电容，V_1 为刚性开关管，V_2 为调制器负载的磁控管，电感 L 和二极管 V_D 构成储能电容 C 的充电电路并用来改善调制脉冲的下降边。刚性开关脉冲调制

器的调制开关 V_1 受激励脉冲的控制而导通或关断，储能电容向负载部分放电，这是它的一个显著特点。刚性开关脉冲调制器的开关管具有硬性通断能力，所以称为刚性开关。

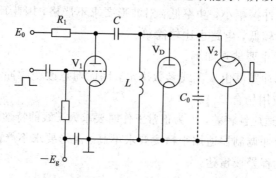

图 2.36　刚性开关脉冲调制器的原理电路

在脉冲间歇期间，刚性开关管 V_1 被栅极负压 $-E_g$ 截止，储能电容 C 经充电限流电阻 R_1 和充电旁路电感 L 充电到接近电源电压 E_0 的电压值。当刚性开关管 V_1 的栅极加上正的矩形控制脉冲时，调制开关导通，储能电容 C 通过调制开关管和负载放电，负载两端产生负极性的高压调制脉冲，使磁控管振荡器振荡并输出大功率射频脉冲。当调制管栅极上的正极性脉冲结束时，调制管又恢复截止，电源 E_0 又通过 R_1 和充电旁路电感 L 对电容 C 充电，以补充在脉冲持续期间（即脉冲宽度 τ）失去的部分电荷。上述过程表明，刚性开关脉冲调制器实际上就是一个阻容耦合的大功率视频脉冲放大器。

在图 2.36 所示的原理电路中，调制管的耐压和峰值电流必须大于负载要求的工作电压和峰值电流。在某些应用场合，负载要求的工作电压很高，如某些大功率 O 型管的工作电压在 100 kV 以上，调制管的耐压难以满足，这就需要在调制器和负载间采用升压的脉冲变压器耦合。图 2.37 给出了用升压脉冲变压器耦合的刚性开关脉冲调制器的原理电路。

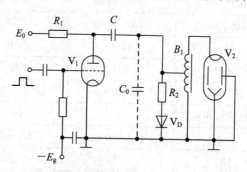

图 2.37　用升压脉冲变压器耦合的刚性开关脉冲调制器的原理电路

常用的刚性开关主要有真空三极管、四极管、固态三极管、场效应管和绝缘栅双极晶体管（IGBT）等。刚性开关调制器的负载有三类：第一类是真空微波三极管、四极管，它们属线性负载；第二类是 M 型管，具有较高的非线性，可用偏压二极管等效；第三类是 O 型管，其伏安特性满足欧姆定律，是近似的线性负载。

刚性开关脉冲调制器的主要特点如下：

（1）输出调制脉冲波形主要取决于激励脉冲波形。由于要求激励脉冲幅度低，功率小，易于改变脉冲宽度和波形，因此刚性开关脉冲调制器可输出不同脉冲宽度的调制脉冲，特别适用于变脉冲宽度的雷达发射机。

（2）对负载阻抗的匹配要求不严格，允许在一定的失配状态下工作。

（3）对激励脉冲的顶部平坦度、上升边和下降边要求较高。

（4）为了消除过大的脉冲顶部降落，要有足够大的储能电容。

（5）输出调制脉冲波形易受分布参数的影响。

（6）电压较高，电路较复杂，体积大，重量较重。

2.6.3　浮动板调制器

浮动板调制器是调制开关管阴极不接地的刚性开关调制器的统称，主要分为调制阳极调制器、栅极调制器、聚焦电极调制器和控制电极调制器等几种。通常把刚性开关串联在微波功率管阴极的阴极调制器也称为浮动板调制器。

1. 浮动板调制器的组成和原理

为了减小调制器的体积、重量和调制功率，对于具有调制阳极、栅极、聚焦电极和控制电极的 O 型管，可以采用调制阳极调制、栅极调制、聚焦电极调制和控制电极调制等工作方式。由于 O 型管的调制阳极、栅极、聚焦电极和控制电极所截获的电流只是电子注电流的很小一部分（通常约为 $0.1\% \sim 1\%$），因而它们对调制器呈现的是一个兆欧级或更高的电阻，同时并联着它们自身的分布电容、杂散电容及调制器的输出电容。也就是说，它呈现的基本上是一个电容性负载。采用浮动板调制方式，还可以避免电子注电压（阳极电压）在上升和下降过程中产生寄生振荡。图 2.38 示出了浮动板调制器的基本电路。

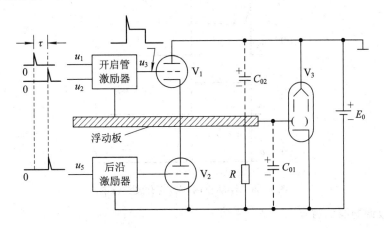

图 2.38　浮动板调制器的基本电路

图 2.38 中的调制开关由两个相同的调制管串联构成。其中，V_1 是开启管，它的阳极接地，阴极接在电位可浮动的浮动板上；V_2 是后沿截尾管，其阴极接电子注电源的负端，阳极与浮动板相接。O 型管（如速调管）的调制阳极直接接到浮动板上。调制器工作时，浮动板的电位随调制脉冲而浮动，使 O 型管工作或截止，这就是浮动板调制器名称的由来。

由图 2.38 可见，在脉冲间歇期，开启管 V_1 和截尾管 V_2 都不导通，此时浮动板上的电位通过泄放电阻 R 接到电子注电压的负端，使 O 型管的电子注电流被截止。当激励脉冲（前沿脉冲 u_1）加到开启管的栅极时，开启管 V_1 导通，给分布电容 C_{01} 充电，同时也使分布电容 C_{02} 放电。在开启管导通的整个脉冲持续时间 τ 内，浮动板处于接近于零的电位，调制阳极和阴极之间的电位差接近于电子注电压 E_0，O 型管正常工作。当截尾管 V_2 受到后沿脉冲 u_5 的激励导通时（与此同时，开启管 V_1 受后沿脉冲 u_2 的控制而断开），分布电容 C_{01} 很快放电，

C_{02}很快充电，浮动板又回到E_0负端的电位上，O型管截止，工作结束。由此可见，在工作过程中调制器浮动板上的电位在E_0和零之间变化。因为浮动板与O型管调制阳极相连，即调制脉冲是加在调制阳极上的，因此通常又把图2.38所示的浮动板调制器称为调制阳极调制器。

图2.39示出了浮动板调制器的有关波形图。图2.39(a)中的u_1为定时器输出的前沿脉冲；图(b)中的u_2为定时器输出的后沿脉冲；图(c)中的u_3为开启管V_1栅极所需的激励脉冲波形；图(d)中的u_4为速调管阳极到阴极之间的脉冲波形；图(e)中的u_5为截尾管V_2的栅极波形。为了得到较好的调制脉冲前沿和后沿波形，见图2.39(d)，必须给C_{01}和C_{02}很大的充、放电电流，往往要达数十安培。而在脉冲平顶时间内调制阳极流过的电流很小，一般为几十毫安。由图2.38可见，加到开启管激励器的前沿脉冲u_1和后沿脉冲u_2只要起触发作用就行，可以是两个上升沿较陡的尖脉冲。开启管激励器受u_1和u_2的控制，产生如图2.39(c)所示的u_3波形去激励开启管，波形u_3起始上升沿的尖峰可使得开启管有较大的电流对C_{01}和C_{02}充放电。脉冲平顶部分通过开启管的电流很小，其管压降也很小，所以开启管的损耗几乎等于对分布电容充放电的损耗。u_5是使激励截尾管导通的触发脉冲，它应保证截尾管V_2有足够大的电流对C_{01}和C_{02}迅速放电和充电。

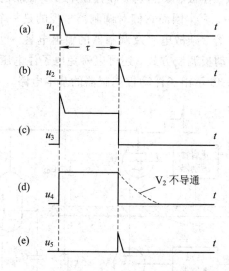

图 2.39　浮动板调制器的有关波形图

2. 浮动板调制器的特点

浮动板调制器与一般的刚性开关相比，具有以下特点：

(1) 要求开启管V_1和截尾管V_2能承受全部电子注电压E_0，但要求流过的电流较小，主要是保证在脉冲前、后沿给分布电容提供足够的充放电电流。因而调制器的功率损耗主要取决于分布电容$C_0(C_0 = C_{01} + C_{02})$中的储能和脉冲重复频率$F_r$。功率损耗$P_a$的表达式为

$$P_a \approx \frac{1}{2} C_0 E_0^2 F_r \qquad (2.6.1)$$

式中，C_0为总分布电容，$C_0 = C_{01} + C_{02}$。

(2) 浮动板调制器形成的调制脉冲，其前沿按$du/dt = I_a/C_0$的规律线性变化，此速率取决于开启管和截尾管给出的脉冲电流I_a，与脉冲宽度无关，很适合用于宽脉冲和高工作比的雷达发射机。

(3) 可工作在复杂脉冲编码或较高重复频率F_r状态。当脉冲重复频率太高时开启管的

损耗增大。在开关管允许的阳极功率 P_a 给定时，脉冲重复频率 F_r 为

$$F_r \leqslant \frac{2P_a}{C_0 E_0^2} \qquad (2.6.2)$$

（4）浮动板调制器输出的脉冲波形可以做得很好，脉冲顶部降落很小。

（5）开启管和截尾管都处于高电位，故增加了对它们激励的困难。必须采用可靠的高压隔离方法将开启管的前、后沿触发脉冲以及截尾管的后截止脉冲分别耦合到开启管和截尾管的栅极。常用的方法有电容耦合、变压器耦合、射频耦合以及光电耦合，其中光电耦合性能较好，用得也较多。

3. 浮动板调制器的开关器件

前面已经讲过，浮动板调制器是调制管阴极不接地的刚性开关调制器，其开关管与刚性开关调制器的开关管相同，只是所需的工作电压较低，脉冲电流要小得多。近年来较多采用固态开关（晶体开关三极管或场效应开关管等）及开关组件（IGBT），以降低电路的复杂性，提高电路的可靠性。

正负偏置电压超过 1000 V 量级的高压浮动板调制器，其开关管采用真空三极管、四极管；正负偏置电压在 1000 V 左右的中压浮动板调制器，其开关管可采用多个固态管串联，也可以采用 IGBT 开关组件；正负偏置电压在 1000 V 以内的低压浮动板调制器，则可选用耐压大于 1000 V 的晶体开关管或场效应开关管。

4. 几种常用的浮动板调制器

近年来，常用的浮动板调制器有单开关型、双开关型和多开关组合型浮动板调制器。虽然多开关型适用于中、高压浮动板调制器，但是因为开关管较多，驱动控制复杂，要求时间关系很严格，因此在高压浮动板调制器中应慎用，以免影响可靠性。下面主要讲述单开关型和双开关型浮动板调制器。

图 2.40 示出了单开关栅极调制型浮动板调制器框图，它主要由正/负偏置电源、单开关管 V_{T1}、驱动放大器和下拉电阻 R 组成。在静止期间，负偏置电压通过电阻 R 加在微波管的栅极和阴极之间，使微波管电子注电流截止；在工作期间，激励脉冲通过光电隔离器传送并开启驱动放大器，开关管 V_{T1} 导通，将正偏置电压加至微波管栅极上，微波管开始工作；当激励脉冲结束后，通过下拉电阻 R 再次将负偏置电压接至微波管栅极，恢复电子注电流截止状态。这种调制器的优点是只用一个开关管，要求开关管的功耗也较小，电路简单，可靠性

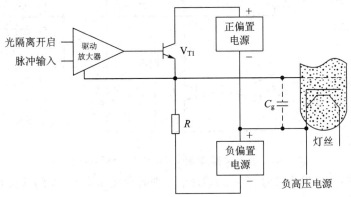

图 2.40 单开关栅极调制型浮动板调制器框图

较高。不足之处是微波管栅极靠电阻 R 自动下拉到负偏置电源电压，考虑到 R 与栅极分布电容 C_g 的充电过程，使调制脉冲的后沿时间较长。

　　另外有一种单开关型浮动板调制器，它将开关管直接串联在微波管阴极回路中，直接控制电子注电流的通断，因此又叫作单开关阴极调制型浮动板调制器。图 2.41 示出了其电路框图。激励脉冲经过驱动放大器开启开关管 V_{T1} 导通，微波管发射电子注电流，开始工作。开关管断开时，靠集电极间的分布电容 C_g 充电形成的负偏压（该负电压还必须大于微波管的截止偏压）自动关断电子注电流，因此可以缩短脉冲后沿时间，而且可以省去一个负偏置电源。由于开关管 V_{T1} 导通时要流过微波管总的电子注电流，因此功耗较大，调制波形的上升沿也略大于图 2.40 所示电路的值。还要说明一下，在微波管加高压的过程中，由于调制开关管两端的电压尚未完全形成，微波管无足够的负偏压，会产生部分电子注电流（当负偏压过低时，电子注电流有散焦效应），因此需要注意缩短和调整高压形成的时间。

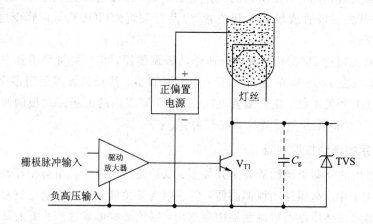

图 2.41　单开关阴极调制型浮动板调制器电路框图

　　双开关栅极调制型浮动板调制器电路框图如图 2.42 所示，它的电路结构与图 2.38 所示的浮动板调制器基本相同，主要由正偏置开关管 V_{T1}、负偏置开关管 V_{T2}、正负偏置电源、光隔离驱动电路、偏置电阻 R_1 和限流电阻 R_2 等部分组成。

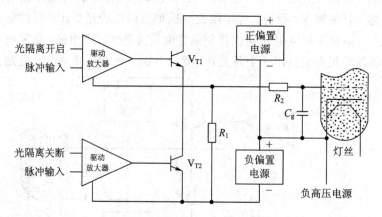

图 2.42　双开关栅极调制型浮动板调制器电路框图

　　在图 2.42 中，V_{T1} 为开启管，V_{T2} 为截尾管。平时负偏压由 R_1 加到微波管的栅极，V_{T1} 和 V_{T2} 截止。激励脉冲开始时，V_{T1} 导通，正偏压通过 V_{T1} 和限流电阻 R_2 加在微波管的栅极和阴极之间，微波管开始工作。在调制脉冲后沿开始时，V_{T1} 断开，V_{T2} 导通并通过 R_2 使分布电容

C_g 放电，负偏压加在微波管的栅极，微波管的电子注电流截止。图 2.42 所示的双开关栅极调制型浮动板调制器是最常用的一种浮动板调制器，调制脉冲的前、后沿分别由每个开关管控制，因而克服了单开关型浮动板调制器带来的调制脉冲前沿、后沿较差的问题。顺便讲一下，双开关型浮动板调制器除了需要两个开关管和正偏置电源、负偏置电源外，还需要两组驱动放大器和两组驱动放大器电源(图 2.42 中未画出)，而且需要慎重考虑它们之间的高压电位隔离和保护问题。

2.6.4　脉冲调制器的性能比较

表 2.9 中列出了几种主要调制器的性能对比。在实际应用中，需要综合考虑各种因素，进行折中选择。一般来说，应考虑如下几点：

表 2.9　几种主要调制器的性能对比

类型 比较项目	线型脉冲调制器	刚性开关脉冲调制器	浮动板调制器
脉冲波形	取决于 PFN 与脉冲变压器的联合设计	较好，波形易受分布参数影响	好
脉冲宽度变化	较难，取决于 PFN	容易	容易、灵活
脉冲宽度	较宽，由 PFN 和脉冲变压器决定	不宜太宽，否则顶降难以做小	易实现大脉冲宽
时间抖动	较大，5~50 ns	较小，1~10 ns	小，1~10 ns
失配要求	对匹配有要求，失配不能超过 ±30%	对匹配要求不严，允许失配	无匹配要求
所需高压电源	电压较低，体积小，重量较小	电压较高，体积小，重量较大	电压较低，功率小，需浮在高电位上
线路复杂性	简单	较复杂	较简单
可靠性	较高	较低	可用固态器件，可靠性较高
效率	较高	较低	较低
功率容量	大，数十千瓦至数十兆瓦	较大，数千瓦至数兆瓦	较小
成本	较低	较高	较低

(1) 大功率刚性开关脉冲调制器和线型脉冲调制器广泛应用于大功率阴极调制微波管，如各种大功率阴极调制的 O 型管和 M 型管。

(2) 线型脉冲调制器主要用于电压高、功率大、波形要求不太严格而且脉冲宽度不变的线型电子注阴极调制微波管。

(3) 浮动板调制器具有输出波形好、功率较小、电压较低、波形变化灵活(能适应脉冲宽度和重复频率的大范围变化)的优点，广泛应用于具有调制阴极、栅极、聚焦电极和控制电极的 O 型微波管和直流应用的前向波管等。

参 考 文 献

[1]　强伯涵，魏智. 现代雷达发射机的理论设计与实践. 北京：国防工业出版社，1985.

[2]　郑新，李文辉，潘厚忠. 雷达发射机技术. 北京：电子工业出版社，2006.

[3]　丁鹭飞，耿富禄. 雷达原理. 3 版. 西安：西安电子科技大学出版社，2002.

[4]　西北电讯工程学院 202 室发射组. 雷达发射设备. 西安：西北电讯工程学院，1975.

[5]　情报中心. 世界地面雷达手册. 2 版. 南京：机械电子工业部第十四研究所，1992.

[6]　雷达系统编写组. 雷达系统. 北京：国防工业出版社，1984.

[7]　SIVAN L. Microwave Tube Transmitters. London：Chapman Hall，1994.

[8]　SKOLNIK M I. Radar Handbook. 2nd ed. NewYork：McGraw Hill Companies Inc.，1990.

[9]　斯科尔尼克 M I. 雷达手册(第四分册). 谢卓，译. 北京：国防工业出版社，1974.

[10]　张光义. 相控阵雷达系统. 北京：国防工业出版社，1994.

[11]　EWELL G W. Radar transmitters. NewYork：McGraw Hill，1981.

[12]　丁耀根. 现代雷达用的宽带大功率速调管. 现代雷达，1995(2).

[13]　伊优斯 J L，等. 现代雷达原理. 卓荣邦，译. 北京：电子工业出版社，1991.

第3章　雷达接收机

雷达接收机是雷达系统的重要组成部分，它的主要功能是对雷达天线接收到的微弱信号进行预选、放大、变频、滤波、解调和数字化处理，同时抑制外部的干扰、杂波以及机内噪声，使回波信号尽可能多地保持目标信息，以便进一步进行信号处理和数据处理。

雷达接收机主要由微波电路、模拟电路、数字电路和数字信号处理器（DSP）组成。现代雷达系统对雷达接收机的基本要求是低噪声、大动态、高稳定性和较强的抗干扰能力。随着雷达技术的不断进步和发展，目前雷达接收机发展的重要方向是微电子化、模块化、数字化。为了满足雷达系统和电子战一体化的需要，宽带雷达接收机、超宽带雷达接收机和软件雷达接收机已成为重要的研究课题。

3.1　雷达接收机的基本原理和组成

一般来说，雷达探测的飞机、船只、地面车辆和人员所反射的回波是有用信号；地面、海面、云雨、鸟群等反射的回波为杂波；干扰是指各种有源干扰和无源干扰等。然而对于气象雷达而言，云、雨则是有用信号。

3.1.1　雷达接收机的基本原理

迄今为止，雷达系统一般都采用超外差式接收机。图3.1给出了超外差式雷达接收机的原理方框图。图中示出了超外差式雷达机的基本工作原理和各种功能，实际应用的雷达接收机不一定包括图中的全部内容。然而为了保证雷达系统更高的性能要求，实际的雷达接收机可能更为复杂。例如，为了保证接收机在宽带工作，通常需要采用二次变频方案；为了保证接收机的频率稳定度和宽带频率捷变，稳定本机振荡器应采用高性能的频率合成器等。

为了便于理解，下面对图3.1所示的超外差式雷达接收机的原理方框图分几部分进行介绍。

1. 接收机前端

在图3.1中，接收机前端主要包括接收机保护器、射频放大器、射频滤波器和混频器。从天线进入接收机的微弱信号，通过接收机保护器后由射频放大器进行放大。射频滤波器的作用是抑制进入接收机的外部干扰，有时也称为预选器。对于不同波段的雷达接收机，射频滤波器有可能放在射频放大器之前或之后。射频滤波器置于放大器之前，对雷达接收机抗干扰和抗过载能力有好处，但是滤波器的插入损耗增加了接收机的噪声。滤波器放置在射频放大器之后，对接收机的灵敏度和噪声系数有好处，但是抗干扰能力和抗过载能力将变差。

2. 本机振荡器和自动频率控制（AFC）

本机振荡器（简称本振 LO）是雷达接收机的重要组成部分。在非相参雷达中，本振是一个自由振荡器，通过自动频率控制（AFC）电路将本振的频率 f_L 自动调谐到接收射频信号所要求的频率上（$f_L = f_s - f_I$ 或者 $f_L = f_s + f_I$，这里 f_s 为信号频率，f_I 为中频频率），所以有

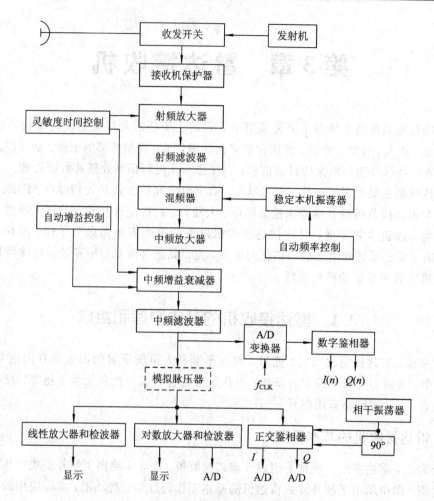

图 3.1 超外差式雷达接收机的原理方框图

时也称为自动频率微调或者简称为自频调。自频调电路首先通过搜索和跟踪，测定发射信号频率 f_S，然后把本振频率 f_L 调谐到比发射信号频率高（或低）一个中频频率的频率上 $(f_L = f_S \pm f_I)$，以保证经过混频之后使回波信号能变换到接收机的中频带宽之内。在相参接收机（有时也称为相干接收机）中，稳定本机振荡器（STALO）频率与发射信号频率是相参的。

在现代雷达接收机中，稳定本振频率、发射信号频率、相干振荡器（COHO）频率和全机时钟频率都是通过频率合成器产生的。频率合成器是以一个高稳定晶体振荡器为基准的，所产生的上述各种频率之间有确定的相位关系，因此采用频率合成器的雷达又称为全相参雷达。

3. 灵敏度时间控制和自动增益控制

灵敏度时间控制（STC）和自动增益控制（AGC）是雷达接收机抗过载、扩展动态范围和保持接收机增益稳定的重要措施。STC 也称为近程增益控制，它是某些探测雷达使用的一种随作用距离 R 减小而降低接收机灵敏度的技术。其基本原理是将接收机的增益作为时间（或对应的距离 R）的函数来实现控制。当发射信号后，按照大约 R^{-4} 的规律使接收机的增益随时间而增加，或者说使增益衰减器的衰减随时间增加而减小。STC 的副作用是降低了接收机在近距离的灵敏度，从而降低了在近距离检测小信号目标的能力。灵敏度时间控制可以在射频或中频实现，通常表示为 RFSTC 或 IFSTC。根据接收机总动态范围和灵敏度的要求，RFSTC 可放置在射频放大器之前或之后。

AGC 是一种增益反馈技术，用来调整接收机的增益，以保证接收机在适当的增益范围内工作。AGC 对保持接收机在宽温度和宽频带范围中稳定工作具有重要作用。还需要指出，对于现代多波束雷达的多路接收机系统，AGC 还有保持多路接收机增益平衡的作用，因此又可称为自动增益平衡（AGB）。

4. 中频放大器

混频器将射频信号变换成中频信号，中频放大器的成本比射频放大器低，它的增益高，稳定性好，而且容易实现信号的匹配滤波。对于不同频率和不同频带的接收机，都可以通过变换本振频率，形成中频和带宽固定的中频信号。

从图 3.1 中可以看到，中频信号通常需要经过几级中频放大器来放大。在中频放大器中，还需要插入中频滤波器和中频增益控制电路（中频增益衰减器）。大多数情况下，混频器和第一中频放大器电路组成一个部件，通常称为前置中放，以使混频器的性能更好。前置中放后面的中频放大电路又称为主中放。对于 P、L、S、C 和 X 波段的雷达接收机，典型的中频频率范围在 $30\sim1000$ MHz 之间，从器件成本、增益、动态范围、稳定性、失真度和选择性等方面考虑，选择低一些的中频更为有利。

为了适应接收机在宽带工作，如迅速发展的成像雷达技术，需要采用更高的中频、较宽的中频带宽和二次变频工作方式，其选择性和匹配滤波器的性能则需要正确选择第一中频和第二中频频率并采用滤波方法来实现。

5. 中频信号的几种处理方法

中频信号放大之后，根据使用要求，可采用如图 3.1 所示的几种方法来处理中频信号。

对于非相参检测和显示，可将线性放大器和检波器作为显示器或检测电路提供视频信息。

在要求大的瞬时动态范围时，需要采用对数放大器和检波器，对数放大器可以提供 $80\sim90$ dB 的有效动态范围。

对于大时宽带宽积的线性、非线性调频信号，可以用模拟脉冲压缩器件来实现匹配滤波，该器件简称为模拟脉压器，如图 3.1 中的虚线框所示。

对于相干处理，一种方法是中频信号通过一个正交鉴相器来产生同相基带信号 $I(t)$ 和正交基带信号 $Q(t)$，而正交的相干振荡信号可以由相干振荡器产生。另一种方法是采用中频直接采样技术，来自频率合成器的时钟（频率为 f_{CLK}）送至 A/D 变换器进行中频采样，经过数字鉴相器进行 I/Q 分离后直接输出同相数字信号 $I(n)$ 和正交数字信号 $Q(n)$。通常把这种中频直接采样和数字鉴相称为数字下变频。

在常规雷达中，经过中频放大处理的视频信号、基带信号 $I(t)$ 和 $Q(t)$ 还需要通过 A/D 变换器进行采样后转换为数字信号，再送至信号处理器进行处理。在现代雷达中，对中频信号直接进行 A/D 采样后再进行 I/Q 数字鉴相的接收机称为数字接收机，这种数字接收机目前已普遍应用于各种全相参雷达系统中。

3.1.2　雷达接收机的基本组成

雷达接收机的基本组成可分为接收机前端、中频接收机和频率源等三部分。下面分别进行讲述。

1. 接收机前端

在前面讲述雷达接收机的工作原理时，为了方便起见只示出了一次变频的原理方框图。然而在实际的雷达接收机应用中，尤其在工作波段较高而带宽又较宽时，大多采用二次变频方案。因为对于具有一定射频带宽的雷达接收机，一次变频的镜像频率一般都会落在信号频率带宽之内，只有通过提高中频频率才能使镜像频率落在信号频带之外。镜像频率的信号和噪声是不需要的，它会使接收机的噪声系数变高，必须通过射频滤波器（即预选器）滤除。在早期的雷达接收机中，通常采用一次变频方案，为了抑制镜像，一般需要采用镜像抑制混频器。

图 3.2 示出了接收机前端组成方框图。图 3.2(a)给出了早期雷达接收机采用的一次变频接收机前端组成方框图，它主要由限幅器、射频低噪声放大器、预选器、镜像抑制混频器和前置中放等组成。

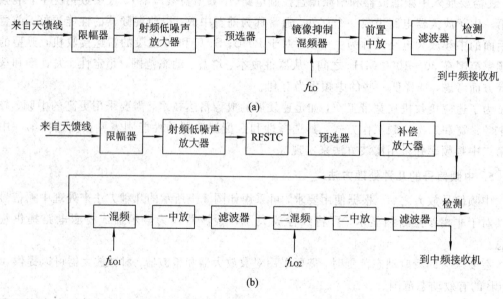

图 3.2 接收机前端组成方框图

(a) 一次变频接收机前端；(b) 二次变频接收机前端

图 3.2(b)给出了二次变频接收机前端的组成方框图。在实际应用中，还需要根据雷达的总体要求和结构布局进行适当的调整或增减。RFSTC 和预选器的位置应根据接收机总动态范围和抗干扰要求来安排，可以放置在射频低噪声放大器之前，也可以放在其后。在有些应用（如 X 波段至毫米波段等）中，为了减小馈线损耗，需要将低噪声放大器置于靠近天线的接收机输入口，低噪声放大器后随的长线输出则需要补偿放大器进行补偿。

2. 中频接收机

中频接收机的组成如图 3.3 所示。图 3.3(a)为具有对数放大和"零中频"的中频接收机组成方框图，这是近年来雷达中频接收机最常用的中频接收机组成方框图。图 3.3(a)中采用声表面波脉冲压缩滤波器，它输出的一路送至对数放大检波器，通常对数放大检波器具有 80～90 dB 的动态范围，另一路经过可编程数控衰减器后，送至零中频鉴相器（又称为正交相位检波器），输出同相基带信号 $I(t)$ 和正交基带信号 $Q(t)$，参考信号由相干振荡器（COHO）

提供。零中频鉴相器的优点是电路简单，缺点是 I、Q 的正交度和振幅平衡度较差。声表面波 (SAW) 脉冲压缩滤波器是目前常用的模拟脉冲压缩电路。随着数字技术和数字信号处理 (DSP) 芯片的不断发展，现代雷达大多数都采用数字脉压技术来实现脉冲压缩。数字脉压技术的最大优点是精度高，能进行波形捷变，而波形捷变是现代雷达抗干扰的重要措施。

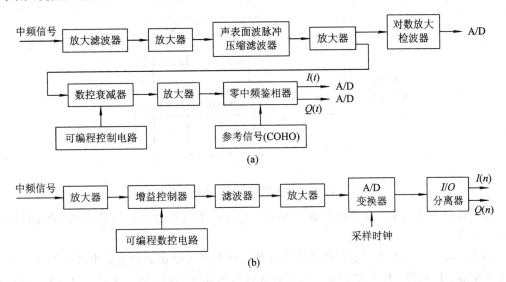

图 3.3　中频接收机的组成方框图

(a) 具有对数放大和"零中频"的中频接收机；(b) 中频直接采样接收机

图 3.3(b) 是中频直接采样接收机组成方框图，它直接用 A/D 变换器对中频信号进行采样，然后进行 I/Q 分离，输出为同相数字信号 $I(n)$ 和正交数字信号 $Q(n)$，并送至数字信号处理器。现代雷达大多数都采用中频直接采样接收机，这种方案的最大优点是 I、Q 的正交度和幅度平衡度可以做得很高。此外，随着 A/D 变换器位数的不断增加（如 14～16 位），可以使接收机的瞬时动态范围不断提高。

3. 频率源

频率源是雷达接收机的一个重要组成部分。图 3.4 示出了早期雷达接收机中的非相参雷达频率源原理方框图，它主要由具有一定频率稳定度的本机振荡器（如反射式速调管振荡器或压控振荡器）、相干振荡器和自动频率控制（AFC）电路组成。

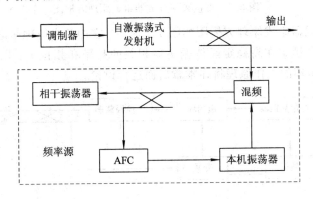

图 3.4　非相参雷达频率源原理方框图

图 3.5 示出了典型的全相参雷达频率源组成原理方框图，它主要由基准源、频率合成器、波形产生器和发射激励器(含上变频和预放大器)等部分组成。波形产生器能实现波形捷变，频率合成器输出高稳定、全相参的本振频率(f_{L1} 和 f_{L2})、相干振荡频率 f_{COHO} 和全机时钟 f_{CLK} 等。

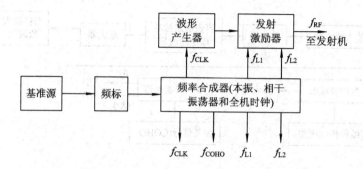

图 3.5　全相参雷达频率源组成原理方框图

频率合成器是全相参频率源的核心部分，它可以用直接合成和间接合成(锁相技术)的方法来实现。

图 3.6 示出了一种常用的直接频率合成器组成原理方框图，它主要由基准频率振荡器、谐波产生器、倍频器、控制器和上变频发射激励器等部分组成。图 3.6 中，基准频率振荡器产生高稳定的基准信号频率 F，发射信号频率 $f_{RF} = N_i F + MF$，稳定本振频率 $f_L = N_i F$，相参振荡器频率 $f_{COHO} = MF$，这些频率之间有确定的相位关系，所以是一个全相参系统。

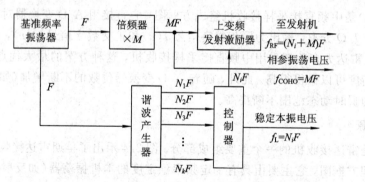

图 3.6　直接频率合成器组成原理方框图

锁相环频率合成器组成原理方框图如图 3.7 所示。它的基本原理是通过锁相环将压控振荡器输出的振荡信号锁定在高稳定晶体振荡器相关的频率和相位上，以获得一组高稳定的本振信号。关于锁相环的工作原理将在本章后面进行讨论。

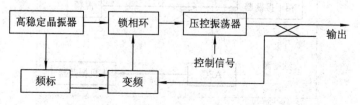

图 3.7　锁相环频率合成器组成原理方框图

3.2　雷达接收机的主要质量指标

3.2.1　灵敏度和噪声系数

灵敏度表示接收机接收微弱信号的能力。接收机的灵敏度越高，能接收的信号就越微弱，因而雷达的作用距离就越远。

接收机接收信号的强度一般可用功率来表示，接收机的灵敏度通常用最小可检测信号功率 S_{imin} 表示。当接收机的输入信号功率达到 S_{imin} 时，接收机就能正常接收并在输出端检测出这一信号。当输入信号低于 S_{imin} 时，信号将被淹没在噪声干扰之中，不能可靠地检测出来。由于雷达接收机的灵敏度受噪声电平的限制，因此要提高灵敏度，就必须减小噪声电平。减小噪声电平的方法：一是抑制外部干扰；二是减小接收机噪声电平。因此雷达接收机一般都需要采用预选器、低噪声高频放大器和匹配滤波器。

噪声系数 F 的定义是：接收机输入端的信号噪声功率比 (S_i/N_i) 与输出端信号噪声功率比 (S_o/N_o) 的比值。其表达式为

$$F = \frac{S_i/N_i}{S_o/N_o} \tag{3.2.1}$$

噪声系数是表示接收机内部噪声的一个重要质量指标。实际的 F 总是大于 1 的。如果 $F=1$，则说明接收机内部没有噪声，这时接收机就成了所谓的"理想接收机"。

接收机灵敏度 S_{imin} 与噪声系数的关系为

$$S_{imin} = kT_o B_n FM \tag{3.2.2}$$

式中，k 为玻尔兹曼常数，$k \approx 1.38 \times 10^{-23}$ J/K；T_o 为室温（17℃）下的热力学温度，$T_o = 290$ K；B_n 为系统噪声带宽；M 为识别系数，M 的取值应根据不同体制雷达的要求而定。当取 $M=1$ 时，接收机的灵敏度称为临界灵敏度。

3.2.2　接收机的工作频带宽度和滤波特性

接收机的工作频带宽度表示接收机的瞬时工作频率范围。在复杂的电子对抗和干扰环境中，要求雷达发射机和接收机具有较宽的工作带宽，如频率捷变雷达和成像雷达要求接收机的工作频带宽度为 10%～20%。接收机的工作频带宽度主要取决于高频部件（馈线系统、高频放大器和频率源等）的性能。

滤波特性是接收机的重要质量指标。接收机的滤波特性主要取决于中频频率的选择和中频部分的频率特性。中频的选择与发射信号波形的特性、接收机的工作带宽及高频和中频部件的性能有关。中频的选择范围为 30 MHz～4 GHz。对于宽频带工作的接收机，应选择较高的中频。在现代雷达中大多采用二次甚至三次变频方案。当需要在第二中频增加某些信号处理器功能时，如声表面波（SAW）脉冲压缩滤波器、对数放大器等，从技术实现考虑，第二中频选择在 30～500 MHz 更为合适。

减少接收机噪声的关键是中频的滤波特性。如果中频滤波特性的带宽大于回波信号带宽，则过多的噪声进入接收机；反之，如果所选择的带宽比信号带宽窄，则信号能量将会损失。这两种情况都会使接收机输出的信噪比减小。在白噪声（即接收机热噪声）背景下，接收机的频率特性为匹配滤波器时，输出的信号噪声比最大。

3.2.3　动态范围和增益

动态范围表示接收机工作时所允许的输入信号强度变化的范围。允许的最小输入信号强度通常取最小可检测信号功率 S_{imin}，而允许的最大输入信号强度则根据正常工作的要求而定。当输入信号太强时，接收机将发生过载饱和，从而使较小的目标回波显著减小，甚至丢失。因此要求接收机具有大的动态范围，以保证信号不论强弱都能正常接收。在实际应用中，对数放大器是扩展接收机动态范围的一项重要措施。

接收机的增益表示对回波信号的放大能力，通常表示为输出信号功率与输入信号功率之比，称为功率增益。有时（如在米波或分米波）也用输出信号与输入信号的电压比表示，称为电压增益。接收机的增益应根据接收机的系统要求来确定。接收机的增益直接决定了输出信号的幅度。为了防止接收机饱和、扩展动态范围并保持接收机增益的稳定性，应增加灵敏度时间控制（STC）和自动增益控制（AGC）。

3.2.4　频率源的频率稳定性和频谱纯度

频率源是接收机的一个十分重要的组成部分。这里所指的主要是频率源的本振信号。本振的频率稳定度和频谱纯度直接影响雷达系统在强杂波中对运动目标的检测和识别能力，即雷达系统的改善因子。

雷达频率源的频率稳定度主要是短期频率稳定度，一般是 ms 量级。短期频率稳定度通常用单边带相位噪声功率密度来计量。频谱纯度主要是频率源的杂波抑制度和谐波抑制度。在机载雷达中，还需要考虑本振信号的频谱宽度，而频谱宽度是与单边带相位噪声谱密度相关的。

3.2.5　幅度和相位的稳定性

在现代雷达接收机中，接收机的幅度和相位稳定性十分重要。幅度和相位稳定性主要包括常温稳定性、宽温稳定性、宽频带稳定性及在振动平台上的稳定性等。

在单脉冲跟踪雷达中，幅度和相位的不稳定性直接影响高低角和方位角的测角精度；在多波束三坐标雷达及频率扫描和相位扫描三坐标雷达中，幅度和相位的不稳定性直接影响测高精度；在相控阵雷达中，收发（T/R）组件的幅度和相位误差会使相控阵天线的副瓣电平增大。

3.2.6　正交鉴相器的正交度

对于现代雷达接收机所获得的回波信号，不仅需要提取幅度信息，还需要提取相位信息。正交鉴相器分为模拟正交鉴相器（又称为零中频鉴相器）和数字正交鉴相器。采用正交鉴相器是同时提取回波信号的幅度信息和相位信息的有效方法。

正交鉴相器的正交度表示鉴相器保持信号幅度和相位信息的准确程度。鉴相器的不正交产生的幅度误差和相位误差将导致信号失真。在频域中，幅度误差和相位误差将产生镜像频率，影响雷达系统的动目标改善因子；在时域中，幅度失真和相位失真将会使脉冲压缩信号的主副瓣比变坏。

接收机的中频实信号表示为

$$s(t) = A(t)\cos[\omega_i t + \phi(t)] \tag{3.2.3}$$

式中，$A(t)$ 和 $\phi(t)$ 分别为信号的幅度和相位调制函数。

模拟正交鉴相器又称为零中频鉴相器，是指相干振荡器的频率与中频信号的中心频率相等（未考虑多普勒频移），使其差频为零。模拟正交鉴相器将回波信号分解为同相分量 $I(t)$ 和正交分量 $Q(t)$，分别表示为

$$I(t) = A(t) \cdot \cos[2\pi f_{\mathrm{d}} t + \phi(t)] \tag{3.2.4}$$

$$Q(t) = A(t) \cdot \sin[2\pi f_{\mathrm{d}} + \phi(t)] \tag{3.2.5}$$

式中，f_{d} 为回波的多普勒频移。

回波信号此时称为零中频信号，它的复信号表示为

$$u(t) = I(t) + jQ(t) = A(t) \cdot e^{j\phi(t)} \tag{3.2.6}$$

模拟正交鉴相器的优点是可以处理较宽的基带信号，也比较简单。模拟正交鉴相器的主要缺点是难以实现 I、Q 通道良好的幅度平衡和相位正交。影响正交性的主要原因是相干振荡器输出具有不正交性，视频放大器有零漂等。目前实际使用的模拟正交鉴相器模块，其 I/Q 输出幅度不平衡约为 0.5 dB，相位正交误差为 2° 左右。

数字正交鉴相器的工作原理是直接用 A/D 变换器对中频信号进行采样，然后进行 I/Q 分离，见图 3.1。数字正交鉴相器的最大优点是全数字化处理，可以实现很高的 I/Q 幅度平衡和相位正交性，而且工作稳定性很好。数字鉴相器的性能明显优于模拟鉴相器，它已广泛应用于现代雷达接收机中。目前，商品化的数字鉴相模块输出的字长为 12～14 位；I/Q 输出幅度不平衡为 0.05 dB；I/Q 输出相位不平衡为 0.05°。

3.2.7　A/D 变换器的技术参数

在现代雷达中，接收机的视频或中频信号往往需要通过 A/D 变换器变换成数字信号。A/D 变换器中与接收机相关的参数主要有位数（又称为比特数）、采样频率及输入信号的带宽等。与此相对应的量化噪声、信噪比以及动态范围也是 A/D 变换器的重要参数。此外，时钟孔径的抖动及与模拟信号的接口也是选用和设计 A/D 变换器需要考虑的问题。随着数字技术的迅速发展，A/D 变换器在接收机中的作用越来越重要。

3.2.8　抗干扰能力

在现代电子战和复杂的电磁干扰环境中，抗有源干扰和抗无源干扰是雷达系统的重要任务之一。有源干扰为敌方施放的各种杂波干扰和邻近雷达的异步脉冲干扰；无源干扰主要指从海浪、地物、雨雪反射的杂波干扰和敌机施放的箔片干扰。这些干扰严重影响对目标的正常检测，甚至使整个雷达系统无法工作。现代雷达接收机必须具有抗各种干扰的措施。当雷达系统用频率捷变方式抗有源干扰时，接收机频率源输出的本振频率应与发射机频率同步跳变，同时接收机应有足够大的动态范围，以保证后面的信号处理有较高的处理精度。

3.2.9　频率源和发射激励性能

在现代雷达系统中，大多数都采用全相参体制。通常雷达波形和发射激励都是由接收系统来完成的。为了提高雷达的抗干扰性能和辨别能力，要求波形产生器能够输出各种信号波形。有时一部雷达需要多种波形捷变，这时在接收系统的研制中就需要认真考虑和设计波形产生器和发射激励器。

可以从频域和时域来检测波形的质量和发射激励的性能。从频域角度，主要是检测波形和发射激励信号的频谱特性；从时域角度，主要是检测调制信号的前沿、后沿和顶部起伏，以及调制载频的频率和相位特性。对于发射激励信号，还需要用频谱仪测量其稳定性及对应的系统改善因子。

3.2.10　微电子化、模块化和系列化

在现代有源相控阵雷达和数字波束形成（DBF）系统中，通常需要几十路、几百路甚至成千上万路接收通道。如果采用常规的接收机工艺结构，则无论在体积、重量、成本和技术实现上都有很大困难，而采用高可靠、高稳定、微电子化、模块化和系列化的接收机结构可以解决上述困难。近年来，微波集成电路的飞速发展，特别是砷化镓（GaAs）器件、单片微波集成电路（MMIC）、中频单片集成电路（IMIC）和专用集成电路（ACIC）的产品化和商品化及超宽带器件的不断出现，为雷达接收机的微电子化、模块化和系列化提供了良好的基础。

对于不同频段（如米波、P、L、S、C、X以及K波段等）和各种不同用途的雷达接收机而言，除了天线结构、微波馈线结构和频率源以外，基本上都是由接收机前端、线性中放、对数中放、I/Q正变鉴相器（模拟正交鉴相器或数字正交鉴相器）及A/D变换器等基本模块组成的。一般来说，这些基本模块是各种雷达接收机通用的。将这些通用模块在结构上标准化，在性能上规范化，并根据不同用途、不同频段，推出商品化的模块系列，是现代雷达设计者面临的重要任务。

3.3　常规雷达接收机和现代雷达接收机

3.3.1　雷达接收机的分类

雷达接收机发展的早期，曾出现过超再生式接收机、晶体视频放大接收机和调谐式接收机等。自从超外差式接收机问世以后，由于它具有灵敏度高、选择性好和抗干扰能力强等优点，目前几乎所有雷达系统都采用超外差式接收机。

虽然现代雷达接收机都采用超外差式接收机，然而根据雷达用途和体制的不同，接收机的分类和组成形式各种各样。比较典型的雷达接收机有单通道接收机、双通道接收机、单脉冲雷达接收机（振幅和差三通道单脉冲接收机或相位和差三通道单脉冲接收机）、三坐标雷达接收机、堆集波束雷达接收机、相控阵雷达接收机、机载火控/制导雷达接收机、机载预警雷达接收机、机载成像雷达接收机和气象雷达接收机等。而数字雷达接收机、模块化雷达接收机和软件雷达接收机是现代雷达接收机的重要发展方向。

3.3.2　常规雷达接收机

目前普遍使用的雷达接收机有以下几种：早期脉冲雷达接收机；振荡式发射机动目标显示雷达接收机和典型的全相参雷达接收机等。

图3.8示出了早期超外差式脉冲雷达接收机原理方框图。图中，发射机采用大功率射频

振荡器直接产生所需的射频功率。接收机为最简单的超外差式接收机，本振一般为高频微波振荡器(如反射式速调管振荡器或压控振荡器)。来自天线的射频回波信号经低噪声放大器、混频器、中频放大器、检波视放电路后，将视频回波信号送至显示器。

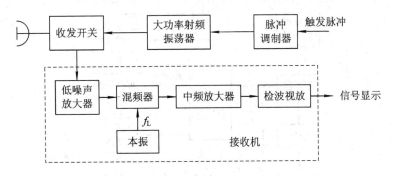

图 3.8　早期超外差式脉冲雷达接收机原理方框图

振荡式发射机动目标显示雷达接收机原理方框图如图 3.9 所示。图中采用了低噪声放大器和稳定的本机振荡器(简称稳定本振)。由于发射机仍为大功率射频振荡器，它输出的相邻射频脉冲之间的相位是不相干的，所以必须对相干振荡器进行定相。通常采用主波定相方法。基本原理是用定向耦合器从发射脉冲中取出一小部分高频锁相信号与稳定本振混频变成中频锁相信号，再对相干振荡器锁相。这时相干振荡器输出的相干基准信号含有发射脉冲的起始相位信息。然后接收到的中频回波信号与相干基准信号在相位检波器进行比相，由此检出运动目标的多普勒频移(f_d)信息。

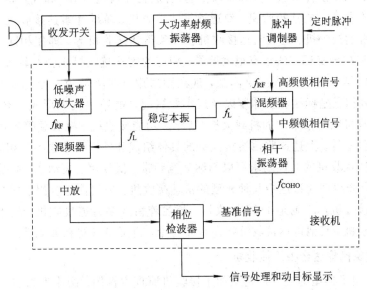

图 3.9　振荡式发射机动目标显示雷达接收机原理方框图

图 3.10 示出了具有放大链的全相干雷达接收机的原理方框图。发射信号由射频功率放大链输出，稳定本振为高稳定的频率合成器。因为射频信号、本振信号、相干基准信号、时钟信号等都是以一个高稳定晶体振荡器为基准、通过频率合成器产生的，所以这些信号之间有确定的相位关系，因此又称为全相干(或全相参)雷达接收系统。

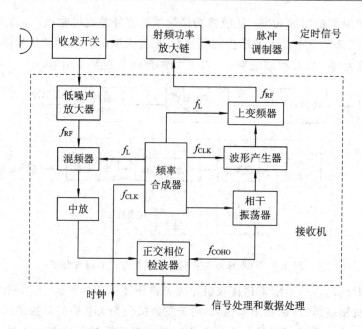

图 3.10　具有放大链的全相干雷达接收机原理方框图

3.3.3　现代雷达接收机

　　根据用途和体制进行分类，雷达可分为警戒雷达、火控/制导雷达、精密跟踪雷达、机载火控制导雷达、机载预警雷达、机载成像雷达(合成孔径雷达 SAR)和气象雷达等。比较典型的雷达接收机有单通道雷达接收机、双通道雷达接收机、单脉冲雷达接收机、三坐标雷达接收机、相控阵雷达接收机、机载雷达接收机和气象雷达接收机等。即使相同用途的雷达，具体的工作体制和技术实现方法也有很大差异，相应的雷达接收机也会有较大差别。例如，三坐标雷达接收机早期采用 V 型波束体制，现在则采用堆集多波束三坐标体制、相扫三坐标接收机体制、频扫三坐标接收机体制以及近年发展起来的数字波束形成(DBF)接收机体制；而机载雷达接收机则包括常规的机载火控/制导多功能接收机、机载预警雷达接收机以及机载成像雷达接收机等。上述这些雷达接收机的具体组成和性能要求也各不相同。

　　对现代雷达接收机的共性要求可以归纳为宽频带、低噪声、大动态、高稳定和合理的性价比。下面重点介绍现代雷达中几种典型的雷达接收机：现代雷达全相干接收机，S 波段中、低空警戒雷达接收机，16 通道 DBF 接收机，相控阵雷达多通道接收机，气象雷达接收机以及数字雷达接收机。其他雷达接收机将在后面讨论，也可以参阅有关文献。

　　1. 典型的现代雷达全相干接收机

　　图 3.11 示出了典型的现代雷达全相干接收机原理方框图。图中发射机由射频功率放大链和脉冲调制器组成；接收机为典型的数字接收机，由高频前端、中频放大器、A/D 变换器和数字鉴相器等组成。中频接收机输出的同相数字信号 $I(n)$ 和正交数字信号 $Q(n)$ 送至数字信号处理器。频率源由高稳定的基准源、频率合成器、波形产生器和发射激励等部分组成。频率合成器产生本振信号(频率为 f_{L1}、f_{L2})、相干振荡信号、全机时钟(频率为 f_{CLK})，这些信号频率之间具有确定的相位关系，因此是全相参体制。此外，波形产生器可以产生多种信号波形或捷变频信号波形。

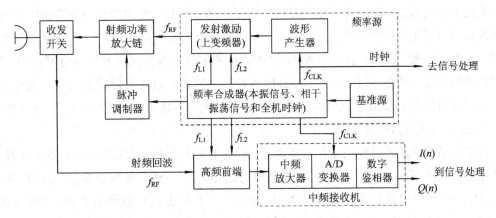

图 3.11　现代雷达全相干接收机原理方框图

2. S 波段中、低空警戒雷达接收机

图 3.12 示出了一个典型 S 波段中、低空警戒雷达接收机组成原理方框图。该接收机主

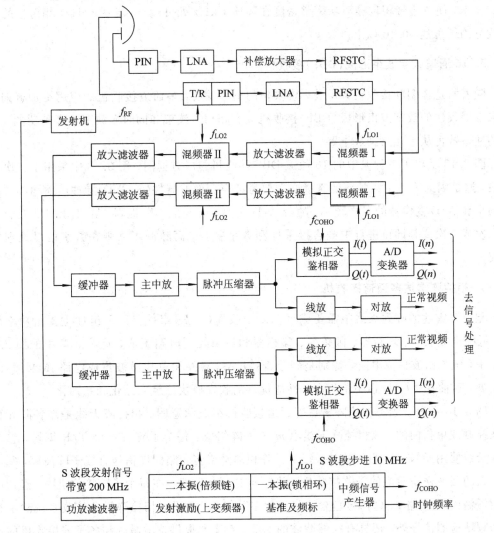

图 3.12　S 波段中、低空警戒雷达接收机组成方框图

要由低波束接收通道、高波束接收通道和频率源三部分组成。图中低波束通道为收发通道，而高波束通道仅用于接收回波信号。T/R 为收发开关，PIN 为限幅器，LNA 为低噪声高放。采用二次混频方案，第二中放频率为 35 MHz，以满足声表面波滤波器完成脉冲压缩。脉冲压缩的输出又分为两路进行处理：一路经过线性放大器和对数放大器后输出正常视频信号，另一路经过模拟正交鉴相器(零中频鉴相器)与 A/D 变换器输出的同相数字信号 $I(n)$ 和正交数字信号 $Q(n)$ 送至信号处理器。

该雷达是工作在 S 波段的全相参体制雷达。发射机为主振放大式发射机，频率源为全机提供发射信号频率 f_{RF}、一本振与二本振频率(f_{LO1}、f_{LO2})、相干振荡频率(f_{COHO})和时钟频率。信号频率和一本振频率均为 200 MHz 带宽；一本振为锁相频率合成器，频率间隔为 10 MHz；二本振为倍频链；接收机系统噪声系数为 2 dB。由于在接收机前端采用了灵敏时间控制(STC)，在中频采用了脉冲压缩器和对数放大器，模拟正交鉴相器之后的 A/D 变换器为 12 位，使接收机的动态范围可大于 80 dB。频率源采用了锁相环频率合成技术和倍频链合成技术，使单边带相位噪声功率谱密度在频偏 1 kHz 处可达 −105 dBc/Hz，相对应的动目标改善因子可达 50 dB 以上。

3. 16 通道数字波束形成(DBF)接收机

随着雷达体制和接收机微电化、模块化的迅速发展，多通道接收机的应用更加普遍。近年来发展很快的数字波束形成(DBF)接收机具有相扫多波束和同时多波束等多种功能。接收机的通道数可从十几路到数十路。

图 3.13 示出了一种典型的 16 通道 DBF 接收机组成方框图。图 3.13 中采用了三次变频方案，这是因为第三中频频率的选择必须要考虑声表面波器件(SAWD)脉冲压缩滤波器的工作频率和 A/D 变换器的采样频率。随着 A/D 变换器性能的不断提高，目前的 DBF 接收机通过一次或二次变频即可进行中频直接采样和数字鉴相，而脉冲压缩则在数字信号处理器中完成。

4. 相控阵雷达多通道接收机

相控阵雷达的阵列天线中需要成百上千个收发(T/R)组件。T/R 组件主要由功率放大器、低噪声放大器、环行器、限幅器、移相器和逻辑控制电路组成，见第 2 章中的图 2.30。近年来，随着微波集成电路，特别是砷化镓(GaAs)器件和单片微波集成电路(MMIC)的飞速发展，目前在 4 GHz 以下的频段，性能优良的收发模块已经商品化和系列化。

图 3.14 示出了固态相控阵雷达多通道接收机组成示意图。相控阵天线是靠各阵元移相器来控制波束指向的。该相控阵天线由 m 个子阵组成，每个子阵有 n 个 T/R 模块，整个相控阵天线使用 $m \times n$ 个 T/R 模块。每个子阵相加网络将 n 路回波信号合成子阵波束，每个子阵波束的回波送至对应的子阵接收机，共有 m 通道接收机。在每个子阵接收机中，经过中频鉴相器输出的 m 路 I、Q 信号包含了目标的多种信息。因此，相控阵雷达接收系统除了在时域和频域检测信号外，还具有空域滤波的功能。频率源提供发射激励和各子阵接收机的本振信号以及时钟等。

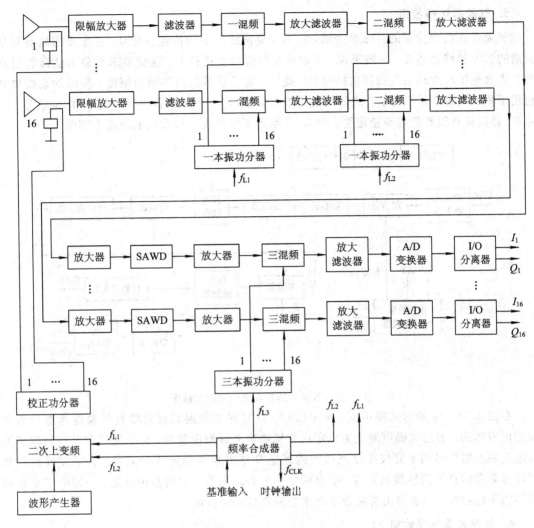

图 3.13 16 通道 DBF 接收机组成方框图

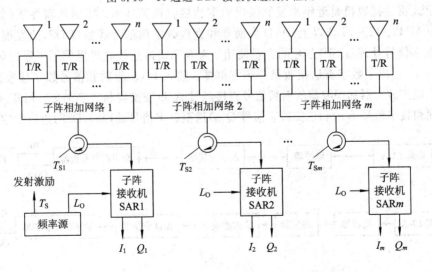

图 3.14 固态相控阵雷达多通道接收机组成示意图

5. 气象雷达接收机

气象雷达需要检测的目标是云雨，它不仅要测量云雨的位置、范围，更重要的是要测量云雨的强度和移动速度。一般来说，云雨回波的强度变化很大，这就要求气象雷达接收机具有不失真地接收大动态气象回波的能力。此外，为了获得较高的测速精度、较好的杂波抑制和相干积累效果，要求频率合成器输出的本振频率（f_{L1}、f_{L2}）和各种参考信号（标定信号、时钟等）必须具有很高的频率稳定度。图 3.15 给出了气象雷达接收机的原理方框图。

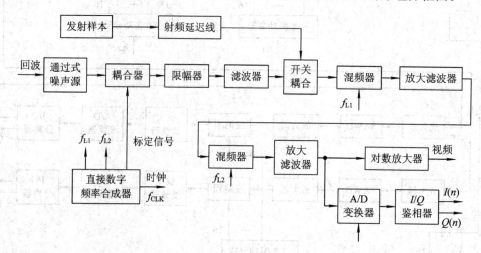

图 3.15　气象雷达接收机的原理方框图

在图 3.15 中，通过式噪声源、标定信号、发射样本和射频延迟线是气象雷达进行系统标定而专用的。通过式噪声源是为标定接收机噪声系数而设置的；标定信号和经过射频延迟线延迟的发射信号用来完成接收机增益的标定和整机频率稳定性的测量。为了完成对气象回波多普勒信息检测性能的标定，要求标定信号必须具有一定的步进功能、一定的带宽和很高的频率稳定性，一般应由直接数字频率合成器（DDS）提供。

6. 数字式雷达接收机

数字式雷达接收机是近年来发展很快的雷达接收机新技术。特别是高性能（如采样速率大于 100 MHz、12～14 位以上）A/D 变换器和直接数字频率合成器（DDS）的发展以及高速、超高速数字信号处理（DSP）芯片的大量使用，为数字式雷达接收机提供了可靠的硬件基础。

图 3.16 示出了数字雷达接收机原理方框图。图 3.16(a) 为射频信号数字接收机，它对经过限幅低噪声放大器和滤波器的射频信号直接经过 A/D 变换器和数字正交鉴相器（I/Q 分离），然后将同相数字信号 $I(n)$ 和正交数字信号 $Q(n)$ 送至数字信号处理器（DSP）进行数字处理。

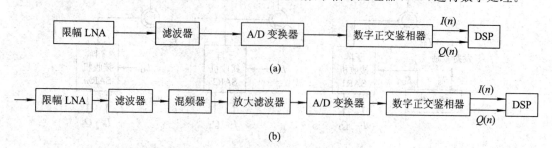

图 3.16　数字雷达接收机原理方框图

图 3.16(b)是中频数字接收机。射频回波信号经过限幅低噪声放大器、滤波器和混频器转换为中频信号。接着用 A/D 变换器直接对中频信号进行采样，经过数字正交鉴相器(I/Q 分离)后输出的同相数字信号 $I(n)$ 和正交数字信号 $Q(n)$ 送至数字信号处理器(DSP)进行信号处理。

在数字雷达接收机中，只用一个 A/D 变换器对射频或中频信号直接进行采样，数字正交鉴相也是用 DSP 芯片来完成的。与常规的模拟正交鉴相相比，输出的同相数字信号 $I(n)$ 和正交数字信号 $Q(n)$ 的幅度平衡和相位正交度精度很高，而且稳定性很好。

图 3.17 示出了数字雷达系统的原理方框图。图中的数字下变频器是数字鉴相的另一种叫法，这种叫法的由来是把 A/D 变换直接采样的中频数字信号变换成数字 I、Q 基带信号。图中除了发射功率放大器和数字信号处理器外，其余均由雷达接收系统来完成。

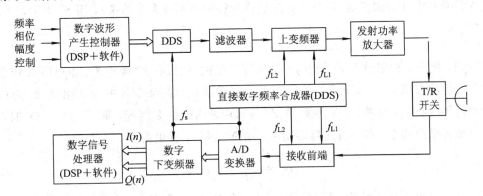

图 3.17 数字雷达系统原理方框图

3.4 接收机的噪声系数和灵敏度

3.4.1 接收机的噪声

雷达接收机噪声的来源主要分为两种，即内部噪声和外部噪声。内部噪声主要由接收机中的馈线、放电保护器、高频放大器或混频器等产生。接收机内部噪声在时间上是连续的，而振幅和相位是随机的，通常称为起伏噪声，简称为噪声。外部噪声是由雷达天线进入接收机的各种人为干扰、天电干扰、工业干扰、宇宙干扰和天线热噪声等，其中以天线热噪声的影响最大，天线热噪声也是一种起伏噪声。

1. 电阻热噪声

电阻热噪声是由于导体中自由电子的无规则热运动形成的噪声。因为导体具有一定的温度，导体中每个自由电子的热运动方向和速度不规则地变化，因而在导体中形成了起伏噪声电流，在导体两端呈现为起伏电压。

根据奈奎斯特定律，电阻产生的起伏噪声电压均方值为

$$\overline{u_{\text{n}}^2} = 4kTRB_{\text{n}} \tag{3.4.1}$$

式中，k 为玻尔兹曼常数，$k = 1.38 \times 10^{-23}$ J/K；T 为电阻温度，以热力学温度(K)计量，对于室温 17℃，$T = T_0 = 290$ K；R 为电阻的阻值；B_{n} 为测试设备的通带。

式(3.4.1)表明，电阻热噪声的大小与电阻的阻值 R、温度 T 和测试设备的通带 B_{n}

成正比。

电阻热噪声的功率谱密度 $p(f)$ 是表示噪声频谱分布的重要统计特性，其表达式可直接由式(3.4.1)求得

$$p(f) = 4kTR \tag{3.4.2}$$

显然，电阻热噪声的功率谱密度是与频率无关的常数。通常把功率谱密度为常数的噪声称为白噪声，电阻热噪声在无线电频率范围内就是白噪声的一个典型例子。

2. 额定噪声功率

根据电路基础理论，信号电动势为 E_s，而内阻抗为 $Z = R + jX$ 的信号源，当其负载阻抗与信号源内阻匹配，即 $Z^* = R - jX$(见图 3.18)时，信号源输出的信号功率最大。此时输出的最大信号功率称为额定信号功率(有时也称为资用功率或有效功率)，用 S_a 表示，其值是

$$S_a = \left(\frac{E_s}{2R}\right)^2 R = \frac{E_s^2}{4R} \tag{3.4.3}$$

同理，把一个内阻抗为 $Z = R + jX$ 的无源二端网络看成一个噪声源，由电阻 R 产生的起伏噪声电压均方值 $\overline{u_n^2} = 4kTRB_n$，见图 3.19。假设接收机高频前端的输入阻抗 Z^* 为这个无源二端网络的负载，显然，当负载阻抗 Z^* 与噪声源内阻抗 Z 匹配，即 $Z^* = R - jX$ 时，噪声源输出最大噪声功率，称为额定噪声功率，用 N_o 表示，其值为

$$N_o = \frac{\overline{u_n^2}}{4R} = kTB_n \tag{3.4.4}$$

因此可以得出重要结论：任何无源二端网络输出的额定噪声功率只与其温度 T 和通带 B_n 有关。

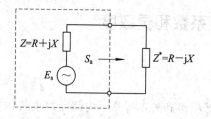

图 3.18　额定信号功率的示意图

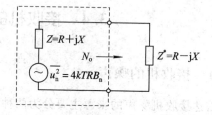

图 3.19　额定噪声功率的示意图

3. 天线噪声

天线噪声是外部噪声，它包括天线的热噪声和宇宙噪声，前者是由天线周围介质微粒的热运动产生的噪声，后者是由太阳及银河系产生的噪声。这种起伏噪声被天线吸收后进入接收机就呈现为天线的热起伏噪声。天线噪声的大小用天线噪声温度 T_A 表示，其电压均方值为

$$\overline{u_{nA}^2} = 4kT_A R_A B_n \tag{3.4.5}$$

式中，R_A 为天线等效电阻。

天线噪声温度 T_A 取决于接收天线方向图(包括旁瓣和尾瓣)中各辐射源的噪声温度，它与波瓣仰角 θ 和工作频率 f 等因素有关，如图 3.20 所示。图中，天线噪声温度 T_A 是假设天线为理想(无损耗、无旁瓣指向地面)情况下的取值，但是大多数情况下必须考虑地面噪声温度 T_g(在旁瓣指向地面的典型情况下，$T_g = 36$ K)，因此修正后的天线总噪声温度为

$$T'_A = 0.876T_A + 36(\text{K}) \tag{3.4.6}$$

由图 3.20 可以看出，天线噪声温度与频率 f 有关，它并非真正的白噪声，但在接收机通带内可近似为白噪声。毫米波段的天线噪声温度比微波段要高一些，22.2 GHz 和 60 GHz 的噪声温度最大，这是由于水蒸气和氧气吸收谐振引起的。

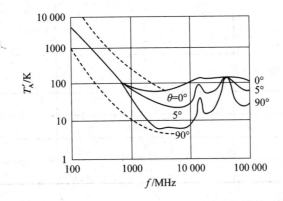

图 3.20　天线噪声温度与工作频率、波瓣仰角的关系

4. 噪声带宽

功率谱均匀的白噪声，通过具有频率选择性的接收线性系统后，输出的功率谱 $p_{no}(f)$ 就不再是均匀的了，如图 3.21 中的实曲线所示。

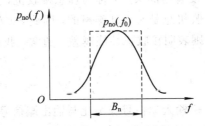

图 3.21　噪声带宽的示意图

为了分析和计算方便，通常把这个不均匀的噪声功率谱等效为在一定频带 B_n 内是均匀的功率谱。这个频带 B_n 称为等效噪声功率谱宽度，一般简称为噪声带宽。因此，噪声带宽的计算式为

$$\int_0^\infty p_{no}(f)\mathrm{d}f = p_{no}(f_0)B_n \tag{3.4.7}$$

即

$$B_n = \frac{\int_0^\infty p_{no}(f)\mathrm{d}f}{p_{no}(f)} = \frac{\int_0^\infty |H(f)|^2 \mathrm{d}f}{H^2(f_0)} \tag{3.4.8}$$

式中，$H^2(f_0)$ 为线性电路在谐振频率 f_0 处的功率传输系数。

式(3.4.8)表明，噪声带宽 B_n 与信号带宽(即半功率带宽)B 一样，只由电路本身的参数决定。当电路类型和级数确定后，B_n 与 B 之间具有一定的关系，见表 3.1。从表中可见，谐振电路级数越多，B_n 就越接近于 B。在雷达接收机中，高、中频谐振电路的级数较多，因此在计算和测量噪声时，通常可用信号带宽 B 直接代替噪声带宽 B_n。

表 3.1 噪声带宽与信号带宽的比较

电路类型	级 数	B_n/B
单调谐	1	1.571
	2	1.220
	3	1.155
	4	1.129
	5	1.114
双调谐或两级参差调谐	1	1.110
	2	1.040
三级参差调谐	1	1.048
四级参差调谐	1	1.019
五级参差调谐	1	1.010
高斯型	1	1.065

3.4.2 噪声系数和噪声温度

我们知道,噪声总是伴随着信号出现的。信号与噪声的功率比值 S/N 简称为信噪比,决定检测能力的是接收机输出端的信噪比 S_o/N_o。

内部噪声对检测信号的影响可以用接收机输入端的信噪比 S_i/N_i 与通过接收机后的相对变化来衡量。假如接收机中没有内部噪声,称为理想接收机,则其输出信噪比 S_o/N_o 与输入信噪比 S_i/N_i 相同。实际接收机总是有内部噪声的,因此 $S_o/N_o < S_i/N_i$。如果内部噪声越大,输出信噪比减小得越多,则表明接收机性能越差。通常,我们用噪声系数和噪声温度来衡量接收机的噪声性能。

1. 噪声系数

噪声系数的定义是:接收机输入端信号噪声比与输出端信号噪声比的比值。

噪声系数的说明见图 3.22。根据定义,噪声系数可表示为

$$F = \frac{S_i/N_i}{S_o/N_o} \qquad (3.4.9)$$

式中,S_i 为输入额定信号功率;N_i 为输入额定噪声功率($N_i = kT_0 B_n$);S_o 为输出额定信号功率;N_o 为输出额定噪声功率。

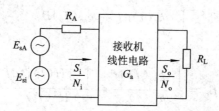

图 3.22 噪声系数的说明图

噪声系数 F 有明确的物理意义:它表示由于接收机内部噪声的影响,使接收机输出端的信噪比相对其输入端的信噪比变差的倍数。

式(3.4.9)可以改写为

$$F = \frac{N_o}{N_i G_a} \tag{3.4.10}$$

式中，G_a 为接收机的额定功率增益；$N_i G_a$ 是输入端噪声通过理想接收机后在输出端呈现的额定噪声功率。

因此噪声系数的另一个定义为：实际接收机输出的额定噪声功率 N_o 与理想接收机输出的额定噪声功率 $N_i G_a$ 之比。

实际接收机的输出额定噪声功率 N_o 由两部分组成，其中一部分是 $N_i G_a$（$N_i G_a = kT_0 B_n G_a$），另一部分是接收机内部噪声在输出端所呈现的额定噪声功率 ΔN，即

$$N_o = N_i G_a + \Delta N = kT_0 B_n G_a + \Delta N \tag{3.4.11}$$

将 N_o 代入式(3.4.10)可得

$$F = 1 + \frac{\Delta N}{kT_0 B_n G_a} \tag{3.4.12}$$

从式(3.4.12)可更明显地看出噪声系数与接收机内部噪声的关系，实际接收机总会有内部噪声（$\Delta N > 0$），因此 $F > 1$，只有当接收机是理想接收机时，才会有 $F = 1$。

下面对噪声系数做几点说明：

(1) 噪声系数只适用于接收机的线性电路和准线性电路，即检测器以前部分。检波器是非线性电路，而混频器可看成准线性电路，因为其输入信号和噪声都比本振电压小得多，输入信号与噪声间的相互作用可以忽略。

(2) 为使噪声系数具有单值确定性，规定输入噪声以天线等效电阻 R_A 在室温 $T_0 = 290$ K 时产生的热噪声为标准，所以由式(3.4.12)可以看出，噪声系数只由接收机本身的参数确定。

(3) 噪声系数 F 是没有单位的数值，通常用分贝(dB)表示：

$$F = 10 \lg F \, (\text{dB}) \tag{3.4.13}$$

(4) 噪声系数的定义可推广到任何无源或有源的四端网络。

接收机的馈线、放电器、移相器等属于无源四端网络，其示意图见图 3.23。图中，G_a 为额定功率传输系数。由于具有损耗电阻，因此也会产生噪声。下面求其噪声系数。

图 3.23　无源四端网络

从网络的输入端向左看，是一个电阻为 R_A 的无源二端网络，它输出的额定噪声功率为

$$N_i = kT_0 B_n \tag{3.4.14}$$

经过网络传输，加于负载 R_L 上的外部噪声额定功率为

$$N_i G_a = kT_0 B_n G_a \tag{3.4.15}$$

从负载电阻 R_L 向左看，也是一个无源二端网络，它是由信号源电阻 R_A 和无源四端网络组合而成的。同理，这个二端网络输出的额定噪声功率仍为 $kT_0 B_n$，它也是无源四端网络输出的总额定噪声功率，即

$$N_o = kT_0 B_n \tag{3.4.16}$$

根据式(3.4.10)可得

$$F = \frac{N_o}{N_i G_a} = \frac{1}{G_a} \qquad (3.4.17)$$

由于无源四端网络的额定功率传输系数 $G_a \leqslant 1$，因此其噪声系数 $F \geqslant 1$。

2. 等效噪声温度

前面提到，接收机外部噪声可用天线噪声温度 T_A 来表示，如果用额定功率来计量，则接收机外部噪声的额定功率为

$$N_A = kT_A B_n \qquad (3.4.18)$$

为了更直观地比较内部噪声与外部噪声的大小，可以把接收机内部噪声在输出端呈现的额定噪声功率 ΔN 等效到输入端来计算，这时内部噪声可以看成是天线电阻 R_A 在温度 T_e 时产生的热噪声，即

$$\Delta N = kT_e B_n G_a \qquad (3.4.19)$$

式中，温度 T_e 称为等效噪声温度，简称为噪声温度。此时接收机就变成没有内部噪声的理想接收机，其等效电路见图 3.24。

图 3.24　接收机内部噪声的换算

将式(3.4.19)代入式(3.4.12)，可得

$$F = 1 + \frac{kT_e B_n G_a}{kT_0 B_n G_a} = 1 + \frac{T_e}{T_0} \qquad (3.4.20)$$

$$T_e = (F-1)T_0 = (F-1) \times 290(\text{K}) \qquad (3.4.21)$$

式(3.4.21)即为噪声温度 T_e 的定义，它的物理意义是把接收机内部噪声看成是理想接收机的天线电阻 R_A 在温度 T_e 时所产生的，此时实际接收机变成如图 3.24 所示的理想接收机。图中，T_A 为天线噪声温度。系统噪声温度 T_s 由内、外两部分噪声温度所组成，即

$$T_s = T_A + T_e \qquad (3.4.22)$$

表 3.2 给出了 T_e 与 F 的对应值。从表中可以看出，若用噪声系数 F 来表示两部低噪声接收机的噪声性能，如它们分别为 1.05 和 1.1，则有可能误认为两者的噪声性能差不多。但若用噪声温度 T_e 来表示其噪声性能，将会发现两者的噪声性能实际上已相差一倍(分别为 14.5 K 和 29 K)。此外，只要直接比较 T_e 和 T_A，就能直观地比较接收机内部噪声与外部噪声的相对大小。因此，对于低噪声接收机和低噪声器件，常用噪声温度来表示其噪声性能。

表 3.2　T_e 与 F 的对照表

F(倍数)	1	1.05	1.1	1.5	2	5	8	10
F/dB	0	0.21	0.41	1.76	3.01	6.99	9.03	10
T_e/K	0	14.5	29	145	290	1160	2030	2610

3. 相对噪声温度(噪声比)

雷达接收机中的晶体混频器是一个有源四端网络，它除了可用噪声系数 F_c 表示其噪声

性能外，还经常用相对噪声温度来表示。相对噪声温度有时简称为噪声比 t_c，其意义为实际输出的中频额定噪声功率（$F_c k T_0 B_n G_c$）与仅由等效损耗电阻产生的输出额定噪声功率（$k T_0 B_n$）之比，即

$$t_c = \frac{F_c k T_0 B_n G_c}{k T_0 B_n} = F_c G_c \tag{3.4.23}$$

式中，G_c 为混频器的额定功率增益或额定功率传输系数。噪声比 t_c 表示有源四端网络中除损耗电阻以外其他噪声源的影响程度。

3.4.3　级联电路的噪声系数

为了简便，先考虑两个单元电路级联的情况，如图 3.25 所示。图中，F_1、G_1 和 F_2、G_2 分别表示第一级与第二级电路的噪声系数和额定功率增益。为了计算总噪声系数 F_0，先求实际输出的额定噪声功率 N_o。由式（3.4.10）可得

$$N_o = k T_0 B_n G_1 G_2 F_0 \tag{3.4.24}$$

而

$$N_o = N_{o12} + \Delta N_2 \tag{3.4.25}$$

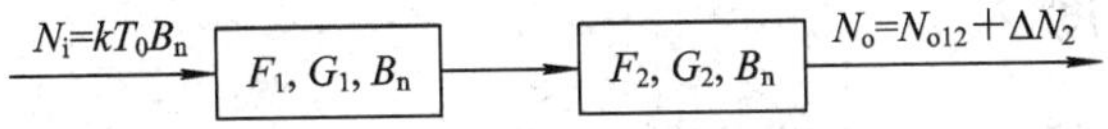

$$N_i = kT_0B_n \longrightarrow \boxed{F_1,\ G_1,\ B_n} \longrightarrow \boxed{F_2,\ G_2,\ B_n} \longrightarrow N_o = N_{o12} + \Delta N_2$$

图 3.25　两级电路的级联

N_o 由两部分组成：一部分是由第一级噪声在第二级输出端呈现的额定噪声功率 N_{o12}，其值为 $k T_0 B_n G_1 G_2 F_1$，第二部分是由第二级所产生的噪声功率 ΔN_2。由式（3.4.12）可得

$$\Delta N_2 = (F_2 - 1) k T_0 B_n G_2 \tag{3.4.26}$$

于是式（3.4.24）可进一步写成

$$N_o = k T_0 B_n G_1 G_2 F_0 = k T_0 B_n G_1 G_2 F_1 + (F_2 - 1) k T_0 B_n G_2$$

化简后可得两级级联电路的总噪声系数为

$$F_0 = F_1 + \frac{F_2 - 1}{G_1} \tag{3.4.27}$$

同理可证，n 级电路级联时接收机总噪声系数为

$$F_0 = F_1 + \frac{F_2 - 1}{G_1} + \frac{F_3 - 1}{G_1 G_2} + \cdots + \frac{F_n - 1}{G_1 G_2 \cdots G_{n-1}} \tag{3.4.28}$$

式（3.4.28）给出了一个重要结论：为了使接收机的总噪声系数小，要求各级的噪声系数小，额定功率增益高。而各级内部噪声的影响并不相同，级数越靠前，对总噪声系数的影响越大。所以总噪声系数主要取决于最前面几级，这就是接收机要采用高增益低噪声高频放大器的主要原因。

噪声系数只适用于检波器以前的线性电路。典型雷达接收机的高、中频电路见图 3.26。图中列出了各级的额定功率增益和噪声系数。

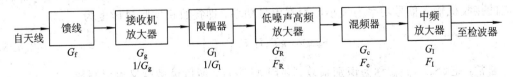

图 3.26　典型雷达接收机的高、中频电路

将图 3.26 中所列各级的额定功率增益和噪声系数代入式(3.4.27),即可求得接收机的总噪声系数:

$$F_0 = \frac{1}{G_f G_g G_l}\left(F_R + \frac{F_c - 1}{G_R} + \frac{F_I - 1}{G_R G_c}\right) \tag{3.4.29}$$

一般都采用高增益($G_R \geqslant 20$ dB)低噪声高频放大器,因此式(3.4.28)可简化为

$$F_0 \approx \frac{F_R}{G_f G_g G_l} \tag{3.4.30}$$

若不采用高频放大器,直接用混频器作为接收机的第一级,则可得

$$F_0 = \frac{t_c + F_I - 1}{G_f G_g G_l G_c} \tag{3.4.31}$$

式中,t_c 为混频器的噪声比,本振噪声的影响一般也计入在内。

若接收机的噪声性能用等效噪声温度 T_e 表示,则它与各级噪声温度之间的关系为

$$T_e = T_1 + \frac{T_2}{G_1} + \frac{T_3}{G_1 G_2} + \cdots + \frac{T_n}{G_1 G_2 \cdots F_{n-1}} \tag{3.4.32}$$

3.4.4 接收机灵敏度

接收机灵敏度表示接收机接收微弱信号的能力。噪声总是伴随着微弱信号出现的,要能够检测信号,微弱信号的功率应大于噪声功率或可以和噪声功率相比。因此,灵敏度用接收机输入端的最小可检测信号功率 S_{imin} 来表示。在噪声背景下检测目标,接收机输出端不仅要使信号放大到足够的数值,更重要的是使其输出信号噪声比 S_o/N_o 达到所需的数值。通过雷达终端的检测信号的质量取决于信噪比。

我们已经知道,接收机噪声系数 F_0 为

$$F_0 = \frac{S_i/N_i}{S_o/N_o} \tag{3.4.33}$$

或者写成

$$\frac{S_i}{N_i} = F_0 \frac{S_o}{N_o} \tag{3.4.34}$$

此时,输入信号额定功率为

$$S_i = N_i F_0 \frac{S_o}{N_o} \tag{3.4.35}$$

式中,$N_i = kT_0 B_n$ 为接收机输入端的额定噪声功率,于是进一步得到

$$S_i = kT_0 B_n F_0 \frac{S_o}{N_o} \tag{3.4.36}$$

为了保证雷达检测系统发现目标的质量(如在虚警概率为 10^{-6} 的条件下发现概率是 50% 或 90% 等),接收机的中频输出必须提供足够的信号噪声比,令 $S_o/N_o \geqslant (S_o/N_o)_{\min}$ 时对应的接收机输入信号功率为最小可检测信号功率,即接收机实际灵敏度为

$$S_{\text{imin}} = kT_0 B_n F_0 \left(\frac{S_o}{N_o}\right)_{\min} \tag{3.4.37}$$

通常,把 $(S_o/N_o)_{\min}$ 称为识别系数,并用 M 表示,所以灵敏度又可以写成

$$S_{\text{imin}} = kT_0 B_n F_0 M \tag{3.4.38}$$

为了提高接收机的灵敏度,即减少最小可检测信号功率 S_{imin},应做到:① 尽量降低接收

机的总噪声系数 F_0，所以通常采用高增益低噪声高频放大器；② 接收机中频放大器采用匹配滤波器，以便在白噪声背景下输出最大信号噪声比；③ 识别系数 M 与所要求的检测质量、天线波瓣宽度、扫描速度、雷达脉冲重复频率及检测方法等因素均有关系。在保证整机性能的前提下，应尽量减小 M 的数值。

为了比较不同接收机线性部分的噪声系数 F_0 和带宽 B_n 对灵敏度的影响，需要排除除接收机以外的诸因素，因此通常令 $M=1$，这时接收机的灵敏度称为临界灵敏度，其表达式为

$$S_{imin} = kT_0 B_n F_0 \tag{3.4.39}$$

雷达接收机的灵敏度以额定功率表示，并常以相对 1 mW 的分贝数计算，即

$$S_{imin}(\text{dBm}) = 10\lg \frac{S_{imin}(\text{W})}{10^{-3}}(\text{dBm}) \tag{3.4.40}$$

一般超外差接收机的灵敏度为 $-90 \sim -110$ dBm。

对米波雷达，可用最小可检测电压 E_{Simin} 表示灵敏度：

$$E_{Simin} = 2\sqrt{S_{imin} R_A} \tag{3.4.41}$$

对一般超外差式接收机，E_{Simin} 为 $10^{-6} \sim 10^{-7}$ V。

将 kT_0 的数值代入式(3.4.39)，S_{imin} 仍取常用单位 dBm，则可得到简便计算公式为

$$S_{imin}(\text{dBm}) = -114\ \text{dB} + 10\lg B_n(\text{MHz}) + 10\lg F_0 \tag{3.4.42}$$

由式(3.4.42)可画出不同噪声带宽时接收机灵敏度与噪声系数的关系曲线，如图 3.27 所示。

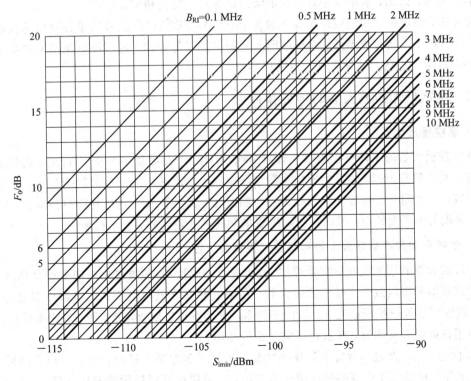

图 3.27　不同噪声带宽($B_n = B_{RI}$)时接收机灵敏度与噪声系数的关系曲线

3.5　接收机的高频部分

3.5.1　概述

　　超外差式雷达接收机的高频部分主要由收发(T/R)开关、接收机保护器、高频低噪声放大器、混频器和前置中频放大器等部分组成。图3.28示出了一次变频的接收机高频部分，因为这些高频部件位于接收机的前端，所以通常简称为接收机前端。

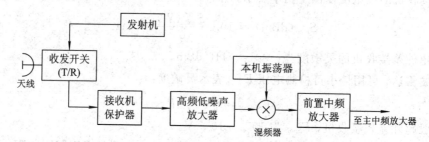

图 3.28　一次变频的接收机高频部分

　　由雷达方程可知，当雷达的其他参数不变时，为了增加雷达的作用距离，提高接收机的灵敏度(降低噪声系数)与增大发射机功率是等效的。对比两者的耗电、体积、重量和成本，显然前者有利。因此，多年来一直重视低噪声高频放大器的研究。

　　近年来，微波砷化镓场效应低噪声放大器(GaAs FET)已广泛应用于各种雷达接收机的前端。GaAs FET 具有噪声低、动态范围大和稳定性好等特性，可以说已经基本解决了长期存在的雷达接收机高频低噪声放大器的这些难题。

3.5.2　高频低噪声放大器的种类和特点

1. 真空管放大器

　　真空管放大器的工作极限频率一般为 1000 MHz。当频率低于 500 MHz 时，通常采用指形超高频真空管放大器，并采用集中参数谐振电路。当频率为 500～1000 MHz 时，一般用塔形三极管，并改用分布参数的同轴线谐振电路。由于真空管放大器具有噪声性能差、动态范围小、体积大等严重缺点，因此目前除用于早期的老式雷达外，已不再使用。

2. 低噪声非致冷参数放大器和隧道二极管放大器

　　参数放大器利用非线性电抗器件(一般指变容二极管)的参数变化而使电抗呈负阻特性，从而使高频信号得以放大。对于致冷参数，在微波和毫米波段范围内，当致冷温度为 20 K 时，可以得到的等效噪声温度 T_e 为 10～50 K，但设备相当复杂，调整困难，成本昂贵，目前主要应用在射电天文领域，在雷达领域已很少使用。

　　20 世纪末，在改进非致冷参数噪声性能上采用了很多重要措施，如采用超高品质因素、高截止频率、极低分布电容的砷化镓变容二极管，采用极低损耗的波导环行器，采用高稳定的毫米波固态泵浦源($f_o \approx 50 \sim 100$ GHz)，采用高性能的热电冷却器，采用新的微带线路以及微波集成电路的优化设计制作等，因此非致冷参数的噪声温度已很接近致冷参数，而且结构精巧，性能稳定，全固态化。在 0.5～15 GHz 范围内，噪声温度 T_e 为 30～60 K，相对带宽为 5％～15％，增益为 14～20 dB。在毫米波段，噪声温度 T_e 为 300～350 K。

　　隧道二极管放大器的工作原理基于隧道二极管的隧道效应，它的伏安特性有一个负阻区，当工作在负阻区时，负阻提供能源，使微波信号得到放大。隧道二极管放大器的优点是体积小，重量轻，耗电少，结构简单；缺点是抗烧毁能力差，稳定性也不太好。目前在雷达接收机中已很少使用隧道二极管放大器。

3. 低噪声晶体管放大器

　　近年来，在 3 GHz 以下的频率范围，普遍采用微波双极型晶体管场效应放大器，其噪声系数为 0.8～4.0 dB，单级增益为 10～20 dB。由于它具有低噪声和高增益性能，而且体积小，重量轻，耗电省，因此目前仍在广泛应用中。但在 3 GHz 以上，由于特征频率有限，使其性能下降很快。

　　当前，微波砷化镓场效应低噪声放大器（GaAs FET）已被广泛应用在各种雷达接收机中。GaAs FET 具有低噪声、大动态范围和稳定好的优点。近年来采用成熟的网络理论进行匹配网络设计并采用先进的 CAD 技术，使 GaAs FET 已实现在 20％相对带宽稳定工作，甚至在倍频程、多倍频程带宽也能获得优良的性能。由于场效应管（FET）特别适合在 GaAs 衬底上实现单片微波集成电路（MMIC），因此 GaAs FET 也被广泛应用于相控阵雷达的标准化 T/R 模块中。

　　自 20 世纪 90 年代，在 GaAs FET 的基础上，出现了高电子迁移率晶体管（HEMT），也称为异质结构场效应管（HFET）。与 GaAs FET 相比，HEMT 的噪声系数更低，增益和工作频率更高，它将成为微波和毫米波段首选的低噪声放大器。

　　现在普遍认为，现代雷达接收机的低噪声和高增益问题由于 GaAs FET 和 HEMT 的出现已基本得到解决。图 3.29 给出了 20 世纪 90 年代出现的几种典型低噪声放大器的噪声系数和频率关系曲线。经过 10 多年的不断发展和改进，器件的性能指标已经有了大的提高。

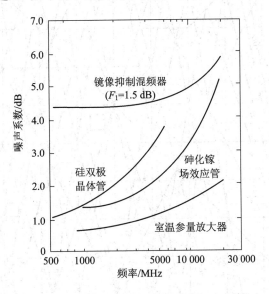

图 3.29　几种典型低噪声放大器的噪声系数和频率关系曲线

* 3.5.3　混频器的变频特性及其分类

1. 混频器的变频特性

一般来说，混频器用于把低功率的信号同高功率的本振信号在非线性器件中混频后，将低功率信号频率变换成中频(本振和信号的差频)输出。同时，非线性混频的过程将产生许多寄生的高次分量，这些寄生响应将影响非相参雷达和相参雷达对目标的检测性能，而对相参雷达的检测性能的影响更为严重。例如，混频器的寄生响应会使脉冲多普勒雷达的测距和测速精度下降，使动目标显示(MTI)雷达对地物杂波的相消性能变坏，使高分辨脉冲压缩系统输出的压缩脉冲的副瓣电平增大。

混频器的非线性效应是产生各种寄生响应的主要原因。加在混频器上的电压 $u(t)$ 为本振电压 $u_1 \mathrm{e}^{\mathrm{j}\omega_1 t}$ 与信号电压 $u_2 \mathrm{e}^{\mathrm{j}\omega_2 t}$ 之和，即

$$u(t) = u_1 \mathrm{e}^{\mathrm{j}\omega_1 t} + u_2 \mathrm{e}^{\mathrm{j}\omega_2 t} \tag{3.5.1}$$

混频器输出的非线性电流 $i(t)$ 可以用 $u(t)$ 的幂级数表示，即

$$i(t) = a_0 + a_1 u(t) + a_2 u^2(t) + \cdots + a_n u^n(t) \tag{3.5.2}$$

根据式(3.5.2)可以得到一个非常有用的向下混频的寄生响应图，见图3.30。图3.30中，H 表示高输入频率，L 表示低输入频率，横轴为归一化的输入频率 L/H，纵轴为归一化的输出差频 $(H-L)/H$。图3.30中输出的 $H-L$ 分量是由幂级数的平方项产生的，其他输出的寄生响应是从立方项和更高阶项产生的。

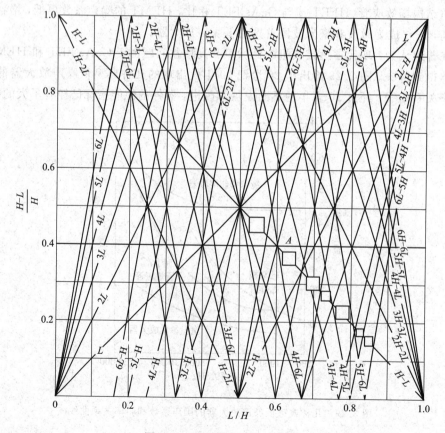

图 3.30　混频器的寄生响应图

在图 3.30 中给出了 7 种特别有用的输出区间,在这些区间中没有寄生响应输出。下面以 A 区间为例来说明寄生响应图的使用方法。在 A 区间没有寄生响应的中频通带 $(H-L)/H$ 为 0.35～0.39。应该注意,当信号瞬时频率超过 A 区间的范围时,由于幂级数中的立方项和更高阶项的影响,将会产生寄生的互调中频分量 $0.34(4H-6L)$ 和 $0.4(3H-4L)$。从图 3.30 中还可以看出,当要求相对带宽为 10%,即 $(H-L)/10H$ 内没有寄生响应时,接收机的中频必须选得较高。而当中频低于 $(H-L)/H=0.14$ 时,由幂级数高阶项产生的寄生响应可以忽略不计。

早期的微波接收机采用单端混频器,但由于输出的寄生响应大而且对本振的影响严重,噪声性能也差,目前已很少使用。平衡混频器可以抑制偶次谐波产生的寄生响应,还可以抑制本振噪声的影响,因此被广泛使用。由于采用了硅点接触二极管和砷化镓肖特基二极管作为混频器,因此平衡混频器的噪声性能得到了较大改善,工作频率和抗烧毁能力都有明显提高,在 0.3～40 GHz 频率范围内噪声系数为 5～8 dB。

近年来采用镜像抑制技术和低变频损耗的砷化镓肖特基混频二极管,使混频器的噪声性能得到了进一步改进。

2. 混频器的分类

早期雷达接收机使用单端混频器,如图 3.31 所示。混频器一般采用肖特基势垒二极管,二极管接在传输线上,本振经过一个定向耦合器接入。为了提高信号支路和本振支路之间的隔离,定向耦合器的耦合度应小于 -10 dB。接在二极管之后的低通滤波器在抑制高频和本振信号的同时,能让中频信号输出。在单端混频器中,因为混频器的非线性作用,伴随着本振信号的噪声也会出现在中频输出端。采用平衡混频器可以消除本振噪声和大部分混频器的谐波互调分量。

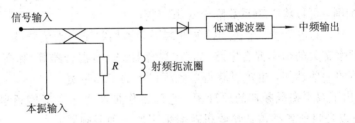

图 3.31 单端混频器示意图

平衡混频器是比较常用的一种混频器。图 3.32 给出了平衡混频器的原理示意图。平衡混频器可以看作输出相位相差 180° 的两个单端混频器的并联,它克服了单端混频器的许多缺点。其主要优点为:减小了寄生信号;抵消了中频输出的直流分量;提高了本振和信号的

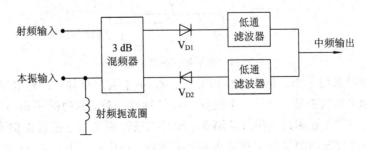

图 3.32 平衡混频器原理示意图

隔离度，即减小了信号损失；能有效抑制本振引入的调幅噪声，抑制高频信号和本振二者的偶次谐波，从而改善了混频器的噪声系数。

应该指出，平衡混频器属于窄带混频器。当信号带宽为10%～20%时，如果接收机采用一次变频（如中频为30 MHz或60 MHz），此时镜像频率和信号频率混叠，将使混频器噪声系数增大，这时需要采用镜像抑制混频器。

图3.33示出了镜像抑制混频器的原理方框图。输入的高频信号以同相等幅方式分别加至两个混频器；本振信号送到90°混合器的一个输入端口（另一个端口接有匹配负载 R），加在两个混频器的本振信号有90°的相位差。两个混频器输出的中频信号加到具有90°相移的混合器。在中频输出端，使得镜像干扰相消，中频信号相加。理论分析和实际测试表明，镜像抑制混频器的噪声系数比一般镜像匹配的平衡混频器低2 dB左右。

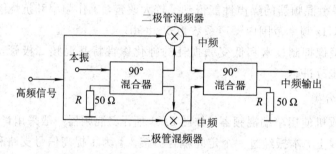

图 3.33　镜像抑制混频器的原理方框图

镜像抑制混频器具有噪声系数较低、动态范围大、抗烧毁能力强和成本低等优点，在0.5～20 GHz频率范围内，噪声系数为4～6 dB。进一步采用先进的计算机辅助设计，采用高品质因素、低分布电容的肖特基二极管和超低噪声系数（$F_i \leqslant 1$ dB）的中频放大器，在1～100 GHz频率范围，可以将噪声系数降至3 dB左右。

从理论上分析，上述单端、平衡和镜像抑制混频器均属于窄带混频器。因为这些混频器电路均采用与频率有关的功率混合电路（如90°混合器、3 dB混合器等）和高、低频旁路电感，即使降低混频器的一些性能，也难以获得倍频程以上的工作带宽。

图3.34示出了双平衡混频器的原理图，它的工作带宽可达数个倍频程，而且具有较低的噪声系数，所以是目前各种雷达接收机普遍采用的一种混频器。

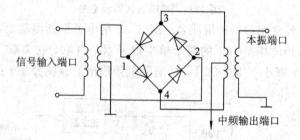

图 3.34　双平衡混频器的原理图

双平衡混频器采用一个二极管电桥和两个平衡-不平衡变换器，这种电路结构相当于两个交替工作的单平衡混频器。如果4个混频二极管特性一致，两边的平衡-不平衡变换器也对称平衡，则信号和本振端口会很好地隔离，同时二极管桥又为二极管提供了高、低频直流通道，因此双平衡混频器的工作带宽可达多个倍频程。顺便提一下，双平衡混频器是镜像匹配混频器，它没有抑制和回收镜频干扰的功能，尽管如此，它还是得到了最广泛的应用。

在现代雷达中，对某些有特殊要求的接收机，没有低噪声高频放大器而直接用混频器作为接收机的前端。为了保证接收系统有较低的噪声系数，一般应优选双平衡混频器或镜像抑制混频器。然而在大多数现代雷达接收机中，都有高增益的低噪声高频放大器，此时混频器的变频损耗（或噪声系数）对接收机系统的噪声系数的影响很小。

3.6　接收机的动态范围和增益控制

在现代雷达接收机中，大动态范围是非常重要的。接收机的动态范围表示接收机能正常工作所允许的输入信号强度范围。所允许的最小输入信号强度通常取最小可检测信号功率 S_{imin}，即接收机的灵敏度；所允许的最大输入信号强度则应根据正常工作的要求而定。信号太弱，不能被检测出来；信号太强，接收机会发生饱和过载。因此，动态范围是接收机的一个重要质量指标。通常把使接收机出现过载时的输入信号功率与最小可检测信号功率之比称作动态范围。

为了防止强信号引起的过载，需要增大接收机的动态范围，这就需要增益控制电路，如采用对数放大器、灵敏度时间控制（STC）以及各种增益控制电路等。

3.6.1　动态范围

接收动态范围的表示方法有多种，在此仅讲述用增量增益定义的动态范围和 1 dB 增益压缩点的动态范围。

1. 用增量增益定义的动态范围

对一般放大器而言，当信号电平较小时，输出电压 U_{om} 随输入电压 U_{im} 线性增大，放大器工作正常。但当信号过强时，放大器发生饱和现象，失去正常的放大能力，其结果是输出电压 U_{om} 不再增大，甚至反而会减小，致使输出-输入振幅特性出现弯曲下降，见图 3.35，这种现象称为放大器发生过载。图 3.35 示出了宽脉冲干扰和回波信号一起通过中频放大器的示意图，为了简便起见，仅画出了它们的调制包络。当干扰电压振幅 U_{nm} 较小时，输出电压中有与输入电压 U_{im} 相对应的增量；但当 U_{nm} 较大时，由于放大器饱和，致使输出电压中的信号增量消失，即回波信号被丢失。同理，视频放大器也会发生上述饱和过载现象。

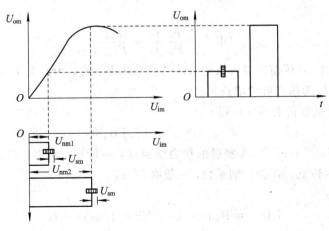

图 3.35　宽脉冲干扰和回波信号一起通过中频放大器的示意图

因此，对于叠加干扰的回波信号来说，其放大量应该用增量增益表示，它是放大器振幅特性上某点的斜率：

$$K_{d} = \frac{dU_{om}}{dU_{im}} \tag{3.6.1}$$

从图 3.35 所示的振幅特性可求得 $K_{d}-U_{im}$ 的关系曲线，如图 3.36 所示。由此可见，只要接收机中某一级的增量增益 $K_{d} \leqslant 0$，接收机就会发生过载，即丢失目标回波信号。

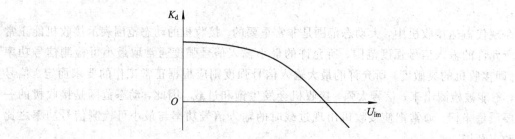

图 3.36　增量增益与输入电压振幅的关系曲线

接收机抗过载性能的好坏可用动态范围 D 来表示，它是当接收机不发生过载时允许接收机输入信号强度变化的范围，其表达式为

$$D = 10\lg \frac{P_{imax}}{P_{imin}} (dB) \tag{3.6.2}$$

或者

$$D = 20\lg \frac{U_{imax}}{U_{imin}} (dB) \tag{3.6.3}$$

式中，P_{imin} 和 U_{imin} 分别为最小可检测信号功率和电压；P_{imax} 和 U_{imax} 分别为接收机不发生过载时允许接收机输入的最大信号功率和电压。

2. 1 dB 增益压缩点的动态范围

1 dB 增益压缩点的动态范围定义为：当接收输出功率大到产生 1 dB 增益压缩时，输入信号功率 P_{i-1} 与最小可检测信号功率 P_{imin} 之比，即

$$DR_{-1} = \frac{P_{i-1}}{P_{imin}} \tag{3.6.4}$$

或者

$$DR_{-1} = \frac{P_{i-1}G}{P_{imin}G} = \frac{P_{o-1}}{P_{imin}G} \tag{3.6.5}$$

式中，P_{i-1} 为产生 1 dB 压缩时接收机输入端的信号功率；P_{o-1} 为产生 1 dB 压缩时接收机输出端的信号功率；G 为接收机的增益。

根据接收机灵敏度的表达式可得

$$P_{imin} = S_{imin} = kT_{o}FB_{n}M \tag{3.6.6}$$

式中，$k \approx 1.38 \times 10^{-23} J/K$；$T_{o}$ 为室温的热力学温度，一般取 290 K；F 为接收机的噪声系数；B_{n} 为接收机的带宽；M 为识别系数，一般取 $M=1$。

最后可以得到

$$DR_{-1} = P_{o-1} + 114 - NF - 10\lg\Delta f - G \tag{3.6.7}$$

或者

$$DR_{-1} = P_{i-1} + 114 - NF - 10\lg\Delta f \tag{3.6.8}$$

式中，P_{o-1}、P_{i-1} 的单位为 dBm；NF 为 F 的 dB 数；Δf 为 B_n 的 MHz 数；G 的单位为 dB。

3.6.2　接收机的增益控制

接收机的增益控制主要包括灵敏度时间控制(STC)和自动增益控制(AGC)。灵敏度时间控制主要用来扩展接收机的动态范围，防止近程杂波使接收机过载。自动增益控制的种类很多，主要包括常规 AGC、瞬时自动增益控制(IAGC)、噪声 AGC、单脉冲雷达接收机 AGC 和多通道接收机 AGC 等。

1. 灵敏度时间控制(STC)

灵敏度时间控制(STC)又称为近程增益控制，它用来防止近程干扰使接收机过载饱和。在远距离时，STC 使接收机保持原来的增益和灵敏度，以保证正常发现和检测小目标回波信号。

雷达在实际工作中，不可避免地会受到近程地面或海面杂波分布物反射的干扰。例如，在舰船上的雷达接收机会遇到海浪反射的杂波干扰；地面雷达接收机会受到丛林或建筑物等地面物体反射的杂波干扰。这些分布物体反射的干扰功率通常在方位上相对不变，随着距离的增加而相对平滑地减小。根据试验结果，从海浪反射的杂波干扰功率 P_{in} 随距离的变化规律为

$$P_{in} = KR^{-a} \tag{3.6.9}$$

式中，K 为比例常数，它与雷达的发射功率有关；a 为由试验条件所确定的系数，它与天线波瓣形状等因素有关，一般取 $a=2.7\sim4.7$。

STC 电路的基本原理是：发射机每次发射信号之后，接收机产生一个与干扰功率随时间的变化规律相"匹配"的控制电压，控制接收机的增益按此规律变化。因此 STC 电路实际上是一个使接收机灵敏度随时间变化的控制电路，它可以使接收机不受近距离的杂波干扰而过载。

图 3.37 示出了灵敏度时间控制电路中控制电压与灵敏度的关系曲线。在有杂波干扰时，如果接收机的增益较高(同样接收机的灵敏度也较高)，则近程的杂波干扰会使接收机饱和而无法检测目标回波；如果把接收机增益调得太低，则虽然杂波干扰中的近程目标不过载，但接收机的灵敏度太低，从而影响远区目标的检测。为了解决这个矛盾，需要在每次发射脉

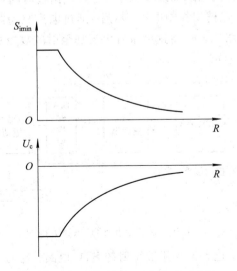

图 3.37　灵敏度时间控制电路中控制电压与灵敏度的关系曲线

冲之后产生一个负极性的随时间逐渐趋于零的控制电压,加至可调增益的射频放大器的控制极,使接收机的增益按此规律变化,此控制电压 U_c 与接收机灵敏度 S_{imin} 随时间 t 或距离 R 变化的曲线如图 3.37 所示。

　　图 3.38 示出了模拟 STC 电路方框图。由于近程分布目标的杂波干扰很强,因此如果控制电压太强,则有可能使接收机的增益减小到零而不工作。这就需要在开始时有一个"平台",相当于有一个时间延迟的 AGC 电路,这个电压可以利用 RC 电路的放电得到。在图 3.38 中,S 为 STC 电路的开关,当开关闭合时,由定时器送来的触发脉冲加至开关二极管,在负极性的触发脉冲的作用期间对电容 C 快速充电。调节 RC 电路的电位器,可使负电压波形按指数规律变化并与干扰的变化规律接近"匹配"。起始平台(负电压)可通过微调射极输出器的工作点,从射极输出器的输出射极电阻上取得。在没有杂波干扰时,开关 S 断开,使控制电压为零或较小的固定值,以保证接收机有正常的灵敏度。

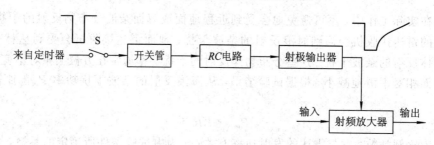

图 3.38　模拟 STC 电路方框图

　　图 3.39 示出了一种数字射频 STC 电路方框图,它主要由 STC 控制信号产生器和射频数控衰减器组成。射频数控衰减器由 PIN 衰减器组成,实际上它是一个射频可变电阻,其衰减量随偏置电流的大小而变化。STC 控制信号产生器用来产生随时间延迟变化的偏置电流,它主要由距离计数器、EPROM、数据寄存器、D/A 变换器组成。首先由导前脉冲对距离计数器清零,然后计数器对时钟信号进行计数,每一个时钟脉冲对应一个距离单元。距离计数器的输出作为地址对 EPROM 寻址。EPROM 中的每一个存储单元的 12 位数据是预先编程的,这些数据随距离(延时)的增加而逐步减小。这些数据按时间顺序,通过数据寄存器锁存后加至 D/A 变换器,转换成模拟控制电压。然后,通过电流驱动器将模拟控制电压变成具有阶梯形状的偏置电流,见图 3.39。将这种偏置电流加至射频数控衰减器,通过衰减器的射频信号按偏置电流成比例地衰减。

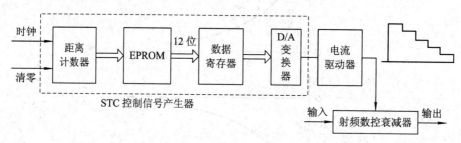

图 3.39　数字射频 STC 电路方框图

　　在现代雷达接收机中,已普遍采用数字射频 STC 电路,它的主要优点是:控制灵活,控制信号可以根据雷达周围的环境预先编程;射频数控衰减器可以设置在中频、射频,甚至可以设置在接收机前端的馈线中，这将有效地提高接收机的抗过载能力。

2. AGC 的基本组成

AGC 的典型组成如图 3.40 所示。它主要由门限电路、脉冲展宽电路、峰值检波器和低通滤波器、直流放大器和隔离放大器等组成。在大多数雷达接收机中都采用这种典型的 AGC 电路。

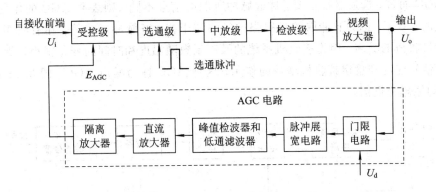

图 3.40　AGC 的典型组成方框图

在图 3.40 中，视频放大器输出的脉冲信号加至门限电路。门限电路是一个比较电路，加有门限电压 U_d，只有当输入脉冲信号幅值 U_o 超过门限电压 U_d 时，视频电压才能通过。脉冲展宽电路用来展宽视频信号，提高峰值检波器的效率，以保证在脉冲重复周期较低和脉冲宽度较窄时，仍能输出足够大的检波电压。峰值检波器用来提取视频脉冲的包络信号。直流放大器的作用是提高 AGC 电路的环路增益。

3. 瞬时自动增益控制(IAGC)

瞬时自动增益控制(IAGC)是一种有效的中频放大器抗过载电路，它能够防止由于等幅波干扰、宽脉冲干扰和低频调幅波干扰等引起的中频放大器过载。

图 3.41 示出了瞬时自动增益控制电路的组成方框图。它和一般的 AGC 电路原理相似，也是利用反馈原理将输出电压检波后去控制中放级，自动地调整放大器的增益。

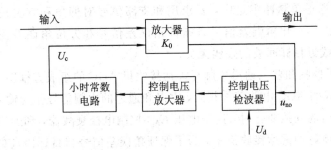

图 3.41　瞬时自动增益控制电路的组成方框图

瞬时自动增益控制电路要求控制电压 U_c 能瞬时地随着干扰电压变化，使干扰得到衰减，而维持目标信号的增益尽量不变。因此电路的时常数应这样选择：为了保证在干扰电压的持续时间 τ_n 内能迅速建立控制电压 U_c，要求电路时常数 $\tau_i < \tau_n$，为了维持目标回波信号宽度 τ 内控制电压来不及建立，要求 $\tau_i \gg \tau$，因此电路时常数一般选为

$$\tau_i = (5 \sim 20)\tau \tag{3.6.10}$$

干扰电压一般都很强,中频放大器不仅末级有过载的危险,前几级也有可能发生过载。为了得到较好的抗过载效果,可以在中放的末级和相邻的前几级都加上瞬时自动增益控制电路。

4. 噪声 AGC

对 AGC 而言,选通级很重要。选通脉冲所取的信号不同,则表明 AGC 的作用也不同。前面讲过的 IAGC,选通脉冲取的是很强的等幅波干扰、宽脉冲干扰等。在有些雷达中,选通信号为接收机的噪声,因为接收机系统的噪声系数随温度和时间的变化很小,所以用噪声作为基准信号能起到稳定接收机增益的作用。这种 AGC 称为噪声 AGC。图 3.42 示出了噪声 AGC 的原理方框图。

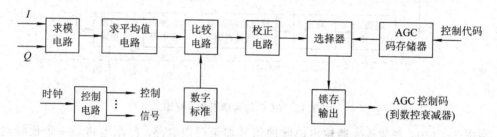

图 3.42 噪声 AGC 的原理方框图

噪声 AGC 电路由求模电路、求平均值电路、比较电路、校正电路、数字标准、选择器和控制电路等组成。在雷达探测距离的最远区没有回波信号,也没有杂波干扰信号,通常称为纯噪声区。在控制电路的控制信号作用下,求模电路对 A/D 变换器送来的纯噪声区的噪声进行选通和采样,然后进行求模、求和以及取平均运算。求出噪声的均值,送至比较电路与数字标准进行比较,再经过校正电路和选择器转换成 AGC 控制码去控制接收机中的数控衰减器。图 3.42 中的选择器根据雷达的工作状态(如搜索、跟踪等)选出预先写进 AGC 码存储器的控制代码,去控制数控衰减器,以补偿由于工作状态变化引起的增益变化。

5. 单脉冲雷达接收机 AGC

在振幅和差三通道单脉冲雷达中,要求用和支路信号对仰角和方位角误差信号进行归一化处理。所得到的归一化角误差信号是指仰角误差信号和方位角误差信号只与偏离的误差角有关,而与远或近目标回波的强弱无关。

图 3.43 给出了振幅和差三通道单脉冲雷达接收机 AGC 的组成方框图。由图 3.43 可见,和通道 AGC 与常规的 AGC 电路基本相同,它以和通道的中频信号作为输入信号。当目标由远至近,回波信号由弱到强变化时,控制电压 E_{AGC} 控制电控衰减器,和通道输出的中频信号振幅保持不变。在单脉冲雷达接收机中,为了保证角误差信号与目标距离的远近无关,必须用和通道 AGC 电路输出的控制电压 E_{AGC} 同时对两个差支路进行增益控制,这就实现了归一化角误差信号处理,从而保证了两个差支路输出的角误差信号只与误差角有关,而与目标的远近无关。显而易见,和支路的 AGC 是闭环控制系统。仰角和方位角差支路的增益控制不是闭环系统,而是受和支路 E_{AGC} 控制的开环控制系统。

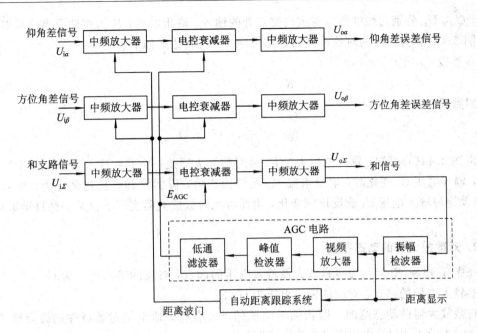

图 3.43　振幅和差三通道单脉冲雷达接收机 AGC 的组成方框图

3.6.3　对数放大器

输出电压 U_o 与输入电压 U_i 的对数成正比的放大器称为对数放大器。对数放大可以在中频上实现，也可以在视频上实现，还能中频输入而视频输出，形成对数检波器。对数放大器是一种常用的扩展接收机动态范围的方法。对一个线性接收机而言，其动态范围达到 60 dB 以上比较困难；但对一个由线性放大器和对数放大器组成的对数接收机而言，其动态范围可以达到 80 dB 甚至 90 dB。

1. 对数放大器的振幅特性

图 3.44 示出了实际的对数放大器的特性。一般实际的对数放大器是线性-对数放大器，图 3.44(a)示出了它的振幅特性，其表达式如下：

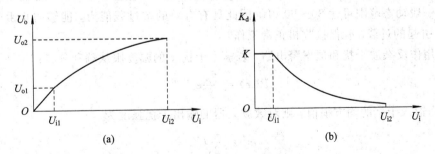

图 3.44　实际的对数放大器的特性

线性段：

$$U_o = KU_i,\ U_i \leqslant U_{i1} \tag{3.6.11}$$

对数段：

$$U_o = U_{o1}\ln\left(\frac{U_i}{U_{i1}}\right) + U_{o1},\ U_i > U_{i1} \tag{3.6.12}$$

式中，U_{i1}、U_{o1} 分别为线性段与对数段交点处的输入、输出电压；K 为线性段小信号增益。

图 3.44(b)为实际的对数放大器的增量增益，其表达式如下：

线性段：

$$K_d = K, \quad U_i \leqslant U_{i1} \tag{3.6.13}$$

对数段：

$$K_d = \frac{U_{o1}}{U_i}, \quad U_i > U_{i1} \tag{3.6.14}$$

由图 3.44(a)可知，输入电压大于 U_i 时对数放大器是一个非线性放大器；由图 3.44(b)可知，输入电压 U_i 变化时，增量增益 K_d 始终为正值，说明它具有抗过载能力；在对数段，K_d 自动地与输入电压 U_i 成反比例变化，由此可见对数放大器实际上也是一种自动增益控制电路。

2. 对数放大器的动态范围

在图 3.44(a)中，U_{i1} 为对数放大器输入电压的起点，对应的输出电压为 U_{o1}；U_{i2} 为对数放大器输入电压的终点，对应的输出电压为 U_{o2}。

对数放大器的动态范围一般指输入电压的动态范围。通常把对数特性的终点输入电压 U_{i2} 与起点输入电压 U_{i1} 之比定义为动态范围，表示为

$$D_i(\text{dB}) = 20\lg \frac{U_{i2}}{U_{i1}} \tag{3.6.15}$$

对数放大器的实际对数特性往往与理想对数特性有一定的偏差。随着输入电压值的不同，会有不同的偏差值。当输入电压的某一数值时，其偏差 δ 表示为

$$\delta = \frac{U_{oe} - U_{ot}}{U_{ot}} \tag{3.6.16}$$

式中，U_{ot} 表示理想对数特性上对应某点的输出电压；U_{oe} 表示实际对数特性上对应点的输出电压。一般要求对数放大器的实际精度应在 ±(5%～10%)以内。

3. 对数放大器的应用

对数放大器的用途很广泛，在雷达接收机中的主要用途如下：

(1)用作抗干扰电路。对数段的增量增益始终是正值，见图 3.44(b)，因而不会发生过载现象。一般动态范围可达 80～90 dB，因此具有有效的抗过载能力，能够防止由于强信号或强干扰引起的过载，确保接收机正常工作。

(2)用作反杂波干扰和恒虚警电路。若输入干扰 x 的幅度服从瑞利分布：

$$P(x) = \frac{2x}{\sigma} e^{-x^2/\sigma^2} \tag{3.6.17}$$

式中，σ 为输入干扰的均方根值，则对数放大器的输出干扰强度为

$$\sigma_o^2 = \frac{\pi^2}{24} U_{o1}^2 \tag{3.6.18}$$

式中，U_{o1} 为对数段起点的输出电压。

由式(3.6.18)可见，不管输入干扰强度起伏多大，其输出干扰强度始终是一个不大的常数。

海浪、雨雪等杂波干扰的强度是变化的，它们的幅度分布接近于瑞利分布，因此利用对数放大器能够有效地抑制它们，可以做成恒虚警电路，改善杂波背景对目标信号的影响。

(3)在单脉冲雷达接收机中，通常用对数放大器来取得归一化的角误差信号。

（4）用于动目标显示雷达接收机和写录装置。

3.7　自动频率控制

3.7.1　概述

超外差式雷达接收机利用一个或几个本机振荡器信号和一个或几个混频器把回波信号变换成便于滤波和处理的中频信号。通常中频放大器与滤波器的频率和滤波特性是相对固定的，一般把中频放大器的频率称为额定中频，表示为 f_{I0}。在实际应用中，磁控管振荡器发射机输出的高频信号频率和接收机本机振荡器的频率稳定度都不够高。受工作环境或外界条件影响，只要其中一个频率发生变化，混频器输出的中频 f_I 就会与额定中频 f_{I0} 发生偏差，其偏离误差为 Δf_I，直接导致接收机的增益和灵敏度下降，严重时有可能接收不到回波信号。为了保证接收机正常工作，有效的方法就是采用自动频率控制（AFC）电路，该电路也称为自动频率微调（自频调）电路。

在非相参雷达接收机中，导致偏离误差 Δf_I 的主要因素如下：

（1）磁控管振荡器因温度、湿度和电源电压的改变而变化。特别是刚开机时由于温度升高使磁控管腔体尺寸变化，从而导致发射信号频率发生较大变化，即所谓的频率漂移。

（2）当天线转动时，发射机的负载（如转动关节不平衡等）改变会使振荡器的频率变化，在天线与天线转动关节之间加装隔离器，可以减少这种周期性变化的影响。

（3）在采用机械跳频抗干扰的雷达中，当发射进行跳频时，由于机械跳频统调不准确，会引起失谐误差。

对于脉冲雷达单级振荡式发射机，通常采用差频式自动控制系统，使磁控管频率与本机振荡器之差保持为额定中频。根据控制对象不同，控制方式可分为两类：一类是控制反射式速调管或压控振荡器的 AFC；另一类是控制频率可调的磁控管的 AFC。

3.7.2　自动频率控制（AFC）的原理

本节将讲述控制反射式速调管或压控振荡器的 AFC。图 3.45 给出了差频式跟踪本机振荡器的组成方框图，它适用于非相干频率捷变雷达系统，主要由 AFC 电路、压控振荡器、混频器、中频放大器和频率预置电路等组成。当发射机进行频率捷变时，由频率预置码通过频率预置电路将压控振荡器的频率预置到所需频率附近，然后通过 AFC 电路使压控振荡器输

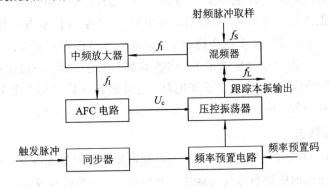

图 3.45　差频式跟踪本机振荡器的组成方框图

出的本振频率与发射机的频率严格同步。

1. 差频式 AFC 的工作原理

　　差频式 AFC 的工作原理方框图如图 3.46 所示，它主要由 AFC 电路、本机振荡器、混频器和中频放大器组成。

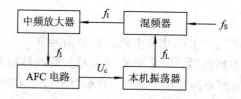

图 3.46　差频式 AFC 的工作原理方框图

　　图 3.47 示出了差频式 AFC 系统的原理特性曲线。图 3.47(a) 是本机振荡器的特性曲线；图 (b) 是 AFC 环路中频器的控制特性，即控制电压 U_c 和实际输入中频 f_I 的关系曲线，原点为 f_{IO}（即中心频率）。当 $f_I > f_{IO}$ 时，产生的控制电压为 $+U_c$；当 $f_I < f_{IO}$ 时，产生的控制电压为 $-U_c$。在 f_{IO} 附近，$|U_c|$ 与 $|f_I - f_{IO}|$ 成正比关系。当 $U_c = 0$ 时，本振频率为所需的正确频率 f_{LO}（称为额定本振频率）。若加有控制电压 $+U_c$，则本振频率下降；反之，若加有控制电压 $-U_c$，则本振频率上升。

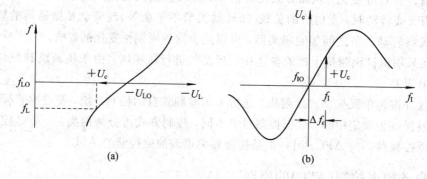

图 3.47　差频式 AFC 系统的原理特性曲线

　　如果信号频率为 f_{SO}（称为额定信号频率），且本振频率为 f_{LO}，则混频后的中频 $f_{IO} = f_{LO} - f_{SO}$，f_{IO} 称为额定中频。这时控制电压 $U_c = 0$，本振频率保持 f_{LO} 不变，因而中频放大器工作于中心频率，接收机处于正常工作状态。如果信号频率有一个漂移量 $-\Delta f_i$，即 $f_S = f_{SO} - \Delta f_i$，则混频后的中频变为 $f_I' = f_{LO} - f_S = f_{IO} + \Delta f_i$，若不用 AFC，中放工作将失谐，增益降低，甚至不能工作。当采用 AFC 后，由中频 f_I 产生的控制电压使本振频率下降至 f_L，当 $f_L - f_S \approx f_{IO}$ 时，AFC 系统就会稳定下来，这时虽然仍有剩余失谐 $\Delta f_\varepsilon = f_I - f_{IO}$，但是 $\Delta f_\varepsilon \ll \Delta f_i$，$f_I \approx f_{IO}$，因而中放失谐很小，增益基本上没有下降，使接收机能够保持正常工作。由此可知，这种 AFC 系统是一个反馈电路，它能把输入信号的大差频变为输出的小差频，但不能完全消除差频，只是使剩余失谐很小，$\Delta f_\varepsilon \ll \Delta f_i$，$f_I \approx f_{IO}$。

2. AFC 的跟踪状态

　　图 3.48 示出了 AFC 跟踪状态方框图，其控制电路主要包括鉴频器、峰值检波器和直流放大器。鉴频器将输入的中频信号变为脉冲误差信号，经过峰值检波器和直流放大器变成直流误差信号，控制本机振荡器，使本振频率发生变化，从而保持 $f_I \approx f_{IO}$。

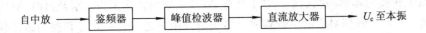

图 3.48　AFC 跟踪状态方框图

AFC 系统是一个闭环反馈系统,主要包括两大部分:第一部分是 AFC 电路,输入量是中频 f_I,输出量是控制电压 U_c,其输入、输出特性即为鉴频特性($U_c - f_I$ 特性);第二部分为频率被控部分,主要包括本机振荡器、混频器和中频放大器,其输入量是控制电压 U_c,输出量是中频 f_I,其输入、输出特性称为控制特性($f_I - U_c$ 特性)。只要已知这两条特性曲线,就可以用图解法或解析法求得剩余失谐 Δf_ε。

图 3.49 为求解剩余失谐 Δf_ε 的示意图。两条曲线的交点 A 是稳定平衡点,由该点的横坐标 f_{IA} 即可求得剩余失谐 $\Delta f_\varepsilon = f_{IA} - f_{IO}$。

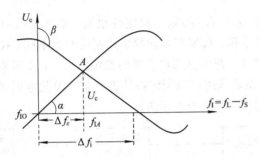

图 3.49　求解剩余失谐示意图

用解析法求 Δf_ε 时,需要用近似直线表示鉴频特性和控制特性,可表示为

$$U_{cA} = S_A (f_{IA} - f_{IO}) \tag{3.7.1}$$

$$\Delta f_\varepsilon = f_{IA} - f_{IO} = S_L U_{cA} + \Delta f_i \tag{3.7.2}$$

式中,S_A 为鉴频特性的斜率,$S_A = \tan\alpha = \dfrac{\mathrm{d}U_c}{\mathrm{d}(f_I - f_{IO})}$;$S_L$ 为控制特性的斜率,$S_L = \tan\beta = \dfrac{\mathrm{d}(f_I - f_{IO})}{\mathrm{d}U_c}$。

联立式(3.7.1)和式(3.7.2),即可得到

$$\Delta f_\varepsilon = f_I - f_{IO} = \frac{\Delta f_i}{1 - S_L S_A} \tag{3.7.3}$$

初始失谐 Δf_i 与剩余失谐 Δf_ε 之比称为频率调整系数,其值为

$$P = \frac{\Delta f_i}{\Delta f_\varepsilon} = 1 - S_L S_A \tag{3.7.4}$$

当初始失谐一定时,P 值越大,则剩余失谐越小,即 AFC 系统的工作质量越好。由式(3.7.4)可知,为了减小剩余失谐,至少必须有 $P>1$,即 S_L 与 S_A 的符号应相反;要能显著地减小剩余失谐,需要 $P \gg 1$,即 $|S_L|$ 与 $|S_A|$ 的值要大(控制特性较平坦,鉴频特性较陡)。

3. AFC 的搜索状态

AFC 的搜索状态方框图如图 3.50 所示。它有两种状态——频率搜索和频率跟踪状态,并能由停振器自动控制其转换。当停振器输入电压的幅度不够大或极性不对时,锯齿波发生器产生周期性锯齿波电压。锯齿波电压经放大后,加到本机振荡器的电压控制端,进行频率搜索,只有当停振器输入电压大于某一正值时才使锯齿波发生器停振,这时停振器转换为直流放大

器，AFC 系统转换为频率跟踪状态。对于具有 AFC 系统的雷达来讲，刚开机时 AFC 一般都处于搜索状态，只有搜索到对应的中频频率已落入中频带宽之内，AFC 才转换为跟踪状态。

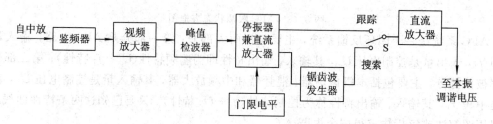

图 3.50　AFC 的搜索状态方框图

3.7.3　控制磁控管的 AFC 系统

　　大多数现代脉冲调制雷达要求的频率稳定性很高，不能采用一般的反射速调管作为本机振荡器，必须采用稳定本振。根据其自动频率控制的对象不同，控制方式可分为控制稳定本振的和控制磁控管的两类，前者需用可调谐的稳定本振，后者可用不调谐的稳定本振。

　　控制磁控管的 AFC 系统采用可调谐磁控管振荡器，因此可用固定频率的稳定本振。图 3.51 示出了控制磁控管的 AFC 系统方框图。

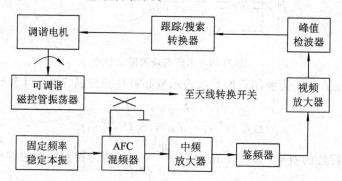

图 3.51　控制磁控管的 AFC 系统方框图

　　当 AFC 系统处于频率跟踪状态时，鉴频器根据差频偏离额定中频的方向和大小，输出一串脉冲信号，经过放大、峰值检波后，取出其直流误差信号以控制调谐电机转动。电机转动的方向和大小取决于直流误差信号的极性（正或负）和大小，从而使磁控管频率与稳定本振频率之差接近于额定中频。

　　当差频偏离额定中频很大时，搜索/跟踪转换器使系统处于频率搜索状态，产生周期性锯齿电压，使磁控管频率由低向高连续变化，直至差频接近额定中频，转为频率跟踪状态。

　　比较控制磁控管与控制稳定本振的两种 AFC 系统，前者优于后者。这是因为脉冲信号很窄，磁控管的频谱很宽，由快速动作 AFC 所引起的小的载频误差影响较小。而在控制稳定本振时，本振频率误差所引起的相位变化会在整个脉冲重复期间积累起来，时间越长，相位变化越大，这就会使动目标显示雷达对远距离固定目标的对消性能恶化，因此有不少动目标显示雷达都采用控制磁控管的 AFC 系统。

3.8　匹配滤波器和相关接收机

　　雷达接收机在接收回波信号的同时，不可避免地会遇到噪声，同时还会受到各种干扰，如各种分布物体产生的杂波干扰、敌方施放的噪声调制干扰等。为了选择出有用目标，同时抑制各种噪声和干扰，需要滤波器做出频率选择，滤波器是完成这一任务的重要器件。滤波器的频带宽度和频率特性影响滤波效果，直接关系到雷达接收机的灵敏度、波形失真等重要指标。对应于不同的输入信号和噪声干扰，为了使接收机输出端的信号噪声比最大，波形失真最小，要求滤波器有一个最佳的频带宽度和频率特性形状，以实现最佳滤波。

3.8.1 匹配滤波器的基本概念

匹配滤波器是在白噪声背景中检测信号的最佳线性滤波器，其输出信噪比在某个时刻可以达到最大。

如果已知输入信号 $s(t)$，其频谱为 $S(\omega)$，则可以证明匹配滤波器在频率域的特性为

$$H(\omega) = kS^*(\omega)\exp(-j\omega t_0) \tag{3.8.1}$$

式中，$S^*(\omega)$ 为频谱 $S(\omega)$ 的共轭值；k 为滤波器的增益常数；t_0 是使滤波器能够实现所必需的延迟时间，在 t_0 时刻将有信号的最大输出。

同样可以证明，匹配滤波器在时间域的函数（即其脉冲响应）为

$$h(t) = ks(t_0 - t) \tag{3.8.2}$$

式中，$s(t_0-t)$ 为输入信号的镜像，它与输入信号 $s(t)$ 的波形相同，但从时间 t_0 开始反转过来。

在对匹配滤波器进行理论研究时，延时 t_0 和增益常数 k 可以不予考虑，因此匹配滤波器的上述方程式可以简化为

$$H(\omega) = S^*(\omega) \tag{3.8.3}$$
$$h(t) = s(-t) \tag{3.8.4}$$

从式(3.8.3)和式(3.8.4)可以看出，匹配滤波器的频率响应函数是输入信号频谱的复共轭值，匹配滤波器的脉冲响应是输入信号的镜像函数。

图 3.52 示出了匹配滤波器的示意图，其中，图(a)为匹配滤波器的频率响应，图(b)为匹配滤波器的脉冲响应。

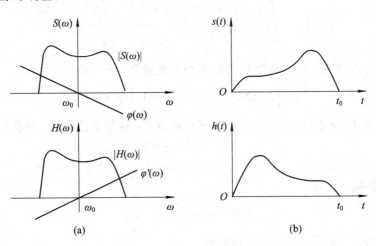

图 3.52 匹配滤波器的示意图
(a) 匹配滤波器的频率响应；(b) 匹配滤波器的脉冲响应

还可以进一步证明，匹配滤波器在输出端的最大瞬时信噪比为

$$\left(\frac{S}{N}\right)_{\max} = \frac{2E}{N_0} \tag{3.8.5}$$

式中，N_0 是输入噪声的谱密度，它是匹配滤波器输入端单位频带内的噪声功率；E 是输入信号能量，其计算式为

$$E = \frac{1}{2\pi}\int_{-\infty}^{+\infty} |S(f)|^2 \mathrm{d}f = \int_{-\infty}^{+\infty} |S(t)|^2 \mathrm{d}t \tag{3.8.6}$$

3.8.2　匹配滤波器的频率响应函数

已知输入信号 $s(t)$ 的频谱为 $S(\omega)$，接收机的频率响应函数为 $H(\omega)$，根据线性系统分析，输出信号 $s_o(t)$ 的频谱 $S_o(\omega)$ 是 $S(\omega)$ 和 $H(\omega)$ 的乘积，即

$$S_o(\omega) = S(\omega)H(\omega) \tag{3.8.7}$$

则输出信号：

$$s_o(t) = \frac{1}{2\pi}\int_{-\infty}^{+\infty} S(\omega)H(\omega)\mathrm{e}^{\mathrm{j}\omega t}\mathrm{d}\omega \tag{3.8.8}$$

当 $t=t_0$ 时，输出信号达到最大值：

$$S_o(t_0)_{\max} = \left|\frac{1}{2\pi}\int_{-\infty}^{+\infty} S(\omega)H(\omega)\mathrm{d}\omega\right| \tag{3.8.9}$$

接收机除了输出信号以外，还会输出噪声，输出的噪声功率为

$$N = \frac{N_0}{2}\int_{-\infty}^{+\infty} \frac{1}{2\pi} |H(\omega)|^2 \mathrm{d}\omega = \frac{N_0}{4\pi}\int_{-\infty}^{+\infty} |H(\omega)|^2 \mathrm{d}\omega \tag{3.8.10}$$

式中，N_0 是输入噪声在正频率轴上的单位带宽的噪声功率，积分前出现的因子 $1/2$ 是因为积分限是从 $-\infty$ 到 $+\infty$。

在 $t=t_0$ 时，接收机输出的信号噪声功率比为

$$\left(\frac{S}{N}\right)_o = \frac{|s_o(t_0)_{\max}|^2}{N} \tag{3.8.11}$$

将式(3.8.9)和式(3.8.10)代入式(3.8.11)，可得

$$\left(\frac{S}{N}\right)_o = \frac{\frac{1}{2\pi}\int_{-\infty}^{+\infty} |H(\omega)|^2 \mathrm{d}\omega \cdot \frac{1}{2\pi}\int_{-\infty}^{+\infty} |S(\omega)|^2 \mathrm{d}\omega}{\frac{N_0}{4\pi}\int_{-\infty}^{+\infty} |H(\omega)|^2 \mathrm{d}\omega} \tag{3.8.12}$$

根据施瓦兹不等式，如果函数 P 和 Q 是两个复函数，则可得

$$\left|\int P^*Q\mathrm{d}x\right|^2 \Longrightarrow \int P^*P\mathrm{d}x\int Q^*Q\mathrm{d}x \tag{3.8.13}$$

只有当满足 $P=kQ$ 时，式(3.8.13)才可以取等式，这里 k 是常数。现在令

$$P^* = s(t) \cdot \mathrm{e}^{\mathrm{j}\omega t_0} \tag{3.8.14}$$

$$Q = H(\omega) \tag{3.8.15}$$

式中，$*$ 表示共轭。因为

$$\int PP^*\mathrm{d}x = \int |p|^2 \mathrm{d}x$$

利用施瓦兹不等式，则式(3.8.12)可以写为

$$\left(\frac{S}{N}\right)_o \leqslant \frac{\frac{1}{2\pi}\int_{-\infty}^{+\infty} |H(\omega)|^2 \mathrm{d}\omega \cdot \frac{1}{2\pi}\int_{-\infty}^{+\infty} |S(\omega)|^2 \mathrm{d}\omega}{\frac{N_0}{4\pi}\int_{-\infty}^{+\infty} |H(\omega)|^2 \mathrm{d}\omega} \tag{3.8.16}$$

消去分子和分母的共同部分，可得

$$\left(\frac{S}{N}\right)_{\circ} \leqslant \frac{1}{\pi N_{\circ}} \int_{-\infty}^{+\infty} |S(\omega)|^2 \mathrm{d}\omega \tag{3.8.17}$$

信号的能量 E 可以用频域能量和时域能量表示为

$$E = \frac{1}{2\pi} \int_{-\infty}^{+\infty} |S(\omega)|^2 \mathrm{d}\omega = \int_{-\infty}^{+\infty} |s(t)|^2 \mathrm{d}t \tag{3.8.18}$$

由此可得

$$\left(\frac{S}{N}\right)_{\circ} \leqslant \frac{2E}{N_{\circ}} \tag{3.8.19}$$

只有当接收机频率响应函数满足：

$$H(\omega) = kS^*(\omega) \cdot \mathrm{e}^{-\mathrm{j}\omega t} \tag{3.8.20}$$

时，式(3.8.19)中的等式才能成立，此时输入/输出信号噪声比达到最大值，即

$$\left(\frac{S}{N}\right)_{\max} = \frac{2E}{N_{\circ}} \tag{3.8.21}$$

式(3.8.21)表明，当一个线性系统的频率响应函数 $H(\omega)$ 为输入信号的复共轭时，其输出的信号噪声比达到最大，这个线性系统称作匹配滤波器。

匹配滤波器的重要特性是：不管输入信号的波形、带宽、持续时间如何，最大输出信号噪声比总是两倍于接收信号能量($2E$)除以单位带宽的噪声功率 $N_{\circ}$。这里 $N_{\circ} = kT_{\circ}F_{\mathrm{n}}$，$k$ 为玻尔兹曼常数($k = 1.38 \times 10^{-23}$ J/K)，$T_{\circ}$ 为室温 17℃ 对应的热力学温度($T_{\circ} = 290℃$K)，F_{n} 为接收机的噪声系数。

多数常规雷达采用简单矩形脉冲调制，所以有必要研究一下矩形包络的单个中频脉冲的匹配滤波器。图 3.53 示出了单个矩形中频脉冲及其匹配滤波器特性。

设矩形脉冲的幅度为 A，宽度为 τ，信号波形的表达式为

$$s(t) = \begin{cases} A\cos\omega_0 t, & |t| \leqslant \dfrac{\tau}{2} \\ 0, & |t| > \dfrac{\tau}{2} \end{cases} \tag{3.8.22}$$

其图形表示见图 3.53(a)，用傅里叶变换可求得信号频谱(见图 3.53(b))为

$$S(\omega) = \int_{-\infty}^{+\infty} s(t)\mathrm{e}^{-\mathrm{j}\omega t}\mathrm{d}t = \frac{A\tau}{2}\left[\frac{\sin(\omega - \omega_0)\dfrac{\tau}{2}}{(\omega - \omega_0)\dfrac{\tau}{2}} + \frac{\sin(\omega + \omega_0)\dfrac{\tau}{2}}{(\omega + \omega_0)\dfrac{\tau}{2}}\right] \tag{3.8.23}$$

因而由式(3.8.23)可得匹配滤波器的频率响应函数(见图 3.53(c))为

$$H(\omega) = S^*(\omega) = \frac{kA\tau}{2}\left[\frac{\sin(\omega - \omega_0)\dfrac{\tau}{2}}{(\omega - \omega_0)\dfrac{\tau}{2}} + \frac{\sin(\omega + \omega_0)\dfrac{\tau}{2}}{(\omega + \omega_0)\dfrac{\tau}{2}}\right] \tag{3.8.24}$$

可得匹配滤波器输出的最大信噪比为

$$\left(\frac{S}{N}\right)_{\max} = \frac{2E}{N_{\circ}} = \frac{A^2\tau}{N_{\circ}} \tag{3.8.25}$$

理想匹配滤波器的特性一般较难实现。例如，对于单个矩形中频脉冲来说，图 3.53(c)所示的频率特性 $H(\omega)$ 就不易实现，因此需要考虑它的近似实现，即采用准匹配滤波器。

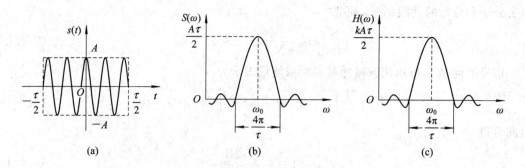

图 3.53　单个矩形中频脉冲及其匹配滤波器特性
（a）矩形脉冲波形；（b）矩形高频脉冲频谱；（c）匹配滤波器特性

3.8.3　匹配滤波器的脉冲响应函数

将前面频域分析的结果转换到时域，就可以得到匹配滤波器的脉冲响应函数 $h(t)$。$h(t)$ 是式(3.8.20)所示的频率响应函数的傅里叶反变换：

$$h(t) = \frac{1}{2\pi}\int_{-\infty}^{+\infty} H(\omega)\mathrm{e}^{\mathrm{j}\omega t}\,\mathrm{d}\omega \tag{3.8.26}$$

将式(3.8.20)代入式(3.8.26)可得

$$h(t) = \frac{k}{2\pi}\int_{-\infty}^{+\infty} S^*(\omega)\mathrm{e}^{-\mathrm{j}\omega(t_0-t)}\,\mathrm{d}\omega \tag{3.8.27}$$

即

$$h(t) = ks(t_0 - t) \tag{3.8.28}$$

式(3.8.38)表明，匹配滤波器的脉冲响应函数 $h(t)$ 是接收信号从固定时间 t_0 开始，在时间上的反转，即 $s(t_0-t)$，这等效为频率响应函数 $H(\omega)$ 必须有相移 $\exp(-\mathrm{j}\omega t_0)$，意味着必须有一个物理上可实现的时间延迟 t。

3.8.4　相关接收机及其应用

在实际应用中，接收机的输入信号 $s_\mathrm{i}(t)$ 是输入的回波信号 $s(t)$ 和输入的噪声 $n(t)$ 两部分，可表示为

$$s_\mathrm{i}(t) = s(t) + n(t) \tag{3.8.29}$$

由线性滤波器理论分析可知，输出信号 $s_\mathrm{o}(t)$ 是输入信号 $s_\mathrm{i}(t)$ 和滤波器脉冲响应函数 $h(t)$ 的卷积：

$$s_\mathrm{o}(t) = \int_{-\infty}^{+\infty} s_\mathrm{i}(t)h(t-\lambda)\,\mathrm{d}\lambda \tag{3.8.30}$$

匹配滤波器的脉冲响应函数 $h(t) = ks(t_0-t)$。为了方便起见，这里取 $t_0 = 0$，接收的增益 $k = 1$，则式(3.8.30)可改写为

$$s_\mathrm{o}(t) = \int_{-\infty}^{+\infty} s_\mathrm{i}(\lambda)s(\lambda-t)\,\mathrm{d}\lambda \tag{3.8.31}$$

式(3.8.31)表明，匹配滤波器的输出 $s_\mathrm{o}(t)$ 是输入响应信号 $s_\mathrm{i}(t)$ 和发射信号 $s(t)$ 的互相关函数。众所周知，因为两个信号 $s_1(t)$ 和 $s_2(t)$ 的互相关函数定义为

$$\Phi(t) = \int_{-\infty}^{+\infty} s_1(\lambda)s_2(\lambda-t)\,\mathrm{d}\lambda \tag{3.8.32}$$

所以当信号噪声比较大时,匹配滤波器的输出近似为发射信号 $s(t)$ 的自相关函数:

$$s_o(t) = \int_{-\infty}^{+\infty} s(\lambda) s(\lambda - t) d\lambda \qquad (3.8.33)$$

当信噪比较大时,图 3.54 给出了矩形包络正弦波脉冲匹配滤波器的简化示意图,其中图(a)为输入信号,图(b)为匹配滤波器的频率响应函数,图(c)为匹配滤波器的中频输出,峰值信号噪声比 $SNR = 2E/N_o$,图(d)为匹配滤波器输出的中频信号包络。

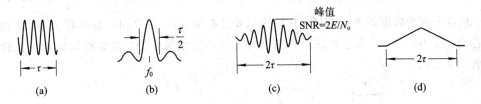

图 3.54　矩形包络正弦波脉冲匹配滤波器的简化示意图

由于匹配滤波器的输出是接收信号与发射信号样本的互相关函数,因此可以通过式(3.8.33)的相关过程来实现匹配滤波。在相关接收机中,输入信号 $s_i(t)$ 乘发射样本信号的延迟 $s(t - t_R)$,这个乘积再通过低通滤波器完成积分即可得到相关接收机的输出 $s_o(t)$。这里的 t_R 是目标回波的延时估计值,如果积分器在时刻 T_R 的输出超过预定门限,则可判断目标在距离 $R = cT_R/2$ 处出现,这里 c 是光速。

互相关接收机仅对某一延时 T_R 检测是否出现目标。为了在其他距离处检测目标,需要通过改变一系列发射信号样本的 T_R 或者对各个 T_R 值使用多个距离通道,同时进行相关处理来检测目标。对各个 T_R 值的搜索会在很大程度上加大相关接收机的复杂性。

由于匹配滤波器和互相关接收机在数学上是等价的,因此在某一特定雷达中选择哪种接收机取决于技术实现的可行性。在现有的雷达应用中,普遍选择匹配滤波器接收机;对于正在迅速发展中的数字雷达和软件雷达,则同时采用匹配滤波器接收机和互相关接收机。

3.8.5　准匹配滤波器

准匹配滤波器是指实际上容易实现的几种典型频率特性,如对于图 3.53 所示的频率特性,通常可以用矩形、高斯形或其他形状的频率特性予以近似。适当选择该频率特性的通频带,可获得准匹配条件下的最大信噪比。

雷达中频放大器的级数较多,其合成频率特性有时可近似为矩形。下面讨论采用矩形特性近似的准匹配滤波器输出的最大信噪比 $(S/N)_{\approx max}$ 与图 3.54(c)所示的匹配滤波器输出的最大信噪比 $(S/N)_{max}$ 之间的差别。

设采用矩形特性近似的准匹配滤波器的角频率带宽为 W,传输函数为

$$H \approx (\omega) = \begin{cases} 1, & |\omega - \omega_0| \leqslant \dfrac{W}{2} \\ 0, & |\omega - \omega_0| > \dfrac{W}{2} \end{cases} \qquad (3.8.34)$$

其频率特性如图 3.55 中的实线所示。

准匹配滤波器输出的最大信噪比与理想匹配滤波器输出的最大信噪比之比值定义为失配损失 ρ,经过计算可求得

$$\rho = \frac{\left(\dfrac{S}{N}\right)_{\approx \max}}{\left(\dfrac{S}{N}\right)_{\max}} = \frac{8}{\pi W \tau} S_i^2 \left(\frac{W \tau}{4}\right) \tag{3.8.35}$$

根据式(3.8.35)画出 ρ 对 $B\tau\left(=\dfrac{W\tau}{2\pi}\right)$ 的函数曲线, 见图 3.56。由图 3.56 可以看出, 当 $B\tau \approx 1.37$ 时, 失配损失达到最大值 $\rho_{\max} \approx 0.82$。这就是说, 采用带宽 $B \approx \dfrac{1.37}{\tau}$ 的准匹配滤波器时, 相对于理想匹配滤波器来说, 其输出信噪比损失仅约 0.82 dB, 显然损失不大。由图还可以看出, 按 $B\tau \approx 1.37$ 来选择的最佳带宽 B_{opt} 并不是很临界的, 带宽稍微偏离最佳值并不会显著增大损失。

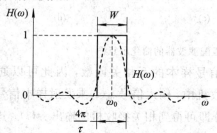

图 3.55 采用矩形特性近似的准匹配滤波器

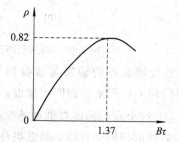

图 3.56 ρ 对 $B\tau$ 的函数曲线

用同样方法可以求出滤波器频率特性为高斯形等形状的结果, 见表 3.3。

表 3.3 各种准匹配滤波器

脉冲信号形状	准匹配滤波器的通带特性	最佳带宽脉宽积 $B\tau$	失配损失 $\rho_{\max}$/dB
矩形	矩形	1.37	0.82
矩形	高斯形	0.72	0.49
高斯形	矩形	0.72	0.49
高斯形	高斯形	0.44	0
矩形	单调谐	0.40	0.88
矩形	两级参差调谐	0.61	0.56
矩形	五级参差调谐	0.67	0.50

注: 带宽 B 为 3 dB。

考虑到目标速度会引起多普勒频移, 接收机调谐也会有些误差, 这些都会使回波频谱与滤波器通带之间产生某些偏差, 因此雷达接收机的带宽一般都要稍微超过最佳值。正如上面已说明的, 最佳带宽脉宽积并非很临界的, 如果允许检测能力再降低 0.5 dB, 则带宽可以偏离最佳值 30%～50%。接收机带宽取宽些后, 虽然会使雷达容易受到频偏窄带干扰的影响, 但减小了信号的波形失真, 可以缩短从脉冲干扰中恢复工作所需的时间。

各种滤波器的带通特性和冲击特性分别见图 3.57 和图 3.58。为了抑制频偏干扰和脉冲干扰, 滤波器的带通特性形状比其带宽更为重要。可以看出, 虽然矩形带通可以最好地防止频偏窄带干扰, 但有最长的冲激响应, 最不利于防止脉冲干扰。综合两图可知, 越接近于高斯形滤波器, 在频域和时域的边线越好, 越有利于同时防止频偏窄带干扰和脉冲干扰。

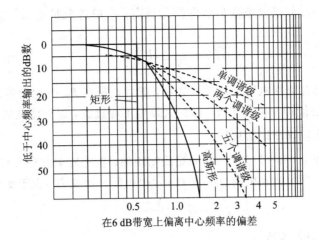

图 3.57 各种滤波器的带通特性

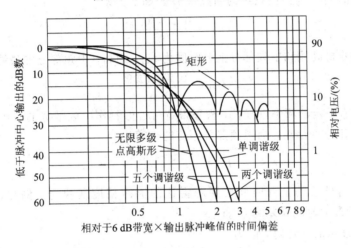

图 3.58 各种滤波器的冲击特性

3.8.6 接收机带宽的选择

下面以简单的矩形脉冲为例说明接收机带宽的选择。接收机带宽会影响接收机输出信噪比和波形失真。选用最佳带宽时,灵敏度可以最高,但这时波形失真较大,会影响测距精度。因此,接收机频带宽度的选择应该根据雷达的不同用途而定。警戒雷达和跟踪雷达这两类雷达的确定原则有所不同。

1. 警戒雷达(含引导雷达)

警戒雷达的主要要求是接收机灵敏度高,而对波形失真的要求不严格,因此要求接收机线性部分(检波器之前的高、中频部分)的输出信噪比最大,即高、中频部分的通频带 B_{RI} 应取为最佳带宽 B_{opt},但考虑到发射信号频率和本振频率的漂移,需要加宽一个数值 Δf_x,应取为

$$B_{RI} = B_{opt} + \Delta f_x \tag{3.8.36}$$

式中,Δf_x 由振荡器的频率稳定度所决定。自动频率控制接收机通常取为剩余失谐的两倍($\Delta f_x = 2\Delta f_\varepsilon$),其值一般为 $0.1 \sim 0.5 \text{ MHz}$。

接收机视频噪声的影响很小,因此视频部分(含检波器)的带宽 B_v 只要保证信号通过时

幅值不减小，就可使接收机灵敏度仍然保持为最高。一般选取带宽 B_v 等于或稍大于 $B_\mathrm{opt}/2$ 就能满足要求，即

$$B_\mathrm{v} \geqslant \frac{B_\mathrm{opt}}{2} \tag{3.8.37}$$

根据高、中频部分谐振电路的形式和数目，就可把带宽 B_R1 分配到各级电路。但需注意：混频器之前的电路要能抑制镜频干扰，因此其带宽不应过宽，以使滤波效果良好。

2. 跟踪雷达(含精确测距雷达)

跟踪雷达是根据目标回波前沿位置来精确测距的，首先要求波形失真小，其次才要求接收机灵敏度高。因此要求接收机的总带宽 B_0(含视频部分带宽 B_v)大于最佳带宽，一般取为

$$B_0 = \frac{2 \sim 5}{\tau} \tag{3.8.38}$$

式中，τ 为发射信号脉冲宽度。

脉冲的上升时间 t_r 与谐振系统的通频带 B 有如下关系：

$$B = \frac{0.7 \sim 0.9}{t_\mathrm{r}} \tag{3.8.39}$$

如果已知接收机高频和中频部分上升时间为 t_rRI，则高、中频部分的最终带宽为

$$B_\mathrm{RI} = \frac{0.7 \sim 0.9}{t_\mathrm{rRI}} \tag{3.8.40}$$

视频部分也有一定的频率选择性，视频带宽可近似看作中频带宽的一半。因此，如果已知视频部分的上升时间为 t_rv，则视频部分相应的带宽为

$$B_\mathrm{v} \approx \frac{0.35 \sim 0.45}{t_\mathrm{rv}} \tag{3.8.41}$$

接收机脉冲信号总的上升时间由跟踪雷达的测距精度所决定。例如，测距精度若为 1.5 m，则对应的最大时间误差为 0.01 μs。

一般测距精度以时间计时，取为

$$\Delta t = \left(\frac{1}{10} \sim \frac{1}{20} \right) t_\mathrm{ro} \tag{3.8.42}$$

$$t_\mathrm{ro} = \sqrt{t_\mathrm{rRI}^2 + t_\mathrm{rv}^2}$$

一般取 $t_\mathrm{rRI} = 0.91 t_\mathrm{ro}$，$t_\mathrm{rv} = 0.44 t_\mathrm{ro}$。

若考虑频率偏离量 Δf_x，则接收机中频输出的带宽应为

$$B_\mathrm{RI} = \frac{0.78 \sim 1}{t_\mathrm{ro}} + \Delta f_x \tag{3.8.43}$$

对应的视频带宽为

$$B \approx \frac{0.8 \sim 1}{t_\mathrm{ro}} \tag{3.8.44}$$

3.9　频率源及其应用

3.9.1　概述

在早期的雷达接收机中，本机振荡器和相干振荡器分别是具有一定频率稳定度的高频和中频振荡器。在现代雷达接收机中，本振及相干振荡器通常是采用具有高稳定性和宽频率

范围的频率合成器来完成的。此外，多级放大式发射机的激励信号、雷达系统的各种定时信号以及能输出复杂调制波形的波形产生器也由这种接收系统中的频率源来完成。因此，接收系统的频率源已成为雷达系统和接收机十分重要的关键技术之一。

在全相参雷达接收机中，频率源主要由基准源、频率合成器、波形产生器和发射激励等组成。虽然有时波形可以由数字信号处理器来产生，发射激励也可以设置在发射机中，但是由于它们的电路产生方式都是由小信号模拟电路以及数字电路来实现的，因此目前大多数情况都把它们归属在接收系统的频率源中。

图 3.59 示出了全相干雷达接收机原理方框图。图中，虚线所示部分为频率源；f_{L1}、f_{L2} 分别为一本振频率、二本振频率；f_{COHO} 为相干振荡频率；f_{CLK} 为时钟频率；发射激励为上变频和预放大器；接收机前端为具有低噪声放大和二次变频的下变频器。从图中可以看出，只要波形产生器产生的波形频率与中频频率一致，发射机频率和接收机频率就是完全同步的。

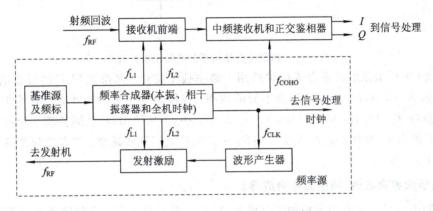

图 3.59　全相干雷达接收机原理方框图

近年来，迅速发展的微波固态频率源的频率稳定度和低噪声性能有很大提高。目前在雷达接收机频率源中广泛应用的有直接频率合成器、间接频率合成器和直接数字频率合成器。

3.9.2　直接频率合成器和间接频率合成器

1. 直接频率合成器

直接频率合成器通常又称作直接频率合成源，是最早出现也是应用较多的一种频率合成器。这种频率合成器原理简单，性能很好，但具体实现仍有一定难度。全相参的直接频率合成器只用一个高稳定的晶体参考频率源，所需的各种频率信号都是由它经过分频、混频和倍频后获得的，因而这种频率合成器输出各种信号频率的稳定度和精度与参考源一致，所产生的各种信号之间有确定的相位关系。现代雷达接收机的频率源大多数采用直接频率合成器。直接频率合成器的主要优点是频率稳定度高，输出相位噪声低，工作稳定可靠；缺点是体积较大，成本较高。

图 3.60 示出了典型的直接频率合成器原理方框图，这种频率合成器广泛应用于全相参的现代雷达中。它由基准频率振荡器、谐波产生器、倍频器、分频器、上变频发射激励和控制器等部分组成。图中，基准频率振荡器输出的基准频率为 F。在这里，稳定本振频率 $f_L = N_i F$；相参振荡器频率 $f_c = MF$；发射信号频率 $f_0 = (N_i + M)F$；触发脉冲频率 $f_r = F/n$。因为这些频率均为基准频率 F 经过倍频器、分频器及混频器合成而产生的，它们之间有确定的相位关系，所以这是一个全相参系统。

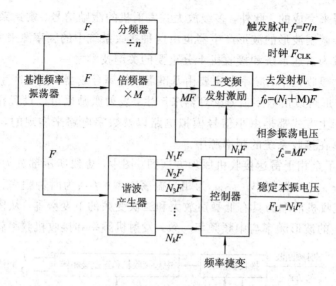

图 3.60   典型的直接频率合成器原理方框图

图 3.60 中所采用的频率合成技术适用于频率捷变雷达。基准频率 F 经过谐波产生器，就可以得到 N_1F，N_2F，$\cdots$，N_rF 等不同的频率。在控制器送来的频率捷变码的作用下，射频信号的载频 f_0 可以在 $(N_1+M)F$，$(N_2+M)F$，$\cdots$，$(N_k+M)F$ 之间实现快速跳变，与此同时，本振频率 f_L 也相应地在 N_1F，N_2F，$\cdots$，N_kF 之间同步跳变。二者之间严格保持固定的差频 MF。

2. 间接频率合成器(锁相频率合成器)

间接频率合成器又称为锁相频率合成器(PLL)。从总体上看，这种频率合成器的电路较直接频率合成器简单，但种类很多，工作原理和设计也较为复杂，已有不少专著对 PLL 进行了详细研究。图 3.61 给出了锁相环基本方框图，它主要由基准源、鉴相器(PD)、环路滤波器(LPF)和压控振荡器(VCO)组成。

图 3.61   锁相环基本方框图

从图 3.61 中可以看出，鉴相器把晶体参考源信号电压 $U_i(t)$ 与 VCO 输出信号电压 $U_o(t)$ 进行相位比较，输出一个正比于两个输入信号相位差的电压 $U_d(t)$ 并加到环路滤波器上，经过抑制噪声和高频分量后，其输出 $U_c(t)$ 再加到 VCO 上控制 VCO 的频率变化，使晶体参考源信号 $U_i(t)$ 与 VCO 输出信号 $U_o(t)$ 之间的相位差逐渐减小，最后达到相位锁定。因此，VCO 输出信号的频率稳定度主要取决于高稳定的晶振参考源。

图 3.62 示出了一种锁相频率合成器的原理方框图。图中，参考源输出信号为晶体振荡器产生的高稳定正弦波信号，经过放大后去激励阶跃恢复二极管，转换为纳秒级的取样脉冲。该取样脉冲的重复频率和晶体振荡器输出信号频率相同，取样脉冲直接送到鉴相器的开关电路，周期性地接通开关(即所谓的取样、采样)。当开关接通时，来自 VCO 的正弦波信号被送至取样鉴相器的保持电路，该电压一直保持到开关再一次接通，这个过程称为取样保

持。如此继续，形成误差电压。如果 VCO 的频率 f_o 恰好是参考频率 f_i 的整数倍（即 Nf_i），则误差电压为直流；如果 VCO 的频率 f_o 不是参考频率 f_i 的整数倍，则误差电压为交流。从误差电压来看，取样鉴相器和正弦鉴相器很相似，所产生的误差电压可以对 VCO 进行锁相。

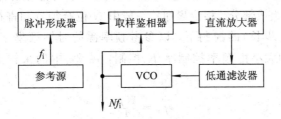

图 3.62　锁相频率合成器的原理方框图

锁相频率合成器结构简单，便于实现小型化，它最突出的优点是可以灵活地扩展合成器的带宽。图 3.63 示出了一种 S 波段锁相频率合成器的组成方框图。图中 100 MHz 的参考源和放大器为锁相环路提供大约 300 mW（信号振幅大于 6 V）的高稳定参考信号。阶跃恢复二极管产生 100 MHz 的取样脉冲，该电路能够产生一对取样脉冲，其脉冲底宽为纳微秒级，极性相反，重复频率为 100 MHz。取样鉴相器是由平衡电桥（由 4 个二极管组成）组成的取样开关，鉴相器中还有取样保持电路。放大器和环路滤波器对取样保持电路的输出进行差分放大和滤波，环路滤波器为比例积分滤波器。扩捕电路产生的扩捕电压（频率为 30～50 Hz）通过环路滤波器加到 VCO 上，使 VCO 进行较宽频带的频率搜索，一旦捕获取样脉冲，则快速锁定。锁定后的锁相环路为深度负反馈环路，频率搜索自动停止，环路进入锁定状态。

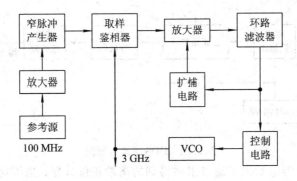

图 3.63　一种 S 波段锁相频率合成器的组成方框图

3.9.3　直接数字频率合成器及其应用

直接数字频率合成（Direct Digital Synthesis）简称 DDS，是 20 世纪 70 年代后期发展起来的一种新颖的频率合成技术。这种技术主要用高速数字处理方法和 D/A 变换器来实现，直接对参考时钟正弦波进行采样和数字化处理，然后用数字计数技术完成频率合成。随着数字集成电路和微电子技术的发展，DDS 技术已经在电子系统领域中得到了越来越多的应用，目前已有各种商品化的 DDS 功能模块可供选用。

DDS 具有很多突出的优点：输出相对带宽较宽；频率分辨率高；频谱纯净；具有高稳定、密集的跳频特性；相位和频率调整灵活；相位噪声较低；可编程，具有全数字化结构；体积小，价格低，有助于提高频率合成器的性能价格比。

1. DDS 的组成和工作原理

图 3.64 示出了 DDS 的原理方框图，它主要由参考频率源、相位累加器、正弦函数表、D/A 变换器和低通滤波器等组成。参考频率源是一个高稳定的晶体振荡器，它产生的时钟用来同步 DDS 各组成部分。相位累加器一般由 N 位全加器和寄存器组成，它在输入的频率控制字 K（又称为步长）的控制下，以参考频率源的时钟频率 f_c 在 2π 周期内对相位进行采样，相位增量的大小由频率控制字 K 控制，在 2π 中的采样点数为 $2^N/K$，则输出频率为

$$f_o = \frac{Kf_c}{2^N} \qquad (3.9.1)$$

式中，f_o 为输出信号频率；K 为频率控制字（步长）；N 为相位累加器的字长；f_c 为参考频率源的工作频率。显然，当步长 $K=1$ 时，可变的最小频率间隔（即频率分辨率 Δf）为

$$\Delta f = \frac{f_c}{2^N} \qquad (3.9.2)$$

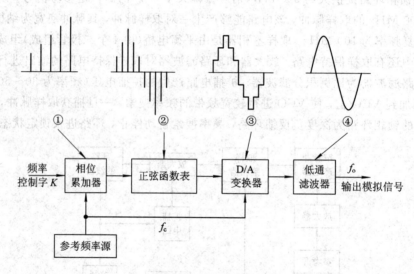

图 3.64　DDS 原理方框图

在图 3.64 中，波形①示出了通过采样得到的离散相位数据；当用这些相位数据寻址时，正弦函数表就把从相位累加器输出的离散的 N 位数据转变为该相位所对应的正弦幅度的数字量函数，见波形②；D/A 变换器把正弦数字量转换为模拟量，输出的波形是阶梯形正弦波形，见波形③；低通滤波器滤去采样过程中的高阶频率分量和带外杂散信号，最后输出为所需频率的连续正弦波，见波形④。

图 3.65 示出了 DDS 中相位码和幅度码的对应关系，可用来说明 DDS 中相位/幅值变换的概念。图 3.65 表明，一个 N 位的相位累加器对应于相位圆上 2^N 个相位点，其中最低的相位分辨率为

$$\Phi_{\min} = \Delta\phi = \frac{2\pi}{2^N} \qquad (3.9.3)$$

图 3.65 中，$N=3$，则有 8 种相位值和 8 种相对应的幅值。这些幅值数据存储于波形存储器（ROM）中，在频率控制字 K 的作用下，用相位累加器给出的不同相位码作为地址来对波形存储器（ROM）寻址，即可完成相位/幅值转换。

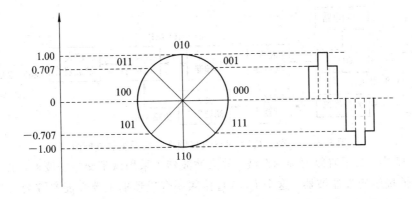

图 3.65　DDS 中相位码和幅度码的对应关系

上述结果表明，当参考频率源为 f_c 时，DDS 输出信号的频率主要取决于频率控制字 K，而相位累加器的字长 N 决定了 DDS 的频率分辨率，见式(3.9.1)，输出频率 f_o 与频率控制字 K 成正比。但是根据采样定理，最高输出频率不得大于 $f_c/2$。为了保证输出波形相位稳定，DDS 的输出频率以小于 $f_c/3$ 为宜，N 增加时，DDS 输出频率的分辨率更好。

2. DDS 直接频率合成器

随着数字电路技术和微波微电子技术的发展，把 DDS 与模拟直接频率合成技术相结合，便可得到具有高频率分辨率的微波直接频率合成器，通常称之为 DDS 直接频率合成器，它的原理方框图如图 3.66 所示。图中，参考源频率 F 可通过倍频器 M_1 倍频到 f_c，再通过 DDS 进行合成，合成器的输出信号频率为

$$f_o = M_2 f_c + M_3 K f_c/2^N = M_1 F (M_2 + M_3 K/2^N) \tag{3.9.4}$$

式中，$f_c = M_1 F$；K 为频率控制字；M_1、M_2 和 M_3 分别为倍频器 1、倍频器 2 和倍频器 3 的倍频次数。

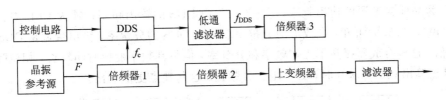

图 3.66　DDS 直接频率合成器的原理方框图

由此可见，合理改变 M_2、M_3 和频率控制字 K，就可以改变合成器的输出频率。通常高稳定、低相位噪声的晶振参考源频率在 $100 \sim 120$ MHz 之间，倍频器 1 的倍频次数 M_1 的选择应根据 DDS 的参考时间而定。考虑到 DDS 输出信号的杂散和相位噪声，倍频器 3 的倍频次数 M_3 一般不宜取得太高。

一种 S 波段 DDS 直接频率合成器组成方框图如图 3.67 所示。晶振参考源频率为 118 MHz：一路送给 DDS 作为参考时钟；另一路经过二级倍频器共 24 次倍频产生 2832 MHz 的点频信号。DDS 选用 AD9850 芯片，参考时钟为 125 MHz，输出频率为 $5 \sim 35$ MHz，杂散小于 -60 dBc。DDS 输出端经过椭圆函数低通滤波器，可有效抑制带外杂波，其输出再经过三次倍频后输出 $15 \sim 105$ MHz，该信号与 2832 MHz 点频信号经上变频器、放大滤波器后输出 $2847 \sim 2937$ MHz 的合成信号。

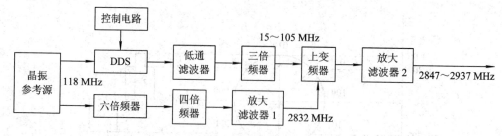

图 3.67　一种 S 波段 DDS 直接频率合成器组成方框图

在图 3.67 中，为了有效地抑制杂波，放大滤波器 1 采用微带交指滤波器，放大滤波器 2 为空气介质带扰线梳齿滤波器。这个 DDS 直接频率合成器的主要性能参数为：工作频率范围为 2847～2937 MHz；跳频间隔 50 kHz；在 10 kHz 处相位噪声为 −125 dBc/Hz，在 1 kHz 处相位噪声为 −105 dBc/Hz。适当改变 DDS 的软件程序，该合成器可输出扫频信号、调频或调相信号，成为功能更强的 S 波段信号源。

3. DDS 与 PLL 相组合的频率合成器

DDS 具有较宽的频带范围、极短的捷变频时间(ns 量级)、很高的频率分辨率(mHz 量级)和优良的相位噪声性能，并可以方便地实现各种调制，是一种全数字化、高集成度、可编程的数字频率合成器。但是，DDS 作为频率合成器也有其不足之处：一是目前工作频率还比较低；二是杂散还比较严重。要使 DDS 工作在微波波段，需要和锁相频率合成器组合，对其进行频率搬移。采用 DDS 与锁相频率合成器组合的频率合成器，简称为 DDS - PLL 频率合成器，其中 PLL 的窄带跟踪特性可以克服 DDS 杂波多和输出频率低的问题，同时也解决了锁相频率合成器分辨率不高的问题。

DDS+PLL 频率合成器的原理方框图如图 3.68 所示。它的输出频率表示为

$$f_{\circ} = MF = \frac{MKf_{c}}{2^{N}} \tag{3.9.5}$$

式中，f_c 为晶体参考源的输出频率；$F = f_c/2^N$ 为 DDS 的输出频率；M 为 PLL 中分频器的分频比。由式(3.9.5)可知，合成器的分辨率取决于 DDS 的分辨率，输出带宽是 DDS 输出带宽的 M 倍。这种合成器提高了工作频率和分辨率，但是其频率变换时间较长，相位噪声也较差。尤其当输出频率要求高时，必须增大分频比，这些缺点更加突出。

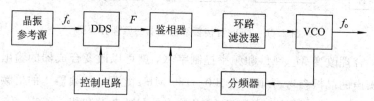

图 3.68　DDS+PLL 频率合成器的原理方框图

为了改善相位噪声性能，合成器的电路组成可加以改进：在较低频段进行锁相，再用上变频方式把信号搬移到所需的频段。图 3.69 示出了改进的 DDS+PLL 原理方框图。图中，在较低的 L 波段进行锁相，再用上变频方式将信号搬移到所需的频段。例如，L 波段 VCO 的噪声，在偏离载频 10 kHz 处相位噪声可达 −100 dBc/Hz，特别是在环路分频比较小时，L 波段合成器的相位噪声性能可以做得更好，然后通过倍频器和上变频器使工作频率搬移至 S～X 波段，其输出频率 $f_{\circ}$ 为

$$f_{\circ} = M_1 F + M_2 f_c = (M_1 K/2^N + M_2)f_c \tag{3.9.6}$$

式中，F 为 DDS 的输出频率，$F = f_c K / 2^N$；f_c 为晶振参考源的输出频率；K 为频率控制字；N 为相位累加器的位数；M_1 为分频器的分频比；M_2 为倍频器的倍频数。这种改进的 DDS+PLL 频率合成器已被普遍应用于多数雷达接收机频率源中。

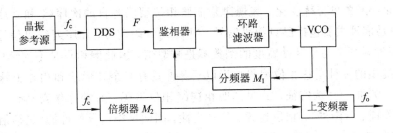

图 3.69　改进的 DDS+PLL 原理方框图

3.10　波形产生方法及其应用

3.10.1　概述

随着现代武器和现代飞行技术的发展，对雷达的作用距离、分辨力和测量精度等性能提出了越来越高的要求。雷达信号分析表明，在实现最佳处理并保证一定信噪比的条件下，测距精度和分辨力对信号形成的要求是一致的。测距精度和距离分辨力主要取决于信号的频率结构。为了提高测距精度和距离分辨力，要求信号具有大的带宽。而测速精度和速度分辨力则取决于信号的时间结构。为了提高测速精度和速度分辨力，要求信号具有大的时宽。根据匹配滤波器理论，当白噪声功率密度 N_0 给定时，匹配滤波器输出的最大信号噪声比为 $2E/N_0$。为了提高信号的检测能力，要求信号具有较大的能量 E。但是，由于发射机、馈线系统等对峰值功率有严格限制，因此只有靠加大信号的时宽来增大信号能量 E。由于常规雷达采用单一载频的脉冲调制信号，信号时宽 τ 和带宽 B 的乘积近似为 1，因此用这种信号不能同时得到大的时宽和带宽，测距精度和距离分辨力、测速精度和速度分辨力以及检测能力之间存在着不可调和的矛盾。最常用的几种雷达信号形式如表 2.1、图 2.4 和图 2.5 所示。

为了解决上述矛盾，必须采用具有大时宽带宽乘积的较为复杂的信号形式。如果在宽脉冲内采用附加的频率调制或相位调制，则可以增加信号带宽 B，实现 $B\tau \gg 1$。在接收信号时，用匹配滤波器进行处理，将宽脉冲压缩成宽度为 $1/B$ 的窄脉冲。这样既可以提高雷达的检测能力，又解决了测距精度与距离分辨力之间，以及测速精度与速度分辨力之间的矛盾。

目前，经常使用的大时宽带宽信号有线性调频信号（LFM）、非线性调频信号（NLFM）以及相位编码信号（PSK）等，下面就其特性进行简要说明。

线性调频信号是使用最广泛的一种波形，这是因为：一方面其波形容易产生；另一方面，脉冲压缩的形状和信噪比对多普勒频移不敏感。但其主要缺点是多普勒频移会引起距离的视在变化。此外，为了将压缩脉冲的时间旁瓣降至允许的电平，通常需要加权，但在时间或频率加权时将引起 1~2 dB 的信噪比损失。

非线性调频的最大优点是对所设计的波形进行调频可获得所要求的幅度频谱，故对于距离旁瓣抑制而言，非线性调频不需要时间或频率加权，匹配滤波接收和低旁瓣在设计中是一致的，因此可以消除通常采用失配技术加权所产生的信噪比损失。非线性调频的主要缺点是系统比较复杂，为了达到需要的旁瓣电平，对每个幅度频谱需要分别进行调频设计。

相位编码信号不同于调频信号，它将宽脉冲分为许多短的子脉冲。这些子脉冲宽度相等，但各以不同的相位被发射。每个子脉冲的相位是依照相位编码来选择的。应用最广泛的相位编码信号是二进制编码。二进制编码是由 1 和 0 或 +1 和 -1 的序列组成的。波形信号的相位在 0° 和 180° 之间交替变化，其规律是依照相位编码各自的次序（1 和 0 或 +1 和 -1）变化。相位编码信号主要包括巴克编码信号、M 序列编码信号、L 序列编码信号等。二进制编码通常由于发射频率与子脉冲宽度的倒数不是整数倍，因此倒相点是不连续的。此外，由 J. W. Taylor 提出的一种雷达相位编码波形以子脉冲具有半余弦形状和相邻子脉冲间的相位变化限制在 +90° 和 -90° 为特征，故叫作四相连续相位编码，通常称作泰勒码。由于泰勒码的幅度恒定（除前、后沿外）、相位连续、分段线性，因此这类信号的性能（包括信号频谱宽度和衰降、距离采样损失以及接收滤波的失配损失等方面）要优于二进制编码。由于编码波形具有良好的低截获概率（LPI）特性，因此在现代雷达中受到了人们的重视。

3.10.2　信号波形的模拟产生方法

1. 线性调频信号

线性调频信号是通过非线性相位调制或线性频率调制获得大时宽带宽积的典型例子。通常又把线性调频信号称为 Chirp 信号，它是研究最早而且应用最广泛的一种脉冲压缩信号。采用线性调频脉冲压缩技术的雷达可以同时获得远的作用距离和高的距离分辨力。线性调频信号的主要优点是所用匹配滤波器对回波的多普勒频移不敏感，即使回波信号有较大的多普勒频移，仍能用同一个匹配滤波器完成脉冲压缩，这将大大简化信号处理系统。随着 SAW 技术的飞速发展，用 SAW 色散滤波器产生和处理（匹配滤波，或称脉冲压缩）这类信号的技术已经比较成熟，这也是它获得广泛应用的重要原因。线性调频脉冲压缩技术的主要缺点是存在距离和多普勒频移的耦合。此外，线性调频信号的匹配滤波器的输出旁瓣电平较高，通常采用对 SAW 匹配滤波器进行加权的方法来降低压缩脉冲的时间旁瓣电平。降低旁瓣电平是以增大主瓣宽度为代价的，这将在一定程度上降低系统的灵敏度。

线性调频信号可表示为

$$s_i(t) = \text{rect}\left(\frac{t}{T}\right)\cos\left(\omega_0 t + \frac{1}{2}\mu t^2\right) \tag{3.10.1}$$

式中，ω_0 为中心频率；T 为线性调制信号的时宽；μ 为调频斜率，$\mu = 2\pi B/T$，B 为调频带宽；矩形调制函数：

$$\text{rect}\left(\frac{t}{T}\right) = \begin{cases} 1, & \left|\dfrac{t}{T}\right| \leqslant \tau/2 \\ 0, & \left|\dfrac{t}{T}\right| > \tau/2 \end{cases}$$

线性调频信号的波形示于图 3.70(a)、(b)、(c) 中，它的时宽带宽积 D 是一个重要参数，可以表示为

$$D = TB = \frac{1}{2\pi}\mu T^2 \tag{3.10.2}$$

2. 声表面波滤波器

声表面波（SAW）滤波器分为声表面波展宽滤波器和声表面波压缩滤波器两种，是产生线性调频信号和实现脉冲压缩匹配滤波器的关键器件，通常又简称为 SAW 色散滤波器。

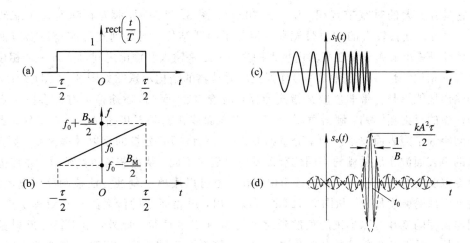

图 3.70　线性调频信号的波形

(a) 矩形调制函数 $\mathrm{rect}\left(\dfrac{t}{T}\right)$；(b) 瞬时频率随时间的变化；

(c) 线性调频信号；(d) 匹配滤波器输出波形

　　声表面波器件（SAWD）是自 20 世纪 60 年代后发展起来的一种延时器件，其工作频率一般为 30 MHz～1 GHz，这种器件体积较小，结构紧凑，相对带宽较大，价格便宜。由于 SAWD 是用金属化光刻技术制造的，因此结构紧凑，使用可靠，重复性较好。

　　声表面波延迟线的工作原理如图 3.71 所示。用具有压电效应的材料作为基片，最常用的基片材料为熔石英和铌酸锂（$\mathrm{LiN_6O_3}$）等，在基片上用金属化光刻技术制作两个叉指换能器（IDT）。叉指换能器的作用是将电信号转换成超声波信号，或者将超声波信号转换成电信号。当输入信号从左边叉指换能器输入时，由于压电效应，会产生周期性的超声波。当超声波从左边的叉指换能器传到右边的叉指换能器后，靠压电效应再变回电信号输出，从而达到延迟的目的。两个叉指换能器既可以作为输入，也可以作为输出。

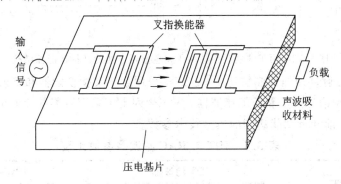

图 3.71　声表面波延迟线的工作原理

　　当叉指换能器的梳状指（或称电极）相隔的间距是基片材料传播的声波信号长度的一半时，电-声耦合效率较高，因而延迟线的频率响应取决于两电极的间距。图 3.71 所示的声表面波延迟线是等长度和等间隔的叉指换能器，因而它是非色散的。通过适当改变电极的宽度和间距，可以获得色散延迟线的频率响应。

　　图 3.72 给出了几种用于线性调频脉冲压缩色散延迟线的叉指换能器结构。图 3.72(a) 为串联单一色散线性调频滤波器，将延迟线下方所示的线性调频信号加到左边的宽带 IDT 上，从右边色散结构的 IDT 输出的则是压缩脉冲。图 3.72(b) 所示为串联双色散线性调频滤

波器，它具有更大的时宽带宽积（为 50～2000）。图 3.72(c) 所示为斜阵列式压缩滤波器 (SAC)，也可以获得较大的时宽带宽积。相对于串联结构，斜阵列式压缩滤波器有两个优点：一是可以减小低频分量在高频电极下的失真；二是输入和输出之间可插入一个相位板来校正器件的相位特性。反射栅 (RAC) 阵列色散滤波器的结构示意图如图 3.72(d) 所示，它的输入和输出换能器是宽带非色散叉指换能器，沿着声表面波传播途径上有许多按一定规律排列的倾斜的反射栅阵列，倾斜角度为 45°。声表面波在栅条下传播时会产生反射。当相邻栅中心间距等于声表面波某一频率分量的波长时，对该频率分量的反射效率最高。因此，不同频率的声表面波在反射栅的不同位置被反射时延时不同，从而获得色散延时。在传播路径上设置变宽度的金属薄膜，可以进行相位补偿；也可以用离子刻蚀方法控制反射栅的深度，进行器件内部的幅度加权。从图 3.72(d) 可以看出，声表面波的传播路径是双程折叠式的，因而同样长度的基片可以提供的色散延时大约为 IDT 的两倍。此外，由于相邻反射栅间距为一个波长，而相邻叉指间距为半个波长，因此降低了工艺难度，提高了器件的上限频率。目前，RAC 色散延迟线的中心频率可高达 1.6 GHz，时宽带宽积为 16 000～20 000 量级。

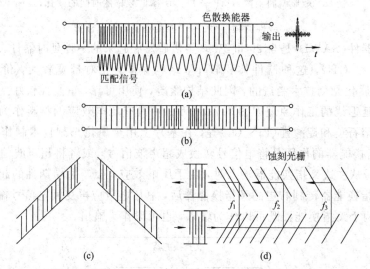

图 3.72 用于线性调频脉冲压缩色散延迟线的叉指换能器结构

迄今为止，在脉冲压缩体制雷达中，已广泛采用金属叉指换能器和反射栅 (RAC) 色散延迟线作为线性调频信号产生和压缩滤波器。表 3.4 列出了采用石英基片或铌酸锂基片的 IDT 和 RAC 滤波器目前和近期能达到的典型技术参数。

表 3.4 IDT 与 RAC 滤波器参数比较

参　数	IDT 滤波器		RAC 滤波器	
	目前	近期	目前	近期
中心频率/MHz	10～1200	10～2500	60～1500	60～5000
带宽/MHz	1～500	1～750	1～500	1～1000
时宽/μs	0.5～50	0.1～80	1～100	0.5～120
时宽带宽积	4～300	4～2000	40～16 000	10～50 000
幅度起伏/dB	0.2	0.1	0.5	0.5
相位误差（均方根值）	0.5°	0.2°	0.5°	0.5°
旁瓣抑制/dB	−35～−40	−40～−45	−40	−45

3. 线性调频信号的产生和匹配滤波器

图 3.73 示出了 SAW 展宽滤波器和压缩滤波器的结构、特性及输出波形。SAW 展宽滤波器和压缩滤波器的中心频率 f_0 相同，并且具有相同的时宽 T 和调频带宽 B，它们的调频斜率 μ 相同，$\mu = 2\pi B/T$，但符号相反。图 3.73(a) 示出了 SAW 展宽滤波器的结构和特性；图 3.73(b) 示出了无源法产生的线性调频信号，调频斜率为正；图 3.73(c) 为 SAW 压缩滤波器的结构和特性，调频斜率为负；图 3.73(d) 为压缩滤波器的输出波形。

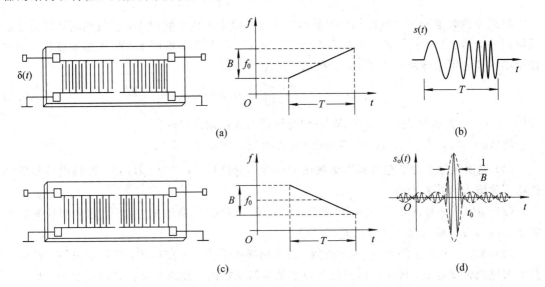

图 3.73 SAW 展宽滤波器和压缩滤波器的结构、特性及输出波形

(a) SAW 展宽滤波器的结构和特性；(b) 无源法产生的线性调频信号；

(c) SAW 压缩滤波器的结构和特性；(d) 压缩滤波器的输出波形

SAW 展宽滤波器的脉冲响应为

$$h(t) = \mathrm{rect}\left(\frac{t}{T}\right)\cos\left(\omega_0\tau + \frac{1}{2}\mu t^2\right), \quad |t| \leqslant \tau/2 \tag{3.10.3}$$

用 SAW 色散滤波器实现的线性调频信号脉冲压缩系统组成方框图如图 3.74 所示。激励窄脉冲 $\delta(t)$ 经过一个典型的 SAW 非色散矩形滤波器(中心频率为 f_0，带宽为 B)，其输出是包络调制为 $\sin x/x$ 函数的中频窄脉冲：

$$s_\mathrm{b}(t) = \frac{\sin \pi Bt}{\pi Bt}\cos(2\pi f_0 t - t_0) \tag{3.10.4}$$

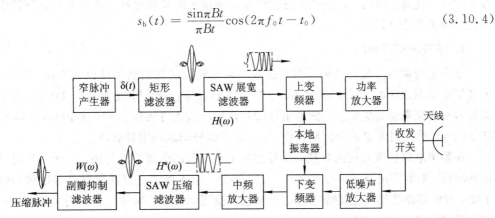

图 3.74 用 SAW 色散滤波器实现的线性调频信号脉冲压缩系统组成方框图

对应的频谱为

$$S_b(\omega) = \begin{cases} 1, & (\omega - \omega_0) \leqslant 2\pi B/2 \\ 0, & \text{其他} \end{cases} \tag{3.10.5}$$

用 $s_b(t)$ 激励特性为 $H(\omega)$、调频斜率为 $+\mu$ 的 SAW 展宽滤波器，则滤波器输出的线性调频信号为

$$s(t) = \frac{1}{2\pi} \int_{-\infty}^{+\infty} S_b(\omega) \cdot H(\omega) e^{j\omega t} dt = \text{rect}\left(\frac{t}{T}\right) \cos\left(\omega_0 t + \frac{1}{2}\mu t^2 - t_0\right) \tag{3.10.6}$$

　　将线性调频信号 $s(t)$ 经过上变频器和功率放大器由天线发射出去，接收到的回波信号经低噪声放大器、下变频器和中频放大器后，加到具有负调频斜率的 SAW 压缩滤波器上，在输出端得到的压缩脉冲如图 3.73(d)所示，其表达式为

$$s_o(t) = \sqrt{D} \frac{\sin(\pi Bt)}{\pi Bt} \cos\omega_0(t - t_0) \tag{3.10.7}$$

式中，$D = BT$ 为压缩比；t_0 为 SAW 压缩滤波器引入的固定延时。

　　将式(3.10.7)与式(3.10.6)相比较，可以得出以下结论：

　　(1) 输出压缩脉冲的包络幅度为输出的线性调频信号的 $\sqrt{D} = \sqrt{BT}$ 倍，即输出信号的峰值功率为输入信号的 D 倍。

　　(2) 输出压缩脉冲在 -4 dB 处(即最大值的 0.637 倍)的宽度 $\tau_b = 1/B$，这表明压缩脉冲宽度 τ_o 为 $1/B$，而与输入信号的时宽 T 无关。

　　(3) 输出信号的包络为 $\sin x/x$ 函数，最大副瓣电平为 -13.26 dB，还需要采用副瓣抑制技术来降低副瓣电平，可通过适当控制换能器金属叉指的长度来实现内部幅度加权，相当于串联一个副瓣抑制滤波器，能使第一副瓣的相对幅度降到 -40 dB 左右。

3.10.3　信号波形的数字产生方法

　　随着高速数字电路技术的发展，特别是高性能 DDS 芯片和高速数字信号处理(DSP)芯片的商品化，人们越来越普遍采用数字方法产生雷达信号波形。尽管用模拟方法产生信号波形有很多优点，但它最大的缺点是不能实现多种参数、多种信号波形的捷变。数字产生方法不但能实现多种信号波形的捷变，而且能很方便地实现幅度补偿和相位补偿，大大提高了产生波形的性能参数。除了波形捷变以外，高精度、可编程(灵活性)、高可靠性也是数字产生方法的突出优点。因此，数字产生方法已经受到越来越多的重视，在许多雷达应用中正在逐步代替模拟产生方法。

1. 基带正交调制法

　　基带正交调制法是一种数字基带信号产生与模拟正交调制相结合的方法。图 3.75 示出了基带正交调制法的组成方框图，其主要由波形存储器 RAM 或 ROM、D/A 变换器、低通滤波器和正交调制器组成。它的基本原理是用数字直读方法由 RAM 或 ROM 直接产生 I、Q 基带信号，然后用模拟正交调制器将 I、Q 基带信号调制到中频载波上。

　　在数字电路技术发展的早期，这种基带正交调制法已被广泛使用，其优点是能灵活产生各种波形，对数字电路的速度要求不太高。但是，由于模拟正交调制器难以做到理想的幅相平衡，致使输出波形产生镜像虚假信号和载波泄漏，从而影响脉压波形的主副瓣比，尤其在产生相对频带较宽的波形时，这种情况更为明显。

　　目前，D/A 变换器的工作时钟已经超过 1 GHz，超高速 RAM 或 ROM 的工作速度也超

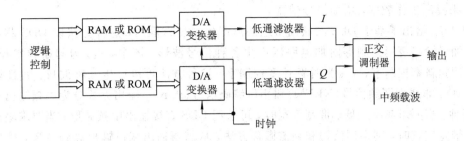

图 3.75　基带正交调制法的组成方框图

过 1 GHz，商品化的宽带正交调制器的频带上限已接近 2 GHz，幅相平衡的精度也正在改进。因此，在需要产生大时宽带宽积的脉冲雷达系统中，仍然广泛采用这种基带正交调制法。

2. 用 CDDS 产生线性调频信号

用来产生线性调频信号的 DDS 一般称为 Chirp DDS，简称 CDDS。CDDS 能产生线性调频信号、非线性调频信号和相位编码信号。与基带正交调制法和模拟产生法相比，用 CDDS 产生线性调频信号具有以下优点：调频线性度高，灵活性好，稳定性好，可靠性高等。

图 3.76 示出了 CDDS 的基本原理方框图。与图 3.64 所示的 DDS 比较，CDDS 在组成上多了一级频率累加器。图中，f_{CW} 为起始频率控制字，K_{CW} 为调频斜率控制字。在频率控制字的控制下，频率累加器产生逐渐增大的瞬时频率，经过相位累加器输出线性高频信号的二次瞬时相位，以此相位值寻址正弦存储表，得到与相位值对应的幅度量化数字值，再经过 D/A 变换器转换成阶梯波形，经过低通滤波器滤除高频分量，最后得到所需的线性调频信号。CDDS 最高输出信号频率为采样时钟的 0.4 倍左右，如果要求输出信号的频率更高、带宽更宽，则可采用频率搬移(上变频)和扩展(倍频)的方法提高工作频率，增加信号带宽。

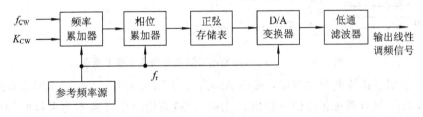

图 3.76　CDDS 的基本原理方框图

3. 通用雷达波形产生器

从图 3.64 所示的 DDS 的基本结构和工作原理可以看出，用 DDS 技术产生雷达波形实质上是一种通过查表直接输出中频信号的雷达波形合成方法。由于 DDS 具有独特结构，因此其产生的波形精度更高，控制(可编程)更灵活，更适用于要求波形捷变的雷达系统。

采用 DDS 产生雷达信号波形时要充分利用 DDS 的特点，选用功能齐全、适合于多种波形合成的 DDS 芯片，通常应注意以下几点：

(1) 具有产生多种波形的幅度、相位和频率控制能力。

(2) 要求形成波形的质量(如波形精度、杂散、信噪比、波形捷变速度等)能满足雷达整机要求。

(3) 根据需要形成波形的频率、带宽和精度来确定实现方案。若要求的频率较低，带宽不太宽，则可以用 DDS 产生中频波形；如果要求的频率高，带宽较宽，则要求用搬移和扩展的方法来提高工作频率,增加信号带宽。

图 3.77 给出了基于 DDS 的通用雷达波形产生原理方框图,这种方法以 DDS 芯片为核心,增加了输出逻辑控制等附加电路以产生各种信号波形。图中,f_{CW} 为起始频率控制字;K_{CW} 为调频斜率控制字;T_{CW} 为时宽长度控制字。这种方法可以产生三种波形:线性调频信号(LFM)、非线性调频信号(NLFM)和相位编码信号(PSK)。输出方式分为中频输出和高频输出两种。当要求频率较低、带宽不宽时,可采用 DDS 直接输出中频波形;当要求输出频率较高、带宽较宽时,则采用倍频和频谱搬移方法,从高频输出端口输出高频波形,输出的高频信号频率可表示为

$$f_o = M_1 f_c + M_2 K f_c / 2^N = f_c(M_1 + M_2 K / 2^N) \qquad (3.10.8)$$

式中,f_c 为频率合成器的输出频率;M_1 和 M_2 分别为倍频次数;K 为 DDS 的频率控制字;N 为 DDS 相位累加器的位数。由此可见,改变倍频次数 M_1 和 M_2、DDS 的频率字长 K 等参数,就可以改变所产生波形的输出频率;改变 T_{CW} 和 K_{CW},则可以灵活地改变线性调频信号的时宽和调频斜率。

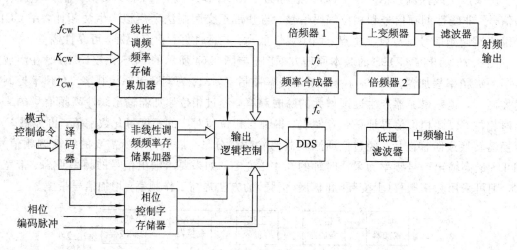

图 3.77 基于 DDS 的通用雷达波形产生原理方框图

在这个通用雷达波形产生器中,选用 AD 公司的 DDS 芯片 AD9854。AD9854 芯片的时钟为 300 MHz,具有两种正交信号输出。应用时,最高输出信号频率为采样时钟的 0.4 倍,即最高输出信号频率可达 120 MHz。AD9854 的特点为:具有内部频率累加器,容易实现线性调频功能;具有相位偏置寄存器,相位分辨率可达 14 位;具有 12 位的幅度乘法器,能实现调幅功能。需要说明一下,利用 AD9854 实现线性调频比较容易,而实现非线性调频则较为复杂,因为这时的瞬时调频斜率是变化的,所以需要外加一个非线性调频频率存储累加器。

采用 AD9854 形成的中频线性调频信号,在带宽 35 MHz 时,测得的杂散电平为 -60 dBc,噪声电平为 -70 dBc,这些性能已能满足脉冲压缩雷达的使用要求。如果要进一步提高性能指标,可选用功能更先进、性价比更好的 DDS 芯片 AD9858 或 STEL-2171,这两种 DDS 芯片的时钟频率为 1 GHz,目前已投入使用。

3.10.4 宽带和超宽带信号的产生方法

在现代高分辨雷达和合成孔径雷达(又称成像雷达)中,要求雷达波形具有大时宽带宽积。为了提高成像的分辨率,通常要求雷达频率源能产生带宽很宽的线性调频信号,带宽通

常为几十兆赫、几百兆赫，甚至超过 1 GHz。与此同时，对雷达接收通道的带宽、正交调制幅相平衡度以及 A/D 变换器的采样率也提出了很高的要求。

目前，产生宽带和超宽带雷达信号波形比较有效的方法主要有全模拟并接综合法、数-模组合式正交调制综合法以及用 DDS 产生宽带或超宽带信号。

1. 全模拟并接综合法

采用全模拟并接综合法可以产生超宽带的线性调频信号。图 3.78 给出了大时宽大带宽的频率延迟特性分解示意图。图 3.78(a) 示出了所要求的大时宽大带宽的频率延迟特性。图 3.78 中，ΔT 为信号的总时宽，Δf 为信号的总带宽，每一段的时宽 ΔT_1 和带宽 Δf_1 分别为 $\Delta T_1 = \Delta T/n$，$\Delta f_1 = \Delta f/n$，这样即可将图 3.78(a) 分解为图 (b)、(c) 所示的两个延迟特性。图 (b) 中的延迟时间 $t_1(f)$ 是频率的阶梯函数，图 (c) 中的延迟时间 $t_2(f)$ 是频率的锯齿特性。因此可以得到

$$t(f) = t_1(f) + t_2(f) \qquad (3.10.9)$$

式中，$t_1(f)$ 为非色散延迟特性，可用非色散延迟线实现；$t_2(f)$ 则可用色散延迟线实现。

具体的综合技术可分为并接、串接和串并接三种。对于时宽中等而带宽较大的信号，比较适合采用并接技术。对于并接综合法，总的压缩倍数 D 为

$$D = \Delta T \Delta f = n^2 \Delta T_1 \Delta f_1 \qquad (3.10.10)$$

式中，n 为并接通道数；ΔT_1 为单元线 1 的时宽；Δf_1 为单元线 1 的带宽。

SAW 色散延迟线具有大带宽和中时宽的特点，很适合用并接综合法产生超大带宽的线性调频信号。图 3.79 示出了对两个不同中心频率 SAW 器件采用并接综合法的原理图。图 3.79(a) 为并接线性调频信号形成原理图；图 3.79(b) 为并接脉冲压缩原理图。

图 3.79 所示的并接 SAW 器件脉冲压缩系统用于 S 波段。该并接系统采用两级并接 ($n=2$)。就目前已经成熟的工艺水平而言，中心频率在 3000 MHz 左右，SAW 器件能达到时宽 ΔT 为 $30\sim40$ μs，带宽 Δf 为 $300\sim500$ MHz 量级。

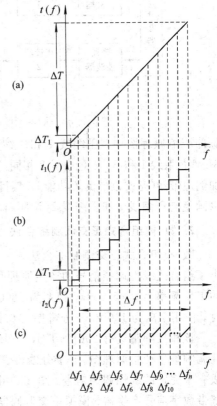

图 3.78 大时宽大带宽的频率延迟特性分解示意图

如图 3.79(a) 所示，在定时脉冲信号的作用下，窄脉冲产生器产生的窄脉冲 (ns 量级) 经过脉冲响应为 $\sin x/x$ 的矩形滤波器后，由分路激励器分别激励 SAW 色散线 1 和 SAW 色散线 2。SAW 色散线 1 产生时宽 $\Delta T_1 = 35$ μs、带宽 $\Delta f_1 = 400$ MHz、中心频率 $f_1 = 2900$ MHz 的线性调频信号 1；SAW 色散线 2 产生时宽 $\Delta T_2 = 35$ μs、带宽 $\Delta f_2 = 400$ MHz、中心频率 $f_2 = 3300$ MHz 的线性调频信号 2。第 1 路线性调频信号 1 与经过固定延时 T_0 ($T_0 = \Delta T_1 = 35$ μs) 的线性调频信号 2 分别经过放大整形器和相位调整器后由相加器相加。并接后的大时宽带宽线性调频信号的时宽 $\Delta T = 70$ μs，带宽 $\Delta f = 800$ MHz，中心频率 $f_0 = 3100$ MHz，压缩倍数 $D = n^2 \Delta T_1 \Delta f_1 = 5600$。

需要说明一下，为了使 SAW 色散线在制作上有好的一致性，在图 3.79(b) 所示的并接

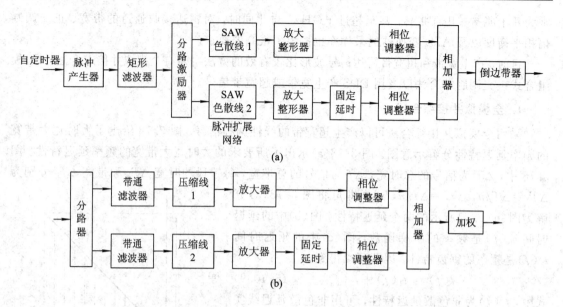

图 3.79　两个不同中心频率 SAW 器件并接综合的原理图

脉冲压缩原理图中，压缩线 1 和压缩线 2 的时宽、带宽和调频斜率分别与图 3.79(a)中的 SAW 色散线 1 和 SAW 色散线 2 相同。为了实现匹配滤波，在图 3.79(a)中的相加器之后需要加倒边带器(完成边带倒置功能)，其目的是改变线性调频信号的调频斜率(由 $+\mu$ 变为 $-\mu$)，以满足与压缩线 1 和压缩线 2(调频斜率为 $+\mu$)完成脉冲压缩匹配滤波。

2. 数-模组合式正交调制综合法

数-模组合式正交调制综合法是一种产生超大带宽线性调频信号的有效方法。图 3.80 示出了组合式线性调频信号的产生原理和方框图，适用于相控阵多功能成像雷达系统。该雷达的工作频率为 9.45 GHz，带宽为 1800 MHz，成像分辨率为 0.1 m×0.1 m，分辨率为 1 m 时，作用距离为 100 km，分辨率为 0.1 m 时，作用距离为 30 km。

该相控阵雷达有 256 个 T/R 组件，接收机有 5 个并行通道。图 3.80(a)示出了组合式线性调频信号产生原理图。5 个分线性调频信号和阶梯形的转换本振 LO，经过上变频器组合成一个完整的线性调频信号。图 3.80(b)示出了组合式线性调频信号产生方框图，其主要由基带数字信号产生器、模拟正交调制器、上变频器以及频率合成器组成。基带信号产生的原理是用数字直读方法产生 $I(n)$ 和 $Q(n)$ 基带信号，时钟频率为 1 GHz，产生 10 位量化的 $I(n)$ 和 $Q(n)$ 信号。这些基带信号由正交调制器调制为中心频率为 1 GHz、带宽为 380 MHz 的中频信号。然后用 5 个频率间隔为 360 MHz 的阶梯形转换本振 LO 通过上变频器将其组合成一个完整的超宽带线性调频信号，经过放大滤波器后输出中心频率为 9.45 GHz、带宽为 1.8 GHz 的超宽带线性调频信号。

在该相控阵多功能成像雷达中，接收的回波信号经过下变频器后分别加至五通道接收机，再分别由采样时钟为 400 MHz 的 8 位 A/D 变换器形成 I、Q 正交数字信号。5 个并行通道输出的 I、Q 信号组合成 1.8 GHz 信号带宽的数字信号，然后送至多功能超高速信号处理器进行实时信号处理。

在机载成像雷达中，常常采用去调制接收机。去调制接收机的处理方法又称为带宽压缩法或时频转移法，其基本原理是采用与发射信号斜率相同的线性调频信号作为本振信号，与目标回波信号进行差拍处理，这样目标回波信号与本振信号之间的时间差就转换成不同的

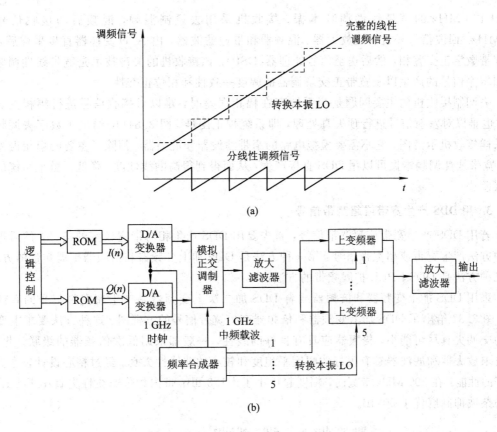

(a)

(b)

图 3.80　组合式线性调频信号的产生原理和方框图

(a) 组合式线性调频信号产生原理图；(b) 组合式线性调频信号产生方框图

差频频率。因此，当目标回波信号与本振信号直接进行混频后，对混频后的输出进行 FFT 处理就可得到目标的一维距离像。

图 3.81 给出了去调频接收机原理示意图，这是一个 Ku 波段的 SAR 去调频接收机。图 3.81(a) 为模拟去调频接收机示意图，信号为 $f_s \pm 120$ MHz 的宽带线性调频信号，本振为

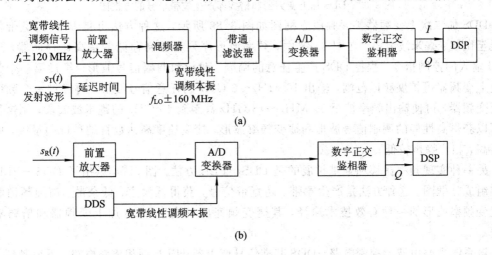

(a)

(b)

图 3.81　去调频接收机原理示意图

(a) 模拟去调频接收机示意图；(b) 数字去调频直接采样接收机示意图

$f_{LO} \pm 160$ MHz 的宽带线性调频本振。接收机采用去调制混频,混频后的接收信号为 80 MHz。回波信号经过前置放大器、混频器和带通滤波器,由 A/D 变换器直接采样后,进行宽带数字正交鉴相,然后送至信号处理器(DSP)。该接收机的关键技术是宽带线性调频信号和本振信号的产生以及宽带正交解调器的幅度一致性和相位正交性。

去调制接收机的主要问题是当系统存在幅相误差时,难以对接收信号进行幅相失真补偿,也难以对发射信号进行预失真处理,即系统校正困难。图 3.81(b)给出了数字去调频直接采样接收机示意图,它不需要模拟电路的窄带滤波器和混频器,消除了主要的幅相误差来源,宽带线性调频本振可以用 DDS 直接产生,从而得到很高的线性度,降低了整个系统的幅相误差。

3. 用 DDS 产生宽带或超宽带信号

若用 DDS 产生宽带或超宽带信号,首先要用 DDS 产生相对带宽较窄的信号,然后可用两种方法产生宽带或超宽带信号:第一种方法是 DDS 加上变频器和倍频器扩展频带的方法;第二种方法是 DDS+PLL 扩展频带的方法。

采用 DDS 加上变频器和倍频器或者 DDS 加二次上变频器是产生超宽带信号的有效方法。图 3.82 给出了 DDS 加上变频器和倍频器产生宽带信号的方框图。这种方法要求上变频器的交调失真尽可能小,倍频器应具有良好的线性,一般都采用低次倍频器的级联。此外,还要求放大器和滤波器具有很好的幅度平坦度和较小的非线性失真。经过精心设计,可实现良好的性能:在 300 MHz 带宽内,幅度起伏小于 ± 1.3 dB;带内相位非线性失真小于 $\pm 1.2°$;带外杂波抑制度优于 50 dB。

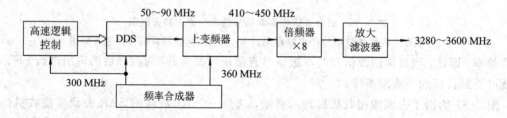

图 3.82 DDS 加上变频器和倍频器产生宽带信号的方框图

DDS 加二次上变频器扩展频段方框图如图 3.83 所示。这种方法可将 DDS 的宽带信号扩展至微波、毫米波波段。在图 3.83 中,频率波形序列和调制存储器是高速存储器,通过 CPU 输入的控制指令,程控 DDS 产生任意的调频、调相和调幅信号波形。经过第一个频率捷变上变频器可扩展频段范围,输出 10 MHz~3 GHz 的任意信号波形;再经过一个频率捷变上变频器,可使输出频率扩至 50 MHz~18 GHz 甚至到 40 GHz 的毫米波波段。用这种方法可以获得高性能的调制信号波形和捷变频率波形,捷变速度高达数百纳秒(ns)量级,频谱纯度高,相位噪声较低。

另一种实现频率搬移和频带扩展的是 DDS+PLL 方法。图 3.84 示出了 DDS+PLL 的系统组成方框图。这种方法是产生宽带、超宽带信号,获得低噪声、低杂散、高纯频谱和快速捷变频率波形的一种有效技术途径,其捷变频速度仅次于 DDS 加上变频器和倍频器的方法。

该系统主要由波形控制电路、DDS 基准信号产生器、PLL 锁相倍频电路、下变频器、滤波放大器和时钟电路等几部分组成。波形控制电路控制波形序列(线性、非线性调频信号,伪随机码,均匀、非均匀脉冲串等)的产生,并实现对 DDS 和 PLL 的控制;DDS 基准信号产

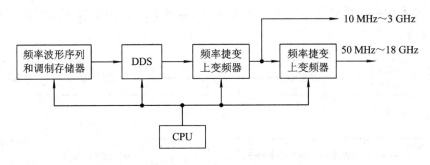

图 3.83 DDS 加二次上变频器扩展频段方框图

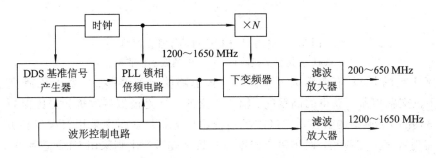

图 3.84 DDS+PLL 的系统组成方框图

生器在控制器的控制下，产生所需的雷达信号波形；PLL 锁相倍频电路的作用是扩展 DDS 基准信号频率。DDS 输出的信号经过 PLL 锁相倍频电路后，可以很好地降低相位噪声和杂散电平。

3.11 数字雷达接收机

数字雷达接收机通常简称为数字接收机，是近年来迅速发展的雷达接收机技术。随着微波集成电路、高速/超高速数字电路的飞速发展，雷达接收机的数字化程度越来越高。特别是高速、高位（100 MHz、14 位以上）A/D 变换器和时钟高达 1 GHz 以上的 DDS 技术的发展以及超高速数字信号处理（DSP）芯片的广泛使用，为数字雷达接收机提供了可靠的硬件基础。

数字接收机与传统的模拟接收机相比，其主要优点为：采用直接中频采样和数字下变频（数字正交鉴相）技术；输出的正交 I、Q 数字基带信号直接送到信号处理器；采用直接数字频率合成技术，使得数字接收机可以产生和处理各种形式的复杂信号，其性能大大优于模拟接收机。

3.11.1 数字雷达接收机的组成

图 3.85 示出了数字雷达接收机的原理方框图。图 3.85(a) 为射频数字接收机，它将经过限幅低噪声放大器（LNA）和滤波后的射频信号直接进行 A/D 采样和数字正交鉴相，然后将获得的数字 I、Q 基带信号直接送至数字信号处理器。图 3.85(b) 为中频数字接收机，它将经过低噪声放大和混频的中频信号直接进行 A/D 采样，再进行数字正交鉴相或数字滤波，然后将获得的数字 I、Q 基带信号送至数字信号处理器进行信号处理。在实际应用中，数字接收机中的数字正交鉴相或数字滤波器普遍采用专用集成电路（ASIC）、现场可编程阵列

(FPGA)以及专用高速数字信号处理芯片来完成,频率合成器中的数字波形产生器则采用
DDS 芯片实现。

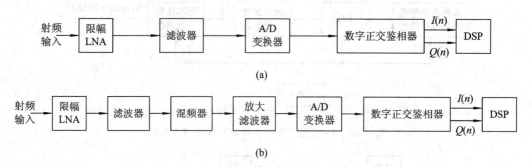

(a)

(b)

图 3.85 数字雷达接收机的原理方框图

(a) 射频数字接收机;(b) 中频数字接收机

在数字接收机中,没有或者大大减少了模拟电路的温度漂移、增益变化或直流电平漂
移,其数字正交鉴相器所获得的高精度、幅相正交的特性是模拟接收机无法比拟的。

图 3.86 给出了典型的数字雷达接收机系统组成方框图。图中采用二次变频方案,在第
二级中放实现数字正交鉴相,而频率合成器中的数字波形产生则采用 DDS 芯片或 DSP 芯片
实现。

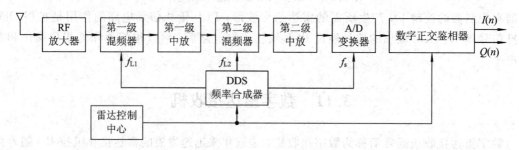

图 3.86 数字雷达接收机系统组成方框图

目前,时钟频率为 1 GHz、位数为 8 的高速 A/D 变换器可供使用,时钟频率为 2~
2.5 GHz 的 A/D 变换器已有研制成果。但是,受高速 A/D 变换器和高速数字处理技术的限
制,在更高的频段实现射频数字接收机还不多,而中频数字接收机则得到了越来越多的
应用。

3.11.2 带通信号采样

奈奎斯特采样定理表明:在时间上连续的模拟信号可以用时间上离散的采样值来取代,
它为模拟信号的数字化处理提供了理论基础。对于一个频带限制在 $0 \sim f_H$ 范围的基带信号
$x(t)$,当用不小于 $2f_H$ 的采样速率 f_s 对 $x(t)$ 进行等时间间隔采样时,得到的离散时间采样
信号 $x(n) = x(nT_s)$,这里 $T_s = 1/f_s$ 为采样间隔,则原信号 $x(t)$ 可用所得到的离散采样 $x(n)$
准确地确定。

图 3.87 给出了基带信号采样示意图。图(a)为等时间间隔 T_s 的采样脉冲 $P(nT_s)$ 和信号
$x(t)$ 的采样 $x(nT_s)$;图(b)为采样前后的信号频谱。从图中可以看出,只要满足 $\omega_s \geqslant 2\omega_H$,即
$f_s \geqslant 2f_H$,信号频谱就不会混叠,再经过一个带宽不小于 f_H 的低通滤波器,即可得到原来的
信号 $x(t)$。

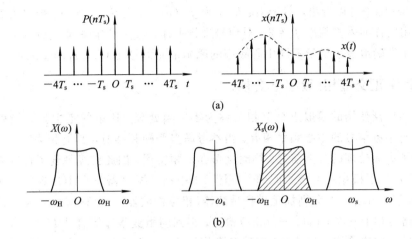

图 3.87　基带信号采样示意图

　　然而，对射频数字接收机和中频数字接收机而言，高频或中频信号是一个频率分布在有限带宽($f_L \sim f_H$)的带通信号，通常 f_H 远大于信号带宽 B，其频谱结构如图 3.88(a)所示。此时，如果仍然根据奈奎斯特采样定理，按 $f_s \geqslant 2f_H$ 的采样速率进行采样，则采样频率会很高，以至于现有的 A/D 变换器的采样速率受到限制，而且后面的信号处理速度也难以满足要求。

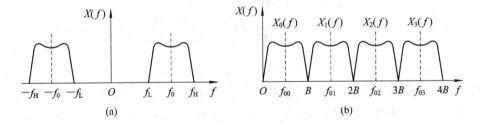

图 3.88　带通信号的频谱结构示意图

　　带通信号采样定理表明：对于一个频带有限信号 $x(t)$，其频带宽度 $B = f_H - f_L$，如果采样速率满足：

$$f_s = \frac{2(f_L + f_H)}{2n + 1} \tag{3.11.1}$$

式中，f_L 和 f_H 分别为带通信号的最低和最高频率；n 为能满足 $f_s \geqslant 2(f_H - f_L)$ 的最大正整数，$n = 0, 1, 2, \cdots$。当用 $T_s = 1/f_s$ 进行等间隔采样时，所得到的采样值 $x(nT_s)$ 能准确地确定原信号 $x(t)$。

　　当用带通信号中心频率 f_0 和频带宽度 B 表示时，式(3.11.1)可改写为

$$f_s = \frac{4f_0}{2n + 1} \tag{3.11.2}$$

式中，$f_0 = (f_L + f_H)/2$，n 为能满足 $f_s \geqslant 2B$ 的最大正整数。显而易见，当 $f_0 = f_H/2$，$B = f_H$，取 $n = 0$ 时，式(3.11.1)即为奈奎斯特采样定理。

　　从式(3.11.1)和式(3.11.2)中可以看出，当采样频率 $f_s = 2B$ 时，可以得到信号的最高和最低频率之和是信号带宽的整数倍，即 $f_H + f_L = (2n + 1)B$ 或者 $f_0 = (2n + 1)/2B$。图 3.88(b)为带采样信号的频谱结构，图中只画出了正频部分，负频部分与正频部分是对称

的。从图 3.88(b)中可以看出，对于中心频率为 $f_{0n}(n=0，1，2，3，\cdots)$、带宽为 B 的带通信号，均可以用同样的采样频率 $f_s=2B$ 对信号进行采样，这些采样序列 $x_0(mT_s)$、$x_1(mT_s)$、$x_2(mT_s)$ 均能准确地表示位于不同中心频率的原始带通信号 $x_0(t)$，$x_1(t)$，$x_2(t)$，$\cdots$。

3.11.3　数字正交鉴相(数字下变频)

目前已经广泛使用的模拟正交鉴相又称为零中频处理。这里的零中频是指由于相干振荡器的频率与中频信号的中心频率相等，当不考虑多普勒频移时，其差频为零。模拟正交鉴相器既保持了中频处理的全部信息，同时又可在中频实现，因此已经得到了普遍应用。

图 3.89 示出了模拟正交鉴相原理方框图。图中相干振荡器(COHO)输出正交的相干基准信号 $\cos\omega_i t$ 和 $\sin\omega_i t$，并分别加至模拟乘法器(相位检波器)。中频信号分成同相的两路信号：其中一路与相干基准 $\cos\omega_i t$ 进行相位检波，得到同相支路基带信号 $I(t)$；另一路与基干基准 $\sin\omega_i t$ 进行相位检波，得到正交支路基带信号 $Q(t)$。$I(t)$ 和 $Q(t)$ 分别经过低通滤波器和 A/D 变换器后，输出同相的数字基带信号 $I(n)$ 和正交的数字基带信号 $Q(n)$。

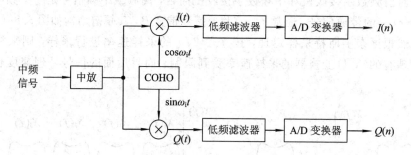

图 3.89　模拟正交鉴相原理方框图

模拟正交鉴相器与后面将要讨论的数字正交鉴相器相比，它的优点是可以处理较宽的基带信号，对 A/D 变换器的转换速率要求也相对较低。但是，模拟正交鉴相器有两个主要缺点：一是很难实现两个通道间(分别采用两路相位检波器和两个 A/D 变换器)的良好平衡；二是相干振荡器输出有正交相位误差，相位检波器有非线性，视频放大器有零漂等。因此，模拟正交鉴相器在高精度、高性能的现代全相参雷达接收机的应用中受到了一定的限制。

数字正交鉴相(又称为数字下变频)的基本原理是首先对中频模拟信号直接进行 A/D 变换，然后实现 I/Q 数字分离。数字鉴相的最大优点是可以得到很高的 I/Q 正交精度和稳定度。实现数字鉴相的方法很多，在此只讨论两种用得较多的方法：一是带通采样数字混频低通滤波法；二是带通采样数字插值滤波法。

1. 带通采样数字混频低通滤波法

带通采样数字混频低通滤波法的原理方框图如图 3.90 所示。这种方法的原理类似于零中频模拟正交鉴相法。首先用 A/D 变换器对中频信号进行直接采样，采样数据分别与来自数字压控振荡器(NCO)的两路相位相差 $90°$ 的数字本振 $\cos(n\omega_0 T)$ 和 $\sin(n\omega_0 T)$ 进行数字混频，混频后的数据分别经过数字低通滤波器输出基带同相数字信号 $I(n)$ 和基带正交数字信号 $Q(n)$。

由于两路相干振荡信号、混频和低通滤波器等都是用数字方法实现的，这就消除了采用模拟方法引入的直流偏移以及 I、Q 通道的增益、相位失配等问题，从而保证了 I、Q 通道在幅度一致性和相位正交性方面的精度远高于传统的模拟方法，这使得采用数字化接收机的信号处理的处理精度和稳定性都明显优于传统模拟接收机的信号处理的处理精度和稳定性。

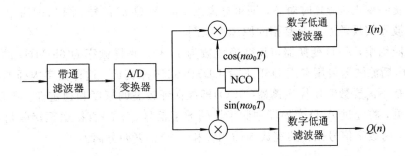

图 3.90　带通采样数字混频低通滤波法的原理方框图

2. 带通采样数字插值滤波法

带通采样数字插值滤波法的原理是通过选用适当的采样频率对中频信号进行 A/D 变换，可以交替得到 $I(n)$ 和 $Q(n)$，然后通过数字内插滤波器进行内插运算，从而分别输出同相基带数字信号 $I(n)$ 和正交基带数字信号 $Q(n)$，如图 3.91 所示。

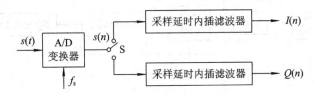

图 3.91　采用采样延时内插滤波器实现数字正交鉴相的原理方框图

已知输入的中频信号表达式为

$$s(t) = A(t) \cdot \cos[\omega_0 t + \phi(t)] \tag{3.11.3}$$

式中，$A(t)$ 和 $\phi(t)$ 分别为信号的幅度调制信号和相位调制函数。

直接用 A/D 变换器对中频带通信号采样，为了避免混叠，采样频率 f_s 应满足 $f_s \geqslant 2B$。采样频率 f_s 与中频信号的中心频率 f_0 以及信号带宽 B 的关系为

$$f_s = \frac{1}{T} = \frac{4}{M+1} f_0 \tag{3.11.4}$$

$$f_s \geqslant 2B \tag{3.11.5}$$

式中，T 为采样周期，$M=0,1,2,3,4,\cdots$，则有

$$\omega_0 T = 2\pi f_0 \frac{M+1}{4f_0} = \frac{\pi}{2}(M+1) \tag{3.11.6}$$

如果取 $n=M+1$，则可以得到

$$\begin{aligned}
s(nT) &= A(nT) \cdot \cos[n\omega_0 T + \phi(nT)] \\
&= A(nT) \cdot \cos(nT)\cos\left(\frac{n\pi}{2}\right) - A(nT)\sin(nT)\sin\left(\frac{n\pi}{2}\right) \\
&= I(n) \cdot \cos\left(\frac{n\pi}{2}\right) - Q(n)\sin\left(\frac{n\pi}{2}\right) \\
&= \begin{cases} (-1)^{n/2} I(n), & n \text{ 为偶数} \\ (-1)^{(n-1)/2} Q(n), & n \text{ 为奇数} \end{cases}
\end{aligned} \tag{3.11.7}$$

式中，$I(n)=A(nT) \cdot \cos(nT)$；$Q(n)=A(nT) \cdot \sin(nT)$。因此，$n$ 为偶数时可得到 $I(n)$，n 为奇数时可得到 $Q(n)$，其输出顺序为 $I(0)$，$Q(1)$，$-I(2)$，$-Q(3)$，$I(4)$，$Q(5)$，$\cdots$。由此可见，$I(n)$ 和 $Q(n)$ 交替出现，它们在时间上差 1 个采样周期 T。采用数字内插滤波方法，将

两序列符号统一变正，群延时对齐，即可分离出 $I(n)$ 和 $Q(n)$ 信号。图 3.91 示出了采用采样延时内插滤波器实现数字正交鉴相的原理方框图。

在实际应用中，A/D 变换器可用变换位数为 14 位、采样频率为 65 MHz 的 AD6644 来实现，数字内插滤波器可用专用 DSP 芯片 DDSP16256 来完成。这种数字内插滤波器法的一个突出优点是不需要数字压控振荡器(NCO)即能保证较高的精度和稳定性。在某些应用中，为了方便起见，将经过 A/D 变换器中频采样的数字信号 $s(nT)$ 直接送至接收机后续的数字信号处理器，由数字信号处理器完成内插滤波和 $I(n)$、$Q(n)$ 分离。

3.11.4　S 波段射频数字接收机

在现代雷达中，中频数字接收机的应用越来越普遍。但是，射频数字接收机由于受到 A/D 变换器时钟速率的限制，实际应用还较少。图 3.92 示出了一种典型的 S 波段数字接收机方框图。

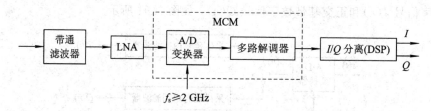

图 3.92　S 波段数字接收机方框图

从图 3.92 中可见，进入数字接收机的射频信号经过带通滤波器(BPF)和低噪声放大器(LNA)后，直接由 A/D 变换器进行射频采样，采样频率 $f_s \geqslant 2$ GHz。A/D 变换器是用砷化镓异质结双极化晶体管(GaAs Heterojunction Bipolar Transistor)构成的，采样速率高达 2.5 GHz。A/D 变换器是一种采用微组装技术的多芯片组装模块(MCM)，在 MCM 中还包括多路解调器(DEMUX)，如图 3.92 中虚线框所示。当射频采样时钟为 2.0 GHz 时，接收机的无虚假动态范围可达 43 dB，其 I/Q 分离是用数字信号处理器(DSP)完成的。

3.11.5　数字雷达系统

图 3.93 示出了典型的数字雷达系统原理方框图。图中除了发射功率放大器和数字信号相关处理器外，其余部分均由雷达接收机系统来完成。

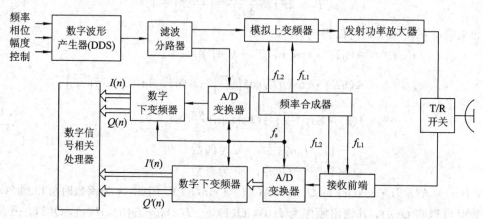

图 3.93　数字雷达系统原理方框图

在图 3.93 中，接收机为典型的二次变频中的数字接收机，它将经过接收前端（低噪声放大和二次变频）的中频信号直接进行 A/D 变换，随后进行数字下变频（数字下变频是数字正交鉴相的另一个名称），数字下变频产生的同相和正交数字基带信号 $I'(n)$ 和 $Q'(n)$ 送至数字信号相关处理器进行处理。

数字波形产生器的核心部分是直接数字频率合成器 DDS，它具有频率、相位和幅度的自适应控制能力，可以灵活地产生线性调频、非线性调频和相位编码等信号。数字波形产生器的输出 $I(n)$ 和 $Q(n)$ 经滤波分路器分为两路：一路经模拟上变频器后送至发射功率放大器；另一路经过 A/D 变换器和数字下变频器，恢复和重现数字基带信号 $I(n)$ 和 $Q(n)$。需要说明一下，这里恢复和重现的 $I(n)$ 和 $Q(n)$ 是发射基带信号的样本（复制品），它们与中频接收机输出的数字基带信号 $I'(n)$、$Q'(n)$ 一起送至数字信号相关处理器，完成自相关接收机的信号处理功能。频率合成器提供全机所需的全相参信号：第一本振（频率 f_{L1}）、第二本振（频率 f_{L2}）和时钟（频率 f_s）等。

数字信号相关处理器的核心是高速数字处理芯片（DSP），它主要有两个功能：第一个是对中频数字接收机送来的数字基带信号 $I'(n)$ 和 $Q'(n)$ 实现匹配滤波和各种信号处理功能，包括脉冲压缩、动目标显示（MTI）、动目标检测（MTD）等；第二个功能是对来自中频接收机的数字基带信号 $I'(n)$、$Q'(n)$ 与波形产生器送来的发射基带信号的样本数字基带信号 $I(n)$、$Q(n)$ 实现自相关处理。

3.12　数字阵列雷达接收机

数字阵列雷达（Digital Array Radar，DAR）是一种接收机和发射机都采用数字波束形成技术的全数字阵列雷达，它是数字雷达的主要类型。随着雷达的系统设计、先进的电子技术，尤其是超大规模数字电路、数字 T/R 模块、超高速数字信号处理芯片以及光纤传输技术等的飞速发展，开放式的数字雷达正在逐步替代常规的模拟雷达。

现代雷达面临严重的杂波背景和在多种有源干扰的环境中检测目标回波。数字阵列雷达的收发波束均以数字方式形成，能有效地抗射频干扰和各种杂波干扰。数字阵列雷达拥有许多模拟雷达不具备的优良性能：采用数字波束形成（DBF）技术形成收发波束，实时完成自适应波束形成；能灵活地产生多种形式的信号波形；实时信号处理器能以程控和软件化方式对多种形式信号进行实时处理；具有很强的开放性、可编程性和软件化功能；具有很好的通用性、互换性和可靠性。

3.12.1　数字阵列雷达的组成和基本原理

数字阵列雷达的基本结构框图如图 3.94 所示，其主要由数字 T/R 模块、数字波束形成器、信号处理器以及控制处理器等部分组成。雷达系统工作时，根据工作模式，控制处理器控制数字波束形成器在空间进行实时扫描，实现收发数字波束形成，信号处理器则完成实时信号处理。

在发射状态时，由数字控制处理器产生每个数字 T/R 模块（即每个有源天线阵元）的幅相控制字，对各个数字 T/R 模块的信号产生器进行控制，从而产生一定频率、相位和幅度的射频信号，并输出至对应的天线单元，最后由各阵元的辐射信号在空间合成所需的发射波束。

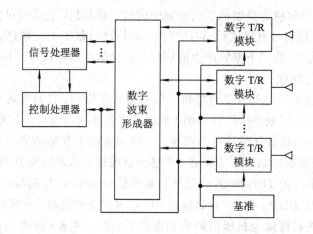

图 3.94　数字阵列雷达的基本结构框图

　　在系统接收时，每个数字 T/R 模块接收阵列天线各单元的微弱信号，通过下变频形成中频信号，再经中频直接进行 A/D 采样处理后输出数字 I、Q 回波信号。多路数字 T/R 模块输出的大量回波数据通过高速数据传输系统、数字波束形成器和信号处理器，完成自适应波束形成和软件化信号处理，如脉冲压缩、MTI、MTD 和 PD。

3.12.2　数字 T/R 模块

　　数字 T/R 模块是数字阵列雷达的核心部件。图 3.95 给出了数字阵列雷达 T/R 模块框图。模块的唯一模拟输入量是为系统所有 T/R 模块提供相干的基准本振（LO 基准）。因此，数字 T/R 模块是一个独立的、完整的发射机和接收机分系统，其功能类似于许多软件可编程的无线电结构的前端。发射通道由数字波形产生器、模拟上变频器和功率放大器组成；接收通道由限幅低噪声放大器（LNA）、模拟下变频器、A/D 变换器和数字预处理等部分组成。

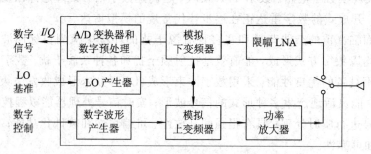

图 3.95　数字阵列雷达 T/R 模块框图

　　数字 T/R 模块又称为数字 T/R 组件，它能完成各种不同形式的发射信号的产生和转换，也能实现频率的转换。在发射通道，把数字信号转换为射频信号；在接收通道，把接收到的射频目标回波信号经下变频器后转换为中频回波信号，经 A/D 变换器和数字预处理输出 I、Q 基带数字信号。

　　图 3.96 示出了数字 T/R 组件组成原理方框图。图（a）、（b）分别为集中式频率源和分布式频率源数字 T/R 组件原理框图；图（c）为射频数字 T/R 组件原理框图。数字波形产生器用直接数字频率合成器（DDS）实现，能灵活地产生多种信号波形，具有频率、相位和幅度的自适应控制能力。数字 T/R 组件具有很高的移相精度，频率控制字为 16 位，相应的移相精度为 0.006°。数字 T/R 组件中的数字接收通道采用中频采样技术，输出的 I、Q 数字信号具有

很高的幅相精度,从而保证了后续数字信号处理器能实现高性能的信号处理功能。

数字 T/R 组件的收发通道是一个广义的概念,可以简单而方便地分成发射数字波束形成通道和接收数字波束形成通道。随着超大规模数字集成电路(特别是 DDS 技术等)的发展和 A/D 变换技术水平的不断提高,数字 T/R 组件的数字化程度、集成度和组件功能必将进一步提高,数字 T/R 组件与目前大量使用的射频 T/R 组件相比,其优点会更加突出,将会显示出越来越强的生命力。

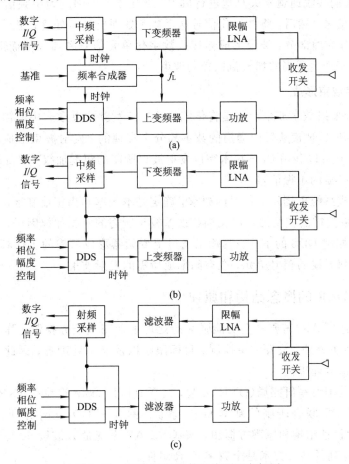

图 3.96 数字 T/R 组件组成原理方框图
(a) 集中式频率源数字 T/R 组件原理框图;(b) 分布式频率源数字 T/R 组件原理框图;
(c) 射频数字 T/R 组件原理图

3.12.3 数字波束形成

全数字化相控阵列雷达不仅接收波束形成以数字方式实现,而且发射波束形成同样以数字方式实现。数字波束形成技术充分利用阵列天线所获得的空间信息,通过信号处理技术使波束获得超分辨率和低旁瓣性能,并能实现波束的扫描、目标的跟踪以及空间干扰信号的置零,因而数字波束形成技术在雷达信号处理以及电子对抗系统中得到了广泛的应用。数字波束形成的基本原理是把阵列天线输出的信号进行 A/D 变换后送至数字波束形成器的处理单元,完成对多路信号的复加权处理,形成所需的波束信号。只要信号处理的速度足够快,就可以产生不同指向的波束。

1. 接收数字波束形成

接收数字波束形成就是在接收模式下以数字技术来形成接收波束。接收数字波束形成系统主要由天线单元、数字 T/R 模块的接收通道、A/D 变换器、数字波束形成器、控制器以及校正单元组成。

在 DAR 中，接收数字波束形成系统将空间分布的天线阵列各单元接收到的信号分别经过数字 T/R 模块的接收通道不失真地进行放大、下变频等处理变为中频信号，再经 A/D 变换器转变为数字信号。然后，将数字化信号送至数字处理器进行处理，形成多个不同指向的波束。数字处理分为两部分：波束形成器接收数字化单元信号和加权值而形成所需的波束；波束控制器则用于产生适当的加权值以控制波束。

2. 发射数字波束形成

在 DAR 中，发射数字波束形成是将传统的相控阵发射波束形成中所需的幅度加权和移相从射频部分移到 T/R 模块发射通道的数字部分来实现的。发射波束形成的核心是全数字化的 T/R 模块，它可以利用 DDS 技术完成发射波束所需的幅度加权、相位加权、波形产生，并产生上变频所必需的本振信号。

发射波束形成系统根据发射信号的要求，确定基本频率和幅相控制字，并考虑到低旁瓣的幅度加权、波束扫描的相位加权以及幅相误差校正所需的幅相加权因子，形成统一的频率和幅相控制字来控制 DDS 的工作。其输出通过上变频器形成所需的工作频率，再经过功率放大器后送至阵列天线的辐射单元，在空间形成所需的发射波束。

3.12.4 基本 DAR 的概念结构和原理

数字阵列雷达(DAR)需要一个功能强大的处理平台完成任务控制、阵列信号产生和接收、时序产生、校正处理、收发波束控制、目标跟踪以及显示处理等，因此必须采用一个总线结构的高性能信号处理机。

下面介绍由美国海军研究局(ONR)发起，由 MIIT/Lincoln 实验室、NRL/DC 海军研究实验室和 NSWC/DD 联合研制的基本 DAR 系统。图 3.97(a)、(b)分别给出了这个基本 DAR 系统的概念设计结构和原理方框图。该基本 DAR 系统是 L 波段 96 阵元的新型数字阵列雷达，其数字阵列的核心技术是全数字 T/R 组件。

在图 3.97(a)中，基本 DAR 系统主要由如下子系统组成：T/R 组件板，DBF 信号处理器，波形产生器及光纤链路和分配系统(图中未画出)。该 DAR 系统的大部分组成部件都是可以买到的商业成品(Commercial-Off-The-Shelf, COTS)。图 3.97(b)中的 COTS 信号处理器实际上包括 DBF 信号处理器和波形产生器两部分。波形产生器产生多种数字信号波形和控制字码，并提供一个 56 MHz 的基准时钟。在雷达工作期间，信号波形数据和 56 MHz 时钟分别由各自的单根光纤传输并直通阵列结构上的一个光纤分布网络。光纤分布网络中有 12 根光纤，每根光纤输出到由 8 个数字 T/R 单元组成的 8 阵元 T/R 模块。图 3.97(b)的虚线方框为数字 T/R 模块单元的电路结构。发射通道由 D/A 变换器(DAC)、上变频器和功率放大器组成；接收通道包括限幅低噪声放大器、下变频器以及 A/D 变换器(ADC)等。此外，数字部分则包括 FPGA、串行器和解串行器等。在单个天线单元后面接有 T/R 开关和接收机保护器。来自每个天线单元的回波信号经低噪声放大器、下变频器和 A/D 变换器进行中频直接采样，转换为 I/Q 数字信号经光纤链路传送至 COTS 信号处理器。

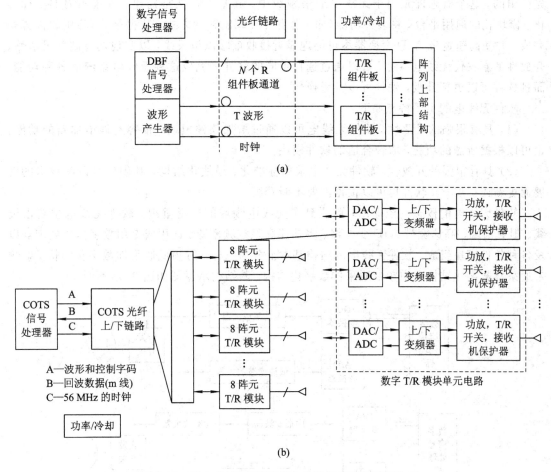

(a)

(b)

图 3.97 基本 DAR 系统的概念设计结构和原理方框图

表 3.5 列出了该数字阵列雷达 T/R 模块的性能技术参数。

表 3.5 数字阵列雷达 T/R 模块的性能技术参数

参 数	数 值
频率	1215～1400 MHz
峰值/平均功率	50/5W 级的耦合，C 类(末级)
模块效率	>25%
带宽	≤10 MHz
噪声系数	4 dB
前端动态范围	带宽为 1 MHz 时，为 85 dB
相位噪声(CW 模式)	频偏为 100 Hz 时，为 −110 dBc/Hz

3.13 软件无线电在雷达接收机中的应用

3.13.1 软件无线电的基本结构

软件无线电(Soft Ware Radio)的概念是 20 世纪 90 年代 MILTRE 公司的 J. Mitola 首

先提出的，这个概念首先用于无线电通信领域中，其基本含义是构建一个有开放性、标准化、模块化的通用平台，将多种功能（如工作频率、调制解调方式、数据格式等）用软件方式完成，并使高速宽带 A/D 变换器尽可能地靠近接收前端以至天线，以实现具有高度灵活性、开放性的新一代无线电系统。可以通过选择不同的软件来完成这种无线电系统的各种功能，而且软件可以更新升级，硬件可以升级换代。

软件无线电的主要特点如下：

（1）具有很强的灵活性。软件无线电可以通过增加软件模块，很容易地增加新的功能，也可以根据所需的功能，取舍合适的软件模块。

（2）具有很强的开放性。软件无线电采用标准化、模块化结构，其硬件可以随技术的发展而更新或扩展，其软件也可以根据需要不断升级。

软件无线电的概念一经提出，就受到了无线电领域的广泛重视。软件无线电主要由天线、射频前端、高速宽带 A/D 变换器、多功能高稳定频率源、通用或专用数字信号处理器以及各种软件模块组成。软件无线电的结构基本上分为三种：射频低通采样数字化结构，射频带通采样数字化结构和中频带通采样数字化结构。其结构示意图如图 3.98 所示。

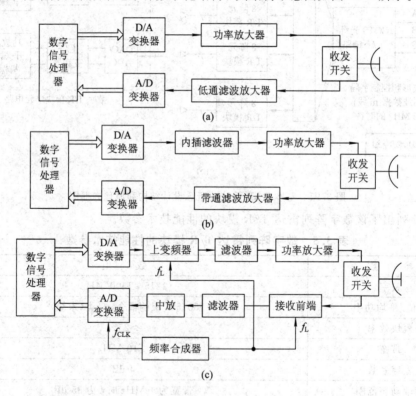

图 3.98　软件无线电结构示意图

（a）射频低通采样数字化结构示意图；（b）射频带通采样数字化结构示意图；
（c）中频带通采样数字化结构示意图

图 3.98（a）为射频低通采样数字化结构。从天线进来的信号经过低通滤波放大器后就直接送至 A/D 变换器进行数字化采样，这种结构不但对 A/D 变换器的采样速率、工作带宽、动态范围等要求非常高，而且对后续 DSP（或 ASIC、FPGA 等）处理速度的要求也特别高，因为射频低通采样的采样速率至少是射频工作带宽的两倍。例如，在 1 MHz～1 GHz 工作的

软件无线电接收机，其采样速率至少需要 2 GHz。这样高的采样速率，无论对 A/D 变换器还是对数字信号处理器都是极为困难的。

　　图 3.98(b)所示的射频带通采样数字化结构可以避免上述射频低通采样数字化结构对 A/D 变换器和数字信号处理器的苛刻要求。射频带通采样数字化结构对 A/D 变换器采样速率的要求只是信号带宽的两倍，从而大大降低了技术实现的难度。

　　图 3.98(c)为中频带通采样数字化结构，这是目前常用的软件无线电结构，通常称为中频数字接收机。在实际应用中，它一般都采用多次变频的超外差制。这种软件无线电是这三种结构中最容易实现的，也是应用效果最好的。由于在中频进行采样，因此对器件的要求降低了许多。但是这种结构离理想的软件无线电结构相差甚远，它的可扩展性、灵活性较差。随着高速、超高速 A/D 变换器和高性能数字处理芯片的发展，射频带通采样数字化软件无线电结构的应用将会越来越普遍。

3.13.2　软件雷达发射机和接收机

　　如前所述，软件无线电结构具有开放性、标准化、模块化的通用平台，将各种功能用软件来实现，并使高速宽带的 A/D 变换器尽可能地靠近接收前端以至天线，可形成具有高度灵活性、开放性的新一代无线电系统。因此，自从软件无线电结构问世以来，不仅在通信系统中得到了广泛应用，而且在电子战和雷达系统中受到了越来越多的关注。

　　图 3.99 示出了软件雷达系统原理方框图。图 3.99(a)是典型的软件雷达系统结构。图中除模拟上变频器、发射功率放大器和 T/R 开关外，其他部分都采用标准化、模块化的数字组件，将各种功能用软件来实现。例如，数字波形产生器用 DSP 芯片加软件来产生各种信号波形，并实现频率、相位和幅度调制；数字信号相关处理器用高速、超高速 DSP 芯片加多种处理软件来实现信号的匹配滤波处理，完成相关接收功能等。图 3.99(b)为软件雷达系统的另一种结构，与图(a)相比，不同之处是数字波形产生器输出的同相数字信号 $I(n)$ 和正交数字信号 $Q(n)$ 不经过数字上变频器、D/A 变换器、滤波分路器、A/D 变换器和数字下变频器，而是直接通过分路器将发射样本 $I(n)$ 和 $Q(n)$ 送至数字信号相关处理器，从而简化了系统结构。

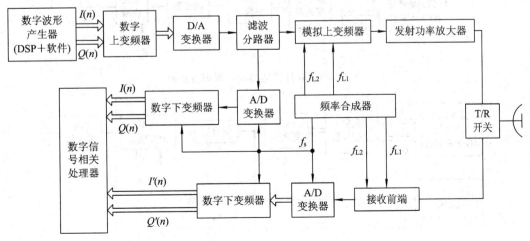

(a)

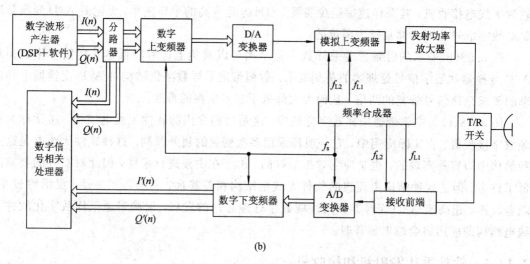

(b)

图 3.99　软件雷达系统原理方框图

图 3.100 和图 3.101 分别示出了软件雷达接收机和发射机原理方框图。从图 3.100 和图 3.101 中可以看出，软件雷达接收机和软件雷达发射机的核心部分都是用数字信号处理芯片加软件来实现的。例如，发射波形的产生和接收回波信号的数字正交鉴相等功能采用标准化、模块化的通用平台和软件来实现；数字信号相关处理器则采用通用或专用的 DSP 加软件来完成。随着 A/D 变换器和 D/A 变换器工作频率和采样速率的提高，这种通用平台的处理方法将越来越靠近天线。此外，由于 DDS 的广泛应用及其性能（如时钟频率可达 $1 \sim 2$ GHz）的不断提高，软件雷达发射机的波形产生过程中 DSP 加软件、数字上变频器及 D/A 变换器的功能在绝大多数情况下都可以直接用 DDS 来完成。随着超高速 DSP 芯片并行处理技术的不断发展，软件雷达接收机的数字信号相关处理器的功能也可以用通用的多片运行的信号处理平台加软件来实现。

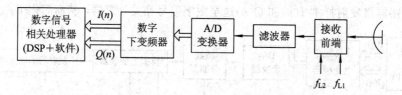

图 3.100　软件雷达接收机原理方框图

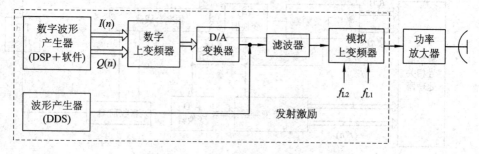

图 3.101　软件雷达发射机原理方框图

参 考 文 献

[1]　SKOLNIK M I. Radar Handbook. 2nd ed. New York：McGraw-Hill，1990.

[2]　西北电讯工程学院. 雷达系统. 北京：国防工业出版社，1983.

[3]　雷达系统编写小组. 雷达系统. 北京：国防工业出版社，2002.

[4]　丁鹭飞，耿富禄. 雷达原理. 3 版. 西安：西安电子科技大学出版社，1980.

[5]　雷达接收设备编写组. 雷达接收设备(上、下册). 北京：国防工业出版社，1979.

[6]　弋稳. 雷达接收机技术. 北京：电子工业出版社，2005.

[7]　张明友，汪学刚. 雷达系统. 2 版. 北京：电子工业出版社，2006.

[8]　SKOLNIK M L. 雷达系统导论. 3 版. 左群声，等译. 北京：电子工业出版社，2006.

[9]　费元春，苏广川，米红，等. 宽频带雷达信号产生技术. 北京：电子工业出版社，2002.

[10]　耿富禄. 现代模拟信号处理技术及其应用. 北京：国防工业出版社，1990.

[11]　TSUI J B. Digital Techniques for Wideband Receivers. 2nd ed. London：Artech House，2001.

[12]　杨小牛，等. 软件无线电原理及其应用. 北京：电子工业出版社，2001.

[13]　费元春，等. 微波固态频率源理论、设计、应用. 北京：国防工业出版社，1994.

[14]　费元春，等. 基于 DDS 的宽带雷达信号综合方法研究. 第二届 DDS 技术与应用研讨会会议论文，2001.

[15]　张卫红. DDS 技术在频率合成器中的应用. 第二届 DDS 技术与应用研讨会会议论文，2001.

[16]　靳学明，等. 一种基于 DDS 的通用雷达波形发生器研究. 第二届 DDS 技术与应用研讨会会议论文，2001.

[17]　李浩模. 单片集成电路 T/R 组件. 现代雷达，1993(2).

[18]　郑生华，等. 一种新颖的低通控制特性的 AFC 系统. 现代雷达，2001(6).

[19]　宋千，等. 宽带线性调频雷达数字去调频直接采样技术. 现代雷达，2001(6).

[20]　蔡德林，等. 雷达数字接收机实现. 第八届全国雷达学术会议论文，2002.

[21]　邝燕. 一种新的中频采样和数字正交器的实现方法. 第八届全国雷达学术会议会议论文，2002.

[22]　吴运斌. 数字接收机设计. 现代雷达，1996(3).

[23]　程焰平. 一种 X 波段小型高频接收机的设计. 现代雷达，2000(1).

[24]　张光义. 相控阵雷达系统. 北京：国防工业出版社，1994.

[25]　郦能敬. 预警机系统导论. 北京：国防工业出版社，1998.

第4章 雷达终端

4.1 概　述

　　雷达接收机将天线接收到的微弱目标回波信号经射频放大器、混频器、中频放大器、检波器及信号处理机后，还需要将回波中有关目标的信息与情报，经必要的加工处理后在显示器上以直观的形式展示给雷达操作人员，这些功能由雷达终端来实现。

　　雷达终端的基本任务包括：目标数据的录取、数据处理及目标状态信息的显示。雷达终端的典型组成框图如图4.1所示。

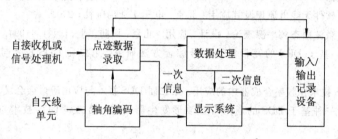

图 4.1　雷达终端的典型组成框图

　　图4.1中，点迹数据录取用于实现对来自接收机或信号处理机的雷达目标回波的确认，并提取其仰角、方位角、距离、速度等信息；数据处理完成目标数据的关联、航迹处理、数据滤波等功能，实现对目标的连续跟踪；轴角编码完成天线瞬时指向角的提取及其坐标系的转换；显示系统完成目标的位置、运动状态、特征参数及空情态势等信息的显示；输入/输出记录设备完成人工干预，参数设定，目标录取，一次信息及二次信息的存储、记录、打印等功能。

　　对于常规的警戒雷达和引导雷达，雷达终端的任务是发现目标，测定目标的位置坐标，有时还需要根据目标回波的特点及其变化规律来判别目标的性质（如机型、架次等），供指挥员全面掌握空情。在现代预警雷达和精密跟踪雷达中，通常采用数字式自动录取设备，在搜索状态发现和截获目标，在跟踪状态监视目标运动规律并监视雷达系统的工作状态。

　　在指挥控制系统中，雷达终端设备除了显示情报外，还包括综合显示及指挥控制显示。综合显示是把多部雷达构成的雷达网的情报综合在一起，经过坐标变换、归一化处理、目标数据融合等处理，给指挥员形成一幅敌我情况动态形式的图像和数据。指挥控制显示还需要在综合显示的基础上加上己方的指挥命令显示。

　　雷达显示画面的坐标系通常分为极坐标和直角坐标两种方式。根据显示的坐标参数数量，可分为一维显示、二维显示及三维显示。一维显示又称距离显示，采用偏转调制。其基本类型有A型显示和J型显示。A型显示的标尺若为扩展型，称为R型显示。此外，还有K型、L型、M型、N型等，它们都是A型的变型。二维显示采用亮度调制，能够显示目标的两个坐标信息。其基本类型有极坐标的P型显示和直角坐标的B型显示。在二者基础上演变而来的还有C型、E型、F型、G型。三维显示是在一个荧光屏上显示目标的三个坐标信息，

D 型、H 型和 I 型可显示粗略的三维空间信息。仰角位置显示（EPI）是三坐标显示的一种，它用水平轴表示距离，垂直轴分成两段，分别表示方位和仰角，形成 B 型和 E 型两种显示。

雷达终端采用的显示器件有两大类：阴极射线管（CRT）和平板显示器件。阴极射线管包括静电偏转 CRT 和磁偏转 CRT；平板显示器件包括液晶显示板（LCD）和等离子显示板（PDP）等。由于平板显示器具有体积小、重量轻、功耗低、可靠性高、寿命长、显示信息容量大、显示质量好等诸多优点，因此目前在雷达终端设备中平板显示器已基本上取代了传统的阴极射线管显示器。

终端显示器可以采用多种扫描方式工作。对传统雷达显示器，有直线扫描方式、径向扫描方式及圆周扫描方式；对现代雷达显示器，有随机扫描显示方式和光栅扫描显示方式。

按需要显示的信息种类，可将雷达终端设备分为一次信息显示和二次信息显示。传统的雷达终端设备主要用来显示雷达接收机直接输出的目标回波原始视频图像或经过信号处理的雷达视频图像，包括目标的距离、方位、仰角、高度、位置等，称为雷达的一次信息显示。一次信息显示以模拟显示形式为主。随着数字技术的发展以及雷达系统本身功能的扩展，现代雷达的终端显示除了显示雷达回波的原始图像以外，还要显示经过计算机加工处理（数据处理）后的雷达回波数据信息或综合视频信息，如目标的高度、速度、航向、航迹、架次、机型、批次、敌我属性、空情态势、综合信息以及人工对雷达进行操作和控制的标志和数据等人机交互信息，称为雷达的二次信息显示。二次信息显示以数字显示形式为主。现代雷达中，一个显示器可以同时具备这两种显示功能，或采用多个显示器显示更多的雷达回波信息。

4.2　雷达信息显示

雷达终端中的显示设备是雷达系统人机交互的一个重要接口，能够实现目标的位置、运动状态、特征参数及空情态势等信息的直观展示。随着雷达技术的不断发展，雷达信息显示由功能单一的专用显示发展到功能复用的多功能显示，雷达显示设备也经历了由单色 CRT 模拟显示、彩色 CRT 模拟显示到彩色平板式数字显示的技术变革，显示器的扫描方式也经历了由 CRT 显示器的电子束随机扫描、光栅扫描到平板显示器的像素行列地址扫描的变化，使得雷达显示由起初的笨重、单一、低质量单色显示发展到一个轻巧、多功能、高质量彩色显示的技术阶段。

4.2.1　雷达信息显示的类型及质量指标

1. 雷达信息显示的主要类型

早期的雷达中，每种信息显示一般都对应着一种特定的显示器，因此人们习惯上将某种信息显示称为某种显示器，如显示距离信息的称为距离显示器；而现代雷达中，可用来显示信息的显示技术发生了根本的变化，理论上能够采用单个显示器实现所有不同类型的信息显示功能，信息显示类型与显示器已不存在早期的一一对应关系。

根据所显示的目标参数、画面形式的不同，雷达信息显示有十几种不同的形式，每种都对应着不同的用途。最具代表性和最常用的雷达信息显示形式为距离显示（A 型、A/R 型）、平面位置显示（P 型、B 型）、高度显示（E 型）、情况显示及多功能显示等，以下仅介绍这几种显示方式。

1) 距离显示

雷达距离显示属于一次信息显示,为一维显示方式(距离维)。其画面表现方式为:用屏幕上光点距参考点的水平偏移量表示目标的斜距,光点的垂直偏转幅度表示目标回波的强度。

常用的距离显示有以下三种类型,其显示画面示意图如图 4.2 所示。

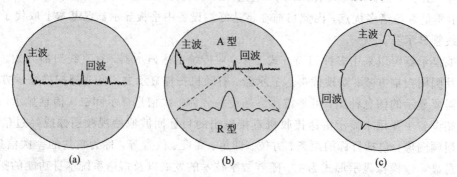

图 4.2　三种距离显示画面
(a) A 型;(b) A/R 型;(c) J 型

(1) A 型显示:简称 A 显,采用直线扫描方式。扫描线起点与发射脉冲同步,扫描线长度与雷达距离量程相对应,主波与回波之间的扫描线长度代表目标的斜距。

(2) A/R 型显示:为 A 型的改进形式,采用双踪直线扫描方式。上面一条扫描线和 A 型显示相同,下面一条扫描线是上面一条扫描线的局部扩展,用于提供目标回波更多的细节,提高人工距离录取精度。

(3) J 型显示:采用圆周扫描方式。与 A 型相似,所不同的是把扫描线由直线变为圆周。扫描圆周长对应雷达的距离量程,主波与回波沿顺时针方向的扫掠弧线长度对应目标的斜距。由于扫描圆周长一般大于屏幕直径,因此其距离显示精度高于 A 型显示。

距离显示除以上三种常用形式外还有 K 型、L 型、M 型及 N 型等多种形式。

2) 平面位置显示

平面位置显示属于一次信息显示,为二维显示方式(距离-方位维)。其画面表现方式为:屏幕上光点的位置表示目标的水平面位置坐标,光点的亮度表示目标回波的强度。平面显示器属于亮度调制显示器。

平面位置显示能够提供平面范围的目标分布情况,是使用最广泛的雷达显示形式。人工录取目标坐标时,通常是在平面位置显示器上进行的。常用的平面位置显示有以下三种类型,其显示画面示意图如图 4.3 所示。

(1) 平面位置显示(Plan Position Indicator,PPI)或 P 型显示:简称 P 显。P 显采用径向扫描极坐标显示方式,以雷达站作为圆心(零距离),以正北作为方位角基准(零方位角),以径向扫描线方向为目标方位,沿顺时针方向度量,以圆心为距离基准,以半径长度为距离量程,以光点距圆心的距离为目标斜距,沿半径度量。光点大小对应目标尺寸,亮度对应目标强度。图中画面中心部分的大片亮斑是近区的固定地物杂波回波形成的,较远的小亮弧则是运动目标,大的亮点是固定目标。

P 显的画面分布情况与通用的平面地图是一致的,提供了 360°范围内平面上的全部信息,所以 P 显也称为全景显示或环视显示。

(2) 偏心 PPI 型显示:简称偏心 P 显。P 显在必要时可以移动原点,使其偏离荧光屏几

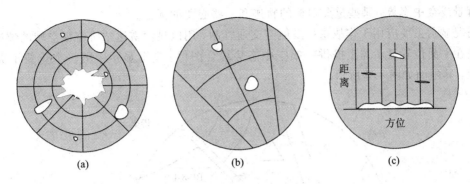

图 4.3　三种平面位置显示画面

(a) P 显；(b) 偏心 P 显；(c) B 显

何中心，以便在给定方向上得到最大的扫描扩展。利用偏心 P 显，可以提高人工录取时的方位和距离测量精度。

（3）B 型显示：简称 B 显。平面显示器也可以用直角坐标方式来显示距离和方位，用横坐标表示方位，用纵坐标表示距离，这种显示器为 B 型显示器。通常横坐标不是取全方位，而是取雷达所监视的一个较小的方位范围。若距离也不是全距离量程，则称为微 B 型显示，用于观察某一距离范围内的目标情况。

3）高度显示

高度显示属于一次信息显示，为二维显示方式（距离-仰角维或距离-高度维）。在测高雷达和地形跟踪雷达中通常称为 E 型显示。其画面表现方式为：用平面上光点的横坐标表示距离，纵坐标表示目标仰角或高度。与 B 显配合，可实现目标的三维显示。高度显示主要有 E 型和 RHI 型两种形式，其显示画面示意图如图 4.4 所示。

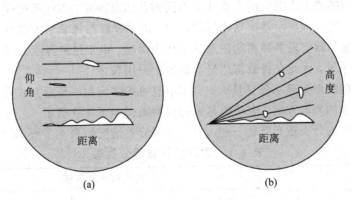

图 4.4　两种高度显示画面

(a) E 型；(b) RHI 型

（1）E 型显示：用屏面上光点的横坐标表示距离，纵坐标表示仰角，主要应用于测高雷达。

（2）RHI 型显示：用屏面上光点的横坐标表示距离，纵坐标表示高度，主要应用于精密跟踪雷达。

4）情况显示

情况显示集一、二次信息显示为一体，为二维显示方式。其画面表现形式基于 P 显。画面上除了可以显示原始雷达图像外，还显示加注符号、字母、数字等信息的目标数据，地面地图背景或空中态势，某些重要目标的轨迹和一些必要的标记。

情况显示主要应用于作战指挥及航空交通管制，用以显示雷达站所监视空域的情况。其作用是在平面位置显示器上提供一幅空中态势综合图像。情况显示中的一个重要子类是综合显示，其画面如图 4.5 所示。

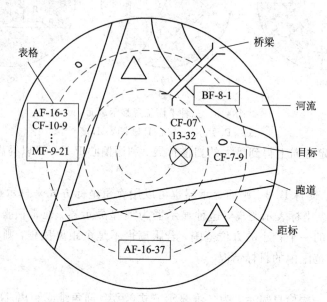

图 4.5　情况显示画面

5) 多功能显示

多功能显示在同一显示屏幕上分窗口或叠加显示多种雷达信息画面及雷达工作状态指示，或在单个显示屏幕上以时分的方式显示不同雷达信息画面、雷达系统或飞行(航行)平台的运行状态，是光栅扫描显示器出现之后的产物。由于光栅扫描显示方式具有通用性及灵活性，因此用单个显示器实现多种雷达信息显示成为可能。由于这种显示方式可以显著减小显示系统的体积及重量，因此在机载雷达显示系统中采用较多。

多功能显示的特点是显示信息量大，显示信息可按需定制，显示方式灵活多样，是目前雷达信息显示技术的发展方向。多功能显示的典型画面如图 4.6 所示。

雷达信息显示的分类还有其他一些方式，常用分类情况如表 4.1 所示。

表 4.1　雷达信息显示分类表

按扫描方式	按显示坐标数目		
	一维	二维	三维(粗略)
直线扫描	A，A/R，K，L，M，N	B，E，微 B，C，F，G	H，D
圆周扫描	J		
径向扫描		P	I

2. 雷达信息显示的质量指标

每种信息显示效果最终都将通过显示器来体现，因此，信息显示的质量指标与显示器件密不可分。

雷达信息显示的质量指标要求主要取决于雷达的战术和技术参数，通常有以下几点：

(1) 信息显示的类型。信息显示类型的选择主要根据需要显示的任务和显示的内容决

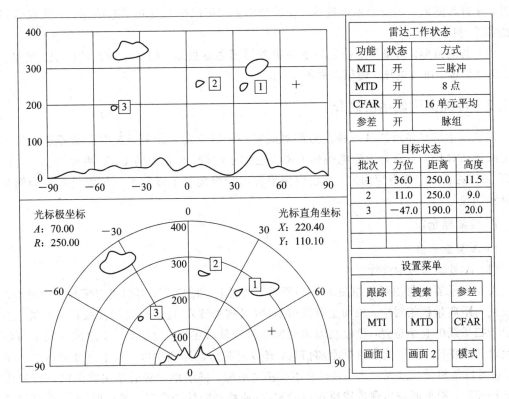

图 4.6　多功能显示画面

定。例如，显示目标斜距采用 A 型、J 型或 A/R 型，显示距离和方位采用 P 型，测高和地形跟踪采用 E 型等。

（2）显示的目标坐标数量、种类和量程。这些指标参数主要根据雷达的用途和战术指标来确定。

（3）对目标坐标的分辨力。这是指显示器画面上对两个相邻目标的分辨能力。光点的直径和形状将直接影响对目标的分辨力，性能良好的示波管的光点直径一般为 0.3～0.5 mm。此外，分辨力还与目标距离远近、天线波束的半功率宽度和雷达发射脉冲宽度等参数有关。

（4）显示的亮度和对比度。亮度是指画面的明亮程度，单位是坎德拉/米²（cd/m²）或称尼特（nits）；对比度是指图像亮度和背景亮度的相对比值，定义为

$$对比度 = \frac{图像亮度 - 背景亮度}{背景亮度} \times 100\%$$

亮度并不是越高越好，显示画面过亮容易引起视觉疲劳，同时也使纯黑与纯白的对比降低，影响色阶和灰阶的表现。此外，亮度的均匀性也非常重要。对比度对视觉效果的影响非常关键，一般来说，对比度越大，图像越清晰醒目，色彩也越鲜明艳丽。对比度的大小直接影响目标的发现和图像的显示质量，一般要求在 200% 以上。

（5）图像重显频率（刷新频率）。CRT 显示器屏幕上的图像是由一个个因电子束击打而发光的荧光点组成的，由于显像管内荧光粉受到电子束击打后发光的时间很短，所以电子束必须不断击打荧光粉使其持续发光。为了使图像画面不出现闪烁，要求击打频率（即图像刷新的频率）必须达到一定数值。刷新频率的门限值与图像的亮度、环境亮度、对比度和荧光屏的余辉时间等因素有关，一般要求大于每秒 20～30 次。

（6）显示图像的失真和误差。有很多因素使图像产生失真和误差，如扫描电路的非线性

失真，字符和图像位置配合不准确等。在设计中要根据产生失真和误差的原因，采取适当的补偿和改善措施。

（7）其他指标。衡量雷达信息显示的质量指标还有很多，如显示器件的体积、重量、功耗、工作温度、电源电压、使用寿命等。

4.2.2 传统雷达显示器简介

传统雷达信息显示的每一种类型都对应着一个特定的显示器，这类显示器通常采用阴极射线管(CRT)，主要分为静电偏转 CRT(也称示波管)与磁偏转 CRT 两种类型。这两种 CRT 在雷达显示中都有应用。下面以应用最普遍的距离显示器及平面位置显示器为例介绍其显示原理。

1. 距离显示器

1）A 型显示器

（1）A 显画面与示波管。

A 型显示器的典型画面如图 4.7(a)所示。画面上，时基或距离扫描与探测脉冲同步，时基长度与距离量程相对应。画面上有发射脉冲(又称主波)、近区地物回波及目标回波。主波显示于扫描线的起始位置，接收机输出的回波信号显示在主波之后，二者之间的间距与回波滞后时间成正比。为了读取目标距离信息，还要有相应的距离刻度。这个刻度可以是电子式的，也可以是机械刻度尺。此外，通常还有移动距标。移动距标滞后于主波的时间可以由人工进行控制。根据回波出现位置所对应的刻度(或移动距标滞后于主波的时间)，就可以读出目标的距离。

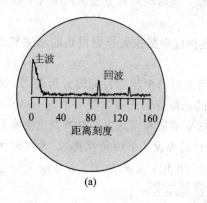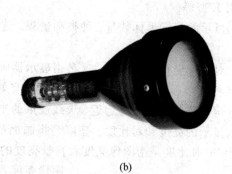

图 4.7　A 型显示器

(a) A 显画面；(b) 示波管

A 型显示器的优点是：结构简单；能在荧光屏上直接观察回波信号和噪声的形状；能在较小信噪比的情况下从噪声中辨认出目标信号；易于根据信号的强弱变化情况判断目标的性质；对目标的距离分辨力优于亮度调制的显示器；易于把移动标志对准回波前沿，测距精度高。A 型显示器的缺点是同一时间内只能观测一个方向上的目标。

传统的 A 型显示器通常采用短、中余辉的静电偏转示波管，如图 4.7(b)所示。图 4.8 给出了示波管各极的信号波形及其与时间的对应关系。要使电子束从左到右均匀扫掠，在一对 X 偏转板上应加入锯齿电压波。为了增大扫掠振幅，避免扫掠过程中偏转板中心电位变化引起的散焦，通常在 X 偏转板上加入推挽式的锯齿波。回波信号加在一个 Y 偏转板上，显示器上回波滞后主波的水平距离与目标的斜距成正比。

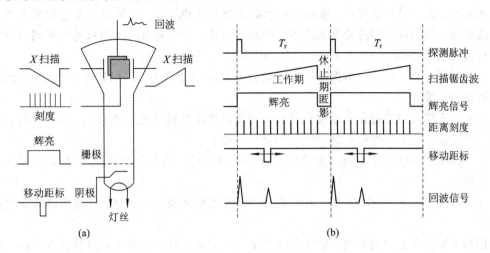

图 4.8　A 型显示器各极的信号波形及其与时间的关系

(a) 示波管各极波形；(b) 波形与时间的关系

距离刻度波可加在另一 Y 偏转板上。如果刻度脉冲极性与回波极性相同，则在画面上将形成与回波相反偏转的刻度图像。移动距标通常以增辉的短线表示，它的波形加在示波管的阴极(负极性脉冲)或栅极(正极性脉冲)上。在移动距标脉冲出现瞬间，电子枪发射的电子束强度增加，从而使扫描线上某一点或某一段亮度加强。通常，显示器只在工作期(相应于雷达探测距离的范围内)显示雷达信号，休止期则匿影。所以应在栅极或阴极加入辉亮信号，使工作期电子枪有电子束发射，而在休止期电子枪无电子束发射，使匿影期不显示信号。

(2) A 型显示器的组成。

A 型显示器组成方框图如图 4.9 所示，主要包括以下几部分：

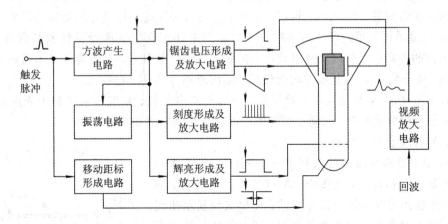

图 4.9　A 型显示器组成方框图

① 扫描形成电路：主要由方波产生电路、锯齿电压形成及放大电路组成。

扫描形成电路的任务是产生锯齿电压波并加在示波管水平偏转板上，使电子束从左至右均匀扫掠，从而形成水平扫描线。关于扫描线，有几个重要参数需要考虑：

·扫描线长度 L：指位于屏幕中间的水平扫描线的长度。为使用方便，通常使其为屏幕直径的 80%。设 D 为屏幕直径，则扫描线长度一般为

$$L = 0.8 \times D$$

• 距离量程：其意义是扫描线长度 L 所对应的实际距离长度。最大量程对应雷达的最大作用距离。为了便于观察，一般距离显示器都设有几种量程，分别对应雷达探测范围内的某一段距离。用相同的扫掠长度表示不同的距离量程，意味着电子束扫掠速度不同或者说锯齿电压波的斜率不同，一般 L 对应的实际距离正比于水平扫描时间。

• 扫描线性度：正程扫描锯齿电压波应具有良好的线性度，以保证距离刻度的均匀性，获得较高的测距精度。

此外，还要求扫描锯齿电压波有足够的幅度以满足偏转系统的要求，扫掠电压的起点要稳定，扫描锯齿电压波的恢复期（即回程）要尽可能地短。

② 视频放大电路：其功能是把接收机检波器输出的回波信号放大到显示器 Y 偏转板所需要的电平。

③ 移动距标、刻度形成电路：由振荡电路、刻度形成及放大电路、移动距标形成电路等组成。

用移动距标测量目标距离，就要设法产生一个相对主波延迟可变的脉冲作为距标。调节距标的延迟时间（并能精确读出），使距标移动到回波的位置上，就可根据距标滞后主波的时间计算出目标的距离。

2）A/R 型显示器

在 A 型显示器上，可以采用人工录取距离数据。人工录取时，操作人员通过控制移动距标的位置去对准目标回波，然后根据控制元件的参量（电压或轴角）而算得目标的距离数据。由于人的固有惯性，在测量中不可能做到使移动距标与目标完全重合，它们之间总会有一定的误差，这个误差称为重合误差。对于不同的量程，重合误差对应的距离误差是不同的。例如，A 型显示器的扫描线长度为 100 mm，重合误差为 1 mm，是量程的 1%。当其量程为 100 km 时，由重合误差引起的距离误差为 1 km。如果量程为 1 km，则引起的距离误差只有 10 m。但减小量程后，不能达到有效监视雷达距离全程的目的。

在实际中常常既要能观察全程信息，又要能对所选择的目标进行较精确的测距，这时只用一个 A 型显示器很难兼顾。如果加一个显示器来详细观察被选择目标及其附近的情况，则该显示器的距离量程可以选择得较小。这个仅显示全程中一部分距离的显示器通常称为 R 型显示器。由于它和 A 型显示器配合使用，因而统称为 A/R 型显示器。

实际中采用的 A/R 型显示器通常是一个包含双电子枪、双偏转系统和荧光屏的复合示波管，简称为双枪示波管，在同一荧光屏画面上有两条距离扫描线。

（1）A/R 型显示器画面。

A/R 型显示器画面如图 4.10 所示。画面上方是 A 扫描线，下方是 R 扫描线。在图中，A 扫描线显示出发射脉冲、近区地物回波以及两个目标回波；R 扫描线显示出近距目标回波及其附近一段距离的情况，还显示出精移动距标。精移动距标以两个亮点的形式夹住了近距目标回波。通常在 R 扫描线上所显示的那一段距离在 A 扫掠线上以缺口、加亮或其他方式显示出来，以便操作人员观测。

（2）A/R 型显示器的组成。

A/R 型显示器由两个独立的扫描通道组成，每一通道的基本结构都与图 4.9 类似，只是需要产生的扫描驱动信

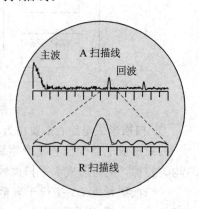

图 4.10　A/R 型显示器画面

号以及移动距标信号不同。在 A/R 型显示器中，两个通道是协同工作的。R 显示区通常只显示 A 显示区中一小段距离上的信息，它们之间有严格的时间关系。

下面以 A 显满量程 60 km，R 显满量程 2 km 的 A/R 型显示器为例来说明其工作原理。其原理框图构成及关键点波形如图 4.11 所示。

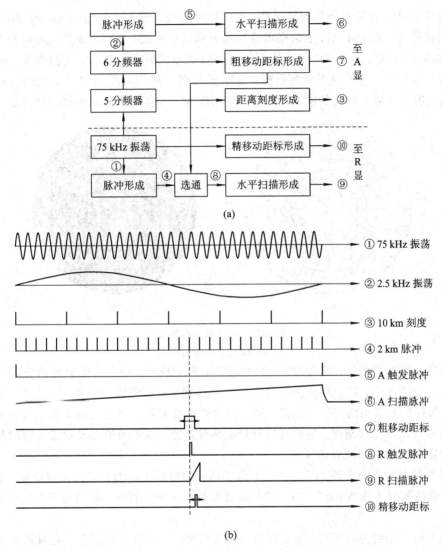

图 4.11　A/R 型显示器原理框图及关键点波形

(a) 系统构成；(b) 各点波形关系图

① 扫描形成。

· 基准时钟源：75 kHz 晶振。

· A 扫描线：量程 60 km，对应扫描频率为 2.5 kHz(＝75 kHz/5/6)。

· R 扫描线：量程 2 km，对应扫描频率为 75 kHz。

② 距标形成。

· A 显：10 km 刻度时，对应扫描频率为 15 kHz＝75 kHz/5。粗移动距标，对 2.5 kHz 振荡移相，产生 0～60 km 范围的可调移动距标。

· R 显：精移动距标，对 75 kHz 移相，产生 0～2 km 范围的可调精移动距标脉冲。

图 4.11(a)中各个关键点的信号波形如图 4.11(b)所示。

A/R 型显示器只能显示目标的距离坐标，不能观察到目标方位等全貌。因此往往需要和其他类型显示器配合使用。

2. 平面位置显示器

平面位置显示器又称为 P 型显示器，它以极坐标的方式表示目标的斜距和方位。其屏幕中心表示雷达所在地，荧光屏上的亮点或亮弧表示目标回波，属亮度调制。典型的 P 型显示器画面如图 4.12 所示，光点由中心沿半径向外扫描形成距离扫描，距离扫描线与天线同步旋转形成方位扫描。为了便于观测目标，显示器画面一般均有距离和方位上的机械或电刻度。距离刻度是一簇等间距的同心圆，而方位刻度为一簇等角度间隔的辐射状线段。

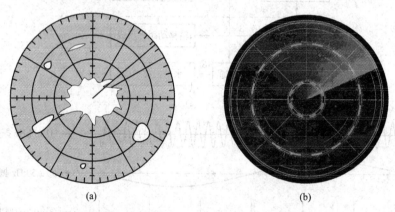

　　　　　　　　　(a)　　　　　　　　　　　　　　　　　　(b)

图 4.12　P 型显示器画面
（a）示意图；（b）实际画面

P 型显示器的优点是：显示的雷达回波直观，易于理解。缺点是极坐标的方位分辨力随着距离的变小而下降；长余辉使得识别目标性质的能力有所降低，测量快速运动目标不够准确；由于目标信号在画面上呈一圆弧，使方位角测量精度和分辨力受到限制。这种显示通常只用于搜索警戒和作战指挥。为提高显示精度和分辨力，可采用偏心显示法或延时起点扫描法将某个区域的雷达图像放大显示。

由于 P 型显示器所观测的空域很大，为了尽可能得到较好的分辨力和清晰度，常采用聚焦好、亮度高的磁式偏转 CRT。为了能同时观察整个空域的目标，必须采用长余辉管及亮度调制方式。

根据方位扫描的方式不同，平面位置显示器(PPI)主要有两种类型：动圈式平面位置显示器和定圈式平面位置显示器。

1）动圈式 PPI

动圈式平面位置显示器的方位扫描是靠偏转线圈与天线同步旋转来实现的，这种显示器的优点是电路结构简单，因此在常规雷达中得到了广泛应用。偏转线圈与天线同步旋转需要一套随动系统，而且传动机构比较复杂，精度也不够高，所以逐渐被定圈式平面位置显示器所取代。

动圈式平面位置显示器主要由距离扫描、方位扫描、距离和方位刻度形成、回波和辉亮信号控制等部分构成。其中，最关键的扫描部分如下：

（1）距离扫描。

距离扫描的产生方法和 A 型显示器类似。由于其采用了磁偏转方式，因此在偏转线圈中应加入锯齿电流而不是锯齿电压，以便形成随时间线性增强的磁场，使电子束在磁场中发生偏转（其偏转方向与磁场方向垂直），从而在荧光屏上作匀速直线扫掠。如果电流波从零开始增加，则光点便自屏的中心向外作径向扫掠。

（2）方位扫描。

方位扫描指的是使距离扫描线随天线同步转动。在动圈式平面位置显示器中，采用使偏转线圈与天线同步转动的方法实现方位扫描。由于距离扫描速度很快，而天线方位扫描的速度相对很慢，所以完成一次距离扫描时方位数值基本不变，在显示器上距离扫描线仍近似呈现为一条径向直线。

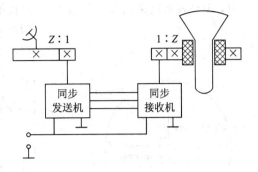

图 4.13 PPI 方位扫描随动系统原理图

偏转线圈与天线同步转动的方法一般采用随动系统，图 4.13 是一种最简单的随动系统原理图。天线通过传动系统带动一个同步发送机，在显示器处的偏转线圈则通过齿轮系统和一个同步接收机相连。这是一种开环控制系统，其随动精度低。如果采用闭环随动控制系统，则可明显提高其随动精度。

2）定圈式 PPI

定圈式平面位置显示器的画面和动圈式平面位置显示器的一样，在组成上也要有距离扫描、方位扫描、距离和方位刻度形成、回波和辉亮信号控制等。但与动圈式不同的是，定圈式平面位置显示器有 X 和 Y 两组偏转线圈，工作时偏转线圈固定不动，X 与 Y 两组偏转线圈中施加的电流所产生的合成磁场使电子束沿径向做偏转运动，形成旋转的径向扫描线。

（1）定圈式 PPI 的组成。

定圈式平面位置显示器的组成如图 4.14 所示。

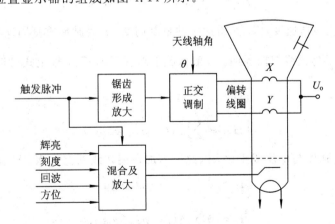

图 4.14 定圈式 PPI 简化方框图

如前所述，与动圈式平面位置显示器相比，其最大的区别是方位扫描的形成方法不同，下面主要讨论方位扫描的形成。

（2）扫掠电流波形的特点。

沿某一方向线性变化的磁场，能使通过该磁场的电子束在与该磁场垂直的方向发生线性偏转。任意方向的磁场都可以看作沿水平和垂直方向上的两个正交分量的合成。因此，只要产生大小合适的两个正交磁场分量，其合成磁场就可以指向所要求的任意方向。

根据图 4.15(a)，在雷达脉冲重复周期 T_r 内，要产生指向 θ 方向的雷达径向扫描线，就需要在偏转线圈上加上指向 θ 方向且随时间线性变化的径向磁场 $\boldsymbol{H}$。$\boldsymbol{H}$ 需要满足：

$$\boldsymbol{H} = \Delta(t)e^{j\theta} = \Delta(t)\cos\theta + j\Delta(t)\sin\theta = H_Y + jH_X \qquad (4.2.1)$$

式中，$\Delta(t)$ 表示定义在 $[0, T_r]$ 上的一个直角三角脉冲函数。磁场强度的两个正交分量为

$$\begin{cases} H_X = \Delta(t)\sin\theta \\ H_Y = \Delta(t)\cos\theta \end{cases} \qquad (4.2.2)$$

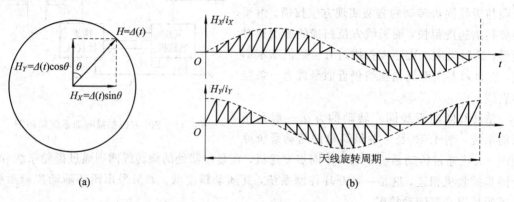

图 4.15 径向磁场的合成原理

(a) 径向磁场矢量的合成；(b) 水平和垂直磁场变化规律

若以上产生的随时间线性变化的径向磁场还要以天线角速度 ω_A 绕中心匀速旋转，则 H_X、H_Y 需满足：

$$\begin{cases} H_X = \sum_n \Delta(t - nT_r)\sin\omega_A nT_r \\ H_Y = \sum_n \Delta(t - nT_r)\cos\omega_A nT_r \end{cases}$$

其中，ω_A 为天线旋转角速度，T_r 为雷达脉冲重复周期，n 为脉冲重复周期的序号，总数约为 T_A/T_r 个。$T_A = \dfrac{2\pi}{\omega_A}$ 为天线扫描周期。一般情况下总有 $T_A \gg T_r$，故上式可近似表示如下：

$$\begin{cases} H_X \approx \sum_n \Delta(t - nT_r)\sin\omega_A t \\ H_Y \approx \sum_n \Delta(t - nT_r)\cos\omega_A t \end{cases}$$

因 X、Y 磁场强度与电流成正比，因此所需加在偏转线圈上的 X、Y 偏转电流可近似为

$$\begin{cases} i_X \approx k\sum_n \Delta(t - nT_r)\sin\omega_A t \\ i_Y \approx k\sum_n \Delta(t - nT_r)\cos\omega_A t \end{cases} \qquad (4.2.3)$$

式(4.2.3)表明，加在 X 和 Y 偏转线圈中的扫掠电流为一串锯齿脉冲，其振幅受天线轴角的正弦和余弦函数值所调制，如图 4.15(b)所示。

(3) 扫描电流的产生。

首先利用雷达触发脉冲产生出以 T_r 为周期的梯形电压波，经过功率放大后在电感线圈中形成等幅锯齿电流波，然后采用旋转变压器等方法使等幅锯齿电流波按天线转角 θ 的正弦和余弦函数进行正交调制，最终形成 X 和 Y 偏转线圈中所需的锯齿扫描电流。

4.2.3 数字式雷达显示技术

1. 概述

传统雷达显示器，由于其扫描方式的特殊性，只能显示雷达回波的一次图像信息，而且显示画面亮度低，闪烁现象明显。现代雷达所提供的目标信息量比早期雷达大得多，要实时将这些信息直观地提供给雷达操作人员，传统雷达显示器显得无能为力。随着数字技术和计算机技术的发展，数字技术、计算机技术与显示系统相结合的显示模式得到了日益广泛的应用。现代雷达的图形显示和数字计算机已有机地融为一体，能够实现雷达回波图像的复杂运算和处理，并且能够提供显示图像及信息的记录存储及打印输出。

数字式雷达显示系统与通用的计算机信息显示系统相比，除了需要具备用于形成字符的字符产生器和用于生成线段的矢量产生器以外，还需要一些专用的显示器件和技术。例如P显，为了形成径向扫描线，需要将雷达天线转角的极坐标数据转换为直角坐标数据；为了更详细地观察某区域的目标回波情况，需要对显示画面进行扩展；为了提高二次信息的显示容量，需对一次信息进行压缩显示处理等。

数字式雷达显示方式可以是随机扫描方式，也可以是光栅扫描方式。早期由于存储容量的限制，多采用随机扫描方式。随着大规模集成电路技术的发展，光栅扫描方式得到了广泛应用，并逐渐成为雷达显示设备的主流。

数字式显示系统主要有两种形式，即计算机图形显示系统和智能图形显示系统。二者的主要差别在于：智能图形显示系统包含了一个显示（或图形）处理器单元，该图形处理器是针对图像处理而优化设计的，因而除了能够完成常规的运算任务外，还具有更强大的图形处理功能，能够实现显示图像的叠加、放大、缩小、移动、旋转、开窗、渲染等复杂操作，能对文字、符号进行编辑和处理，是目前雷达终端主要采用的显示方式。

1）数字式显示系统的组成及功能

数字式显示系统通常由计算机、显示处理器、缓冲存储器、显示控制器、图形功能部件及监视器等部分构成，如图 4.16 和图 4.17 所示。

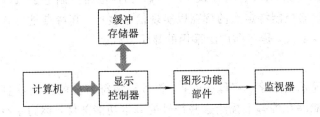

图 4.16　计算机图形显示系统

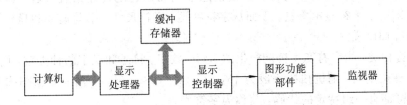

图 4.17　智能图形显示系统

各部分完成的功能如下：

（1）计算机：又称为主机，负责对整个显示系统进行管理，将输入数据加工为显示档案并提供给显示存储单元。

（2）显示控制器：用于控制及管理缓冲存储器及图形功能单元，与主机通信等。

（3）缓冲存储器：用于存储显示档案，自主维持显示图形的刷新，当显示系统与计算机脱机工作时，仍能进行正常的显示。

（4）图形功能部件（图形发生器）：完成字符、符号、矢量等基本显示图形的产生等。

（5）显示处理器（仅对智能显示）：管理显示存储器档案；对图形进行变换、处理和运算；对外部设备的信息进行组织和管理；与主机交换信息；等等。

（6）监视器：实现图像和信息的直观显示输出。监视器一般为标准的显示器件，如CRT、LCD 等。

另外，显示系统还包括一些实现人机交互的外部输入输出设备，如键盘、鼠标、光笔、跟踪球、磁盘光盘驱动器、打印机等。

2）数字式显示系统的主要类型

数字式显示系统按其显示内容可分为字符显示系统、图形图像显示系统及态势显示系统等。按采用的显示器件可分为阴极射线管（CRT）显示系统、平板或矩阵显示系统（包括液晶 LCD、等离子 PDP、电致发光 ELD、场致发射 FED 等）以及用于指控中心的大屏幕、投影显示系统等。按扫描方式分，主要有两种类型：一种是早期采用的随机扫描显示系统；另一种是目前广泛使用的光栅扫描显示系统。

（1）随机扫描显示系统。

其显示器件一般采用磁偏转 CRT。显示控制器以随机定位方式控制电子束的运动，将信息显示在屏幕的任意位置。这种显示方式在数字技术发展的初期得到了广泛应用。与传统的模拟式显示系统相比，性能得到了显著改善与提高，但显示容量仍然有限，并且只能显示一些简单的字符与图形，不能进行大量信息及复杂图像的显示。

（2）光栅扫描显示系统。

其显示器件采用光栅 CRT、LCD 或 PDP 等。扫描电路控制电子束以固定方式进行全屏逐点扫描，显示控制器控制特定点的辉亮以实现信息显示。其特点是具有高度的灵活性和可编程性，信息显示容量大，是目前广泛采用的显示方式。

2. 字符产生器

为了在屏幕上显示由数字、字母、文字、符号等字符组成的二次信息数据，数字式雷达显示系统需要一种能够在屏幕上描绘这些符号的基本功能部件，称为字符产生器。

1）字符产生器的质量指标

字符产生器的质量决定了能否将大量信息准确而迅速地传输给观察者。通常用可识别度和可读度来衡量字符显示质量。下面从字符种类、字符尺寸、书写速率和显示效率等方面对其质量指标加以说明。

（1）字符种类：指字符产生器能产生的字母、数字、符号和汉字的种类数。用途不同，所要求的字符种类不同。随机扫描一般为 16，64，96，128，256，…种；光栅扫描几乎不受限制。每种字符都有一组特定的代码，简称为字符代码。

（2）字符尺寸：指字符在荧光屏上的几何尺寸大小。它由视觉锐度和形成字符的点数来确定。随机扫描常用的字符尺寸为 3 mm×4 mm 及 5 mm×7 mm 等规格；光栅扫描一般为

8×8、16×16 及 32×32 等点阵。

（3）书写速率：在保证不失真和不闪烁的条件下，每个字符的书写时间越短，一帧内能显示出的字符就越多，即显示容量越大。一般单个字符的书写时间为 $3 \sim 5$ μs。但是，字符书写速率越高，要求偏转系统和辉亮系统的频带越宽，技术实现也越复杂。

（4）显示效率：指一个字符辉亮时间与该字符书写时间的比值。辉亮时间占书写时间越多，字符的平均亮度越高，字符显示效率也越高。

2）字符产生的方法

字符产生的方法有很多，在现代雷达系统的图形显示中，主要有随机扫描字符产生和光栅扫描字符产生两种方法。

（1）随机扫描字符产生器。

随机扫描字符产生器的组成框图如图 4.18 所示。显示控制器将字符指令的操作码译成字符产生器的启动信号，把字符指令中指定的字符码送到字符产生器的字符译码逻辑电路，通过译码器在字符成型存储器中找到与之对应的字符成型（字模）信息。字符成型存储器是一个只读存储器（ROM），在启动信号的作用下依次读出所选定字符的成型信息，用来控制 X、Y、Z 三个方向的动作，使之在荧光屏上描绘出这个字符。书写完该字符后就给出字符结束信号，通知显示控制器发出下一个字符的代码。

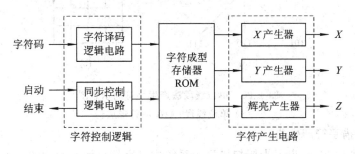

图 4.18　随机扫描字符产生器的组成框图

在随机扫描显示系统中，产生字符的方法有点阵法、线段法等。

① 点阵法字符产生器：把要书写字符的区域分割成若干像素点，控制点阵中特定点的辉亮来显示所需要的字符。点阵法又分为顺序点阵法和程控点阵法两种，如图 4.19 所示。

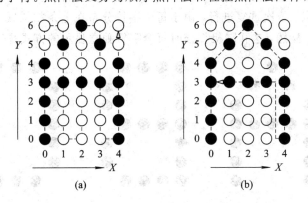

图 4.19　两种不同的字符产生法扫描示意图

（a）顺序点阵法；（b）程控点阵法

　　顺序点阵法在字符控制逻辑电路的控制下，按顺序读出存储在字符成型存储器中对应于所驱动的每个像素点的辉亮信号(字模信息)，并同时控制 X、Y 产生器产生偏转信号来控制电子束的运动，使之与辉亮 Z 信号同步地扫描字符点阵中的每个像素点。

　　程控点阵法是在字符成型存储器中存放各个字符扫描规律的微程序。在字符译码逻辑电路的控制下，对于所驱动的具体字符，根据字符成型存储器中存放的微程序来驱动 X 产生器和 Y 产生器，只扫描字符点阵中的辉亮像素点并同时输出相应的辉亮 Z 信号。

　　顺序点阵法不论辉亮与否每个点都必须扫描到，而程控点阵法则只扫描那些应该辉亮的像素点，因此程控点阵法比顺序点阵法书写速度快，但控制相对复杂。

　　② 线段法字符产生器：采用一些基本的直线段去逼近一个字符。将单位线段作为基本直线的方法称为单位线段法或星射法。字符通常是由一些有限的笔画所组成的，最常用的是 8 个方向的单位线段，如图 4.20 所示。可以利用这些基本线段来逼近字符的笔画，形成字符。

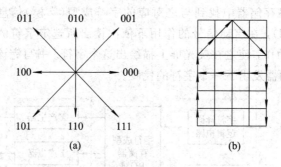

图 4.20　单位线段法产生字符的示意图
(a) 单位线段；(b) 字符形成

　　(2) 光栅扫描字符产生器。

　　图 4.21 和图 4.22 给出了光栅扫描显示系统进行字符显示的示意图及组成，图中字符字模矩阵仍假设为 5×7 点阵。由于光栅扫描是从左到右、从上到下按顺序进行的，因此当图中的扫描线开始有字符辉亮信息输出时，首先读出第一个字符的第一行上的点阵数据，与偏转扫描及辉亮信号相配合，即可显示出所要求的辉亮点。接着显示第二个字符的第一行上的点阵，依次进行下去，直到最后一个字符的第一行显示完。然后从下一条扫描线开始，显示各个字符的第二行点，依次重复进行。由于每个字符分布在七条扫描线上，因此每个字符点阵要反复读取七次。显然，这和随机扫描时每个字符独立显示的方式是完全不同的。

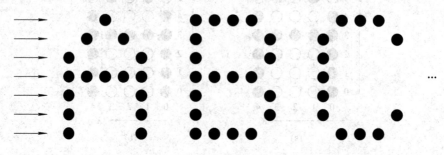

图 4.21　光栅字符

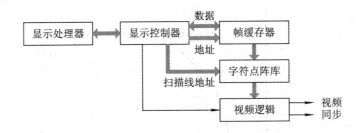

图 4.22　光栅扫描字符产生器的组成

3. 矢量产生器

除了字符产生器外，为了在屏幕上形成径向扫描线，数字式雷达显示器还需要另外一种基本功能部件，即在屏幕上形成线段的矢量产生器。

在计算机图形显示系统中，图形通常由各种曲线和直线所组成，而曲线又可以用许多较短的直线来逼近。具有一定长度和一定方向的直线段称为矢量，产生这些直线段的逻辑功能部件叫作矢量产生器。图形信息通常用存储在刷新存储器中的显示矢量档案表示，显示控制器控制整个系统按一定的顺序把有关矢量的数据送到矢量产生器，矢量产生器产生描绘线段的信号，通过 X、Y 驱动部件和偏转系统控制电子束的运动。

1）矢量产生器的质量指标

（1）线性度：严格来说，在显示屏幕上除了水平线、垂直线、45°斜线是真正的直线外，其他方向的斜线实际上都是由多段折现近似而来的。由于人眼的分辨能力有限，因此这一近似不会带来很明显的视觉失真。同一条直线用不同的矢量产生器描绘时采用的折线近似方法不同，近似效果也会不同，导致线性度有差异。

（2）描绘速度：指画一条给定直线所需花费的时间。描绘速度越快，则矢量产生器的性能越好。

（3）亮度的均匀性：根据（1）中线性度的论述，矢量产生器所画直线上光点的分布是不均匀的，光点密集处的亮度高，反之则低，从而画面亮度存在不均匀性。一般来说，线性度高，则亮度的均匀性就好。

（4）准确度：指所绘直线与期望绘画的直线的一致性。数字式矢量产生器在矢量的起点与终点是很准确的，误差出现在起点与终点之间的部分，因此准确度指标也是与线性度密切相关的。

2）矢量产生器的基本原理

图 4.23 是用矢量线段逼近一条曲线的示意图。设第 m 段矢量的起始位置为 (x_m, y_m)，终止位置为 (x_{m+1}, y_{m+1})，则

$$\begin{cases} x_{m+1} = x_m + \Delta x_m \\ y_{m+1} = y_m + \Delta y_m \end{cases} \tag{4.2.4}$$

式中，Δx_m 和 Δy_m 分别为该线段在 X、Y 方向上的增量。

在显示图形时，通常由计算机给出具体的矢量指令，若干具体的矢量指令的集合便是某种图形的显示程序。由于矢量的起点通常由专门的位置指令确定，因此矢量指令包括指令性质、符号位（±）、数字增量值等。典型的矢量数据格式如下：

矢量操作码	±	$|\Delta x|$	±	$|\Delta y|$

x 支路矢量产生器的原理框图如图 4.24 所示，主要由数字乘法器（又称频率调制器）、

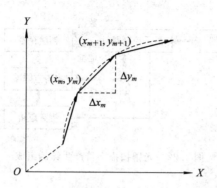

图 4.23　用矢量线段逼近曲线示意图

数字积分器(可逆计数器)及 D/A 变换器等部分组成。y 支路结构与此完全相同,不再单独画出。

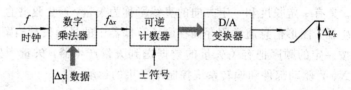

图 4.24　矢量产生器的原理框图(x 支路)

(1) 数字乘法器:也称频率调制器,是一种特殊的乘法器。它与通常的数字乘法器不同,其输入中的一个为数字增量 $|\Delta x|$(或 $|\Delta y|$),另一个是频率为 f 的时钟脉冲序列,其输出是与乘积 $|\Delta x| \cdot f$ 相当、平均频率为 $f_{\Delta x}$ 的脉冲序列。$f_{\Delta x}$ 与输入脉冲频率 f 及输入数字增量 $|\Delta x|$ 的关系为

$$f_{\Delta x} = \frac{|\Delta x|}{2^n} f \tag{4.2.5}$$

式中,n 为增量数据的字长。

(2) 数字积分器:用于实现对数字乘法器的输出脉冲进行数字积分(计数累积),其计算式为

$$N_x = N_0 + \mathrm{sgn}(\Delta x) f_{\Delta x} T_0 = N_0 + \frac{f}{2^n} \Delta x \cdot T_0 \tag{4.2.6}$$

式中,$\mathrm{sgn}(\cdot)$ 为符号函数,N_0 为计数器的初始值,$T_0 = 2^n T = 2^n / f$ 为计数周期。因此,数字积分器在计数周期 T_0 内的增量为

$$\Delta N_x = \Delta x \tag{4.2.7}$$

3) 矢量产生器的类型

矢量产生器可由多种方法实现,根据所采用的数字乘法器的不同,常用的有速率乘法器矢量产生器、累加法矢量产生器及数字微分分析器(DDA)等。

(1) 速率乘法器矢量产生器。

速率乘法器主要由数据寄存器、分频链和符合电路组成。数据寄存器暂存二进制增量数据;分频链产生基本时钟频率 f 的 2 分频、4 分频、…、2^n 分频脉冲序列;符合电路根据增量数据各比特的数值将分频链各输出加权合成一路与增量数据相匹配的脉冲序列,即完成了频率调制。

以 x 支路为例,设输入增量数据为 Δx,当基本时钟频率为 f 时,速率乘法器输出脉冲

的平均频率为

$$f_{\Delta x} = D_n \frac{f}{2} + D_{n-1} \frac{f}{2^2} + \cdots + D_1 \frac{f}{2^n}$$

$$= \frac{f}{2^n} [D_n 2^{n-1} + D_{n-1} 2^{n-2} + \cdots + D_1 2^0] \tag{4.2.8}$$

$$= \frac{f}{2^n} |\Delta x|$$

可逆计数器在一个计数循环周期 $T_0 = 2^n / f$ 内的计数增量为

$$\Delta N_x = \mathrm{sgn}(\Delta x) f_{\Delta x} T_0 = \Delta x \tag{4.2.9}$$

式中，$D_i (i=1, 2, \cdots, n)$ 为二进制数 Δx 各位的取值。

（2）累加法矢量产生器。

数字乘法器除了用上面介绍的速率乘法器实现外，还可采用累加器实现。其基本原理是用累加器把输入数据以一定频率连续地累加 2^n 次，利用累加过程中的溢出脉冲得到平均频率正比于输入数据与累加频率乘积的输出脉冲序列。

设输入的二进制数据 $|\Delta x|$ 为

$$|\Delta x| = D_n 2^{n-1} + D_{n-1} 2^{n-2} + \cdots + D_1 2^0 \tag{4.2.10}$$

将其累加 2^n 次，等效于

$$2^n |\Delta x| = |\Delta x| 2^n \tag{4.2.11}$$

因为累加器为 n 位，每 2^n 有一个溢出脉冲，所以总共有 $|\Delta x|$ 个溢出脉冲。

若累加器的累加频率为 f，则溢出脉冲的平均频率为

$$f_{\Delta x} = \frac{1}{2^n T} |\Delta x| = \frac{f}{2^n} (D_n 2^{n-1} + D_{n-1} 2^{n-2} + \cdots + D_1 2^0) \tag{4.2.12}$$

其中，$T = 1/f$ 为时钟周期。

（3）数字微分分析器（DDA）。

最简单的数字微分分析器是一阶 DDA，用于实现一段直线的描绘。假设待描绘矢量在平面上的起始坐标为 (x_0, y_0)，增量为 $(\Delta x, \Delta y)$，描绘时间为 T_0，则该直线的参数方程为

$$\begin{cases} x = x_0 + \dfrac{\Delta x}{T_0} t \\[2mm] y = y_0 + \dfrac{\Delta y}{T_0} t \end{cases}, \ t \in [0, T_0] \tag{4.2.13}$$

利用微分，可得到上述参数方程中坐标值相对于时间的变化速率，从而式（4.2.13）可以写成如下形式：

$$\begin{cases} x = x_0 + \displaystyle\int_0^t \dot{x}\mathrm{d}t = x_0 + \int_0^t \frac{\Delta x}{T_0}\mathrm{d}t = x_0 + \sum_{k=0}^m \frac{\Delta x}{T_0}\Delta t = x_0 + \frac{m}{M}\Delta x \\[4mm] y = y_0 + \displaystyle\int_0^t \dot{y}\mathrm{d}t = y_0 + \int_0^t \frac{\Delta y}{T_0}\mathrm{d}t = y_0 + \sum_{k=0}^m \frac{\Delta y}{T_0}\Delta t = y_0 + \frac{m}{M}\Delta y \end{cases}, \ m = 0, 1, \cdots, M$$

$$\tag{4.2.14}$$

因此，该直线的瞬时坐标由其起始坐标与累加量求和而得到。式（4.2.14）中，正整数 $M = T_0 / \Delta t$。

由于 DDA 矢量产生器在 X、Y 方向的累加增量是以均匀的时间间隔累加的，所以其优点是产生的矢量线性度比前两种方法好得多，但其运算量较大，这是因为累加增量涉及除法

运算，且结果是小数，小数的位数字长对结果的精度也有一定的影响。实际中通常利用软件的方法实现 DDA，此处不再赘述。

4. 数字式扫描变换

通常的雷达天线是以极坐标方式进行扫描的，而光栅扫描监视器的电子束扫描方式为直角坐标方式。为了在光栅扫描监视器上呈现出雷达的扫描画面，就必须将雷达的极坐标扫描数据变换成适合光栅扫描显示的格式，这种变换称为扫描变换，其实质是 $(R, \theta) \rightarrow (x, y)$ 的坐标变换。

1）扫描坐标变换

如图 4.25 所示，坐标变换包括天线轴角分解和坐标产生。轴角 θ 分解是将天线的极坐标方位转角分解为相互正交的分量 $\sin\theta$ 和 $\cos\theta$。坐标产生是根据距离量程及轴角分解分量产生当前方位扫描线的直角坐标数值。

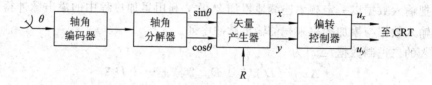

图 4.25　天线扫描变换原理

设天线轴角（方位角）为 θ，P 型显示器的径向扫描线长度为 R，则形成 θ 方向径向扫描线的两个正交的分量 Δx、Δy 为

$$\begin{cases} \Delta x = R\sin\theta \\ \Delta y = R\cos\theta \end{cases} \tag{4.2.15}$$

2）径向扫描线产生

（1）原理。

假设扫描计数器的位数为 n，若以屏幕左下角坐标作为 $(0, 0)$，则屏幕右上角坐标为 $(2^n, 2^n)$，从而有如下结论：

① 扫描线起点坐标：

非偏心扫描时，扫描起点为屏幕中心：

$$(x_0, y_0) = (2^{n-1}, 2^{n-1}) \tag{4.2.16}$$

偏心扫描时，扫描起点由偏心位置（虚拟屏幕中心）确定：

$$(x_0, y_0) = (x_p, y_p) \tag{4.2.17}$$

② 扫描线的两个正交增量数据为

$$\begin{cases} \Delta x = R\sin\theta = (2^{n-1} - 1)\sin\theta \\ \Delta y = R\cos\theta = (2^{n-1} - 1)\cos\theta \end{cases} \tag{4.2.18}$$

其中，扫描线的扫掠方向由 Δx、Δy 的符号确定，即与天线角 θ 对应。

③ 扫描线的终点坐标为

$$(x, y) = (x_0, y_0) + (\Delta x, \Delta y) \tag{4.2.19}$$

对随机扫描，x、y 为两路锯齿电压值。

对光栅扫描，x、y 为扫描点像素的坐标数值。

（2）组成。

坐标变换的实现如图 4.26 所示，图中的天线轴角经轴角分解器后变为两个正交分量，矢量产生器根据轴角分解器的数据产生与坐标偏移量 Δx、Δy 相对应的扫掠计数脉冲序列 $f_{\Delta x}$、$f_{\Delta y}$，扫掠计数器在预置好的扫描起点坐标值的基础上，根据 Δx、Δy 的符号进行相应的加或减计数，形成扫描线的瞬时坐标数值(x, y)。

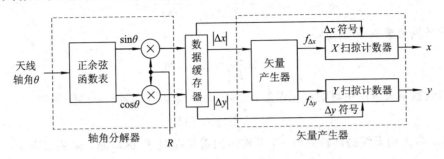

图 4.26　径向扫描线产生原理

　　图 4.26 中的轴角分解器可通过查表或用近似算法实现。当只进行非偏心扫描时，R 为确定数值，乘法运算可以合并到函数表中实现。矢量产生器可由前述的数字微分分析器（DDA）、速率乘法器矢量产生器或累加法矢量产生器实现。DDA 适合用软件实现，其余二者适合用硬件实现。目前超大规模显示控制芯片中的矢量产生器几乎都采用 DDA 方式实现。

　　（3）参数选择。

　　由于屏幕上的扫描线是由若干个光点形成的，因此为了使扫描线在视觉上是连续的，扫描计数器的位数和计数频率必须满足一定的要求。影响扫描线连续性的参数为方位数据字长 N、扫掠计数器字长 L 及产生矢量的计数时钟频率 f。

　　① 方位数据字长 N。

　　方位数据字长越长，表示的方位越精确。但位数越多，相应的硬件设备量也越大，而且在满足方位上视觉连续的情况下，过长的字长也是不必要的。通常应根据方位上的连续性要求确定其方位数据字长。

　　方位上的连续性是指径向扫描线一条一条地在方位上连续出现，不留方位空隙，以避免单个目标显示为两个目标，或遗漏目标。要使方位连续，应使扫描线末端圆周上的相邻光点紧挨着出现。

　　如图 4.27 所示，设光点直径为 d，45°扫描线由 M 个连续光点构成，则 0°或 90°扫描线

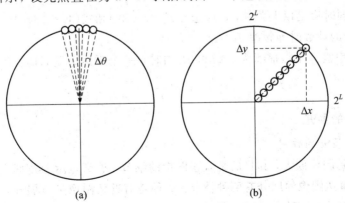

图 4.27　方位和径向连续示意图

（a）方位连续；（b）径向连续

由 $\sqrt{2}M$ 个光点构成。设圆周上相邻两个光点显示连续性的方位角增量为 $\Delta\theta$，则在 $0°$ 或 $90°$ 上这一 $\Delta\theta$ 具有最小值：

$$\Delta\theta = \frac{d}{\sqrt{2}Md} = \frac{1}{\sqrt{2}M}$$

从而方位数据位数 N 需满足：

$$2^N \geqslant \frac{2\pi}{\Delta\theta} = 2\pi\sqrt{2}M$$

考虑到数字矢量产生时的量化误差，将其加倍，取 $2^N \geqslant 2 \times 2\pi\sqrt{2}M$，所以

$$N \geqslant \mathrm{lb}(4\pi\sqrt{2}M) \tag{4.2.20}$$

另外，考虑到天线的旋转周期 T_A 及雷达的重复周期 T_r 的限制，N 还需满足：

$$2^N \geqslant \frac{T_A}{(0.5 \sim 1)T_r}$$

$$N \geqslant \mathrm{lb}\frac{T_A}{(0.5 \sim 1)T_r} \tag{4.2.21}$$

实际中，出于经济上的考虑，N 值一般取式(4.2.20)和式(4.2.21)中数值较小者。

② 扫掠计数器字长 L。

扫掠计数器字长 L 影响径向连续性。径向连续性是指光点在径向上一个接一个地连续出现，不留空隙。

参见图 4.27，设 $45°$ 扫描线由 M 个光点构成，则扫描角为 $0°$ 或 $90°$ 时，所需的扫描光点数量最多，为 $\sqrt{2}M$ 个，为保证扫描线的径向连续性，需满足：

$$2^L \geqslant \sqrt{2}M$$

$$L \geqslant \mathrm{lb}(\sqrt{2}M) \tag{4.2.22}$$

另外，考虑距离量化误差小于等于 ΔR 的要求，在量化误差最大的 $45°$ 方向若要满足这一要求，则在 $0°$ 或 $90°$ 方向上字长还需满足：

$$2^L \geqslant \sqrt{2}\frac{R}{\Delta R}$$

$$L \geqslant \mathrm{lb}\frac{\sqrt{2}R}{\Delta R} \tag{4.2.23}$$

实际中，为同时满足以上条件，L 应选择式(4.2.22)和式(4.2.23)中数值较大者。

③ 产生矢量的计数时钟频率 f。

计数时钟频率需满足扫描线为 $0°$ 或 $90°$ 方向时在一个雷达重复周期将计数器记满，故

$$f = \frac{2^L}{T_r} \tag{4.2.24}$$

5. 雷达图像的展开

1) 雷达图像展开的作用

图像展开就是图像放大，其目的是观察图像的细节，提高显示分辨率，从而提高目标的坐标录取精度。雷达图像的展开有两种情况：一种是对近区图像进行展开，即以屏幕中点为中心将图像进行放大，这种方式实现起来相对比较简单；另一种情况是对远区目标图像进行展开，称为偏心展开。由于简单以屏幕中点为中心对图像进行放大将导致远区目标扩展到屏幕以外，因此对远区目标进行放大显示需要采用偏心展开方式。偏心展开可以通过将扫描起

点偏离到屏幕中心以外的某一确定点（虚拟屏幕中心）来实现，也可以以所观察的目标图像为中心将画面展开。后者更符合人们的观察习惯且实现上较为容易。

2）雷达图像展开原理

对近区目标，简单提高扫描产生器的时钟频率、扫描速度就可实现其放大效果。由于扫描计数器的位数一定，因此当提升时钟频率后，计数器会溢出，远区目标会折叠显示在近区，即发生显示模糊现象。此时需采取措施对近区量程之外的远区回波进行消隐处理。

图 4.28 所示为雷达图像展开的画面形式。

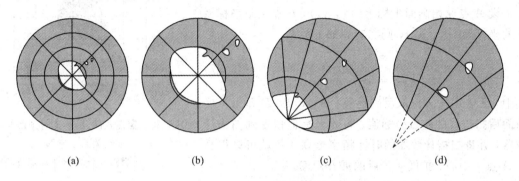

$$\begin{array}{cccc} (a) & (b) & (c) & (d) \end{array}$$

图 4.28 雷达图像展开的画面形式

（a）雷达原始图像；（b）近区图像展开；（c）远区图像展开 1；（d）远区图像展开 2

对于远区目标，需采用较为复杂的偏心展开方式，其实现步骤如下：

（1）扫描开始时给计数器提供扫描起点坐标数据，其值通常为虚拟屏幕中心点坐标数据。

（2）扫描进行时给扫描计数器输入提高的时钟频率，时钟频率提高的倍数为图像放大的倍率。

设原始扫描计数器的位数为 n 位，屏幕左下角为坐标原点 $(0,0)$，则屏幕中心的坐标为 $(2^{n-1}, 2^{n-1})$。偏心展开时，当偏心量（指虚拟的屏幕中心偏离物理屏幕中心的量值）为 i $(i \geqslant 1)$ 个屏幕半径时，图像放大的倍数为

$$k = i + 1 \tag{4.2.25}$$

由于采用了坐标偏移（预置），相当于加长了扫描线长度，因此需增加扫描计数器的位数。所需增加的计数器位数为

$$\Delta n = \lceil \mathrm{lb}i \rceil \tag{4.2.26}$$

这样，偏心展开时所需扫描计数器的总位数为 $n + \Delta n$ 位。式（4.2.26）中，$\lceil \cdot \rceil$ 表示向上取整。

例如，在图 4.29 中，原扫描计数器的位数为 n 位，为了进行偏心图像展开，扫描计数器位数增加了 2 位，图像的最大偏心量为 4 个半径，图像的最大放大倍数为 5 倍。左下角的坐标为 $(0,0)$，右上角的坐标为 $(2^{n+2}, 2^{n+2})$。

3）定点式偏心图像展开

由于雷达操作人员需要重点观察屏幕上特定点

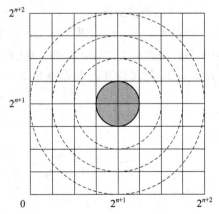

图 4.29 扫描计数器增加 2 位时数据
与屏幕位置关系示意图
（阴影部分为物理屏幕范围）

的目标信息,因此若以该目标点为中心对图像展开,则其附近位置的回波信息只作相应展开,可以避免认读上的错误,且对该点附近的目标数据录取也较方便。由于展开的结果也使显示原点偏离了屏幕中心,因此这种展开方式称为定点式偏心图像展开,即以某特定点 A 为中心对图像进行展开。

　　(1) 展开原理:以 4 倍定点式偏心展开为例(见图4.30),原画面上的 A 点不动,原画面上的中心 Q 点扩展后到了 P 点,因而有 $PA = 4QA$。

　　设 A 点原始画面坐标为 (x_A, y_A),P 点在新坐标系下的坐标为 (x_P', y_P'),则二者有如下关系:

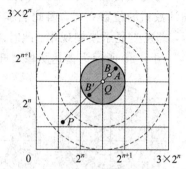

$$\begin{cases} x_P' = 3(\overline{x_A} + 1) \\ y_P' = 3(\overline{y_A} + 1) \end{cases} \quad (4.2.27)$$

其中,$\overline{\ \cdot\ }$ 表示按 n 位取反码运算。式(4.2.27)即为扩展画面后扫描线的起点坐标值。将此坐标值预置到扫描计数器,并将扫描计数器的时钟频率提高 4 倍就可以得到以 A 点为中心、扩展 4 倍后的展开画面。

图 4.30　定点式展开 $k = 4$ 时画面与
扫描线关系示意图
(阴影部分为物理屏幕范围)

　　式(4.2.27)可以根据几何关系推导如下:

$$x_P' = x_Q' - 3(x_A - x_Q) = 3 \times 2^{n-1} - 3(x_A - 2^{n-1}) = 3(2^n - x_A) = 3(\overline{x_A} + 1)$$

其中,x_Q、x_Q' 分别为 Q 点在 1:1 画面坐标系和 4:1 扩展画面坐标系下的坐标。

　　容易证明,一般对于 k 倍定点展开有关系式:

$$\begin{cases} x_P' = (k-1)(\overline{x_A} + 1) = i(\overline{x_A} + 1) \\ y_P' = (k-1)(\overline{y_A} + 1) = i(\overline{y_A} + 1) \end{cases} \quad (4.2.28)$$

　　(2) 数据修正。

　　在屏幕上录取目标数据时,录取装置的光标通常是按 1:1 画面数据来定位的。因此,当对显示画面展开显示后,用光标录取的目标位置坐标数据不是扩展后新坐标系下的真实坐标值,需要进行修正。另外,由计算机送来的目标数据点坐标是按 1:1 画面确定的,若要在展开画面的正确位置显示该点,也需要对其进行修正。

　　① 录取数据的修正。

　　参见图 4.30,设 A 为不动点,其坐标为 (x_A, y_A)。B 为原 1:1 画面上的一点,则以 A 为中心扩展画面 4 倍后,B 在 4:1 画面的位置为 B'。设点 B' 以 1:1 画面录取的坐标为 $(x_{B'}, y_{B'})$,则可计算出 B 在原始 1:1 画面的真实坐标 (x_B, y_B)。由于

$$\begin{cases} x_A - x_{B'} = 4(x_A - x_B) \\ y_A - y_{B'} = 4(y_A - y_B) \end{cases}$$

所以

$$\begin{cases} x_B = \dfrac{1}{4}(3x_A + x_{B'}) \\ y_B = \dfrac{1}{4}(3y_A + y_{B'}) \end{cases} \quad (4.2.29)$$

　　一般对于 k 倍展开,容易证明有:

$$\begin{cases} x_B = \dfrac{1}{k}\left[(k-1)x_A + x_{B'}\right] \\[2mm] y_B = \dfrac{1}{k}\left[(k-1)y_A + y_{B'}\right] \end{cases} \tag{4.2.30}$$

根据式(4.2.30)，只要选定了$(x_A，y_A)$，并在展开画面上录取到目标坐标$(x_{B'}，y_{B'})$，即可计算出目标在 1∶1 画面上的真实坐标$(x_B，y_B)$。

② 输入数据修正。

经计算机处理过的目标数据通常与 1∶1 画面上录取的该目标数据一致，因此计算机送来的数据能在 1∶1 画面上正确显示。但与展开 4 倍后的 4∶1 画面上该目标的录取点是不一致的。为了能匹配显示，需对输入数据做相应处理。

由计算机送来的输入数据为 A、B 点的坐标数据$(x_A，y_A)$、$(x_B，y_B)$，扩展画面中 B' 点在新坐标系下的坐标数据$(x_{B'}'，y_{B'}')$可以由式(4.2.29)中解出$(x_{B'}，y_{B'})$后加上偏移量得到：

$$\begin{cases} x_{B'}' = x_{B'} + 2^n = 4x_B - 3x_A + 2^n \\[2mm] y_{B'}' = y_{B'} + 2^n = 4y_B - 3y_A + 2^n \end{cases} \tag{4.2.31}$$

对于 k 倍展开，由式(4.2.30)一般有：

$$\begin{cases} x_{B'}' = x_{B'} + (k-2)2^{n-1} = kx_B - (k-1)x_A + (k-2)2^{n-1} \\[2mm] y_{B'}' = y_{B'} + (k-2)2^{n-1} = ky_B - (k-1)y_A + (k-2)2^{n-1} \end{cases} \tag{4.2.32}$$

将计算机送来的目标 B 的坐标数据$(x_B，y_B)$，经式(4.2.32)计算即可得到扩展画面坐标系中 B' 的坐标数据$(x_{B'}'，y_{B'}')$。

6. 视频处理器

为了使雷达显示器既能显示一次雷达信息，又能显示一些经计算机处理以后的简单二次雷达信息，随机扫描显示器常采用以下处理方式：

1) 插入显示方式

一般通过对雷达显示器的偏转系统采取分时控制(也称为电子束交义扫描)来实现插入显示。

(1) 休止期(逆程)插入法。

休止期插入法是指雷达显示器扫描周期由正程时间和逆程时间组成。其中，正程约占80%，显示雷达原始图像(一次信息)；逆程约占 20%，显示雷达数据信息(二次信息)。图4.31 所示为休止期插入示意图。

该方法的优点是不影响原始图像的显示，但显示数据的信息量较小。

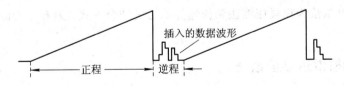

图 4.31　休止期插入示意图

(2) 抽扫插入法。

抽扫插入法是指在若干个雷达显示扫描周期中抽取其中一个周期来显示二次信息。该法的优点是扩大了二次信息显示容量，但损失了一次信息显示。

(3) 随机插入法。

随机插入法是指无论扫描处于正程或逆程，需要时即中断原始扫描而进行数据显示。该法的缺点是原始图像损失较严重，控制复杂，因此较少采用。

2）视频压缩方式

视频压缩是指对一次信息进行压缩处理，快速显示，用节省出的时间来显示二次信息。

（1）积累压缩法。

积累压缩法是指将 N 个重复周期的视频回波进行积累后用一个显示器扫描周期显示，其余 $N-1$ 个扫描周期用来显示二次信息。该法的优点是提高了二次信息的显示容量，缺点是一次信息显示的实时性受到了损失。积累压缩法示意图及组成如图 4.32 所示。

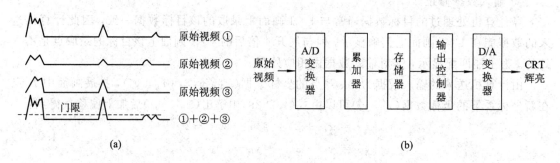

图 4.32　积累压缩法示意图及组成
（a）视频波形；（b）系统构成

（2）快速显示法。

快速显示法是指使显示器扫描周期远小于雷达脉冲重复周期，即对原始视频回波在时间上进行压缩，按压缩后的周期进行显示，可采用慢进快出的方式实现。该法的优点是实时性损失较小。快速显示法的实现原理框图如图 4.33 所示。

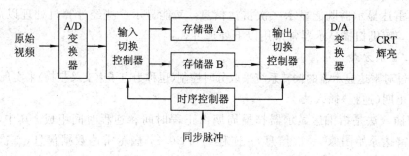

图 4.33　快速显示法的实现原理框图

（3）积累及快速显示法。

积累及快速显示法为积累压缩法和快速显示法的结合形式，兼有二者的优点，避免了二者的缺陷。

4.2.4　随机扫描雷达显示系统

随机扫描显示器在显示雷达回波的一次图像信息的同时，还可以显示一些简单的地形背景及雷达二次信息，提供了比传统显示器更丰富的目标信息，在数字技术发展的初期被广泛采用。

1.　随机扫描原理及显示系统构成

随机扫描是用随机定位方式来控制电子束的运动，只要给出与位置 (x, y) 相应的扫描电压（或电流），就可以把显示信息随意地显示在荧光屏的任意位置上。图 4.34 给出了一种随

机扫描所需的 X、Y 偏转信号以及形成的显示图形。图中坐标原点 $(0, 0)$ 为屏面中心，电子束从中心开始，先绘制一个正方形，再绘制一个圆，最后绘制 4 个点，绘制完后电子束返回屏面中心。随机扫描时电子束从一个图形位置跳转到下一个图形位置所需的时间叫作定位时间。

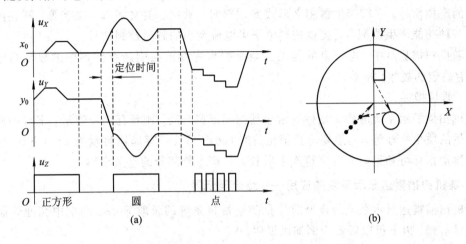

图 4.34　随机扫描偏转波形及显示画面示意图

(a) 扫描波形；(b) 显示画面

1）随机扫描的工作特点

随机扫描的特点是：能够把要显示的信息表现在屏幕上任意所需的位置，通过为 X 偏转系统和 Y 偏转系统提供特定的扫描电流波形，达到电子束的特定偏转和辉亮，利用电子束的运动轨迹实现图形或字符的显示。进行随机扫描时，电子束按显示指令动作来描绘所规定的图形。显示的图形需在每秒钟内重复一定的次数才能获得稳定的图像，这种重复扫描称为图像刷新。每秒重复的次数叫刷新频率或重显频率，刷新频率取决于荧光屏的特性，通常为 $30\sim50$ Hz。为了完成刷新，在显示系统中设置有专门的存储器来存放显示内容，这种存储器称为刷新存储器。刷新存储器容量一般只要 $2\sim4$ KB，因此，在大容量存储器出现之前这种显示方式得到了应用。

2）随机扫描显示系统的组成及质量指标

(1) 组成及工作方式。

一种采用阴极射线管的典型随机扫描图形显示系统原理框图如图 4.35 所示，其工作过程如下：

由计算机编制的一系列显示指令构成一个显示档案，显示档案经过通信接口按规定顺

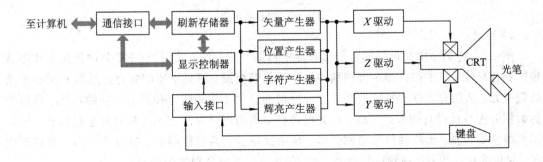

图 4.35　随机扫描图形显示系统原理框图

序存入刷新存储器。显示控制器管理和控制整个系统按一定的时序运行,同时发出读取和解释显示命令,并把有关的数据送至各个功能产生器。矢量产生器产生各种线段信号,通过 X、Y 驱动和偏转系统控制电子束运动。位置产生器用来产生确定各线段在荧光屏上起点坐标位置的定位信号。字符产生器用来形成专用符号、数字、英文字母、汉字等。辉亮产生器与前面三种功能产生器配合,提供控制电子束电流大小的辉亮控制信号。

在随机扫描显示中,电子束的运动完全是按事先存放在刷新存储器中的显示指令进行的,没有确定的规律,是随机的。

(2) 质量指标。

随机扫描显示系统的质量指标通常包括扫描定位时间、刷新存储器容量、字符的质量指标及矢量的质量指标等。一般要求扫描定位时间小于 5 μs,存储器容量为 2～4 KB。字符与矢量的质量指标可参见前面的字符产生器和矢量产生器部分的有关介绍。

2. 随机扫描雷达显示系统的应用——综合显示器

随机扫描雷达显示系统的典型应用是防空情报系统的录取显示器和空中交通管制系统的综合显示器。以下仅以后者为例加以说明。

综合显示器广泛应用于航空管制系统,为 P 显模式。其作用是在平面位置显示器上提供一幅综合图像,其中包含雷达一次信息、雷达二次信息、地面背景、空中态势和用于录取目标坐标数据的光标等。其典型画面如图 4.36 所示。

图 4.36　综合显示器

1) 组成

图 4.37 为某空中交通管制系统综合显示器的组成框图,采用的 CRT 是磁聚焦加辅助聚焦的彩色显像管。主扫描和字符扫描共用一对偏转线圈。该显示器配备有显示器专用的中央处理单元,从而有较强的脱离数据处理计算机而独立工作的能力和灵活多样的功能。目标坐标数据处理系统以自动方式录取,在天线环扫一周内可录取高达 400 批目标坐标数据。该显示系统主要包括:天线轴角编码和分解、显示处理器、显示控制器、矢量产生器、字符产生器、录取光标产生器、视频压缩器及 CRT 等单元。下面分别进行说明。

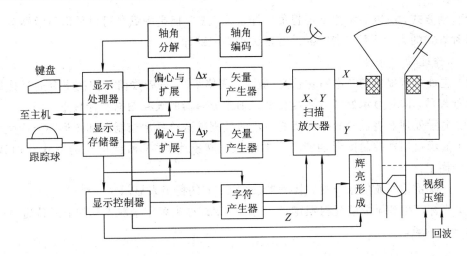

图 4.37　综合显示器组成方框图

（1）天线轴角编码和分解。

目标方位角的数据由增量码盘（详见 4.3.4 节）提供，正、余弦产生器采用查表法。其过程是先对增量码盘提供的增量脉冲进行计数，取得天线方位角数据，然后以此数据作为地址从只读存储器中读出正、余弦值。为了节省只读存储器的容量，只在其中存放了 0°～45° 范围内的正、余弦值。这些数值以及其他图形字符数据由微处理器经显示器接口以显示指令的形式送给控制部件和图像产生部件。

（2）显示控制器。

显示控制器主要由微处理器构成，其主要任务是产生写字符，画矢量的各种控制信号。显示器有 16 种功能，如画径向扫描线，写字符，画符号，画航迹矢量，画地图矢量，指示目标运动方向等。与这 16 种功能相对应，在显示控制器中存放有 16 种子程序。执行 16 种子程序中的哪一种，由显示器接口微处理机的四位功能码控制。按照这种功能码格式，显示控制器向矢量产生器和字符产生器发出控制信号，同时向显像管送出相应的辉亮信号。

（3）矢量产生器。

矢量产生器由 X、Y 两路完全相同的矢量产生电路组成。图中采用累加法实现数字乘法器（频率调制器）的功能。矢量产生电路中专门设有偏心和展开控制装置。它采用把数据乘以 1～15 倍的方法将矢量扩展相应倍数，偏心的最大范围为荧光屏的一个半径。

（4）字符产生器。

在字符产生器中设有字符存储库，存有 96 种字母和符号标志，采用偏转控制法形成字符。构成字符的段数有 16 种走向，确保字符较高的保真度。字符产生器在控制器的作用下，按照来自字符存储库的数据，传送字符偏转信号和辉亮信号至 X、Y 扫描放大电路和辉亮形成电路。

（5）视频压缩器。

由于要显示的二次综合信息量很大，因此为了确保不丢失一次雷达信息，对一次信息采用了时间压缩技术。时间压缩器里采用了两个分开的存储器，当一个用来写入实时信息时，另一个则用来高速读出信息，两个存储器交替进行读写操作。由于每个重复周期中高速读出一次信息所用时间很短，所以有较多的时间用来显示经过计算机处理的二次信息。

为了便于人机对话，该综合显示器有多种人工干预功能。由于目标坐标数据的录取已经采用全自动方式，所以显示器不再担负坐标录取任务。但是操纵员可以凭借显示器对计算机实施多种方式的人工干预，借助的设备是键盘和跟踪球。

2）工作过程

（1）主计算机提供的二次雷达信息（航迹、表格等）、态势数据及控制指令通过接口传送给显示处理器，同时显示处理器还接收来自轴角分解器的天线扫描坐标数据。

（2）显示处理器将显示命令和所要显示的数据传送给显示控制器和图形功能产生器。

（3）显示控制器控制图形功能产生器将数据转换为 CRT 所能应用的形式并加到 CRT 的偏转线圈上。

（4）一次雷达回波信息经视频压缩器加到 CRT 的栅极来显示。

（5）光标产生和录取装置根据键盘、光笔或跟踪球来确定录取光标的显示位置并进行光标位置坐标的录取。

4.2.5　光栅扫描雷达显示系统

1. 概述

自从机载雷达出现之后，在较长时间里，一直采用长余辉显像管来显示雷达和红外扫描图像。由于长余辉显像管的余辉时间是固定和非线性的，因此严重地限制了所显示图像的质量。20 世纪 60 年代出现了模拟式扫描变换器，把雷达图像转换成电视格式，但由于其结构复杂，可靠性、可维修性均较差，因此很快被迅速发展的数字技术所代替。20 世纪 70 年代，以数字式扫描变换器和 CRT 为核心的多传感器显示系统进入实用阶段。新发展起来的固态显示器件，如液晶板、等离子板、场致发光板等，绝大多数都采用的是电视光栅扫描体制。由于计算机的广泛应用，组成了以计算机、数字式扫描变换器、固态显示器件为主体的信息显示系统。

光栅扫描显示由于其采用固定的扫描方式，其偏转电路只受确定的行、场同步信号控制，与雷达本身的具体参数和工作方式无关，大大提高了信息显示的容量，因而被现代雷达系统普遍采用。

光栅扫描雷达显示器具有以下特点：

(1) 通用性强，可作为各种类型的雷达信息显示器。

(2) 灵活性好，可模拟各种传统雷达显示器画面，可同屏显示，也可在不同显示画面间切换。

(3) 显示容量大，显示分辨率高，容易插入背影信息显示内容，既可以显示一次雷达信息，也可以同时显示二次雷达信息、情报态势、指控命令等。

(4) 可完整显示运动目标的航迹。

(5) 集成度高，性能稳定可靠。

2. 光栅显示原理及主要质量指标

1）光栅显示原理

光栅扫描是由在屏幕上一条条相互平行且等间隔的水平线构成的，这些水平线称为扫描线或光栅。图 4.38 给出了典型光栅显示器的水平和垂直扫描信号及其对应的显示。根据输入指令相应地来增强某些部分的水平扫描线时，就可实现信息显示。当每一条扫描线由左至右到达屏幕的右边界时，就要再回扫到左边的起点位置，进行下一条扫描线的扫描。当底部扫描线结束时，即完成一帧扫描。然后光栅垂直向上回扫，回到左上角的起始位置，重复进行下一帧扫描以实现图像的刷新，获得稳定的图像。水平和垂直回扫期间，CRT 的电子束被消隐掉以使屏上看不到回扫显示。

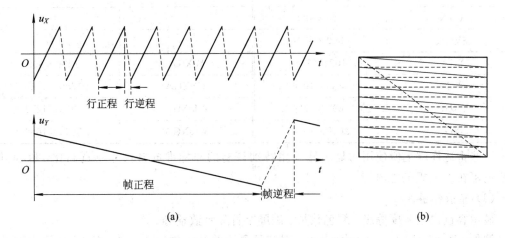

图 4.38　光栅显示器的扫描波形及屏幕扫描方式
(a) 扫描波形；(b) 光栅扫描示意图

　　光栅扫描和随机扫描不同，不管屏上显示的内容如何，电子束总是以恒定的速度从左到右、从上到下扫过屏上的每个像素位置。为了实现这种扫描，在 CRT 偏转部件上加的是两种不同频率的锯齿波电流。控制电子束沿水平方向偏转的电流叫作水平扫描电流，其重复频率称为行频。控制电子束沿垂直方向偏转的电流叫作垂直扫描电流，其重复频率称为帧频或场频。

　　显示信息只施加在正程时间内，即在需要显示图形的像素位置上加上相应的辉亮信号，接通电子束，从而出现图像。

　　由于垂直扫描电流相对于水平扫描电流作缓慢线性变化，因此可以近似认为水平扫描线呈水平直线状态，这就保证了每行扫描线均匀等间隔地分开而不致重合。当整个屏幕扫描完成后，电子束在垂直回扫电流控制下迅速跳回屏幕的左上角，接着执行下一次的扫描过程。

　　2) 光栅显示的主要质量指标

　　(1) 显示屏幕尺寸。

　　显示屏幕尺寸指显示屏的尺寸，一般以对角线长度标示，如 15 英寸(38 cm)、17 英寸(43 cm)等。通常显示屏的有效显示区域比该数值略小。

　　(2) 显示屏幕分辨率。

　　屏幕分辨率通常有两种衡量方式：最大网格数及光点(像素)尺寸。

　　最大网格数即 X、Y 方向上的最大像素数，表示为 $n_{x\max} \times n_{y\max}$，如 1024×768 等。

　　像素尺寸 $\Delta_x = \dfrac{W}{n_{x\max}}$，$\Delta_y = \dfrac{H}{n_{y\max}}$，其中 W、H 分别表示屏幕的宽度与高度，如 0.22 mm、0.28 mm 等。

　　屏幕分辨率目前使用较多的是最大网格数，计算机显示系统的屏幕分辨率已形成了一定的规范。根据屏幕的宽高之比分为普屏(4：3)和宽屏(16：10)两种，常用规格见表 4.2。

表 4.2　显示屏分辨率规格

规格(4：3)	分辨率	规格(16：10)	分辨率
QVGA	320×240		
VGA	640×480		
SVGA	800×600		
XGA	1024×768	WXGA	1280×800
SXGA	1280×1024	WSXGA	1680×1050
UXGA	1600×1200	WUXGA	1920×1200
QXGA	2048×1536	WQXGA	2560×1600

一些雷达终端上所使用的显示器采用特别订制的非标准屏幕尺寸及宽高比，因而其分辨率也不在以上规范之内。

（3）显示容量。

显示容量包括灰度等级、颜色数量、满屏字符显示数量等。

例如，R、G、B 各 4 位 16 级灰度，对应可显示的颜色数 $=16^3=4$K 色；R、G、B 各 6 位 64 级灰度，对应颜色数 $=64^3=26$ 万色；R、G、B 各 8 位 256 级灰度，对应颜色数 $=256^3=16.8$M 色。

通常显示颜色数少于 26 万色称为伪彩色，显示颜色数大于或等于 26 万色称为真彩色。

（4）刷新频率或帧频。

刷新频率或帧频由显示器件的余辉时间及人眼的临界闪烁频率决定，一般要求达到 50 Hz 以上。

（5）亮度与对比度。

对亮度与对比度的要求取决于工作环境的亮度，一般要求：亮度为 $120\sim250$ cd/m^2，对比度大于 200：1。

（6）显示系统带宽。

显示系统带宽的大小决定了像素点频率，直接影响分辨率(清晰度)。

例如，分辨率为 640×480～1600×1200，对应系统带宽为 25～150 MHz。

（7）图像存储器容量。

图像存储器用于存储每个像素的信息，容量一般为数百 KB 到数百 MB，有些甚至达数 GB。

（8）显示处理能力。

显示处理能力包括文字编辑与处理、图形编辑与处理、字符及线段的生成速度等。

（9）人机交互能力。

人机交互能力取决于键盘、鼠标、光笔、跟踪球等外部输入输出设备的性能。

3. CRT 光栅扫描显示系统构成

CRT(阴极射线管)光栅扫描显示系统由 CRT 光栅扫描监视器、图形显示控制器、显示处理器、显示刷新存储器等部分构成(参见图 4.17)。

光栅扫描 CRT 显示系统各部分组成如下：

1) CRT 光栅扫描监视器

CRT 光栅扫描监视器是 CRT 光栅扫描显示系统的一个通用部件，也称为 CRT 光栅显示器，其组成如图 4.39 所示。

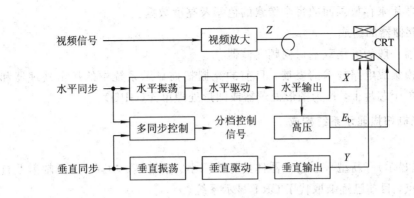

图 4.39　光栅扫描监视器组成方框图

（1）监视器的功能。

监视器将显示控制器控制下所产生的视频、同步信号转换为光信号进行显示。

（2）监视器的组成。

① CRT：有单色、彩色两种。

② 视频放大器：为宽频带、高电压线性放大器，连接 CRT 的阴极或调制极，控制电子束的有无和强弱，彩色时为 R、G、B 三路。

③ 水平（X）和垂直（Y）扫描电路：由振荡、驱动和输出级组成，用于推动 X 和 Y 偏转线圈形成扫描磁场，使电子束偏转扫描。

2）图形显示控制器

（1）显示控制器的功能。

① 管理刷新存储器。

② 产生 CRT 扫描同步（X、Y）信号或复合同步信号。

③ 控制视频信号的属性，如彩色、灰度等。

④ 完成显示命令的解释、处理。

⑤ 完成文字、图形的显示与处理控制。

⑥ 实现与主机的接口控制。

（2）显示控制器的组成。

① 存储器总线控制与同步模块：产生显示系统所需的各种同步信号，实现刷新存储器的寻址等。

② 视频模块：完成显示存储器输出的显示信息数据的彩色查表，形成 R、G、B 数据，经 D/A 变换、放大后驱动监视器。

3）显示处理器

（1）处理器的功能。

① 解释和执行显示命令。

② 将主机传送的画面内容数据加工成位图信息并写入刷新存储器（称为扫描变换）。

③ 对显示控制寄存器编程。

（2）处理器的组成：为具有图形功能的微处理器。

4）显示刷新存储器

显示刷新存储器又称位图存储器、帧缓冲器、显示缓存器等。

（1）刷新存储器的功能。

刷新存储器用来存放画面的每个像素的色彩及亮度数据。

（2）刷新存储器的组成。

刷新存储器一般为专用双端口视频存储器。

随着大规模集成电路技术的发展，目前的光栅扫描显示系统中的显示处理器和显示控制器已集成在单个芯片上，称为图形处理器或图形处理单元(GPU)。

4. LCD 光栅扫描显示系统构成

1）概述

LCD(液晶显示)等新型平板显示器件具有体积小、重量轻、功耗小、无辐射及抗电磁干扰能力强等优点，目前已逐渐取代了 CRT 显示系统。

LCD 一般都是多层结构。因为液晶材料本身并不发光，所以在显示屏下边都设有作为光源的灯管或 LED(发光二极管)，而在液晶显示器屏背面有一块背光板(或称匀光板)和反光膜，背光板由荧光物质组成，可以发射光线，其作用主要是提供均匀的背光源。

常用的 LCD 是有源矩阵型 LCD，其像素是按行、列的形式均匀排列的，其驱动是以行扫描信号和列寻址信号作用于被写入像素电极上的薄膜晶体管(TFT)有源电路，使之产生足够大的通断比，从而间接控制像素电极之间呈现 TN 型液晶分子排列，达到显示的目的。

2）LCD 显示系统的组成及工作原理

LCD 显示系统的组成与 CRT 光栅扫描系统相似，只是采用 LCD 显示模块取代了 CRT 监视器。显示器的控制电路采用大规模数字集成电路来实现，扫描方式多为矩阵选址方式。

LCD 器件的显示控制可采用多种驱动方式实现，但最常用的是直接驱动方式，即直接将驱动电压施加于像素电极上，使液晶显示直接对应于所加驱动信号。直接驱动可通过静态或动态控制方式实现，对大容量的显示一般采用动态驱动方式。动态驱动方式类似于 CRT 光栅扫描的逐行扫描方式，即循环地给每个行电极施加选择脉冲，同时给所有列电极提供处于该行上各列像素点的选择或非选择驱动脉冲，从而实现当前行上所有显示像素的驱动。扫描逐行顺序进行，使 LCD 上呈现一帧图像。

动态驱动可分为串行数据传输驱动和并行数据传输驱动两种方式。其驱动器组成如图 4.40 所示，驱动器由驱动电路和逻辑电路两部分构成。驱动电路部分是两组开关电路，完成液晶显示驱动功能。逻辑电路部分由锁存器和移位寄存器等逻辑电路组成，完成显示数据的传输、保持及控制电平的转换。移位寄存器采用串入并出模式，其输出内容经锁存、电平转

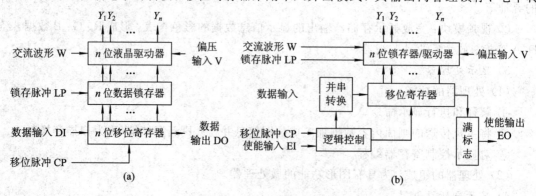

图 4.40　动态驱动的两种方式

(a) 串行数据传输方式驱动；(b) 并行数据传输方式驱动

换后作为选择信号直接控制液晶电极。

驱动器的工作过程是：移位寄存器在移位脉冲 CP 的作用下将显示数据顺序移入移位寄存器，在移位寄存器移满数据后由锁存脉冲 LP 将数据并行存入锁存器，用以控制驱动电路的开关状态。在交流波形 W 的变换下，驱动输出产生出 n 路驱动脉冲序列，实现液晶像素的驱动。

并行数据传输模式比串行数据传输模式的数据传输速度快，适用于大容量的 LCD 显示。

一般的 LCD 驱动器包含行驱动器和列驱动器，其主要功能和区别如下：

（1）输入数据的性质不同。列驱动器的数据是将要在某行上显示的各像素点的显示信息，在串行传输模式时为一位串行二进制数据流，在并行传输模式时为二位或四位并行二进制数据流。而行驱动器的数据仅为一位串行二进制数据流，数据为帧信号 FLM，用于对扫描行进行依次顺序选择。

（2）移位时钟性质不同。列驱动器移位时钟的作用是把列显示数据送入相应的像素位置。行驱动器移位时钟的作用是实现扫描行的转换。这种转换是在一个扫描行上的所有列像素数据到位后进行的。

（3）选择电压的相位不同。行和列驱动器的选择电压值相同，但相位上相差 180°。

（4）行和列驱动器的非选择电压值不同。

通常的 LCD 行、列驱动器分别被做成标准的行、列驱动芯片以方便应用，利用多片集成的行、列驱动芯片就可以组合成较大规模的 LCD 显示驱动系统，其中包含行驱动器、列驱动器、偏压电路、驱动电源及温度补偿电路等。

图 4.41(a)为采用串行数据传输方式的 LCD 驱动电路，其中列驱动器组配备有串行数据输入 DI 端和串行数据输出 DO 端(图中未画出)，利用 DI 和 DO 可以将多个驱动器的数据传输通路串接起来，构成更大规模的驱动器组，实现大容量的显示。

图 4.41(b)为采用四位并行数据传输方式的 LCD 驱动电路，其中列驱动器配备了使能输入端 EI 端和使能输出 EO 端(图中未画出)。利用 EI 和 EO 也可以将多个相同的列驱动器级联起来，构成更大规模的驱动器组。

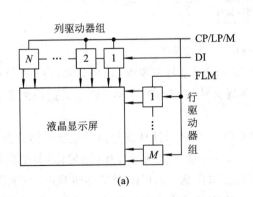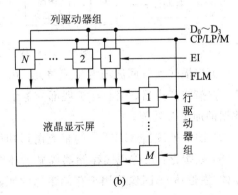

(a)　　　　　　　　　　　　　　　　　　　　(b)

图 4.41　分辨率为 M 行 N 列的 LCD 动态驱动器组

(a) 串行数据传输方式；(b) 并行数据传输方式

LCD 驱动系统除了驱动电路外，还包括一些辅助电路，包括温度补偿电路、偏压电路以及背光源驱动电路等。

LCD 显示系统的另外一个基本功能部件是 LCD 显示控制器，通常由专用的集成电路组成,其作用是为 LCD 显示系统提供时序信号和显示数据,同时还实现 LCD 显示系统与计算机的接口功能。LCD 显示控制器一般包括显示接口部分、驱动信号产生部件以及控制部分等重要功能模块,同时还拥有自己的指令集。

通常将 LCD 显示屏、驱动电路及控制器做成一个 LCD 显示模块,以方便应用。

图 4.42 是由 LCD 模块构成的液晶显示监视器的组成框图。

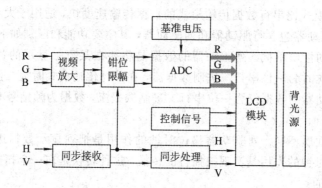

图 4.42 液晶显示监视器组成

5. 光栅扫描雷达显示系统

光栅扫描雷达显示系统显示质量高,且具有很大的显示灵活性,可以模拟各种传统雷达的显示器画面。

光栅扫描雷达显示系统方框图如图 4.43 所示。

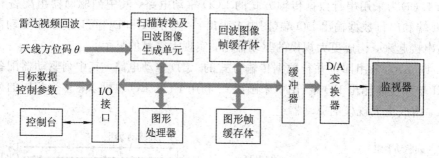

图 4.43 光栅扫描雷达显示系统方框图

(1) 扫描转换及回波图像生成单元:由 A/D 变换器、坐标变换器(轴角分解器)、矢量产生器、扫描线产生器、偏心与扩展部分等组成,实现天线波束扫描变换、原始雷达回波和雷达数据的加工及处理。

(2) 图形处理器(GPU):为带有图形功能的 CPU,是显示处理器与显示控制器的整合。

(3) 帧缓存:又称视频存储器或显示存储器,分为回波图像帧缓存体(图像体)和图形帧缓存体(图形体)。图像体用于存储雷达的原始回波图像信息,图形体用于存储图形、字符等信息。帧缓存的容量不能小于屏幕的物理分辨率所决定的总像素数,为了对图像进行展开等特殊显示处理,帧缓存的容量通常比屏幕像素数大很多倍。

(4) 监视器:通常为通用的光栅扫描显示器。

与一般的光栅扫描显示系统相比,光栅扫描雷达显示系统增加了扫描转换及回波图像生成单元和回波图像帧缓存体,合称为图像通道。其余部分与一般的光栅扫描显示系统相同,称为图形通道。

1）图像通道

图像通道的组成如图 4.44 所示，各部分的功能如下：

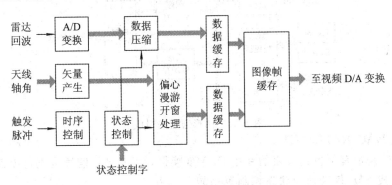

图 4.44 图像通道的组成

（1）A/D 变换。

A/D 变换是指将雷达回波的原始视频信号转换为数字信号，采样率需满足奈奎斯特准则，即

$$f_s \geqslant 2/\tau \tag{4.2.33}$$

式中，τ 为雷达发射脉冲宽度。A/D 变换器的位数取决于对回波强度的分辨要求。若回波来自数字信号处理机，则 A/D 变换器可以略去。

（2）数据压缩。

显示屏幕上一根扫描线上包含的像素点数由其物理分辨率所确定，而雷达回波在雷达一个重复周期 T_r 内的采样点数由采样频率确定，二者一般不相等，且往往后者大于前者。由于其不是一一对应关系，因此直接显示时会导致后面的数据点覆盖先前的数据点，即产生所谓的覆盖现象。为克服这一问题，在显示前需要对邻近距离单元的回波数据进行必要的合并压缩处理。例如，一个雷达重复周期的采样点数为 1000 点，而径向扫描线含 500 个像素点，则需对采样数据进行 2∶1 的压缩处理。

（3）矢量产生。

为了产生径向扫描线，需要产生扫描线上各像素点的 X、Y 坐标值。可以通过前述的矢量产生器得到，这两个坐标数据直接取自扫掠计数器，不需要进行随机扫描方式时的 D/A 变换处理。

（4）图像展开。

根据图像展开指令的要求，应对由矢量产生器产生的扫描坐标值进行相应的变换处理。

2）图形通道

图形通道组成如图 4.45 所示，各部分的功能如下：

（1）图形处理器（GPU）。

GPU 为带有可编程图形处理功能的 CPU，一般具备如下功能：

① 直接作为外部主机接口。

② 可编程 CRT 控制（水平、垂直同步，消隐）。

③ 直接作为 DRAM、双口 VRAM 接口。

④ 自动进行 CRT 显示刷新。

⑤ 直接进行灰度转换。

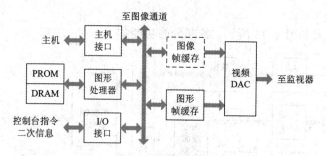

图 4.45 图形通道的组成

（2）视频 DAC(RAMDAC)。

视频 DAC 是带有彩色查找表的专用 D/A 变换器，完成显示信号接收与锁存、画面优先叠加、彩色查找、数/模变换及状态控制等功能。

典型光栅扫描雷达显示器画面如图 4.46 所示。

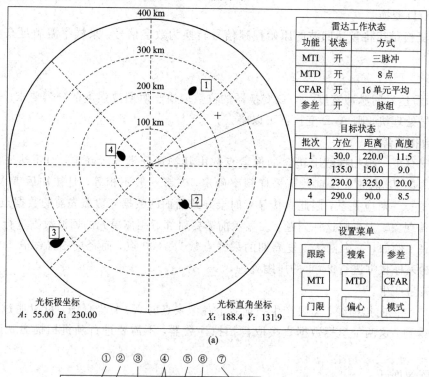

(a)

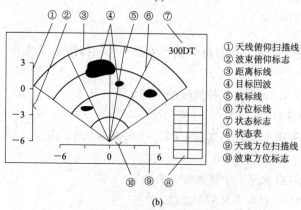

(b)

图 4.46　光栅扫描雷达显示器典型画面示例

（a）P 显画面；（b）偏心 P 显画面

3）光栅扫描雷达显示系统的软件结构

光栅扫描雷达显示系统的优点之一是具有高度的可编程性。光栅扫描雷达显示系统软件通常由系统监控软件、图形系统处理软件、雷达信息处理软件、通信处理软件等部分构成。为使软件尽量与硬件无关，可采用层次结构对其进行划分。通常将软件系统分为四层：驱动层、处理层、功能层、用户层。仅第一层与硬件有关，用户仅与第四层有关。其结构如图4.47所示。

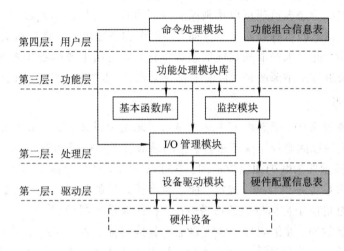

图 4.47 光栅扫描雷达系统的显示软件系统的层次结构

（1）驱动层。

驱动层由设备驱动模块和硬件配置信息表组成。设备驱动模块由针对各硬件设备的若干中断驱动程序所构成；硬件配置信息表包含了当前的硬件配置信息及显示终端的模块配置信息。

（2）处理层。

处理层由监控模块、I/O管理模块和基本函数库组成，完成与 CPU 直接有关的控制计算和显示处理。其中，I/O管理模块是实现软件与硬件相隔离的关键模块。

（3）功能层。

功能层由功能处理模块库组成，负责实现雷达显示的一系列功能，如自检、菜单、偏心等。

（4）用户层。

用户层由命令处理模块和功能组合信息表组成，实际中用户只需设定功能组合信息表即可。

4.3 雷达点迹录取

4.3.1 概述

雷达系统对雷达信息处理的过程主要有以下三个方面：

（1）从雷达接收机的输出中检测目标回波，判定目标的存在。

（2）测量并录取目标的距离、角度、速度等信息。

(3) 根据录取的目标信息,对目标进行编批,建立目标航迹,实现目标的稳定跟踪。

上述第(1)项任务通常称为信号检测。第(2)项内容称为点迹录取,为本节主要讨论的内容,其中包括目标坐标的录取方法和录取时使用的输入设备。第(3)项内容为数据处理,将在 4.4 节讨论。

早期的雷达终端设备,以 P 型显示器为主,全部录取工作由人工完成。操纵员通过观察显示器的画面来发现目标,并利用显示器上的距离和方位刻度,测读目标的坐标,估算目标的速度和航向,熟练的操纵员还可以从画面上判别出目标的类型和数目。

现代战争中,雷达的目标经常是多方向、多批次和高速度的。指挥机关希望对所有目标坐标实现实时录取,并要求录取的目标信息数字化,以适用于数据处理系统。因此,在人工录取的基础上,录取方法不断改进,目前主要分为两类,即半自动录取和全自动录取。

1. 半自动录取

在半自动录取设备中,仍然由人工通过显示器来发现目标,然后由人工操纵一套录取设备,利用编码器把目标的坐标记录下来。半自动录取设备方框图如图 4.48 所示。图中,录取显示器是以 P 型显示器为基础加以改进的。它可以显示某种录取标志,如一个十字光标,操纵员通过外部录取设备来控制这个光标,使它对准待录取的目标。通过录取标志从显示器上录取下来的坐标是对应于目标位置的扫描电压,在录取显示器输出后,应加一个编码器,将电压变换成二进制数码。在编码器中还可以加上其他特征数据,这就完成了录取任务。半自动录取设备目前使用较多,它的录取精度在方位上为 1°左右,在距离上为 1 km 左右。在天线环扫一周的时间(如 6~10 s)内,可录取 5~6 批目标,录取设备的延迟时间约为 3~5 s。

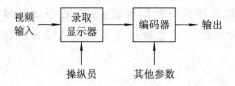

图 4.48 半自动录取设备方框图

2. 全自动录取

全自动录取与半自动录取的不同之处是:在整个录取过程中,从发现目标到各个坐标读出,完全由录取设备自动完成,只是某些辅助参数需要人工进行录取。全自动录取设备方框图如图 4.49 所示。图中,信号检测器能在全程对信号进行积累,根据检测准则,从积累的数据中判断是否有目标。当判断有目标时,检测器自动送出发现目标的信号,利用这一信号,用计数编码部件来录取目标的坐标数据。由于录取设备是在多目标的条件下工作的,所以距

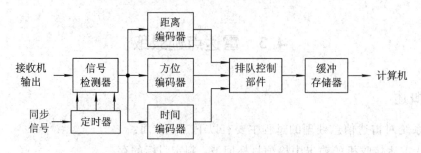

图 4.49 全自动录取设备方框图

离编码器和方位编码器能够提供雷达整个工作范围内的距离和方位数据，而由检测器来控制不同目标的坐标录取时刻。图中的排队控制部件是为了使录取的坐标能够有次序地送往计算机的缓冲存储器中，在这里可以加入一些其他数据。

全自动录取设备的优点是录取的容量大，速度快，精度也比较高，因此适合于自动化防空系统和航空管制系统。在一般的两坐标雷达上，配上自动录取设备，可以在天线扫描一周时录取 30 批以上的目标，录取的精度和分辨力能做到不低于雷达本身的技术指标，如距离精度可达到 100 m，方位精度可达到 0.1°或更高。对于现代化的航空管制雷达中的全自动录取设备，天线环扫一周内可录取高达 400 批的目标坐标数据。

在目前的雷达中，往往同时有半自动录取设备和全自动录取设备。在人工录取能够正常工作的情况下，一般先由人工录取目标头两个点的坐标，然后交由计算机控制。当计算机对这个目标实现自动跟踪以后，在屏幕上显示一个标志，以监视自动跟踪是否正常，必要时给予人工干预。此时操作员的主要注意力就可以转向显示器画面的其他部分以发现新的目标，再录取新目标头两个点的坐标。这样既发挥了人工的作用，又利用机器弥补了人工录取的某些不足。如果许多目标同时出现，人工来不及录取，则设备可转入全自动工作状态。操纵员这时候的主要任务是监视显示器的画面，了解计算机的自动跟踪情况，并且在必要的时候实施人工干预。这样的录取设备一般还可以通过人工辅助实现对少批数目标的引导。

4.3.2　目标距离数据的录取

录取目标的距离数据是录取设备的主要任务之一。录取设备应读出距离数据（即目标延迟时间 t_r），并把所测量目标的延时 t_r 变换成对应的数据，这就是距离编码器的任务。

1. 单目标距离录取

工作原理：根据发射脉冲与目标回波脉冲之间相差的时钟周期数来确定目标回波的距离延迟。

实现方法：一般采用脉冲计数法实现。

系统组成：如图 4.50 所示，将启动脉冲与目标回波脉冲之间的计数脉冲选通后，利用计数器对其进行计数即可得到距离延迟。图中的启动脉冲一般为雷达同步发射脉冲。

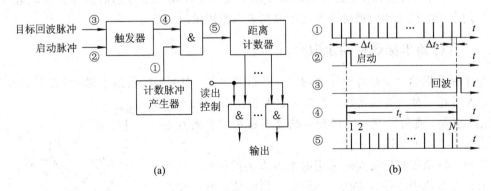

图 4.50　单目标距离编码器组成框图与各点波形
（a）电路组成；（b）波形示意图

设计数脉冲频率为 f，回波延迟的计数值为 N，则目标距离为

$$R = \frac{1}{2}ct_r \approx \frac{1}{2}cNf^{-1} \tag{4.3.1}$$

2. 多目标距离录取

工作原理：录取设备根据同一方位上多个目标回波脉冲各自相对于发射脉冲的延时，同时确定每个目标的距离。

实现方法：一般采用计数符合法实现。

系统组成：如图 4.51 所示，与单目标录取不同，多目标情况下的计数器进行全程计数，只是在有目标回波脉冲的时刻将此时的计数值读出，作为该目标的距离数据。由于采用全程计数，因此不影响后续目标的录取。

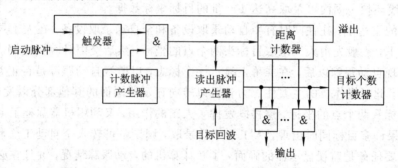

图 4.51　多目标距离编码器的组成框图

3. 影响距离录取精度的因素

参考图 4.50，影响距离录取精度的参数有：

(1) 同步误差 Δt_1：是由于编码器计数脉冲与启动脉冲不同步而引起的。

(2) 距离量化误差 Δt_2：是由于计数脉冲的不连续性所引起的。

4. 提高录取精度的途径

(1) 使启动脉冲由计数脉冲产生器同步分频产生，可完全消除同步误差 Δt_1。

(2) 提高计数脉冲频率，可减小距离量化误差 Δt_2 的影响，但不能完全消除，因为回波位置是随机出现的。

其他影响因素，如频率稳定度等，可采用高稳定度晶体振荡器，其频率稳定度可达 $10^{-6} \sim 10^{-7}$。在实际应用中，通常取距离量化单元等于或略小于雷达的脉冲宽度。此外，还可以采用电子游标法和内插法来提高距离测量和距离录取的精度。

4.3.3　目标角坐标数据的录取

角坐标数据的录取是录取设备的另一个重要任务。对两坐标雷达来说，角坐标数据只包括方位角数据。对三坐标雷达，角坐标数据包括方位角和仰角数据。但是，测角的基本原理和方法是一样的，下面着重介绍方位角数据的录取。

方位录取精度直接受到所采用的测量方法的影响。目前主要有两种方位中心估计方法：一种是等信号法，另一种是加权法。在角度录取精度方面，加权法一般要高于等信号法。

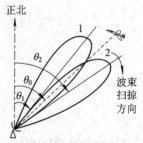

图 4.52　等信号法方位中心估计

1. 等信号法

图 4.52 示出了等信号法方位中心估计的示意图。在某些自动检测器中，检测器在检测过程中一般要发出三个信

号，即回波串的起始、回波串的终止和发现目标三个信号。前两个信号反映了目标方位的边际，可用来估计目标方位。假设目标起始时的方位为 θ_1，目标终止时读出的方位为 θ_2，则目标的方位中心估计值 θ_0 为

$$\theta_0 = \frac{\theta_1 + \theta_2}{2} \tag{4.3.2}$$

2. 加权法

加权法方位中心估计的原理示于图 4.53 中。量化信息经过距离选通后进入移位寄存器。移位寄存器的移位时钟周期等于雷达的脉冲重复周期。雷达发射一个脉冲，移位寄存器就移位一次。这样移位寄存器中寄存的是同一距离单元上不同重复周期的回波信息。对移位寄存器的输出进行加权求和，将左半部分加权和取正号，右半部分加权和取负号，然后由相加检零电路检测。当相加结果为零时，便输出一个方位读数脉冲送到录取设置，读出当前的方位信息。

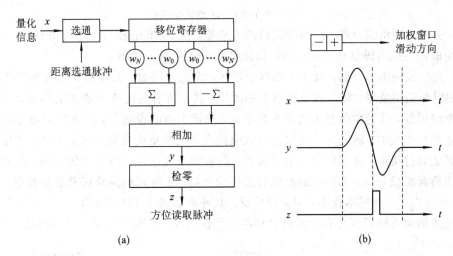

图 4.53　加权法方位中心估计原理图
（a）系统构成；（b）均匀加权时的方位中心估计示意图

合理地选择加权网络是加权法的关键。通常在波束中心的权值为 0，而两侧的权值逐渐增大，达到最大值后再逐渐下降为 0。因为在波束中心，目标稍微偏移天线电轴时信号的平均强度变化不大，即此时天线方向图的变化率最小，这就难以根据信号幅度的变化判明方位中心，所以在波束中心点赋予 0 权值。但是在波束两侧，天线方向图具有较大的斜率，目标的微小偏移将影响信号的幅度和出现的概率，所以应赋予较大的权值。当目标再远离中心时，由于天线增益下降，过门限的信号概率已接近过门限的噪声概率，用它估计方位已不可靠，所以应赋以较低的权值，直至赋以 0 权值。

4.3.4　天线轴角数据的录取

为了在显示器上形成与雷达天线波束转角同步的方位扫描线，需要实时获得雷达天线相对于某一参考方向的偏转角度，这一任务通常由轴角编码器完成。

1. 轴角编码器的类型

轴角编码器按其工作机理可分为电机式、机械式、光电式、磁电式等。

（1）电机式轴角编码器：由自整角机（或旋转变压器）和数字转换器等构成，如图 4.54 所示，其特点是采用闭环系统。这种编码器输出信号幅度大，可靠性好。其精度与分辨力主要取决于电机角误差及数字转换器的位数和比较器的鉴别力。双通道自整角机的轴角编码位数可达 20 位（bit）以上。

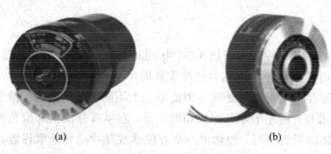

(a)　　　　　　　　　　　　　　　　(b)

图 4.54　电机式轴角编码器

(a) 自整角机；(b) 旋转变压器

（2）机械式轴角编码器：以接触式码盘为基础，在 20 世纪五六十年代得到了广泛应用，它的码拾取器主要由码盘和电刷组成，其分辨率一般为 10～12 位。

（3）光电式轴角编码器：以光学码盘为基础，由光学码盘、光源和光电变换器等部分组成。光学码盘是用玻璃、塑料或金属制成的薄片，其上带有透光或不透光的条纹。对一般要求的光电编码器，其光学码盘由可动光盘组成。分辨率高的编码器，其光学码盘是由可动光盘和静止光片组成的。静止光片用以通过或阻挡光源与光电变换器之间的光线。光电变换器一般由光敏元件组成，常用的是光敏二极管、三极管或光电池。为了方便使用，往往将光源与光电变换器组成一体，其间隙刚好能放置可动光盘。光电式轴角编码器适应性强，其分辨率可达 20 位以上，其成本较高，但应用广泛。其外形如图 4.55(a) 所示。

光电式轴角编码器主要有增量码盘和绝对码盘两种，如图 4.55(b)、(c) 所示。

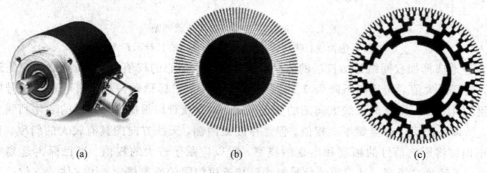

(a)　　　　　　　　　　(b)　　　　　　　　　　(c)

图 4.55　光电式轴角编码器

(a) 光电式轴角编码器的外形；(b) 增量码盘；(c) 绝对码盘

（4）磁电式轴角编码器：采用磁饱和原理实现编码。码盘由含铁素材料制成，并在上面按代码进行磁化而形成区段。检测器是软磁环形体，有两个绕组，一个作励磁，另一个作读取输出。磁电式轴角编码器精度较低，一般仅为 8 位左右。

2. 典型轴角编码器的工作原理及组成

1）自整角机轴角编码器

自整角机轴角编码器由自整角电机、自整角机-数字转换器等构成，如图 4.56 所示。

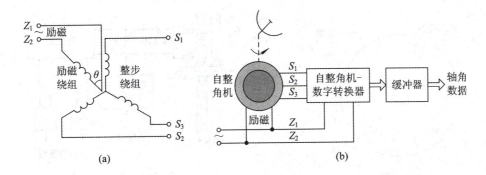

图 4.56 自整角机轴角编码器等效电路及其录取装置

(a) 等效电路；(b) 录取装置

在自整角机的励磁绕组中通入单相交流电流时，自整角机的气隙中将产生脉动磁场，其大小随时间按余弦规律变化。脉动磁场使自整角机整步绕组的各相绕组生成时间上同相位的感应电动势，电动势的大小取决于整步绕组中各相绕组的轴线与励磁绕组轴线之间的相对位置。

当整步绕组中的某一相绕组轴线与励磁绕组轴线重合时，该相绕组中的感应电动势有最大值，假设其值为 E_m。一般情况下，当整步绕组中的"1"绕组轴线与励磁绕组轴线的夹角为 θ 时，整步绕组中各相绕组上的感应电动势分别为

$$E_1 = E_m\cos\theta \tag{4.3.3}$$

$$E_2 = E_m\cos(\theta - 120°) \tag{4.3.4}$$

$$E_3 = E_m\cos(\theta - 240°) \tag{4.3.5}$$

由以上三相电压的关系即可确定 θ 的值。

自整角机的转轴直接与雷达天线的方位角或俯仰角耦合，励磁绕组的偏角就是天线的转角。将整步绕组输出及励磁参考信号输入自整角机-数字转换器，即可得到天线轴角的角度数值。

2）增量码盘

（1）单向扫描结构。

增量码盘是最简单的码盘。它在一个圆盘上开有一系列间隔为 $\Delta\theta$ 的径向缝隙，圆盘的转轴与天线转轴机械交链。圆盘的一侧设有光源，另一侧设有光敏元件，它把径向缝隙透过来的光转换为电脉冲。图 4.57 所示为圆盘上开缝的示意图及用增量码盘构成的角度录取装置。图中光源的光经过有缝屏蔽照射到码盘，使得码盘上只有一个增量缝隙受到光照。透过增量缝隙的光由光敏元件接收，形成增量计数脉冲 P_2 送往计数器计数。圆盘上还有一个置零缝隙，每当它对着光源时，光敏元件产生计数器清零脉冲 P_1 作为正北的标志，置零缝隙又称正北缝隙。由于增量缝隙是均匀分布的，所以当天线转轴带动码盘时，将有正比于转角的计数脉冲 P_2 进入计数器，该计数值代表了天线的指向角度。

（2）双向扫描结构。

简单的增量码盘只适用于天线作单方向转动，不允许天线反转或作扇扫运动。因为反转时所产生的计数脉冲与正转时的一样，并且计数器只作累计而不能减少，这就限制了这种码盘的适用性。为了克服这一缺陷，可采用带有转向缝隙的增量码盘。这种码盘的每两个增量缝隙之间有一转向缝隙，两种缝隙由同一光源照射，分别由各自的光敏元件检出计数信号和

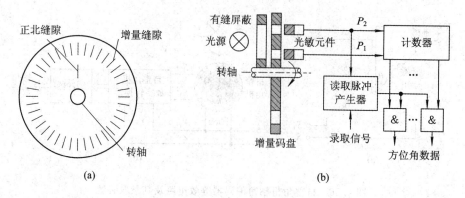

图 4.57　增量码盘及其录取装置

(a) 码盘结构；(b) 录取装置

转向信号送往转向鉴别器。这种码盘的构造及录取装置示于图 4.58，这里采用了可逆计数器。随着码盘转向的不同，转向鉴别器分别送出作加法计数或减法计数的计数脉冲给可逆计数器。

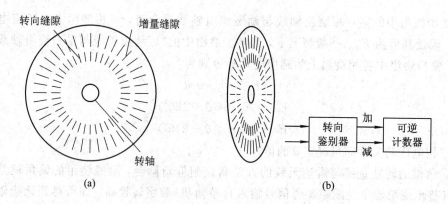

图 4.58　带转向缝隙的增量码盘及其录取装置

(a) 码盘结构；(b) 录取装置

由于转向缝隙穿插在增量缝隙之间，错开 1/4 个间隔，所以随着码盘转向的不同，计数信号相对于转向信号超前或滞后 1/4 周期。

增量码盘结构简单，精度高，附属电路也不复杂，但在工作过程中如果丢失几个计数脉冲或受到脉冲干扰，则计数器就会发生差错。直到转至清零脉冲出现的位置之前，这种差错将始终存在，而且多次误差还会积累起来，所以应加装良好的屏蔽，防止干扰脉冲进入。另外，若工作中发生掉电，则数据完全丢失，无法恢复，故必须采取掉电保护措施。

3) 绝对码盘

绝对码盘有二进制码盘和循环码盘(格雷码盘)两种。二进制码盘和循环码盘都可以直接取得与角度位置相应的数据，不必像增量码盘那样经计数积累才能取得各角度位置相应的数码。数码直接在码盘上表示出来，最外层是最低位，最里层是最高位。图 4.59 为 5 位码盘的结构示意图。目前这类码盘在单转结构下可做到 20 位或更高，录取角度数据的精度很高。用几个码盘通过机械传动装置连成一起的多转结构码盘组，其分辨率更高，而且可以用来测定转速。

采用二进制码的码盘，读出的数值直接就是并行的二进制数码，比较方便，但这种码盘

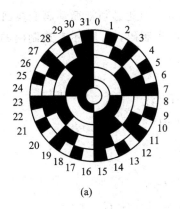 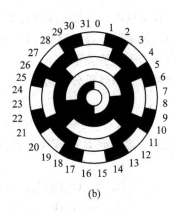

(a)   (b)

图 4.59 二进制码盘和循环码盘结构示意图

(a) 二进制码盘；(b) 循环码盘

有一个严重缺点，即读数可能出现大误差。例如，当角度位置码由 15 变为 16 时，对应的二进制码变化为

$$01111 \rightarrow 10000$$

结果五位数字全发生了变化，原来的 0 变成了 1，原来的 1 变成了 0。制造码盘时存在误差，光电读出设备也存在误差，在数码变换的交界处往往不能截然地分清楚，这样从 15 变为 16 的时候，有可能在变换过程中读出从 0 到 31 的任何数值，因而会产生大误差。在其他一些位置上，如 7 变成 8，23 变成 24，31 变成 0 等都有可能发生类似的错误。因此，在实际中使用的码盘大多是一种改进的循环码盘。

循环码的特点是相邻两个十进制数所对应的循环码只有一位码不相同。以十进制数 15 变为 16 为例，它们的二进制数码每一位都不相同，但它们的循环码只有最高位不同，对应的循环码变化为

$$01000 \rightarrow 11000$$

结果只有一位发生了变化，循环码的最高位本应由 0 变到 1，万一没有变，那么读出的数为十进制数 15。因此，在采用循环码时，即使在交界处反应不灵敏，其结果也只会是误成相邻的十进制数，不会产生大误差。

图 4.59 所示为十进制数 0～15 的四位二进制码盘和循环码盘的结构。表 4.3 所示为 4 位二进制码与循环码。

表 4.3 4 位二进制码与循环码

十进制数(D)	二进制码(B)	循环码(G)	十进制数(D)	二进制码(B)	循环码(G)
0	0000	0000	8	1000	1100
1	0001	0001	9	1001	1101
2	0010	0011	10	1010	1111
3	0011	0010	11	1011	1110
4	0100	0110	12	1100	1010
5	0101	0111	13	1101	1011
6	0110	0101	14	1110	1001
7	0111	0100	15	1111	1000

循环码是一种变权码,不能直接进行算术运算,因此必须把循环码变换回二进制码。用 G 表示循环码,G_i 表示循环码的第 i 位,B 表示二进制码,B_i 表示二进制码的第 i 位,由循环码变换为二进制码的转换关系如下:

设 n 位二进制码和循环码分别为

$$\begin{cases} B_n B_{n-1} \cdots B_2 B_1 \\ G_n G_{n-1} \cdots G_2 G_1 \end{cases} \tag{4.3.6}$$

由循环码 G 到二进制码 B 的转换关系为

$$\begin{cases} B_n = G_n \\ B_{n-1} = G_n \oplus G_{n-1} = B_n \oplus G_{n-1} \\ B_{n-2} = G_n \oplus G_{n-1} \oplus G_{n-2} = B_{n-1} \oplus G_{n-2} \\ \quad\vdots \\ B_1 = G_n \oplus G_{n-1} \oplus G_{n-2} \oplus \cdots \oplus G_1 = B_2 \oplus G_1 \end{cases} \tag{4.3.7}$$

式中,$\oplus$ 表示逻辑异或运算。

图 4.60 是一个采用循环码盘的角度录取设备。码盘所用的光源有连续发光和断续发光两种方式。若为断续发光,则发光的时刻要受录取控制信号所控制。光敏元件的输出电流一般是微安量级,因此需要加读出放大器。采用循环码盘录取角坐标具有精度高、体积小、重量轻等优点,因此循环码盘在雷达天线角度录取设备中得到了广泛应用。

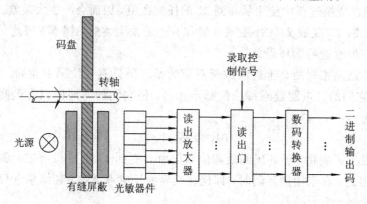

图 4.60 采用循环码盘的角度录取设备

3. 轴角编码器的质量指标

1) 分辨率

增量码盘的分辨率是编码器轴转动一周所产生的输出脉冲数(PPR),码盘上的透光缝隙的数目就等于编码器的分辨率,绝对码盘的分辨率就是其位数。

2) 精度

增量码盘的精度是指在所选定的分辨率范围内,确定任一脉冲相对于另一脉冲位置的能力。精度通常用角度、角分或角秒来表示。绝对码盘的精度是相邻码隙划分的精确度。

3) 输出信号的稳定性

编码器输出信号的稳定性是指在实际运行条件下,保持规定精度的能力。

4) 响应频率

编码器输出的响应频率取决于光电检测器件、电子线路的响应速度。每一种编码器在分辨率一定的情况下其最高转速也是一定的,即它的响应频率是受限制的。

5) 信号输出形式

矩形波输出信号容易进行数字处理，所以这种输出信号在定位控制中得到了广泛的应用。采用正弦波输出信号时基本消除了定位停止时的振荡现象，并且容易通过电子内插方法以较低的成本得到较高的分辨率。

4.4　雷达数据处理

4.4.1　概述

雷达数据处理的任务是对雷达录取的目标点迹数据（也称目标的量测数据，包括目标的斜距、径向速度、方位角、俯仰角等）进行关联、滤波、预测等处理，形成目标运动轨迹（航迹），实现对目标的稳定跟踪。

由于测量设备存在噪声和干扰，因此雷达测得的目标量测数据总是含有随机误差，即便清楚知道目标的运动规律，也不能准确求得目标当前坐标及下一时刻的预测坐标值，只能根据量测值对其进行统计意义上的"估计"。对量测数据进行上述处理，可以减小雷达测量过程中引入的随机误差，提高目标位置和运动参量的估计精度，更准确地预测目标下一时刻的状态。

数据处理可以看作是信号处理的延伸，信号处理是在较短的时间间隔内对同一目标的多个连续回波进行处理，提高回波的信噪比以实现目标的有效检测（判决）并给出目标位置和运动参数的估计（点迹数据）。数据处理则是在相对较长的时间内对同一目标的多个点迹数据进行关联（多目标情况下）、平滑滤波等处理，进一步提高了目标状态参量的估计精确度。

对雷达目标点迹的数据处理流程如图 4.61 所示。

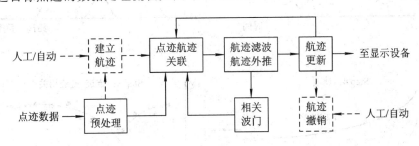

图 4.61　雷达数据处理流程

数据处理器在接收到目标的初始点迹数据后，首先要对该目标建立起始航迹。如果这种初始的航迹是由虚警点迹数据所建立的，则不可能构成连续的航迹，因而在后续关联中会被撤销；如果该初始航迹是由真实的目标点迹数据所建立的，则能够形成连续的航迹，在后续的关联中会被保留，从而航迹被确认。因此起始航迹一般是暂时的，称为试验航迹。航迹可以由人工干预来确认，也可以由自动方式来完成。

通常情况下，雷达回波中存在多个目标，各个目标都有自己的航迹。因而在航迹被确认后，后续输入的点迹将通过相关波门与各自的航迹建立关联，与某条航迹关联的点迹将被认为属于该目标，根据对该目标所建立的状态方程，并对该点迹数据进行相应的平滑滤波、预测外推处理，即可实现目标航迹的更新，同时调整下一个点迹有可能出现的波门位置。这样的过程持续下去，即实现了目标的连续稳定跟踪。该稳定跟踪形成的目标航迹数据将通过显示设备呈现给雷达操纵人员。

当对一个处于跟踪状态的目标不再关心或该目标的航迹质量变差时，可以通过人工干预或自动的方式结束该条航迹，实现航迹的撤销。

相关波门是一个以目标预测位置为中心的区域，该区域决定了来自该目标的下一个点迹可能出现的位置范围。该区域的大小和形状一般根据目标的运动状态（速度、加速度、运动方向、扰动）等因素来确定，应保证该目标的下一个真实点迹以尽可能大的概率落在该区域，同时使与该目标无关的点迹落在该区域的概率尽可能小。

点迹数据滤波是根据所假设的目标状态量测方程及目标运动状态方程来进行的。当状态量和量测量不在同一坐标系时还应当进行适当的坐标变换处理，称为点迹数据预处理。应根据目标运动状态方程的不同，采用不同的滤波跟踪算法。在量测量与状态量成线性关系（线性量测方程）的情况下，采用线性滤波处理算法。典型的线性滤波算法包括 $\alpha - \beta$ 滤波算法、$\alpha - \beta - \gamma$ 滤波算法、卡尔曼（Kalman）滤波算法等。当目标匀速运动时可以采用 $\alpha - \beta$ 滤波算法；当目标做匀加速运动时，采用 $\sigma - \beta - \gamma$ 滤波算法。对于线性时变的非平稳运动过程，通常采用卡尔曼滤波算法。在量测量与状态量成非线性关系（非线性量测方程）的情况下，采用非线性滤波处理算法。典型的非线性滤波算法有推广（扩展）的卡尔曼滤波算法及粒子滤波算法。本书只讨论基本的线性滤波算法。

从点迹录取到跟踪滤波的过程可形象地用图 4.62 描述。

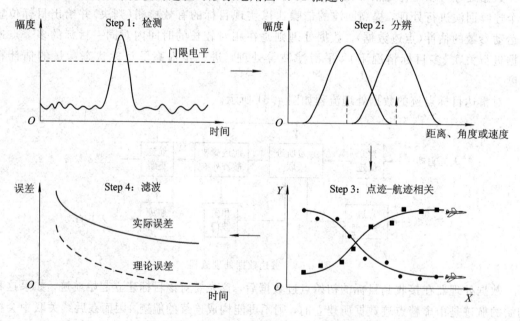

图 4.62　从点迹录取到跟踪滤波过程示意图

4.4.2　目标运动与量测模型

要实现对目标的有效跟踪，需要先确定目标的运动规律。目标运动模型是对目标运动规律在空间和时间上的数学描述。一般情况下，在目标跟踪中把目标看作忽略其几何形状的点目标，并假设目标的状态及量测关系可以用数学方程描述。由于目标运动模型与目标所处的状态、时间密切相关，因此目标运动模型常以状态、时间的形式来表示。

　　建立目标运动模型的一般原则是：所建立的模型既要符合目标运动实际，又要便于数学处理。当目标做非机动运动时，其运动模型相对容易建立；而对于机动目标，其运动模型的精确建立相对困难。这是因为在很多情况下，目标机动不仅与来自环境或来自系统的不可知因素有关，有时还要受人为因素的控制。在这种情况下，就只能用近似方法描述，从而不可避免地产生模型误差。

　　目标运动模型主要分为两大类：一类是非机动目标模型，主要有匀速 CV 模型和匀加速 CA 模型；另一类是机动目标模型，主要有 Singer 模型及均值自适应的"当前"统计模型等。本节主要介绍非机动目标模型。

　　我们将目标的位置、速度及加速度等参数称为目标的状态变量，其状态变量的变化规律通常用目标的状态方程来描述，它反映目标某一时刻的状态变量与其前一时刻状态变量的函数关系。一般情况下，目标的状态变量是一个随着时间变化的随机过程。

　　状态方程的一般形式为

$$X_{k+1} = F_{k+1/k}X_k + G_ku_k + V_k \tag{4.4.1}$$

其中，X_{k+1}、$X_k \in \mathbf{R}^{n \times 1}$ 分别为 $k+1$ 及 k 时刻的状态，$F_{k+1/k} \in \mathbf{R}^{n \times n}$ 是由 k 时刻到 $k+1$ 时刻的状态转移矩阵，$G_k \in \mathbf{R}^{n \times p}$ 为输入控制项矩阵，$u_k \in \mathbf{R}^{p \times 1}$ 为控制输入，$V_k \in \mathbf{R}^{n \times 1}$ 为状态噪声。

　　量测（观测）方程反映目标测量值与状态变量之间的关系。由于测量的不确定性，目标量测值也是一个随着时间变化的随机过程，其一般形式为

$$Z_k = H_kX_k + W_k \tag{4.4.2}$$

式中，$Z_k \in \mathbf{R}^{m \times 1}$ 是 k 时刻的量测向量，$H_k \in \mathbf{R}^{m \times n}$ 为量测矩阵，$W_k \in \mathbf{R}^{m \times 1}$ 为量测噪声。

　　状态噪声 V_k 和量测噪声 W_k 均假设为高斯白噪声向量序列且互不相关，其协方差矩阵分别记为 Q_k 和 R_k。

　　图 4.63 所示为状态模型与量测模型。

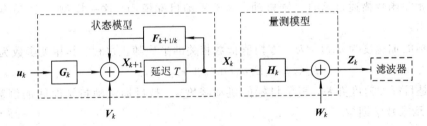

图 4.63　状态模型与量测模型

1. 匀速(CV)运动模型

　　设 x_k、$\dot{x}_k$ 分别表示目标在 k 时刻所处的位置及速度，当目标以匀速运动时，其在 $k+1$ 时刻的位置及速度（状态）为

$$x_{k+1} = x_k + \dot{x}_kT + u_kT^2/2$$
$$\dot{x}_{k+1} = \dot{x}_k + u_kT$$

这一状态的转换可以写为下面的矩阵形式：

$$X_{k+1} = \begin{bmatrix} x_{k+1} \\ \dot{x}_{k+1} \end{bmatrix} = \begin{bmatrix} 1 & T \\ 0 & 1 \end{bmatrix} \begin{bmatrix} x_k \\ \dot{x}_k \end{bmatrix} + \begin{bmatrix} T^2/2 \\ T \end{bmatrix} u_k = FX_k + Gu_k \tag{4.4.3}$$

其中，T 为相邻两个时刻的间隔；X 表示状态；F 为状态转移矩阵；u_k 为零均值的高斯白噪声随机序列，表示目标运动过程的加速度扰动。

设 k 时刻对目标位置的测量值为 z_k，则

$$z_k = x_k + w_k = \begin{bmatrix} 1 & 0 \end{bmatrix} \begin{bmatrix} x_k \\ \dot{x}_k \end{bmatrix} + w_k = \boldsymbol{H}\boldsymbol{X}_k + w_k \tag{4.4.4}$$

式中，w_k 为均值为 0、方差为 σ_w^2 的高斯白噪声序列。

2. 匀加速(CA)运动模型

设 x_k，$\dot{x}_k$，$\ddot{x}_k$ 分别表示目标在 k 时刻所处的位置、速度及加速度，当目标以匀加速运动时，其在 $k+1$ 时刻的状态为

$$x_{k+1} = x_k + \dot{x}_k T + \ddot{x}_k T^2/2 + u_k T^2/2$$
$$\dot{x}_{k+1} = \dot{x}_k + \ddot{x}_k T + u_k T$$
$$\ddot{x}_{k+1} = \ddot{x}_k + u_k$$

这一状态的转换可以写为下面的矩阵形式：

$$\boldsymbol{X}_{k+1} = \begin{bmatrix} x_{k+1} \\ \dot{x}_{k+1} \\ \ddot{x}_{k+1} \end{bmatrix} = \begin{bmatrix} 1 & T & T^2/2 \\ 0 & 1 & T \\ 0 & 0 & 1 \end{bmatrix} \begin{bmatrix} x_k \\ \dot{x}_k \\ \ddot{x}_k \end{bmatrix} + \begin{bmatrix} T^2/2 \\ T \\ 1 \end{bmatrix} u_k = \boldsymbol{F}\boldsymbol{X}_k + \boldsymbol{G}u_k \tag{4.4.5}$$

设 k 时刻对目标位置的测量值为 z_k，则

$$z_k = x_k + w_k = \begin{bmatrix} 1 & 0 & 0 \end{bmatrix} \begin{bmatrix} x_k \\ \dot{x}_k \\ \ddot{x}_k \end{bmatrix} + w_k = \boldsymbol{H}\boldsymbol{X}_k + w_k \tag{4.4.6}$$

式中，w_k 仍为均值为 0、方差为 σ_w^2 的高斯白噪声序列。

3. Singer 模型

Singer 模型将运动目标的白噪声加速度模型修改为相关型噪声模型，并用加速度过程的方差及其相关函数描述目标的一维机动，属于机动目标模型，这一模型于 1970 年由 R. A. Singer 提出。

设目标的加速度为 $a(t)$，为一零均值指数相关的平稳随机过程，其相关函数为

$$R_a(\tau) = E[a(t)a(t+\tau)] = \sigma_a^2 e^{-\alpha|\tau|} \tag{4.4.7}$$

式中，σ_a^2 是目标加速度方差，表示目标的机动强度；α 是目标机动持续时间的倒数(机动频率)；E 表示求数学期望。

Singer 模型同时假设目标的加速度值 $a(t)$ 分布于 $[-a_{\max}, a_{\max}]$ 之间，其一维概率密度为：加速度取 0 的概率为 P_0，取 $\pm a_{\max}$ 的概率均为 $P_{\max}$，在 $[-a_{\max}, a_{\max}]$ 的其余处为均匀分布，幅度为 $\dfrac{1-(P_0+2P_{\max})}{2a_{\max}}$，如图 4.64 所示。

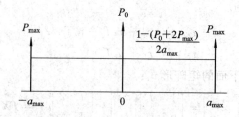

图 4.64　目标加速度的概率密度分布

由此可得加速度过程的方差为

$$\sigma_a^2 = \frac{a_{\max}^2}{3}(1 + 4P_{\max} - P_0)$$

根据 Singer 的加速度过程的指数型相关函数模型，加速度 $a(t)$ 可以表示为功率谱密度为 $2\alpha\sigma_a^2$ 的白噪声过程 $v(t)$ 通过滤波器后的输出，满足如下的微分方程：

$$\dot{a}(t) = -\alpha a(t) + v(t) \tag{4.4.8}$$

设状态向量为 $\boldsymbol{X}(t) = [x(t) \quad \dot{x}(t) \quad \ddot{x}(t)]^T$，其中 $\ddot{x}(t) = a(t)$，则上述一阶时间相关模型可用状态方程表示为

$$\dot{\boldsymbol{X}}(t) = \begin{bmatrix} \dot{x}(t) \\ \ddot{x}(t) \\ \dot{a}(t) \end{bmatrix} = \begin{bmatrix} 0 & 1 & 0 \\ 0 & 0 & 1 \\ 0 & 0 & -\alpha \end{bmatrix} \begin{bmatrix} x(t) \\ \dot{x}(t) \\ \ddot{x}(t) \end{bmatrix} + \begin{bmatrix} 0 \\ 0 \\ v \end{bmatrix} = \boldsymbol{AX}(t) + \boldsymbol{V}(t) \tag{4.4.9}$$

其中，$\boldsymbol{A} = \begin{bmatrix} 0 & 1 & 0 \\ 0 & 0 & 1 \\ 0 & 0 & -\alpha \end{bmatrix}$ 为系统矩阵。

对于采样时间间隔为 T 的系统，对应的离散时间动态方程为

$$\boldsymbol{X}_{k+1} = \boldsymbol{F}_k \boldsymbol{X}_k + \boldsymbol{V}_k \tag{4.4.10}$$

其中：

$$\boldsymbol{F}_k = \boldsymbol{F} = \mathrm{e}^{\boldsymbol{A}T} = \begin{bmatrix} 1 & T & (\alpha T - 1 + \mathrm{e}^{-\alpha T})/\alpha^2 \\ 0 & 1 & (1 - \mathrm{e}^{-\alpha T})/\alpha \\ 0 & 0 & \mathrm{e}^{-\alpha T} \end{bmatrix} \tag{4.4.11}$$

以上即为 Singer 机动目标时间相关模型。

值得注意的是，在 Singer 模型中取 $\alpha = 0$，有

$$\boldsymbol{A} = \begin{bmatrix} 0 & 1 & 0 \\ 0 & 0 & 1 \\ 0 & 0 & 0 \end{bmatrix}$$

从而状态转移矩阵为

$$\boldsymbol{F} = \mathrm{e}^{\boldsymbol{A}T} = \begin{bmatrix} 1 & T & T^2/2 \\ 0 & 1 & T \\ 0 & 0 & 1 \end{bmatrix}$$

Singer 模型退化为 CA 模型。同理，当状态向量只取前二维时变为 CV 模型。因此，CV 与 CA 模型可以看作 Singer 模型的特例。

4.4.3　跟踪滤波算法

在由式(4.4.1)和式(4.4.2)表示的状态方程和量测方程中，根据 j 时刻及以前的量测值对 k 时刻的状态 $\boldsymbol{X}_k$ 做出的某种估计记为 $\hat{\boldsymbol{X}}_{k/j}$，则根据 j 的取值，估计问题可分为以下几种情况：

当 $j = k$ 时，为滤波问题。$\hat{\boldsymbol{X}}_{k/j}$ 为 k 时刻状态 $\boldsymbol{X}_k$ 的滤波值。

当 $j < k$ 时，为预测问题。$\hat{\boldsymbol{X}}_{k/j}$ 为 k 时刻状态 $\boldsymbol{X}_k$ 的预测值。

当 $j > k$ 时，为平滑问题。$\hat{\boldsymbol{X}}_{k/j}$ 为 k 时刻状态 $\boldsymbol{X}_k$ 的平滑值。

以下的跟踪滤波问题只涉及预测和滤波两种情况。

1. Kalman 滤波

在所有的线性估计问题中，线性最小均方误差估计是最优估计。根据最小均方误差准则，对于随机向量 x 及其观测 z，当 x、z 为联合正态分布时，x 的最小均方误差估计为其条件均值：

$$\hat{x} = E[x \mid z] = E(x) + P_{xz}P_{zz}^{-1}[z - E(z)] \tag{4.4.12}$$

其估计误差协方差矩阵为

$$P_{xx|z} = E[(x - \hat{x})(x - \hat{x})^{\mathrm{T}} \mid z] = P_{xx} - P_{xz}P_{zz}^{-1}P_{zx} = P_{xx} - P_{xz}P_{zz}^{-1}P_{xz}^{\mathrm{T}} \tag{4.4.13}$$

其中，P_{xz}、P_{zz} 及 P_{xx} 分别表示 x 与 z 的互协方差矩阵及 z、x 的自协方差矩阵。

1) Kalman 滤波算法

对时变参数（状态）的估计，状态和观测量均为随时间变化的函数，因此在利用观测量进行状态的估计时需要考虑其时间的演变。

根据以上静态情况的最小均方误差估计思想，可以类似地导出动态（时变）情况下的最小均方误差估计。

假设已知直到时刻 k 的量测：

$$Z^k = \{Z_j, j = 1, 2, \cdots, k\}$$

则对 k 时刻的状态 X_k 的最小均方误差估计为以下的条件均值：

$$\hat{x} \rightarrow \hat{X}_{k/k} = E[X_k \mid Z^k] = E[X_k \mid (Z^{k-1}, Z_k)] \tag{4.4.14}$$

其状态误差协方差矩阵为

$$P_{k/k} = E[(X_k - \hat{X}_{k/k})(X_k - \hat{X}_{k/k})^{\mathrm{T}} \mid Z^k] = E[\widetilde{X}_{k/k}\widetilde{X}_{k/k}^{\mathrm{T}} \mid Z^k] \tag{4.4.15}$$

以下基于式(4.4.1)及式(4.4.2)的系统模型，给出已知 k 时刻状态估计（滤波）值 $\hat{X}_{k/k}$、状态误差协方差矩阵 $P_{k/k}$ 以及 $k+1$ 时刻观测值 Z_{k+1} 的条件下，计算 $k+1$ 时刻的状态一步预测 $\hat{X}_{k+1/k}$、状态滤波 $\hat{X}_{k+1/k+1}$ 及其协方差矩阵的 Kalman 滤波递推算法。

根据式(4.4.12)，可求得

状态 X_k 的一步预测为

$$E(x) \rightarrow \hat{X}_{k+1/k} = E[X_{k+1} \mid Z^k] = E[F_{k+1/k}X_k + G_k u_k + V_k \mid Z^k]$$
$$= F_{k+1/k}\hat{X}_{k/k} + G_k u_k \tag{4.4.16}$$

一步预测误差为

$$\widetilde{X}_{k+1/k} = X_{k+1} - \hat{X}_{k+1/k}$$
$$= F_{k+1/k}\widetilde{X}_{k,k} + V_k$$

一步预测误差协方差矩阵为

$$P_{xx} \rightarrow P_{k+1/k} = E[\widetilde{X}_{k+1/k}\widetilde{X}_{k+1/k}^{\mathrm{T}} \mid Z^k]$$
$$= E[(F_{k+1/k}\widetilde{X}_{k/k} + V_k)(F_{k+1/k}\widetilde{X}_{k/k} + V_k)^{\mathrm{T}} \mid Z^k]$$
$$= F_{k+1/k}P_{k/k}F_{k+1/k}^{\mathrm{T}} + Q_k \tag{4.4.17}$$

量测 Z_k 的一步预测为

$$E(z) \rightarrow \hat{Z}_{k+1/k} = E[Z_{k+1} \mid Z^k] = E[H_{k+1}X_{k+1} + W_{k+1} \mid Z^k]$$
$$= H_{k+1}\hat{X}_{k+1/k} \tag{4.4.18}$$

量测预测的误差（新息或残差）为

$$\boldsymbol{\mu}_{k+1} = \widetilde{\boldsymbol{Z}}_{k+1/k} = \boldsymbol{Z}_{k+1} - \widehat{\boldsymbol{Z}}_{k+1/k} = \boldsymbol{Z}_{k+1} - \boldsymbol{H}_{k+1}\widehat{\boldsymbol{X}}_{k+1/k} = \boldsymbol{H}_{k+1}\widetilde{\boldsymbol{X}}_{k+1/k} + \boldsymbol{W}_{k+1} \quad (4.4.19)$$

量测预测误差的协方差(新息协方差)矩阵为

$$\begin{aligned}
\boldsymbol{P}_{zz} \to \boldsymbol{S}_{k+1} &= E[\boldsymbol{\mu}_{k+1}\boldsymbol{\mu}_{k+1}^{\mathrm{T}} \mid \boldsymbol{Z}^k] \\
&= E[(\boldsymbol{H}_{k+1}\widetilde{\boldsymbol{X}}_{k+1/k} + \boldsymbol{W}_{k+1})(\boldsymbol{H}_{k+1}\widetilde{\boldsymbol{X}}_{k+1/k} + \boldsymbol{W}_{k+1})^{\mathrm{T}} \mid \boldsymbol{Z}^k] \\
&= \boldsymbol{H}_{k+1}\boldsymbol{P}_{k+1/k}\boldsymbol{H}_{k+1}^{\mathrm{T}} + \boldsymbol{R}_{k+1} \quad (4.4.20)
\end{aligned}$$

状态误差与量测预测误差的互协方差矩阵为

$$\begin{aligned}
\boldsymbol{P}_{xz} \to \boldsymbol{\Phi}_{k+1} &= E[\widetilde{\boldsymbol{X}}_{k+1/k}\widetilde{\boldsymbol{Z}}_{k+1/k}^{\mathrm{T}} \mid \boldsymbol{Z}^k] = E[\widetilde{\boldsymbol{X}}_{k+1/k}(\boldsymbol{H}_{k+1}\widetilde{\boldsymbol{X}}_{k+1/k} + \boldsymbol{W}_{k+1})^{\mathrm{T}} \mid \boldsymbol{Z}^k] \\
&= \boldsymbol{P}_{k+1/k}\boldsymbol{H}_{k+1}^{\mathrm{T}}
\end{aligned}$$

滤波增益为

$$\boldsymbol{P}_{xz}\boldsymbol{P}_{zz}^{-1} \to \boldsymbol{K}_{k+1} = \boldsymbol{P}_{k+1/k}\boldsymbol{H}_{k+1}^{\mathrm{T}}\boldsymbol{S}_{k+1}^{-1} \quad (4.4.21)$$

$k+1$ 时刻的状态滤波(更新)值由式(4.4.12)得

$$\widehat{\boldsymbol{X}}_{k+1/k+1} = \widehat{\boldsymbol{X}}_{k+1/k} + \boldsymbol{K}_{k+1}\boldsymbol{\mu}_{k+1} \quad (4.4.22)$$

状态滤波误差的协方差更新方程由式(4.4.13)得

$$\begin{aligned}
\boldsymbol{P}_{k+1/k+1} &= \boldsymbol{P}_{k+1/k} - (\boldsymbol{P}_{k+1/k}\boldsymbol{H}_{k+1}^{\mathrm{T}}\boldsymbol{S}_{k+1}^{-1})\boldsymbol{H}_{k+1}\boldsymbol{P}_{k+1/k} \\
&= [\boldsymbol{I} - \boldsymbol{K}_{k+1}\boldsymbol{H}_{k+1}]\boldsymbol{P}_{k+1/k} \quad (4.4.23)
\end{aligned}$$

由状态更新方程可知,状态的更新值 $\widehat{\boldsymbol{X}}_{k+1/k+1}$ 是其一步预测值 $\widehat{\boldsymbol{X}}_{k+1/k}$ 及新息 $\boldsymbol{\mu}_{k+1}$ 的线性组合,新息的权重是滤波增益 $\boldsymbol{K}_{k+1}$。而 $\boldsymbol{K}_{k+1}$ 与一步预测误差协方差 $\boldsymbol{P}_{k+1/k}$ 及新息协方差 $\boldsymbol{S}_{k+1}$ 有关,二者分别表示了预测与新息的不确定性。当预测不确定性比新息的不确定性大时,滤波增益大,新息对状态更新值的贡献大;反之,新息对状态更新值的贡献小。

2) Kalman 滤波的流程

Kalman 滤波流程如图 4.65 所示。

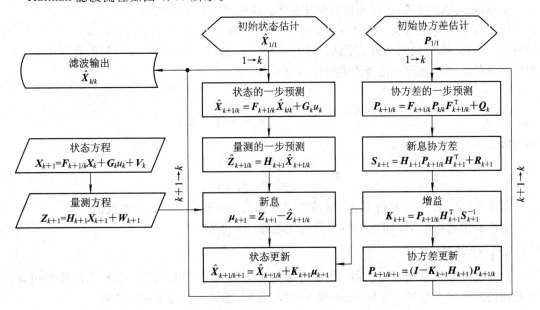

图 4.65 Kalman 滤波流程

假设系统模型为式(4.4.3)、式(4.4.4)所示的 CV 模型,此模型下的 Kalman 滤波过程示意图如图 4.66 所示。由 t_1 时刻的状态估计值 $\widehat{\boldsymbol{X}}_{1/1}$ 以匀速运动方式外推得到 t_2 时刻状态的

一步预测值 $\hat{\boldsymbol{X}}_{2/1}$，利用 t_2 时刻的量测值 $\boldsymbol{Z}_2$ 对一步预测值 $\hat{\boldsymbol{X}}_{2/1}$ 进行修正得到 t_2 时刻的状态估计值 $\hat{\boldsymbol{X}}_{2/2}$，此过程一直重复进行。注意：图中估计的速度并不是一个常数，事实上每一次状态更新后都是变化的。这一变化的程度依赖于状态噪声的大小，而噪声的大小反映了目标机动的程度。图中目标的运动规律在整个时间窗内并不是匀速直线运动，Kalman 滤波将其近似为分段匀速直线运动来处理（每相邻两个时刻之间为一段），滤波结果给出的是均方误差最小意义上的对实际运动状态的估计（逼近）。

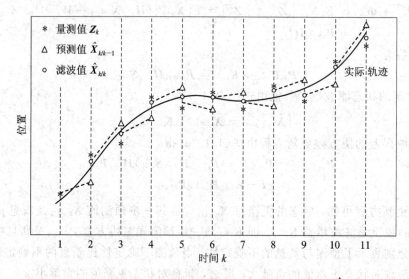

图 4.66　CV 模型假设下的滤波过程示意图

3）Kalman 滤波器的初始化

Kalman 滤波过程需要首先初始化滤波器，即先建立初始的状态。

以二维状态向量为例，系统模型如式（4.4.3）、式（4.4.4）所示，状态为 $\boldsymbol{X}=[x,\dot{x}]^{\mathrm{T}}$，量测量为一维标量 z，量测噪声 w 服从 $N(0,\sigma^2)$ 分布。假设已知 $k=0,1$ 时刻的量测值 z_0、z_1，则滤波器状态的初始化可用两点差分法建立，即

$$\boldsymbol{X}_{1/1}=\begin{bmatrix}\hat{x}_{1/1}\\\hat{\dot{x}}_{1/1}\end{bmatrix}=\begin{bmatrix}z_1\\(z_1-z_0)/T\end{bmatrix}\tag{4.4.24}$$

初始协方差为

$$\boldsymbol{P}_{1/1}=\begin{bmatrix}\sigma^2&\sigma^2/T\\\sigma^2/T&2\sigma^2/T^2\end{bmatrix}\tag{4.4.25}$$

对于 $k=2,3,\cdots$，可由 Kalman 滤波递推公式得到各时刻的状态滤波值。

对于高维状态向量，可类似进行初始化处理，不再赘述。

2. $\alpha-\beta$ 滤波

$\alpha-\beta$ 滤波器为常增益滤波器，主要针对匀速运动（CV）目标模型。其状态向量仅包含位置及速度两个状态分量。与 Kalman 滤波不同，$\alpha-\beta$ 滤波的增益取如下常量：

$$\boldsymbol{K}_k=\boldsymbol{K}=\begin{bmatrix}\alpha\\\beta/T\end{bmatrix}\tag{4.4.26}$$

其中，α、β 分别为目标位置及速度分量的增益。$\alpha-\beta$ 滤波的一步预测、新息及滤波方程同 Kalman 滤波相同，由于增益不再由协方差矩阵确定，因此不需要计算各协方差矩阵，大大

简化了计算量。

在 CV 模型下，α-β 滤波由以下方程组成：

状态的一步预测：

$$\hat{\boldsymbol{X}}_{k+1/k} = \boldsymbol{F}\hat{\boldsymbol{X}}_{k/k} \leftrightarrow \begin{bmatrix} \hat{x}_{k+1/k} \\ \hat{\dot{x}}_{k+1/k} \end{bmatrix} = \begin{bmatrix} 1 & T \\ 0 & 1 \end{bmatrix} \begin{bmatrix} \hat{x}_{k/k} \\ \hat{\dot{x}}_{k/k} \end{bmatrix} \tag{4.4.27}$$

状态的滤波（更新）：

$$\hat{\boldsymbol{X}}_{k+1/k+1} = \hat{\boldsymbol{X}}_{k+1/k} + \boldsymbol{K}\boldsymbol{\mu}_{k+1} \leftrightarrow \begin{bmatrix} \hat{x}_{k+1/k+1} \\ \hat{\dot{x}}_{k+1/k+1} \end{bmatrix} = \begin{bmatrix} \hat{x}_{k+1/k} \\ \hat{\dot{x}}_{k+1/k} \end{bmatrix} + \begin{bmatrix} \alpha \\ \beta/T \end{bmatrix} \mu_{k+1} \tag{4.4.28}$$

新息：

$$\boldsymbol{\mu}_{k+1} = \boldsymbol{Z}_{k+1} - \boldsymbol{H}_{k+1}\hat{\boldsymbol{X}}_{k+1/k} \leftrightarrow \mu_{k+1} = z_{k+1} - \hat{x}_{k+1/k} \tag{4.4.29}$$

α-β 滤波器的系数 α 与 β 的取值对滤波效果有直接影响。如何确定其值是该滤波器设计的关键。通常情况下，可以近似认为相邻两个时刻之间过程噪声的统计特性不变，且过程噪声在各时刻相互独立，这种情况称为分段常数白噪声过程模型。为了确定该模型下的 α、β 值，定义机动指数：

$$\lambda = \frac{\sigma_v T^2}{\sigma_w} = \frac{\beta}{\sqrt{1-\alpha}} \tag{4.4.30}$$

其中，σ_v、σ_w 分别为过程噪声与量测噪声的标准差，T 为采样周期，则 α、β 值为

$$\begin{cases} \alpha = \dfrac{\lambda^2 + 8\lambda - (\lambda+4)\sqrt{\lambda^2+8\lambda}}{8} \\ \beta = \dfrac{\lambda^2 + 4\lambda - \lambda\sqrt{\lambda^2+8\lambda}}{4} \end{cases} \tag{4.4.31}$$

式 (4.4.31) 中，α、β 的计算必须已知噪声统计特性 σ_v、σ_w。如果实际中噪声特性无法获知，则可以采用如下工程上常用的方法确定：

$$\begin{cases} \alpha = \dfrac{2(2k-1)}{k(k+1)} \\ \beta = \dfrac{6}{k(k+1)} \end{cases} \tag{4.4.32}$$

由于此时的增益 α、β 是时变的，应用时与 Kalman 滤波相似，因此需要对滤波器初始化。初始化时，对于 α，k 从 1 开始计算；对于 β，k 从 2 开始计算。滤波过程中，k 从 3 开始计算。

3. α-β-γ 滤波

α-β-γ 滤波器也称为常增益滤波器，主要针对匀加速运动（CA）目标模型。其状态向量包含位置、速度及加速度三个状态分量。与 Kalman 滤波不同，α-β-γ 滤波的增益取如下常量：

$$\boldsymbol{K}_k = \boldsymbol{K} = \begin{bmatrix} \alpha \\ \beta/T \\ \gamma/T^2 \end{bmatrix} \tag{4.4.33}$$

式中，α、β 和 γ 分别为状态的位置、速度及加速度分量的滤波增益。

在 CA 模型下，α-β-γ 滤波由以下方程组成：

状态的一步预测：

$$\hat{X}_{k+1/k} = F\hat{X}_{k/k} \leftrightarrow \begin{bmatrix} \hat{x}_{k+1/k} \\ \hat{\dot{x}}_{k+1/k} \\ \hat{\ddot{x}}_{k+1/k} \end{bmatrix} = \begin{bmatrix} 1 & T & T^2/2 \\ 0 & 1 & T \\ 0 & 0 & 1 \end{bmatrix} \begin{bmatrix} \hat{x}_{k/k} \\ \hat{\dot{x}}_{k/k} \\ \hat{\ddot{x}}_{k/k} \end{bmatrix} \qquad (4.4.34)$$

状态的滤波（更新）：

$$\hat{X}_{k+1/k+1} = \hat{X}_{k+1/k} + K\boldsymbol{\mu}_{k+1} \leftrightarrow \begin{bmatrix} \hat{x}_{k+1/k+1} \\ \hat{\dot{x}}_{k+1/k+1} \\ \hat{\ddot{x}}_{k+1/k+1} \end{bmatrix} = \begin{bmatrix} \hat{x}_{k+1/k} \\ \hat{\dot{x}}_{k+1/k} \\ \hat{\ddot{x}}_{k+1/k} \end{bmatrix} + \begin{bmatrix} \alpha \\ \beta/T \\ \gamma/T^2 \end{bmatrix} \boldsymbol{\mu}_{k+1} \qquad (4.4.35)$$

新息：

$$\boldsymbol{\mu}_{k+1} = Z_{k+1} - H_{k+1}\hat{X}_{k+1/k} \leftrightarrow \mu_{k+1} = z_{k+1} - \hat{x}_{k+1/k} \qquad (4.4.36)$$

α、β 和 γ 的值仍然与机动指数 λ 有关，其关系为

$$\begin{cases} \alpha = 1 - \dfrac{\gamma^2}{4\lambda^2} \\ \beta = 2(2-\alpha) - 4\sqrt{1-\alpha} \\ \gamma = \dfrac{\beta^2}{\alpha} \end{cases} \qquad (4.4.37)$$

当噪声统计特性未知时，工程上通常用如下公式确定 α、β 和 γ 的值：

$$\begin{cases} \alpha = \dfrac{3(3k^2 - 3k + 2)}{k(k+1)(k+2)} \\ \beta = \dfrac{8(2k-1)}{k(k+1)(k+2)} \\ \gamma = \dfrac{60}{k(k+1)(k+2)} \end{cases} \qquad (4.4.38)$$

初始化时，对于 α，k 从 1 开始计算；对于 β，k 从 2 开始计算；对于 γ，k 从 3 开始计算。滤波过程中，k 从 4 开始计算。

需要说明的是，雷达测量通常采用球坐标系，测量值为目标的斜距、方位及仰角，在滤波时，考虑到运动模型的简化往往采用直角坐标系进行处理，所以雷达原始测量值需经过一个坐标变换处理，将球坐标测量值转换为直角坐标测量值。

4.4.4　航迹相关

航迹是对来自同一目标的点迹集合（量测集）经过滤波等处理后，由该目标在各个时刻的状态估计所形成的轨迹。

航迹相关是将雷达接收到的点迹数据与已经建立的航迹进行配对关联，以确定点迹数据属于哪一条航迹。因此，航迹相关主要应用于多目标跟踪中。当点迹与航迹关联后，目标的状态信息将通过前述的跟踪滤波算法得以更新。

航迹相关主要包含两个方面的内容：设置相关波门的大小及形状；将雷达点迹与已建立的航迹进行一对一配对相关。

航迹相关的前提是已建立了相应目标的航迹起始状态，航迹起始是目标跟踪的第一步。

1. 航迹起始

在航迹建立前，当雷达接收到目标的回波测量值后，该测量值没有关联的航迹对象，可以被认为它与前次扫描中获得的任一点迹相关。如果该点迹与前一扫描的某个点迹的距离小于目标最大速度引起的位移量，则可以由这两个点迹形成一条暂时的航迹，如果接下来的 n 次扫描中有 m 次（例如 4 次中有 3 次）的点迹与该航迹相关，则可以确认该航迹的建立。

目标航迹起始有半自动目标航迹起始和全自动目标航迹起始两种方式。

半自动目标航迹起始方式是由人工完成目标航迹的起始，然后系统对目标实现自动跟踪。全自动目标航迹起始方式则是当目标进入雷达威力范围之后由跟踪系统自动对目标建立航迹。对全自动目标航迹起始的基本要求是：当雷达进入威力范围之后能迅速及时建立起真实目标的航迹，同时应避免由于杂波剩余等虚假点迹而建立虚假航迹，造成所谓的航迹虚警。

自动目标航迹起始的主要过程为：设计合适的航迹自动起始逻辑，通过门限判别是否建立暂时航迹，对已建立的暂时航迹进行确认。

自动目标航迹起始一般采用滑窗法，设 $z_i(i=1, 2, \cdots, n)$ 为雷达连续 n 次扫描期间相继收到的点迹序列，如果 z_i 在相关波门内则记其为 1，否则记为 0。当长度为 n 的时间窗内 1 的个数达到或超过设定值 $m(m \leqslant n)$ 时，确认航迹起始，否则滑窗右移一次扫描，以上过程重复进行。该准则称为 m/n 准则，工程上一般取以下两种情况：快速启动时取 2/3；正常航迹起始时取 3/4。滑窗法航迹建立示意图如图 4.67 所示。

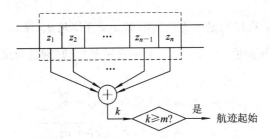

图 4.67　滑窗法航迹建立示意图

2. 相关波门

相关波门以被跟踪目标的预测位置为中心，用来确定该目标的当前观测值可能出现的范围，该区域大小由正确接收回波的概率来确定，即在确定波门的大小和形状时要求真实的量测以较高的概率落入波门内，同时又要求无关的点迹尽量少地进入波门内，这样在接下来的点迹-航迹相关中就只需要在该波门内进行处理。这两个要求是相互矛盾的，因此，波门的大小和形状需要综合考虑多种因素来确定。

在二维坐标系下，常用的相关波门形状有直角坐标系下的椭圆形波门、矩形波门和极坐标系下的扇形波门，如图 4.66 所示。三维坐标系下对应的波门为空间立体波门。

1）椭圆形波门

设 $k+1$ 时刻目标在直角坐标系下的量测预测值为 $\hat{z}_{k+1/k}$，实际的直角坐标量测为 z_{k+1}，S_{k+1} 为直角坐标系下的量测预测误差的协方差矩阵，γ 为设定的门限，若目标的直角坐标量测 z_{k+1} 满足：

$$[z_{k+1} - \hat{z}_{k+1/k}]^{\mathrm{T}} S_{k+1}^{-1} [z_{k+1} - \hat{z}_{k+1/k}] \leqslant \gamma \tag{4.4.39}$$

则量测 z_{k+1} 落入波门内成为候选回波。式(4.4.39)称为椭圆波门规则。实际上，式(4.4.39)在二维坐标系下代表一个封闭二次曲线的内部区域。由于协方差矩阵 S_{k+1} 具有正定性，因此该二次曲线为一中心在 $\hat{z}_{k+1/k}$ 的椭圆。

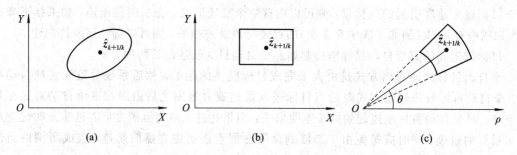

图 4.68　相关波门示意图
（a）椭圆形波门；（b）矩形波门；（c）扇形波门

2）矩形波门

若目标的直角坐标量测 z_{k+1} 满足：

$$\left| z_{k+1,\,i} - \hat{z}_{k+1/k,\,i} \right| \leqslant K_G \sqrt{S_{ii}}, \; i = 1,\, 2 \tag{4.4.40}$$

则量测 z_{k+1} 落入波门内成为候选回波。式(4.4.40)称为矩形波门规则。式(4.4.40)中，下标 i 表示第 i 个坐标分量，S_{ii} 表示量测预测误差协方差矩阵的第 i 个对角元素，K_G 为波门常数。

3）扇形波门

在二维极坐标系下，目标的量测为径向距离 ρ 及方位角 θ。设 ρ_{k+1}、$\hat{\rho}_{k+1/k}$ 分别表示 $k+1$ 时刻的距离量测及量测预测值，θ_{k+1}、$\hat{\theta}_{k+1/k}$ 分别表示 $k+1$ 时刻的角度量测及量测预测值，则扇形波门准则为

$$\begin{cases} \left| \rho_{k+1} - \hat{\rho}_{k+1/k} \right| \leqslant K_\rho \sqrt{\sigma_\rho^2 + \sigma_{\hat{\rho}_{k+1/k}}^2} \\[2mm] \left| \theta_{k+1} - \hat{\theta}_{k+1/k} \right| \leqslant K_\theta \sqrt{\sigma_\theta^2 + \sigma_{\hat{\theta}_{k+1/k}}^2} \end{cases} \tag{4.4.41}$$

满足式(4.4.41)的 $(\rho,\, \theta)$ 落入波门内成为目标候选回波。式(4.4.41)中，σ_ρ^2 和 $\sigma_{\hat{\rho}_{k+1/k}}^2$ 分别表示距离方向测量误差的方差及预测误差的方差，σ_θ^2 和 $\sigma_{\hat{\theta}_{k+1/k}}^2$ 分别表示方位向测量误差的方差及预测误差的方差。

3. 点迹-航迹相关

点迹-航迹相关由三步实现：首先，按点迹、航迹的扇区信息及相关波门设置对每条航迹生成一个配对表，该表中包含了全部可能的点迹-航迹配对组合；其次，按配对表计算每对点迹与航迹的统计距离等参数，根据计算结果形成每一航迹与点迹的初步关联；最后，剔除那些被多条航迹重复关联的点迹，形成点迹与航迹的一对一关联。

假设 $k+1$ 时刻目标的量测预测值为 $\hat{z}_{k+1/k}$，此时相关波门内存在 n 个点迹数据 $z_{k+1,\,i}$ $(i=1,\, 2,\, \cdots,\, n)$，则每个点迹与目标量测预测值的欧几里得距离为

$$d_i = \left\| z_{k+1,\,i} - \hat{z}_{k+1/k} \right\|, \; i = 1,\, 2,\, \cdots,\, n \tag{4.4.42}$$

我们很自然地认为，与预测位置最接近的点迹应该被确定为与该航迹配对的点迹。但实际中，由于雷达测量误差在各个方向并不相同，因此，简单地用欧氏距离判别是不确切的。一种较为合理的距离度量是统计距离。

　　统计距离是对欧氏距离的修正，是综合考虑了雷达的距离、角度测量误差、航迹预测误差及目标机动等因素后导出的一种较为合理的距离度量。通常，雷达沿径向距离方向的测量精度高于沿横向的角度测量精度，这一点在远距离上表现得尤为明显。因此，在确定度量准则时需要更多地考虑横向(角度)测量精度的影响。

　　点迹-航迹相关处理的主要算法有最近邻域关联滤波、概率数据关联滤波等。以下仅简单介绍最近邻域关联滤波法。

　　最近邻域关联滤波法是一种利用先验统计知识进行点迹-航迹相关处理的算法。其工作原理是先设置相关波门，由相关波门初步筛选接收到的回波作为候选回波，以限制参与相关判别的回波数目。

　　设 k 时刻目标的量测预测值为 $\hat{z}_{k+1/k}$，实际量测为 z_{k+1}，S_{k+1} 为量测预测误差的协方差矩阵，γ 为设定的门限，则落在相关波门内的目标量测应满足：

$$[z_{k+1} - \hat{z}_{k+1/k}]^{\mathrm{T}} S_{k+1}^{-1} [z_{k+1} - \hat{z}_{k+1/k}] \leqslant \gamma \tag{4.4.43}$$

落在波门内的量测一般会出现以下三种情况：

　　(1) 若落入相关波门内的测量值只有一个，则该测量值可直接用于航迹的更新。

　　(2) 若有不止一个测量值落入波门内，则取统计距离最小的测量值作为与该航迹相关的目标回波，即满足：

$$d_{\min}^2 = [z_{k+1} - \hat{z}_{k+1/k}]^{\mathrm{T}} S_{k+1}^{-1} [z_{k+1} - \hat{z}_{k+1/k}] \tag{4.4.44}$$

的 z_{k+1} 被用于滤波器中对目标状态进行更新。

　　(3) 当某个测量值落入多个波门内时，观测值与最近的航迹进行配对相关。

　　最近邻域关联法计算简单，适用于不太密集的多目标环境。但是在密集的多目标环境中，容易出现错误关联，导致误跟或丢失目标的现象，因为在这种情况下离目标预测位置最近的点迹往往并不一定是目标的真实点迹，此时应将最近邻域关联滤波法与其他技术相结合或采用其他相关法实现点迹与航迹的可靠关联。

4. 航迹撤销

　　在对目标的跟踪过程中，如果正在被跟踪的目标出了雷达监视区域后，则对此目标的跟踪将终结，对其已建立的航迹将予以撤销。

　　在雷达连续扫描中，若对某一航迹相继数次(如 4～5 次)没有新的目标点迹与之相关联，则此航迹可予以撤销，相应的航迹从航迹管理文件中删除。

　　航迹撤销可以通过人工干预或自动的方式完成。

4.4.5　测量与跟踪坐标系

　　雷达对目标的测量一般在极坐标系下进行，测量量为目标的距离、方位及仰角等。直接在极坐标系下进行跟踪滤波处理，可以避免非线性坐标转换，且由于测量方程为线性方程，且三个观测量具有独立性，因此相应的跟踪滤波器是解耦的，可以独立进行滤波处理。但这种情况下的目标状态方程描述存在较大困难，即便目标做最简单的匀速直线运动，其形式也是一复杂的非线性方程。因此，一般都选择直角坐标系作为跟踪坐标系，使目标的状态方程为线性方程，测量方程为非线性方程。对测量方程进行适当线性化处理后，即可应用已有的跟踪滤波算法。常用的测量方程线性化法是坐标变换法，该法将极坐标测量转换为等效的直角坐标测量，并将极坐标测量中的加性噪声转换为等效的直角坐标测量加性噪声。

假设两坐标雷达测量得到的目标极坐标量为 $\boldsymbol{Z}$，目标真实径向距离及方位分别为 ρ、θ，则其测量方程为

$$\boldsymbol{Z} = \begin{bmatrix} \rho \\ \theta \end{bmatrix} + \begin{bmatrix} w_\rho \\ w_\theta \end{bmatrix} = \begin{bmatrix} \sqrt{x+y} \\ \arctan(y/x) \end{bmatrix} + \begin{bmatrix} w_\rho \\ w_\theta \end{bmatrix} \tag{4.4.45}$$

其中，测量噪声 w_ρ、w_θ 为相互独立的平稳高斯噪声，方差分别为 σ_ρ^2 和 σ_θ^2；x、y 为目标的直角坐标值。

通过坐标转换，将 ρ、θ 转换到 x、y：

$$\begin{bmatrix} x \\ y \end{bmatrix} = \begin{bmatrix} \rho\cos\theta \\ \rho\sin\theta \end{bmatrix} \tag{4.4.46}$$

则直角坐标系下的测量方程为

$$\boldsymbol{Z}' = \begin{bmatrix} x \\ y \end{bmatrix} + \begin{bmatrix} w_x \\ w_y \end{bmatrix} = \begin{bmatrix} \rho\cos\theta \\ \rho\sin\theta \end{bmatrix} + \begin{bmatrix} w_x \\ w_y \end{bmatrix} \tag{4.4.47}$$

其中，w_x、w_y 为等效的直角坐标测量误差。当极坐标系中的观测误差相对较小时，可通过式(4.4.46)的一阶微分：

$$\begin{bmatrix} \mathrm{d}x \\ \mathrm{d}y \end{bmatrix} = \begin{bmatrix} \mathrm{d}\rho \cdot \cos\theta - \mathrm{d}\theta \cdot \rho\sin\theta \\ \mathrm{d}\rho \cdot \sin\theta + \mathrm{d}\theta \cdot \rho\cos\theta \end{bmatrix}$$

得到直角坐标系下等效量测互协方差矩阵的近似表示：

$$\boldsymbol{R}' = \begin{bmatrix} \sigma_x^2 & \sigma_{xy} \\ \sigma_{xy} & \sigma_y^2 \end{bmatrix} \approx \begin{bmatrix} \sigma_\rho^2\cos^2\theta + \sigma_\theta^2\rho^2\sin^2\theta & (\sigma_\rho^2 - \sigma_\theta^2\rho^2)\sin\theta\cos\theta \\ (\sigma_\rho^2 - \sigma_\theta^2\rho^2)\sin\theta\cos\theta & \sigma_\rho^2\sin^2\theta + \sigma_\theta^2\rho^2\cos^2\theta \end{bmatrix} \tag{4.4.48}$$

这样就实现了量测方程的线性化处理。

在现代雷达跟踪系统中，经常采用直角坐标系和雷达测量极坐标系这种混合坐标系方式。其优点是：直角坐标系的参数变化率最小，且目标状态方程为线性方程；在雷达测量极坐标系中，目标的斜距、方位和仰角测量是相互独立的，测量方程也为线性方程。利用坐标变换关系，目标状态的预测和滤波可在直角坐标系中方便地完成。

参 考 文 献

[1]　丁鹭飞，耿富禄. 雷达原理. 3 版. 西安：西安电子科技大学出版社，2002.

[2]　余理富，汤晓安，刘雨. 信息显示技术. 北京：电子工业出版社，2004.

[3]　SKOLNIK M I. Radar HandBook. 2nd ed. New York：McGraw-Hill，1990.

[4]　戴树荪，等. 数字技术在雷达中的应用. 北京：国防工业出版社，1981.

[5]　西北电讯工程学院《雷达系统》编写组. 雷达系统. 北京：国防工业出版社，1980.

[6]　丁鹭飞. 雷达原理. 西安：西北电讯工程学院出版社，1984.

[7]　贺利洁，陈明章，刘刚. 计算机图形显示技术. 西安：西安电子科技大学出版社，1993.

[8]　王意清，张明友. 雷达原理. 成都：电子科技大学出版社，1993.

[9]　FARINA A，STUDER F A. Radar Data Processing. Vol. I, II. Somerset：Research Studies Press，1986.

[10]　何友，修建娟，张晶炜，等. 雷达数据处理及应用. 北京：电子工业出版社，2006.

[11]　吴顺君，梅晓春. 雷达信号处理和数据处理技术. 北京：电子工业出版社，2008.

[12]　RICHARDS M A，SCHEER J A，HOLM W A. Principles of Modern Radar（vol I）：Basic_Principles. Edison：SciTech Publishing，2010.

第 5 章　雷达作用距离

　　雷达的最基本任务是探测目标并测量其坐标，因此，作用距离是雷达的重要性能指标之一，它决定了雷达能在多大的距离上发现目标。作用距离的大小取决于雷达本身的性能，其中有发射机、接收系统、天线等分机的参数，同时又与目标的性质及环境因素有关。

　　通常噪声是检测并发现目标信号的一个基本限制因素。由于噪声的随机特性，使得作用距离的计算只能是一个统计意义上的量，再加上无法精确知道目标特性以及工作时的环境因素，从而使作用距离的计算只能是一种估算和预测。然而，对雷达作用距离的研究工作仍是很有价值的，它能表示出当雷达参数或环境特性变化时相对距离变化的规律。雷达方程集中地反映了与雷达探测距离有关的因素以及它们之间的相互关系。研究雷达方程可以估算雷达的作用距离，同时可以深入理解雷达工作时各分机参数的影响，对于雷达系统设计中正确地选择分机参数具有重要的指导作用。

5.1　雷　达　方　程

　　本节介绍最常用的一次雷达，它是依靠目标后向散射的回波能量来探测目标的。下面推导基本雷达方程，以便确定作用距离和雷达参数及目标特性之间的关系。首先讨论在理想无损耗、自由空间传播时的单基地雷达方程，然后逐步讨论各种实际条件的影响。

5.1.1　基本雷达方程

　　设雷达发射功率为 P_t，雷达天线的增益为 G_t，则在自由空间工作时，距离雷达天线 R 的目标处的功率密度 S_1 为

$$S_1 = \frac{P_t G_t}{4\pi R^2} \tag{5.1.1}$$

　　目标受到发射电磁波的照射，因其散射特性而将产生散射回波。散射功率大小显然和目标所在点的发射功率密度 S_1 以及目标的特性有关。用目标的散射截面积 σ 来表征其散射特性。若假定目标可将接收到的功率无损耗地辐射出来，则可得到由目标散射的功率（二次辐射功率）为

$$P_2 = \sigma S_1 = \frac{P_t G_t \sigma}{4\pi R^2} \tag{5.1.2}$$

又假设 P_2 均匀地辐射，则在接收天线处收到的回波功率密度为

$$S_2 = \frac{P_2}{4\pi R^2} = \frac{P_t G_t \sigma}{(4\pi R^2)^2} \tag{5.1.3}$$

　　如果雷达接收天线的有效接收面积为 A_r，则在雷达接收处接收回波功率为 P_r，其计算式为

$$P_r = A_r S_2 = \frac{P_t G_t \sigma A_r}{(4\pi R^2)^2} \tag{5.1.4}$$

　　由天线理论知道，天线增益和有效面积之间有以下关系：

$$G = \frac{4\pi A}{\lambda^2}$$

式中，λ 为所用波长，则接收回波功率可写成如下形式：

$$P_r = \frac{P_t G_t G_r \lambda^2 \sigma}{(4\pi)^3 R^4} \tag{5.1.5}$$

$$P_r = \frac{P_t A_t A_r \sigma}{4\pi \lambda^2 R^4} \tag{5.1.6}$$

单基地脉冲雷达通常是收发共用天线，即 $G_t = G_r = G$，$A_t = A_r$，将此关系式代入式 (5.1.5) 和式 (5.1.6) 即可得到常用结果。

由式 (5.1.4) ～ 式 (5.1.6) 可看出，接收的回波功率 P_r 反比于目标与雷达站间的距离 R 的四次方，这是因为一次雷达中，反射功率经过往返双倍的距离路程，能量衰减很大。接收到的功率 P_r 必须超过最小可检测信号功率 S_{imin}，雷达才能可靠地发现目标，当 P_r 正好等于 S_{imin} 时，就可得到雷达检测该目标的最大作用距离 R_{max}。当超过这个距离时，接收的信号功率 P_r 会进一步减小，不能可靠地检测到该目标。它们的关系式可以表达为

$$P_r = S_{imin} = \frac{P_t \sigma A_r^2}{4\pi \lambda^2 R_{max}^4} = \frac{P_t G^2 \lambda^2 \sigma}{(4\pi)^3 R_{max}^4} \tag{5.1.7}$$

或

$$R_{max} = \left[\frac{P_t \sigma A_r^2}{4\pi \lambda^2 S_{imin}} \right]^{\frac{1}{4}} \tag{5.1.8}$$

$$R_{max} = \left[\frac{P_t G^2 \lambda^2 \sigma}{(4\pi)^3 S_{imin}} \right]^{\frac{1}{4}} \tag{5.1.9}$$

式 (5.1.8)、式 (5.1.9) 是雷达距离方程的两种基本形式，它表明了作用距离 R_{max} 和雷达参数以及目标特性间的关系。在式 (5.1.8) 中，R_{max} 与 $\lambda^{1/2}$ 成反比，而在式 (5.1.9) 中，R_{max} 却和 $\lambda^{1/2}$ 成正比。这是由于当天线面积不变时，波长 λ 增加，则天线增益下降，导致作用距离减小；而当天线增益不变时，波长增大，则要求的天线面积亦相应加大，有效面积增加，其结果是作用距离加大。雷达的工作波长是整机的主要参数，它的选择将影响到发射功率、接收灵敏度、天线尺寸、测量精度等因素，因而要全面权衡。

雷达方程虽然给出了作用距离和各参数间的定量关系，但因未考虑设备的实际损耗和环境因素，而且方程中还有两个不可能准确预定的量（目标有效反射面积 σ 和最小可检测信号 S_{imin}），因此常用来作为一个估算公式，考察雷达各参数对作用距离的影响程度。

雷达总是在噪声和其他干扰背景下检测目标，再加上复杂目标的回波信号本身也是起伏的，故接收机传输的是随机量。雷达作用距离也不是一个确定值，而是统计值，对于某雷达来讲，不能简单地说它的作用距离是多少，通常只在概率意义上讲，当虚警概率（如 10^{-6}）和发现概率（如 90%）给定时作用距离是多大。

5.1.2　目标的雷达截面积(RCS)

雷达是通过目标的二次散射功率来发现目标的。为了描述目标的后向散射特性，在雷达方程的推导过程中，定义了点目标的雷达截面积 σ 为

$$\sigma = \frac{P_2}{S_1}$$

式中，P_2 为目标散射的总功率；S_1 为照射的功率密度。

由于进行二次散射，因而在雷达接收点处单位立体角内的散射功率 P_Δ（见图 5.1）为

$$P_\Delta = \frac{P_2}{4\pi} = S_1 \frac{\sigma}{4\pi}$$

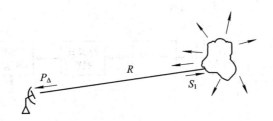

图 5.1　目标的散射特性

据此又可定义雷达截面积 σ 为

$$\sigma = 4\pi \frac{\text{返回接收机每单位立体角内的回波功率}}{\text{入射功率密度}} \qquad (5.1.10)$$

σ 定义为：在远场条件（平面波照射的条件）下，目标处每单位入射功率密度在接收机处每单位立体角内产生的反射功率乘以 4π。为了进一步了解 σ 的意义，我们按照定义来考虑一个具有良好导电性能的各向同性的球体截面积。设目标处入射功率密度为 S_1，球目标的几何投影面积为 A_1，则目标所截获的功率为 $S_1 A_1$。由于该球是导电良好且各向同性的，因而它将截获的功率 $S_1 A_1$ 全部均匀地辐射到 4π 立体角内。根据式(5.1.10)，可定义：

$$\sigma_i = 4\pi \frac{S_1 A_1 (4\pi)}{S_1} = A_1 \qquad (5.1.11)$$

式(5.1.11)表明，导电性能良好、各向同性的球体，其截面积 σ_i 等于该球体的几何投影面积。这就是说，任何一个反射体的截面积都可以想象成一个具有各向同性的等效球体的截面积。等效的意思是指该球体在接收机方向每单位立体角所产生的功率与实际目标散射体所产生的相同，从而将雷达截面积理解为一个等效的无耗各向均匀反射体的截获面积（投影面积）。因为实际目标的外形复杂，它的后向散射特性是各部分散射的矢量合成的，因而不同的照射方向有不同的雷达截面积。

除了后向散射特性外，有时需要测量和计算目标在其他方向的散射功率，例如双基地雷达工作时的情况。可以按照同样的概念和方法来定义目标的双基地雷达截面积 σ_b。对复杂目标来讲，σ_b 不仅同发射时的照射方向有关，还取决于接收时的散射方向。

5.2　最小可检测信号

雷达的作用距离 $R_{\max}$ 是最小可检测信号 S_{imin} 的函数，如式(5.1.8)、式(5.1.9)所示。在雷达接收机的输出端，微弱的回波信号总是和噪声及其他干扰混杂在一起的，这里先集中讨论噪声的影响。在一般情况下，噪声是限制微弱信号检测的基本因素。假如只有信号而没有噪声，任何微弱的信号在理论上都是可以经过任意放大后被检测到的，因此雷达检测能力实质上取决于信号噪声比。为了计算最小检测信号 S_{imin}，首先必须确定雷达可靠检测时所需的信号噪声比值。

5.2.1　最小可检测信噪比

典型的雷达接收机和信号处理框图如图 5.2 所示，一般把检波器以前（中频放大器输出）

的部分视为线性的,中频滤波器的特性近似于匹配滤波器,从而使中放输出端的信号噪声比达到最大。

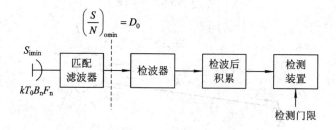

图 5.2　典型的雷达接收机和信号处理框图

接收机的噪声系数 F_n 定义为

$$F_n = \frac{N}{kT_0B_nG_a} = \frac{\text{实际接收机的噪声功率输出}}{\text{理想接收机在标准室温 } T_0 \text{ 时的噪声功率输出}}$$

式中,N 为接收机输出的噪声功率;T_0 为标准室温,一般取 290K;k 为玻尔兹曼常数;G_a 为接收机的功率增益(有效增益),其计算式为

$$G_a = \frac{S_o}{S_i} = \frac{\text{输出信号功率}}{\text{输入信号功率}}$$

输出噪声功率通常是在接收机检波器之前测量的。大多数接收机中,噪声带宽 B_n 由中放决定,其数值与中频的 3 dB 带宽接近。理想接收机的输入噪声功率 N_i 为

$$N_i = kT_0B_n$$

故噪声系数 F_n 亦可写成

$$F_n = \frac{(S/N)_i}{(S/N)_o} = \frac{\text{输入端信噪比}}{\text{输出端信噪比}} \tag{5.2.1}$$

即噪声系数可用来表示信号通过接收机后信噪比变化的情况。

将式(5.2.1)整理后得到输入信号功率 S_i 的表达式为

$$S_i = F_nN_i\left(\frac{S}{N}\right)_o = kT_0B_nF_n\left(\frac{S}{N}\right)_o \tag{5.2.2}$$

式中,$(S/N)_o$ 是匹配接收机输出端信号功率 S_o 和噪声功率 N_o 的比值。根据雷达检测目标质量的要求,可确定所需的最小输出信噪比 $(S/N)_{omin}$,这时就得到最小可检测信号 S_{imin} 为

$$S_{imin} = kT_0B_nF_n\left(\frac{S}{N}\right)_{omin} \tag{5.2.3}$$

对常用雷达波形来说,信号功率是一个容易理解和测量的参数,但现代雷达多采用复杂的信号波形,波形所包含的信号能量往往是接收信号可检测性的一个更合适的度量。例如,匹配滤波器输出端的最大信噪功率比等于 E_r/N_0,其中 E_r 为接收信号的能量,N_0 为接收机均匀噪声谱的功率谱密度。在这里以接收信号能量 E_r 来表示信号噪声功率比值。从一个简单的矩形脉冲波形来看,若其宽度为 τ、信号功率为 S,则接收信号能量 $E_r = S\tau$;噪声功率 N 和噪声功率谱密度 N_0 之间的关系为 $N = N_0B_n$,其中 B_n 为接收机噪声宽带,采用简单脉冲信号时,可认为 $B_n \approx 1/\tau$。这样可得到信号噪声功率比的表达式如下:

$$\frac{S}{N} = \frac{S}{N_0B_n} = \frac{S\tau}{N_0} = \frac{E_r}{N_0} \tag{5.2.4}$$

因此检测信号所需的最小输出信噪比为

$$\left(\frac{S}{N}\right)_{o\min} = \left(\frac{E_{\mathrm{r}}}{N_0}\right)_{o\min}$$

在早期雷达中,通常都用各类显示器来观察和检测目标信号,所以称所需的$(S/N)_{o\min}$为识别系数或可见度因子 M。多数现代雷达采用建立在统计检测理论基础上的统计判决方法来实现信号检测,在这种情况下,检测目标信号所需的最小输出信噪比称为检测因子(Detectability Factor),用 D_0 表示,其表达式为

$$D_0 = \left(\frac{E_{\mathrm{r}}}{N_0}\right)_{o\min} = \left(\frac{S}{N}\right)_{o\min} \tag{5.2.5}$$

D_0 是在接收机匹配滤波器输出端(检波器输入端)测量的信号噪声功率比,如图 5.2 所示。检测因子 D_0 就是满足所需检测性能(以检测概率 P_{d} 和虚警概率 P_{fa} 表征)时,在检波器输入端单个脉冲需要达到的最小信号噪声功率比。

将式(5.2.3)代入式(5.1.8)和式(5.1.9)即可获得用$(S/N)_{o\min}$表示的距离方程:

$$R_{\max} = \left[\frac{P_{\mathrm{t}} G^2 \lambda^2 \sigma}{(4\pi)^3 k T_0 B_{\mathrm{n}} F_{\mathrm{n}} \left(\dfrac{S}{N}\right)_{o\min}}\right]^{1/4} = \left[\frac{P_{\mathrm{t}} \sigma A_{\mathrm{r}}^2}{4\pi \lambda^2 k T_0 B_{\mathrm{n}} F_{\mathrm{n}} \left(\dfrac{S}{N}\right)_{o\min}}\right]^{1/4} \tag{5.2.6}$$

当采用式(5.2.4)的方式,用信号能量:

$$E_{\mathrm{t}} = P_{\mathrm{t}}\tau = \int_0^\tau P_{\mathrm{t}} \mathrm{d}t$$

代替脉冲功率 P_{t},将检测因子 $D_0 = (S/N)_{o\min}$ 代入雷达距离方程(式(5.2.6))并经换算,即可得到用检测因子 D_0 表示的雷达方程为

$$R_{\max} = \left[\frac{E_{\mathrm{t}} G_{\mathrm{t}} A_{\mathrm{r}} \sigma}{(4\pi)^2 k T_0 F_{\mathrm{n}} D_0 C_{\mathrm{B}} L}\right]^{1/4} = \left[\frac{P_{\mathrm{t}} \tau G_{\mathrm{t}} G_{\mathrm{r}} \sigma \lambda^2}{(4\pi)^3 k T_0 F_{\mathrm{n}} D_0 C_{\mathrm{B}} L}\right]^{1/4} \tag{5.2.7}$$

式(5.2.7)中增加了带宽校正因子 $C_{\mathrm{B}} \geqslant 1$,它表示接收机宽带失配所带来的信噪比损失,匹配时 $C_{\mathrm{B}} = 1$。L 表示雷达各部分损耗引入的损失(或损耗)系数。

用检测因子 D_0 和能量 E_{t} 表示的雷达方程在使用时有以下优点:

(1)当雷达在检测目标之前有多个脉冲可以积累时,由于积累可改善信噪比,因此检波器输入端的 $D_0(n)$ 值将下降,这表明了雷达作用距离和脉冲积累数 n 之间的简明关系,此时可计算和绘制出标准曲线以供查用。

(2)用能量表示的雷达方程适用于当雷达使用各种复杂脉压信号时的情况。只要知道脉冲功率及发射脉宽,就可以用来估算作用距离而不必考虑具体的波形参数。

5.2.2 门限检测

接收机噪声通常是宽频带的高斯噪声,雷达检测微弱信号的能力将受到与信号能量谱占有相同频带的噪声能量的限制。由于噪声的起伏特性,判断信号是否出现也成为一个统计问题,必须按照某种统计检测标准进行。

奈曼-皮尔逊准则在雷达信号检测中应用较广,这个准则要求在给定信噪比的条件下,满足一定虚警概率 P_{fa} 时的发现概率 P_{d} 最大。接收检测系统的方框图如图 5.2 所示,首先在中频部分对单个脉冲信号进行匹配滤波,接着进行检波,通常是在 n 个脉冲积累后再检测,故先对检波后的 n 个脉冲进行加权积累,然后将积累输出与某一门限电压进行比较,若输出包络超过门限,则认为目标存在,否则认为没有目标,这就是门限检测。图 5.3 画出了信号加噪声的包络特性,它与 A 型显示器上一次扫掠的图形相似。由于噪声的随机特性,接收机

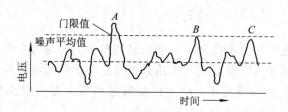

图 5.3　接收机输出典型包络

输出的包络出现起伏。A、B、C 表示信号加噪声的波形上的几个点，检测时设置一个门限电平，如果包络电压超过门限值，则认为检测到一个目标。在 A 点信号比较强，要检测目标是不困难的；在 B 点和 C 点，虽然目标回波的幅度是相同的，但叠加了噪声之后，在 B 点的总幅度刚刚达到门限值，也可以检测到目标，而在 C 点时，由于噪声的影响，其合成振幅较小，不能超过门限，这时就会丢失目标。当然，也可以用降低门限电平的办法来检测 C 点的信号或其他弱回波信号，但降低门限后，只要噪声存在，其尖峰超过门限电平的概率就会增大。噪声超过门限电平而误认为信号的事件称为虚警（虚假的报警）。虚警是应该设法避免的。检测时门限电压的高低影响以下两种错误判断的多少：

(1) 有信号而误判为没有信号（漏警）；

(2) 只有噪声时误判为有信号（虚警）。

应根据两种误判的影响大小来选择合适的门限。

门限检测是一种统计检测，由于信号叠加有噪声，因而总输出是一个随机量。在输出端根据输出振幅是否超过门限来判断有无目标存在，可能出现以下四种情况：

(1) 存在目标时判为有目标，这是一种正确判断，称为发现，它的概率称为发现概率 P_d。

(2) 存在目标时判为无目标，这是错误判断，称为漏报，它的概率称为漏报概率 P_{la}。

(3) 不存在目标时判为无目标，称为正确不发现，它的概率称为正确不发现概率 P_{an}。

(4) 不存在目标时判为有目标，称为虚警，这也是一种错误判断，它的概率称为虚警概率 P_{fa}。

显然，四种概率存在以下关系：

$$P_d + P_{la} = 1, \quad P_{an} + P_{fa} = 1$$

每对概率只要知道其中一个就可以了。下面只讨论常用的发现概率 P_d 和虚警概率 P_{fa}。

门限检测的过程可以用电子线路自动完成，也可以由观察员观察显示器来完成。当观察员观察时，观察员会不自觉地调整门限，人在雷达检测过程中的作用与观察人员的责任心、熟悉程度以及当时的情况有关。例如，如果害怕漏报目标，就会有意地降低门限，这就意味着虚警概率的提高。在另一种情况下，如果观察人员担心虚报，自然就会倾向于提高门限，这样只能把比噪声大得多的信号指示为目标，从而丢失一些弱信号。操作人员在雷达检测过程中的能力可以用试验的方法来决定，但这种试验只是概略的。

电子门限则不同，它避免了操作人员人为的影响，可以根据不同类型的噪声和杂波特性，自动地调整门限电平以做到恒虚警。目标是否存在是通过一定的逻辑判断来完成的。

5.2.3　检测性能和信噪比

雷达信号的检测性能由其发现概率 P_d 和虚警概率 P_{fa} 来描述，P_d 越大，说明发现目标的可能性越大，与此同时希望 P_{fa} 的值不能超过允许值。接收机中放输出端的信噪比($(S/N)_o =$ D_0) 直接与检测性能有关，如果求出了在确定 P_d 和 P_{fa} 条件下所需的信噪比，则根据式 (5.2.3)，即可求得最小可检测信号 S_{imin}。将这个值代入雷达方程后就可估算其作用距离。下面分别讨论虚警概率 P_{fa} 和发现概率 P_d。

1. 虚警概率 P_{fa}

虚警是指没有信号而仅有噪声时，噪声电平超过门限值被误认为信号的事件。噪声超过门限的概率称为虚警概率。显然，它和噪声统计特性、噪声功率以及门限电压的大小密切相关。下面定量地分析它们之间的关系。

通常加到接收机中频滤波器(或中频放大器)上的噪声是宽带高斯噪声，其概率密度函数为

$$p(v) = \frac{1}{\sqrt{2\pi}\sigma}\exp\left(-\frac{v^2}{2\sigma^2}\right) \tag{5.2.8}$$

式中，σ^2 是方差，噪声的均值为 0。高斯噪声通过窄带中频滤波器(其带宽远小于其中心频率)后加到包络检波器，根据随机噪声的数学分析可知，包络检波器输出端噪声电压振幅的概率密度函数为

$$p(r) = \frac{r}{\sigma^2}\exp\left(-\frac{r^2}{2\sigma^2}\right), \ r \geqslant 0 \tag{5.2.9}$$

此处 r 表示检波器输出端噪声包络的振幅值。可以看出，包络振幅的概率密度函数是符合瑞利分布的。设置门限电压 U_T，噪声包络电压超过门限电压的概率就是虚警概率 P_{fa}，则

$$P_{fa} = P(U_T \leqslant r < \infty) = \int_{U_T}^{\infty} \frac{r}{\sigma^2}\exp\left(-\frac{r^2}{2\sigma^2}\right)dr = \exp\left(-\frac{U_T^2}{2\sigma^2}\right) \tag{5.2.10}$$

图 5.4 给出了输出噪声包络的概率密度函数并定性地说明了虚警概率与门限电平的关系。当噪声分布函数一定时，虚警概率的大小完全取决于门限电压。

表征虚警数量的参数除虚警概率外，还有虚警时间 T_{fa}，二者之间具有确定的关系。虚警时间的定义不止一种，读者在阅读文献和使用有关结果时应注意。在这里只列出常用的一种定义(卡普伦定义)，其表述如下：虚假回波(噪声超过门限)之间的平均时间间隔定义为虚警时间 T_{fa}(如图 5.5 所示)，其计算式为

$$T_{fa} = \lim_{N \to \infty} \frac{1}{N}\sum_{K=1}^{N} T_K \tag{5.2.11}$$

式中，T_K 为噪声包络电压超过门限 U_T 的时间间隔；虚警概率 P_{fa} 是指仅有噪声存在时，噪声包络电压超过门限电压 U_T 的概率，也可以近似用噪声包络实际超过门限电压的总时间与观察时间之比来求得，即

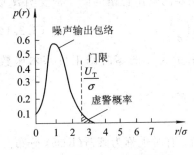

图 5.4　门限电平和虚警概率

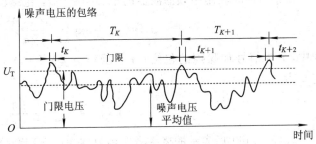

图 5.5　虚警时间与虚警概率

$$P_{\mathrm{fa}} = \frac{\sum\limits_{K=1}^{N} t_K}{\sum\limits_{K=1}^{N} T_K} = \frac{(t_K)_{\text{平均}}}{(T_K)_{\text{平均}}} = \frac{1}{T_{\mathrm{fa}} B} \qquad (5.2.12)$$

式中，噪声脉冲的平均宽度$(t_K)_{\text{平均}}$近似为带宽B的倒数，在用包络检波的情况下，带宽B为中频带宽B_{IF}。

同样也可以求得虚警时间与门限电压、接收机带宽等参数之间的关系，将式(5.1.10)代入式(5.1.12)，即可得到

$$T_{\mathrm{fa}} = \frac{1}{B_{\mathrm{IF}}} \exp\left(-\frac{U_{\mathrm{T}}^2}{2\sigma^2}\right) \qquad (5.2.13)$$

图 5.6 所示的曲线表明了虚警时间 T_{fa} 与接收机带宽和门限电压之间的关系。

实际雷达所要求的虚警概率应该是很小的，因为虚警概率 P_{fa} 是噪声脉冲在脉冲宽度间隔时间(差不多为宽带的倒数)内超过门限的概率。例如，当接收机宽带为 1 MHz 时，每秒差不多有 10^6 数量级的噪声脉冲，如果要保证虚警时间大于 1 s，则任意脉冲间隔的虚警概率 P_{fa} 必须低于 10^{-6}。

有时还可用虚警总数 n_{f} 表征虚警的大小，其定义为

$$n_{\mathrm{f}} = \frac{T_{\mathrm{fa}}}{\tau}$$

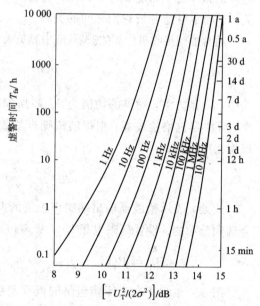

图 5.6　虚警时间与门限电压、接收机带宽的关系

它表示在虚警时间内所有可能出现的虚警总数。τ 为脉冲宽度。将 τ 等效为噪声的平均宽度时，又可得到关系式：

$$n_{\mathrm{f}} = \frac{T_{\mathrm{fa}}}{\tau} = T_{\mathrm{fa}} B_{\mathrm{IF}} = \frac{1}{P_{\mathrm{fa}}}$$

此式表明，虚警总数就是虚警概率的倒数。

2. 发现概率 P_{d}

为了讨论发现概率 P_{d}，必须首先研究信号加噪声通过接收机的情况，然后才能计算信号加噪声电压超过门限的概率，也就是发现概率 P_{d}。

下面将讨论振幅为 A 的正弦信号同高斯噪声一起输入到中频滤波器的情况。

设信号的频率是中频滤波器的中心频率 f_{IF}，包络检波器的输出包络的概率密度函数为

$$p_{\mathrm{d}}(r) = \frac{r}{\sigma^2} \exp\left(-\frac{r^2 + A^2}{2\sigma^2}\right) \mathrm{I}_0\left(\frac{rA}{\sigma^2}\right) \qquad (5.2.14)$$

式中，r 为信号加噪声的包络；σ 为噪声方差；$\mathrm{I}_0(z)$ 是宗量为 z 的零阶修正贝塞尔函数，定义为

$$\mathrm{I}_0(z) = \sum_{n=0}^{\infty} \frac{z^{2n}}{2^{2n} \cdot n! \, n!}$$

式(5.2.14)所表示的概率密度函数称为广义瑞利分布，有时也称为莱斯(Rise)分布。

信号被发现的概率就是 r 超过预定门限电压 U_{T} 的概率，因此发现概率 P_{d} 为

$$P_d = \int_{U_T}^{\infty} p_d(r) \mathrm{d}r = \int_{U_T}^{\infty} \frac{r}{\sigma^2} \exp\left(-\frac{r^2 + A^2}{2\sigma^2}\right) I_0\left(\frac{rA}{\sigma^2}\right) \mathrm{d}r \qquad (5.2.15)$$

这个积分比较复杂,计算时需要采用数值技术或用级数近似。此外,从式(5.2.15)中也不容易直接看出发现概率与式中各参数之间的关系。把式(5.2.15)以信噪比为变量,以虚警概率为参变量画成的曲线如图 5.7 所示。前面已经讲到,当噪声强度确定时虚警概率取决于门限电压,因此,图 5.7 实际上是以门限电压为参变量的。从图 5.7 中可以看出,当虚警概率一定时,信噪比越大,发现概率越大,也就是说,门限电压一定时,发现概率随信噪比的增大而增大。换句话说,如果信噪比一定,则虚警概率越小(门限电压越高),发现概率越小,虚警概率越大,则发现概率越大。这个关系也可以进一步用噪声和信号加噪声的概率密度函数来说明。图 5.8 示出了只有噪声和信号加噪声的概率密度函数,信号加噪声的概率密度函数是在 $A/\sigma = 3$ 时按式(5.2.14)画出的,相对门限电压 $U_T/\sigma = 2.5$ 也在图中标出。信号加噪声的概率密度函数的变量 r/σ 超过相对门限 $U_T/\sigma = 2.5$ 曲线下的面积就是发现概率,而仅有噪声存在时包络超过门限电压的概率就是虚警概率。显然,当相对门限 U_T/σ 提高时虚警概率降低,但发现概率也会降低,我们总是希望虚警概率一定时提高发现概率,这只有通过提高信号噪声比才能达到。

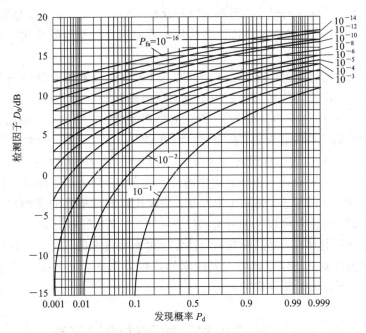

图 5.7　非起伏目标单个脉冲线性检波时检测概率和所需信噪比(检测因子)的关系曲线

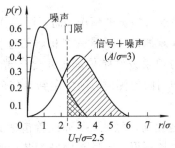

图 5.8　只有噪声和信号加噪声的概率密度函数

式(5.2.15)表示了发现概率与门限电压及正弦波振幅的关系,接收机设计人员比较喜欢用电压的关系来讨论问题,而雷达系统的工作人员则采用功率关系更方便。电压与功率的关系如下:

$$\frac{A}{\sigma} = \frac{信号振幅}{均方根噪声电压} = \frac{\sqrt{2} \times (均方根信号电压)}{均方根噪声电压} = \left(2 \times \frac{信号功率}{噪声功率}\right)^{1/2} = \left(\frac{2S}{N}\right)^{1/2}$$

(5.2.16)

在图 5.7 所示的曲线簇中,纵坐标是以检测因子 D_0 表示的,检测因子 D_0 也可用信噪比 S/N 表示。

由式(5.2.10)可得出:

$$\frac{U_T^2}{2\sigma^2} = \ln \frac{1}{P_{fa}}$$

(5.2.17)

利用上面的关系式,根据计算发现概率 P_d 的式(5.2.15),就可以得出如图 5.7 所示的一簇曲线,发现概率 P_d 表示为信噪比 D_0 的函数,$D_0 = (S/N)_1 = 1/[2(A/\sigma)^2]$,而以虚警概率 $P_{fa} = \exp[-U_T^2/(2\sigma^2)]$ 为参变量。

我们知道,发现概率和虚警时间(或虚警概率)是系统规定的,根据这个规定就可以从图 5.7 中查得所需的每一脉冲的最小信号噪声功率比 $(S/N)_1 = D_0$。这个数值就是在单个脉冲检测条件下,由式(5.2.3)计算最小可检测信号时所需用到的信号噪声比 $(S/N)_{omin}$(或检测因子 D_0)。

例如,设要求虚警时间为 15 min,中频带宽为 1 MHz,可算出虚警概率为 1.11×10^{-9},从图 5.7 中可查得,对于 50% 的发现概率所需的最小信噪比为 13.1 dB,对于 90% 的发现概率所需的最小信噪比为 14.7 dB,对于 99.9% 的发现概率所需的最小信噪比为 16.5 dB。

由图 5.7 中的曲线可明显看出,甚至在检测概率 $P_d = 50\%$ 时,所要求的信噪比也是很高的(13.1 dB),而不是像人们直观认为的那样,只要信号比噪声稍强就可以完成检测。这是因为在检测目标的同时要保证不得超过给定的虚警概率,门限电压不能设置得低,必须提高信噪比来达到发现概率的要求。另一个事实是:信噪比对发现概率的影响很大。上例中,信噪比仅提高 3.4 dB,检测就可以从临界检测($P_d = 50\%$)变为可靠检测($P_d = 99.9\%$)。当考虑目标雷达的截面积起伏时,提高检测可靠性需要付出大得多的代价。同时可以看到,当检测概率较高时检测所要求的信噪比对虚警时间的依赖关系是很不灵敏的,当确定所需信噪比时,虚警时间并不需要计算得很精确。

5.3　脉冲积累对检测性能的改善

5.2 节讨论的是对单个脉冲进行检测的情况,而实际工作的雷达都是在多个脉冲观测的基础上进行检测的。对 n 个脉冲观测的结果是一个积累的过程,积累可简单地理解为 n 个脉冲叠加起来的作用。早期雷达的积累方法是依靠显示器荧光屏的余辉结合操作员的眼和脑的积累作用来完成的,而在自动门限检测时,则要用到专门的电子设备来完成脉冲积累,然后对积累后的信号进行检测判决。

多个脉冲积累后可以有效地提高信噪比,从而改善雷达的检测能力。积累可以在包络检波前完成,称为检波前积累或中频积累。信号在中频积累时要求信号间有严格的相位关系,即信号是相参的,所以又称为相参积累。零中频信号可保留相位信息,可实现相参积累,是当前常用的方法。此外，积累也可以在包络检波后完成，称为检波后积累或视频积累。由于信号在包络检波后失去了相位信息而只保留下幅度信息，因而检波后积累就不需要信号间有严格的相位关系，因此又称为非相参积累。

将 M 个等幅相参中频脉冲信号进行相参积累，可以使信噪比(S/N)提高为原来的 M 倍(M 为积累脉冲数)。这是因为相邻周期的中频回波信号按严格的相位关系同相相加，因此积累相加的结果信号电压可提高为原来的 M 倍，相应的功率提高为原来的 M^2 倍，而噪声是随机的，相邻周期的噪声满足统计独立条件，积累的效果是平均功率相加，从而使总噪声功率提高为原来的 M 倍，这就是说相参积累的结果可以使输出信噪比(功率)改善为原来的 M 倍。相参积累也可以在零中频上用数字技术实现，因为零中频信号保存了中频信号的全部振幅和相位信息。脉冲多普勒雷达的信号处理是实现相参积累的一个很好实例。

M 个等幅脉冲在包络检波后进行理想积累时，信噪比达不到原来的 M 倍。这是因为包络检波具有非线性作用，信号加噪声通过检波器时，还将增加信号与噪声的相互作用项而影响输出端的信号噪声比。特别当检波器输入端的信噪比较低时，在检波器输出端信噪比的损失更大。非相参积累后信噪比(功率)将为原来的 $\sqrt{M} \sim M$ 倍，当 M 值很大时，信噪功率比将趋近于原来的 $\sqrt{M}$ 倍。

虽然视频积累的效果不如相参积累，但在许多场合还是采用它。其理由是：非相参积累的工程实现比较简单；对雷达的收发系统没有严格的相参性要求；对大多数运动目标来讲，其回波的起伏将明显破坏相邻回波信号的相位相参性，因此就是在雷达收发系统相参性很好的条件下，起伏回波也难以获得理想的相参积累。事实上，对快起伏的目标回波来讲，视频积累还将获得更好的检测效果。

5.3.1　积累的效果

脉冲积累的效果可以用检测因了 D_0 的改变来表示。

对于理想的相参积累，M 个等幅脉冲积累后对检测因子 D_0 的影响是：

$$D_0(M) = \frac{D_0(1)}{M} \tag{5.3.1}$$

式中，$D_0(M)$ 表示 M 个脉冲相参积累后的检测因子。因为这种积累使信噪比提高为原来的 M 倍，所以在门限检测前达到相同信噪比时，检波器输入端所要求的单个脉冲信噪比将减小到不积累时的 $1/M$。

对非相参积累(视频积累)进行效果分析是一件比较困难的事。要计算 M 个视频脉冲积累后的检测能力，首先要求出 M 个信号加噪声以及 M 个噪声脉冲经过包络检波并相加后的概率密度函数 $p_{sn}(r)$ 和 $p_n(r)$，这两个函数与检波器的特性及回波信号特性有关，然后由 $p_{sn}(r)$ 和 $p_n(r)$ 按照同样的方法求出 P_d 和 P_{fa}：

$$P_d = \int_{U_T}^{\infty} p_{sn}(r)\,\mathrm{d}r \tag{5.3.2}$$

$$P_{fa} = \int_{U_T}^{\infty} p_n(r)\,\mathrm{d}r \tag{5.3.3}$$

将计算所得结果绘制成使用方便的曲线簇，如图 5.9 和图 5.10 所示。曲线的横轴表示非相参积累的脉冲数，纵轴是积累后的检测因子(D_0)，图中曲线表示检测因子 D_0 随脉冲积累数 M 变化的规律，曲线簇的参变量是不同的虚警概率 P_{fa}。检测概率 P_d 不同时的曲线分别示于图 5.9 和图 5.10，这两组曲线均是采用线性检波器获得的，而且是对不起伏目标而言的。

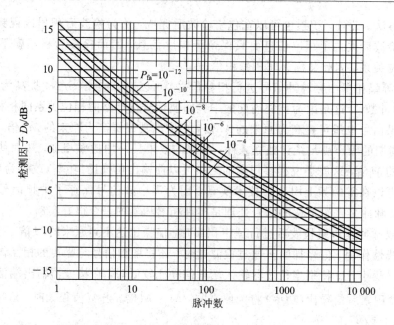

图 5.9　线性检波非起伏目标检测因子(所需信噪比) 与非相参脉冲积累数的关系 $P_d = 0.5$

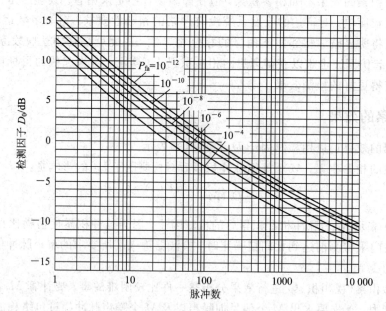

图 5.10　线性检波非起伏目标检测因子与非相参脉冲积累数的关系 $P_d = 0.9$

M 个脉冲非相参积累后的检测因子用 $D_0'(M)$ 表示,由于此时积累效果较相参积累时差,因此 $D_0'(M)$ 较式(5.3.1) 中的 $D_0(M)$ 大,可以用积累效率 $E_i(M)$ 来表征其积累性能:

$$E_i(M) = \frac{D_0(1) \dfrac{1}{M}}{D_0'(M)}$$

将积累后的检测因子 D_0 代入雷达方程(式(5.2.6)),即可估算出在脉冲积累条件下的作用距离:

$$R_{\max} = \left[\frac{E_t G_t A_t \sigma}{(4\pi)^2 kT_0 F_n D_0 C_B L} \right]^{1/4} = \left[\frac{P_t \tau G_t G_r \sigma \lambda^2}{(4\pi)^3 kT_0 F_n D_0 C_B L} \right]^{1/4}$$

此处，$D_0 = D_0(M)$，根据采用相参或非相参积累，可以通过计算或查曲线得到。

有些雷达积累许多脉冲时组合使用相参或非相参脉冲积累，因为接收脉冲的相位稳定性只够做 M 个脉冲的相参积累，而天线波束在目标的驻留时间内共收到 N 个脉冲($M < N$)。如果在相参积累后接非相参积累，则检测因子为

$$D_0(M, N) = \frac{D_0(N/M)}{M} \tag{5.3.4}$$

式中，$D_0(N/M)$ 表示 N/M 个脉冲非相参积累后的检测因子，可通过查曲线得到。除以 M 表示相参积累 M 个脉冲的增益，将 $D_0(M, N)$ 代入雷达方程就可估算此时的 $R_{\max}$。

5.3.2　积累脉冲数的确定

当雷达天线进行机械扫描时，可积累的脉冲数(收到的回波脉冲数)取决于天线波束的扫描速度以及扫描平面上天线波束的宽度。可以用下面公式计算方位扫描雷达半功率波束宽度内接收到的脉冲数 N：

$$N = \frac{\theta_{a, 0.5} f_r}{\Omega_a \cos\theta_e} = \frac{\theta_{a, 0.5} f_r}{6\omega_m \cos\theta_e} \tag{5.3.5}$$

式中，$\theta_{a, 0.5}$ 为半功率天线方位波束宽度(°)；Ω_a 为天线方位扫描速度(°/s)；ω_m 为天线方位扫描速度(r/min)；f_r 为雷达的脉冲重复频率(Hz)；θ_e 为目标仰角(°)。

式(5.3.5)基于球面几何的特性，它适用于"有效"方位波束宽度 $\theta_{a, 0.5}/\cos\theta_e$ 小于 $90°$ 的范围，且波束最大值方向的倾斜角大体上等于 θ_e。当雷达天线波束在方位和仰角二维方向扫描时，也可以推导出相应的公式来计算接收到的脉冲数 N。

某些现代雷达，天线波束采用电扫描的方法，而不用机械运动方式。电扫天线常采用步进扫描方式，此时天线波束指向某特定方向并在此方向上发射预置的脉冲数，然后波束指向新的方向进行辐射。用这种方法扫描时，接收到的脉冲数由预置的脉冲数决定而与波束宽度无关，且接收到的脉冲回波是等幅的(不考虑目标起伏时)。

5.4　目标截面积及其起伏特性

雷达利用目标的散射功率来发现目标，在式(5.1.10)中已定义了目标的雷达截面积 σ。脉冲雷达的特点是有一个三维分辨单元，分辨单元在角度上的大小取决于天线波束宽度，在距离上的尺寸取决于脉冲宽度，此分辨单元就是瞬时照射并散射的体积 V。设雷达波束的立体角为 Ω(以主平面波束宽度的半功率点来确定)，则

$$V = \frac{\Omega R^2 c\tau}{2}$$

式中，R 为雷达至特定分辨单元的距离；Ω 是立体角，单位为球面度。如果一个目标全部包含在体积 V 中，便认为该目标属于点目标。实际上，只有明显小于体积 V 的目标才能真正算作点目标，像飞机、卫星、导弹、船只等雷达目标，当用普通雷达观测时可以算作点目标，但对极高分辨力的雷达来说，便不能算是点目标了。

不属于点目标的目标有两类：如果目标大于分辨单元且形状不规则，则它是一个实在的"大目标"，如大于分辨单元的一艘大船；另一类是所谓的分布目标，它是一群统计上均匀的散射体的集合。

本节将具体讨论点目标雷达截面积的主要特性及其对检测性能的影响。

5.4.1　　点目标特性与波长的关系

目标的后向散射特性除与目标本身的性能有关外，还与视角、极化和入射波的波长有关。其中，与波长的关系最大，常以相对于波长的目标尺寸来对目标进行分类。为了讨论目标后向散射特性与波长的关系，比较方便的办法是考虑一个各向同性的球体。因为球有最简单的外形，而且理论上已经获得了其截面积的严格解答，其截面积与视角无关，因此常用金属球来作为截面积的标准，用于校正数据和进行实验测定。

球体截面积与波长的关系如图 5.11 所示。当球体周长 $2\pi r \leqslant \lambda$ 时，称为瑞利区，这时的截面积正比于 λ^{-4}；当波长减小到 $2\pi r = \lambda$ 时，就进入振荡区，截面积在极限值之间振荡；$2\pi r \geqslant \lambda$ 的区域称为光学区，截面积振荡地趋于某一固定值，它就是几何光学的投影面积 πr^2。

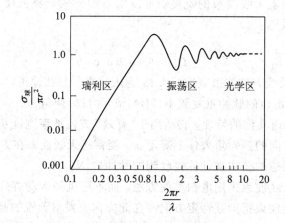

图 5.11　球体截面积与波长 λ 的关系

目标的尺寸相对于波长很小时呈现瑞利区散射特性，即 $\sigma \propto \lambda^{-4}$。绝大多数雷达目标都不处在这个区域中，但气象微粒对常用的雷达波长来说是处在这一区域的（它们的尺寸远小于波长）。对于处于瑞利区的目标，决定它们截面积的主要参数是体积而不是形状。通常雷达目标的尺寸较云雨微粒要大得多，因此降低雷达工作频率可减小云雨回波的影响，而不会明显减小正常雷达目标的截面积。

实际上大多数雷达目标都处在光学区。光学区名称的由来是：目标尺寸比波长大得多时，如果目标表面比较光滑，那么几何光学的原理可以用来确定目标雷达截面积。按照几何光学的原理，表面最强的反射区域是电磁波波前最突出点附近的小区域，这个区域的大小与该点的曲率半径 ρ 成正比。曲率半径越大，反射区域越大，这一反射区域在光学中称为亮斑。可以证明，当物体在亮斑附近为旋转对称时，其截面积为 $\pi\rho^2$，故处于光学区球体的截面积为 πr^2，其截面积不随波长 λ 变化。

在光学区和瑞利区之间是振荡区，这个区的目标尺寸与波长相近。在这个区中，截面积随波长变化而振荡，最大点较光学值约高 5.6 dB，发生在 $2\pi r/\lambda = 1$ 处，而第一个凹点的值又较光学值约低 5.5 dB。实际上雷达很少工作在这一区域。

其他简单形状物体的截面积和波长的关系也有以上类似的规律。

5.4.2　　简单形状目标的雷达截面积

几何形状比较简单的目标，如球体、圆板、锥体等，它们的雷达截面积可以计算出来。

其中，球是最简单的目标。5.4.1 节已讨论过球体截面积的变化规律，在光学区，球体截面积等于其几何投影面积 πr^2，与视角无关，也与波长 λ 无关。

对于其他形状简单的目标，当反射面的曲率半径大于波长时，也可以应用几何光学的方法来计算它们在光学区的雷达截面积。一般情况下，其反射面在亮斑附近不是旋转对称的，可通过亮斑（包含视线）绘出互相垂直的两个平面，这两个切面上的曲率半径为 ρ_1、ρ_2，则雷达截面积为

$$\sigma = \pi \rho_1 \rho_2$$

对于非球体目标，其截面积和视角有关，而且在光学区其截面积不一定趋于一个常数，但利用亮斑处的曲率半径可以对许多简单几何形状的目标进行分类，并说明它们对波长的依赖关系。

表 5.1 给出了几种简单几何形状的物体在特定视角方向上的截面积，当视角改变时截面积一般都有很大的变化（球体除外）。

表 5.1　目标为简单几何形状物体的雷达参数

随波长的变化关系	目　标	相对入射波的视角	雷达截面积
λ^{-2}	面积为 A 的大平板	法线	$\dfrac{4\pi A^2}{\lambda^2}$
	边长为 a 的三角形反射器	对称轴平行于照射方向	$\dfrac{4\pi a^4}{3\lambda^2}$
λ^{-1}	长为 L、半径为 a 的圆柱	垂直于对称轴	$\dfrac{2\pi a L^2}{\lambda}$
λ^0	半长轴为 a、半短轴为 b 的椭球	轴	$\pi \dfrac{b^4}{a^2}$
	顶部曲率半径为 ρ_0 的抛物面	轴	$\pi \rho_0^2$
λ^1	长为 L、半径为 a 的圆柱（在 θ 角范围内的平均值）	与垂直于对称轴的法线成 θ 角	$\dfrac{a\lambda}{2\pi\theta^2}$
λ^2	半锥角为 θ_0 的有限锥		$\dfrac{\lambda^2}{16\pi} + a\pi^4\theta_0$

5.4.3　目标特性与极化的关系

目标的散射特性通常与入射场的极化有关。我们先讨论天线辐射线极化的情况。照射到远区目标上的是线极化平面波，而任意方向的线极化波都可以分解为两个正交分量，即垂直极化分量和水平极化分量，分别用 E_H^T 和 E_V^T 表示在目标处天线所辐射的水平极化和垂直极化电场。其中，上标 T 表示发射天线产生的电场，下标 H 和 V 分别代表水平方向和垂直方向。一般来说，在水平照射场的作用下，目标的散射场 E 将由两部分（即水平极化散射场 E_H^S 和垂直极化散射场 E_V^S）组成，并且有

$$\begin{cases} E_H^S = \alpha_{HH} E_H^T \\ E_V^S = \alpha_{HV} E_H^T \end{cases} \tag{5.4.1}$$

式中，α_{HH} 表示水平极化入射场产生水平极化散射场的散射系数；α_{HV} 表示水平极化入射场产生垂直极化散射场的散射系数。

同理，在垂直照射场作用下，目标的散射场也有两部分：

$$\begin{cases} E_{\mathrm{H}}^{\mathrm{S}} = \alpha_{\mathrm{VH}} E_{\mathrm{V}}^{\mathrm{T}} \\ E_{\mathrm{V}}^{\mathrm{S}} = \alpha_{\mathrm{VV}} E_{\mathrm{V}}^{\mathrm{T}} \end{cases} \tag{5.4.2}$$

式中，α_{VH} 表示垂直极化入射场产生水平极化散射场的散射系数；α_{VV} 表示垂直极化入射场产生垂直极化散射场的散射系数。

显然，这四种散射成分中，水平散射场可被水平极化天线所接收，垂直散射场可被垂直极化天线所接收，所以有

$$\begin{cases} E_{\mathrm{H}}^{\mathrm{r}} = \alpha_{\mathrm{HH}} E_{\mathrm{H}}^{\mathrm{T}} + \alpha_{\mathrm{VH}} E_{\mathrm{V}}^{\mathrm{T}} \\ E_{\mathrm{V}}^{\mathrm{r}} = \alpha_{\mathrm{HV}} E_{\mathrm{H}}^{\mathrm{T}} + \alpha_{\mathrm{VV}} E_{\mathrm{V}}^{\mathrm{T}} \end{cases} \tag{5.4.3}$$

式中，$E_{\mathrm{H}}^{\mathrm{r}}$、$E_{\mathrm{V}}^{\mathrm{r}}$ 分别表示接收天线所收到的目标散射场中的水平极化成分和垂直极化成分。把式(5.4.3)用矩阵表示时可写成

$$\begin{bmatrix} E_{\mathrm{H}}^{\mathrm{r}} \\ E_{\mathrm{V}}^{\mathrm{r}} \end{bmatrix} = \begin{bmatrix} \alpha_{\mathrm{HH}} & \alpha_{\mathrm{VH}} \\ \alpha_{\mathrm{HV}} & \alpha_{\mathrm{VV}} \end{bmatrix} \begin{bmatrix} E_{\mathrm{H}}^{\mathrm{T}} \\ E_{\mathrm{V}}^{\mathrm{T}} \end{bmatrix} \tag{5.4.4}$$

式(5.4.4)中的中间一项表示目标散射特性与极化有关的系数，称为散射矩阵。

下面讨论散射矩阵中各系数的意义。我们定义 σ_{HH} 为水平极化照射时同极化的雷达截面积：

$$\sigma_{\mathrm{HH}} = 4\pi R^2 \frac{\left| E_{\mathrm{H}}^{\mathrm{r}} \right|^2}{\left| E_{\mathrm{H}}^{\mathrm{T}} \right|^2} = 4\pi R^2 \alpha_{\mathrm{HH}}^2 \tag{5.4.5}$$

σ_{HV} 为水平极化照射时正交极化的雷达截面积：

$$\sigma_{\mathrm{HV}} = 4\pi R^2 \frac{\left| E_{\mathrm{H}}^{\mathrm{r}} \right|^2}{\left| E_{\mathrm{H}}^{\mathrm{T}} \right|^2} = 4\pi R^2 \alpha_{\mathrm{HH}}^2 \tag{5.4.6}$$

σ_{VV} 为垂直极化照射时同极化的雷达截面积：

$$\sigma_{\mathrm{VV}} = 4\pi R^2 \frac{\left| E_{\mathrm{V}}^{\mathrm{r}} \right|^2}{\left| E_{\mathrm{V}}^{\mathrm{T}} \right|^2} = 4\pi R^2 \alpha_{\mathrm{VV}}^2 \tag{5.4.7}$$

σ_{VH} 为垂直极化照射时正交极化的雷达截面积：

$$\sigma_{\mathrm{VH}} = 4\pi R^2 \frac{\left| E_{\mathrm{H}}^{\mathrm{r}} \right|^2}{\left| E_{\mathrm{H}}^{\mathrm{T}} \right|^2} = 4\pi R^2 \alpha_{\mathrm{VH}}^2 \tag{5.4.8}$$

由此可以看出，系数 α_{HH}、α_{HV}、α_{VV} 和 α_{VH} 分别正比于各种极化之间的雷达截面积。散射矩阵还可以表示成如下形式：

$$\begin{bmatrix} \sqrt{\sigma_{\mathrm{HH}}}\, \mathrm{e}^{j\rho_{\mathrm{HH}}} & \sqrt{\sigma_{\mathrm{VH}}}\, \mathrm{e}^{j\rho_{\mathrm{VH}}} \\ \sqrt{\sigma_{\mathrm{HV}}}\, \mathrm{e}^{j\rho_{\mathrm{HV}}} & \sqrt{\sigma_{\mathrm{VV}}}\, \mathrm{e}^{j\rho_{\mathrm{VV}}} \end{bmatrix} \tag{5.4.9}$$

雷达截面积的严格表示应该是一个复数，其中，$\sqrt{\sigma_{\mathrm{HH}}}$ 等表示散射矩阵单元的幅度，ρ_{HH} 等表示相对应的相位。

天线的互易原理告诉我们，不论收发天线各采用什么样的极化，当收发天线互易时，可以得到同样的效果。在特殊情况下，如发射天线是垂直极化，接收天线是水平极化，当发射天线作为接收而接收天线作为发射时，效果相同，可知 $\alpha_{\mathrm{HV}} = \alpha_{\mathrm{VH}}$，说明散射矩阵交叉项具有对称性。

散射矩阵表明了目标散射特性与极化方向的关系，因而它和目标的几何形状间有密切的联系。下面举一些例子加以说明。

一个各向同性的物体(如球体)，当它被电磁波照射时，可以推断其散射强度不受电波极化方向的影响。例如，采用水平极化波或垂直极化波时，其散射强度是相等的，由此可知其

$\alpha_{\mathrm{HH}} = \alpha_{\mathrm{VV}}$。

若被照射物体的几何形状对包括视线的入射波的极化平面对称，则交叉项反射系数为 0，即 $\alpha_{\mathrm{HV}} = \alpha_{\mathrm{VH}} = 0$，这时因为物体的几何形状对极化平面对称，则该物体上的电流分布必然与极化平面对称，所以目标上的极化取向必定与入射波的极化取向一致。为了进一步说明，假设散射体对水平极化平面对称，入射场采用水平极化，由于对称性，散射场中向上的分量应与向下的分量相等，因而相加的结果是垂直分量的散射场为 0，即 $\alpha_{\mathrm{HV}} = \alpha_{\mathrm{VH}} = 0$，则散射矩阵可表示为

$$\begin{bmatrix} \alpha & 0 \\ 0 & \alpha \end{bmatrix} \tag{5.4.10}$$

又若物体分别对水平轴和垂直轴对称，如平置的椭圆体，入射场极化不同时自然反射场强不同，因而 $\alpha_{\mathrm{HH}} \neq \alpha_{\mathrm{VV}}$。但由于对称性，散射场中只可能有与入射场相同的分量，而不可能有正交的分量，故而它的散射矩阵可表示成

$$\begin{bmatrix} \alpha_{\mathrm{HH}} & 0 \\ 0 & \alpha_{\mathrm{VV}} \end{bmatrix} \tag{5.4.11}$$

对于雷达天线辐射圆极化波或椭圆极化波，可仿照上面所讨论线极化波时的方法，写出圆极化波和椭圆极化波的散射矩阵。

若 $E_{\mathrm{R}}^{\mathrm{T}}$、$E_{\mathrm{L}}^{\mathrm{T}}$ 分别表示发射场中右旋和左旋圆极化成分，$H_{\mathrm{R}}^{\mathrm{S}}$、$E_{\mathrm{L}}^{\mathrm{S}}$ 分别表示散射场中右旋和左旋圆极化成分，则有

$$\begin{bmatrix} E_{\mathrm{R}}^{\mathrm{S}} \\ E_{\mathrm{L}}^{\mathrm{S}} \end{bmatrix} = \begin{bmatrix} \alpha_{\mathrm{RR}} & \alpha_{\mathrm{LR}} \\ \alpha_{\mathrm{RL}} & \alpha_{\mathrm{LL}} \end{bmatrix} \begin{bmatrix} E_{\mathrm{R}}^{\mathrm{T}} \\ E_{\mathrm{L}}^{\mathrm{T}} \end{bmatrix} \tag{5.4.12}$$

式中，α_{RR}、α_{RL}、α_{LR}、α_{LL} 分别代表各种圆极化之间的反射系数。对于相对于视线轴对称的目标，$\alpha_{\mathrm{RR}} = \alpha_{\mathrm{LL}} = 0$，$\alpha_{\mathrm{RL}} = \alpha_{\mathrm{LR}} \neq 0$，这是因为目标具有对称性，反射场的极化取向与入射场一致并有相同的旋转方向，但由于传播方向相反，因而相对于传播方向其旋转方向亦相反，即对应于入射场的右（左）旋极化，反射场则变为左（右）旋极化，因此，$\alpha_{\mathrm{RR}} = \alpha_{\mathrm{LL}} = 0$，$\alpha_{\mathrm{RL}} = \alpha_{\mathrm{LR}} \neq 0$。

这一性质是很重要的，如果采用相同极化的圆极化天线作为发射和接收天线，那么对于一个近似为球体的目标，接收功率很小或为 0。我们知道，气象微粒（如雨等）就是球形或椭圆形，为了滤除雨回波的干扰，收发天线常采用同极化的圆极化天线。不管目标是否对称，根据互易原理，都有 $\alpha_{\mathrm{LR}} = \alpha_{\mathrm{RL}}$。

5.4.4　复杂目标的雷达截面积

飞机、舰艇、地物等复杂目标的雷达截面积是视角和工作波长的复杂函数。尺寸大的复杂反射体常常可以近似分解成许多独立的散射体，每一个独立散射体的尺寸仍处于光学区，各部分没有相互作用，在这样的条件下，总的雷达截面积就是各部分截面积的矢量和：

$$\sigma = \left| \sum_k \sqrt{\sigma_k} \exp\left(\frac{\mathrm{j}4\pi d_k}{\lambda}\right) \right|^2$$

式中，σ_k 是第 k 个散射体的截面积；d_k 是第 k 个散射体与接收机之间的距离。这一公式对确定散射矩阵的截面积有很大的作用。各独立单元的反射回波具有相对相位关系，可以相加而给出大的雷达截面积，也可以相减而得到小的雷达截面积。对于复杂目标，各散射单元的间隔是可以和工作波长相比的，因此当观察方向或工作波长改变时，在接收机输入端收到的各

单元散射信号间的相位也在变化，使其矢量和相应改变，从而形成了起伏的回波信号。

　　图 5.12 给出了螺旋桨飞机 B−26(第二次世界大战时中程双引擎轰炸机) 雷达截面积的例子，数据是飞机置于转台上通过试验测得的，工作波长为 10 cm。从图中可以看出，雷达截面积是视角的函数，角度改变约(1/3)°，截面积就可以大约变化 15 dB。最强的回波信号发生在侧视附近，在这里飞机的投影面积最大且具有比较平坦的表面。此外，对喷气飞机的截面积也做了相当多的分析研究和模型测试，获得了相应的测试结果。

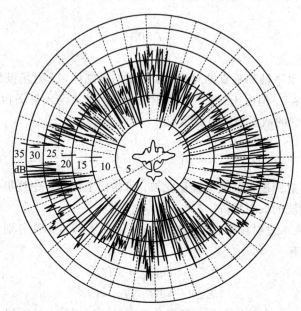

图 5.12　螺旋桨飞机的雷达截面积

　　飞机的雷达截面积也可以在实际飞行中测量，或者将复杂目标分解为一些简单形状散射体的组合，由计算机模拟后算出。因为复杂目标是雷达观测的对象和信息源，因此对它们的散射性质要进行各种深入的研究，如需要详细研究，可参阅有关文献资料。

　　对于复杂目标的雷达截面积，只要稍微变动观察角或工作频率，就会引起截面积大的起伏。飞机截面积的起伏可能达到 60 dB，但通常在微波区其平均值不会随频率显著变化。不过低频率(如 VHF) 时的飞机截面积要比微波频段大，如老的军用螺旋桨飞机在 VHF 时测得的截面积大约是 L 波段测得的截面积的 5 倍。但有时为了估算作用距离，必须对各类复杂目标给出一个代表其截面积大小的数值 σ。至今尚无一个获得一致认可的标准来确定飞机等复杂目标截面积的单值表示值。可以采用其各方向截面积的平均值或中值作为截面积的单值表示值，有时也用最小值(即约 95% 以上时间的截面积都超过该值) 来表示。也可以根据实验测量的作用距离反过来确定其雷达截面积。表 5.2 列出了几种目标在微波波段时的雷达截面积样本值，但这些数据不能完全反映复杂目标截面积的性质，只是截面积平均值的一个度量。

　　复杂目标的雷达截面积是视角的函数，同时也随频率和极化等变化，通常雷达工作时，精确的目标姿态及视角是不知道的，因为目标运动时视角随时间变化。因此，最好用统计的概念来描述雷达截面积，所用统计模型应尽量和实际目标雷达截面积的分布规律相同。大量试验表明，大型飞机截面积的概率分布接近瑞利分布。当然也有例外，小型飞机和各种飞机侧面截面积的分布与瑞利分布差别较大。

表 5.2　在微波频段上的雷达截面积样本值①

类　　别	截面积 /m²
常规有翼导弹	0.1
小型单引擎飞机	1
小型战斗机或 4 乘客喷气机	2
大型战斗机	6
中型轰炸机或中型喷气客机	20
大型轰炸机或大型喷气客机	40
超大型喷气客机	100
直升机	3
小敞篷船	0.02
小型游艇(20 ～ 30 英尺)	2
带舱巡洋舰(40 ～ 50 英尺)	100
零掠射角时的舰船 /m²	经验公式为 $52f^{1/2}D^{3/2}$。该值为中值,其中,f 为雷达频率(MHz),D 为舰船满载排水量(千吨)
较高掠射角时的舰船 /m²	以吨表示的排水量
汽车	100
载货小汽车	200
自行车	2
人	1
大鸟	10^{-2}
中鸟	10^{-3}
大昆虫(蝉)	10^{-4}
小昆虫(苍蝇)	10^{-5}

注:虽然这里给出的雷达截面积是一个数字,但通常并不是一个数字就可恰当地描述雷达目标回波的。因为 σ 具有可变特性,且是一个不同分布特性的随机变量。

导弹和卫星的表面结构比飞机简单,它们的截面积处于简单几何形状与复杂目标之间,这类目标截面积的分布比较接近对数正态分布。

船舶是复杂目标,它与空中目标的不同之处在于海浪对电磁波反射产生多径效应,雷达所能收到的功率与天线高度有关,因而目标截面积也和天线高度有一定的关系。在多数场合,船舶截面积的概率分布比较接近对数正态分布。

5.4.5　目标起伏模型

目标雷达截面积的大小对雷达检测性能有直接的关系,在工程计算中常把截面积视为常量,即如表 5.2 给出的那些平均值。实际上,处于运动状态的目标,视角一直在变化,截面积随之产生起伏。图 5.13 给出了某喷气战斗机向

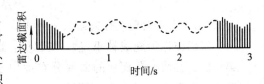

图 5.13　某喷气战斗机向雷达飞行时记录的脉冲

雷达站飞行时记录的脉冲，起伏周期在远距离时是几秒，在近距离时大约是几十分之一秒，起伏周期与波长有关，对于飞机的不同姿态，起伏变化的范围为从 26 dB 到 10 dB。

要正确地描述雷达截面积的起伏，必须知道它的概率密度函数（它与目标的类型、典型的航路有关）和相关函数。概率密度函数 $p(\sigma)$ 给出了目标截面积 σ 的数值在 σ 和 $\sigma + \mathrm{d}\sigma$ 之间的概率，而相关函数则描述雷达截面积在回波脉冲序列间（随时间）的相关程度。这两个参数都影响雷达对目标的检测性能。而截面积起伏的功率谱密度函数对研究跟踪雷达性能也很重要。

1. 施威林(Swerling) 起伏模型

由于雷达需要探测的目标十分复杂且多种多样，因此很难准确地得到各种目标截面积的概率分布和相关函数。通常是用一个接近而又合理的模型来估计目标起伏的影响并进行数学上的分析。最早提出而且目前仍然常用的起伏模型是施威林模型。典型的目标起伏可分为 4 种类型。这 4 类可以归纳为两种：一种是在天线一次扫描期间回波起伏是完全相关的，而一次扫描至另一次扫描间完全不相关，称为慢起伏目标；另一种是快起伏目标，它们的回波起伏在脉冲与脉冲之间是完全不相关的。4 种起伏模型介绍如下：

（1）第一类称为施威林 Ⅰ 型，慢起伏，瑞利分布。

接收到的目标回波在任意一次扫描期间都是恒定的（完全相关），但是从一次扫描到下一次扫描是独立的（不相关的）。假设不计天线波束形状对回波振幅的影响，截面积 σ 的概率密度函数服从以下分布：

$$p(\sigma) = \frac{1}{\bar{\sigma}}\mathrm{e}^{-\frac{\sigma}{\bar{\sigma}}}, \ \sigma \geqslant 0 \qquad (5.4.13)$$

式中，$\bar{\sigma}$ 为目标起伏全过程截面积的平均值。式(5.4.13)表示截面积 σ 按指数函数分布，目标截面积与回波功率成比例，而回波振幅 A 的分布则为瑞利分布。由于 $A^2 = \sigma$，因此

$$p(A) = \frac{1}{2A_0^2}\exp\left(-\frac{A^2}{2A_0^2}\right) \qquad (5.4.14)$$

与式(5.4.13)对照，式(5.4.14)中，$2A_0^2 = \bar{\sigma}$。

（2）第二类称为施威林 Ⅱ 型，快起伏，瑞利分布。

目标截面积的概率分布与式(5.4.13)相同，但为快起伏，假定脉冲与脉冲间的起伏是统计独立的。

（3）第三类称为施威林 Ⅲ 型，慢起伏，截面积的概率密度函数为

$$p(\sigma) = \frac{4\sigma}{\bar{\sigma}^2}\exp\left(-\frac{2\sigma}{\bar{\sigma}}\right) \qquad (5.4.15)$$

式中，$\bar{\sigma}$ 表示截面积起伏的平均值。

这类截面积起伏所对应的回波振幅 A 满足以下概率密度函数（$A^2 = \sigma$）：

$$p(A) = \frac{9A^2}{4A_0^4}\exp\left(-\frac{3A^2}{2A_0^2}\right) \qquad (5.4.16)$$

与式(5.4.15)对应，有关系式 $\bar{\sigma} = 4A_0^2/3$。

（4）第四类称为施威林 Ⅳ 型，快起伏，截面积的概率分布服从式(5.4.15)。

第一、二类情况截面积的概率分布适用于复杂目标是由大量近似相等单元散射体组成的情况，虽然理论上要求独立散射体的数量很大，但实际上只需四五个。许多复杂目标的截面积（如飞机）就属于这一类型。

第三、四类情况截面积的概率分布适用于目标由一个较大反射体和许多小反射体合成，或者一个大的反射体在方位上有小变化的情况。用上述 4 类起伏模型时，代入雷达方程中的雷达截面积是其平均值 $\bar{\sigma}$。

有了以上 4 种目标模型，就可以计算各类起伏目标的检测性能了。下面引用施威林计算的结果。为了便于比较，将不起伏的目标称为第五类。

2. 目标起伏对检测性能的影响

图 5.14 中比较了 5 种类型目标的检测性能，它是在虚警数 $n_f = 10^8$、脉冲积累数 $n = 10$ 的条件下比较的。可以看出，当发现概率 P_d 比较大时，4 种起伏目标比不起伏目标（第五类）来讲，需要更大的信噪比。例如，当发现概率 $P_d = 0.95$ 时，对于不起伏目标，每个脉冲信噪比需要 6.2 dB，对起伏目标（瑞利分布，慢起伏）而言，每个脉冲所需信噪比为 16.8 dB。因此，若在估计雷达作用距离时不考虑目标起伏的影响，则预测的作用距离和实际能达到的相差甚远。由图 5.14 还可看出，当 $P_d > 0.3$ 时，慢起伏目标（情况 1 和 3，即第一、三类情况）需要的信噪比大于快起伏目标（情况 2 和 4，即第二、四类情况）。因为慢起伏目标的回波在同一扫描期是完全相关的，如果第一个脉冲振幅小于检测门限，则相继脉冲也不会超过门限值，要发现目标，只有提高信噪比。在快起伏情况下，脉冲间起伏不相关，相继脉冲的振幅会有较大变化，第一个脉冲不超过门限，相继脉冲有可能超过门限而被检测到。事实上，只要脉冲数足够多，快起伏情况下的检测性能就是被平均的，它的检测性能接近于不起伏目标的情况。

施威林的 4 种模型考虑了两类极端情况：扫描间独立和脉冲间独立。实际的目标起伏特性往往介于上述两种情况之间。已经证明，其检测性能也介于两者之间。对此，已有精确的分析及可实用的经验公式可供采用，见参考文献[8]和[9]。

为了得到检测起伏目标时的雷达作用距离，可在雷达方程上进行一定的修正，即通常所说的加上目标起伏损失。图 5.15 给出了达到规定发现概率 P_d 时，起伏目标比不起伏目标每一脉冲所需增加的信号噪声比。例如，当 $P_d = 90\%$ 时，一类和二类起伏目标（即情况 1 和情况 2）比不起伏目标需增加的信号噪声比约 9 dB，而对三类和四类目标（即情况 3 和情况 4）则需增加约 4 dB。

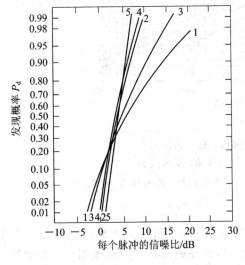

图 5.14 几种起伏信号的检测性能

（脉冲积累 $n = 10$，虚警数 $n_f = 10^8$）

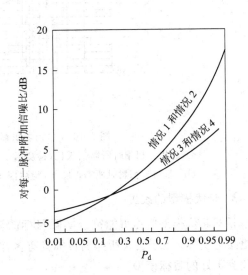

图 5.15 达到规定 P_d 时的起伏损失

为了估算在探测起伏目标时的作用距离，要将检测起伏目标时的信噪比损失考虑进去。人们已经做出了许多组曲线，如图5.16所示。图中的每一组曲线是针对不同类型的起伏目标的，在确定 P_d 的条件下，非相参积累的脉冲数和检测因子 D_0 的关系曲线以 P_{fa} 为参变量。因此可根据具体情况找到相对应的曲线，查出符合条件的 D_0 值后代入雷达方程即可估算此时的作用距离。

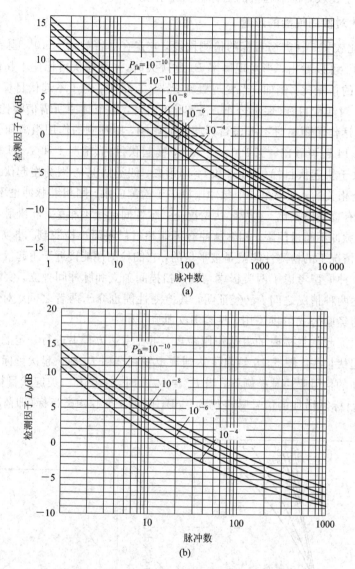

图 5.16　非相参积累时起伏目标的检测因子

（a）非相干积累时所需信噪比（检测因子），平方律检波，施威林 Ⅰ 型 $P_d = 0.05$；

（b）非相干积累时所需信噪比（检测因子），平方律检波，施威林 Ⅱ 型 $P_d = 0.5$

3. 起伏模型的改进

目标起伏模型应尽可能符合实际目标的测量数据，这时按模型预测的雷达作用距离才能更接近实际。由于雷达所探测目标具有多样性，因此除施威林的目标模型外，希望能进一步找到更好的目标模型。

在某些应用中，$2m$ 自由度的 χ^2 分布是一个较好的模型。χ^2 分布的概率密度函数为

$$p(\sigma) = \frac{m}{(m-1)!\,\bar{\sigma}}\left(\frac{m\sigma}{\bar{\sigma}}\right)^{m-1}\exp\left(-\frac{m\sigma}{\bar{\sigma}}\right), \quad \sigma > 0 \qquad (5.4.17)$$

$2m$ 为其自由度，通常为整数。这种概率分布也称伽马概率密度函数。

施威林的目标起伏模型是 $2m$ 自由度 χ^2 分布［式(5.4.17)］中的第二个特例：当 $m = 1$ 时，式(5.4.17)化简为指数分布，如式(5.4.13)，相当于施威林 Ⅰ、Ⅱ 型目标分布；当 $m = 2$ 时，式(5.4.17)化简为式(5.4.15)，代表施威林 Ⅲ、Ⅳ 型目标分布。χ^2 分布时，截面积方差平均值的比值等于 $m^{-1/2}$，即 m 值越大，起伏分量越受限制。当 m 趋于无穷大时，相当于不起伏目标。

用 χ^2 分布作为雷达截面积起伏的统计数学模型时，m 不一定取整数，而可以是任意正实数。这个分布并不是经常和观察数据吻合的，但在很多情况下相当接近，而且这个模型用起来比较方便，故在实际工作中经常采用。直线飞行时，实际飞机截面积的测量数据和 χ^2 分布很吻合，这时，m 参数的范围大约是 $0.9 \sim 2$。参数的变化取决于视角、飞机类型和工作频率。除飞机外，χ^2 分布还用来近似其他目标的统计特性，例如可用来描述规则形状的物体，一个带翼的圆柱体，这正是某些人造卫星的特征。根据姿态的不同，m 值约为 $0.2 \sim 2$。

此外，还可用对数正态分布来描述某些目标截面积的统计特性，即

$$p(\sigma) = \frac{1}{\sqrt{2\pi}S_d\sigma}\exp\left\{-\frac{1}{2S_d^2}\left[\ln\left(\frac{\sigma}{\sigma_m}\right)\right]\right\}, \sigma > 0 \qquad (5.4.18)$$

式中，S_d 为 $\ln(\sigma/\sigma_m)$ 的标准偏离；σ_m 为 σ 的中值，σ 的值和中值之比均为 $\exp(S_d^2/2)$。

这个统计模型适用于某些卫星、舰船、圆柱体平面以及阵列等。

对于 χ^2 分布、对数正态分布目标的检测性能，也有了某些计算结果可供参考。

目标截面积 σ 的另一类起伏是莱斯(Rice)分布。在理论上它是由一个占支配地位的非起伏成分和许多较小的随机成分组成的多散射体模型所产生的。莱斯功率分布可写成：

$$p(\sigma) = (1+S)\exp\left[-S-(1+S)\frac{\sigma}{\bar{\sigma}}\right]J_0\left[2\sqrt{S(1+S)\frac{\sigma}{\bar{\sigma}}}\right] \qquad (5.4.19)$$

式中，$J_0(\cdot)$ 为零阶修正贝塞尔函数，S 是非起伏成分的功率与随机成分总功率之比。当参数选择合适时，莱斯功率分布和 χ^2 分布十分近似，可用 χ^2 分布的结果对莱斯分布起伏时的性能进行估算。

实际上很难精确地描述任一目标的统计特性，而且其统计特性可随姿态、频率等因素而变化，因此用不同的数学模型只能是较好地估计而不能精确地预测系统的检测性能。据说，在许多情况下，对飞机目标的测量表明，瑞利模型($m = 1$ 时的 χ^2)较其他模型拟合得更好。另外，在 χ^2 分布中，m 的测量值大约由 0.5 变化到 20，大量测量参数往往是不公开的。

5.5　系　统　损　失

实际工作的雷达系统总是有各种损失的，这些损失将降低雷达的实际作用距离，因此在雷达方程中应该引入损耗这一修正量。正如式(5.2.7)所表明的，用 L 表示损失，将其加在雷达方程的分母中，L 是大于 1 的值，用正分贝数来表示。

损失 L 包括许多比较容易确定的值，诸如波导传输损失、接收机失配损失、天线波束形状损失等，其中由于积累不完善引起的损失以及目标起伏引起的损失已分别在 5.3 节和 5.4

节中讨论过,这里不再重复。损失 L 中还包括一些不易估计的值,如操纵员损失、设备工作不完善损失等,这些因素要根据经验和实验测定来估计。

下面分别讨论各类损失。

5.5.1 射频传输损失

当传输线采用波导时,波导损失指的是连接在发射机输出端到天线之间波导引起的损失,包括单位长度波导的损失、每一波导拐弯处的损失、旋转关节的损失、天线收发开关上的损失以及连接不良造成的损失等。当工作频率为 3000 MHz 时,有如下典型数据。

(1)天线收发开关的损失:1.5 dB。

(2)旋转关节的损失:0.4 dB。

(3)每 30.5 m 波导的损失(双程):10 dB。

(4)每个波导拐弯的损失:0.1 dB。

(5)连接不良的损失(估计):0.5 dB。

(6)总的波导损失:3.5 dB。

波导损失与波导制造的材料、工艺、传输系统工作状态以及工作波长等因素有关,通常情况下,工作波长越短,损失越大。

5.5.2 天线波束形状损失

在雷达方程中,天线增益采用最大增益,即认为最大辐射方向对准目标。但在实际工作中天线是扫描的,当天线波束扫过目标时收到的回波信号振幅按天线波束形状调制。实际收到的回波信号能量比假定取最大增益的等幅脉冲串要小。当回波是振幅调制的脉冲串时,可以在计算检测性能时按调制脉冲串进行,已经有人做过这项工作。我们在这里采用的办法是利用等幅脉冲串已得到的检测性能计算结果,再加上波束形状损失因子来修正振幅调制的影响。这个办法虽然不够精确,但简单实用。下面的结果适合在发现概率 $P_{\mathrm{d}} \approx 0.5$ 时应用,为方便起见,对其他发现概率,也可近似采用此结果。

设单程天线功率方向图可用高斯函数近似:

$$G(\theta) = \exp \frac{-2.78\theta^2}{\theta_{\mathrm{B}}^2}$$

式中,θ 是从波束中心开始测量的角度;θ_{B} 是半功率点波束宽度。又设 m_{B} 为半功率波束宽度 θ_{B} 内收到的脉冲数,m 为积累脉冲数,则波束形状损失(相对于积累 m 个最大增益时的脉冲)为

$$波束形状损失 = \frac{m}{1 + 2\sum_{K=1}^{(m-1)/2} \exp \frac{-5.55K^2}{m_{\mathrm{B}}^2}} \tag{5.5.1}$$

例如,积累 11 个脉冲,它们均匀地排列在 3 dB 波束宽度以内,则其损失为 1.96 dB。

以上讨论的是单平面波束形状的损失,对应于扇形波束等情况。当波束内有许多脉冲进行积累时,通常对扇形波束扫描的形状损失为 1.6 dB;而当进行二维扫描时,形状损失取 3.2 dB。

5.5.3 叠加损失

我们在 5.3 节所讨论的积累,是 m 个信号脉冲的积累,确切地说,应是信号加噪声脉冲

的积累。实际工作中常会碰到这样的情况：参加积累的脉冲除了信号加噪声之外，还有单纯的噪声脉冲。这种额外噪声参加积累的结果，会使积累后的信噪比变坏，这个损失称为叠加损失(Collapsing Loss)，用 L_C 表示。

产生叠加损失可能有以下几种场合：在失掉距离信息的显示器（如方位-仰角显示器）上，如果不采用距离门选通，则在同一方位、仰角上所有距离单元的噪声脉冲必然要有信号单元上的信号加噪声脉冲一起参加积累；某些三坐标雷达采用单个平面位置显示器显示同方位所有仰角上的目标，往往只有一路有信号，其余各路是单纯的噪声；如果接收机视频带宽较窄，则通过视放后的脉冲将展宽，结果在有信号距离单元上的信号加噪声就要和邻近距离单元上展宽后的噪声脉冲相叠加；等等。这些情况都会产生叠加损失。

马卡姆(Marcum)计算了在平方律检波条件下的叠加损失。他证明，当 m 个信噪比为 $(S/N)_m$ 的信号加噪声脉冲和 n 个噪声脉冲一起积累时，可以等效为 $m+n$ 个信号加噪声的脉冲积累。叠加损失可表示为

$$L_C(m, n) = \frac{(S/N)_{m, n}}{(S/N)_m} \tag{5.5.2}$$

式中，$(S/N)_{m, n}$ 是当 n 个额外噪声参与 m 个信号加噪声脉冲积累时检测所需的每个脉冲的信噪比；$(S/N)_m$ 是没有额外噪声，m 个信号加噪声积累时检测所需的每一个脉冲信噪比。定义重叠比为

$$\rho = \frac{m+n}{n} = \frac{\text{被积累的脉冲总数}}{\text{包含信号的脉冲数}} \tag{5.5.3}$$

用检测因子 D_0 来表述叠加损失时，由于 m 个信号加噪声的脉冲积累后，$(S/N)_m = D_0(m)$，而 m 个信号加噪声与 n 个噪声积累可等效为 $m+n$ 个脉冲积累，每个脉冲的信噪比降为 $1/\rho$，因此所需的检测因子（输入信噪比）为 $\rho D_0(\rho m)$。$D_0(m)$ 和 $D_0(\rho m)$ 可以通过查有关曲线得到。叠加损失 L_C 用分贝表示时为

$$L_C(\text{dB}) = 10 \lg \frac{\rho D_0(\rho m)}{D_0(m)} \tag{5.5.4}$$

上面的结果是在平方律检波的条件下得到的。有人已证明，在线性检波时，叠加损失要更大一些，只有当信号脉冲积累数 m 增加时，两者的差别才减小。

5.5.4　设备不完善的损失

从雷达方程可以看出，作用距离与发射功率、接收机噪声系数等雷达设备的参数均有直接关系。

发射机中所用发射管的参数不尽相同，发射管在波段范围内也有不同的输出功率，管子使用时间的长短也会影响其输出功率，这些因素随着应用情况而变化。一般缺乏足够的根据来估计其损失，通常用 2 dB 来近似。

接收系统中，工作频带范围内的噪声系数值也会发生变化，如果引入雷达方程的是最好的值，则在其他频率工作时应引入适当的损失。此外，接收机的频率响应如果和发射信号不匹配，也会引起失配损失。已经知道在高斯白噪声作用下，匹配滤波器是雷达信号的最佳线性处理器，它可以给出最大的信号噪声比，并且这个峰值信号噪声比等于接收信号的能量 E 的两倍与输入单边噪声功率谱密度 N_0 之比，即

$$\left(\frac{S}{N}\right)_{\text{omax}} = \frac{2E}{N_0}$$

实际接收机不可能达到匹配滤波器输出的信噪比，它只能接近这个数值，因此，与理想的匹配接收机相比，实际接收机要引入一个失配损失，这个损失的大小与采用的信号形式、接收机滤波特性有关。表 3.3 中列出了各种简单形状脉冲信号的准匹配滤波器引起的失配损失，典型的数据不到 1 dB。

表 3.3 中列出的失配损失是在最佳宽带之下计算的。雷达最佳宽带在典型的简单脉冲雷达中一般认为是 $B\tau = 1.37$。但实际上雷达并不一定采用最佳宽带工作，这是因为考虑到频率系统的不稳定性或在跟踪雷达中为了提高雷达精度往往中频带宽比最佳带宽宽许多。接收机带宽采用非最佳带宽时信噪比损失更大，但系统试验表明，$B\tau$ 最佳值的适应范围是很宽的，当带宽比最佳值大 1 倍或为最佳值的一半时，附加衰减不超过 1 dB。

5.5.5　其他损失

还有一些因素会实际影响雷达的观测距离。例如，一部装有动目标显示(MTI)的雷达，对于盲速附近的目标将引入附加检测损失；信号处理中采用恒虚警(CFAR)产生的损失因 CFAR 不同而异，这种损失可能大于 2 dB；当波门选择过宽或目标不处于波门中心时，都会引入附加的信噪比损失；如果由操纵员进行观测，则操作人员技术的熟练程度和不同的精神状态都会产生较大影响。

还有许多产生影响的实际因素，这里无法一一举例。虽然每一种因素的影响可能不大，但综合起来也会使雷达的性能明显减退。重要的问题是找出引起损失的各种因素，并在雷达设计和使用过程中尽量使损失减至最小。

到目前为止，我们已经对自由空间的雷达方程(式 5.2.7)中的各项主要参数做了必要的讨论。式中，P_t(发射机功率)、G_t(天线增益)、λ(工作波长)、F_n(接收机噪声参数)等参数在估算作用距离时均为已知值；σ 为目标散射截面积，可根据战术应用上拟定的目标来确定，在方程中先用其平均值 $\bar{\sigma}$ 代入，而后计算其起伏损失；C_B 和损失 L 值可根据雷达设备的具体情况估算或查表；检测因子 D_0 与所要求的检测质量(P_d、P_{fa})、积累脉冲数及积累方式(相参或非相参)、目标起伏特性等因素有关，可根据具体条件计算或查找对应的曲线(如图 5.9、图 5.10、图 5.16 等)找到所需的检测因子。考虑了这些因素后，按雷达方程即可估算出雷达在自由空间条件下的最大作用距离。

雷达很少工作在近似自由空间的条件下，绝大多数实际工作的雷达都受到地面(海面)及其传播介质的影响。5.6 节将讨论这些影响，并将自由空间的雷达方程按实际情况予以修正。

5.6　传播过程中各种因素的影响

地面(海面)和传播介质对雷达性能的影响有 3 个方面：电波在大气层传播时的衰减；由大气层引起的电波折射；由于地面(海面)反射波和直接波的干涉效应，使天线方向图分裂成波瓣状。

5.6.1　大气传播影响

传播影响会主要包括大气衰减和大气折射两方面。但当有雨雪等恶劣天气时，由于这些雨雪的散射会引起杂波，因此往往会限制雷达的性能。关于抑制杂波，将在第 8 章集中讨论。下面分别讨论衰减和折射的影响。

1. 大气衰减

大气中的氧气和水蒸气是产生雷达电波衰减的主要原因。一部分照射到这些气体微粒上的电磁波能量被它们吸收后变成热能而损失。当工作波长短于 10 cm(工作频率高于 3 GHz)时必须考虑大气衰减。图 5.17 给出了氧气和水蒸气衰减曲线。图中的实线是当大气中含氧 20% 时一个大气压力条件下氧气的衰减情况;虚线是当大气中含 1% 水蒸气微粒时 (7.5 g/m³) 水蒸气的吸收情况。如图所示,水蒸气的衰减谐振峰发生在 22.4 GHz($\lambda =$ 1.35 cm) 和大约 184 GHz。而氧的衰减谐振峰则发生在 60 GHz($\lambda = 0.5$ cm) 和 118 GHz,当工作频率低于 1 GHz(L 波段)时,大气衰减可忽略。而当工作频率高于 10 GHz 后,频率越高,大气衰减越严重。在毫米波段工作时,大气传播衰减十分严重,因此很少有远距离的地面雷达工作在频率高于 35 GHz(Ka 波段) 的情况。

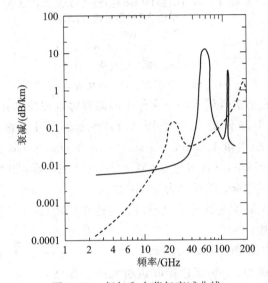

图 5.17　氧气和水蒸气衰减曲线

随着高度的增加,大气衰减减小,因此,实际雷达工作时的传播衰减与雷达作用的距离以及目标高度有关。图 5.18 给出了在不同仰角时的双程衰减分贝数,它们又与工作频率有关,工作频率升高,衰减增大。进行探测时,仰角越大,衰减越小。

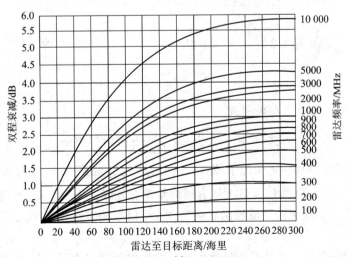

(a)

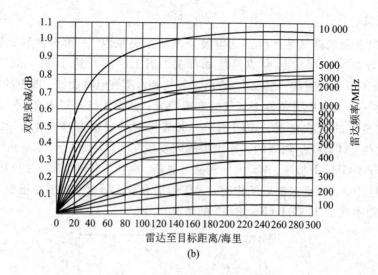

图 5.18　双程大气衰减曲线

(a) 仰角为 0° 时；(b) 仰角为 5° 时

　　除了正常大气外，在恶劣气候条件下大气中的雨雾对电磁波也有衰减作用。各种气候条件下衰减分贝数和工作波长的关系如图 5.19 所示。图中，曲线 a 表示微雨（雨量 0.25 mm/h）；b 表示小雨（雨量 1 mm/h）；c 表示大雨（4 mm/h）；d 表示暴雨（16 mm/h）；e 表示雾，其浓度为能见度 600 m（含水量 0.032 g/m³）；f 表示雾，其浓度为能见度 120 m（含水量 0.32 g/m³）；g 表示浓雾，能见度为 30 m（含水量 2.3 g/m³）。

　　当在作用距离全程上有均匀的传播衰减时，雷达作用距离的修正计算方法如下所述。

　　考虑衰减时雷达作用距离的计算方法如下：

　　若电波单程传播衰减为 δ，则雷达接收机所收到的回波功率密度 S_2' 与没有衰减时功率密度 S_2 的关系为

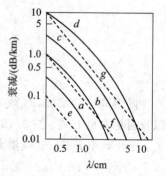

$$10 \lg \frac{S_2'}{S_2} = \delta 2R \qquad (5.6.1)$$

$$\lg \frac{S_2'}{S_2} = \frac{\delta 2R}{10}$$

$$\ln \frac{S_2'}{S_2} = 2.3 \frac{\delta 2R}{10} = 0.46\delta R \qquad (5.6.2)$$

图 5.19　雨雾衰减曲线

$$\frac{S_2'}{S_2} = e^{0.46\delta R}$$

　　考虑传播衰减后雷达方程可写成

$$R_{\max} = \left[\frac{P_t \tau G_t G_r \lambda^2 \sigma}{(4\pi)^3 k T_0 F_n D_0 C_B L} \right]^{1/4} e^{0.115\delta R_{\max}} \qquad (5.6.3)$$

式中，$\delta R_{\max}$ 为在最大作用距离情况下单程衰减的分贝数。由式(5.6.1)可知，$\delta R_{\max}$ 是负分贝数（因为 S_2' 总是小于 S_2），所以考虑大气衰减的结果总是降低作用距离。由于 $\delta R_{\max}$ 和 $R_{\max}$ 直接有关，因此式(5.6.3)无法写成显函数关系式。可以采用试探法求 $R_{\max}$，人们常常事先画好曲线以供查用。

　　图 5.20 所示的曲线可供计算有传播衰减时的作用距离时查用。图中横坐标表示有衰减

时的作用距离,而纵坐标表示无衰减时的作用距离,曲线是以单程衰减 $\delta(\text{dB/km})$ 为参数画出的。

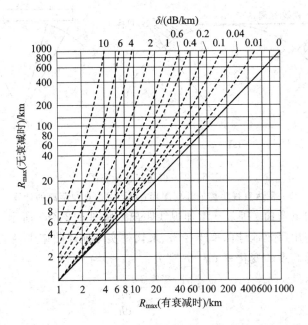

图 5.20　有衰减时作用距离计算图

2. 大气折射和雷达直视距离

大气的成分随着时间、地点而改变,而且不同高度的空气密度也不相同,离地面越高,空气越稀薄。因此电磁波在大气中传播时,是在非均匀介质中传播的,它的传播路径不是直线,而是将产生折射。大气折射对雷达的影响有两方面:一方面将改变雷达的测量距离,产生测距误差,如图 5.21(a) 所示;另一方面将引起仰角测量误差,如图 5.21(b) 所示。

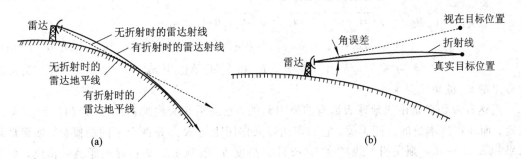

图 5.21　大气折射的影响

在正常大气条件下的传播折射常常是电波射线向下弯曲,这是因为大气密度随高度变化导致折射从而使系数随着高度增加而变小,从而使电波传播速度随着高度的增加而变大,电波射线向下弯曲的结果是增大了雷达的直视距离。

雷达直视距离的问题是由地球曲率半径引起的,如图 5.22 所示。设雷达天线架设的高度 $h_a = h_1$,目标的高度 $h_t = h_2$,由于地球表面弯曲,使雷达看不到超过直视距离以外的目标(如图 5.22 所示阴影区内)。如果希望提高直视距离,则只有加大雷达天线的高度(往往受到限制,特别当雷达装在舰艇上时)。当然,目标的高度越高,直视距离也越大,但目标高度往往不受我们控制。对于敌方目标,更要利用雷达的弱点,由超低空进入,因为处于视线以下的目标，地面雷达是不能发现的。

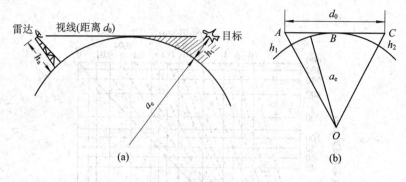

图 5.22　雷达直视距离图

(a) 雷达直视距离的几何图形；(b) 雷达直视距离的计算

电波传播射线向下弯曲，等效于增加视线距离，如图 5.21(a) 所示。处理折射对直视距离影响的常用方法是用等效地球曲率半径 ka 来代替实际地球曲率半径 $a = 6370$ km，系数 k 与大气折射系数 n 随高度的变化率 $\mathrm{d}n/\mathrm{d}h$ 有关：

$$k = \frac{1}{1 + a\dfrac{\mathrm{d}n}{\mathrm{d}h}} \tag{5.6.4}$$

通常气象条件下，$\mathrm{d}n/\mathrm{d}h$ 为负值。在温度 $+15℃$ 的海面以及温度随高度的变化梯度为 $0.0065°/\mathrm{m}$，大气折射率梯度为 $0.039 \times 10^{-6}/\mathrm{m}$ 时，k 等于 4/3，这样的大气条件下等效于半径 $a_e = ka$ 的球面对直视距离的影响：

$$a_e = \frac{4}{3}a \approx 8493 \text{ km}$$

式中，a_e 为考虑典型大气折射时的等效地球半径。

由图 5.22 可以计算出雷达的直视距离 d_0 为

$$\begin{aligned} d_0 &= \sqrt{(a_e + h_1)^2 - a_e^2} + \sqrt{(a_e + h_2)^2 - a_e^2} \\ &\approx \sqrt{2a_e}(\sqrt{h_1} + \sqrt{h_2}) = 130(\sqrt{h_1} + \sqrt{h_2}) \quad (h_1 \text{ 和 } h_2 \text{ 的单位为 km}) \\ &= 4.1(\sqrt{h_1} + \sqrt{h_2}) \quad (h_1 \text{ 和 } h_2 \text{ 的单位为 m}) \end{aligned} \tag{5.6.5}$$

计算出的 d_0 的单位是 km。

雷达直视距离是由于地球表面弯曲所引起的，它由雷达天线架设高度 h_1 和目标高度 h_2 决定，而和雷达本身的性能无关。它和雷达最大作用距离 $R_{\max}$ 是两个不同的概念，如果计算结果为 $R_{\max} > d_0$，则说明天线高度 h_1 或目标高度 h_2 限制了检测目标的距离；相反，如果 $R_{\max} < d_0$，则说明虽然目标处于视线以内，是可以"看到"的，但由于雷达性能达不到 d_0 这个距离，因而发现不了距离大于 $R_{\max}$ 的目标。

电波在大气中传播时的折射情况与气候、季节、地区等因素有关。在特殊情况下，如果折射线的曲率和地球曲率相同，则称为超折射现象，这时等效地球半径为无限，雷达的观测距离不受视距限制，对低空目标的覆盖距离将有明显增加。

5.6.2　地面或水面反射对作用距离的影响

地面或水面反射是雷达电波在非自由空间传播时的一个最主要的影响。在许多情况下，地面或水面可近似认为是镜反射的平面，架设在地面或水面的雷达，当它们的波束较宽时，除直射波以外,还有地面(或水面)的反射波存在,这样在目标处的电场就是直接波与反射波的干涉结果。由于直接波和反射波是天线不同方向所产生的辐射,而且它们的路程不同,因而两者之间存在振幅和相位差,由此可得

$$E_1 = \frac{245\sqrt{P_t \cdot G_1}}{R}\cos\omega t \tag{5.6.6}$$

$$E_2 = \frac{245\sqrt{P_t \cdot G_2}}{R + \Delta R}\rho\cos\left(\omega t - \theta - \frac{2\pi}{\lambda}\Delta R\right) \tag{5.6.7}$$

式中,E_1、E_2 分别为目标处入射波与反射波场强(mV/m);P_t 为辐射功率(kW);G_1、G_2 分别表示直接波与反射波对应的天线增益;ΔR 为直接波与反射波的波程差(km);R 为目标与雷达站之间的距离(km);ρ、θ 分别表示反射系数的模和相角。

在一般情况下满足下列条件(参考图 5.23):

$$h_a \ll h_t \ll R$$

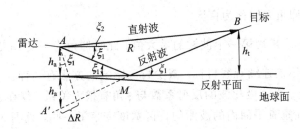

图 5.23 镜面反射影响的几何图形

这里,h_a 为天线高度;h_1 为目标的高度,因此可以近似地认为 $\xi_1 = \xi_2$。当天线垂直波束最大值指向水平面时,$G_1 = G_2$,$\Delta R = 2h_ah_t/R$(这是因为 $h_a \ll h_t \ll R$,到达目标的入射波和反射波可近似看成是平行的)。目标所在处的合成场强是入射波和反射波的矢量和,可写成:

$$\dot{E}_0 = \dot{E}_1 + \dot{E}_2 = \sqrt{E_1^2 + E_2^2 + 2E_1E_2\cos\left(\theta + \frac{2\pi}{\lambda}\Delta R\right)}$$

$$= E_1\sqrt{1 + \rho^2 + 2\rho\cos\left(\theta + \frac{2\pi}{\lambda}\Delta R\right)}$$

反射系数的模值 ρ 和相角 θ 由反射面的性质、擦地角 ξ、工作频率以及电波极化等因素决定,目前已经提供了一些典型曲线供查用。当采用水平极化波且擦地角 ξ 较小时,$\rho \approx 1$,$\theta \approx 180°$,且 $\rho\theta$ 值随 ξ 的增大变化较缓慢。此时,有

$$E_0 = E_1\sqrt{2 - 2\cos\left(\frac{2\pi}{\lambda}\Delta R\right)} = 2E_1\sin\frac{\pi}{\lambda}\Delta R = 2E_1\sin\left(\frac{2\pi h_a h_t}{\lambda R}\right) \tag{5.6.8}$$

上述干涉条件下的功率密度 E_0^2 为

$$E_0^2 = E_1^2\left[1 + \rho^2 + 2\rho\cos\left(\theta + \frac{2\pi}{\lambda}\Delta R\right)\right] = 4D_1\sin^2\left(\frac{2\pi h_a h_t}{\lambda R}\right) \tag{5.6.9}$$

在擦地角很小时,直射波和反射波互相抵消,从而使接近水平目标(低空和超低空)的检测十分困难。

由式(5.6.9)可得到有地面(或水面)镜反射影响时的接收功率为

$$P_r = \frac{P_t G A_r \sigma}{(4\pi)^2 R^4}\left[4\sin\left(\frac{2\pi h_a h_t}{\lambda R}\right)\right]^2 \tag{5.6.10}$$

此时雷达最大作用距离可在式(5.6.3)的基础上修改为

$$R_{\max} = \left[\frac{P_t\tau G_tG_r\lambda^2\sigma}{(4\pi)^3 kT_0F_nD_0C_BL}\left[4\sin^2\left(\frac{2\pi h_ah_t}{\lambda R_{\max}}\right)\right]^2\right]^{1/4}e^{0.115\delta R_{\max}}$$

$$= \left[\frac{P_t\tau G_tG_r\lambda^2\sigma}{(4\pi)^3 kT_0F_nD_0C_BL}\right]^{1/4}2\left|\sin\left(\frac{2\pi h_ah_t}{\lambda R_{\max}}\right)\right|e^{0.115\delta R_{\max}} \quad (5.6.11)$$

由式(5.6.11)可以看出，由于地面反射的影响，使雷达作用距离随目标的仰角呈周期性变化，地面反射的结果使天线方向图呈花瓣状，见图 5.24。现在讨论式(5.6.11)：

(1) 当 $\dfrac{2\pi h_ah_t}{\lambda R} = \dfrac{\pi}{2}, \dfrac{3\pi}{2}, \dfrac{5\pi}{2}, \cdots$ 时，$\left|\sin\dfrac{2\pi h_ah_t}{\lambda R}\right| = 1$，

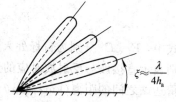

雷达作用距离比没有反射时提高 1 倍，这是有利的。

(2) 当 $\dfrac{2\pi h_ah_t}{\lambda R} = 0, \pi, 2\pi, \cdots$ 时，$\sin\dfrac{2\pi h_ah_t}{\lambda R} = 0$，雷达不

图 5.24　镜面反射的干涉效应

能发现目标，这样的仰角方向称为盲区。

当 $\dfrac{2\pi h_ah_t}{\lambda R} = \dfrac{\pi}{2}$ 时，出现第一个波瓣的最大值，此时仰角为 $\sin\xi \approx \dfrac{h_t}{R} = \dfrac{\lambda}{4h_a} \approx \xi$。

出现盲区使我们不能连续观察目标。减少盲区影响的方法有 3 种：

① 采用垂直极化。垂直极化波的反射系数与 ξ 角有很大关系，仅在 $\xi < 2°$ 时满足 $\rho = 1$，$\theta = 180°$，因此天线在垂直平面内的波瓣的盲区宽度变窄了一些，见图 5.25。

② 采用短的工作波长。λ 减小时波瓣数增多，当波长减小到厘米波时，地面反射接近于漫反射，而不是镜反射，可忽略其反射波干涉的影响。

上面的分析均将地球面近似为反射平面，这种假设适用于天线高度较低以及目标仰角足够大的情况，否则应采用球面反射坐标来分析，以得到正确的结果。

镜反射是理想的光滑反射面(地面或水面)，实际的地面是凹凸不平的，而水面上会有浪潮，因而均是粗糙平面。粗糙的反射面将会使镜反射的分量减小，同时还会增加漫反射的成分。下面讨论对反射面粗糙度的衡量问题。

从图 5.26 中可以看出，若地面不平量为 Δh，则由于 Δh 引起的两路反射波的距离差为

$$\Delta r = AB\left[1 - \sin\left(\frac{\pi}{2} - 2\xi\right)\right] = 2\Delta h\sin\xi \quad (5.6.12)$$

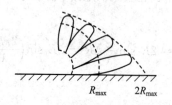

图 5.25　垂直极化波瓣图

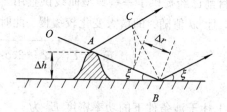

图 5.26　地面粗糙(不平)的影响

由此引起的相位差为

$$\Delta\varphi = \frac{2\pi}{\lambda}2\Delta h\,\sin\xi$$

由类似光学的观点可知，只有当 $\Delta\varphi \leqslant \dfrac{\pi}{4} \sim \dfrac{\pi}{2}$ 时，才能把反射近似看成平面反射，即地面起伏 Δh 应满足以下条件：

$$\Delta h \leqslant \frac{\lambda}{(8 \sim 16)\sin\xi} \tag{5.6.13}$$

若 $\lambda = 10 \text{ cm}$，$\xi = 10°$，则 $\Delta h \leqslant 3.6 \sim 7.2 \text{ cm}$。地面起伏超出这个范围时地面反射主要为漫发射，其反射系数的模 ρ 变得很小，以至可以忽略不计。

③ 采用架高不同的分层天线使盲区互相弥补。这种方法的缺点是使天线变得复杂了。

(3) 第一波瓣仰角 $\xi_0 = \lambda/(4h_a)$，当目标仰角低于 ξ_0 而满足 $2\pi h_a h_t/(\lambda R) \leqslant 0.1$ 时，有

$$\sin\frac{2\pi h_a h_t}{\lambda R} \approx \frac{2\pi h_a h_t}{\lambda R} \tag{5.6.14}$$

于是式(5.6.11)变成

$$R_{\max} = \left[\frac{P_t \tau G_t G_r \lambda^2 \sigma}{(4\pi)^3 k T_0 F_n D_0 C_B L} \right]^{1/4} 4 \frac{\pi h_a h_t}{\lambda R_{\max}} e^{0.115\delta R_{\max}}$$

即

$$R_{\max} = \left[\frac{P_t \tau G_t G_r \lambda^2 \sigma}{(4\pi)^3 k T_0 F_n D_0 C_B L} \right]^{1/8} \left(\frac{4\pi h_a h_t}{\lambda} \right)^{1/2} e^{0.115\delta R_{\max}/2} \tag{5.6.15}$$

从式(5.6.15)中可以看出，随着目标高度的降低，$R_{\max}$ 迅速下降。满足式(5.6.15)条件的目标称为低仰角目标，在低仰角时，$R_{\max}$ 与 P_t 和 P_r 的 8 次方根成正、反比关系，地面反射将使雷达观察低仰角目标十分困难。

还要指出，当采用垂直极化时，对于在仰角上的第一波瓣来说，地面反射系数不是 $\rho = 1$，$\theta = 180°$，而是 $\theta < 180°$，将式(5.6.9)中的 θ 用 $\pi + (\theta - \pi)$ 代替，很容易推出，这时第一副瓣仰角将比 $\theta = 180°$ 时增加一个量值：

$$\Delta\xi = \frac{\lambda}{4h_a}\frac{\pi - \theta}{\pi} \tag{5.6.16}$$

即仰角更高，所以架设在地面上观测低空或海面的雷达很少采用垂直极化波，而架设在飞机上观测低空和海面的搜索雷达有时采用垂直极化波。

5.7 雷达方程的几种形式

雷达方程明确地表示出影响雷达作用距离的诸因素及其相互关系。本节将讨论二次雷达方程及双基地雷达方程，深入地研究影响一次雷达检测能力的本质因素，推导出搜索雷达和跟踪雷达方程并讨论干扰条件下的雷达方程。

5.7.1 二次雷达方程

二次雷达与一次雷达不同，它不像一次雷达那样依靠目标散射的一部分能量来发现目标，二次雷达是在目标上装有应答器(或目标上装有信标，雷达对信标进行跟踪)，当应答器收到雷达信号以后，发射一个应答信号，雷达接收机根据收到的应答信号对目标进行检测和识别。可以看出，二次雷达中，雷达发射信号或应答信号都只经过单程传输，而不像在一次雷达中，发射信号经双程传输后才能回到接收机。下面推导二次雷达方程。

设雷达发射功率为 P_t，发射天线增益为 G_t，则在距雷达 R 处的功率密度为

$$S_1 = \frac{P_t G_t}{4\pi R^2} \tag{5.7.1}$$

若目标上应答机天线的有效面积为 A'_r，则其接收功率为

$$P_r = S_1 A_r' = \frac{P_t G_t A_r'}{4\pi R^2} \tag{5.7.2}$$

引入关系式 $A_r' = \dfrac{\lambda^2 G_r'}{4\pi}$，可得

$$P_r = \frac{P_t G_t G_r' \lambda^2}{(4\pi R)^2} \tag{5.7.3}$$

当接收功率 P_r 达到应答机的最小可检测信号 S_{imin}' 时，二次雷达系统可能正常工作，即当 $P_r = S_{imin}'$ 时，雷达有最大作用距离 R_{max}：

$$R_{max} = \left[\frac{P_t G_t G_r' \lambda^2}{(4\pi)^2 S_{imin}'} \right]^{1/2} \tag{5.7.4}$$

应答机检测到雷达信号后，即发射回答信号，此时雷达处于接收状态。设应答机的发射功率为 P_t'，天线增益为 G_t'，雷达的最小可检测信号为 S_{imin}，则同样可得到应答机工作时最大作用距离为

$$R_{max}' = \left[\frac{P_t' G_t' G_r \lambda^2}{(4\pi)^2 S_{imin}} \right]^{1/2} \tag{5.7.5}$$

因为脉冲工作时的雷达和应答机都是收发共用天线，所以 $G_t G_r' = G_r G_t'$。为了保证雷达能够有效地检测到应答器的信号，必须满足以下条件：

$$R_{max}' \geqslant R_{max} \quad \text{或} \quad \frac{P_t'}{S_{imin}} \geqslant \frac{P_t}{S_{imin}'}$$

实际上，二次雷达系统的作用距离由 R_{max} 和 R_{max}' 二者中的较小者决定，因此设计中使二者大体相等是合理的。

二次雷达的作用距离与发射功率、接收机灵敏度的二次方根分别成正、反比关系，所以在相同探测距离的条件下，其发射功率和天线尺寸较一次雷达明显减小。

5.7.2　双基地雷达方程

双基地雷达是发射机和接收机分置在不同位置的雷达。收发之间的距离 R_b 较远，其值可和雷达的探测距离相比。双基地雷达方程可以用和单基地方程完全相同的办法推导。设目标距离发射机的距离为 R_t，目标经发射功率照射后在接收机方向也将产生散射功率，其散射功率的大小由双基地雷达截面积 σ_b 来决定。如果目标离接收站的距离为 R_r，则可得到双基地雷达方程为

$$(R_t R_r)_{max} = \left[\frac{P_t \tau G_t G_r \sigma_b \lambda^2 F_t^2 F_r^2}{(4\pi)^3 k T_0 F_n D_0 C_B L} \right]^{1/2} \tag{5.7.6}$$

式中，F_t、F_r 分别为发、收天线的方向图传播因子，它主要考虑反射面多径效应产生的干涉现象，如 5.6.2 节所述。

从式(5.7.6)看，似乎在 R_t、R_r 两值中的一个非常小时，另一个可以任意大。事实上，由于几何结构的原因，R_t 和 R_r 受到以下两个基本限制：

$$|R_t - R_r| \leqslant R_b \tag{5.7.7}$$

$$|R_t + R_r| \geqslant R_b \tag{5.7.8}$$

此处实际雷达观测时，目标均处于天线的远场区。

当无多径效应，$F_t = F_r = 1$，且式(5.7.6)中各项均不改变时，$R_t R_r = C$(常数)所形成的几何轮廓在任何含有发射-接收轴线的平面内都是 Cassini 卵形线。双基地雷达探测的几何

关系较单基地雷达要复杂得多。

双基地雷达方程中另一个特点是采用双基地雷达截面积 σ_b。目标的单基地雷达截面积是由目标的后向散射决定的，它是姿态角（即观测目标的方向）的函数，$\sigma_m = \sigma_m(\theta, \varphi)$。双基地雷达截面积不是由后向散射决定的，它是收、发两地姿态角的函数，即 $\sigma_b = \sigma_b(\theta_t, \varphi_t, \theta_r, \varphi_r)$。

已经有人研究过几种标准形状目标的单基地和双基地雷达截面积之间的关系，并得出了一些结论。至于复杂目标（飞机、舰船等），它们的 σ_m 和 σ_b 之间究竟是什么关系，还有哪些特殊的问题等，都是需要进一步进行研究和探讨的。

5.7.3　用信号能量表示的雷达方程

在推导自由空间雷达方程时，首先得到的是以发射功率 P_t 表示的雷达方程：

$$R_{\max} = \left[\frac{P_t G_t G_r \lambda^2 \sigma}{(4\pi)^3 kT_0 B_n F_n \left(\frac{S}{N}\right)_{o\min}}\right]^{1/4} = \left[\frac{P_t A_t A_r \sigma}{4\pi\lambda^2 kT_0 B_n F_n \left(\frac{S}{N}\right)_{o\min}}\right]^{1/4}$$

从上式可以看出，如果发射和接收天线的增益一定，则由于增益 G 和天线有效面积 A 满足以下关系：

$$G = \frac{4\pi A}{\lambda^2}$$

因此波长越短，天线有效面积 A 越小，最大作用距离正比于波长 λ 的开方；反之，如果 A_t 和 A_r 一定，则 $R_{\max}$ 反比于波长 λ 的开方。

正如式（5.2.3）所示，最小可检测信号 $S_{i\min}$ 为

$$S_{i\min} = kT_0 B_n F_n \left(\frac{S}{N}\right)_{o\min}$$

而当检波器输入端信噪比 $(S/N)_{i\min}$ 用检测因子 $D_0 = (E_t/N_0)_{\min}$ 表示时，如果信号为简单脉冲，则可得最小可检测信号 $S_{i\min}$ 用能量表示的关系式为

$$S_{i\min} = kT_0 F_n \left(\frac{E_r}{N_0}\right)_{\min} \frac{1}{\tau} = kT_0 F_n D_0 \frac{1}{\tau}$$

将此式代入原雷达方程后，即可得到通用的用信号能量 $E_t = P_t \tau$ 表示的雷达方程式，即式（5.2.7），检测因子 D_0 定义于中频滤波器是匹配滤波，而 C_B 表明中频滤波器失配的影响。这个方程表明，提高发射机的发射能量才能提高接收机的接收能量，这是收发系统改善作用距离的根本途径。提高发射能量的办法是提高脉冲功率或增大脉冲宽度 τ。提高脉冲功率受发射管和传输线容量的限制，简单地增大脉冲宽度将会使距离分辨力变差。因而要寻找和采用新的信号形式，应同时具有大的信号宽度和高的距离分辨力，如线性调频信号、离散编码信号等大时宽带宽积信号（可压缩信号）。由于匹配滤波器输出端的最大信噪比正比于信号能量，因此以上推出的方程适用于各种信号形式。

我们已经知道，当 M 个等幅脉冲相参积累后可将信噪功率比提高为原来的 M 倍，从而使检测因子 $D_0(M)$ 降低到原来的 $1/M$，即 $D_0(M) = D_0(1)/M$。将相参积累的关系式代入雷达方程，可得

$$R_{\max} = \left[\frac{E_t G_t A_r \sigma}{(4\pi)^2 kT_0 F_n D_0(M) C_B L}\right]^{1/4} = \left[\frac{ME_t G_t A_r \sigma}{(4\pi)^2 kT_0 F_n D_0(1) C_B L}\right]^{1/4} \qquad (5.7.9)$$

即由总能量 ME_t 来决定雷达的探测距离。当单个脉冲能量 E_t 一定时，为获得 M 个脉冲积累，

需要耗费时间资源。

5.7.4　搜索雷达方程

搜索雷达的任务是在指定空域进行目标搜索。设整个搜索空域的立体角为 Ω，天线波束所张的立体角为 β，扫描整个空域的时间为 T_f，而天线波束扫过点目标的驻留时间为 T_d，则有

$$\frac{T_d}{T_f} = \frac{\beta}{\Omega} \tag{5.7.10}$$

现在讨论上述应用条件下，雷达参数如何选择最为合理。举例来说，天线增益加大时，一方面使收发能量更集中，有利于提高作用距离，但另一方面天线波束 β 减小，扫过点目标的驻留时间缩短，可利用脉冲数 M 减小，这又是不利于发现目标的。下面具体分析各参数之间的关系。

波束张角 β 和天线增益 G 的关系为 $\beta = \dfrac{4\pi}{G}$，代入式(5.7.10)得到

$$\frac{4\pi}{G} = \frac{\Omega T_d}{T_f} \quad\text{或}\quad G = \frac{4\pi T_f}{\Omega T_d} \tag{5.7.11}$$

将上述关系代入雷达方程式(式(5.2.7))，并用脉冲功率 P_t 与平均功率 P_{av} 的关系 $P_t = P_{av} T_r / \tau$ 置换后得

$$R_{max} = \left[(P_{av} G_t) \frac{T_f}{\Omega} \frac{\sigma \lambda^2}{(4\pi)^2 k T_0 F_n D_0 C_B L \cdot T_d f_r} \right]^{1/4} \tag{5.7.12}$$

式中，$T_r = 1/f_r$，为雷达工作的重复周期。天线驻留时间的脉冲数 $M = T_d f_r$，天线增益 G 和有效面积 A 的关系为 $G = 4\pi A/\lambda^2$。将这些关系式代入式(5.7.12)，并注意到 MD_0 乘积的含义，此时的 D_0 应是积累 M 个脉冲后的检测因子 $D_0(M)$。如果是理想的相参积累，则 $D_0(M) = D_0(1)/M$，$MD_0(M) = D_0(1)$(在非相参积累时效率稍差)。考虑了以上关系式的雷达搜索方程为

$$R_{max} = \left[(P_{av} A) \frac{T_f}{\Omega} \frac{\sigma}{4\pi k T_0 F_n D_0(1) C_B L} \right]^{1/4} \tag{5.7.13}$$

式(5.7.13)常称为搜索雷达方程。此式表明，当雷达处于搜索状态工作时，雷达的作用距离取决于发射机平均功率和天线有效面积的乘积，并与搜索时间 T_f 和搜索空域 Ω 比值的四次方根成正比，而与工作波长无直接关系。这说明对搜索雷达而言应着重考虑 $P_{av} A$ 的大小。平均功率和天线孔径乘积的数值受各种条件约束和限制，各个波段所能达到的 $P_{av} A$ 值也不相同。此外，搜索距离还和 T_f、Ω 有关，允许的搜索时间加大或搜索空域减小，均能提高作用距离 R_{max}。

5.7.5　跟踪雷达方程

跟踪雷达在跟踪工作状态时是在 t_0 时间内连续跟踪一个目标，若在距离方程(式(5.2.7))中引入关系式 $P_t \tau = P_{av} T_r$，$MT_r = t_0$，相参积累时的 $MD_0(M) = D_0(1)$ 以及 $G = 4\pi A/\lambda^2$，则跟踪雷达方程可化简为以下形式：

$$R_{max} = \left[P_{av} A_r \frac{A_t}{\lambda^2} \frac{t_0 \sigma}{4\pi k T_0 F_n D_0(1) C_B L} \right]^{1/4} \tag{5.7.14}$$

如果在跟踪时间内采用非相参积累，则 R_{max} 将有所下降。

式 (5.7.14) 是连续跟踪单个目标的雷达方程。由该式可见，要提高雷达跟踪距离，也需要增大平均功率和天线有效面积的乘积 $P_{av}A_r$，同时要加大跟踪时间 t_0（脉冲积累时间）。此外还可看出，在天线孔径尺寸相同时，减小工作波长 λ 也可以增大跟踪距离。选用较短波长时，同样天线孔径可得到较窄的天线波束，对跟踪雷达，天线波束愈窄，跟踪精度愈高，故一般跟踪雷达倾向于选择较短的工作波长。

5.7.6　干扰环境下的雷达方程

雷达工作的环境除受到自然条件的影响以外，常常还受到人为的干扰，特别是军用雷达，常常受到敌方干扰机施放的干扰信号的干扰，称为有源干扰或积极干扰。有时受到散布在空间的金属带等反射形成的干扰，这种干扰称为无源干扰或消极干扰。干扰会使雷达发现目标困难或使雷达发现目标的距离大大减小。

1. 有源干扰环境中雷达的作用距离

设干扰机的发射功率为 P_j，干扰频带为 Δf_j，干扰机正对雷达方向的增益为 G_j，干扰机到雷达的距离为 R_j，雷达天线对着干扰机方向的有效面积为 A_r'，则雷达接收到干扰的功率为

$$P_{rj} = \frac{P_j G_j A_r'}{4\pi R_j^2} \cdot \frac{\Delta f}{\Delta f_j} \tag{5.7.15a}$$

式中，Δf 为雷达接收机带宽，它一般小于 Δf_j。式 (5.7.15a) 可改写为

$$P_{rj} = \frac{P_j G_j G_r' \lambda^2}{(4\pi)^2 R_j^2} \frac{\Delta f}{\Delta f_j} \tag{5.7.15b}$$

式中，G_r' 为雷达天线对着干扰机方向的增益，$G_r' = \frac{4\pi A_r'}{\lambda^2}$。雷达接收到的目标的功率为

$$P_r = \frac{P_t G_t G_r \lambda^2 \sigma}{(4\pi)^3 R^4 L} \tag{5.7.16}$$

干扰信号与目标信号同时进入雷达接收机，两者的功率比为（由于干扰信号往往很强，因此可忽略接收机内部的噪声）

$$\frac{P_r}{P_{rj}} = \frac{P_t G_t G_r \sigma R_j^2 \Delta f_j}{P_j G_j G_r' 4\pi R^4 L \Delta f} \tag{5.7.17}$$

当目标本身带有干扰机时，$R_j = R$，$G_r' = G_r$，$\sigma_j = \sigma$，则

$$\frac{P_r}{P_{rj}} = \frac{P_t G_t \sigma_j \Delta f_j}{P_j G_j 4\pi R^2 L \Delta f} \tag{5.7.18}$$

这时雷达天线的主瓣对准干扰机。为了在这种情况下发现目标，要求 P_r/P_{rj} 足够大，并达到检测所需的信杂比 $(P_r/P_{rj})_s$，此时相应的作用距离满足：

$$R_{SS}^2 = \frac{P_t G_t \sigma_j \Delta f_j}{4\pi \Delta f L P_j G_j} \frac{1}{\left(\frac{P_r}{P_{rj}}\right)_s} \tag{5.7.19}$$

其中，每赫兹的干扰功率用 P_{j0} 表示：

$$P_{j0} = \frac{P_j}{\Delta f_j} \tag{5.7.20}$$

$$a^2 = \frac{P_t G_t}{4\pi \Delta f L} \frac{1}{\left(\frac{P_r}{P_{rj}}\right)_s} \tag{5.7.21}$$

$$R_{\text{SS}} = a \left(\frac{\sigma_j}{P_{j0} G_j} \right)^{1/2} \tag{5.7.22}$$

式中，a 是与雷达有关的参数，第二个因素是与带干扰机的目标有关的参数。通常称 R_{SS} 为自屏蔽距离，当目标大于这个距离时雷达不能发现目标，当目标小于这个距离时雷达具有防卫能力。从式(5.7.22)中可以看出，R_{SS} 与 P_{j0} 的二次方根成反比，干扰机的功率密度 P_{j0} 越大，R_{SS} 越小。由于 R_{SS} 与 P_{j0} 的二次方根成反比例关系，因此需要干扰机的功率比雷达的功率小很多。

如果目标上不带干扰机，则干扰机与目标处在不同的距离、不同的方向。我们以 R_j 表示干扰机的距离，R 表示目标的距离，按照式(5.7.17)，P_r/P_{rj} 用雷达检测所需的信号干扰比 $(P_r/P_{rj})_S$ 代入。这时，R 对应为目标的作用距离满足：

$$R_{\text{S}}^4 = R_{\text{SS}}^2 R_j^3 \frac{G_r \sigma}{G_r' \sigma_j} \tag{5.7.23}$$

由于干扰机与目标处在不同的方向，当雷达天线对准目标时，干扰方向的增益 $G_r' < G$，或干扰机处在雷达的旁瓣内，因而在式(5.7.23)中，R_S 表示雷达副瓣受到干扰时，主瓣方向对准截面积为 σ 的目标的作用距离。

2. 无源干扰环境中雷达的作用距离

无源干扰的主要形式是环境杂波和敌方施放的金属带条，它们相当于无源偶极子对雷达辐射的电磁波形成强反射，从而使雷达观测目标发生困难。

如果被雷达照射的无源干扰区的有效反射面积为 σ_c，则按照雷达基本方程式(即式(5.1.5))得接收功率为

$$P_c = \frac{P_t G_t^2 \lambda^2 \sigma_c}{(4\pi)^3 R^4 L} \tag{5.7.24}$$

式中，L 为雷达系统的各种损耗。当干扰是偶极子时，设偶极子数目为 N，每一偶极子的平均有效截面积为 σ_d，整个偶极子散布在空间体积 V_c 内，雷达的分辨空间体积为 V(设 $V < V_c$)，则干扰的有效截面积为

$$\sigma_c = \frac{\sigma_d N}{V_c} V = \bar{\sigma} V \tag{5.7.25}$$

式中，$\bar{\sigma} = \sigma_d N / V_c$，为单位体积的平均截面积。

如果雷达的脉冲宽度为 τ，半功率波瓣宽度为 θ_a 和 θ_φ，则在距离 R 处，雷达的分辨体积为

$$V \approx \frac{1}{2} c\tau R^2 \theta_a \theta_\varphi \tag{5.7.26}$$

式中，c 为电磁波传播速度。

由式(5.7.25)和式(5.7.26)可得

$$\sigma_c = \bar{\sigma} \frac{1}{2} c\tau R^2 \theta_a \theta_\varphi \tag{5.7.27}$$

式中，$\theta_a \theta_\varphi$ 为天线波瓣的立体角，根据天线理论，它近似等于 $4\pi/G$，G 是天线增益，代入式(5.7.27)，有

$$\sigma_c = \bar{\sigma} \frac{1}{2} c\tau R^2 \frac{4\pi}{G} \tag{5.7.28}$$

将式(5.7.28)代入式(5.7.24)可得

$$P_c = \frac{P_t G_t \lambda^2 \bar{\sigma}\left(\frac{1}{2}c\tau\right)}{(4\pi)^2 R^2 L} \tag{5.7.29}$$

式(5.7.29)可以用来计算雷达对体分布干扰区的作用距离(当 $P_c/N_i = M$ 时),即

$$R = \left[\frac{P_t G_t \lambda^2 \bar{\sigma}\left(\frac{1}{2}c\tau\right)}{(4\pi)^2 LMN_i}\right]^{\frac{1}{2}} \tag{5.7.30}$$

由于雨、雪、云块也是由小的反射组成的大量的分布目标,因而式(5.7.30)可以用来估算雷达对气象目标的作用距离。由于式中 R 与发射功率 P_t 是二次方的关系,因此雷达探测气象目标比探测点目标需要的功率小。

如果有用目标处在无源干扰区之中,则对雷达目标的探测距离取决于目标回波信号与干扰回波的信杂比。设 S_o 为接收机输出端目标功率,C_o 为输出端干扰功率,σ 为目标有效面积,$V < V_c$,则

$$\frac{S_o}{C_o} = \frac{\sigma V_c}{\sigma_d N V} = \frac{\sigma}{\bar{\sigma} V} \tag{5.7.31}$$

由于 $V = (1/2)c\tau(R^2 \theta_a \theta_\varphi)$,代入式(5.7.31)可求出

$$R = \left[\frac{\sigma V_c}{\sigma_d N \frac{1}{2}c\tau\theta_a\theta_\varphi\left(\frac{S_o}{C_o}\right)}\right]^{1/2} \tag{5.7.32}$$

上面讨论了分布体杂波或干扰的情况,对于面杂波而言,其截面积可以用单位面积内的截面积 σ^0 表示,因而总的杂波截面积为

$$\sigma_c = \sigma^0$$

A 为照射面积,其横向范围取决于雷达水平波束宽度 θ_a。如果脉冲雷达以某个倾角观测散射表面,使面积 A 的距离范围取决于脉冲宽度 τ,则距离尺寸为 $(c\tau/2)\sec\psi$,其中,ψ 为入射余角,于是

$$A = \frac{R\theta_a c\tau}{2}\sec\psi \tag{5.7.33}$$

此时接收机输出端的信号杂波功率比为

$$\frac{S}{C} = \frac{\sigma_t F^4}{\sigma^0 R\theta_a\left(\frac{c\tau}{2}\right)\sec\psi} \tag{5.7.34}$$

式中,F^4 是考虑雷达收发天线方向图因镜面反射而产生的修改因子。

给出检测所需的 $(S/C)_{min}$,即可得到距离方程为

$$R_{max} = \frac{\sigma_r F^4}{\sigma^0 \theta_a\left(\frac{c\tau}{2}\right)\sec\psi\left(\frac{S}{C}\right)_{min}} \tag{5.7.35}$$

由于 σ^0、ψ 等均与作用距离有关,因此式(5.7.35)还不能直接作为实际采用的距离方程。

应当指出,上述无源干扰环境中的雷达作用距离是在没有采用反干扰措施下推导的,现代雷达都有各种各样的反干扰设备,通过这些设备可以大大改善信号与干扰功率比,作用距离会得到改善,因此当有反干扰设备时,作用距离的计算应进行相应修改。

对于杂波背景下的雷达作用距离,由于杂波比噪声强得多,因而可忽略接收机热噪声的

影响；对于 MTI 雷达和脉冲多普勒雷达，由于其对杂波有很强的抑制能力，因此最终限制雷达作用距离的因素将是经过杂波滤波以后的剩余杂波。关于这些情况下的雷达作用距离，这里不进行推导。

参 考 文 献

[1]　SKOLNIK M I. Introduction to Radar System. 3rd ed. New York：McGraw-Hill Book Com.，2001.

[2]　BARTON D K. Radar System Analysis. London：Prentice-Hall，Inc.，1964.

[3]　NATHANSON F E. Radar Design Principles. New York：McGraw-Hill Book Com. Inc.，1969.

[4]　BERKOWITZ R S. Modern Radar Analysis，Evaluation and System Design. New York：John Wiley & Sons，Inc.，1965.

[5]　SKOLNIK M I. Radar HandBook. 2nd ed. New York：McGram-Hill，1990.

[6]　BLAKE L V. 雷达距离性能分析. 南京：机械电子工业部第十四研究所，1991.

[7]　黄培康，殷红成，许小剑，等. 雷达目标特性. 北京：电子工业出版社，2005.

[8]　BASTON D K. Simple Procadures for Radam Detection Calculation. Tim IEEE Trans. Ae-5，1969：837 – 846.

[9]　KANTER I. Exact Detection Probability for Partially Correalted Rayleigh Targets. IEEE Tran. AES-22，1986：184 – 196.

第 6 章　目标距离的测量

　　测量目标的距离是雷达的基本任务之一。无线电波在均匀介质中以固定的速度直线传播(在自由空间传播速度约等于光速 $c = 3 \times 10^5$ km/s)。图 6.1 中,雷达位于 A 点,而在 B 点有一目标,则目标至雷达站的距离(即斜距)R 可以通过测量电波往返一次所需的时间 t_R 得到,即

$$R = \frac{1}{2} c t_R \tag{6.0.1}$$

而时间 t_R 也就是回波相对于发射信号的延迟,因此,目标距离测量就是要精确测定延迟时间 t_R。根据雷达发射信号的不同,测定延迟时间通常可以采用脉冲法、调频法和相位法,下面分别讨论。

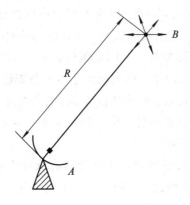

图 6.1　目标距离的测量

6.1　脉 冲 法 测 距

6.1.1　基本原理

　　在常用的脉冲雷达中,回波信号滞后于发射脉冲 t_R 的回波脉冲,如图 6.2 所示。在雷达显示器上,由收发开关泄漏过来的发射能量,通过接收机并在显示器荧光屏上显示出来(称为主波)。绝大部分发射能量经过天线辐射到空间。辐射的电磁波遇到目标后将产生反射。由目标反射回来的能量被天线接收后送到接收机,最后在显示器荧光屏上显示出来。在荧光屏上,目标回波出现的时刻滞后于主波,滞后的时间就是 t_R,测量距离就是要测出时间 t_R。

　　回波信号的延迟时间 t_R 通常是很短促的,将光速 $c = 3 \times 10^5$ km/s 的值代入式(6.0.1)后得到

$$R = 0.15 t_R \tag{6.1.1}$$

式中,t_R 的单位为微秒,测得的距离的单位为公里,即测距的计时单位是 μs。测量这样量级的时间需要采用快速计时方法。早期雷达均用显示器作终端,在显示器画面上根据扫掠量程

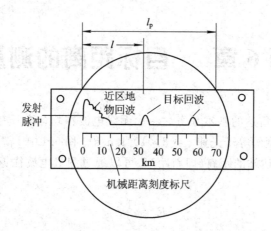

图 6.2　具有机械距离刻度标尺的显示器荧光屏画面

和回波位置直接测读延迟时间。

　　现代雷达常常采用电子设备自动地测读回波到达的延迟时间 t_R。

　　定义回波到达时间 t_R 的方法有两种：一种是以目标回波脉冲的前沿作为它的到达时刻；另一种是以目标回波脉冲的中心（或最大值）作为它的到达时刻。对于通常碰到的点目标来讲，两种定义所得的距离数据只相差一个固定值（约为 $\tau/2$），可以通过距离校零予以消除。如果要测定目标回波的前沿，则由于实际的回波信号不是矩形脉冲而近似为钟形，因此此时可将回波信号与一比较电平相比较，把回波信号穿越比较电平的时刻作为其前沿。用电压比较器是不难实现上述要求的。用脉冲前沿作为到达时刻的缺点是容易受回波大小及噪声的影响，比较电平不稳也会引起误差。

　　后面讨论的自动距离跟踪系统通常采用目标回波脉冲中心作为到达时刻。在搜索型雷达中，也可以测读回波中心到达的时刻。图 6.3 是采用这种方法的原理方框图，来自接收机的视频回波与门限电压 U_0 在比较器中进行比较，输出宽度为 τ 的矩形脉冲，该脉冲作为和支路（Σ）的输出；另一路由微分电路和过零点检测器组成，当微分器的输出经过零值时便产生一个窄脉冲，该脉冲出现的时间正好是回波脉冲的最大值，通常也是回波脉冲的中心，这一支路为差（Δ）支路。和支路脉冲加到过零点检测器上，选择出回波峰值所对应的窄脉冲，从而防止由于距离副瓣和噪声所引起的过零脉冲输出。

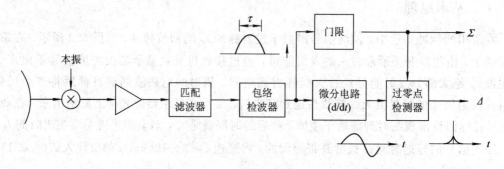

图 6.3　回波脉冲中心估计

　　对应回波脉冲中心的窄脉冲相对于等效发射脉冲的延迟时间可以用高速计数器或其他设备测得，并可转换成距离数据输出。

6.1.2　影响测距精度的因素

雷达在测量目标距离时，不可避免地会产生误差。误差从数量上说明了测距精度，是雷达站的主要参数之一。

由测距公式可以看出影响测量精度的因素。对式(6.0.1)求全微分，得到

$$dR = \frac{\partial R}{\partial c}dc + \frac{\partial R}{\partial t_R}dt_R = \frac{R}{c}dc + \frac{c}{2}dt_R$$

用增量代替微分，可得到测距误差为

$$\Delta R = \frac{R}{c}\Delta c + \frac{c}{2}\Delta t_R \tag{6.1.2}$$

式中，Δc 为电波传播速度平均值的误差；Δt_R 为测量目标回波延迟时间的误差。

由式(6.1.2)可看出，测距误差由 Δc 以及 Δt_R 两部分组成。

误差按其性质可分为系统误差和随机误差两类。系统误差是指在测距时系统各部分对信号的固定延时所造成的误差。系统误差以多次测量的平均值与被测距离真实值之差来表示。从理论上讲，系统误差在校准雷达时可以补偿掉，然而由于实际工作中很难完善地补偿，因此在雷达的技术参数中，常给出允许的系统误差范围。

随机误差是指因某种偶然因素引起的测距误差，所以又称偶然误差。凡属设备本身工作不稳定造成的随机误差统称为设备误差，如接收时间滞后的不稳定性、各部分回路参数偶然变化、晶体振荡器频率不稳定以及读数误差等因素引起的误差。凡属系统以外的各种偶然因素引起的误差称为外界误差，如因电波传播速度的偶然变化、电波在大气中传播时产生折射以及目标反射中心的随机变化等因素引起的误差。

随机误差一般不能补偿掉，因为它在多次测量中所得的距离值不是固定的，而是随机的。因此，随机误差是衡量测距精度的主要指标。下面对几种主要的随机误差给出简单的说明。

1. 电波传播速度变化产生的误差

如果大气是均匀的，则电磁波在大气中的传播是等速直线的，此时式(6.0.1)中的 c 值可认为是常数，但实际上大气层的分布是不均匀的，且其参数随时间、地点而变化。大气密度、湿度、温度等参数的随机变化会导致大气传播介质的磁导系数和介电常数也发生相应的改变，因而电波传播速度 c 不是常量，而是一个随机变量。由式(6.1.2)可知，由于电波传播速度的随机变化而引起的相对测距误差为

$$\frac{\Delta R}{R} = \frac{\Delta c}{c} \tag{6.1.3}$$

随着距离 R 的增大，由电波速度的随机变化所引起的测距误差 ΔR 也增大。昼夜间大气中温度、气压及湿度的起伏变化所引起的传播速度变化为 $\Delta c/\bar{c} \approx 10^{-5}$。若用平均值 $\bar{c}$ 作为测距计算的标准常数，则所得测距精度亦为同样量级。例如，$R = 60$ km 时，$\Delta R = 60 \times 10^3 \times 10^{-5} = 0.6$ m，对常规雷达来讲可以忽略。

电波在大气中的平均传播速度和光速亦稍有差别，且随工作波长 λ 而异，因而在式(6.0.1)中的 c 值亦应根据实际情况校准，否则会引起系统误差。表6.1列出了几组实测的电波传播速度值。

表 6.1　　在不同条件下的电波传播速度

传播条件		$c/(\text{km/s})$	备　　注
真　　空		$299\ 776 \pm 4$	根据 1941 年测得的材料
		$299\ 773 \pm 10$	根据 1944 年测得的材料
		$299\ 792.456\ 2 \pm 0.001$	根据 1972 年测得的材料
利用红外波段光在大气中的传播。厘米波($\lambda = 10$ cm)在地面-飞机间传播,当飞机高度为:	$H_1 = 3.3$ km	$299\ 713$	皆为平均值,根据脉冲导航系统测得的材料
	$H_2 = 6.5$ km	$299\ 733$	
	$H_3 = 9.8$ km	$299\ 750$	

2. 大气折射引起的误差

当电波在大气中传播时,由于大气介质分布不均匀将造成电波折射,因此电波传播的路径不是直线,而是走过一个弯曲的轨迹。在正折射时,电波传播路径为一条向下弯曲的弧线。

由图 6.4 可看出,虽然目标的真实距离是 R_0,但因电波传播路径不是直线而是弯曲弧线,故所测得的回波延迟时间 $t_R = 2R/c$,这就产生了一个测距误差(同时还有测仰角的误差 $\Delta\beta$):

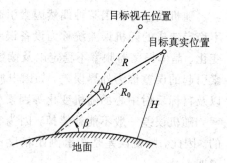

$$\Delta R = R - R_0 \qquad (6.1.4)$$

ΔR 的大小与大气层对电波的折射率有直接关系。如果知道了折射率和高度的关系,就可以计算出不同高度和距离的目标由于大气折射所产生的距离误差,从而给测量值以必要的修正。目标距离越远,高度越

图 6.4　大气层中电波的折射

高,由折射所引起的测距误差 ΔR 就越大。例如,在一般大气条件下,当目标距离为 100 km、仰角为 0.1 rad 时,距离误差为 16 m。

上述两种误差都是由雷达外部因素造成的,故称为外界误差。无论采用什么测距方法都无法避免这些误差,只能根据具体情况进行一些可能的校准。

3. 测读方法误差

根据测距所用具体方法的不同,其测距误差亦有差别。早期的脉冲雷达直接从显示器上测量目标距离,这时显示器荧光屏亮点的直径大小、所用机械或电刻度的精度、人工测读时的惯性等都将引起测距误差。当采用电子自动测距的方法时,如果测读回波脉冲中心,则图 6.3 中回波脉冲中心的估计误差(正比于脉宽 τ,而反比于信噪比)以及计数器的量化误差等均将造成测距误差。

自动测距时的测量误差与测距系统的结构、系统传递函数、目标特性(包括其动态特性和回波起伏特性)、干扰(噪声)的强度等因素均有关系,详情可参考测距系统的有关资料。

测距的实际精度和许多外部设备的因素有关,混杂在回波信号中的噪声干扰(通常是加性噪声)是限制测量精度的基本因素。由噪声引起的测量误差通常称为测量的理论精度或极限精度。下面讨论测距精度的理论极限值。测距就是对目标回波出现的延时做出估值,用最

大似然法可获得参量的最佳估值。

6.1.3　测距的理论精度(极限精度)

目标的信息包含在雷达回波信号中,当采用理想模型时,目标相对于雷达的距离表现为回波相对于发射信号的延时。通常回波中混杂的噪声为限带高斯白噪声。接收机输入可写为

$$x(t) = s(t, \theta) + n(t)$$

式中,$s(t, \theta)$ 为包含未知参量的回波信号,$n(t)$ 为噪声。由于噪声的影响,测量参量 θ 时会产生误差而不能精确测定,因为混杂的噪声将对信号的波形和参数产生随机影响,所以对测量信号延时也会产生相应的随机性误差。此时从回波信号中提取目标信息就变为一个统计参量估值问题,即观测接收机输入 $x(t)$ 的一个具体实现后,应当怎样对它进行处理才能对参量 θ 做出尽可能精确的估计。这就是估值理论的任务,它解决了如何处理观测波形 $x(t)$ 才是最佳并得到了在最佳处理时可能达到的理论精度。

参量估值的方法有很多,如贝叶斯估值、最大后验、最大似然、最小均方差等。在雷达中实现最佳估值常用最大似然法,因为既得不到代价函数,又无法知道待估值参量 θ 的先验知识。参量估值就是要根据观测数据的测量值 $\boldsymbol{X} = (x_1, x_2, \cdots, x_n)$ 来构造一个函数,该函数应能充分利用测量结果的信息来获得参量的最佳估值。由于混杂噪声的起伏性,观测数据 x_i 也是随机变量,因而其测量值 $\boldsymbol{X}$ 为一随机矢量。因为已经掌握了噪声的统计特性,即知道了它的概率密度函数 $p(n)$,所以加上信号后的条件概率密度 $p(x/\theta)$ 原则上可以求出,所得条件概率密度函数 $p(x/\theta)$ 称为似然函数。通常将似然函数 $p(x/\theta)$ 最大时的 $\hat{\theta}$ 作为参量 θ 的估值,并称之为最大似然估值。它满足条件:

$$\left[\frac{\partial p(x/\theta)}{\partial \theta}\right]_{\theta=\hat{\theta}} = 0 \quad 或 \quad \left[\frac{\partial \ln p(x/\theta)}{\partial \theta}\right]_{\theta=\hat{\theta}} = 0$$

因为 $p(x/\theta)$ 和 $\ln p(x/\theta)$ 在同一个 θ 值上达到最大。

估值 $\hat{\theta}$ 的优劣主要由以下两项来评判:

(1) 无偏性:估值 $\hat{\theta}$ 为随机量,但其数学期望(统计平均值)等于其真值 θ_0,其表达式为

$$E[(\hat{\theta}_0 - \theta_0)] = 0$$

E 表示统计平均值。

(2) 有效性(有效估值):即估值的均方误差最小,即

$$E[(\hat{\theta}_0 - \theta_0)^2] = \min$$

最大似然估值在测量次数较多或信噪比较大时,具有无偏性和有效性。

当噪声为高斯限带白噪声(实际测量时噪声常采用的模型)时,求对数似然函数时要完成以下运算:

$$\ln p(x/\theta) = \frac{2}{N_0}\int_0^\tau x(t)s(t, \theta)\mathrm{d}t + k'$$

然后求最大似然估计:

$$\frac{\partial}{\partial \theta}[\ln p(x/\theta)]_\theta = \hat{\theta} = \frac{\partial}{\partial \theta}\left[\frac{2}{N_0}\int_0^T x(t)s(t, \theta)\mathrm{d}t\right]_\theta = \hat{\theta}_0 = 0$$

进行最大似然估计时要求出输入 $x(t)$ 和信号 $s(t, \theta)$ 的互相关函数,也可以采用匹配滤波器实现,即最佳估值和最佳检测对输入 $x(t)$ 的信号处理要求是完全相同的。将经过处理后的输出对待估计参数求导数,导数为 0(或输出最大)时即为参量 θ 的估值。由此即可得到测

距（延时）估值的框图，如图 6.5 所示。输入信号 $x(t)$ 经匹配滤波器输出取包络后，求包络最大值出现的时间即为延时估值。

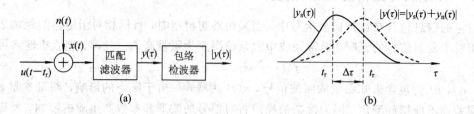

图 6.5　延时估值

(a) 方框图；(b) 波形图

雷达信号 $s(t)$ 通常为高频宽带信号，即

$$s(t) = a(t)\cos[2\pi f_0 t + \theta(t)] = \text{Re}[a(t)e^{j\theta(t)}e^{j2\pi f_0(t)}]$$

式中，$a(t)$ 为振幅调制函数；$\theta(t)$ 为其相位调制函数。设复调制函数 $u(t) = a(t)e^{j\theta(t)}$，则 $s(t) = \text{Re}[U(t)e^{j\omega_0 t}]$，$u(t)$ 包含了信号 $s(t)$ 的全部信息。

已证明，当信号用其复包络 $u(t)$ 表示时，其匹配滤波器的等效低通脉冲响应为

$$h(\tau) = c_0 u^*(t_0 - \tau)$$

复包络通过此滤波器可等效为信号通过其匹配滤波器。输出 $y(t)$ 为

$$y(t) = \int_{-\infty}^{\infty} x(t-\tau)h(\tau)d\tau = c_0 \int_{-\infty}^{\infty} x(t-\tau)u^*(t_0 - \tau)d\tau = y_s(t) + y_n(t)$$

当混杂噪声为限带高斯白噪声时，输入信号的复调制函数为 $u(t)$，输入 $x(t) = u(t) + n(t)$。理论分析证明，其估值方差 $\sigma_{t_r}^2$ 为

$$\sigma_{t_r}^2 = \frac{1}{8\pi^2 \dfrac{E}{N_0} B_e^2}$$

式中，E 为信号能量；N_0 为噪声功率谱密度；B_e 为信号 $u(t)$ 的均方根带宽。均方根带宽与半功率率带宽和噪声带宽不同，它是均值的二阶矩，频谱能量越在频段的两端，B_e 越大，延时测量精度越高。B_e^2 为

$$B_e^2 = \int_{-\infty}^{\infty} (f - \overline{f}^2)|U(f)|^2 df$$

$$\overline{f} = \int_{-\infty}^{\infty} f|(U(f))|^2 df$$

式中，通常满足 $\overline{f} = 0$。

若令 $\beta = 2\pi B_e$，则

$$\sigma_{t_r}^2 = \frac{1}{\dfrac{2E}{N_0}\beta^2}$$

即

$$\sigma_{t_r} = \frac{1}{\sqrt{\dfrac{2E}{N_0}}\beta}$$

上式表明，延时估值均方根误差反比于信号噪声比的开方及信号的均方根带宽。例如，高斯脉冲的测时均方根误差：

$$\sigma_{t_r} = \frac{1.18}{\pi B \sqrt{\dfrac{2E}{N_0}}}$$

式中，B 为脉冲频谱半功率点宽度。线性调频脉冲的测时均方根误差为

$$\sigma_{t_r} = \frac{\sqrt{3}}{\pi B_L \sqrt{\dfrac{2E}{N_0}}}$$

式中，B_L 为调制带宽。

6.1.4　距离分辨力和测距范围

距离分辨力是指同一方向上两个大小相等的点目标之间的最小可区分距离。早期在显示器上测距时，分辨力主要取决于回波的脉冲宽度 τ，同时也和光点直径 d 所代表的距离有关。图 6.6 所示的两个点目标回波的矩形脉冲之间的间隔为 $\tau + d/v_n$，其中 v_n 为扫掠速度，这是距离可分的临界情况。这时定义距离分辨力 Δr_c 为

$$\Delta r_c = \frac{2}{c}\left(\tau + \frac{d}{v_n}\right)$$

式中，d 为光点直径；v_n 为光点扫掠速度（cm/μs）。

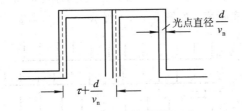

图 6.6　距离分辨力

用电子方法测距或自动测距时，距离分辨力由脉冲宽度 τ 或波门宽度 τ_e 决定。脉冲越窄，距离分辨力越好。对于复杂的脉冲压缩信号，决定距离分辨力的是雷达信号的有效带宽 B，有效带宽越宽，距离分辨力越好。这时距离分辨力 Δr_c 可表示为

$$\Delta r_c = \frac{c}{2} \cdot \frac{1}{B} \tag{6.1.5}$$

测距范围包括最小可测距离和最大单值测距范围。所谓最小可测距离，是指雷达能测量的最近目标的距离。脉冲雷达收发共用天线，在发射脉冲宽度 τ 时间内，接收机和天线馈线系统间是断开的，不能正常接收目标回波，发射脉冲过去后天线收发开关恢复到接收状态，也需要一段时间 t_0。在这段时间内，由于不能正常接收回波信号，雷达是很难进行测距的。因此，雷达的最小可测距离为

$$R_{min} = \frac{1}{2}c(\tau + t_0) \tag{6.1.6}$$

雷达的最大单值测距范围由其脉冲重复周期 T_r 决定。为保证单值测距，通常应选取：

$$T_r \geqslant \frac{2}{c}R_{max}$$

式中，R_{max} 为被测目标的最大作用距离。

有时雷达重复频率的选择不能满足单值测距的要求，例如脉冲多普勒雷达或远程雷达，这时目标回波对应的距离 R 为

$$R = \frac{c}{2}(mT_r + t_R), \quad m \text{ 为正整数} \tag{6.1.7}$$

式中，t_R 为测得的回波信号与发射脉冲间的延时。这时将产生测距模糊，为了得到目标的真

实距离 R，必须判定式(6.1.7)中的模糊值 m。下面讨论判定 m 的方法。

6.1.5　判测距模糊的方法

可以用几种方法来判测距模糊值 m，这里讨论用多种重复频率和"舍脉冲"这两种判测距模糊的方法。用调频脉冲法判测距模糊的原理可参见 6.2.2 节。

1. 多种重复频率判测距模糊

我们先讨论用双重高重复频率判测距模糊的原理。

设重复频率分别为 f_{r1} 和 f_{r2}，它们都不能满足不模糊测距的要求。f_{r1} 和 f_{r2} 具有公约频率 f_r：

$$f_r = \frac{f_{r1}}{N} = \frac{f_{r2}}{N+a}$$

式中，N 和 a 为正整数，常选 $a=1$，使 N 和 $N+a$ 为互质数。f_r 的选择应保证不模糊测距。

雷达以 f_{r1} 和 f_{r2} 的重复频率交替发射脉冲信号。通过记忆重合装置，将不同的 f_r 发射信号进行重合，重合后的输出是重复频率 f_r 的脉冲串。同样也可得到重合的接收脉冲串，二者之间的延时代表目标的真实距离，如图 6.7(a) 所示。

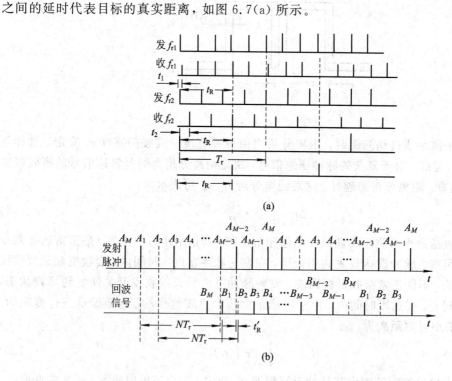

图 6.7　判测距模糊

(a) 用双重高重复频率判测距模糊；(b) 用"舍脉冲"法判测距模糊

以二重复频率为例：

$$t_R = t_1 + \frac{n_1}{f_{r1}} = t_2 + \frac{n_2}{f_{r2}}$$

式中，n_1 和 n_2 分别为用 f_{r1} 和 f_{r2} 测距时的模糊数。当 $a=1$ 时，n_1 和 n_2 的关系可能有两种，即 $n_1 = n_2$ 或 $n_1 = n_2 + 1$，此时可算得

$$t_{R} = \frac{t_1 f_{r1} - t_2 f_{r2}}{f_{r1} - f_{r2}} \text{ 或 } t_{R} = \frac{t_1 f_{r1} - t_2 f_{r2} + 1}{f_{r1} - f_{r2}}$$

如果按前式算出 t_R 为负值，则应采用后式。

　　如果采用多个高重复频率判测距，就能给出更大的不模糊距离，同时也可兼顾跳开发射脉冲遮蚀的灵活性。下面列举采用 3 种高重复频率的例子来说明。例如，取 $f_{r1} : f_{r2} : f_{r3} = 7 : 8 : 9$，则不模糊距离是单独采用 f_{r2} 时的 $7 \times 9 = 63$ 倍。这时在测距系统中可以根据几个模糊的测量值来解出其真实距离（实现办法可以从余数定理中找到）。以 3 种重复频率为例，真实距离 R_c 为

$$R_c \equiv (C_1 A_1 + C_2 A_2 + C_3 A_3) \bmod (m_1 m_2 m_3) \tag{6.1.8}$$

式中，A_1、A_2、A_3 分别为 3 种重复频率测量时的模糊距离；m_1、m_2、m_3 分别为 3 个重复频率的比值；常数 C_1、C_2、C_3 分别为

$$C_1 = b_1 m_2 m_3 \bmod (m_1) \equiv 1 \tag{6.1.9a}$$

$$C_2 = b_2 m_1 m_3 \bmod (m_2) \equiv 1 \tag{6.1.9b}$$

$$C_3 = b_3 m_1 m_2 \bmod (m_3) \equiv 1 \tag{6.1.9c}$$

式中，b_1 为一个最小的整数，它被 $m_2 m_3$ 乘后再被 m_1 除，所得余数为 1（b_2、b_3 与此类似），mod 表示模。

　　当 m_1、m_2、m_3 选定后，便可确定 C 值，并利用探测到的模糊距离直接计算真实距离 R_c。

　　例如，设 $m_1 = 7$，$m_2 = 8$，$m_3 = 9$，$A_1 = 3$，$A_2 = 5$，$A_3 = 7$，则

$$m_1 m_2 m_3 = 504$$

$$b_3 = 5, \ 5 \times 7 \times 8 = 280 \bmod 9 \equiv 1, \ C_3 = 280$$

$$b_2 = 7, \ 7 \times 7 \times 9 = 441 \bmod 8 \equiv 1, \ C_2 = 441$$

$$b_1 = 4, \ 4 \times 8 \times 9 = 288 \bmod 7 \equiv 1, \ C_1 = 288$$

按式 (6.1.8)，有

$$C_1 A_1 + C_2 A_2 + C_3 A_3 = 5029$$

$$R_c = 5029 \bmod 504 = 493$$

即目标真实距离（或称不模糊距离）的单元数为 $R_c = 493$，不模糊距离 R 为

$$R = R_c \frac{c\tau}{2} = \frac{493}{2} c\tau$$

式中，τ 为距离分辨单元所对应的时宽。

　　当脉冲重复频率选定（即 m_1、m_2、m_3 值已定）后，即可按式 (6.1.9a) ~ (6.1.9c) 求得 C_1、C_2、C_3 的数值。只要实际测距时分别测到 A_1、A_2、A_3 的值，就可按式 (6.1.8) 算出目标真实距离。

2. "舍脉冲"法判测距模糊

　　当发射高重复频率的脉冲信号而产生测距模糊时，可采用"舍脉冲"法来判断 m 值。所谓"舍脉冲"，就是在每次发射的 M 个脉冲中舍弃一个，作为发射脉冲串的附加标志。如图 6.7(b) 所示，发射脉冲为从 A_1 到 A_M，其中 A_2 不发射。与发射脉冲相对应，接收到的回波脉冲串同样是每 M 个回波脉冲中缺少一个。从 A_2 以后逐个累计发射脉冲数，直到某一发射脉冲（在图中是 A_{M-2}）后没有回波脉冲（如图中缺 B_2）时停止计数，则累计的数值就是回波跨越的重复周期数 m。

　　采用"舍脉冲"法判测距模糊时，每组脉冲数 M 应满足以下关系：

$$MT_r > m_{max} T_r + t_R' \tag{6.1.10}$$

式中，m_{max} 是雷达需测量的最远目标所对应的跨周期数；t_R' 的值在 $0 \sim T_r$ 之间。这就是说，MT_r 的值应保证全部在距离上不模糊测距，而 M 和 m_{max} 之间的关系为

$$M > m_{max} + 1 \tag{6.1.11}$$

6.2 调频法测距

调频法测距可以用于连续波雷达，也可以用于脉冲雷达。连续发射的信号具有频率调制的标志后就可以测定目标的距离了。在高重复频率的脉冲雷达中，发射脉冲频率有规律的调制提供了解模糊距离的可能性。下面分别讨论连续波和脉冲波工作条件下调频测距的原理。

6.2.1 调频连续波测距

调频连续波雷达的组成方框图如图 6.8 所示。发射机产生连续高频等幅波，其频率在时间上按三角形规律或按正弦规律变化，目标回波和发射机直接耦合过来的信号加到接收机混频器内。在无线电波传播到目标并返回天线的这段时间内，发射机频率较之回波频率已有了变化，因此在混频器输出端便出现了差频电压。后者经放大、限幅后加到频率计上。由于差频电压的频率与目标距离有关，因而频率计上的刻度可以直接采用距离长度作为单位。

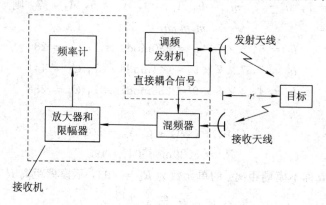

图 6.8 调频连续波雷达的组成方框图

连续工作时，不能像脉冲工作那样采用时间分割的办法共用天线，但可用混合接头、环行器等办法使发射机和接收机隔离。为了得到发射和接收间高的隔离度，通常采用分开的发射天线和接收天线。

当调频连续波雷达工作于多目标情况下时，接收机输入端有多个目标的回波信号。要区分这些信号并分别确定这些目标的距离是比较复杂的，因此，目前调频连续波雷达多用于测定只有单一目标的情况。例如，在飞机的高度表中，大地就是单一的目标。

下面具体讨论两种不同调频规律时的测距原理以及调频连续波雷达的特点。

1. 三角波调制

发射频率按周期性三角波的规律变化，如图 6.9 所示。图中，f_t 是发射机的高频发射频率，它的平均频率是 f_{t0}，f_{t0} 变化的周期为 T_m。通常 f_{t0} 为数百兆赫兹到数千兆赫兹，而 T_m 为数百分之一秒。f_r 为从目标反射回来的回波频率，它和发射频率的变化规律相同，但在时

间上滞后 t_R，$t_R = 2R/c$。发射频率调制的最大频偏为 $\pm \Delta f$，f_b 为发射和接收信号间的差拍频率，差频的平均值用 f_{bav} 表示。

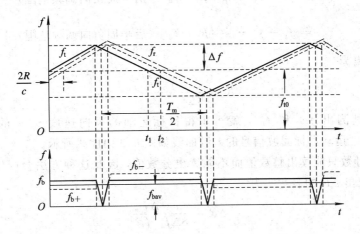

图 6.9　调频雷达工作原理示意图

如图 6.9 所示，发射频率 f_t 和回波频率 f_r 可写成如下表达式：

$$f_t = f_0 + \frac{df}{dt}t = f_0 + \frac{\Delta f}{T_m/4}t$$

$$f_r = f_0 + \frac{4\Delta f}{T_m}\left(t - \frac{2R}{c}\right)$$

差频 f_b 为

$$f_b = f_t - f_r = \frac{8\Delta f R}{T_m c} \tag{6.2.1}$$

在调频的下降段，df/dt 为负值，f_r 高于 f_t，但二者的差频仍如式 (6.2.1) 所示。

对于一定距离 R 的目标回波，除去在 t 轴上很小一部分 $2R/c$ 以外（这里差拍频率急剧地下降至零），其他时间差频是不变的。若用频率计测量一个周期内的平均差频值 f_{bav}，可得到

$$f_{bav} = \frac{8\Delta f R}{T_m c}\left(\frac{T_m - \frac{2R}{c}}{T_m}\right)$$

实际工作中，应保证单值测距且满足：

$$T_m \gg \frac{2R}{c}$$

因此，有

$$f_{bav} \approx \frac{8\Delta f}{T_m c}R = f_b$$

由此可得出目标距离 R 为

$$R = \frac{c}{8\Delta f}\frac{f_{bav}}{f_m} \tag{6.2.2}$$

式中，$f_m = 1/T_m$，为调制频率。

当反射回波来自运动目标且其距离为 R 而径向速度为 v 时，其回波频率 f_r 为

$$f_r = f_0 + f_d \pm \frac{4\Delta f}{T_m}\left(t - \frac{2R}{c}\right)$$

式中，f_d 为多普勒频移，正、负号分别表示调制前后半周正、负斜率的情况。当 $f_d < f_{bav}$ 时，

得出的差频为

$$f_{b+} = f_t - f_r = \frac{8\Delta f}{T_m c}R - f_d \quad (\text{前半周正向调频范围})$$

$$f_{b-} = f_r - f_t = \frac{8\Delta f}{T_m c}R + f_d \quad (\text{后半周负向调频范围})$$

可求出目标距离为

$$R = \frac{c}{8\Delta f}\frac{f_{b+} + f_{b-}}{2f_m}$$

如果能分别测出 f_{b+} 和 f_{b-}，就可求得目标运动的径向速度 v。v 的计算式为 $v = \lambda/4(f_{b+} - f_{b-})$。运动目标回波信号的差频曲线如图 6.9 中虚线所示。

由于频率计数只能读出整数值而不能读出分数值，因此这种方法会产生固定误差 ΔR。由式(6.2.2)求出 ΔR 的表达式为

$$\Delta R = \frac{c}{8\Delta f}\frac{\Delta f_{bav}}{f_m} \tag{6.2.3}$$

而 $\Delta f_{bav}/f_m$ 表示在一个调制周期 $1/f_m$ 内平均差频 f_{bav} 的误差，当频率测读量化误差为 1 次，即 $\Delta f_{bav}/f_m = 1$ 时，可得出以下结果：

$$\Delta R = \pm\frac{c}{8\Delta f} \tag{6.2.4}$$

可见，固定误差 ΔR 与频偏量 Δf 成反比，而与距离 R_0 及工作频率 f_0 无关。为减小这项误差，往往使 Δf 加大到数十兆赫兹以上，而通常的工作频率则选为数百兆赫兹到数千兆赫兹。

三角波调制要求严格的线性调频，工程实现时产生这种调频波和进行严格调整都不容易，因此可采用正弦波调频来解决上述困难。

2. 正弦波调频

用正弦波对连续载频进行调频时，发射信号可表示为

$$u_t = U_t\sin\left(2\pi f_0 t + \frac{\Delta f}{2f_m}\sin 2\pi f_m t\right) \tag{6.2.5}$$

发射频率 f_t 为

$$f_t = \frac{d\varphi_t}{dt}\cdot\frac{1}{2\pi} = f_0 + \frac{\Delta f}{2}\cos 2\pi f_m t \tag{6.2.6}$$

由目标反射回来的回波电压 u_r 滞后一段时间 $T(T = 2R/c)$，可表示为

$$u_r = U_r\sin\left[2\pi f_0(t - T) + \frac{\Delta f}{2f_m}\sin 2\pi f_m(t - T)\right] \tag{6.2.7}$$

以上公式中，f_m 为调制频率，Δf 为频率偏移量，如图 6.10 所示。

接收信号与发射信号在混频器中进行外差后，取其差频电压为

$$u_b = kU_t U_r\sin\left\{\frac{\Delta f}{f_m}\sin\pi f_m T\cdot\cos\left[2\pi f_m\left(t - \frac{T}{2}\right) + 2\pi f_0 T\right]\right\} \tag{6.2.8}$$

一般情况下均满足 $T \ll 1/f_m$，则

$$\sin\pi f_m T \approx \pi f_m T$$

于是差频 f_b 值和目标距离 R 成比例且随时间呈余弦变化。在周期 T_m 内差频的平均值 f_{bav} 与距离 R 之间的关系和三角波调频时相同，用 f_{bav} 测距的原理和方法也一样。

在调频连续波雷达测距时，还可以提供附加的收发隔离，这个特性是很重要的，下面将

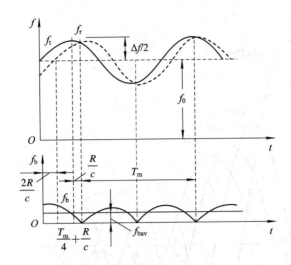

图 6.10　调频雷达发射波按正弦规律调频

予以分析。以正弦调频来说，其差频信号如式（6.2.8）所示。对接收的差频信号进行傅里叶分析后，得到以下频率分量：

$$
\begin{aligned}
u_b = U[&J_0(D)\cos(2\pi f_d t - \varphi_0) + 2J_1(D)\sin(2\pi f_d t - \varphi_0)\cos(2\pi f_m t - \varphi_m) \\
&- 2J_2(D)\cos(2\pi f_d t - \varphi_0)\cos 2(2\pi f_m t - \varphi_m) \\
&- 2J_3(D)\sin(2\pi f_d t - \varphi_0)\cos 3(2\pi f_m t - \varphi_m) \\
&+ 2J_4(D)\cdots]
\end{aligned}
\tag{6.2.9}
$$

式中，J_0，J_1，J_2，$\cdots$ 为第一类贝塞尔函数，其阶数分别为 0，1，2，$\cdots$；$D = \dfrac{\Delta f}{f_m}\sin\dfrac{2\pi f_m R_0}{c}$，

R_0 为目标在 $t = 0$ 时的距离，$R = R_0 - v_r t$；f_d 为目标回波的多普勒频移，$f_d = \dfrac{2v_r f_0}{c}$；

$\varphi_0 = \dfrac{4\pi f_0 R_0}{c}$；$\varphi_m = \dfrac{2\pi f_m R_0}{c}$。

由式（6.2.9）可看出，差频信号包括振幅为 $J_0(D)$ 的多普勒频移成分，还有一串调制频率 f_m 的谐波分量，每一分量的振幅为 $J_n(D)$（n 为谐波次数），同时又被多普勒频移的正余弦信号进行幅度调制，这就等效于抑制载频的双边带调制，其频谱结构如图 6.11 所示。

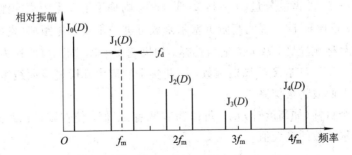

图 6.11　正弦调频差频信号的频谱

贝塞尔函数的自变量 D 中包含了目标距离 R_0 的信息，不同阶数的贝塞尔函数值与自变量 D 的关系曲线如图 6.12(a) 所示。

原则上，可以提取差频信号的任一频谱分量加以利用，但实际上它们的性能有很大差

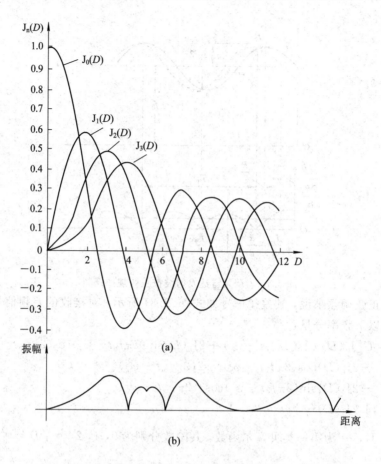

图 6.12　正弦调频信号各谐波的特性

(a) 各阶贝塞尔函数与 D 的关系；(b) $J_n(D)$ 与距离的关系

别。以 $J_0(D)\cos(2\pi f_d t - \varphi_0)$ 项为例，由于 $J_0(D)$ 在 $D = 0$ 时取最大值，表明对 $R_0 = 0$ 的回波响应最强，而这个距离正是发射信号及其噪声泄漏的位置。当目标回波距离增加时，$J_0(D)$ 将下降，从而减小其幅度。这就是说，$J_0(D)$ 项增强泄漏，从而减弱远区目标回波，这是不好的特性。

如果选用任一 f_m 的谐波分量($n = 1, 2, 3, \cdots$)，则理论上在零距离的泄漏信号为零。当值很小时，$J_n(D)$ 正比于 D^n，说明高阶贝塞尔函数可进一步减小零距离（发射机泄漏）响应，但同时也减小了目标响应区，故 n 应适当选择。如果选 $n = 3$，则 $J_3(D)$ 作为距离的函数，如图 6.12(b) 所示。由于 D 是 R 的周期函数，因此整个响应由几段镜像曲线组成，曲线上的零点说明某些距离上回波将被抑制。

当只探测一个目标（如高度计）时，可以调节频偏 Δf 值，使在该目标距离 R 上的 D 值正好对应所选贝塞尔函数的最大值：

$$D = D_m = \frac{\Delta f}{f_m}\sin\frac{2\pi f_m R}{c}$$

此时依据测定的 Δf 值，即可得到目标的距离 R。

3. 调频连续波雷达的特点

调频连续波雷达的优点如下：

（1）能测量很近的距离，一般可测到数米，而且有较高的测量精度。

（2）雷达线路简单，且可做到体积小，重量轻，普遍应用于飞机高度表及微波引信等场合。

它的主要缺点如下：

（1）难以同时测量多个目标。如欲测量多个目标，必须采用大量滤波器和频率计数器等，使装置变得复杂，从而限制了其应用范围。

（2）收发间的完善隔离是所有连续波雷达的难题。发射机泄漏功率将阻塞接收机，因而限制了发射功率的大小。发射机噪声的泄漏会直接影响接收机的灵敏度。

6.2.2　脉冲调频测距

采用脉冲法测距时，由于重复频率高，会产生测距模糊，因此为了判别模糊，必须对周期发射的脉冲信号加上某些可识别的"标志"，调频脉冲串就是一种可用的方法。图 6.13(a) 就是脉冲调频测距的原理框图。

脉冲调频时的发射信号频率如图 6.13(b) 中实线所示，共分为 A、B、C 3 段，分别采用正斜率调频、负斜率调频和发射恒定频率。由于调频周期 T 远大于雷达重复周期 T_r，因此在每一个调频段中均包含多个脉冲，如图 6.13(c) 所示。回波信号频率的变化规律也在同一图上标出以便于比较。图(b)中，虚线所示为回波信号无多普勒频移时的频率变化，它相对于发射信号有一个固定延迟 t_d，即将发射信号的调频曲线向右平移 t_d 即可。当回波信号还有多普勒频移时，其回波频率如图(b)中点画线所示(图中多普勒频移 f_d 为正值)，即将虚线向上平移 f_d 得到。

接收机混频器中加上连续振荡的发射信号和回波脉冲串，故在混频器输出端可得到收发信号的差频信号。设发射信号的调频斜率为

$$\mu = \frac{F}{T}$$

而 A、B、C 各段收发信号间的差频分别为

$$F_A = f_d - \mu t_d = \frac{2v_r}{\lambda} - \mu \frac{2R}{c}$$

$$F_B = f_d + \mu t_d = \frac{2v_r}{\lambda} + \mu \frac{2R}{c}$$

$$F_C = f_d = \frac{2v_r}{\lambda}$$

由上面公式可得

$$F_B - F_A = 4\mu \frac{R}{c}$$

即

$$R = \frac{F_B - F_A}{4\mu} c \tag{6.2.10}$$

$$v_r = \frac{\lambda F c}{2} \tag{6.2.11}$$

当发射信号的频率经过了 A、B、C 变化的全过程后，每一个目标的回波将是 3 串不同中心频率的脉冲。经过接收机混频后可分别得到差频 F_A、F_B 和 F_C，然后按式(6.2.10)和式(6.2.11)即可求得目标的距离 R 和径向速度 v_r。关于从脉冲串中取出差频 F 的方法，可参考

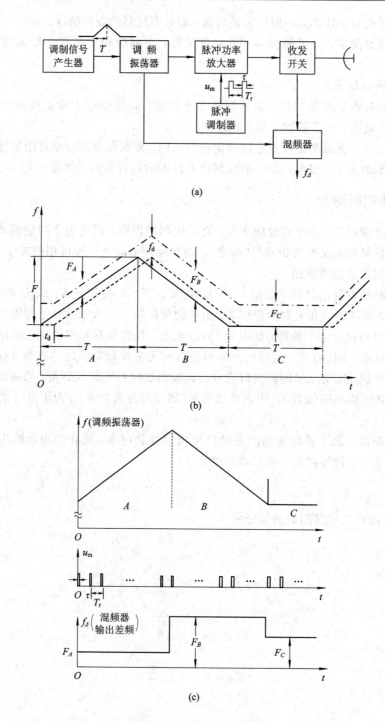

图 6.13　脉冲调频测距
（a）原理框图；（b）信号频率调制规律；（c）各主要点波形或频率

第 8 章"动目标显示"的有关原理。

　　在用脉冲调频法时，可以选取较大的调频周期 T，以保证测距的单值性。这种测距方法的缺点是测量精度较差，因为发射信号的调频线性不容易做得好，而频率测量也不容易做准确。

脉冲调频法测距和连续波调频测距的方法在本质上是相同的。

6.3　距离跟踪原理

下面的讨论均针对脉冲法测距，因为这种方法是当前雷达中用得最广泛的。

测距时需要对目标距离进行连续的测量，称为距离跟踪。实现距离跟踪的方法有人工、半自动或自动三种。无论哪种方法，都必须产生一个时间位置可调的时标（称为移动刻度或波门），调整时标的位置，使之在时间上与回波信号重合，然后精确地读出时标的时间位置并作为目标的距离数据送出。

下面分别讨论几种距离跟踪的方法。

6.3.1　人工距离跟踪

早期雷达多数只有人工距离跟踪。为了减小测量误差，采用移动刻度作为时间基准。操纵员按照显示器上的画面，将移动刻度对准目标回波，从控制器度盘或计数器上读出移动刻度的准确延时，就可以代表目标的距离。

因此关键是要产生移动刻度（指标），且其延迟时间可准确读出。常用的产生移动刻度的方法有锯齿电压波法和相位调制法。

1. 锯齿电压波法

图 6.14 是锯齿电压波法产生移动指标的方框图和波形图。来自定时器的触发脉冲使锯齿电压产生器产生的锯齿电压 E_t 与比较电压 E_p 一同加到比较电路上，当锯齿波上升到 $E_t = E_p$ 时，比较电路就有输出送到脉冲产生器，使之产生一窄脉冲。这个窄脉冲即可控制一级移动指标形成电路，形成一个所需形式的移动指标。在最简单的情况下，脉冲产生器产生的窄脉冲本身就可以作为移动指标（如光点式移动指标）。当锯齿电压波的上升斜率确定后，移动指标产生时间就由比较电压 E_p 决定。要精确地读出移动指标产生的时间 t_r，可以从线性电位

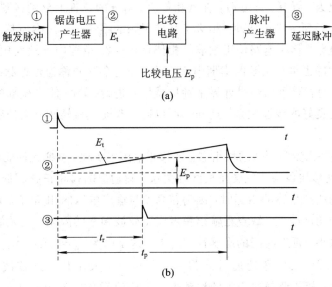

(a)

(b)

图 6.14　锯齿电压波法产生移动指标

（a）方框图；（b）波形图

器上取出比较电压 E_p，即 E_p 与线性电位器旋臂的角度位置 θ 成线性关系：

$$E_p = K\theta$$

式中，比例常数 K 与线性电位器的结构及所加电压有关。

因此，如果在线性电位器旋臂的转角度盘上按距离分度，则可以直接从度盘上读出移动指标对准的那个回波所代表的目标距离。

锯齿电压波法产生移动指标的优点是设备比较简单，移动指标活动范围大且不受频率限制；缺点是测距精度仍嫌不足。精度较高的方法是用相位调制法产生移动指标。

2. 相位调制法

相位调制法是利用正弦波移相来产生移动指标的。图 6.15 就是这种方法的原理方框图和波形图。

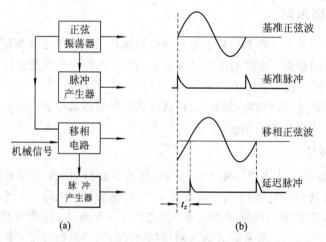

图 6.15　相位调制法产生移动指标
(a) 原理方框图；(b) 波形图

正弦波经过放大、限幅、微分后，在其相位为 0 和 π 的位置上分别得到正、负脉冲，若再经单向削波就可以得到一串正脉冲。相应于基准正弦的零相位，常称为基准脉冲。将正弦电压加到一级移相电路，移相电路使正弦波的相位在 $0 \sim 2\pi$ 范围内连续变化，因此，经过移相的正弦波产生的脉冲也将在正弦波周期内连续移动，这个脉冲称为延迟脉冲，也就是所需的移动指标。正弦波的相移可以通过外界某种机械信号进行控制，使机械轴的转角 θ 与正弦波的移相角之间具有良好的线性关系，这样就可以通过改变机械转角 θ 而使延迟脉冲在 $0 \sim T$ 范围内任意移动。

常用的移相电路由专门制作的移相电容或移相电感来实现。这些元件能使正弦波在 $0 \sim 2\pi$ 范围内连续移相且移相角与转轴转角成线性关系，其输出的移相正弦波振幅为常数。

利用相位调制法产生移动指标时，因为转角 θ 与输出电压的相角有良好的线性关系，从而提高了延迟脉冲的准确性；缺点是输出幅度受正弦波频率的限制。正弦波频率 ω 愈低，移相器的输出幅度愈小，延迟时间的准确性也愈差。这是因为 $t_z = \varphi/\omega$，$\Delta t_z = \Delta\varphi/\omega$，其中 $\Delta\varphi$ 是移相器的结构误差，Δt_z 是延迟时间误差。所以，一般来说，正弦波的频率不应低于 15 kHz。也就是说，相位调制法产生的移动指标其移动范围在 10 km 以内，这显然不能满足雷达工作的需要。为了既保证延迟时间的准确性，又有足够大的延迟范围，可以采用复合法产生移动指标。

所谓复合法产生移动指标，是指利用锯齿电压法产生一组粗测移动波门，而用相位调制法产生精测移动指标。粗测移动波门可以在雷达所需的整个距离量程内移动，而精测移动指标则只在与粗测移动波门相当的距离范围内移动。这样，粗测波门扩大了移动指标的延迟范围，精测移动指标则保证了延迟时间的精确性，也就是提高了雷达的测距精度。

6.3.2 自动距离跟踪

自动距离跟踪系统应保证移动指标自动地跟踪目标回波并连续地给出目标距离数据。整个系统应包括对目标的搜索、捕获和自动跟踪三个互相联系的部分。下面先讨论跟踪的实现方法，然后讨论搜索和捕获的过程。

图 6.16 是自动距离跟踪的简化方框图。目标自动距离跟踪系统主要包括时间鉴别器、控制器和跟踪脉冲产生器三个部分。显示器在系统中仅仅起监视目标的作用。画面上套住回波的二缺口表示移动指标，又叫电瞄标志。假设空间一目标已被雷达捕获，目标回波经接收机处理后成为具有一定幅度的视频脉冲加到时间鉴别器上，同时加到时间鉴别器上的还有来自跟踪脉冲产生器的跟踪脉冲。自动距离跟踪时所用的跟踪脉冲和人工测距时的移动指标本质一样，都是要求它们的延迟时间在测距范围内均匀可变，且其延迟时间能精确地读出。在自动距离跟踪时，跟踪脉冲的另一路和回波脉冲一起加到显示器上，以便观测和监视。时间鉴别器的作用是将跟踪脉冲与回波脉冲在时间上加以比较，鉴别出它们之间的差 Δt。设回波脉冲相对于基准发射脉冲的延迟时间为 t，跟踪脉冲的延迟时间为 t'，则时间鉴别器输出误差电压 u_ε 为

$$u_\varepsilon = K_1(t - t') = K_1 \Delta t \tag{6.3.1}$$

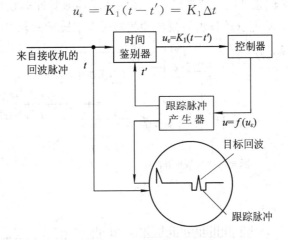

图 6.16 自动距离跟踪简化方框图

当跟踪脉冲与回波脉冲在时间上重合，即 $t' = t$ 时，输出误差电压为零。两者不重合时将输出误差电压 u_ε，其大小正比于时间的差值，而其正负值则视跟踪脉冲是超前还是滞后于回波脉冲而定。控制器的作用是将误差电压 u_ε 经过适当的变换，将其输出作为控制跟踪脉冲产生器工作的信号，其结果是使跟踪脉冲的延迟时间 t' 朝着减小 Δt 的方向变化，直至达到 $\Delta t = 0$ 或其他稳定的工作状态。上述自动距离跟踪系统是一个闭环随动系统，输入量是回波信号的延迟时间 t，输出量则是跟踪脉冲延迟时间 t'，t' 随着 t 的改变而自动变化。

6.4 数字式自动测距器

随着高速度、高机动性能目标的出现，以及航天技术的要求，雷达跟踪目标要求作用距

离大，跟踪精度高，反应速度快，因此要进一步改善自动测距器的性能。由于近年来数字器件及技术有了飞跃的发展，因此有条件采用数字式距离跟踪系统来达到上述要求。比起模拟式自动测距器，数字式自动测距器(或自动距离跟踪系统)具有下述优点：跟踪精度高，且精度与跟踪距离无关；响应速度快，适合于跟踪快速目标；工作可靠，系统便于集成化；输出数据为二进制码，可以方便地和数据处理系统接口。因此数字式自动测距器被广泛用于现代跟踪雷达。

　　数字式和模拟式自动测距器(距离跟踪系统)的基本工作原理是相同的，两个系统都是由时间鉴别器、控制器(常称距离产生器)和跟踪脉冲产生器三部分组成的，如图 6.16 所示。但在这两个系统中，完成各种功能的技术手段是不同的。在数字式自动测距器中，以稳定的计数脉冲振荡器(时钟)驱动高速计数器来代替模拟的锯齿电压波，用数字寄存器(距离寄存器)的数码来等效代表距离的模拟比较电压。因此，读出跟踪状态下距离寄存器数码所代表的延迟时间 t，即可产生相应的跟踪波门并得到目标的距离数据。

　　下面分别讨论数字式距离跟踪系统的组成及工作原理、自动搜索和截获等内容。

6.4.1　数字式测距的基本原理

　　测距就是测量回波信号相对于发射脉冲的延迟时间，因此数字式测距首先要将时间量用离散的二进制数码表示出来。可以采用通常的计数方法来达到上述要求，其原理方框图和相应的波形图如图 6.17 所示。距离计数器在雷达发射高频脉冲的同时开始对计数脉冲计数，一直到回波脉冲到来后停止计数。只要记录了在此期间计数脉冲的数目 n，根据计数脉冲的重复周期 $T(t = 1/f)$，就可以计算出回波脉冲相对于发射脉冲的延迟时间 t_R。这里，T 为已

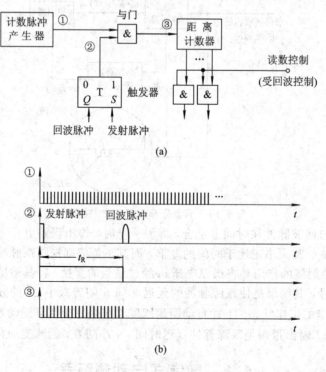

图 6.17　数字式测距
(a) 原理框图；(b) 波形图

知值，测量 t_R 实际上变成读出距离计数器的数码值 n。为了减小测读误差，通常计数脉冲产生器和雷达定时器触发脉冲在时间上是同步的。

目标距离 R 与计数器读数 n 之间的关系为

$$n = t_R f = \frac{2R}{c} f$$

$$R = \frac{c}{2f} n \tag{6.4.1}$$

式中，f 为计数脉冲重复频率。如果需要读出多个目标的距离，则控制触发器置"0"的脉冲应在相应的最大作用距离以后产生，各个目标距离数据的读出根据回波不同的延迟时间去控制读出门，读出的距离数据分别送到相应的距离寄存器中。

可见，数字式测距中，对目标距离 R 的测定转换为测量脉冲数 n，从而把时间 t_R 这个连续量变成了离散的脉冲数。从提高测距精度、减小量化误差的观点来看，计数脉冲频率 f 越高越好，这时对器件速度的要求提高，计数器的级数应相应增加。有时也可以采用游标计数法、插值延迟线法等减小量化误差的方法。

6.4.2　数字式自动跟踪

下面讨论数字式自动跟踪的 3 个组成部分。

1. 时间鉴别器（距离比较器）

数字式时间鉴别器的作用和模拟系统中的时间鉴别器完全相同，也是通过一定的比较电路来鉴别回波信号与跟踪波门之间的延迟时间差 Δt 的。不同之处是数字式时间鉴别器的输出是正比于时间差 Δt 的二进制数码，而不是模拟电压 u_ε。图 6.18 画出了数字式时间鉴别器的一个例子。从图中可以看出，通过重合电路，积分-恒流放电电路和相减器将时间差 Δt 转换为脉冲宽度 τ，然后利用一个高稳定度的时钟脉冲对它进行计数，这样就将模拟量 τ 变换为数字量，完成了 A/D 变换。之后将计数结果 ΔR 储存在误差寄存器中。另外，相减器还输出一个符号脉冲，控制计数器和寄存器的符号位，以标明距离误差 ΔR 的极性。

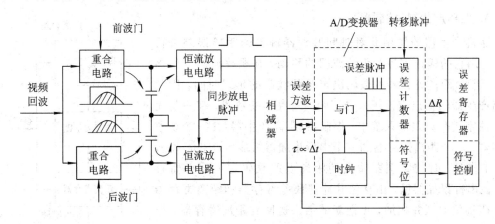

图 6.18　数字式时间鉴别器

2. 跟踪波门产生器

在数字式距离跟踪系统中，跟踪波门的产生与模拟系统中的锯齿电压波法完全可以比拟。这里由时钟驱动的高速数字计数器（距离波门计数器）上的数字码 n 随时间 t 增长，$n = ft$，它代替了模拟系统中电压随时间线性上升的锯齿波。相应地,与目标距离成正比的比较电压 E_p 也被距离寄存器中的距离数码所取代。与锯齿电压波法产生移动指标的道理相同,由雷达发射机定时脉冲启动计数器,即计数器起始计数的时间和发射脉冲同步。当计数器的数码计到与距离寄存器的数码相同时,作为重合电路的符合门就送出一个触发脉冲作为移动指标的基准脉冲,由它去驱动波门产生器产生雷达工作所需的主波门与前、后波门。各种波门之间的固定时差可在产生器和距离寄存器内予以修正。图 6.19 画出了数字式距离跟踪系统的方框图和跟踪波门产生器的波形图。

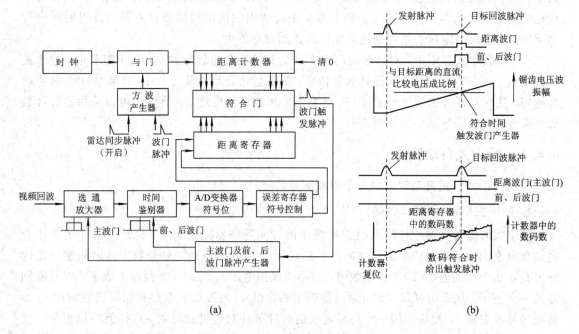

图 6.19　数字式距离跟踪系统

(a) 方框图;(b) 跟踪波门产生器波形示意图

3. 距离产生器(控制器)

距离产生器的作用是对时间鉴别器输出的距离误差进行加工,用它的输出去控制跟踪波门的移动。在跟踪波门产生器中已看到,距离寄存器的数码决定跟踪波门的延迟时间,因此距离产生器的输出应该用来修正距离寄存器的数码。在一阶无差的数字式距离跟踪系统中,控制器(距离产生器)由一个误差寄存器、一个距离寄存器和一个串行累加器组成,如图 6.20 所示。工作时,时间鉴别器输出的距离误差数码送入误差寄存器,在串行累加器里,由移位脉冲把误差寄存器和距离寄存器的数码逐位移入并相加,再把新的结果送回到距离寄存器,形成距离数码。如果距离误差是负值,则误差寄存器的符号位为"1",从而将距离误差数码取补码后送入串行累加器,完成相减作用。

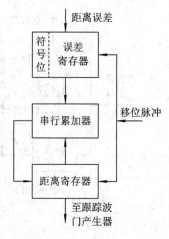

图 6.20　距离产生器的组成

在上述距离产生器里,由于距离寄存器的记忆作用,在串行累加器的辅助下,构成一个积分环节,因此由它构成的系统属于一阶无静差的距离跟踪系统。这个系统在跟踪固定距离的目标时，如果跟踪波门和目标回波在时间上不重合，则时间鉴别器将送出相应的误差数码，该误差数码会累加到距离寄存器上，从而改变寄存器的数码。寄存器上数码的变化将相应地改变跟踪波门的时间位置，使之朝着减小误差的方向进行，直到跟踪波门和目标回波脉冲在时间上重合，时间鉴别器不再输出误差码为止，这时系统的工作无跟踪误差，即位置误差为零，而且由于距离寄存器的记忆作用，整个系统有"位置记忆"的能力。当目标以恒速（恒径向速度）飞行时，这个距离跟踪系统会出现速度（滞后）误差。因为这时距离寄存器里代表距离的数码要随着目标径向速度引起的目标距离的变化而变化，这就必须由误差鉴别器送出一个固定的误差码，逐次地改变寄存器的数码，这个误差码就是系统的速度误差。当要求高精度跟踪且消除速度误差时，可在系统中增加一个记忆环节 —— 速度寄存器，使系统成为二阶无静差。此时跟踪无速度误差，而只有加速度以及高次项误差。图 6.21 所示为二阶数字式自动距离跟踪系统的一个例子。在二阶系统中，时间鉴别器输出的误差数码正比于目标加速度（其他高次项较小），此误差数码一路经 β 滤波器等对速度寄存器中的目标速度数码进行校正，另一路经 α 滤波器等对距离寄存器中的目标距离数码进行校正。同时，距离寄存器还接收速度寄存器送来的数码。对于恒速运动的目标，当波门对准目标且随目标恒速移动时，虽然误差数码为零，但距离寄存器仍不断有来自速度寄存器的数码均匀地改变其中的距离数码，这就使距离波门能够以与目标相同的速度无误差地随目标一起恒速运动。

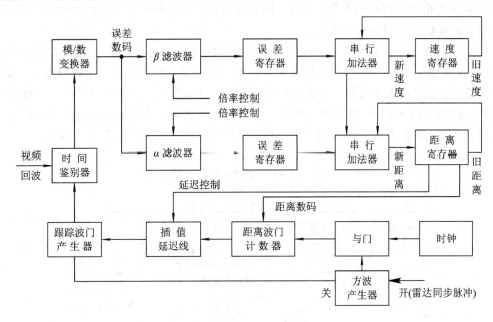

图 6.21　二阶数字式自动距离跟踪系统的组成

图 6.21 中的 α 滤波器和 β 滤波器实际上是对误差数码进行倍频相乘，其作用是分别改变距离和速度支路的增益，使系统的闭环带宽和速度响应满足要求。关于二阶无差系统的性能分析，请参阅本章参考文献[2]。

在图 6.21 中还要加以说明的是波门触发脉冲的产生方法。从图 6.19(a) 中可以看出，距离计数器从雷达同步脉冲时间起开始计数，当它所计之数码与距离寄存器中数码相等时，符合门将产生波门触发脉冲，以便触发产生主波门与前、后波门。这种方法产生波门触发脉冲的原理简单，制作容易，但在实际应用中由于计数脉冲频率很高，输出波形毛刺多而可能引起虚假符合，从而产生波门时间的错误。为避免上述缺点，可改用距离波门计数器法来产生波门触发脉冲。这个方法去掉了符合门，如图 6.21 所示，当雷达同步脉冲到来时，与门打开，距离波门计数器开始对时钟脉冲计数。与图 6.19(a) 中距离计数器计数不同的是：在距离波门计数器开始计数前，已将距离寄存器中数码的反码输送给距离波门计数器。在此基础上进行计数，当距离波门计数器中新计的数码和距离寄存器中的原数码相同时，距离波门计数器将产生一个溢出脉冲，该溢出脉冲产生的时间与图 6.19(a) 中用符合门时波门触发脉冲产生的时间相同，因而可用于同样的用途，去触发主波门和前、后波门。产生溢出脉冲后即应关闭计时脉冲通过的与门，图 6.21 中用跟踪波门产生器来完成此项任务。

图 6.21 中距离波门计数器产生的溢出脉冲，经过插值延迟线后去触发跟踪波门产生器，这样可以提高跟踪精度。

6.4.3　自动搜索和截获

距离跟踪系统在进入跟踪工作状态前，必须具有搜索和捕获目标并转入跟踪的能力。

系统在搜索工作状态时，跟踪脉冲必须能够在目标可能出现的距离范围(最小作用距离 R_{min} 到最大作用距离 R_{max})"寻找"目标回波，这就必须产生一个跟踪波门，其延迟时间在 $t_{xmin}\left(t_{xmin}=\dfrac{2R_{min}}{c}\right)$ 和 $t_{xmax}\left(t_{xmax}=\dfrac{2R_{max}}{c}\right)$ 范围内变化。在数字式距离跟踪系统中，跟踪波门的延迟时间 t_x 由距离寄存器的数码决定，因而设法连续改变距离寄存器的数码值，即可获得搜索时在时间轴上移动的跟踪脉冲。

要实现距离寄存器中数码的不断变化，最简单的办法就是不断地向距离寄存器中加数(或减数)，如图 6.22 所示。如果送到距离寄存器的脉冲是由计数脉冲产生器产生的，这时称为自动搜索；如果由人工控制一个有极性的电压，该电压用来控制脉冲的产生，即脉冲的频率(决定搜索速度)和极性(即加数或减数，它决定搜索方向)是人工控制的，则这种方法称为半自动搜索；搜索方向与速度均由人工控制手轮的方法来实现的称为人工搜索。

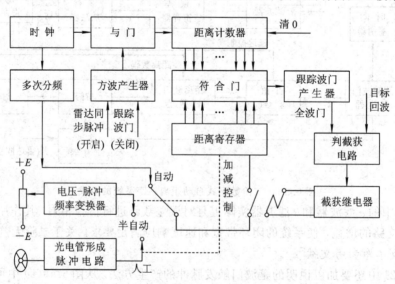

图 6.22　搜索与截获的方法

自动搜索时需自动加入计数脉冲，计数脉冲的频率决定搜索速度。为了保证可靠地截获目标，搜索速度应减小到当跟踪波门与所寻找的目标回波相遇时，在连续 n 个雷达重复周期

T_r 内回波脉冲均能与跟踪波门相重合。为此，送到距离寄存器的计数脉冲频率应比较低，它可用送到距离计数器的时钟脉冲经多次分频后得到。自动搜索通常用于杂波干扰较小或搜索区只有单一目标时。如果干扰较大或有多目标需要选择，宜采用半自动或人工搜索的办法。

　　一旦搜索到目标，判截获电路即开始工作。判截获电路的输入端加有全波门（前、后、半波门的和）和从接收机来的目标回波。当回波与波门的重合数超过一定数量时，才能判断它是目标回波而不是干扰信号，这时判截获电路发出指令，使截获继电器工作而系统进入跟踪状态。此时距离寄存器的数码调整由时间鉴别器输出的误差脉冲提供，系统处于闭环跟踪状态。

　　上述搜索和截获方法由于要保证可靠地截获目标，因此搜索速度慢，或者说搜索距离全程所需的时间长。当加快搜索速度时，跟踪波门与回波的重合数减小，无把握判断所截获的究竟是目标还是干扰，可能产生错误截获。为解决上述矛盾，可以采用全距离等待截获的方法来提高搜索速度。

　　全距离等待截获不采用前面那种搜索判别的方法，而是先将出现回波信号所对应的距离记录下来，然后通过以后几个重复周期来考察该距离上是真实目标还是干扰。当判别为目标时就接通截获继电器，系统转入正常跟踪状态。

　　图 6.23 是全距离等待截获目标的一种方案。在一个重复周期开始前距离计数器与距离寄存器都清 0，然后距离计数器从发射触发脉冲（主脉冲）的时间开始计数，直到下一个主脉冲到来前，再次清 0，这种情况相当于自动搜索时搜索脉冲在 $0 \sim t_{xmax}$ 范围内移动以搜索目标回波，在截获目标前，距离计数器便一直周而复始地计数 — 清 0— 计数，并把它送到距离发送门。

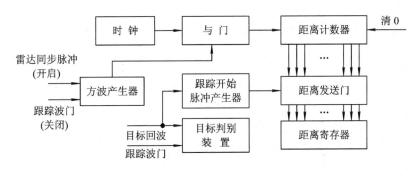

图 6.23　全距离等待截获目标的方法

　　当目标进入雷达波束后，由接收机送来的回波信号加噪声信号被送入信号处理装置，根据给定的虚警概率进行门限检测。超过门限的信号表示为发现目标，将该信号整形后送入跟踪开始脉冲产生器。

　　跟踪开始脉冲产生器的作用是在回波信号到来时产生跟踪开始脉冲，该脉冲用来打开距离发送门，这时距离计数器的数码传送给距离寄存器，寄存器就以二进制数码表示回波脉冲相对于主脉冲的延迟时间，也就是目标的距离。至此系统就完成了对目标的搜索。理想情况下，目标回波到来时只需一个重复周期便可完成对目标的搜索，第二个重复周期时即可根据距离寄存器的数码送出跟踪波门而截获目标。但由于不是多个回波后截获，可能出现较大的虚警，因此还需利用目标判别装置进一步判断。可采用以下办法进行判别：把第二个重复周期产生的跟踪波门也同时送到目标判别装置，该装置立即给出低电平，关闭跟踪开始脉冲产生器，使其在未判别该回波性质前暂不产生第二个跟踪开始脉冲。与此同时，目标判别装置根据以后几个重复周期中产生波门与回波到来的情况进行判别，当确定数据是目标回波而不是干扰时，判别装置给出稳定跟踪信号，系统转入正常跟踪。

全距离等待截获的方法适用于接收机输出信号干扰功率比较大的情况，信号先记录再判断，正常情况下，只需两个重复周期就可截获目标，因此比前面移动跟踪波门的方法要优越得多。但当接收机输出端的杂波和干扰较强时，这种方案较难实现，这时截获的往往是干扰而不是目标，需要进一步改进，才能使系统有效工作。

参 考 文 献

[1] 戴树苏，等. 数字技术在雷达中的应用. 北京：国防工业出版社，1981.

[2] Building a Range Tracker with Digital Circuits. Electronic, 1972, 01.45(7).

[3] An Analysis of Digital Range Tracker, Ad 623973.

[4] Digital Range Tracking. Rathon Electronic Progress,1964, 01.8(3).

[5] SKOLNIK M I. Introduction to Radar Systems. 3rd ed. New York：Mc Graw-Hill, 2002.

[6] BARTON D K. Modern Radar System Analysis. Boston：Artech House，1988.

第 7 章　角 度 测 量

7.1　概　　述

为了确定目标的空间位置，雷达在大多数应用情况下，不仅要测定目标的距离，还要测定目标的方向，即测定目标的角坐标，其中包括目标的方位角和高低角（仰角）。

雷达测角的物理基础是电波在均匀介质中传播的直线性和雷达天线的方向性。

由于电波沿直线传播，因此目标散射或反射电波波前到达的方向即为目标所在方向。但在实际情况下，电波并不是在理想均匀的介质中传播，如大气密度、湿度随高度的不均匀会造成传播介质的不均匀，复杂的地形地物对电波传播也会有影响等，因而电波传播路径会发生偏折，从而造成测角误差。通常在近距测角时，由于此误差不大，因此仍可近似认为电波是直线传播的。当远程测角时，应根据传播介质的情况，对测量数据（主要是仰角测量）做出必要的修正。天线的方向性可用其方向性函数或根据方向性函数画出的方向图表示。但方向性函数的准确表达式往往很复杂，为便于工程计算，常用一些简单函数来近似，见表 7.1。方向图的主要技术指标是半功率波束宽度 $\theta_{0.5}$ 以及副瓣电平。在进行角度测量时，$\theta_{0.5}$ 的值表征了角度分辨能力并直接影响测角精度，副瓣电平则主要影响雷达的抗干扰性能。

表 7.1　天线方向图的近似表示

近似函数	工作方式	数学表达式	用 $\theta_{0.5}(\theta_0)$ 表示系数	图　形
余弦函数	单向工作	$F(\theta) \approx \cos n\theta$ $\approx \cos\left(\dfrac{\pi\theta}{2\theta_{0.5}}\right) \approx \cos\left(\dfrac{90°\theta}{\theta_{0.5}}\right)$	$n = \dfrac{\pi}{2\theta_{0.5}}(\mathrm{rad})$ $= \dfrac{90°}{\theta_{0.5}}$	
余弦函数	双向工作	$F(\theta) \approx \cos^2 n\theta \approx \cos n_b\theta$ $\approx \cos\left(\dfrac{2\pi\theta}{3\theta_{0.5}}\right) \approx \cos\left(\dfrac{120°\theta}{\theta_{0.5}}\theta\right)$	$n_b = \dfrac{\pi}{3\theta_{0.5}}(\mathrm{rad})$ $= \dfrac{120°}{\theta_{0.5}}$	
高斯函数	单向工作	$F(\theta) \approx \mathrm{e}^{\frac{\theta^2}{a^2}} \approx \mathrm{e}^{-1.4\frac{\theta^2}{\theta_{0.5}^2}}$	$a^2 \approx \dfrac{\theta_{0.5}^2}{1.4}$	
高斯函数	双向工作	$F(\theta) \approx \mathrm{e}^{\frac{2\theta^2}{a^2}} \approx \mathrm{e}^{\frac{\theta^2}{a_b^2}} \approx \mathrm{e}^{-2.8\frac{\theta^2}{\theta_{0.5}^2}}$	$a_b^2 \approx \dfrac{\theta_{0.5}^2}{2.8}$	

续表

近似函数	工作方式	数学表达式	用 $\theta_{0.5}(\theta_0)$ 表示系数	图 形
辛克函数	单向工作	$F(\theta) \approx \dfrac{\sin b\theta}{b\theta} \approx \dfrac{\sin\left(2\pi\dfrac{\theta}{\theta_0}\right)}{2\pi\dfrac{\theta}{\theta_0}}$ $\approx \dfrac{\sin\left(2\pi\dfrac{\theta}{\theta_0}\right)}{360°\dfrac{\theta}{\theta_0}}$	$b = \dfrac{2\pi}{\theta_0}(\mathrm{rad})$ $= \dfrac{360°}{\theta_0}$	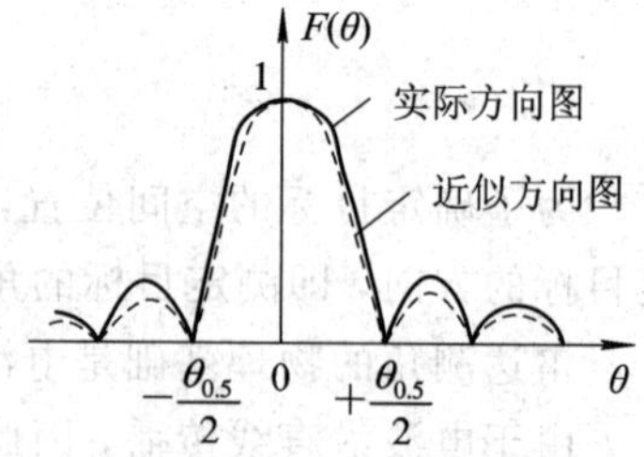
	双向工作	$F(\theta) \approx \dfrac{\sin^2 b\theta}{(b\theta)^2} \approx \dfrac{\sin^2\left(2\pi\dfrac{\theta}{\theta_0}\right)}{\left(2\pi\dfrac{\theta}{\theta_0}\right)^2}$ $\approx \dfrac{\sin^2\left(360°\dfrac{\theta}{\theta_0}\right)}{\left(360°\dfrac{\theta}{\theta_0}\right)^2}$		

注：$\theta_{0.5}$ 为半功率波束宽度；θ_0 为零功率波束宽度。

雷达测角的性能可用测角范围、测角速度、测角准确度或精度、角分辨力来衡量。准确度用测角误差的大小来表示，它包括雷达系统本身调整不良引起的系统误差和由噪声及各种起伏因素引起的随机误差。测量精度由随机误差决定。角分辨力指存在多目标的情况下，雷达能在角度上把它们分辨开的能力，通常用雷达在可分辨条件下同距离的两目标间的最小角坐标之差表示。

7.2　测角方法及其比较

7.2.1　相位法测角

1. 基本原理

相位法测角是指利用多个天线所接收回波信号之间的相位差进行测角。如图 7.1 所示，设在 θ 方向有远区目标，则到达接收点的目标所反射的电波近似为平面波。由于两天线间距为 d，因此它们所收到的信号由于存在的波程差 ΔR 而产生一相位差 φ，由图 7.1 知：

$$\varphi = \frac{2\pi}{\lambda}\Delta R = \frac{2\pi}{\lambda}d\sin\theta \qquad (7.2.1)$$

式中，λ 为雷达波长。如用相位计进行比相，测出其相位差 φ，就可以确定目标方向 θ。

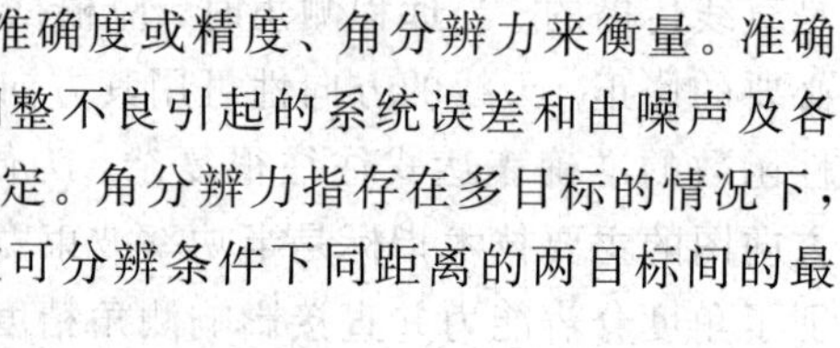

由于在较低频率上容易实现比相，因此通常将两天线收到的高频信号经与同一本振信号差频后，在中频进行比相。

设两高频信号为

图 7.1　相位法测角的示意图

$$u_1 = U_1\cos(\omega t - \varphi)$$
$$u_2 = U_2\cos(\omega t)$$

本振信号为

$$u_L = U_L \cos(\omega_L t + \varphi_L)$$

式中，φ 为两信号的相位差；φ_L 为本振信号初相。u_1 和 u_2 差频得

$$u_{I1} = U_{I1} \cos[(\omega - \omega_L)t - \varphi - \varphi_L]$$

u_2 与 u_L 差频得

$$u_{I2} = U_{I2} \cos[(\omega - \omega_L)t - \varphi_L]$$

可见，中频信号 u_{I1} 与 u_{I2} 之间的相位差仍为 φ。

　　图 7.2 所示为一个相位法测角的方框图。接收信号经过混频、放大后再加到相位比较器中进行比相。其中，自动增益控制电路用来保证中频信号幅度稳定，以免幅度变化引起测角误差。

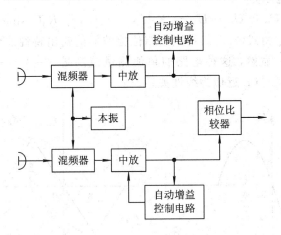

图 7.2　相位法测角的方框图

　　图 7.2 中的相位比较器可以采用相位检波器。图 7.3(a)所示为相位检波器的一种具体电路，它由两个单端检波器组成。其中，每个单端检波器与普通检波器的差别仅在于检波器的输入端是两个信号，根据两个信号间相位差的不同，其合成电压振幅将改变，这样就把输入信号间相位差的变化转变为不同的检波输出电压。

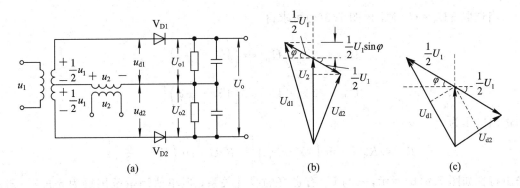

图 7.3　二极管相位检波器电路及矢量图
(a) 电路；(b) $U_2 \gg U_1$；(c) $U_2 = U_1/2$

　　为讨论方便，设变压器的变压比为 1：1，电压正方向如图 7.3(a)所示，相位比较器输出端应能得到与相位差 φ 成比例的响应。为此，当相位差 φ 的两高频信号加到相位检波器之前，其中之一要预先移相 90°，因此相位检波器两输入信号为

$$u_1 = U_1 \cos(\omega t - \varphi), \quad u_2 = U_2 \cos(\omega t - 90°)$$

式中，U_1、U_2 为 u_1、u_2 的振幅，通常应保持为常数。现在 u_1 在相位上超前 u_2 的数值为

$90° - \varphi$。由图 7.3(a)可知：

$$u_{d1} = u_2 + \frac{1}{2}u_1, \quad u_{d2} = u_2 - \frac{1}{2}u_1$$

当选取 $U_2 \gg U_1$ 时，由图 7.3(b)可知：

$$|u_{d1}| = U_{d1} \approx U_2 + \frac{1}{2}U_1 \sin\varphi$$

$$|u_{d2}| = U_{d2} \approx U_2 - \frac{1}{2}U_1 \sin\varphi$$

故相位检波器的输出电压为

$$U_o = U_{o1} - U_{o2} = K_d U_{d1} - K_d U_{d2} = K_d U_1 \sin\varphi \qquad (7.2.2)$$

式中，K_d 为检波系数。由式(7.2.2)可画出相位检波器的输出特性曲线，如图 7.4(a)所示。测出 U_o，便可求出 φ。显然，这种电路的单值测量范围是 $-\pi/2 \sim \pi/2$。当 $\varphi < 30°$，$U_o = K_d U_1 \varphi$ 时，输出电压 U_o 与 φ 近似为线性关系。

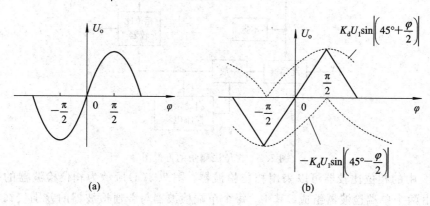

图 7.4　相位检波器的输出特性

(a) $U_2 \gg U_1$；(b) $U_2 = U_1/2$

当选取 $\frac{1}{2}U_1 = U_2$ 时，由图 7.3(c)可求得

$$U_{d1} = 2 \times \frac{1}{2}U_1 \left| \sin\left(45° + \frac{1}{2}\varphi\right) \right|$$

$$U_{d2} = 2 \times \frac{1}{2}U_1 \left| \sin\left(45° - \frac{1}{2}\varphi\right) \right|$$

则输出电压为

$$U_o = K_d U_1 \left| \sin\left(45° + \frac{\varphi}{2}\right) \right| - K_d U_1 \left| \sin\left(45° - \frac{\varphi}{2}\right) \right|$$

输出特性如图 7.4(b)所示，φ 与 U_o 有良好的线性关系，但单值测量范围仍为 $-\pi/2 \sim \pi/2$。为了将单值测量范围扩大到 2π，电路上还需采取附加措施。

2. 测角误差与多值性问题

相位差 φ 值测量不准将产生测角误差，将式(7.2.1)两边取微分，则它们之间的关系为

$$\begin{cases} \mathrm{d}\varphi = \dfrac{2\pi}{\lambda}d\cos\theta\mathrm{d}\theta \\ \mathrm{d}\theta = \dfrac{\lambda}{2\pi d\cos\theta}\mathrm{d}\varphi \end{cases} \qquad (7.2.3)$$

由式(7.2.3)可看出,采用读数精度高(dφ 小)的相位计,或减小 λ/d 值(增大 d/λ 值),均可提高测角精度。我们还注意到,当 $\theta=0$(即目标处在天线法线方向)时,测角误差 dθ 最小。当 θ 增大时,dθ 也增大,为保证一定的测角精度,θ 的范围有一定的限制。

增大 d/λ 虽然可提高测角精度,但由式(7.2.1)可知,在感兴趣的 θ 范围(测角范围)内,当 d/λ 加大到一定程度时,φ 值可能超过 2π,此时 $\varphi=2\pi N+\psi$,其中 N 为整数,$\psi<2\pi$,而相位计实际读数为 ψ 值。由于 N 值未知,因而真实的 φ 值不能确定,于是出现了多值性(模糊)问题。必须解决多值性问题,即只有判定 N 值才能确定目标方向。比较有效的办法是利用三天线测角设备,间距大的 1、3 天线用来得到高精度测量,而间距小的 1、2 天线用来解决多值性,如图7.5 所示。

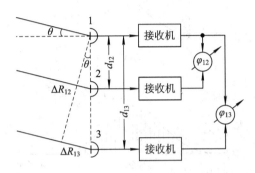

图 7.5 三天线相位法测角原理示意图

设目标在 θ 方向,天线 1、2 之间的距离为 d_{12},天线 1、3 之间的距离为 d_{13}。适当选择 d_{12},使天线 1、2 收到的信号之间的相位差在测角范围内均满足:

$$\varphi_{12}=\frac{2\pi}{\lambda}d_{12}\sin\theta<2\pi$$

φ_{12} 由相位计 1 读出。

根据要求,选择较大的 d_{13},则天线 1、3 收到的信号的相位差为

$$\varphi_{13}=\frac{2\pi}{\lambda}d_{13}\sin\theta=2\pi N+\psi \tag{7.2.4}$$

设目标在 θ 方向,天线 1、2 之间的距离为 d_{12},天线 1、3 之间的距离为 d_{13}。φ_{13} 由相位计 2 读出,但实际读数是小于 2π 的 ψ。为了确定 N 值,可利用如下关系:

$$\frac{\varphi_{13}}{\varphi_{12}}=\frac{d_{13}}{d_{12}}$$
$$\varphi_{13}=\frac{d_{13}}{d_{12}}\varphi_{12} \tag{7.2.5}$$

根据相位计 1 的读数 φ_{12} 可算出 φ_{13}。φ_{12} 包含有相位计的读数误差,由式(7.2.5)可知,φ_{13} 的误差为相位计误差的 d_{13}/d_{12} 倍,它只是式(7.2.4)的近似值,只要 φ_{12} 的读数误差值不大,就可用它确定 N,即用$(d_{13}/d_{12})\varphi_{12}$ 除以 2π,所得商的整数部分就是 N 值。然后由式(7.2.4)算出 φ_{13} 并确定 θ。由于 d_{13}/λ 值较大,因而保证了所要求的测角精度。

7.2.2 振幅法测角

振幅法测角是用天线收到的回波信号幅度值来做角度测量的,该幅度值的变化规律取决于天线方向图以及天线扫描方式。

振幅法测角可分为最大信号法和等信号法两大类,下面依次讨论这些方法。

1. 最大信号法

当天线波束做圆周扫描或在一定扇形范围内做匀角速扫描时,对收发共用天线的单基地脉冲雷达而言,接收机输出的脉冲串幅度值被天线双程方向图函数所调制。找出脉冲串的最大值(中心值),确定该时刻波束轴线指向即为目标所在方向,如图 7.6(b)中①所示。

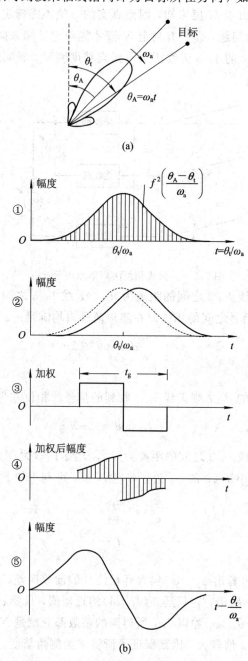

图 7.6　最大信号法测角

(a) 波束扫描;(b) 波形图

如果天线转动角速度为 ω_a r/min,脉冲雷达重复频率为 f_r,则两脉冲间的天线转角为

$$\Delta\theta_s = \frac{\omega_a \times 360^\circ}{60} \cdot \frac{1}{f_r}$$

这样,天线轴线(最大值)扫过目标方向时,不一定有回波脉冲。也就是说,$\Delta\theta_s$ 将产生相应的"量化"测角误差。

在人工录取的雷达里,操纵员在显示器画面上看到回波最大值的同时读出目标的角度数据。采用平面位置显示(PPI)二度空间显示器时,扫描线与波束同步转动,根据回波标志中心(相当于最大值)相应的扫描线位置,借助显示器上的机械角刻度或电子角刻度读出目标的角坐标。

在自动录取的雷达中,可以采用以下办法读出回波信号最大值的方向:一般情况下,天线方向图是对称的,因此回波脉冲串的中心位置就是其最大值的方向,测读时可先将回波脉冲串进行二进制量化处理,其振幅超过门限时取 1,否则取 0。如果测量时没有噪声和其他干扰,就可根据出现 1 和消失 1 的时刻,方便且精确地找出回波脉冲串开始和结束时的角度,两者的中间值就是目标的方向。通常回波信号中总是混杂着噪声和干扰,为减弱噪声的影响,脉冲串在二进制量化前先进行积累,如图 7.6(b)中②的实线所示,积累后的输出将产生一个固定延迟(可用补偿解决),但可提高测角精度。

最大信号法测角也可采用闭环的角度波门跟踪进行,如图 7.6(b)中的③、④所示,它的基本原理和距离门做距离跟踪相同。用角波门技术进行角度测量时的精度(受噪声影响)为

$$\sigma_\theta = \frac{\theta_B}{K_p \sqrt{\dfrac{2E}{N_0}}} = \frac{\theta_B \sqrt{L_p}}{K_p \sqrt{2\left(\dfrac{S}{N}\right)_m^n}} \tag{7.2.6a}$$

式中,E/N_0 为脉冲串能量和噪声谱密度之比;K_p 为误差响应曲线的斜率,见图 7.6(b)中的⑤;θ_B 为天线波束宽度;L_p 为波束形状损失;$(S/N)_m$ 是中心脉冲的信噪比;$n = t_0 f_r$,为单程半功率点波束宽度内的脉冲数。在最佳积分处理条件下可得到 $K_p/\sqrt{L_p} = 1.4$,则

$$\sigma_\theta = \frac{0.5\theta_B}{\sqrt{\left(\dfrac{S}{N}\right)_m^n}} \tag{7.2.6b}$$

最大信号法测角的优点:一是简单;二是用天线方向图的最大值方向测角,此时回波最强,故信噪比最大,对检测发现目标是有利的。

其主要缺点是直接测量时测量精度不很高,约为波束半功率宽度($\theta_{0.5}$)的 20%。方向图最大值附近比较平坦,最强点不易判别,改进测量方法后可提高精度。另一个缺点是不能判别目标偏离波束轴线的方向,故不能用于自动测角。最大信号法测角广泛应用于搜索和引导雷达中。

2. 等信号法

等信号法测角采用两个相同且彼此部分重叠的波束,其方向图如图 7.7(a)所示。如果目标处在两波束的交叠轴 OA 方向,则由两波束收到的信号强度相等,否则一个波束收到的信号强度高于另一个,如图 7.7(b)所示。故常常称 OA 为等信号轴。当两个波束收到的回波信号相等时,等信号轴所指方向即为目标方向。当目标处在 OB 方向时,波束 2 的回波比波束 1 的回波强;当目标处在 OC 方向时,波束 2 的回波较波束 1 的回波弱。因此,比较两个波束回波的强弱就可以判断目标偏离等信号轴的方向,并可用查表的办法估计出偏离等信号轴的大小。

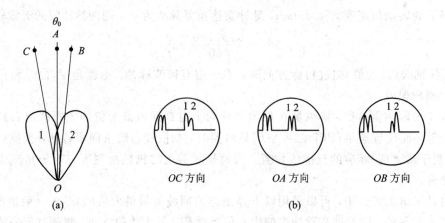

图 7.7 等信号法测角

(a) 波速；(b) K 型显示器画面

设天线电压方向性函数为 $F(\theta)$，等信号轴 OA 的指向为 θ_0，则波束 1、2 的方向性函数可分别写成：

$$F_1(\theta) = F(\theta_1) = F(\theta + \theta_k - \theta_0)$$

$$F_2(\theta) = F(\theta_2) = F(\theta - \theta_0 - \theta_k)$$

式中，θ_k 为 θ_0 与波束最大值方向的偏角。

等信号法测量时，波束 1 接收到的回波信号 $u_1 = KF_1(\theta) = KF(\theta_k - \theta_t)$，波束 2 收到的回波信号 $u_2 = KF_2(\theta) = KF(-\theta_k - \theta_t) = KF(\theta_k + \theta_t)$。式中，$\theta_t$ 为目标方向偏离等信号轴 θ_0 的角度。对 u_1 和 u_2 进行处理，可以获得目标方面 θ_t 的信息。

（1）比幅法。求两信号幅度的比值为

$$\frac{u_1(\theta)}{u_2(\theta)} = \frac{F(\theta_k - \theta_t)}{F(\theta_k + \theta_t)}$$

根据比值的大小可以判断目标偏离 θ_0 的方向，查找预先制订的表格就可估计出目标偏离 θ_0 的数值。

（2）和差法。图 7.8 示出了和差法测角原理图，由 u_1 及 u_2 可求得其差值 $\Delta(\theta)$ 为

$$\Delta(\theta) = u_1(\theta) - u_2(\theta) = k[F(\theta_k - \theta_t) - F(\theta_k + \theta_t)]$$

在等信号轴 $\theta = \theta_0$ 附近，差值 $\Delta(\theta)$ 可近似表达为

$$\Delta(\theta) \approx 2\theta_t \frac{dF(\theta)}{d\theta}\bigg|_{\theta=\theta_0} k$$

和信号为

$$\Sigma(\theta) = u_1(\theta) + u_2(\theta) = K[F(\theta_k - \theta_t) + F(\theta_k + \theta_t)]$$

在 θ_0 附近可近似表示为

$$\Sigma(\theta) \approx 2F(\theta_0)k$$

归一化的和差值为

$$\frac{\Delta}{\Sigma} = \frac{\theta_t}{F(\theta_0)} \frac{dF(\theta)}{d(\theta)}\bigg|_{\theta=\theta_0} \tag{7.2.7}$$

因为 Δ/Σ 正比于目标偏离 θ_0 的角度 θ_t，所以可用它来判断角度 θ_t 的大小及方向。

等信号法中，两个波束可以同时存在，若用两套相同的接收系统同时工作，则称为同时波瓣法；两波束也可以交替出现，或只要其中一个波束，使它绕 OA 轴旋转，波束便按时间

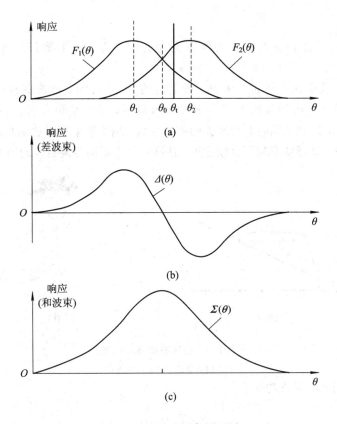

图 7.8 和差法测角原理图

(a) 两波束的方向图；(b) 差波束响应；(c) 和波束响应

顺序在 1、2 位置交替出现，只用一套接收系统工作，称为顺序波瓣法。

等信号法的主要优点如下：

(1) 测角精度比最大信号法高，因为等信号轴附近方向图斜率较大，目标略微偏离等信号轴时，两信号强度变化比较显著。由理论分析可知，对收发共用天线的雷达，精度约为波束半功率宽度的 2%，比最大信号法高约一个量级。

(2) 根据两个波束收到的信号强弱可判别目标偏离等信号轴的方向，便于自动测角。

等信号法的主要缺点：一是测角系统较复杂；二是等信号轴方向不是方向图的最大值方向，故在发射功率相同的条件下，作用距离比最大信号法小些。若两波束交点选择在最大值的 0.7～0.8 处，则对收发共用天线的雷达，作用距离比最大信号法减小 20%～30%。

等信号法常用来进行自动测角，即应用于跟踪雷达中。

7.3 天线波束的扫描方法

雷达波束通常以一定的方式依次照射给定空域，以进行目标探测和目标坐标测量，即天线波束需要扫描。本节讨论天线波束的扫描方法。

7.3.1 波束形状及其扫描方法

不同用途的雷达，其所用的天线波束形状不同，扫描方法也不同。两种常用的基本波束形状为扇形波束和针状波束。

1. 扇形波束

扇形波束的水平面和垂直面内的波束宽度有较大差别,主要扫描方式是圆周扫描和扇扫。

圆周扫描时,波束在水平面内做 360°圆周运动(见图 7.9),可观察雷达周围目标并测定其距离和方位角坐标。所用波束通常在水平面内很窄,故方位角有较高的测角精度和分辨力。垂直面内很宽,以保证同时监视较大的仰角空域。地面搜索型雷达垂直面内的波束形状通常做成余割平方形,这样功率利用比较合理,使同一高度不同距离目标的回波强度基本相同。

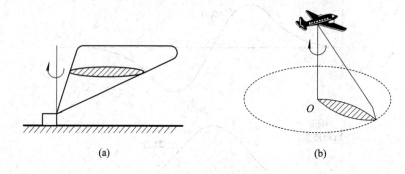

图 7.9　扇形波束圆周扫描
(a) 地面雷达;(b) 机载雷达

由雷达方程可知,回波功率为

$$P_r = K_1 \frac{G^2}{R^4}$$

式中,G 为天线增益;R 为斜距;K_1 为雷达方程中其他参数决定的常数。若目标高度为 H,仰角为 β,忽略地面曲率,则 $R = H/\sin\beta = H\csc\beta$,代入上式得

$$P_r = K_1 \frac{1}{H^4} \frac{G^2}{\csc^4\beta}$$

若目标高度一定,则要保持 P_r 不变,要求 $G/\csc^2\beta = K$(常数),故

$$G = K\csc^2\beta$$

即天线增益 $G(\beta)$ 为余割平方。

当需要对某一区域特别仔细观察时,波束可在所需方位角范围内往返运动,即做扇形扫描。

专门用于测高的雷达,采用宽度在垂直面内很窄而在水平面内很宽的扇形波束,故仰角有较高的测角精度和分辨力。雷达工作时,波束可在水平面内做缓慢圆周运动,同时在一定的仰角范围内做快速扇扫(点头式)。

2. 针状波束

针状波束的水平面和垂直面波束宽度都很窄。采用针状波束可同时测量目标的距离、方位角和仰角,且方位角与仰角两者的分辨力和测角精度都较高。其主要缺点是因波束窄,故扫完一定空域所需的时间较长,即雷达的搜索能力较差。

根据雷达的不同用途,针状波束的扫描方式有很多,图 7.10 所示为几个例子。图 7.10 (a)为螺旋扫描,在方位角上做圆周快扫描,同时在仰角上缓慢上升,到顶点后迅速降到起点并重新开始扫描;图(b)为分行扫描,在方位角上快扫,在仰角上慢扫;图(c)为锯齿扫描,在仰角上快扫,而在方位角上缓慢移动。

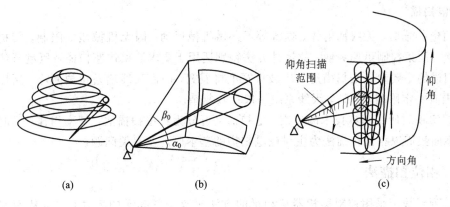

图 7.10 针状波束扫描方式

(a) 螺旋扫描；(b) 分行扫描；(c) 锯齿扫描

7.3.2 天线波束的扫描方法

实现波束扫描的基本方法有机械性扫描和电扫描两种。

1. 机械性扫描

利用整个天线系统或其中某一部分的机械运动来实现波束扫描称为机械性扫描。例如，环视雷达、跟踪雷达通常采用整个天线系统转动的方法。图 7.11 是馈源不动，反射体相对于馈源往复运动实现波束扇扫的一个例子。不难看出，波束偏转的角度为反射体旋转角度的两倍。图 7.12 为风琴管式馈源，由一个输入喇叭和两排等长波导组成，波导输出口按直线排列，作为抛物面反射体的一排辐射源。当输入喇叭转动依次激励各波导时，这排波导的输出口也依次以不同的角度照射反射体，形成波束扫描。这等效于反射体不动、馈源左右摆动实现波束扇扫。

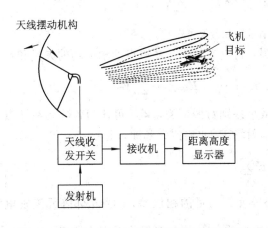

图 7.11 馈源不动、反射体动的机械性扫描

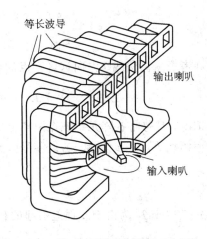

图 7.12 风琴管式扫描器示意图

机械性扫描的优点是简单，其主要缺点是机械运动惯性大，扫描速度不高。近年来，快速目标、洲际导弹、人造卫星等的出现，要求雷达采用高增益极窄波束，因此天线口径面往往做得非常大，再加上常要求波束扫描的速度很高，用机械办法实现波束扫描无法满足要求，必须采用电扫描。

2. 电扫描

进行电扫描时,天线反射体、馈源等不必做机械运动。因无机械惯性限制,扫描速度可大大提高,波束控制迅速灵便,故这种方法特别适用于要求波束快速扫描及巨型天线的雷达中。电扫描的主要缺点是扫描过程中波束宽度将展宽,因而天线增益也要减小,所以扫描的角度范围有一定限制。另外,天线系统一般比较复杂。

根据实现时所用基本技术的差别,电扫描又可分为相位扫描法、频率扫描法、时间延迟法等。下面我们以相位扫描法为主讨论电扫描的基本原理及有关问题。

7.3.3　相位扫描法

在阵列天线上采用控制移相器移相量的方法来改变各阵元的激励相位,从而实现波束的电扫描,这种方法称为相位扫描法,简称相扫法。

1. 基本原理

图 7.13 所示为由 N 个阵元组成的一维直线移相器天线阵,阵元间距为 d。为简化分析,先假定每个阵元为无方向性的点辐射源,所有阵元的馈线输入端为等幅同相馈电,各移相器的移相量分别为 $0, \varphi, \varphi_2, \cdots, (N-1)\varphi$,如图 7.13 所示,即相邻阵元激励电流之间的相位差为 φ。

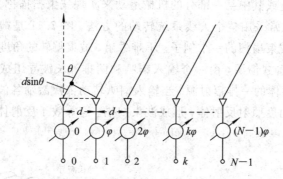

图 7.13　N 元直线移相器天线阵

现在考虑偏离法线 θ 方向远区某点的场强,它应为各阵元在该点的辐射场的矢量和:

$$\boldsymbol{E}(\theta) = \boldsymbol{E}_0 + \boldsymbol{E}_1 + \cdots + \boldsymbol{E}_i + \cdots + \boldsymbol{E}_{N-1} = \sum_{k=0}^{N-1} \boldsymbol{E}_k$$

因等幅馈电,且忽略各阵元到该点距离上的微小差别对振幅的影响,可认为各阵元在该点辐射场的振幅相等,用 E 表示。若以零号阵元辐射场 $\boldsymbol{E}_0$ 的相位为基准,则

$$\boldsymbol{E}(\theta) = E \sum_{k=0}^{N-1} e^{jk(\psi-\varphi)} \tag{7.3.1}$$

式中,$\psi = \dfrac{2\pi}{\lambda} d \sin\theta$,为由于波程差引起的相邻阵元辐射场的相位差;$\varphi$ 为相邻阵元激励电流相位差;$k\psi$ 为由波程差引起的 $\boldsymbol{E}_k$ 对 $\boldsymbol{E}_0$ 的相位超前;$k\varphi$ 为由激励电流相位差引起的 $\boldsymbol{E}_k$ 对 $\boldsymbol{E}_0$ 的相位滞后。

任一阵元辐射场与前一阵元辐射场之间的相位差为 $\psi - \varphi_0$。按等比级数求和并运用尤拉公式,式(7.3.1)化简为

$$E(\theta) = E\frac{\sin\left[\dfrac{N}{2}(\psi - \varphi)\right]}{\sin\left[\dfrac{1}{2}(\psi - \varphi)\right]}e^{j\left[\frac{N-1}{2}(\psi - \varphi)\right]}$$

由式(7.3.1)容易看出，当 $\varphi = \psi$ 时，各分量同相相加，场强幅值最大，显然，有

$$|\,E(\theta)\,|_{\max} = NE$$

故归一化方向性函数为

$$
\begin{aligned}
F(\theta) &= \frac{|\,E(\theta)\,|}{|\,E(\theta)\,|_{\max}} = \left|\frac{1}{N}\frac{\sin\left[\dfrac{N}{2}(\psi - \varphi)\right]}{\sin\left[\dfrac{1}{2}(\psi - \varphi)\right]}\right| \\
&= \left|\frac{1}{N}\frac{\sin\left[\dfrac{N}{2}\left(\dfrac{2\pi}{\lambda}d\sin\theta - \varphi\right)\right]}{\sin\left[\dfrac{1}{2}\left(\dfrac{2\pi}{\lambda}d\sin\theta - \varphi\right)\right]}\right|
\end{aligned}
\tag{7.3.2}
$$

当 $\varphi = 0$(各阵元等幅同相馈电)时，由式(7.3.2)可知，若 $\theta = 0$，则 $F(\theta) = 1$，即方向图最大值在阵列法线方向。当 $\varphi \neq 0$ 时，方向图最大值方向(波束指向)就要偏移，偏移角 θ_0 由移相器的相移量 φ 决定。当 $\theta = \theta_0$ 时，有 $F(\theta_0) = 1$，由式(7.3.2)可知，满足：

$$\varphi = \psi = \frac{2\pi}{\lambda}d\sin\theta_0 \tag{7.3.3}$$

式(7.3.3)表明，在 θ_0 方向，各阵元的辐射场之间由于波程差引起的相位差正好与移相器引入的相位差相抵消，导致各分量同相相加，从而获得最大值。显然，改变 φ 值，为满足式(7.3.3)，可改变波束指向角 θ_0，从而形成波束扫描。

也可以用图 7.14 来解释。从图 7.14 中可以看出，MM' 线上各点电磁波的相位是相同的，称为同相波前。方向图最大值方向与同相波前垂直(该方向上各辐射分量同相相加)，故控制移相器的相移量，改变 φ 值，同相波前倾斜，即可改变波束指向，达到波束扫描的目的。

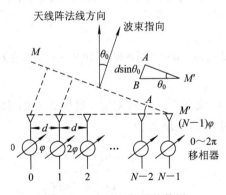

图 7.14　一维相扫天线简图

根据天线收发互易原理，上述天线用于接收时，以上结论仍然成立。

2. 栅瓣问题

现在将 φ 与波束指向 θ_0 之间的关系式 $\varphi = (2\pi/\lambda)d\sin\theta_0$ 代入式(7.3.2)，得

$$F(\theta) = \left|\frac{1}{N}\frac{\sin\left[\dfrac{\pi Nd}{\lambda}(\sin\theta - \sin\theta_0)\right]}{\sin\left[\dfrac{\pi d}{\lambda}(\sin\theta - \sin\theta_0)\right]}\right| \tag{7.3.4}$$

可以看出，当$(\pi Nd/\lambda)(\sin\theta-\sin\theta_0)=0$，$\pm\pi$，$\pm2\pi$，$\cdots$，$\pm n\pi$（$n$ 为整数）时，式(7.3.4)中分子为零，若分母不为零，则有 $F(\theta)=0$。而当$(\pi d/\lambda)(\sin\theta-\sin\theta_0)=0$，$\pm\pi$，$\pm2\pi$，$\cdots$，$\pm n\pi$（$n$ 为整数）时，式(7.3.4)中分子、分母同为零，由洛必达法则得 $F(\theta)=1$，由此可知 $F(\theta)$ 为多瓣状，如图 7.15 所示。其中，$(\pi d/\lambda)\times(\sin\theta-\sin\theta_0)=0$，即 $\theta=\theta_0$ 时称为主瓣，其余称为栅瓣。出现栅瓣将会产生测角多值性。由图 7.15 可以看出，为避免出现栅瓣，只要保证下式即可：

$$\left|\frac{\pi d}{\lambda}(\sin\theta-\sin\theta_0)\right|<\pi$$

即

$$\frac{d}{\lambda}<\frac{1}{|\sin\theta-\sin\theta_0|}$$

因 $|\sin\theta-\sin\theta_0|\leqslant1+|\sin\theta_0|$，故不出现栅瓣的条件可取为

$$\frac{d}{\lambda}<\frac{1}{1+|\sin\theta_0|}$$

当波长 λ 取定以后，只要调整阵元间距 d 以满足上式，便不会出现栅瓣。如要在$-90°<\theta_0<+90°$范围内扫描，则 $d/\lambda<1/2$。但通过下面的讨论可看出，当 θ_0 增大时，波束宽度也要增大，故波束扫描范围不宜取得过大，一般取 $|\theta_0|\leqslant60°$或 $|\theta_0|\leqslant45°$，此时分别有 $d/\lambda<0.53$ 或 $d/\lambda<0.59$。为避免出现栅瓣，通常选 $d/\lambda\leqslant1/2$。

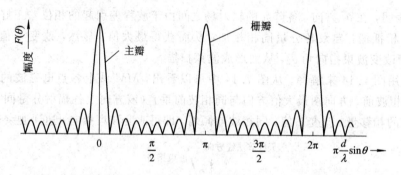

图 7.15　方向图出现栅瓣（10 阵元因子示意图）

3. 波束宽度

(1) 波束指向为天线阵面法线方向时的宽度。这里 $\theta_0=0$，即 $\varphi=0$，为各阵元等幅同相馈电情况。由式(7.3.2)可得方向性函数为

$$F(\theta)=\left|\frac{1}{N}\frac{\sin\left(\frac{N\pi d}{\lambda}\sin\theta\right)}{\sin\left(\frac{\pi}{\lambda}d\sin\theta\right)}\right|$$

通常波束很窄，$|\theta|$ 较小，$\sin[(\pi d/\lambda)\sin\theta]\approx(\pi d\lambda)\sin\theta$，上式变为

$$F(\theta)\approx\left|\frac{\sin\left(\frac{N\pi d}{\lambda}\sin\theta\right)}{\frac{N\pi d}{\lambda}\sin\theta}\right| \tag{7.3.5}$$

式(7.3.5)近似为辛克(Sinc)函数，由此可求出波束半功率宽度为

$$\theta_{0.5}\approx\frac{0.886}{Nd}\lambda(\text{rad})\approx\frac{50.8}{Nd}\lambda(°) \tag{7.3.6}$$

式中，Nd 为线阵长度。当 $d=\lambda/2$ 时，有

$$\theta_{0.5} \approx \frac{100}{N}(°) \tag{7.3.7}$$

顺便指出，在 $d=\lambda/2$ 的条件下，若要求 $\theta_{0.5}=1°$，则所需阵元数 $N=100$。如果要求水平和垂直面内的波束宽度都为 $1°$，则需 100×100 个阵元。

(2) 波束扫描对波束宽度和天线增益的影响。扫描时，波束偏离法线方向，$\theta_0 \neq 0$ 方向性函数由式(7.3.4)表示。波束较窄时，$|\theta-\theta_0|$ 较小，$\sin[(\pi d/\lambda)(\sin\theta-\sin\theta_0)] = (\pi d/\lambda)(\sin\theta-\sin\theta_0)$，式(7.3.4)可近似为

$$F(\theta) = \left| \frac{\sin\left[\frac{N\pi d}{\lambda}(\sin\theta-\sin\theta_0) \right]}{\frac{N\pi d}{\lambda}(\sin\theta-\sin\theta_0)} \right|$$

上式是辛克函数。设在波束半功率点上 θ 的值为 θ_+ 和 θ_-（见图 7.16），由辛克函数曲线知，当 $\frac{\sin x}{x}=0.707$ 时，可查出 $x=\pm 0.443\pi$，故知当 $\theta=\theta_+$ 时，应有

$$\frac{N\pi d}{\lambda}(\sin\theta_+-\sin\theta_0) = 0.443\pi \tag{7.3.8}$$

容易证明：

$$\sin\theta_+-\sin\theta_0 = \sin(\theta_+-\theta_0)\cos\theta_0 - [1-\cos(\theta_+-\theta_0)]\sin\theta_0$$

波束很窄时，$\theta_+-\theta_0$ 很小，上式第二项忽略，可简化为

$$\sin\theta_+-\sin\theta_0 \approx (\theta_+-\theta_0)\cos\theta_0$$

将上式代入式(7.3.8)，整理得扫描时的波束宽度 $\theta_{0.5s}$ 为

$$\theta_{0.5s} = 2(\theta_+-\theta_0) \approx \frac{0.886\lambda}{Nd\cos\theta_0}(\text{rad}) = \frac{50.8\lambda}{Nd\cos\theta_0}(°) = \frac{\theta_{0.5}}{\cos\theta_0} \tag{7.3.9}$$

式中，$\theta_{0.5}$ 为波束在法线方向时的半功率宽度；λ 为波长。式(7.3.9)也可从概念上定性地得出，因为波束总是指向同相馈电阵列天线的法线方向，将图 7.16 中的同相波前 MM' 看成同相馈电的直线阵列，但有效长度为 $Nd\cos\theta_0$，代入式(7.3.6)便得出式(7.3.9)。

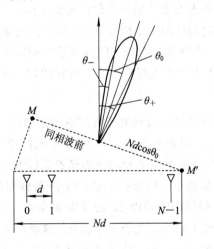

图 7.16 扫描时的波束宽度

从式(7.3.9)中可看出，波束扫描时，随着波束指向 θ_0 的增大，$\theta_{0.5s}$ 要展宽，θ_0 越大，波束变得越宽。例如，$\theta_0=60°$，$\theta_{0.5s} \approx 2\theta_{0.5}$。

随着 θ_0 增大，波束展宽，会使天线增益下降。我们用阵元总数为 N_0 的方天线增益下降来说明。

假定天线口径面积为 A，无损耗，口径场均匀分布（即口面利用系数等于 1），阵元间距为 d，则有效口径面积 $A=N_0d^2$，法线方向天线增益为

$$G(0) = \frac{4\pi A}{\lambda^2} = \frac{4\pi N_0 d^2}{\lambda^2} \tag{7.3.10}$$

当 $d=\lambda/2$ 时，$G(0)=N_0\pi$。

如果波束扫到 θ_0 方向，则天线发射或接收能量的有效口径面积 A_s 为面积 A 在扫描等相位面上的投影，即 $A_s=A\cos\theta_0=N_0d^2\cos\theta_0$。如果将天线考虑为匹配接收天线，则扫描波束所收集的能量总和正比于天线口径的投影面积 A_s，所以波束指向处的天线增益为

$$\frac{4\pi A_s}{\lambda^2} = \frac{4\pi N_0 d^2}{\lambda^2}\cos\theta_0$$

当 $d=\lambda/2$ 时，$G(\theta_0)=N_0\pi\cos\theta_0$。可见，增益随 θ_0 增大而减小。

如果在方位角和仰角两个方向同时扫描，以 $\theta_{0\alpha}$ 和 $\theta_{0\beta}$ 表示波束在方位角和仰角方向对法线的偏离，则

$$G(\theta_0) = G(\theta_{0\alpha}, \theta_{0\beta}) = N_0\pi\cos\theta_{0\alpha}\cos\theta_{0\beta}$$

当 $\theta_{0\alpha}=\theta_{0\beta}=60°$ 时，$G(\theta_{0\alpha}, \theta_{0\beta})=N_0\pi/4$，只有法线方向增益的 1/4。

总之，在波束扫描时，由于在 θ_0 方向等效天线口径面尺寸等于天线口径面在等相面上的投影（即乘以 $\cos\theta_0$），与法线方向相比，尺寸减小，波束加宽，因而天线增益下降，且随着 θ_0 的增大而加剧。所以波束扫描的角范围通常限制在 $-60°\sim60°$ 或 $-45°\sim45°$ 之内。若要覆盖半球，至少要有 3 个面天线阵。

必须指出，前面讨论方向性函数时，都假定每个阵元是无方向性的，当考虑单个阵元的方向性时，总的方向性函数应为上述结果与阵元方向性函数之积。设阵元方向性函数为 $F_e(\theta)$，阵列方向性函数为 $F(\theta)$（式(7.3.4)），则 N 阵元线性阵总的方向性函数 $F_N(\theta)=F_e(\theta)\cdot F(\theta)$。当阵元的方向性较差时，在波束扫描范围不大的情况下，对总方向性函数的影响较小，故上述波束宽度和天线增益的公式仍可近似使用。

另外，等间距和等幅馈电的阵列天线副瓣较大（第一副瓣电平为 -13 dB），为了降低副瓣，可以采用加权的办法。一种是振幅加权，使得馈给中间阵元的功率大些，馈给周围阵元的功率小些。另一种叫密度加权，即天线阵中心处阵元的数目多些，周围的阵元数目少些。

4. 相扫天线的带宽

相扫天线的工作频带取决于馈源设计和天线阵的扫描角度。这里着重研究阵面带宽。

相扫天线扫描角为 θ_0 时，同相波前距天线相邻阵元的距离不同，因而会产生波程差 $d\sin\theta_0$（见图 7.14），如果通过改变相邻阵元间时间延迟值的办法来获得倾斜波前，则雷达的工作频率改变不会影响电扫描性能。但相扫天线阵中所需倾斜波前是靠波程差对应的相位差 $\psi=(2\pi/\lambda)d\sin\theta$ 获得的，相位调整是以 2π 的模而变化的，它对应于一个振荡周期的值，而且随着工作频率的改变，波束的指向也会发生变化，这就限制了天线阵的带宽。

当工作频率为 f、波束指向为 θ_0 时，位于离阵参考点第 n 个阵元的移相量 ψ 为

$$\psi = \frac{2\pi}{\lambda}nd\sin\theta_0$$

如果工作频率变化为 δf，而移相量 ψ 不变，则波束指向将变化 $\delta\theta$。$\delta\theta$ 满足：

$$\delta\theta = -\frac{\delta f}{f}\tan\theta_0 \qquad (7.3.11)$$

频率增加时，$\delta\theta$ 为负值，表明此时波束指向朝法线方向偏移。扫描角 θ_0 增大，$\delta\theta$ 也增加。

用百分比带宽 $B_a(\%) = 2(\delta f/f)\times 100$ 表示式(7.3.11)时，有

$$\delta\theta = \pm\frac{B_a(\%)}{200}\tan\theta_0(\text{rad}) = \pm 0.29 B_a(\%)\tan\theta(°) \qquad (7.3.12)$$

波束扫描与频率变化所允许的增量和波束宽度有关。扫描时的波束宽度 $\theta_{Bs} = \theta_B/\cos\theta_0$，$\theta_B$ 为法线方向波束宽度。将式(7.3.12)变换为

$$\frac{\delta\theta}{\theta_{Bs}} = \pm 0.29\frac{B_a(\%)}{\theta_B}\sin\theta_0 = \pm 0.29 k\sin\theta_0 \qquad (7.3.13)$$

式(7.3.13)中带宽因子 $k = B_a(\%)/\theta_B(°)$。如果允许 $|\delta\theta/\theta_{Bs}| \leqslant 1/4$，则由式(7.3.13)可求得

$$k \leqslant \frac{0.87}{\sin\theta_0}$$

当扫描角 θ_0 增大时，允许的带宽变小。如果 $\theta_0 = 60°$，则可得此时 $k = 1$，即百分比带宽为

$$60°B_a(\%) = \theta_B(°)$$

上面分析了单频工作时(相当于连续波)指向与频率变化的关系，然而大多数雷达工作于脉冲状态，其辐射信号占有一个频带，当天线扫描偏离法线方向时，频谱中的每一分量分别扫向一个有微小偏差的方向，已经有人分析了此时各频率分量在远场区的合成情况。很明显，在脉冲工作时，天线增益将低于单频工作时的最大增益，如果允许辐射到目标上的能量减少 0.8 dB，则当波束扫描角 $\theta_0 = 60°$时可得到

$$B_a(\%) = 2\theta_B(\text{个脉冲})$$

天线阵面孔径增大时，波束 θ_B 减小，则允许的带宽 $B_a(\%)$ 也相应减小。

相扫天线的带宽也可从时域上用孔径充填时间或等效脉冲宽度来表示。当天线扫描角为 θ_0 时，由于存在波程差，因此将能量填充整个孔径面所需时间为

$$T = \frac{D}{c}\sin\theta_0$$

式中，D 为天线孔径尺寸；c 为光速。能有效通过天线系统的脉宽 τ 应满足：

$$\tau \geqslant T$$

其对应的频带为 $B = 1/\tau$。将孔径尺寸 D 与波束宽度 θ_B 的关系引入，且知道百分比带宽 $B_a(\%)$ 为 $B/f\times 100 = B_a(\%)$，则可得到，当取最小可用脉宽(即 $\tau = T$)时，有

$$B_a(\%) = \frac{2\theta_B}{\sin\theta_0}(°)$$

扫描角 θ_0 越大，$B_a(\%)$ 越小。当 90°扫描时可得

$$B_a(\%) = 2\theta_B(°)$$

当脉宽等于孔径填充时间时，将产生 0.8 dB 的损失。脉宽增加，则损失减少。

为了在空间获得一个不随频率变化的稳定扫描波束，则需要用延迟线而不是移相器来实现波束扫描，在每一阵元上均用时间延迟网络是不实用的，因为它耗费很大，且损耗及误差也较大。一种明显改善带宽的办法是采用子阵技术，如图 7.17 所示，即数个阵元组合为子阵。而在子阵之间加入时间延迟单元，天线可视为由子阵组成的阵面。子阵的方向图形成阵元因子，它们用移相器控制扫描到指定方向，每个子阵均工作于同一模式，当频率改变时其波束将有偏移，子阵间的扫描用于调节与频率无关的延迟元件。

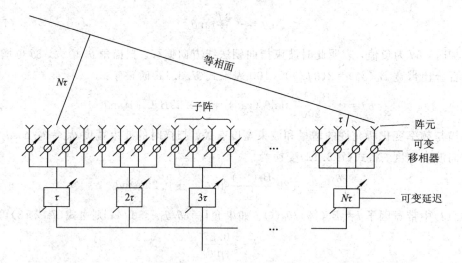

图 7.17　用子阵和时间延迟的相扫阵列

总的天线方向函数 $F_N(\theta)$ 由阵列方向性函数 $F(\theta)$ 和阵元(子阵)方向函数 $F_e(\theta)$ 相乘得到,即 $F_N(\theta) = F(\theta) \cdot F_e(\theta)$。频率改变时,将引起栅瓣的增高,而不是波束位置的偏移,如图 7.18 所示,图中所画的偏移量是夸大的。

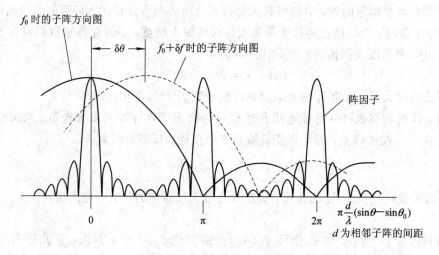

图 7.18　频率变化时子阵相控阵方向图

7.3.4　频率扫描法

图 7.19 示出了频率扫描阵列原理图,如果相邻阵元间的传输线长度为 l,传输线内波长为 λ_g,则相邻阵元间存在一激励相位差:

$$\Phi = \frac{2\pi l}{\lambda_g} \tag{7.3.14}$$

改变输入信号频率 f,则 λ_g 改变,Φ 也随之改变,故可实现波束扫描。这种方法称为频率扫描法。

这里用具有一定长度的传输线代替了相扫法串联馈电中插入主馈线内的移相器,因此插入损耗小,传输功率大,同时只要改变输入信号的频率就可以实现波束扫描,方法比较简便。

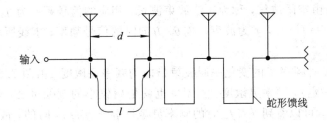

图 7.19 频率扫描阵列

通常 l 应取得足够长，这对提高波束指向的频率灵敏度有好处（下面将给出说明），所以 Φ 值一般大于 2π，式(7.3.14)可改写成

$$\Phi = \frac{2\pi l}{\lambda_g} = 2\pi m + \varphi \tag{7.3.15}$$

式中，m 为整数；$|\varphi| < 2\pi$。

当 $\theta_0 = 0$（波束指向法线方向）时，设 $\lambda_g = \lambda_{g0}$（相应的输入信号频率为 f_0），此时所有阵元同相馈电，式(7.3.15)中，$\varphi = 0$，由此可以确定：

$$m = \frac{l}{\lambda_{g0}} \tag{7.3.16}$$

若 $\theta_0 \neq 0$，即波束偏离法线方向，则当 $\theta = \theta_0$ 时，相邻阵元之间由波程差引起的相位差正好与传输线引入的相位差相抵消，故

$$\frac{2\pi d}{\lambda} \sin\theta_0 = \varphi = \frac{2\pi l}{\lambda_g} - 2\pi m$$

得

$$\sin\theta_0 = \frac{\lambda}{d}\left(\frac{l}{\lambda_g} - m\right) \tag{7.3.17}$$

式中，d 为相邻阵元间距；λ 为自由空间波长（相应输入端信号频率为 f）。已知 λ（或 f），并算出 λ_g，由式(7.3.17)可确定波束指向角 θ_0。λ_g 根据传输线的特性及工作波长而定。

图 7.20 给出了阵元间距 $d = \lambda_0/2$ 时波束指向角 θ_0 与相对频移的关系曲线。λ_0 为波束指

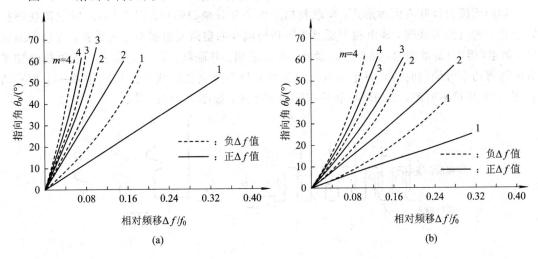

图 7.20 波束指向 θ_0 与相对频移 $\Delta f/f_0$ 的关系曲线

（a）矩形波导；（b）同轴线

向法线方向时的自由空间波长，称为法线波束波长，相应的信号频率为 f_0。图中横坐标为相对频移 $\Delta f / f_0$，$\Delta f = f - f_0$，f 为波束指向 θ_0 方向时的信号频率。虚线所示为 $f < f_0$ 时的关系曲线。

波束指向角 θ_0 对频率 f 的变化率叫波束指向的频率灵敏度。由图 7.20 可以看出，m 越大，即 l 越长（λ_{g0} 一定），频率灵敏度就越高，也就是用较小的频偏量 Δf 可以获得较大的波束扫描范围。另外，可以看到 $f < f_0$ 时的频率灵敏度高于 $f > f_0$ 时的，故在 m 和 $|\Delta f|$ 相同的情况下，波束扫描范围相对于法线方向是不对称的，一边范围大，而另一边范围小。

由于式(7.3.16)决定的 m 可以是任意整数（当 l 一定时可改变 λ_{g0}），因此在频扫雷达中，只要天线馈电系统和辐射元的频带足够宽，就有可能交替采用多个不同的 f_0 和相应的频偏 Δf（对应于不同的 m 值），而波束恰在同一区域扫描。现在用同轴线型情况来说明。例如，希望采用 f_0，f_{01}，f_{02}，…，而波束扫描范围均为 $\pm 30°$，当用 f_0 时，设 $m = 3$，由图 7.20(b)可知，其相对频偏变化范围为 $-0.08 \sim +0.09$，频率变化范围为 $0.92 f_0 \sim 1.09 f_0$。当用 f_{01} 时，设 $m_1 = 4$，$f_{01} = (m_1 / m) f_0 = 1.33 f_0$，为了使波束也在 $\pm 30°$ 内扫描，由图 7.20(b)可知，其频率变化范围应为 $1.33 f_0$ 的 $0.94 \sim 1.07$ 倍，即 $1.25 f_0 \sim 1.42 f_0$，依此类推（这里 m 取 3 和 4 主要是为了能利用图 7.20 来说明，实际中 m 值可取得更大些）。必须指出，这种情况下阵元间距 d 应恰当选择，保证 f_0 改变以后仍不出现栅瓣。这种工作方式对希望实现频率分集的雷达来说具有重要意义。

在频扫雷达中，所用脉冲宽度不能太窄，因为信号从图 7.19 所示的蛇形馈线的始端传输到末端需要一定时间，只有当脉冲宽度大于该传输时间时，才能保证所有阵元同时辐射。如果脉冲太窄，势必有一部分阵元因信号还未传输到或已通过而不能同时辐射能量，引起波束形状失真。

由于频扫雷达中波束指向角 θ_0 与信号源频率一一对应，也就是依据频率来确定目标的角坐标，因而雷达信号源的频率应具有很高的稳定度和准确度，以保证满足测角精度的要求。

温度变化导致波导热胀冷缩，使 l、d 发生变化，从而改变波束指向，引起测角误差。为了消除温度误差，可把频扫天线置于一恒温的天线罩内或采用线膨胀系数小的金属材料，也可采用其他温度补偿方法。

频扫天线直线阵有两种形式：串联频扫阵列和并联频扫阵列。图 7.21(a)所示串联频扫阵列是一种行波天线阵，即由相等延迟线段和松耦合的辐射元组成重复式装置。在这种装置中，延迟（相移）是累加的，结构比较紧凑，常被采用。并联频扫阵列是由公共发射机经功率分配器将功率分别同时馈入各个传输线分支的，每个分支传输线长度依次相差一个相同的长度 l，末端接辐射源，结构较串联频扫阵列复杂些，如图 7.21(b)所示。

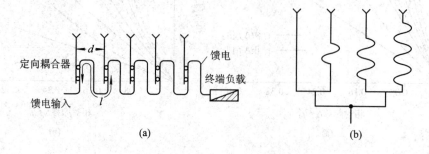

图 7.21　频扫天线直线阵

(a) 串联频扫阵列；(b) 并联频扫阵列

　　频扫天线常用振子、缝隙天线和喇叭辐射器作为辐射源，用蛇形线及螺旋慢波结构作为传输线。图 7.22 给出了用波导蛇形传输线构成的简单频扫天线。图 7.23 和图 7.24 分别给出了采用圆柱形反射器的频扫天线和平面阵列天线。

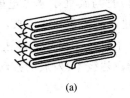

(a)

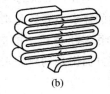

(b)

图 7.22 简单频扫天线

（a）宽壁耦合到偶极子辐射器；（b）窄壁与缝隙天线耦合

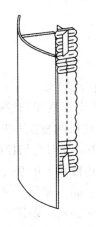

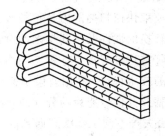

图 7.23 采用圆柱形反射器的频扫天线　　　　图 7.24 平面阵列天线

　　还应指出，用频扫法实现波束扫描时，随着波束指向角 θ_0 的增大，同样存在波束展宽和增益下降的问题，原因与相扫法相同。另外，也可以用振幅加权和密度加权的办法来降低副瓣电平。

7.4 相控阵雷达

7.4.1 概述

　　雷达于 20 世纪 30 年代问世，在第二次世界大战中获得了高速发展，当时主要用于军事领域。雷达作为一种可主动地对远距离目标进行全天候探测的信息获取装备，在国防建设与经济建设中获得了广泛应用。20 世纪 60 年代，为适应对人造地球卫星及弹道导弹观测的要求，相控阵雷达获得了很大发展。由于技术进步及研制成本的降低，相控阵雷达技术逐渐推广应用于多种战术雷达及民用雷达。多种机载与星载合成孔径相控阵雷达是军民两用雷达的一个重要例证。

　　在第二次世界大战中，雷达发挥了很大的作用，对战争进程产生了很大影响。第二次世界大战之后，中、小规模战争不断，推动了雷达技术不断发展。经过"海湾战争""波黑战争"

"沙漠之狐""科索沃战争"和"伊拉克战争"之后，高技术条件下的局部战争已给广大雷达用户、雷达研制工作者留下了深刻印象，雷达在高科技条件下战争中的作用更加明显。特别是2003年的"伊拉克战争"，促使人们从信息战角度来看待雷达在信息获取、情报侦察、远程打击、精确打击中的作用，认真对待雷达在信息对抗中的位置与其处于恶劣电磁环境的影响。至今，对雷达的需求主要还是来自军事应用，来自国防建设的需求。近年来，以军用为主的雷达技术在国民经济建设中的应用日益增多，不断扩大了其民用范围。雷达技术在经济建设、科学研究方面出现的新需求是雷达技术(包括相控阵雷达技术)发展的推动力，这种推动力将日益增强。

相控阵雷达是采用相控阵天线的雷达。相控阵雷达是一种电子扫描雷达。用电子方法实现天线波束指向在空间的转动或扫描的天线称为电子扫描天线或电子扫描阵列(ESA)天线。电子扫描天线按实现天线波束扫描的方法分为相位扫描(简称相扫)天线和频率扫描(简称频扫)天线，两者均可归入相控阵天线(PAA)的范畴。

7.4.2　相控阵天线和相控阵雷达的特点

相控阵天线和相控阵雷达主要具有如下特点。

(1) 天线波束快速扫描，实现多目标搜索、跟踪与多种雷达功能。

天线波束快速扫描能力是相控阵天线的主要技术特点。克服机械扫描(简称机扫)天线波束指向转换的惯性及由此带来的对雷达性能的限制，是最初研制相控阵天线的主要原因。

相控阵雷达具有多目标跟踪与多种雷达功能的工作能力，是因为相控阵天线波束具有快速扫描的技术特点。利用波束快速扫描能力，合理安排雷达搜索工作方式与跟踪方式之间的时间交替及其信号能量的分配与转换，可以合理解决搜索、目标确认、跟踪起始、目标跟踪、跟踪丢失等不同工作状态遇到的特殊问题；可以在维持对多目标跟踪的前提下，继续维持对一定空域的搜索能力；可以有效地解决对多批、高速、高机动目标的跟踪问题；能按照雷达工作环境的变化，自适应地调整工作方式，按雷达的有效反射面(RCS)大小、目标远近及目标重要性或目标威胁程度等改变雷达的工作方式并进行雷达信号的能量分配。

相控阵雷达能够实现的主要功能有4种：边搜索边跟踪(TMS)功能，跟踪加搜索(TAS)功能，分区搜索功能，集中能量工作功能。

(2) 具有多波束形成能力，可实现高搜索数据率和跟踪数据率。

相控阵天线的快速扫描和多波束形成能力，可以实现高搜索数据率和跟踪数据率。数据率是反映雷达系统性能的一个非常重要的指标，它体现了相控阵雷达一些重要指标之间的相互关系。相控阵雷达的搜索数据率是指相邻两次搜索完给定空域的间隔时间的倒数。若搜索完给定空域的时间为 T_s，则在有目标需要跟踪的条件下，必须在搜索过程中插入跟踪时间，故搜索完同一空域的时间间隔 T_{sj} 应大于 T_s。T_{sj} 越大，意味着搜索数据率越低。跟踪数据率是跟踪同一目标的间隔时间的倒数，跟踪间隔时间越长，跟踪数据率越低。

相控阵雷达搜索与跟踪数据率的变化依靠的是相控阵天线波束快速扫描和多波束形成特性，因此除受限于雷达辐射信号总能量以外，硬件方面在很大程度上还取决于相控阵波束控制系统的响应时间与天线波束的转换时间。

(3) 天线波束形状具有捷变能力，可实现自适应空间滤波和自适应空时处理。

相控阵天线波束形状的捷变能力是实现自适应空间滤波及空时自适应处理的基础。相控阵接收天线的信号处理属于多通道信号处理，合理利用每个单元通道之间接收信号的时间差与相位差信息，是对阵列外多辐射源来波方向（DOA）定位（亦称多辐射源定向）的基础。对阵列外干扰辐射源定向，是通过高速天线阵面口径分布将相控阵接收天线波束凹口位置移动至干扰源方向的一个重要条件。

数字波束形成技术（DBF）的采用为各种复杂天线波束形状的形成提供了条件，使天线理论与信号处理相结合，加上各种先进信号处理方法的应用，使相控阵雷达技术获得了新的应用潜力。

（4）天线孔径与雷达平台共形能力的实现。

当前，采用共形相控阵天线给相控阵雷达工作方式上带来的潜力正日益受到重视。过去更多的是在一些作战平台上研究使用共形相控阵天线。由于共形相控阵天线有利于实现全空域覆盖，能提高数据率，具有更大的工作灵活性，因此，共形相控阵天线的应用日渐增多。

采用共形相控阵天线的机载预警雷达在工作方式上更易于实现全空域覆盖，更易于将雷达、电子战、通信、导航等电子系统进行综合设计，构成综合电子集成系统。舰载相控阵雷达采用共形相控阵天线，有利于降低雷达自身引入的电磁特征，实现隐身舰船的设计。采用与地形共形的相控阵天线有利于雷达的伪装，有利于抵抗敌方的雷达侦察，可获得更大的天线孔径面积，提高雷达的实孔径分辨率。星载通信系统上采用共形有源相控阵天线，以便于实现点状多波束之间的快速转换。

（5）具有空间功率合成能力，辐射功率大。

相控阵雷达的另一个重要特点是相控阵天线的空间功率合成能力，它提供了获得远程雷达及探测低可观测目标要求的大功率雷达发射信号的可能性。

采用阵列天线之后，可在每一单元通道或每一个子天线阵上设置一个发射信号功率放大器，依靠移相器的相位变化，使发射天线波束定向发射，即将各单元通道或各子阵通道中的发射信号聚焦于某一空间方向。这一特点为相控阵雷达的系统设计，特别是发射系统设计带来了极大的方便，也增加了雷达工作的灵活性。

通常情况下，成千上万个辐射源在空间合成的总发射功率可达十几兆瓦甚至几十兆瓦，加之大尺寸的天线口径，使得相控阵雷达能有效地探测低可观测目标以及探测和监视外空目标。

（6）抗干扰能力好。

相控阵雷达天线波束的快速扫描、天线波束形状捷变、自适应空间滤波、自适应空时处理能力以及多种信号波形的工作方式（如在一定范围内工作频率和调制方式的改变、脉冲重复频率和脉冲宽度的改变等），使得相控阵雷达成为目前最具抗干扰潜在性能的一种雷达体制。在相控阵雷达中，大多数都运用了单脉冲角跟踪、脉冲压缩、频率分集、频率捷变和自适应旁瓣抑制等技术，既提高了测定目标参数的精度，又提高了抗干扰性能。

（7）可靠性高。

在相控阵雷达，特别是有源相控阵雷达中，有成百上千甚至上万个辐射单元，每个辐射单元都需要一个标准的收发（T/R）组件，这些 T/R 组件具有很好的重复性、一致性和可靠性。即使天线阵列中的部分 T/R 组件损坏，对雷达性能的影响也不大。例如，在工程中 10% 的组件失效，天线的增益只降低大约 1 dB，对天线方向图和方向系数的影响不大。因为所有 T/R 组件都是相同的标准模块，可以方便地实现在线维修更换，因此相控阵雷达具有高可靠性。

7.4.3　平面相控阵天线

大多数三坐标相控阵雷达均采用平面相控阵天线。这里讨论的平面相控阵天线是指天线单元分布在平面上，天线波束在方位角与仰角两个方向上均可进行相控扫描的阵列天线。

1. 平面相控阵天线的方向图

设天线单元按等间距矩形格阵排列，如图 7.25 所示。图中，阵列在 yOz 平面上共有 $N \times M$ 个天线单元，单元间距分别为 d_1 与 d_2。设目标所在方向余弦表示为（$\cos\alpha_{xi}$，$\cos\alpha_{yi}$，$\cos\alpha_{zi}$），则相邻单元之间的空间相位差沿 y 轴（水平）和 z 轴（垂直）方向分别为

$$\Delta\varphi_1 = \frac{2\pi}{\lambda} d_1 \cos\alpha_y \tag{7.4.1}$$

$$\Delta\varphi_2 = \frac{2\pi}{\lambda} d_2 \cos\alpha_z \tag{7.4.2}$$

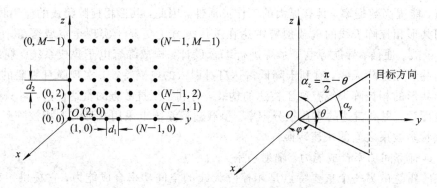

图 7.25　平面相控阵雷达天线单元排列示意图

第 (i, k) 单元与第 $(0, 0)$ 参考单元之间的空间相位差为

$$\Delta\varphi_{ik} = i\Delta\varphi_1 + k\Delta\varphi_2$$

若天线阵内由移相器提供的相邻单元之间的阵内相位差沿 y 轴和 z 轴分别为

$$\Delta\varphi_{B\alpha} = \frac{2\pi}{\lambda} d_1 \cos\alpha_{y0} \tag{7.4.3}$$

$$\Delta\varphi_{B\beta} = \frac{2\pi}{\lambda} d_2 \cos\alpha_{z0} \tag{7.4.4}$$

式中，$\cos\alpha_{y0}$ 和 $\cos\alpha_{z0}$ 为波束最大值指向的方向余弦。

第 (i, k) 单元与第 $(0, 0)$ 单元的阵内相位差 $\Delta\varphi_{Bik}$ 为

$$\Delta\varphi_{Bik} = i\Delta\varphi_{B\alpha} + k\Delta\varphi_{B\beta} \tag{7.4.5}$$

则式（7.4.5）也可以改写为下列形式：

$$\Delta\varphi_{Bik} = i\alpha + k\beta \tag{7.4.6}$$

式中，α 和 β 为阵内移相值的简化表示，即

$$\alpha = \Delta\varphi_{B\alpha}$$

$$\beta = \Delta\varphi_{B\beta}$$

若第 (i, k) 单元的幅度加权系数为 a_{ik}，则图 7.25 所示平面相控阵天线的方向图函数 $F(\cos\alpha_y, \cos\alpha_z)$ 在忽略单元方向图的影响条件下，可表示为

$$F(\cos\alpha_y, \cos\alpha_z) = \sum_{i=0}^{N-1} \sum_{k=0}^{M-1} a_{ik} \exp[j(\Delta\varphi_{ik} - \Delta\varphi_{Bik})]$$

$$= \sum_{i=0}^{N-1} \sum_{k=0}^{M-1} a_{ik} \exp\{j[i(dr_1\cos\alpha_y - \alpha) + k(dr_2\cos\alpha_z - \beta)]\} \tag{7.4.7}$$

式（7.4.7）中：

$$\mathrm{d}r_1 = \frac{2\pi}{\lambda}d_1, \quad \mathrm{d}r_2 = \frac{2\pi}{\lambda}d_2$$

考虑到

$$\cos\alpha_z = \sin\theta$$
$$\cos\alpha_y = \cos\theta\sin\varphi \qquad (7.4.8)$$

则平面相控阵天线方向图函数又可表示为

$$F(\theta, \varphi) = \sum_{i=0}^{N-1}\sum_{k=0}^{M-1} a_{ik}\exp\{\mathrm{j}[i(\mathrm{d}r_1\cos\theta\sin\varphi - \alpha) + k(\mathrm{d}r_2\sin\theta - \beta)]\} \qquad (7.4.9)$$

由此可知，改变相邻天线单元之间的相位差，即阵内相位差 β（代表 $\Delta\varphi_{B\beta}$）和 α（代表 $\Delta\varphi_{B\alpha}$），则可实现天线波束的相控扫描。

2. 平面相控阵天线方向图讨论

1）均匀分布式平面相控阵天线的方向图

当天线口径照射函数为等幅分布，即不进行幅度加权时，天线方向图 $F(\theta, \varphi)$ 可表示为

$$F(\theta, \varphi) = \sum_{i=0}^{N-1}\exp[\mathrm{j}i(\mathrm{d}r_1\cos\theta\sin\varphi - \alpha)]\sum_{k=0}^{M-1}\exp[\mathrm{j}k(\mathrm{d}r_2\sin\theta - \beta)]$$

因此，方向图函数 $|F(\theta, \varphi)|$ 可表示为

$$|F(\theta, \varphi)| = |F_1(\theta, \varphi)| \cdot |F_2(\theta)| \qquad (7.4.10)$$

式(7.4.10)表明，等幅分布时，平面相控阵天线方向图可以看成两个线阵方向图的乘积。$|F_1(\theta, \varphi)|$ 是水平线阵的方向图，$|F_2(\theta)|$ 是垂直线阵的方向图。参见前面讨论过的线阵天线方向图的推导，可分别表示为

$$|F_1(\theta, \varphi)| \approx N\frac{\sin\dfrac{N}{2}(\mathrm{d}r_1\cos\theta\sin\varphi - \alpha)}{\dfrac{N}{2}(\mathrm{d}r_1\cos\theta\sin\varphi - \beta)} \qquad (7.4.11)$$

$$|F_2(\theta)| \approx M\frac{\sin\dfrac{M}{2}(\mathrm{d}r_2\sin\theta - \beta)}{\dfrac{M}{2}(\mathrm{d}r_2\sin\theta - \beta)} \qquad (7.4.12)$$

2）不等幅分布时方向图的表示

如果天线口径不是等幅分布的，则 $F(\theta, \varphi)$ 可以有多种表示方法。因为不是均匀分布，所以按行和列分布的天线线阵不能作为公因子从累加符号中提出，但可以分别作为按行或按列分布的子阵来看待。若每一列的所有天线单元作为一个子阵，则将其看成行线阵中的一个在仰角上具有窄波束的天线单元。此时，二维相控阵天线的方向图要表示为

$$F(\theta, \varphi) = \sum_{i=0}^{N-1} F_{ik}(\theta)\exp[\mathrm{j}i(\mathrm{d}r_1\cos\theta\sin\varphi - \alpha)] \qquad (7.4.13)$$

式中，$F_{ik}(\theta)$ 的计算式为

$$F_{ik}(\theta) = \sum_{k=0}^{M-1} a_{ik}\exp[\mathrm{j}k(\mathrm{d}r_2\sin\theta - \beta)] \qquad (7.4.14)$$

$F_{ik}(\theta)$ 是由 $i=0, 1, \cdots, N-1$；$k=0, 1, \cdots, M-1$ 的所有单元构成的列线阵方向图。因此，将平面相控阵雷达天线看成一个行线阵，此行线阵中每一个等效天线单元的方向图为 $F_{ik}(\theta)$。由于 $F_{ik}(\theta)$ 的求和符号内幅度加权系数 a_{ik} 对不同的 $i(i=0, 1, \cdots, N-1)$ 是不相等的，因此 F_{ik} 不能作为公因子从求和符号中提出。

7.4.4 相控阵雷达的馈电和馈相方式

相控阵雷达的馈电方式主要分为空间馈电和强制馈电(Constrained Feeding)两种。

空间馈电也称光学馈电,实际上是采用空间馈电的功率分配/相加网络实现的。采用空间馈电方式可以省掉许多加工要求严格的高频微波器件。与强制馈电相比,对于波长较短(如 S、C、X、Ku 和 Ka)的情况来说,它具有一些明显的优点。

强制馈电系统采用波导、同轴线、板线、微带线等微波传输线实现功率分配网络(对发射阵)或功率相加网络(对接收阵)以完成对发射信号的分配或对接收信号的相加。强制馈电分为并联馈电、串联馈电和混合馈电三种。从保证相控阵雷达天线的宽带性能考虑,并联强制馈电的方式在大部分相控阵雷达中得到了广泛的应用。

1. 空间馈电方式

空间馈电方式主要分为透镜式和反射式两种。是否采用空间馈电方式或采用哪一种空间馈电方式是相控阵天线馈线系统设计过程中要认真考虑并加以比较的一个重要问题。

1) 透镜式空间馈电阵列

图 7.26(a)示出了透镜式空间馈电天线阵,主要包括收集阵面和辐射阵面两部分。收集阵面又称为内天线阵面,辐射阵面也可称为外天线阵面。

对图 7.26(a)所示的空间馈电天线阵,在设计中要特别注意初级馈源与收集阵面之间的匹配,应尽量降低收集阵面中天线单元的输入驻波,以减少空间馈电网络的损耗。为了降低收集阵面天线单元的驻波,必须对移相器输入驻波及辐射阵面天线单元的输入驻波提出相应的要求。辐射阵面与收集阵面天线单元之间互耦的影响在天线单元定型时应加以考虑。

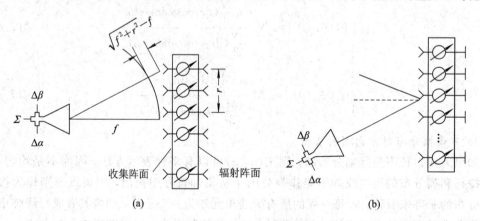

图 7.26 空间馈电天线阵
(a) 透镜式;(b) 反射式

2) 反射式空间馈电阵列

图 7.26(b)示出了反射式空间馈电天线阵,它的收集阵面与辐射面是同一阵面,无论天线处于发射工作状态还是接收工作状态,每个天线单元收到的信号,经过移相器移相后,都被短路器全反射再从阵面辐射出去。对这种反射式空间馈电天线阵,移相器提供的相移值只需要等于透镜式空间馈电天线阵的一半,而移相器的衰减却增加了一倍。对于这种阵列,作为初级馈源的照射喇叭天线采用前馈方式(正馈或偏馈)对天线阵面进行照射。反射式空间馈电天线阵多用于波长短的(如 X、Ku 及毫米波波段)战术相控阵雷达。

3) 空间馈电阵列中球面波到平面波的修正

在透镜式空间馈电和反射式空间馈电两种空间馈电方式中，由于初级馈源辐射的电磁波是球形波，因而到达天线的收集阵面(对透镜式空间馈电方式)或天线阵面(对反射式空间馈电方式)边沿上的天线单元与阵中心的单元之间存在时间差和相位差，故存在由球面波到平面波的修正问题。相位差的修正问题可通过改变移相器的移相值来解决，对宽带相控阵天线还必须修正延迟时间，为此，可以在内天线阵靠边沿的单元通道中采用比阵中心单元通道更短的传输线来进行补偿，即通过调整天线阵内各单元通道内传输线的长度来补偿空间馈电透镜中的空间路程差。

另一种用于解决空间馈电中球面波到平面波的修正方法是采用如图 7.27 所示的抛物面天线。采用这种方式不仅解决了修正问题，还带来另一优点，即可使整个天线阵面的深度(厚度)较采用透镜式空间馈电方式和反射式空间馈电方式的尺寸要小，但在结构设计上要复杂一些，内天线阵面维修难度增大。因此，应认真进行比较。选择具体空间馈电方案时，若传输路径加长，则空间馈电传输损失会略有增加。

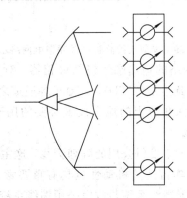

图 7.27 采用抛物面天线进行修正的空间馈电天线阵

4) 采用空间馈电时收发波束的设置

收发合一的空间馈电相控阵雷达天线与强制馈电相比，在收发天线波束的位置上有更大的灵活性。在图 7.28 所示的空间馈电系统中，发射波束与接收波束的初级馈源在空间上分别设置。如果发射和接收之间的隔离要求降低，则耐高功率的收发开关还可以省掉，接收通道上只需耐较低功率的限幅器就可以满足收发隔离的要求。这在采用强制馈电时是不可能实现的。

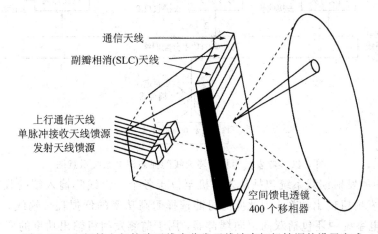

图 7.28 空间馈电相控阵天线中收发天线波束初级馈源的设置方式

在图 7.28 所示的空间馈电相控阵天线中,用于单脉冲测角要求的和/差波束的形成也较为简单,可以直接采用单脉冲跟踪抛物面天线的单脉冲馈源方案,如四喇叭、五喇叭单脉冲馈源方案或多模喇叭方案。

2. 强制并联馈电方式

图 7.29 所示的发射天线阵强制并联馈电网络可以是等功率分配网络,也可以是不等功率分配网络,其中部分功率分配器采用隔离式的,以增加各路馈线之间反射信号的隔离度。一个功率分配器的功率分配路数根据具体情况是可以变化的。

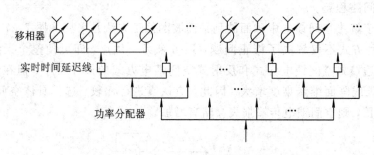

图 7.29　发射天线阵强制并联馈电网络示意图

图 7.29 中,在功率分配网络的输出端还包括移相器,对宽带相控阵天线来说,在子天线阵级别上还应设置实时时间延迟线(TTD),以便于各通道之间信号相位与幅度的调整。在设计强制馈电网络时,还应考虑在适当的地方设置必要的用于监测各路幅相一致性的定向耦合器及相位和幅相调整器件。

大多数相控阵雷达采用接收、发射公用的阵列天线,这主要是为了降低天线成本,采用收发合一天线对提高战术相控阵雷达的机动性也具有重要意义。对于收发合一的相控阵天线,强制馈电系统可以分为发射馈线系统与收发公用馈线系统两部分,如图 7.30 所示。

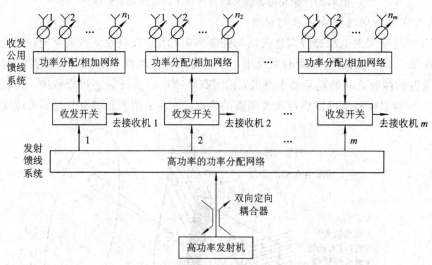

图 7.30　收发公用相控阵天线的强制馈电系统示意图

图 7.30 中的发射馈线系统包括从发射机至位于各个子天线阵输入端的收发开关。由于要承受较高的发射机输出功率,因此应尽可能选择耐高功率的低损耗传输线,如波导、同轴线等。发射馈电系统中还包括双向定向耦合器,用于监测发射机输出功率的变化及来自馈电网络的反射信号功率的变化(该变化取决于馈电网络输入端的总驻波),以防在反射信号过

大时启动大功率雷达发射机的保护操作。图 7.30 中还有多个收发开关，分别设置在各个子天线阵上。这样，每个子天线阵便成为发射与接收公用的子天线阵，其中的馈电网络便是收发公用的馈电网络。采用这种馈电方式的目的之一是提高整个相控阵接收系统的灵敏度，因为与将收发开关设置在发射机输出端的方式相比，该发射馈电系统的损耗可以不计入接收系统之中。采用多个子天线阵接收机的另一个原因是形成多波束的需要，这种有多个子天线阵接收机的馈电方式可以称为在子阵级别层次上的有源相控阵接收系统。

7.4.5　平面相控阵天线馈电网络及其波束控制数码

1. 平面相控阵天线波束控制数码的概念

图 7.31 为平面相控阵雷达天线波束数码控制示意图。平面相控阵天线阵面安放在 yOz 平面上。各相邻天线单元之间的间距在水平与垂直方向上分别为 d_1 和 d_2。波束指向或目标方向可用直角坐标系中的 3 个单位向量 x、y、z 表示，也可用球坐标系中的 φ_B、θ_B 表示，或用它们的方位余弦表示。这里先将天线波束最大值指向以其方位余弦 $\cos\alpha_{zi}$，$\cos\alpha_{yi}$，$\cos\alpha_{zi}$ 表示。根据前面提到的相邻单元之间信号的空间相位差与移相器提供的阵内相位差相等的原理，可以求出阵列中第 (i, k) 天线单元（即阵面上位于第 i 行、第 k 列的单元）相对于第 $(0, 0)$ 单元的波束控制数码 $C(i, k)$，$i = 0, 1, \cdots, N-1$，$k = 0, 1, \cdots, M-1$。

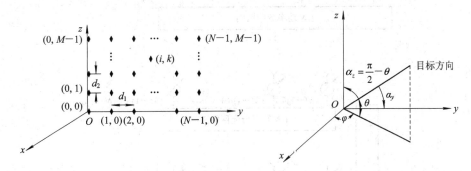

图 7.31　平面相控阵雷达天线波束数码控制示意图

当采用数字式移相器时，设提供给第 (i, k) 天线单元通道中移相器的波束控制数码为 $C(i, k)$，因为与 $C(i, k)$ 为 1 时相对应的最小计算相移量 $\Delta\varphi_{Bmin} = 2\pi/2^K$，$K$ 为数字式移相器的计算位数，则参照前面有关等式可得

$$C(i, k) = i\alpha + k\beta \tag{7.4.15}$$

式中，α 和 β 为整数数码，与波束指向相对应；$C(i, k)$ 也为整数，称为波束控制数码。注意，α 和 β 已不是前面为简化波束控制矩阵的书写所表示的移相值，而是沿 y 与 z 方向相邻天线单元之间波束控制数码的增量：

$$\begin{cases} \alpha = \dfrac{\Delta\varphi_{B\alpha}}{\Delta\varphi_{Bmin}} \\[4mm] \beta = \dfrac{\Delta\varphi_{B\beta}}{\Delta\varphi_{Bmin}} \end{cases} \tag{7.4.16}$$

式中：

$$\begin{cases} \Delta\varphi_{B\alpha} = \dfrac{2\pi}{\lambda}d_1\cos\alpha_{y0} \\[4mm] \Delta\varphi_{B\beta} = \dfrac{2\pi}{\lambda}d_2\cos\alpha_{z0} \end{cases} \tag{7.4.17}$$

2. 平面相控阵天线按行、列方式实现的馈电网络

图 7.32 为平面相控阵天线按行、列方式实现的馈电网络原理图。由式(7.4.15)所示的各个单元移相器的波束控制码 $C(k,i)$ 组成的波束控制数码矩阵 $[C(k,i)]_{M \times N}$ 表示为

$$[C(k,i)]_{M \times N} = \begin{bmatrix} 0 & \alpha & 2\alpha & \cdots & (N-1)\alpha \\ \beta & \alpha+\beta & 2\alpha+\beta & \cdots & (N-1)\alpha+\beta \\ \vdots & \vdots & \vdots & & \vdots \\ (M-1)\beta & \alpha+(M-1)\beta & 2\alpha+(M-1)\beta & \cdots & (N-1)\alpha+(M-1)\beta \end{bmatrix}$$

$$(7.4.18)$$

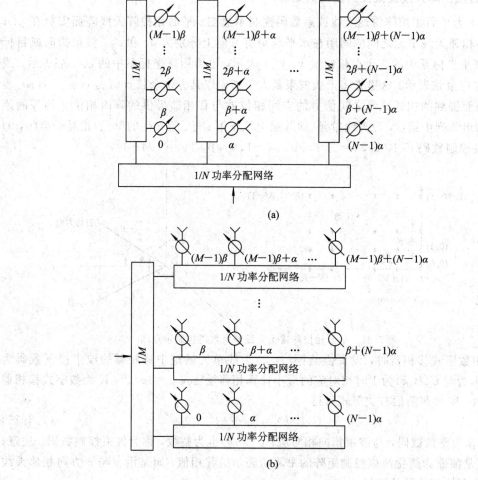

图 7.32　平面相控阵天线按行、列方式实现的馈电网络原理图

(a) 一个行线阵和 M 个列线阵；(b) 一个列线阵和 M 个行线阵

图 7.32(a)为一个行馈电网络和 N 个列馈电网络的馈电方式。该平面阵列天线为一个行线阵和 M 个列线阵。图 7.35(b)所示的平面相控阵天线为一个列线阵和 M 个行线阵。

图 7.32 中行线阵和列线阵可以是并联馈电网络，也可以是串联馈电网络或带有延迟线的串联馈电等长度馈线网络。由于只有一层移相器，因此，波束控制系统没有简化，共需要 $M \times N$ 个波束控制数码，但每一个移相器均可独立控制，波束控制系统可独立地用于补偿各个单元通道中的相位误差。

3. 在方位和仰角上分别进行波束控制的方式

对于图 7.31 所示的平面阵列天线，由各个单元移相器的波束控制数码 $C(i, k)$ 组成的波束控制数码矩阵 $[C(i, k)]_{N \times M}$ 如式 (7.4.18) 所示，它可以用两个 $N \times M$ 的数码矩阵表示：

$$[C(i, k)]_{N \times M} = \begin{bmatrix} 0 & \alpha & 2\alpha & \cdots & (N-1)\alpha \\ \beta & \alpha+\beta & 2\alpha+\beta & \cdots & (N-1)\alpha+\beta \\ \vdots & \vdots & \vdots & & \vdots \\ (M-1)\beta & \alpha+(M-1)\beta & 2\alpha+(M-1)\beta & \cdots & (N-1)\alpha+(M-1)\beta \end{bmatrix}$$

$$= [C(i, k)_{\alpha}]_{N \times M} + [C(i, k)_{\beta}]_{N \times M} \tag{7.4.19}$$

式中，$[C(i, k)_{\alpha}]_{N \times M}$ 与 $[C(i, k)_{\beta}]_{N \times M}$ 分别为行、列波束控制数码矩阵，即

$$[C(i, k)_{\alpha}]_{N \times M} = \begin{bmatrix} 0 & \alpha & 2\alpha & \cdots & (N-1)\alpha \\ 0 & \alpha & 2\alpha & \cdots & (N-1)\alpha \\ \vdots & \vdots & \vdots & & \vdots \\ 0 & \alpha & 2\alpha & \cdots & (N-1)\alpha \end{bmatrix}_{N \times M} \tag{7.4.20}$$

$$[C(i, k)_{\beta}]_{N \times M} = \begin{bmatrix} 0 & 0 & \cdots & 0 \\ \beta & \beta & \cdots & \beta \\ \vdots & \vdots & & \vdots \\ (M-1)\beta & (M-1)\beta & \cdots & (M-1)\beta \end{bmatrix}_{N \times M} \tag{7.4.21}$$

图 7.33(a) 和 (b) 示出了在方位角与仰角上分别进行馈电的二维相控阵天线示意图。从图 7.33 中可以看出，增加一层移相器之后，波束控制系统通过计算要产生的波束控制数码便由 $N \times M$ 个降低为 $M + N$ 个，这使计算工作量大为简化，从而使波束控制系统的设备量降低。

采用这种方法的特点是不能用波束控制系统实现对每个单元通道相位误差的修正，而只能修正每一行或每一列通道之间的相位误差。

如果将整个平面相控阵天线分为若干个小的矩形子天线阵，则同样可将波束控制数码矩阵 $[C(i, k)]_{N \times M}$ 分别为若干个子波束数码矩阵，而每个子天线阵内相同位置上天线单元通道中的移相器具有相同的移相值，因而同样可降低波束控制信号的产生难度，减少控制硬件的设备量。

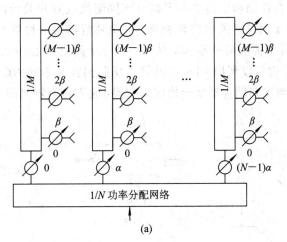

(a)

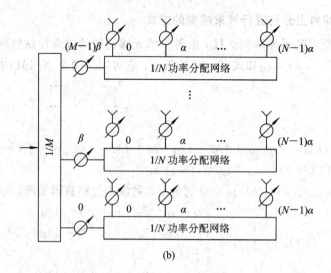

(b)

图 7.33　在方位角与仰角上分别进行馈电的二维相控阵天线示意图

7.4.6　移相器

移相器是实现相扫的关键器件。对它的要求是：移相的数值精确，性能稳定，频带和功率容量足够，便于快速控制，激励功率和插入损耗小，体积小，重量轻等。移相器的种类有很多，但最常用的是半导体二极管(PIN 管)实现的数字移相器和铁氧体器件实现的移相器。近年来，随着微电子机械(MEM)技术的发展，以各种 MEM 实现的移相器开始受到广泛重视，并已有相应的试验样品。

1. PIN 二极管移相器

PIN 二极管移相器用 PIN 二极管作为控制元件，它利用了 PIN 二极管在正偏和反偏时的两种不同状态，外接调谐元件 L_T 和 C_T，构成理想的射频开关，如图 7.34 所示。正偏压时，C_T 与引线电感 L_s 发生串联谐振，使射频短路；反偏时，分布电容 C_j 和 C_T 与 L_T 发生并联谐振而呈现很大的阻抗。这时可把 PIN 二极管看作一个单刀单掷开关。用两个互补偏置的 PIN 二极管可构成单刀双掷射频开关。

利用 PIN 二极管在正偏和反偏状态下具有不同阻抗或其开关特性，可构成多种形式的移相器。图 7.35 画出了两种开关线型移相器，其中环行器用来提供匹配的输入和输出。开关在不同位置时，有一个传输路径差 Δl，从而得到一个差相移 $\Delta\varphi = 2\pi\Delta l/\lambda_g$。这种移相器比较简单，但带宽较窄。也可以利用 PIN 二极管正反向偏置时不同的阻抗值做成加载线移相器，或将 PIN 二极管与定向耦合器结合构成移相器，它们都有较大的工作带宽。

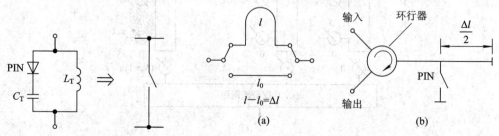

图 7.34　PIN 二极管开关

图 7.35　开关线型移相器
(a) 换接线型；(b) 环行器

PIN 二极管移相器的优点是体积小，重量轻，便于安装在集成固体微波电路中，开关时间短(50 ns～2 μs)，性能几乎不受温度的影响，激励功率小(1.0～2.5 W)，目前能承受的峰值功率约为 10 kW，平均功率约 200 W，所以是很有前途的器件。其缺点是频带较窄和插入损耗大。

2. 铁氧体移相器

铁氧体移相器的基本原理是利用外加直流磁场改变波导内铁氧体的磁导系数，从而改变电磁波的相速，得到不同的移相量。

图 7.36 所示为一种常用的铁氧体移相器，在矩形波导宽边中央有一条截面为环形的铁氧体环，环中央穿有一根磁化导线。根据铁氧体的磁滞特性，见图 7.36(a)，当磁化导线中通过足够大的脉冲电流时，所产生的外加磁场也足够强(它与磁化电流强度成正比)，铁氧体磁化达到饱和，脉冲结束后，铁氧体内便会有一个剩磁感应(其强度为 B_r)。当所加脉冲极性改变时，剩磁感应的方向也相应改变(其强度为 $-B_r$)。这两个方向不同的剩磁感应对波导内传输的 TE_{10} 波来说，对应两个不同的磁导系数，也就是两种不同极性的脉冲在该段铁氧体内对应两个不同的相移量，这对二进制数控很有利。铁氧体产生的总的相移量为这两个相移量之差(称为差相移)。只要铁氧体环在每次磁化时都达到饱和，其剩磁感应大小就保持不变，这样差相移的值便取决于铁氧体环的长度。

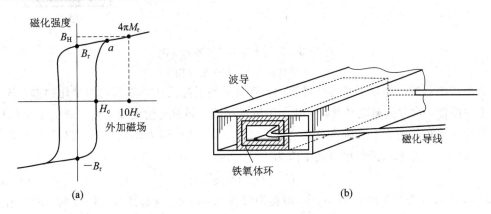

图 7.36　铁氧体移相器

(a) 铁氧体的磁滞特性；(b) 移相器结构

这种移相器的特点是：铁氧体环的两个不同数值的磁导系数分别由两个方向相反的剩磁感应来维持，磁化导线中不必加维持电流，因此所需激励功率比其他铁氧体移相器小。

铁氧体移相器的主要优点是：承受功率较高，插入损耗较小，带宽较宽。其缺点是：所需激励功率比 PIN 二极管移相器大，开关时间比 PIN 二极管移相器长，比较笨重。

为了便于进行波束控制，通常采用数字移相器。图 7.37 为四位数字移相器示意图。如果要构成 n 位数字移相器，可用 n 个移相值不同的移相器(PIN 二极管的或铁氧体的)作为子

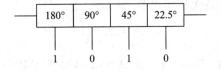

图 7.37　四位数字移相器示意图

移相器串联而成。每个子移相器应有移相和不移相两个状态，且前一个的移相量应为后一个的两倍。处在最小位的子移相器的移相量 $\Delta\varphi = 360°/2^n$，故 n 位数字移相器可得到 2^n 个不同的移相值。数字信号中的一位控制中，0 对应该子移相器不移相，1 对应为 1010，则四位数字移相器产生的移相量为

$$\varphi = 1 \times 180° + 0 \times 90° + 1 \times 45° + 0 \times 22.5° = 225°$$

四位数字移相器可从 0° 到 337.5° 每隔 22.5° 取一个值，可取 $2^4 = 16$ 个值。图 7.38 为四位铁氧体数字移相器的原理图。

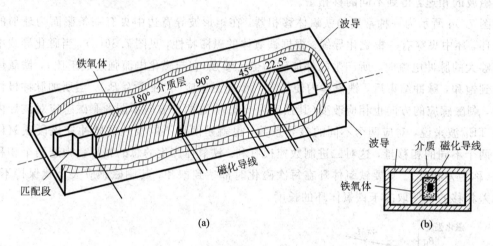

图 7.38 铁氧体数字移相器示意图

(a) 结构示意图；(b) 断面图

数字移相器的移相量不是连续可变的，其结果将引起天线阵面激励的量化误差，从而使天线增益降低，均方副瓣电平增加，并产生寄生副瓣，同时还使天线主瓣的指向发生偏移。

设数字移相器为 B 位，则量化相位误差 δ 在 $\pm\pi/2^B$ 范围内均匀分布，误差方差值 $\overline{\delta^2} = \pi^2/(3 \times 2^{2B})$，由此引起天线增益的下降为

$$G = G_0(1 - \overline{\delta^2}) \tag{7.4.22}$$

$B = 2$ 时，增益损失为 1 dB，$B = 4$ 时，增益损失为 0.06 dB，故选择 $B = 3 \sim 4$ 时，天线增益的损失均可容忍。

由移相量化误差引起的均方副瓣电平增加可表示为

$$\text{均方副瓣电平} \approx \frac{5}{2^{2B}N} \tag{7.4.23}$$

式中，N 为天线阵的阵元数；$B = 3$ 时，副瓣较主瓣低 47 dB；$B = 4$ 时，副瓣低于主瓣 53 dB，这对一般应用是可以接受的。但由于实际的移相量化误差分布不是随机的，而是具有周期性，因而会产生寄生的量化副瓣。在周期性三角形分布条件下，其峰值为 $1/2^{2B}$，此值较大，应设法减小，一种办法就是破坏其周期性规律。

移相量化误差所产生的最大指向误差 $\Delta\theta$ 为

$$\frac{\Delta\theta}{\theta_B} = \frac{\pi}{4}\frac{1}{2^B} \tag{7.4.24}$$

式中，$\Delta\theta$ 为波束宽度。例如，$B = 4$ 时，$\Delta\theta/\theta_B = 0.049$，为可能产生的最大指向误差。

7.4.7　T/R 组件的组成与主要功能

收发组件(T/R 组件，又称 T/R 模块)是有源相控阵雷达天线的关键部件。T/R 组件的性能在很大程度上决定了有源相控阵雷达的性能，且 T/R 组件的生产成本决定了有源相控阵雷达的推广应用前景。合理确定 T/R 组件的组成和功能是有源相控阵雷达设计中的一个重要内容。

1. T/R 组件的组成

典型 T/R 组件的组成框图如图 7.39 所示。该图是收发合一的有源相控阵雷达中的T/R 组件框图，主要包括发射支路、接收支路及发射与接收支路的射频转换开关和移相器等。发射支路的主要功能电路是发射信号的高功率放大器(HPA)，在发射支路中还有一个滤波器，用于抑制可能对其他无线电装置造成干扰的频谱分量及高次谐波。在接收支路中包含限幅器、低噪声放大器(LNA)和衰减器，必要时在接收支路中还有滤波器，用于抑制外界干扰信号和在有干扰与杂波的条件下控制接收信号的动态范围。

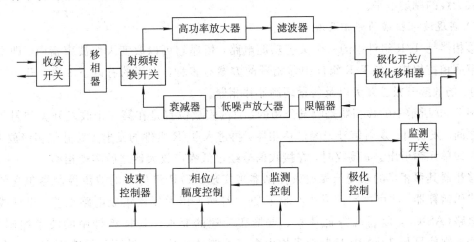

图 7.39　典型的 T/R 组件组成框图

在发射支路的输入端与接收支路的输出端有射频转换开关，用于雷达发射工作状态与接收状态之间的转换。移相器对收、发状态均是公用的，故放在射频开关的输入端(发射时)或输出端(接收时)。高功率放大器与低噪声放大器均与同一天线单元相连接，因此必须有一收发开关。图中为双极化天线单元及变极化开关，因而收发开关以极化开关形式表示。

T/R 组件还包含监测开关，用于在 T/R 组件中对从天线单元输入端合成的发射信号进行幅度与相位监测。而移相器、极化控制与监测控制均需要控制电路，这些电路多采用专用集成电路(ASIC)设计，使之达到降低电路体积、重量和热耗，提高 T/R 组件效率和其他工作性能的目的。

2. T/R 组件的主要功能

1) 对发射信号进行功率放大

目前正在使用与研制的有源相控阵雷达中，T/R 组件的主要功能是对来自公共发射信号激励源的信号进行放大，这一功能由高功率放大器实现。

各天线单元辐射的雷达探测信号的放大是经过高功率放大器实现的，这是获得要求的雷达发射信号总功率电平的基本方式。由于所有高功率放大器的输入信号均来自同一发射信号激励源，因此，各高功率放大器在放大过程中必须保持严格的相位同步关系。

2）接收信号的放大和变频

在 T/R 组件接收支路里，限幅器用于保护低噪声放大器以避免由发射信号经收发开关泄露至接收支路而造成的损坏。

低噪声放大器用于接收信号的放大。考虑到在低噪声放大器之后至通道接收机之间还存在接收传输线网络等带来的损耗，如功率相加器、实现多波束形成所需的功率分配器及较长的传输线等带来的损耗，因此 T/R 组件中低噪声放大器的增益应适当提高，以便使其后面接收部分的噪声温度对整个接收系统噪声的影响降低。

在 T/R 组件的接收支路中一般均有衰减器，该衰减器是数字控制的，并按二进制改变衰减值。衰减器的作用主要有两个：一是用于调整各 T/R 组件接收支路的增益，调整信号的放大幅度，实现各 T/R 组件输出信号的幅度一致性；二是对接收天线阵实现幅度加权，以降低接收天线的副瓣电平。

3）实现波束扫描的移相及波束控制

移相器是 T/R 组件中的一个关键功能电路，依靠它可以改变天线波束指向，即实现天线波束的相控扫描。在 T/R 组件中移相器的方案有多种，常用的有以下 3 种：开关二极管（PIN）、场效应三极管开关以及矢量调制器移相器。

图 7.39 所示中的移相器是收发公用的，它的安放位置是在第一个收发开关和射频转换开关之间。发射时，发射信号先经过移相器，再进入 T/R 组件的发射支路并经多级放大，然后由天线单元辐射出去；接收时，在接收信号经过低噪声放大器之后实现相移。

移相器其移相量的改变依靠波束控制器来实现。T/R 组件中的波束控制器包含的波束控制代码运算器、波束控制信号寄存器及驱动器均采用大规模集成电路工艺，设计成专用集成电路（ASIC），以适应降低体积、重量和功耗的要求。T/R 组件中的波束控制信号、衰减器控制信号和极化转换控制信号均由数字控制总线传送，送到天线阵面和每一个 T/R 组件的接口。一些先进的有源相控阵雷达已实现用光纤来传送和分配阵列中波束控制信号的功能。

4）变极化的实现

在图 7.39 中，天线单元是在空间正交放置的一对偶极子天线，它们分别辐射或接收水平线极化与垂直线极化信号。天线单元用作圆极化天线单元，因此用一个 3 dB 电桥和一节 $0/\pi$ 倒相的极化转换开关，即可实现发射左旋或右旋圆极化信号与接收右旋或左旋圆极化信号。

圆极化发射和接收雷达信号有利于消除电离层对电磁波产生的极化偏转效应（法拉第效应），这对探测空间目标、卫星与中远程弹道导弹的大型相控阵雷达是十分必要的。

5）T/R 组件的监测功能

二维相位扫描有源相控阵雷达一般含有大量的 T/R 组件，因此对 T/R 组件的工作特性进行监测是保证雷达可靠、有效工作的重要条件。T/R 组件监测功能对 T/R 组件的设计具有重要影响。对大量的 T/R 组件进行监测必须具备 3 个条件：一是要有用于监测的测试信号及其分配网络，将测试信号输入各 T/R 组件，并能全面地对 T/R 组件的不同工作特性或

T/R组件的不同功能电路进行测试；二是能从 T/R 组件的相应输出端提出 T/R 组件各功能电路的工作参数；三是具有高精度的测试设备及相应的控制和处理软件，用以精确测量和判定 T/R 组件的工作特性与是否失效。

7.4.8 有源相控阵雷达发展概况与应用

采用有源相控阵雷达天线的雷达称为有源相控阵雷达（APAR）。有源相控阵雷达已成为当今相控阵雷达发展的一个重要方向。很多战略、战术雷达都是有源相控阵雷达。随着数字与模拟集成电路技术及功率放大器件的快速发展，有源相控阵技术正由雷达向通信、电子战、定位导航等领域发展。

随着高功率固态功率器件及单片微波集成电路的出现，每个天线单元通道中可以设置固态发射/接收组件，使相控阵雷达天线变为有源相控阵雷达天线。有源相控阵雷达是现代雷达发展的一个重要方向。

1. 有源相控阵雷达发展概况

有源相控阵雷达天线阵面的每一个天线单元通道中均含有有源电路，对收发合一的相控阵雷达天线来说，则是 T/R 组件，每一个 T/R 组件相当于一个常规雷达的高频前端，它既有发射功率放大器，又有低噪声放大器及移相器、波束控制电路等多种功能电路。因此，一个二维相位扫描的有源相控阵雷达的设备量相当大，成本也相当可观。尽管如此，在相控阵雷达发展过程中，最先研制成功并投入应用的却是有源相控阵雷达，典型的例子是 20 世纪 60 年代美国研制的用于空间目标监视和跟踪的大型相控阵雷达 AN/EPS-85。该相控阵雷达采用接收、发射分开的二维相位扫描相控阵平面天线，其发射天线阵中有 5184 个天线单元，5184 个用电真空器件（四极管）实现的发射机，每一个发射机的峰值功率高达 6.17 kW，平均功率为 77.8 W。因为该雷达要观察大批量空间目标，雷达作用距离高达数千公里，所以必须采用有源相控阵发射天线方案，利用空间功率合成方式，才能实现雷达发射机总输出峰值功率 32 MW、平均功率高达 400 kW 的要求。

在战术雷达中，有源相控阵雷达的问世较探测战略目标（如弹道导弹和卫星的超远程相控阵雷达）要晚。而大部分有源相控阵战术雷达主要是三坐标雷达，首先是方位机械扫描、仰角方向上相控扫描的一维相位扫描三坐标雷达。为了进一步提高三坐标雷达的性能，二维相位扫描的三坐标雷达也陆续采用了相控阵雷达天线与固态有源相控阵雷达天线的方案。这类雷达在方位角与仰角方向上均进行相位扫描，但天线还可同时进行机械转动，从而大大提高了三坐标雷达的数据率，改善了对多目标的跟踪性能，同时也克服了平面相控阵雷达天线观察空域有限（如限制在 $\pm 60°$ 范围内）的缺点。目前，国内外研制的机载雷达、弹道导弹防御雷达及星载雷达均采用相控阵雷达天线。

2. 有源相控阵雷达的应用简介

图 7.40 示出了按行、列方式馈电的有源平面相控阵天线原理图，它是将平面相控阵天线分为多个列馈的典型例子。该雷达工作在 S 波段，是一个有源相控阵天线，其发射馈线包括一个行馈和多个列馈，每一列馈为一个功率分配网络，其多个输出端分别接入该列天线各 T/R 组件中功率放大器的输入端。T/R 组件里接收电路的输出信号传送至接收馈线功率相加器的输入端，经功率合成后再经下变频器、中放、A/D 变换器变为二进制信号，传送至数

字式行馈波束形成网络。在这一例子中，采用这种方法的主要目的是便于在方位上用数字方式形成接收波束，其原理与作用将在7.5节进一步讨论。

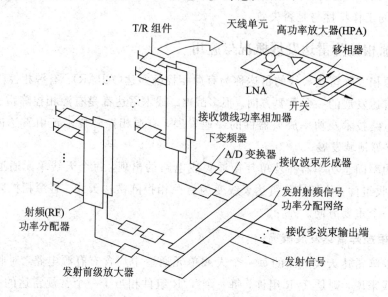

图7.40　按行、列方式馈电的有源平面相控阵天线原理图

图7.41示出了一种有源子天线阵组合馈电接收系统框图。整个有源相控天线阵分为 m 个子阵，每个子阵有 n 个天线单元通道，每个天线单元上接有一个发射/接收组件（T/R 组件）。T/R 组件由低噪声放大器、高功率放大器、移相器、T/R 开关等功能电路组成。

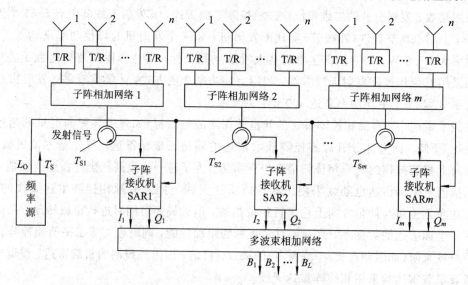

图7.41　有源子天线阵组合馈电接收系统框图

在图7.41中，m 个子阵相加网络形成 m 个接收通道，每个子阵相加网络的输出端均接有子阵接收机（SAR）。各子阵接收机的输出经多波束相加网络处理后，可得到 L 个接收波束（B_1，B_2，…，B_L），每个波束的输出分别连接到相应的波束通道信号处理器。

在图7.41中，各子阵接收机的输出为正交双通道，则输出为数字正交信号（I_i，Q_i），保留了信号的幅度和相位信息。图中所示的多波束相加网络应该是数字波束形成（DBF）。

采用固态功率放大器件作为发射机的有源相控阵雷达的例子，是美国为弹道导弹防御系统研制的早期预警相控阵雷达 AN/FPS‑115。该雷达是第一部二维相位扫描的固态相控阵雷达，它采用收发合一的相控阵雷达天线，其天线阵面采用密度加权方式，因而有源天线单元总数为 1792 个，共有 1792 个固态 T/R 组件。

AN/FPS‑115 雷达采用固态有源相控阵雷达天线，并利用空间功率合成方式，可以获得探测与跟踪多批目标要求的高功率（发射机输出总的峰值功率为 600 kW，平均功率为 150 kW），降低了馈线系统承受高功率的要求，减小了传输线的损耗，相应地降低了发射系统对初级电源的功率要求，提高了整个馈线系统的标准化、模块化设计程度。

图 7.42 示出了 AN/FPS‑115 全固态大型有源相控阵雷达发射功率分配系统与子天线阵接收机系统的框图，整个雷达天线阵分成 56 个子天线阵，每个子天线阵内的功率分配网络（图中为 1/32 功率分配器）及所有 T/R 组件均是一样的。发射机激励级、子天线阵驱动级和 T/R 组件中高功率放大器的输出功率均是同等量级，为 300 W 左右，因此标准化、模块化设计原则易于实现，从而大大简化了雷达系统的设计，便于进行批量生产并降低成本。从图 7.42 中还可看到，子天线阵对收发天线是公用的，而接收波束的形成是在由 32 个天线单元构成的子天线阵级别上实现的。

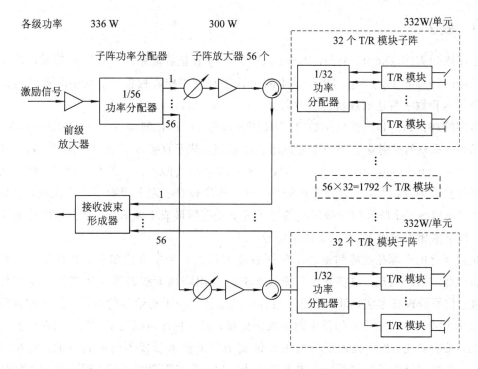

图 7.42　有源相控阵雷达发射功率分配系统和子天线阵接收机系统框图

3. 有源相控阵天线的特点

有源相控阵天线的每一个天线单元通道上均有一个高功率放大器、低噪声放大器或发射/接收组件（T/R 组件）。与无源相控阵天线相比，有源相控阵天线具有如下特点：

（1）由于功率源直接连在阵元后面，因此馈源和移相器的损耗不影响雷达性能；接收机的噪声系数是由 T/R 组件中的低噪声放大器决定的。

（2）降低了馈线系统承受高功能的要求，降低了相控阵天线中馈线网络（即信号功率相加网络）（接收时）的损耗。

（3）每个阵元通道上均有一个 T/R 组件，重复性、可靠性、一致性好，即使有少量 T/R 组件损坏，也不会明显影响性能指标，而且能很方便地实现在线维修。

（4）易于实现共形相控阵天线。

（5）有利于采用单片微波集成电路（MMIC）和混合微波集成电路（HMIC），可提高相控阵天线的宽带性能，有利于实现频谱共享的多功能天线阵列，为实现综合化电子信息系统（包括雷达、ESM 和通信等）提供了条件。

（6）采用有源相控阵天线后，有利于与光纤及光电子技术相结合，实现光控相控阵天线和集成度更高的相控阵天线系统。

有源相控阵天线虽然具有许多优点，但在具体的相控阵雷达中是否采用，要从实际需求出发，既要看雷达应完成的任务，也要分析实际条件和采用有源相控阵天线的代价，考虑技术风险及其对雷达研制周期和生产成本的影响。

7.5　数字阵列雷达

7.5.1　概述

数字阵列雷达（Digital Array Radar，DAR）是一种接收波束和发射波束都采用数字波束形成（Digital Beam Forming，DBF）技术的全数字有源相控阵列雷达。数字阵列雷达是有源相控阵雷达和数字雷达的最新发展方向。

数字阵列雷达的核心部件是数字 T/R 组件（Digital T/R Module），或称数字 T/R 模块，它包括一个完整的发射通道和一个完整的接收通道。基于直接数字频率合成器（Direct Digital Synthesizer，DDS）的数字 T/R 组件是数字阵列雷达的关键部件。在发射通道，把输入的数字信号转换为射频信号，发射信号所需的频率、相位和幅度完全用数字方法实现；在接收通道，把接收到的每个阵元的射频回波信号通过下变频器形成中频信号，对中频信号进行 A/D 采样、数字鉴相后输出 I、Q 正交数字信号。

全数字化的有源相控阵列雷达不仅接收波束形成以数字方式实现，而且发射波束形成同样也以数字技术实现，数字波束形成技术充分利用阵列天线各阵元所获得的空间信号信息，通过信号处理技术实现波束形成、目标跟踪以及空间干扰信号的置零。数字波束形成可以形成单个或多个独立可控的波束而不损失信噪；波束特性由权矢量控制，因而可实现可编程控制，灵活多变。数字波束形成的很多优点是模拟波束形成不可能具备的，它在雷达系统、通信系统以及电子对抗系统中得到了广泛应用。数字阵列雷达正在逐步代替采用传统射频T/R 组件（见图 7.39）的有源相控阵雷达，具有很大的发展潜力。

7.5.2　数字阵列雷达的组成和工作原理

1. 主要组成

数字阵列雷达的基本结构框图如图 7.43 所示，主要由数字 T/R 组件、数字波束形成器（DBF）、信号处理器、控制处理器和基准时钟等部分组成。

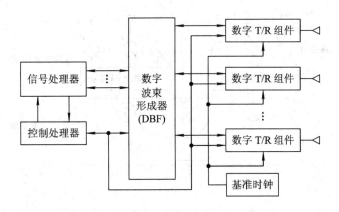

图 7.43　数字阵列雷达的基本结构框图

该系统在发射时，由控制处理器产生每个天线阵元的频率和幅相控制字，对各个数字 T/R 组件的信号产生器进行控制，从而产生需要的频率、相位和幅度的射频信号，经过功率放大后输出至对应的天线阵元，最后各阵元的输出信号在空间合成所需要的发射方向图。与传统的有源相控阵雷达不同，DAR 的数字 T/R 组件中没有模拟的移相器，而是用全数字的方法来实现波束形成，因此具有很高的精度和很大的灵活性。

在接收时，每个数字 T/R 组件接收阵列天线对应阵元的射频回波信号。经过下变频器形成中频信号，对中频信号进行 A/D 采样和数字鉴相后输出正交的 I、Q 数字信号。多路数字 T/R 组件输出的大量回波信号数据通过高速数据传输系统，例如低压差分传输器(LVDS)或光纤传输系统，最后送至数字波束形成器和信号处理器，数字波束形成器完成单波束、多波束形成以及自适应波束形成，信号处理器完成软件化信号处理，如脉冲压缩、动目标显示(MTI)、动目标检测(MTD)和脉冲多普勒(PD)信号处理。

2. DAR 的 DBF 概念

图 7.44 示出了 DAR 的 DBF 概念示意图。图 7.44(a)为几种潜在的 DBF 收发波束模式；图(b)示出了将阵元合成为若干子阵实现模拟波束形成，然后将每一子阵输出的 I、Q 数字信号进行复加权再求和，从而实现数字波束形成。

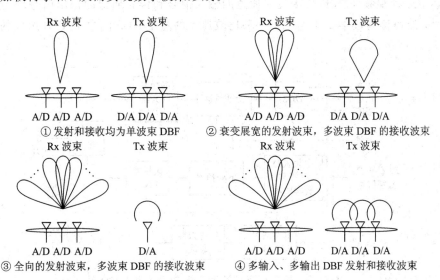

(a)

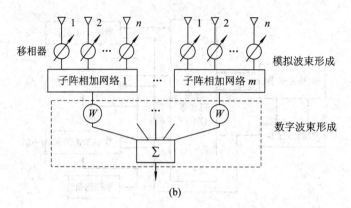

图 7.44　DAR 的 DBF 概念示意图

（a）潜在的 DAR 收发波束模型；

（b）将阵元合成若干子阵实现模拟波束形成，然后一起实现数字波束形成示意图

7.5.3　数字 T/R 组件的组成和特点

　　数字 T/R 组件可以看成是一种视频 T/R 组件。视频 T/R 组件可分为两种：第一种 T/R 组件发射支路的输入信号为射频信号，接收支路的输出信号（即接收机输出端的输出信号）为正交双通道数字信号；第二种 T/R 组件中发射支路输入信号和接收支路输出信号均为数字化的视频信号。这种视频 T/R 组件被称为数字 T/R 组件（Digital T/R Module），或称为数字 T/R 模块。

　　第一种视频 T/R 组件可称为接收数字 T/R 组件。接收数字 T/R 组件与射频 T/R 组件（见图 7.39）的差别在于：前者的接收输出端是正交双通道数字信号。获取正交 I、Q 双通道数字信号的方法有两种：第一种是传统的零中频鉴相方法；第二种是中频 A/D 采样数字鉴相方法。这种接收数字 T/R 组件主要用于以数字方式形成多个接收波束，便于远距离传输和在远端实现多波束的形成、辐射源来波方向（DOA）检测及其他信号处理。

1. 数字 T/R 组件及其工作原理

　　上述第二种视频 T/R 组件因发射通道的输入信号和接收通道的输出信号均为数字化的视频信号，故可称为数字 T/R 组件。一种比较典型的基于 DDS 的数字 T/R 组件的组成方框图如图 7.45 所示。

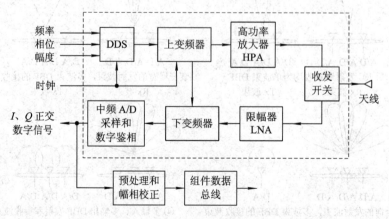

图 7.45　基于 DDS 的数字 T/R 组件的组成方框图

数字 T/R 组件是基于直接数字频率合成器(DDS)而实现的,它的集成度较高,功能齐全,处理精度很高。我们在前面已简要介绍了 DDS 的工作原理,在这里讨论数字 T/R 组件时,DDS 只作为其中一个功能电路。

图 7.45 所示的数字 T/R 组件具有完整的发射通道和接收通道,其中发射通道由 DDS、上变频器和功率放大器组成;接收通道包括限幅器、低噪声放大器(LNA)、下变频器以及中频 A/D 采样和数字鉴相等部分。图中,DDS 的输入信号包括时钟信号(参考频率)及频率、相位、幅度 3 个控制信号,这 3 个控制信号均是二进制形式的数字信号。发送时,由 DDS 产生的基带信号经上变频器后产生雷达发射激励信号,经高功率放大器(HPA)放大和 T/R 开关再传送到天线单元向空间辐射。接收时,DDS 产生本振基带信号,经上变频器后变为接收本振信号,与低噪声放大器(LNA)、带通滤波器输出的接收信号进行混频,获得中频信号,再经中频放大器、带通滤波器、A/D 变换器,获得以二进制表示的 I、Q 正交数字信号。图 7.45 中的数字 T/R 组件的接收输出信号还可经过预处理和幅相校正,然后经组件数据总线或光纤系统传输至后面的数字接收波束形成器。

以上介绍表明,除 T/R 组件中发射信号与接收信号的放大部分应该工作在雷达信号工作频带之外,其余部分(包括发射激励信号和本振信号的产生)均是在视频以数字控制字方式传送到 T/R 组件的。在 T/R 组件的组成中,已没有了数字式移相器和衰减器。相应地,波束控制电路(包括逻辑运算电路和驱动电路)也就不包括在 T/R 组件之中,它们都已被替代;波束控制方式也相应改变,波束控制系统对每一个 DDS 给出与天线波束位置相对应的波束控制信号(在 DDS 中的固定相位控制码)。数字 T/R 组件的代价是在 T/R 组件中增加了 DDS、上变频器、混频器、中频放大器、带通滤波器、A/D 变换器等模拟集成电路。目前,随着集成度的提高,如数字上变频器(DUC)、用作本振的数字控制振荡器(NCO)、数字下变频(DDC)的商业化应用,这些电路也逐渐集成进基于 DDS 的 T/R 组件之中,使数字 T/R 组件的构成与功能有了新的扩展。

从图 7.45 中可以看出,数字 T/R 组件与射频 T/R 组件的差别不在其射频部分(它们都需要高功率放大器、限幅器、低噪声放大器、射频开关、射频监测开关等),仅在于发射输入与接收输出。因此,应该说数字 T/R 组件与射频 T/R 组件相比,主要优点是增加了数字发射信号输入和接收信号输出之后带来的信号波形产生、相位与幅度控制的灵活性。可以预期,随着集成电路技术的进步和成本的降低,数字 T/R 组件在有源相控阵雷达天线系统中的应用前景将会越来越广阔。

2. 数字 T/R 组件的特点

在数字阵列雷达的每一个天线单元中均有一个数字 T/R 组件,数字 T/R 组件具有以下几个特点:

(1)发射激励信号与接收本振信号均以数字方式产生。由于受计算机的控制,使 DDS 不仅能产生发射激励信号脉冲,而且在发射信号脉冲产生之后,DDS 还可产生接收时需要的本振信号频率,因此,一个基于 DDS 的 T/R 组件同时具有信号波形产生器的功能。

(2)易于产生复杂的信号波形。复杂信号波形具有复杂的调制形式,线性调频(LFM)脉冲压缩信号或相位编码信号的产生可通过改变加到 DDS 中相加器的随时间变化的频率、相位和幅度控制码来实现。

(3)通过改变加到 DDS 中相位累加器的数字控制码可以实现移相器和衰减器的功能,因此在 T/R 组件发射与接收支路的射频部分不再需要模拟移相器和衰减器。移相精度相当高。例如，频率控制码为 16 位，相应的移相精度为 $0.006°$。

（4）这种 T/R 组件可集波形变化和波束变化于一身，具有良好的可重复性和可靠性，易于实现各 T/R 组件之间发射与接收支路信号幅度与相位一致性的调整。

这种数字 T/R 组件与射频 T/R 组件相比，目前存在的最大问题是系统比较复杂，而且成本较高。然而，随着数字电路（特别是 DDS）的迅速发展和 MMIC 技术的日臻成熟，数字 T/R 组件将会显示出越来越强的生命力。

7.5.4 数字波束形成（DBF）的原理

图 7.46 示出了具有 N 单元天线阵波束最大值方向示意图，其天线波束最大值指向为 θ_B，目标所在方向为 θ，则相邻单元的接收信号在空间传播中的空间相位差 ψ、相邻单元之间的阵内相位差 φ 分别为

$$\psi = \frac{2\pi}{\lambda}d\sin\theta \tag{7.5.1}$$

$$\varphi = \frac{2\pi}{\lambda}d\sin\theta_B \tag{7.5.2}$$

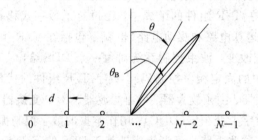

图 7.46　N 单元天线阵波束最大值方向示意图

在采用数字方法形成接收波束时，φ 取预定的天线波束最大值指向 θ_B，由波束形成计算机或相控阵信号处理机来完成。为此，要求每一天线单元通道（如果在子天线阵级别上用数字方法形成多个接收波束，则为每一个子天线阵通道）的接收机应有正交相位检波信号的输出，如图 7.45 所示。其中，I、Q 两个正交通道的信号经 A/D 变换后传送至多波束形成计算机。第 i 个通道接收信号 x_i 表示为

$$x_i = I_i + jQ_i \tag{7.5.3}$$

第 i 个通道接收信号的幅度和相位分别为

$$\begin{cases} |x_i| = (I_i^2 + Q_i^2)^{1/2} \\ \phi_i = \arctan\dfrac{\theta_i}{I_i} \end{cases} \tag{7.5.4}$$

对第 i 个单元，在某一抽样时刻的接收信号的两个正交分量可表示为

$$\begin{cases} I_i = a_{io}\cos(\Delta\phi_0 + i\psi) \\ Q_i = a_{io}\sin(\Delta\phi_0 + i\psi) \end{cases} \tag{7.5.5}$$

式中，a_{io} 为各个天线单元（或子天线阵）信号的幅值；$\Delta\phi_0$ 为接收回波信号与本振信号之间的相位差，若各单元通道内混频器的本振信号是经并联功率分配网络传送的，具有相同的相位，则 $\Delta\phi_0$ 对各个单元通道都是一样的；ψ 为相邻单元的空间相位差。

为了形成第 k 个接收波束，其接收波束的指向为 θ_{Bk}，则对各个接收波束应分别按式 (7.5.2) 提供该接收波束需要的阵内相位差。

以形成第 k 个接收波束为例,应提供的天线阵内相位补偿值为

$$\varphi_k = \frac{2\pi}{\lambda} d \sin\theta_{Bk} \tag{7.5.6}$$

进行相位补偿后,第 i 路信号的输出应为

$$\begin{cases} I'_{ik} = a_{io} \cos(\Delta\phi_0 + i\psi - i\varphi_k) \\ Q'_{ik} = a_{io} \sin(\Delta\phi_0 + i\psi - i\varphi_k) \end{cases} \tag{7.5.7}$$

由式(7.5.6)可知,式(7.5.7)可以表示为

$$\begin{cases} I'_{ik} = I_i \cos(i\varphi_k) + Q_i \sin(i\varphi_k) \\ Q'_{ik} = -I_i \sin(i\varphi_k) + Q_i \cos(i\varphi_k) \end{cases} \tag{7.5.8}$$

也可写成矩阵形式,即

$$\begin{bmatrix} I'_{ik} \\ Q'_{ik} \end{bmatrix} = \begin{bmatrix} \cos(i\varphi_k) & \sin(i\varphi_k) \\ -\sin(i\varphi_k) & \cos(i\varphi_k) \end{bmatrix} \begin{bmatrix} I_i \\ Q_i \end{bmatrix} \tag{7.5.9}$$

由此可见,进行一次矩阵变换,即经过 4 次实数乘法与 2 次实数加法运算后,可实现对一个单元通道信号的相位补偿。

通常要在 DBF 处理机中,通过幅度加权降低接收天线的副瓣电平,可令第 i 个单元通道的幅度加权系数为 a_{il},则 I'_{ik} 和 Q'_{ik} 应为

$$\begin{bmatrix} I'_{ik} \\ Q'_{ik} \end{bmatrix} = \begin{bmatrix} a_{il} \cos(i\varphi_k) & a_{il} \sin(i\varphi_k) \\ -a_{il} \sin(i\varphi_k) & a_{il} \cos(i\varphi_k) \end{bmatrix} \begin{bmatrix} I_i \\ Q_i \end{bmatrix} \tag{7.5.10}$$

由于按式(7.5.10)在 DBF 过程中要引入幅度加权系数 a_{il},则第 i 个单元通道的总幅度加权系数 a_i 为

$$a_i = a_{il} a_{io} \tag{7.5.11}$$

第 k 个波束的天线方向图函数 $|F_k(\theta)|$ 为

$$| F_k(\theta) | = (I'^2_{k\Sigma} + Q'^2_{k\Sigma})^{1/2} \tag{7.5.12}$$

式中:

$$\begin{cases} I'_{k\Sigma} = \sum_{i=0}^{N-1} I'_{ik} \\ Q'_{k\Sigma} = \sum_{i=0}^{N-1} Q'_{ik} \end{cases} \tag{7.5.13}$$

因此,对于 N 个天线单元的天线阵,要形成一个接收多波束,需要进行 $4N$ 次实数乘法运算和 $2N+2(N-1)$ 次实数加法运算;若要同时形成 k 个接收多波束,则需要进行的运算次数为 $4kN$ 次实数乘法运算和 $k(4N-2)$ 次实数加法运算。

以上用数字方式形成接收多波束的运算,以矢量方式表达时更简捷一些。令 N 单元天线阵接收到的信号矢量为 $\boldsymbol{X}$,即

$$\boldsymbol{X} = \begin{bmatrix} x_0 & x_i & \cdots & x_{(N-1)} \end{bmatrix}^T \tag{7.5.14}$$

式中,x_i 为第 i 个单元接收到的复信号,即

$$x_i = I_i + jQ_i \tag{7.5.15}$$

形成第 k 个波束所需要的对第 i 个单元通道的复加权系数 $\boldsymbol{W}_{ik}$ 为

$$\boldsymbol{W}_{ik} = a_i \exp[-ji\varphi_k] \tag{7.5.16}$$

则第 k 个波束的接收信号矢量的复加权系数 $\boldsymbol{W}_k$ 为

$$\boldsymbol{W}_k = \begin{bmatrix} W_{0k} & W_{1k} & \cdots & W_{ik} & \cdots & W_{(N-1)k} \end{bmatrix}^T \tag{7.5.17}$$

加权后的复信号,经相加、求和便得到数字波束形成网络的输出函数 $F_k(\theta)$:

$$\boldsymbol{F}_k(\theta) = \boldsymbol{W}_k^{\mathrm{T}} \boldsymbol{X} \tag{7.5.18}$$

$|\boldsymbol{F}_k(\theta)|$ 便是第 k 个波束的方向图函数。

采用不同的复加权系数,分别求出它们与阵列输出信号的加权和值,即可获得不同指向的波束。每一个波束有一个独立的输出通路,在数字波束形成系统中,用 N 个独立通道可以同时形成 N 个正交波束,如不受正交条件的限制,则在原理上可以同时形成远多于 N 个或少于 N 个波束。例如,同时形成 m 个独立波束,则有相应的 m 组复加权系数,其复加权系数 $\boldsymbol{W}$ 为

$$\boldsymbol{W} = \begin{bmatrix} W_{00} & W_{01} & \cdots & W_{0(N-1)} \\ W_{10} & W_{11} & \cdots & W_{1(N-1)} \\ \vdots & \vdots & & \vdots \\ W_{(m-1)0} & W_{(m-1)1} & \cdots & W_{(m-1)(N-1)} \end{bmatrix} \tag{7.5.19}$$

m 个波束的输出为

$$\boldsymbol{F}(\theta) = \boldsymbol{W}\boldsymbol{x}$$

$$= \begin{bmatrix} W_{00} & W_{01} & \cdots & W_{0(N-1)} \\ W_{10} & W_{11} & \cdots & W_{1(N-1)} \\ \vdots & \vdots & & \vdots \\ W_{(m-1)0} & W_{(m-1)1} & \cdots & W_{(m-1)(N-1)} \end{bmatrix} \begin{bmatrix} x_0 \\ x_1 \\ \vdots \\ x_{N-1} \end{bmatrix} \tag{7.5.20}$$

7.5.5 接收数字波束形成

用数字技术实现波束形成称为数字波束形成(DBF)。图 7.47 示出了数字波束形成的原理方框图。前面讲述的数字波束形成,实际上是在接收状态下的数字波束形成,通常简称为接收数字波束形成。

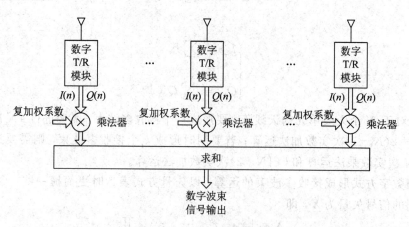

图 7.47 数字波束形成原理方框图

在数字阵列雷达中,阵列天线的每一个阵元都接有一个数字 T/R 模块,数字 T/R 模块具有独立的接收通道和发射通道。每个阵元接收的射频回波信号送至数字 T/R 模块的接收通道,经过低噪声高放、下变频转换成中频信号,对中频信号进行 A/D 采样和数字鉴相,最后输出正交的 I、Q 数字信号。对每个 T/R 模块接收通道输出的 I、Q 数字信号分别进行复加权和求和运算处理,形成所要求的波束。

　　图 7.48 示出了数字多波束形成系统组成框图。图中每个阵元的 T/R 模块接收通道输出的 I、Q 数字信号与图 7.47 所示的数字波束形成相同，或者说，每个 T/R 模块接收通道输出的 I、Q 数字信号对这些多波束形成是公用的。对应每一个波束，都有一组复数权值。例如，对第 1 个波束，复加权系数为 W_{11}，W_{12}，$\cdots$，W_{1N}；对第 k 个波束，复加权系数为 W_{k1}，W_{k2}，$\cdots$，W_{kN}；对第 n 个波束，复加权系数为 W_{n1}，W_{n2}，$\cdots$，W_{nN}；等等。

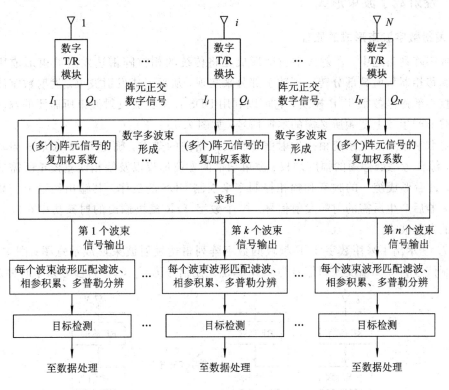

图 7.48　数字多波束形成系统组成框图

　　对于 N 单元天线阵，N 个数字 T/R 模块输出的信号矢量 $\boldsymbol{x}$ 为

$$\boldsymbol{x} = \begin{bmatrix} x_1 & \cdots & x_i & \cdots & x_N \end{bmatrix}^{\mathrm{T}} \tag{7.5.21}$$

式中，第 i 个 T/R 模块输出的复信号 x_i 为

$$x_i = I_i + \mathrm{j}Q_i \tag{7.5.22}$$

　　为形成第 1 个、第 k 个和第 n 个波束，接收信号的复加权系数 $\boldsymbol{W}_1$、$\boldsymbol{W}_k$ 和 $\boldsymbol{W}_n$ 分别为

$$\boldsymbol{W}_1 = \begin{bmatrix} W_{11} & W_{12} & \cdots & W_{1i} & \cdots & W_{1N} \end{bmatrix}^{\mathrm{T}} \tag{7.5.23}$$

$$\boldsymbol{W}_k = \begin{bmatrix} W_{k1} & W_{k2} & \cdots & W_{ki} & \cdots & W_{kN} \end{bmatrix}^{\mathrm{T}} \tag{7.5.24}$$

$$\boldsymbol{W}_n = \begin{bmatrix} W_{n1} & W_{n2} & \cdots & W_{ni} & \cdots & W_{nN} \end{bmatrix}^{\mathrm{T}} \tag{7.5.25}$$

　　加权后的复信号经过求和之后，便可以得到第 1 个、第 k 个和第 n 个波束的输出分别为

$$\boldsymbol{F}_1(\theta) = \boldsymbol{W}_1^{\mathrm{T}} \boldsymbol{x} \tag{7.5.26}$$

$$\boldsymbol{F}_k(\theta) = \boldsymbol{W}_k^{\mathrm{T}} \boldsymbol{x} \tag{7.5.27}$$

$$\boldsymbol{F}_n(\theta) = \boldsymbol{W}_n^{\mathrm{T}} \boldsymbol{x} \tag{7.5.28}$$

　　数字波束形成技术较之射频和中频波束形成具有很多优点：可同时产生多个独立可控的波束，而不损失信噪比；波束特性由权矢量控制，灵活可变；天线具有较好的自校正和低副瓣能力；等等。更为重要的是，由于在基带上保留了天线阵单元信号的全部信息，因而可以采用先进的数字信号处理理论和方法，对阵列信号进行处理，以获得波束的优良性能。例

如，形成自适应波束以实现空域抗干扰；采用非线性处理技术以得到改善的角分辨力；等等。因此，DBF 技术是一项具有吸引力的新技术，而且随着相关高新技术，诸如超大规模和超高速集成电路(VLSI/VHSIC)、DDS 和单片微波集成电路(MMIC)等技术的快速发展，DBF 在雷达及其他电子领域具有广阔的应用前景。

7.5.6　发射数字波束形成

1. 发射数字波束形成的原理

在数字阵列雷达中，发射数字波束形成是将传统的相控阵雷达发射波束形成所需的幅度加权和移相器从射频部分转移到数字部分来实现，从而形成发射波束。发射数字波束形成系统的核心部件是数字 T/R 模块，它可以利用 DDS 技术完成发射波束所需要的幅度相位加权以及波形产生和上变频所必需的本振信号，见图 7.45。

发射数字波束形成系统根据发射信号和波束指向的要求，确定 DDS 的基本频率和幅相控制字，综合考虑低旁瓣的幅度加权、波束扫描的方位加权以及幅相误差校正所需的幅相加权因子，最后形成统一的频率和幅相控制字来控制 DDS 的工作，其输出经过上变频器和高功率放大器后产生所需的射频发射信号。N 个数字 T/R 模块输出的射频功率在空间合成实现所需的发射波束。

图 7.49 示出了采用数字 T/R 模块的数字阵列雷达发射波束形成示意图。图中 DDS 的频率控制信号为 C_f，幅度控制信号为 C_A，相位控制信号为 C_{ph}，F_c 为参考频率时钟。

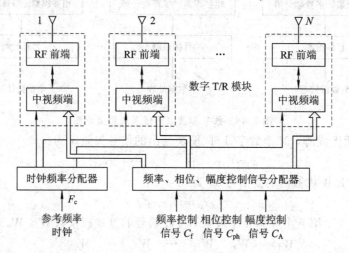

图 7.49　采用数字 T/R 模块的数字阵列雷达发射波束形成示意图

对于采用射频 T/R 模块的有源相控阵雷达，虽然可以降低对馈线系统耐高功率发射信号的要求和降低对馈线损耗的要求，但在发射工作状态仍然需要一个复杂的功率分配网络，在接收状态也需要一个接收功率相加网络。当采用数字 T/R 模块后，不再需要这种射频功率分配网络和接收功率相加网络，但需要用相似分配比的视频控制信号分配系统来分配二进制的数字控制信号 C_f、C_A 和 C_{ph}。

从图 7.49 中可见，视频控制信号分配系统是一个数字总线系统。其信号波形的产生和波束形成的控制信号以及时钟频率分别要传送至每一个天线单元的数字 T/R 模块的 DDS 的各相关输入端。

2. 在子天线阵上应用数字 T/R 模块的发射数字波束形成

在二维相位扫描的有源相控阵雷达天线中，天线单元的数目巨大，通常为几千甚至几万，因为数字 T/R 模块目前总的研制和生产成本较高，所以在子天线阵级别上，首先应用数字 T/R 模块更为现实与合理。

对于二维相扫的有源相控阵雷达天线，为了降低研制成本，通常可分解为多个子天线阵。以图 7.50 所示的有源相控阵天线为例，该有源相控阵由雷达发射天线上 m 个发射信号推动级放大器及相对应的 m 个子天线阵组成，每个子天线阵级别上的发射激励信号由数字 T/R 模块中的 DDS 产生，而每个子天线阵面上各天线单元通道上的 T/R 模块仍为普通的射频 T/R 模块或中频 T/R 模块。

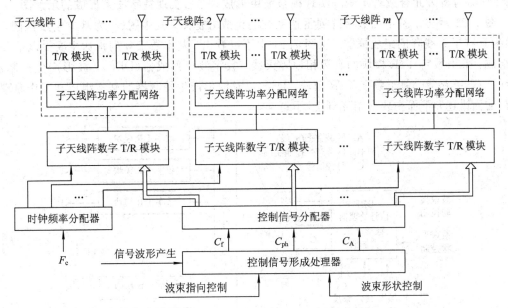

图 7.50 在子天线阵级别上应用数字 T/R 模块的发射数字波束形成方框图

在有源相控阵雷达天线分为若干子天线阵的情况下，相控阵雷达天线方向图可以看成是子天线阵综合因子方向图与天线阵方向图的乘积。子天线阵方向图因其口径较小，故其方向图较宽；而子天线阵内各单元通道中的 T/R 组件仍含有移相器与衰减器，故子天线阵方向图也同样具有相控扫描能力，其最大值指向与综合因子方向图一致。每个子天线阵作为一个单元，各个子天线阵之间形成的天线方向图称为子天线阵综合因子方向图，因天线口径为整个相控阵雷达天线的口径，故其波束宽度较子天线阵方向图窄许多。综合因子方向图与子天线阵方向图相乘获得的相控阵雷达天线方向图的形状主要取决于综合因子方向图。因此，在子天线阵级别上采用数字 T/R 组件产生的各子天线阵发射激励信号，灵活改变它们之间的相位与幅度，将使有源相控阵雷达天线发射波束的指向与形状变化更具灵活性，易于实现自适应能力。

由于数字 T/R 模块只应用于子天线阵发射激励信号的产生和子天线阵通道接收机，因此虽然有源相控阵雷达天线阵面部分的结构没有变化，但与原来采用单一发射激励信号相比，在各子天线阵之间的发射功率分配网络和接收相加网络却有了很大的改变，因此也带来了许多新的优点：

（1）各子天线阵的发射信号只受波形产生器（WFG）的控制，完全由 DDS 产生，具有产生可捷变的复杂信号波形的灵活性。

(2) 可自适应形成子天线阵综合因子方向图,有利于形成多个自适应多波束。

(3) 除了统一的时钟频率信号外,发射信号激励源已成为多路并行分布式结构,因此不再需要从发射信号激励源至各子天线阵的复杂的射频功率分配系统。

(4) 便于精确补偿各子天线阵之间信号的幅相误差,消除了天线阵的相关幅相误差。

(5) m 个子天线阵共需 m 个数字 T/R 模块,降低了研制费用和运行成本。

7.5.7 基本数字阵列雷达

图 7.44 示出了 DAR 的 DBF 概念示意图,其中图(a)为潜在的 DAR 收发波束形成模式;图(b)为将阵元合成若干子阵实现模拟波束形成,然后实现数字波束形成的示意图。

图 7.51 示出了基本的数字阵列雷达系统的组成方框图,其中图(a)为基本组成框图;图(b)为具有子天线阵的组成框图。从图 7.51 中可以看出,基本数字阵列雷达主要由以下几部分组成:采用数字 T/R 模块的有源相控阵天线、数字波束形成器(DBF)、波形产生控制器、光纤上/下链路等。关于数字 T/R 模块、DBF 以及波形产生控制器的基本组成和工作原理已经在前面讲述,下面主要介绍光纤上/下链路。

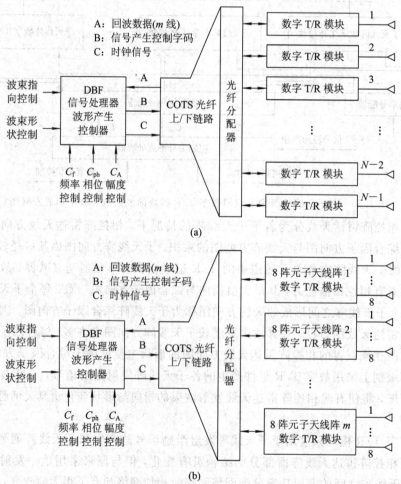

图 7.51 基本的数字阵列雷达系统的组成方框图

(a) 基本组成框图;(b) 具有子天线阵的组成框图

大容量高速数据传输系统是实现每个数字阵列单元(DAU)与数字处理(DBF 和数字信号处理器等)系统之间数据交换所必不可少的。有多种方法来实现大容量高速数据传输,如数据总线传输、低压差分传输(LVDS)和光纤传输等。其中,数据总线传输的传输数据率较低,传输线长度也受到限制,在此不宜使用;采用低压差分传输和光纤传输,其传输速率可达几百兆甚至上千兆。

LVDS 是一种小振幅差分信号传输技术,使用较低的幅度信号(约 350 mV),通过一对差分 PCB 走线或平衡电缆来传输数据。它允许单个信道的传输数据率达到每秒数百兆比特。与 LVDS 相比,光纤传输具有传输距离远、传输数据率高、延迟少、重量轻、保密性好等优点,其传输数据率可达千兆比特以上。

在数字阵列雷达中,阵列天线至 DBF、信号处理器和波形产生控制器之间的距离较长,必须采用上/下光纤链路来传输回波数据、信号产生控制字码以及时钟信号。在图 7.51 中,光纤上/下链路采用市场上可以买到的商业成品(Commercial-Off-The-Shelf,COTS),因此又称为 COTS 光纤上/下链路。

该有源相控阵天线中有 m 个子天线阵,每个子阵天线的数字 T/R 模块输出的 I、Q 数字信号,经过并行-串行多路调制器转换成串行的高数据率回波信号数据,并送至光纤分配器。在光纤分配器中,通过电-光(E/O)变换器将串行的回波数据转换成光数据。这些高比特率的光数据通过下链路光纤(A)传输至 DBF 和信号处理系统,通过光-电(O/E)变换器转换成串行高比特回波数据,再经过串行-并行解调器将串行高比特回波数据还原成并行的回波信号数据,最后送至 DBF 和信号处理器进行实时处理。该系统有 m 个子天线阵,使用 m 个数字 T/R 模块,COTS 光纤下链路(A)共需要 m 条光纤。

从图 7.51 中可以看到,发射数字波束形成系统根据发射信号和波束指向指令,产生每一个数字 T/R 模块 DDS 的频率、相位和幅度控制字。信号产生处理器将频率、相位和幅度控制字按比例分配形成串行的波形和控制字码,通过电-光(E/O)变换器转换成光控制字码,由光纤上链路(B)传送至光纤分配器。在光纤分配器中,由光-电变换器述原成频率、相位和幅度控制字码,分别送至每一个数字 T/R 模块的相关接口。此外,光纤上链路 C 完成时钟信号的传输,时钟光信号在光纤分配器中通过光-电(O/E)变换器还原成时钟电信号,最后分别加至每个数字 T/R 模块 DDS 时钟输入端口。

7.6 三 坐 标 雷 达

7.6.1 概述

雷达工作时常需要测量目标在空间的 3 个坐标值:距离、方位角、仰角。通常的监视雷达只能测量距离和方位角这两个坐标。曾经有多种方法来测量仰角和高度:工作频率低的早期雷达,地(海)面反射使垂直面方向图分裂成波瓣形,这时可以利用波瓣形状的规律进行目标仰角估测;V 形波束测高是在搜索波束之外再增加一个倾斜 45° 的倾斜波束,用来测量目标的距离和方位,增加的倾斜波束用来测定目标的高度;用一部"点头"式测高雷达配合二坐标的空中监视雷达协同工作,监视雷达发现目标并测得其距离和方位角,同时将目标坐标数据送给测高雷达,该雷达具有窄的仰角波束,并在仰角方向"点头"扫描,可以比较准确地测定目标的仰角和高度。

这些测量方法的主要缺点是测量过程比较复杂、缓慢，可以同时容纳的目标数目较少，有时测量精度较差，因而不能适应空中目标高速度、高密度出现时对雷达测量的要求。无论是军用或民用的搜索、导航或空中交通管制雷达，在飞机飞行速度和机动能力日益提高的条件下，都要求它们加大探测空域，快速、精确地测出多批次目标的 3 个坐标值。20 世纪 50 年代后期开始，为适应这种需要，逐步出现了各类三坐标雷达，它能同时迅速、精确地测量雷达探测空域内大量目标的 3 个坐标值。

对三坐标雷达的主要要求是能快速提供大空域、多批量目标的三坐标测量数据，同时要有较高的测量精度和分辨力。通常用数据率作为衡量三坐标雷达获得信息速度的一个重要指标。数据率这个指标也反映了雷达各主要参数之间的关系。在三坐标雷达中，为了提高测量方位角与仰角的精度和分辨力，通常都采用针状波束。

7.6.2 三坐标雷达的数据率

下面讨论三坐标雷达的数据率 D。数据率定义为单位时间内雷达对指定探测空域内任一目标所能提供数据的次数。可以看出，数据率 D 也等于雷达对指定空域探测一次所需时间（称为扫描周期 T_s）的倒数，因为波束每扫描一次，对待测空域内的每一目标能够提供一次测量数据。

若雷达待测空域立体角为 V，波束立体角为 θ，雷达重复周期为 T_r，重复频率为 f_r，雷达检测时所必需的回波脉冲数为 N，为此，必须保证波束对任一目标照射时间不小于 NT_r（即波束在某一位置停留的时间不应短于 NT_r），则雷达波束的扫描周期为

$$T_s = \frac{V}{\theta} N T_r = \frac{V}{\theta} \frac{N}{f_r} \tag{7.6.1}$$

设雷达作用距离为 R_{max}，则目标回波的最大延迟时间为

$$t_{rmax} = \frac{2R_{max}}{c}$$

式中，c 为光速。若取 $T_r = 1.2 t_{rmax}$，则

$$T_s = \frac{V}{\theta} N \frac{2.4 R_{max}}{c}$$

波束扫描周期 T_s 的倒数为雷达的数据率 D，故

$$D = \frac{1}{T_s} = \frac{\theta}{V} \frac{1}{NT_r} = \frac{\theta f_r}{VN} \tag{7.6.2}$$

波束立体角 θ 和待测空域立体角 V 可按以下方法计算：

球面上的某一块面积除以半径的平方定义为这块面积相对球心所张的立体角。

假定雷达波束在两个平面内的宽度相同，设 $\theta_\alpha = \theta_\beta = \theta_b$，则波束在以距离 R 为半径的球面上切出一个圆，见图 7.52(a)，我们把该圆的内接正方形作为波束扫描中的一个基本单元，以保证波束扫描时能覆盖整个空域，见图 7.52(b)。由图可知，正方形的面积为 $(R\theta_b/\sqrt{2})^2$，故波束立体角为 $\theta = (R\theta_b/\sqrt{2})^2/R^2 = \theta_b^2/2$。

同理，若波束宽度 θ_α 与 θ_β 不相等，则波束立体角 $\theta = \theta_\alpha \theta_\beta/2$。若待测空域的方位角范围为 $\alpha_1 \sim \alpha_2$，仰角范围为 $\beta_1 \sim \beta_2$，则由图 7.53 可求出待测空域的立体角为

$$V = \frac{S}{R^2} = \frac{1}{R^2} \iint dS = \frac{1}{R^2} \int_{\alpha_1}^{\alpha_2} \int_{\beta_1}^{\beta_2} R^2 \cos\beta d\alpha d\beta = (\alpha_2 - \alpha_1)(\sin\beta_2 - \sin\beta_1) \text{ rad} \tag{7.6.3}$$

式中，S 为待测空域所截的以 R 为半径的球面面积。

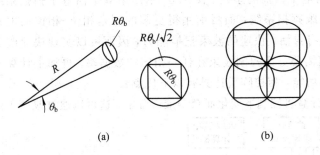

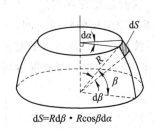

$dS = Rd\beta \cdot R\cos\beta d\alpha$

图 7.52 波束立体角计算

(a) 波束扫描的一个基本单元；(b) 波束覆盖空域图   图 7.53 待测空域立体角的计算

波束立体角 θ 由测角精度和分辨力决定，不能任意加大，同时，θ 增大后将使天线增益下降，从而减小探测距离，回波脉冲数 N 将影响探测能力以及多普勒分辨能力等，因此提高数据率是雷达系统综合设计研究的问题。

三坐标雷达可以同时测量空间目标的 3 个坐标，为了保证角度测量的精度和分辨力，通常采用针状天线波束。三坐标雷达大体上可分为单波束和多波束两大类。

7.6.3 单波束三坐标雷达

为了同时测定仰角和方位角，雷达天线的针状波束必须在方位角和俯仰角两个平面进行扫描。要实现两个平面上的扫描，可以采用机械扫描和电扫描相结合的方式，也可以在二维上均采用电扫描。

通常的三坐标雷达采用在方位角上进行机械扫描以测定目标的距离和方位角，在方位角上进行机械慢扫的同时在仰角方向波束用电扫描进行快速扫描以测定仰角。如图 7.54 所示，仰角快扫用频率扫描实现。频扫是较早期三坐标雷达采用的一种快扫方式。仰角频扫系统是顺序波瓣法的一种形式，可以将相邻波瓣的输出振幅采用比幅法来测角。由于不同波束位置对应的频率各异，因此这种方法的测角精度较差。

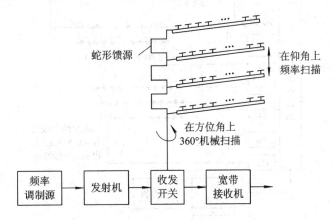

图 7.54 机械扫描与频率扫描混合的系统

针状波束在仰角的快扫可以采用相位扫描的办法，也就是对阵天线每行阵元馈电输出端的移相器进行电控。这种电扫方法是最灵活且目前用得最多的一种相位扫描方法，它可以灵活地形成和、差波束，采用顺序扫描或随机扫描。波形设计和波束指向可以完全独立。

波束扫描也可以采用双平面均为电子扫描的系统。图 7.55 示出了双平面电子扫描系统示意图。早期一般采用一维相扫、一维频扫系统，而目前用得更多的则是相位-相位的电扫系统，这就是相控阵雷达。由于它具有灵活、快速的波束扫描能力，因而可以实现快速改变波束指向和波束的驻留时间，即根据需要灵活控制波束在任一指向的数据率。再加上计算机控制、波形产生、信号和数据处理等功能，相控阵雷达具有以下优点：

（1）搜索时的功率和能量可以在计算机控制下变化而获得最佳分配，这可以通过改变不同

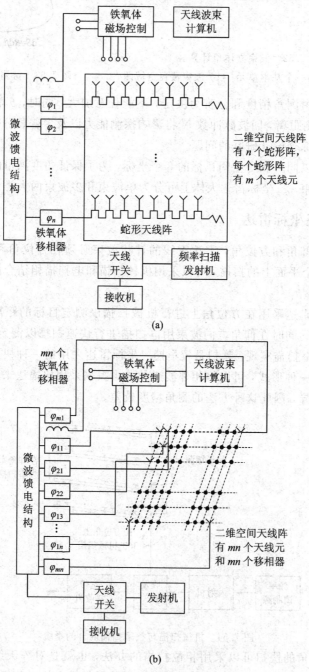

图 7.55　双平面电子扫描系统示意图

（a）相位-频率电扫描系统；（b）相位-相位电扫描系统

波束指向时的驻留时间以及发射波形来获得,同时这两个参数的选择还影响消除杂波的能力。

(2) 搜索和跟踪的功能可以独立进行,搜索到并确认为目标后,精确的参数估计可在跟踪模式下完成,这时可改变驻留时间和采用最佳波形。跟踪时的数据率可自适应地改变,以适应诸如跟踪启动和目标机动的情况。

(3) 多功能工作,即搜索的同时可以跟踪多个目标。工作的模式是多样的,可灵活变化。

因此,相控阵雷达用于搜索/跟踪应用时可以设计出性能最好的雷达。如果要使雷达具有多种功能,则相控阵雷达是唯一的选择。

目前对雷达性能的要求更高,要求能适应高速度的多目标环境以及目标 RCS 的下降和严酷的电子干扰等。相控阵雷达的性能便能适应这些要求,而且随着相关技术的迅猛发展,其价格也将趋于合理,因此相控阵雷达将获得日益广泛的应用。

7.6.4　多波束三坐标雷达

多波束三坐标雷达就是在一个(或两个)平面内同时存在数个相互部分重叠的波束。若每个波束的立体角与单波束三坐标雷达一样为 θ,现假定有 M 个波束,则总的波束立体角为 $\theta_\Sigma = M\theta$。故与单波束三坐标雷达相比,在搜索空域和精度等因素相同的条件下,数据率提高到原来的 M 倍是可能的。

必须指出,用增加波束的数目来提高数据率 D 时,要相应地增加发射功率,以保证每个波束所探测的空域均有足够的距离覆盖能力,否则,假定 M 个波束均分发射功率,而总的发射功率仍和单波束雷达一样,则每个波束的回波功率减小至原来的 $1/M$,为了达到同样的检测概率,必须增加脉冲积累数 N,其结果是与单波束雷达相比,数据率并没有提高,甚至还可能降低。

1. 偏焦多波束三坐标雷达

图 7.56 所示为偏焦多波束三坐标雷达原理方框图。图中,天线的馈源为多个喇叭,在抛物面反射体的焦平面上垂直排列,由于各喇叭相继偏离焦点,因此在仰角平面上可以形成

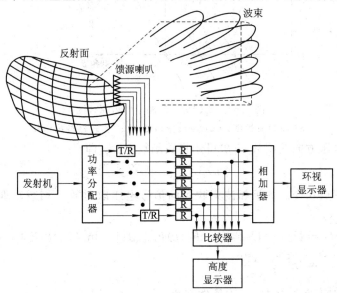

图 7.56　偏焦多波束三坐标雷达原理方框图(R 为接收机)

彼此部分重叠的多个波束。

我们以图 7.56 所示的多波束三坐标雷达为例，简单介绍其原理并说明多波束三坐标雷达测量目标仰角的方法。

发射时，功率分配器将发射机的输出功率按一定比例分配给多个馈源通道，并同相激励所有馈源喇叭，使在仰角平面上形成一个覆盖多个波束范围的形状近似为余割平方形的合成发射波束。接收时，处在不同仰角上的目标所反射的信号分别被相应的馈源喇叭所接收，进入各自的接收通道，其输出回波信号代表目标在该仰角波束中的响应。将相邻通道的输出信号进行比较，就可测量目标的仰角；将各通道的输出相加后，即可得到所监视全仰角空域的目标回波。

下面具体分析同时波瓣法测量目标仰角的过程。如图 7.57 所示，目标处于 OA 方向，与 n、$n+1$ 仰角波束相交的等信号轴方向偏离 $\Delta\beta$。

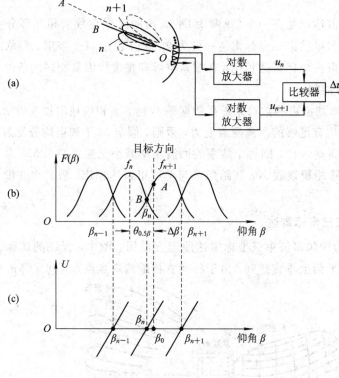

图 7.57　比较信号法测量仰角原理图

(a) 原理方框图；(b) 波形分布图；(c) 比较器输出电压

设接收波束电压方向图函数 $F(\beta)$ 可用指数函数表示，即

$$F(\beta) = e^{-1.4\beta^2/\theta_{0.5\beta}^2} \tag{7.6.4}$$

相邻波束在半功率点相交。将相邻波束收到的信号电压取对数后相减，即获得的差电压的值为

$$\Delta U = U_{n+1} - U_n = \ln[kF_0(\beta)F_{n+1}(\beta)] - \ln[kF_0(\beta)F_n(\beta)]$$

$$= \ln\left[\frac{F_{n+1}(\beta)}{F_n(\beta)}\right] \tag{7.6.5}$$

式中，$F_0(\beta)$ 为发射方向性函数；k 为比例常数。

经计算可得到

$$\Delta U = 1.4\,\frac{\left(\dfrac{\theta_{0.5\beta}}{2}+\Delta\beta\right)^2}{\theta_{0.5\beta}^2} - 1.4\,\frac{\left(\dfrac{\theta_{0.5\beta}}{2}-\Delta\beta\right)^2}{\theta_{0.5\beta}^2} = 2.8\,\frac{\Delta\beta}{\theta_{0.5\beta}} \tag{7.6.6}$$

可见，ΔU 与 $\Delta\beta$ 成正比，测出 ΔU 便知 $\Delta\beta$，最后可得目标仰角 $\beta_0 = \beta_n + \Delta\beta$，其中 β_n 为第 n 个和第 $n+1$ 个波束的等信号方向。采用这种方法测量目标仰角时，若信噪比为 20 dB，则精度为 $\theta_{0.5\beta}$ 的 1/10 左右。

发射功率足够时，多波束三坐标雷达数据率高，作用距离远。由于波束窄对抗干扰有好处，因此在探测大量目标时不容易发生目标的混淆。但它需要很多天线馈源、收发设备和数据处理设备，且要求各路信号之间有很好的幅度（或相位）平衡，否则将引起测角误差。

2. 脉内频扫系统

根据前面讨论的频率扫描原理，对于一个频率扫描天线阵列，若激励信号的频率不同，则其波束指向也不同。从原理上来说，采用多个频率不同的信号同时激励，则会同时产生多个指向不同的波束。

图 7.58(a) 为频扫多波束形成系统。雷达按一定的重复周期发射一个较宽的脉冲，每个宽脉冲由 M 个频率各不相同的子脉冲组成，见图 7.58(b)，这些子脉冲依次激励频扫天线阵列，在空间相继出现 M 个指向不同的波束。由于这些波束前后出现相差的时间很短，因而近似于 M 个波束同时照射整个覆盖区域。目标的角信息就包含在回波信号的载频上。也就是说，处在不同方向的目标的回波信号，脉宽（子脉冲宽度）和重复周期相同，但载频不同。根据接收机内中心频率与各子脉冲频率相应的 M 个信道的输出，可确定目标方向。这里，M 个信道对应 M 个指向不同的波束。

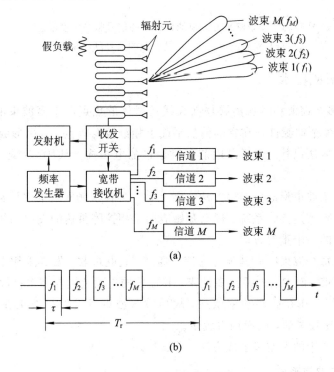

(a)

(b)

图 7.58　脉内频扫系统

(a) 方框图；(b) 发射脉冲波形示意图

这个系统发射的实际上是一种脉内离散调频信号。若改用脉内连续调频信号，也同样适用。这时，每个信道占有一定的频带(与空间每个波束所占频带相应)，并通过脉冲压缩处理，得到一个窄脉冲输出。这样不仅具有高的角数据率，还具有较高的距离分辨力。

脉内频扫系统各信道的信号带宽有一定的限制。例如，假定总的调频带宽为 200 MHz，各信道所占带宽为 20 MHz，则每个信道的信号带宽也就限制在 20 MHz。另外，所有频扫天线有一个共同的缺点：不宜采用随机频率捷变技术。

采用图 7.58 所示的脉内频扫系统，相邻波束之间的覆盖电平由相邻两个信号频率值的大小来决定。采用这种信号形成系统还带来另一个优点，即各波束之间的能量分配具有更大的灵活性，可以通过改变不同频率的信号子脉冲宽度与改变子脉冲信号的功率来实现。对于仰角上频率扫描的三坐标雷达，如果多个发射波束在仰角上的包络按余割平方分布，则为了使指向低仰角的第一波束的发射信号能量最大，高仰角发射波束的信号能量逐渐降低，可以通过改变不同频率发射信号的子脉冲宽度来实现，按此方法实现的发射波束及其能量分配的脉冲宽度示意图分别如图 7.59(a)和(b)所示。

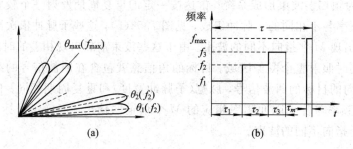

图 7.59　按余割平方波束能量分配的信号脉冲宽度示意图
(a) 发射波束；(b) 能量分配的信号脉冲宽度

7.6.5　多波束形成技术

图 7.56 是用多个馈源相继偏离抛物面天线反射体的焦点产生多波束的方法。同理，对于各种透镜天线，多个馈源排列在它的前焦平面上相继偏离焦点，也可形成多波束。

除了以上这些方法以外，还可以用前面讨论过的电扫描天线阵列(或叫作相控阵列)形成多波束。

前面讲述的数字波束形成(DBF)方法实际上是一种在视频实现的多波束形成方法。该方法最初应用于相控阵雷达接收系统，现已开始应用于相控阵雷达的发射系统，这是当前相控阵雷达技术发展中的一个重要方向。

多波束系统的每个波束应有其独立的信息通道。它既可收、发都采用多波束，也可以只在接收时采用多波束，而发射时采用宽波束，其覆盖的空间范围与多个接收波束覆盖的范围相同。接收时，天线工作在微弱功率状态，故接收多波束较发射多波束在技术上更容易实现，且控制和处理比较灵活，因而用得较多。

下面讲述几种常用的多波束形成方法。

1. 空间馈电多波束形成

在前面关于馈电方式的讨论中已经说明，相控阵接收天线中的功率相加网络可以采用空间馈电方式实现。当功率相加网络的输入端口(接收阵天线单元通道或子接收天线阵通道的输出端口)数目增大时,组合馈电的功率相加网络的损耗相应增加,结构设计也变得复杂,特别是当雷达工作频率较高(如在 S、C、X 以上的波段)时,组合馈电的功率相加网络的制造成本、生产公差控制都会显著增加。但空间馈电接收系统具有比较明显的优点。

用于形成多个接收波束的空间馈电接收系统的原理框图如图 7.60 所示。图中除发射天线波束外,单脉冲接收和波束、方位差与仰角差波束及上行通行线路的波束均采用空间馈电方式。这种方式被应用于多种型号的二维相位扫描三坐标雷达之中。

图 7.60 中在多波束抛物面天线中使用了多个偏轴馈源(off-axis feeds),图中为 5 个馈源,它们形成的波束之间的相交电平与抛物面焦距(f)和天线口径(D)之比及馈源间距有关。也可以将偏轴馈源安放在一个偏离焦点的弧线上。图 7.28 中给出了空间馈电相控阵天线中收发天线波束初级馈源的设置方法。

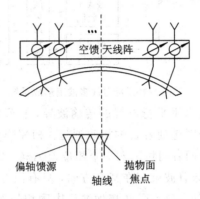

图 7.60 空间馈电接收系统示意图

图 7.61 所示的空间馈电系统将整个天线阵分为若干个二维分布的子阵,每一子阵通道均有一通道接收机,其输出送至空间馈电网络的收集天线阵。它是一个抛物面天线,也可形成多个二维分布的接收波束。这种空间馈电接收系统在大型毫米波相控阵雷达中得到了应用,也是用于对地面/海面运动目标检测的空载雷达(SBR)中的一种。

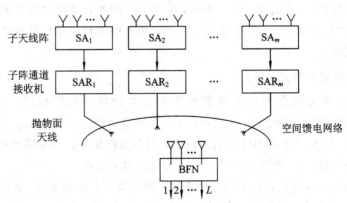

图 7.61 在子天线阵级别上实现的空间馈电多波束接收系统示意图

2. 射频延迟线多波束形成系统

这是一种用波导作为延迟线获得多波束的方案,如图 7.62 所示。

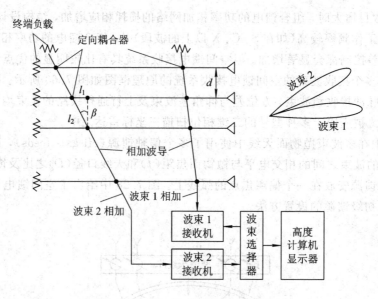

图 7.62 射频延迟线多波束形成系统

各阵元接收到的信号通过水平平行放置的传输波导，再经定向耦合器耦合到倾斜放置的多根相加波导中相加，并分别送到各自的接收通道。相邻阵元的信号到达相加波导相加时，由于存在路径差 Δl，因此两者间将引入一个相位差 $\Delta\varphi(=2\pi(\Delta l - n\lambda_g)/\lambda_g$，$n$ 为某个整数，λ_g 为波导波长)。这就意味着波束偏在某个方向，只有该方向来的回波信号其波程差引起的相位差才能与 $\Delta\varphi$ 抵消，使各路信号在相加波导中同相相加，接收机输入信号最大。其波束指向角 θ_0 与 Δl 的关系为

$$\frac{2\pi}{\lambda}d\sin\theta_0 = \Delta\varphi = \frac{2\pi}{\lambda_g}(\Delta l - n\lambda_g) \tag{7.6.7}$$

式中，d 为相邻阵列元之间的距离；λ 为自由空间波长。由图 7.62 不难求出：

$$\Delta l = l_1 + l_2 = d(\tan\beta + \sec\beta) \tag{7.6.8}$$

由于各条相加波导放置的倾斜角 β 不同，Δl 不同，因而各条相加波导相应的波束指向也就不同。每个接收通道对应一个波束指向，M 根 β 角不同的相加波导及多个相应的接收通道就对应着 M 个波束。

3. 用移相法获得多波束的系统

利用相控阵天线形成多波束的原理和产生波束扫描的原理相同，用一组移相量一定的移相器，使相邻阵元的激励电流之间引入一个固定的附加相位差 $\Delta\varphi$，波束指向角 $\theta_0 = \arcsin(\lambda\Delta\varphi/2\pi d)$，这里 d 为相邻阵元的间距。如用多组移相量各不相同的移相器并联工作，构成多个波束的形成网络，便可同时形成指向不同的多个波束。

图 7.63 所示为用移相法获得多波束的系统。图中以 3 个波束为例，共有 3 个阵元，相邻阵元的间距为 d。每个阵元接收到的信号经放大后均分为 3 路后通过 3 个移相器，之后按一定规律三路一组相加，形成 3 个波束。3 个波束的指向角分别为 $-\theta_0$、0、θ_0，相邻阵元之间引入的相位差分别为 $-\Delta\varphi$、0、$\Delta\varphi$。θ_0 与 $\Delta\varphi$ 的关系为

$$\Delta\varphi = \frac{2\pi}{\lambda}d\sin\theta_0 \tag{7.6.9}$$

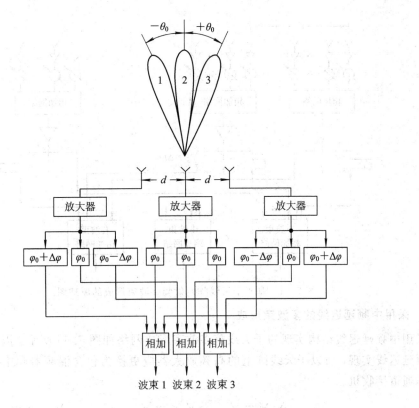

图 7.63　用移相法获得多波束的原理框图

若相位差 $\Delta\varphi$ 不变，则 3 个波束指向是固定的；若 $\Delta\varphi$ 可变，则波束在空间可以扫描。这里的移相器组（即波束形成网络）可以放置在射频部分，也可以放置在中频部分。

4. 在子天线阵上形成多波束

相控阵雷达多个接收波束的形成既可以在天线单元级别实现，也可以在子天线阵级别实现。前者所用设备量太大，因此下面先讨论在子天线阵级别实现的原理，而在高频采用固定移相器形成多波束。

子天线阵级别在射频形成多个接收波束的原理图如图 7.64 所示。该图在无源相控阵接收天线的子天线阵级别形成 3 个相邻的接收波束。为形成 3 个波束，在低噪声放大器之后射频接收信号经功率分配器分成 3 路，依靠改变相邻子天线阵之间的传输线长度（ΔL）来实现波束的偏移。

设相邻子天线阵之间的间距为 D，固定移相器的相移 $\Delta\phi_{\Delta L}$ 取决于 ΔL，即

$$\Delta\phi_{\Delta L} = \frac{2\pi}{\lambda}\Delta L = \frac{2\pi}{\lambda}D\sin\theta$$

则偏离中心波束指向的左、右波束角度差 $\Delta\theta$ 取决于：

$$\Delta\theta = \arcsin\left(\frac{\Delta L}{D}\right) \tag{7.6.10}$$

在确定各多波束指向之间的间距 $\Delta\theta$ 时，除考虑波束相交电平与雷达检测时波束覆盖损失外，还必须考虑其对测角精度的影响，因为相邻多波束接收信号的幅度比较法常被用于单脉冲测角。

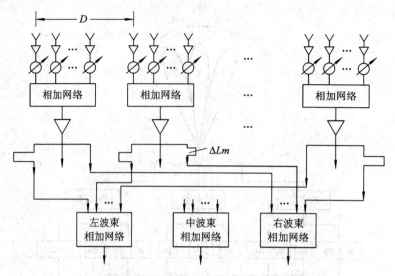

图 7.64　基于子天线阵的射频多波束形成的原理图

5. 采用中频延迟线的多波束形成

采用中频延迟线结构实现的子天线阵多波束形成网络如图 7.65 所示。因为固定移相器用中频延迟线实现，所以子天线阵上的高频放大器应更换为包含混频器和中频放大器的子天线阵通道接收机。

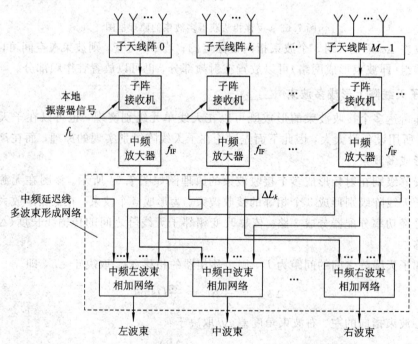

图 7.65　采用中频延迟线结构的子天线阵多波束形成网络

若要形成 $2k+1$ 个波束，$k=\pm1,\pm2,\cdots$，其中 $k=0$ 为中间波束，为使形成的第 k 个波束偏离中间波束的角度为 $\Delta\theta_k$，相邻子天线阵之间所需的固定移相器的相移值为 $\Delta\phi_k$，则它所对应的时间延迟 $\Delta\tau_k$ 与电缆长度 ΔL_k 具有以下关系：

$$\Delta\phi_k = 2\pi f_{IF}\Delta\tau_k = \frac{2\pi f_{IF}\Delta L_k}{v} \tag{7.6.11}$$

式中，v 为电波在电缆或其他时间延迟传输线中的传播速度，与传输介质的电介常数 ε_r 有关，对于用空气介质电缆作为延迟线的传输线，v 接近于光速。

由于微波集成电路的高速发展及微电子组装技术的进步，通道接收机已可做成高集成和高密度组装的小型化模块，其稳定性与一致性亦能保证，因此，采用这种中频多波束形成系统在技术实现上与过去相比有了很大进步。采用在中频形成多波束的方案，便于实现多波束形成网络的标准化和模块化，而且只要改变本振信号的频率，即可对不同波段的相控阵雷达接收系统实现多波束形成。

6. 在光频上实现多波束形成

在光频上采用光纤实现的多波束形成系统对所需的时间延迟补偿比较有利，因而可做成具有大瞬时带宽的多波束系统。图 7.66 所示为在子天线阵上用光纤实现的多波束接收原理图。

图 7.66 中每个子天线阵接收机的输出信号经过光调制器，对来自激光源的光信号进行强度调制，然后转移至光载波上，经光功率分配器分为多路，图中所示为 3 路，用于形成多个相邻波束。

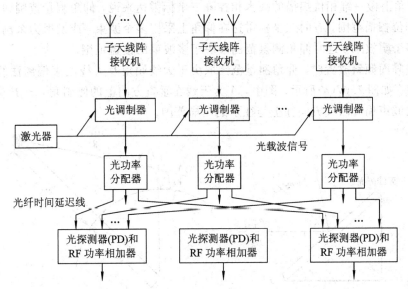

图 7.66 在子天线阵上用光纤实现的多波束接收原理图

光功率分配器可采用星形光耦合器实现。图 7.66 中经一分为三的光功率分配器分路的光载波信号经过不同的光纤延迟，分别至相应的相加网络，先经过光探测器(PD)还原为射频信号，然后在 RF 功率相加器中实现功率合成，最后得到相应波束的输出。

采用这种方案利用了光纤易于实现较长的时间延迟这一特点。此外，这种方案还具有抗电磁干扰性优良、温度稳定性好、走线灵活方便、结构上较为简单等优点。利用光纤传输信号损耗小(可达到 $0.1 \sim 0.2$ dB/km)的优点，可将子天线阵光调制器后的信号传送至远方进行多波束形成并进行随后的信号处理与数据处理。在光频上实现多波束形成系统的另一重要优点是易于实现宽带下多波束的形成。在宽带相控阵雷达中，时间延迟补偿是必不可少的。以中间波束为例，对阵列口径 $L = Nd$ 的天线阵，当最大扫描角为 $\theta_{\max}$ 时，天线阵列两边天线单元之间的时差 ΔT 可达到：

$$\Delta T = \frac{Nd \sin\theta_{\max}}{c} \tag{7.6.12}$$

对于偏离中间波束 k 个位置($k\Delta\theta$)的第 k 号波束来说,对边上的子天线阵,因其与天线阵中心间距为 $L/2$(即 $Nd/2$),故它与中间波束的时间差 Δt_k 应为

$$\Delta t_k = \frac{Nd}{2}\sin\frac{k\Delta\theta}{c}$$ (7.6.13)

对于大型天线阵列(即 N 很大),当波束数目较多时(即 k 较大时),Δt_k 仍是较大的,故需要有延迟线进行补偿,采用在光频上实现多波束形成系统就具有一定的优越性。

7.6.6　仰角测量范围和目标高度计算

1. 仰角测量范围

仰角测量范围是三坐标雷达的一个重要性能指标。仰角测量范围是雷达天线波束在仰角上的覆盖范围或扫描范围。对不同类型的相控阵雷达,其含义有所不同。

对在方位角上做一维相位扫描的相控阵雷达来说,雷达仰角测量范围取决于该雷达天线波束在仰角上的形状,如对大多数二坐标雷达来说,其仰角波束形状多数具有余割平方形状。对在仰角上做一维相位扫描的战术相控阵三坐标雷达来说,仰角测量范围即天线波束在仰角上的相位扫描范围。有的三坐标雷达在仰角上采用多个波束,或发射为余割平方宽波束而接收为多个窄波束,这时仰角测量范围取决于多波束的覆盖范围。

当天线阵面倾斜放置时,仰角测量范围取决于天线倾角及天线波束偏离法线方向的上、下扫描角度,如图 7.67(a)所示。图中,A 为天线在垂直方向上的倾斜角,$+\beta_{1max}$ 与 $-\beta_{1max}$ 分别表示天线波束偏离法线方向往上与往下的扫描范围。

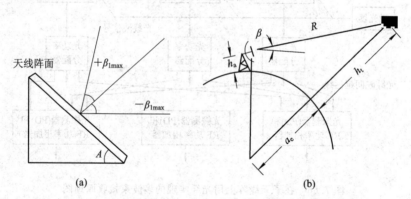

图 7.67　仰角测量范围和目标高度计算
(a) 仰角测量范围；(b) 目标高度计算

对一般战术三坐标相控阵雷达来说,天线阵面的向后倾斜角比较容易确定,但对超远程空间探测相控阵雷达来说,由于它们要求有很大的仰角测量范围,因此天线阵面倾斜角 A 的确定应考虑的因素较多。例如,美国 AN/FPS-85 超远程相控阵雷达,该雷达用于对空间目标进行跟踪,收集苏联导弹系统发射情报和洲际弹道导弹(ICBM)的早期预警,该雷达的仰角观察空域为 $0°\sim105°$,其天线阵面的倾斜角为 $45°$,这意味着该雷达在仰角上偏离阵面法线方向往上与往下的扫描范围分别为 $60°$ 和 $45°$。这就决定了该雷达天线在垂直方向上的单元间距应按最大扫描角(β_{max})为 $60°$ 进行设计。如果要求在低仰角方向,如水平方向有更好的检测和跟踪性能,则天线阵面往后的倾斜角 A 应大一些,如 $A=50°$,甚至 $A=55°$,但这就要求天线最大扫描角度 θ_{max} 应为 $65°$ 甚至 $70°$,方能保证 $105°$ 的仰角覆盖要求,这时相控阵天线的设计将更为困难,天线单元数目大量增加,使高仰角的雷达其性能急剧降低。

2. 目标高度计算

在三坐标雷达中，根据测得的目标斜距和仰角，并考虑到地球曲率和大气折射的影响，可按图 7.67(b)所示的几何关系计算目标高度。图中，R 为目标的斜距；β 为目标的仰角；h_t 是目标的高度；h_a 是雷达天线的高度；a_e 为考虑大气折射后的地球等效半径，当大气折射系数随高度的变化梯度为-0.039×10^{-8} m 时，$a_e = (4/3)a = 8493$ km，$a = 6370$ km，为地球曲率半径。大气折射使电波传播路径发生弯曲，当采用等效半径后，可认为电波仍按直线传播。

由余弦定理：

$$(a_e + h_t)^2 = R^2 + (a_e + h_a)^2 - 2R(a_e + h_a)\cos(90° + \beta)$$

$$a_e + h_t = (a_e + h_a)\left[1 + \frac{R^2 + 2R(a_e + h_a)\sin\beta}{(a_e + h_a)^2}\right]^{\frac{1}{2}}$$

用二项式展开后，忽略二次方以上各项，并利用 $h_a \ll a_e$ 的条件，最后可得

$$h_t = h_a + \frac{R^2}{2a_e} + R\sin\beta \tag{7.6.14}$$

若目标距离较近，雷达天线架设不高，则式(7.6.14)可简化为

$$h_t \approx R\sin\beta \tag{7.6.15}$$

7.7　自动测角的原理和测角精度

7.7.1　概述

在火控雷达和精密跟踪雷达中，必须快速连续地提供单个或多个目标(飞机、导弹等)坐标的精确数值。此外，在靶场测量、卫星跟踪、宇宙航行等应用中，雷达也应观测一个或多个目标，而且必须精确地提供目标坐标的测量数据。

为了快速地提供目标的精确坐标值，要采用自动测角的方法。自动测角时，天线能自动跟踪目标，同时将目标的坐标数据经数据传递系统送到计算机数据处理系统。

和自动测距需要有一个时间鉴别器一样，自动测角也必须要有一个角误差鉴别器。当目标方向偏离天线轴线(即出现了误差角 ε)时，就能产生一个误差电压。误差电压的大小正比于误差角 ε，其极性随偏离方向不同而改变。此误差电压经跟踪系统变换、放大、处理后，控制天线向减小误差角的方向运动，使天线轴线对准目标。

用等信号法测角时，在一个角平面内需要两个波束。这两个波束可以交替出现(顺序波瓣法)，也可以同时存在(同时波瓣法)。前一种方式以圆锥扫描雷达最为典型，后一种是单脉冲雷达。

单脉冲自动测角属于同时波瓣测角法。在一个角平面内，两个相同的波束部分重叠，其交叠方向即为等信号轴。将这两个波束同时接收到的回波信号进行比较，就可取得目标在这个平面上的角误差信号，然后将此误差电压放大变换后加到驱动电动机，控制天线向减小误差的方向运动。因为两个波束同时接收回波，所以单脉冲测角获得目标角误差信息的时间可以很短。理论上讲，只要分析一个回波脉冲就可以确定角误差，所以叫单脉冲。这种方法可以获得比圆锥扫描高得多的测角精度，故常被精密跟踪雷达采用。

由于取出角误差信号的具体方法不同，因此单脉冲雷达的种类很多，这里着重介绍常用的振幅和差式单脉冲雷达，并简单介绍相位和差式单脉冲雷达。

7.7.2 圆锥扫描自动测角系统

1. 基本原理

如图 7.68(a)所示的针状波束，它的最大辐射方向 $O'B$ 偏离等信号轴（天线旋转轴）$O'O$ 一个角度 δ，当波束以一定的角速度 ω_s 绕等信号轴 $O'O$ 旋转时，波束最大辐射方向 $O'B$ 就在空间画出一个圆锥，故称为圆锥扫描。如果取一个垂直于等信号轴的平面，则波束截面及波束中心（最大辐射方向）的运动轨迹如图 7.68(b)所示。

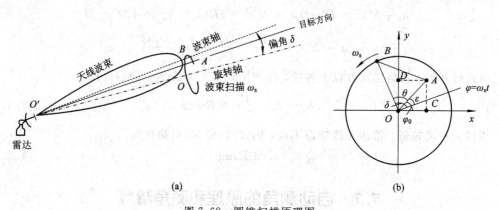

图 7.68 圆锥扫描原理图
(a) 锥扫波束；(b) 垂直于等信号轴的截面

波束在做圆锥扫描的过程中，绕着天线旋转轴旋转。因天线旋转轴方向是等信号轴方向，故扫描过程中这个方向天线的增益始终不变。当天线对准目标时，接收机输出的回波信号为一串等幅脉冲。

如果目标偏离等信号轴方向，则在扫描过程中波束最大值旋转在不同位置时，目标有时靠近、有时远离天线最大辐射方向，这使得接收的回波信号幅度也产生相应的强弱变化。下面要证明输出信号近似为正弦波调制的脉冲串，其调制频率为天线的圆锥扫描频率 ω_s，调制深度取决于目标偏离等信号轴方向的大小，而调制波的起始相位 φ 则由目标偏离等信号轴的方向决定。

由垂直平面（见图 7.68(b)）可看出，如果目标 A 偏离等信号轴的角度为 ε，等信号轴偏离波束最大值的角度（波束偏角）为 δ，圆为波束最大值运动的轨迹，在 t 时刻，波束最大值位于 B 点，则此时波束最大值方向与目标方向之间的夹角为 θ。如果目标距离为 R，则可求得通过目标的垂直平面上各弧线的长度，如图 7.68(b)所示。

在跟踪状态时，通常误差 ε 很小且满足 $\varepsilon \ll \delta$，由简单的几何关系可求得 θ 角的变化规律为

$$\theta \approx \delta - \varepsilon\cos(\omega_s t - \varphi_0)$$

式中，φ_0 为 OA 与 x 轴的夹角；θ 为目标偏离波束最大方向的角度，它决定了目标回波信号的强弱。设收发共用天线，且其天线波束电压方向性函数为 $F(\theta)$，则收到的信号电压振幅为

$$U = kF^2(\theta) = kF^2(\delta - \varepsilon\cos(\omega_s t - \varphi_0))$$

将上式在 δ 处展开成台劳级数并忽略高次项，则得到

$$U = U_0\left[1 - 2\frac{F'(\delta)}{F(\delta)}\varepsilon\cos(\omega_s t - \varphi_0)\right] = U_0\left[1 + \frac{U_m}{U_0}\cos(\omega_s t - \varphi_0)\right] \qquad (7.7.1)$$

式中，$U_0 = kF^2(\delta)$，为天线轴线对准目标时收到的信号电压振幅。式(7.7.1)表明，对脉冲雷达来讲，当目标处于天线轴线方向时，$\varepsilon = 0$ 收到的回波是一串等幅脉冲；如果存在 ε，则

收到的回波是振幅受调制的脉冲串，调制频率等于天线锥扫频率 ω_s，而调制深度：

$$m = \frac{2}{U_0} \frac{F'(\delta)}{F(\delta)} \varepsilon$$

正比于误差角度 ε。

定义测角率：

$$\eta = -\frac{2F'(\delta)}{F(\delta)} = \frac{m}{\varepsilon}$$

为单位误差角产生的调制度，它表征角误差鉴别器的灵敏度。

误差信号 $u_c = U_m \cos(\omega_s t - \varphi_0) = U_0 m \cos(\omega_s t - \varphi_0)$ 的振幅 U_m 表示目标偏离等信号轴的大小，而初相 φ_0 则表示目标偏离的方向。例如，$\varphi_0 = 0$ 表示目标只有方位误差。

跟踪雷达中通常有方位角和仰角两个角度跟踪系统，因而要将误差信号 u_c 分解为方位角误差和仰角误差两部分，以控制两个独立的跟踪支路。其数学表达式为

$$u_c = U_m \cos(\omega_s t - \varphi_0) = U_m \cos\varphi_0 \cos\omega_s t + U_m \sin\varphi_0 \sin\omega_s t \tag{7.7.2}$$

即分别取出方位角误差 $U_m \cos\varphi_0 = U_0 \eta\varepsilon \cos\varphi_0$ 和仰角误差 $U_m \sin\varphi_0 = U_0 \eta\varepsilon \sin\varphi_0$。误差电压分解的办法是采用两个相位鉴别器，相位鉴别器的基准电压分别为 $U_k \cos\omega_s t$ 和 $U_k \sin\omega_s t$，基准电压取自和天线头扫描电机同轴的基准电压发电机。

圆锥扫描雷达中，波束偏角 δ 的选择影响甚大。增大 δ 时该点方向图斜率 $F'(\delta)$ 亦增大，从而使测角率：

$$\eta = \frac{-2F'(\delta)}{F(\delta)} = \frac{m}{\varepsilon} \tag{7.7.3}$$

加大，有利于跟踪性能。与此同时，等信号轴线上目标回波功率减小，波束交叉损失 L_k（与波束最大值对准时比较）随 δ 增大而增加，它将降低信噪比，因而对性能不利。综合考虑，通常选 $\delta = 0.3\theta_{0.5}$ 左右比较合适，$\theta_{0.5}$ 为半功率波束宽度。

2. 圆锥扫描雷达的组成

图 7.69 给出了一个圆锥扫描雷达的典型组成方框图。圆锥扫描电机带动天线馈源匀速

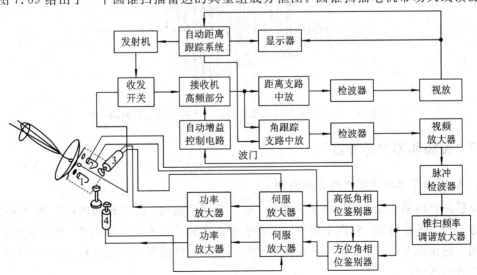

1—圆锥扫描电机；2—基准发电机；3—高低角驱动电机；4—方位角驱动电机

图 7.69　圆锥扫描雷达的组成方框图

旋转，使波束进行圆锥扫描。圆锥扫描雷达的接收机高频部分与普通雷达相似，但主中放的电路分为两路，一路叫距离支路中放，另一路叫角跟踪支路中放。接收信号经过高频部分放大、变频后加到距离支路中放，放大后再经过检波、视放后加到显示器和自动距离跟踪系统。

　　在显示器上可对波束内空间所有目标进行观察。自动距离跟踪系统只对要进行自动跟踪的一个目标进行距离跟踪，并输出一个距离跟踪波门给角跟踪支路中放，作为角跟踪支路中放的开启电压(平时角跟踪支路中放关闭，只有跟踪波门来时才打开)。这样做的目的是避免多个目标同时进入角跟踪系统，造成角跟踪系统工作混乱。因此进行方向跟踪之前必须先进行距离跟踪。角跟踪支路中放只让被选择的目标通过。回波信号经过检波器、视频放大器、脉冲检波器，取出脉冲串的包络；再经锥扫频率调谐放大器，滤去直流信号和其他干扰信号，得到交流误差电压；然后送至方位角相位鉴别器和高低角相位鉴别器。与此同时，与圆锥扫描电机同步旋转的基准电压发电机产生的正、余弦电压也分别加到两个相位鉴别器上，作为基准信号与误差信号进行相位鉴别，分别取出方位角及高低角直流误差信号。直流误差信号经伺服放大器、功率放大器后，分别加于方位角及高低角驱动电机上，使电机带动天线向减小误差的方向转动，最后使天线轴对准目标。为了使伺服系统稳定工作，由驱动电机引回一反馈电压，以限制天线过大幅度地振荡。图中还有自动增益控制电路。由式(7.7.1)可知，交流误差信号振幅 U_m 与 U_0 有关，即与目标斜距 R 和目标截面积有关，对于具有同样误差角但距离不同的目标，误差信号振幅不同。图 7.70 表示一个向着雷达站飞行的目标的接收信号的高频波形图。这样的误差信号将使系统的角灵敏度(相位鉴别器对单位误差角输出的电压)变化，如果不设法消除，将使系统工作性能变坏。因此，必须在接收机里加上自动增益控制(AGC)电路，用以消除目标距离及目标截面积大小等对输出误差电压幅度的影响，使输出误差电压只取决于误差角而与距离等因素无关。为此，要取出回波信号平均值 U_0，用它去控制接收机增益，使输出电压的平均值保持不变。

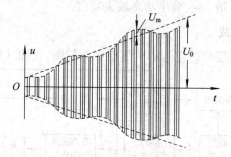

图 7.70　一个向着雷达站飞行的目标的接收信号的高频波形

7.7.3　振幅和差单脉冲雷达

1. 振幅和差单脉冲雷达的工作原理

　　单脉冲自动测角属于同时波瓣测角法。在一个角平面内，两个相同的波束部分重叠，其交叠方向即为等信号轴。将两个波束同时接收到的回波信号振幅进行比较，即可取得目标在该平面上的角误差信号，然后将此误差信号电压放大变换后加到驱动电机，控制天线向减小误差的方向运动。

　　1) 角误差信号

　　雷达天线在一个角平面内有两个部分重叠的波束，如图 7.71(a)所示，振幅和差单脉冲雷达取得角误差信号的基本方法是将这两个波束同时收到的信号进行和、差处理，分别得到和信号与差信号。与和、差信号相应的和、差波束如图 7.71(b)、(c)所示，其中差信号即为该角平面内的角误差信号。

由图 7.71(a)可以看出：若目标处在天线轴线方向（等信号轴），误差角 $\varepsilon = 0$，则两波束收到的回波信号振幅相同，差信号等于零；目标偏离等信号轴而有一误差角 ε 时，差信号输出振幅与 ε 成正比，其符号（相位）则由偏离的方向决定。和信号除用于目标检测和距离跟踪外，还用作角误差信号的相位基准。

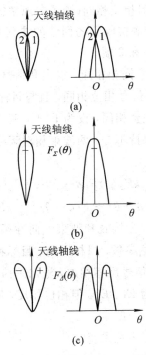

图 7.71　振幅和差单脉冲雷达波束图
(a) 两馈源形成的波束；(b) 和波束；(c) 差波束

2) 和差比较器与和差波束

和差比较器（和差网络）是单脉冲雷达的重要部件，由它完成和、差处理，形成和差波束。用得较多的是双 T 接头，如图 7.72(a)所示，它有 4 个端口：Σ(和)端、Δ(差)端、1 端和 2 端。假定 4 个端口都是匹配的，则从 Σ 端输入信号时，1 端和 2 端便输出等幅同相信号，Δ

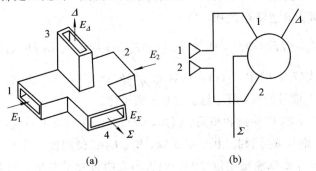

图 7.72　双 T 接头及和差比较器示意图
(a) 双 T 接头；(b) 和差比较器

端无输出；若从 1 端和 2 端输入同相信号，则从 △ 端输出两者的差信号，Σ 端输出和信号。

和差比较器示意图如图 7.72(b)所示，它的 1 端和 2 端与形成两个波束的两相邻馈源 1 和 2 相接。

发射时，从发射机来的信号加到和差比较器的 Σ 端，故 1 端和 2 端输出等幅同相信号，两个馈源被同相激励并辐射相同的功率，结果两波束在空间各点产生的场强同相相加，形成发射和波束 $F_\Sigma(\theta)$，如图 7.71(b)所示。

接收时，回波脉冲同时被两个波束的馈源所接收。两波束接收到的信号振幅有差异（视目标偏离天线轴线的程度而定），但相位相同（为了实现精密跟踪，波束通常做得很窄，对处在和波束照射范围内的目标，两馈源接收到的回波的波程差可忽略不计）。这两个相位相同的信号分别加到和差比较器的 1 端和 2 端。

这时，在 Σ(和)端，完成两信号同相相加，输出和信号。设和信号为 F_Σ，其振幅为两信号振幅之和，相位与到达和端的两信号相位相同，且与目标偏离天线轴线的方向无关。

假定两个波束的方向性函数完全相同，设为 $F(\theta)$，两波束接收到的信号电压振幅为 E_1、E_2，并且到达和差比较器 Σ 端时保持不变，两波束相对天线轴线的偏角为 δ，则对于 θ 方向的目标，和信号的振幅为

$$E_\Sigma = E_1 + E_2 = kF_\Sigma(\theta)F(\delta-\theta) + kF_\Sigma(\theta)F(\delta+\theta)$$
$$= kF_\Sigma(\theta)[F(\delta-\theta)+F(\delta+\theta)] = kF_\Sigma^2(\theta) \qquad (7.7.4)$$

式中，$F_\Sigma(\theta)=F(\delta-\theta)+F(\delta+\theta)$，为接收和波束方向性函数，与发射和波束的方向性函数完全相同；k 为比例系数，它与雷达参数、目标距离、目标特性等因素有关。

在和差比较器的 △(差)端，两信号反相相加，输出差信号，设为 E_Δ。若到达 △ 端的两信号用 E_1、E_2 表示，它们的振幅仍为 E_1、E_2，但相位相反，则差信号的振幅为

$$E_\Delta = |E_1 - E_2|$$

E_Δ 与方向角 θ 的关系可用同样方法求得：

$$E_\Delta = kF_\Sigma(\theta)[F(\delta-\theta)-F(\delta+\theta)] = kF_\Sigma(\theta)F_\Delta(\theta) \qquad (7.7.5)$$

式中：

$$F_\Delta(\theta) = F(\delta-\theta) - F(\delta+\theta)$$

即和差比较器 △ 端对应的接收方向性函数为原来两方向性函数之差，其方向图如图 7.71(c)所示，称为差波束。

现假定目标的误差角为 ε，则差信号振幅为 $E_\Delta = kF_\Sigma(\varepsilon)F_\Delta(\varepsilon)$。在跟踪状态，$\varepsilon$ 很小，将 $F_\Delta(\varepsilon)$ 展开成台劳级数并忽略高次项，则

$$E_\Delta = kF_\Sigma(\varepsilon)F_\Delta'(0)\varepsilon = kF_\Sigma(\varepsilon)F_\Sigma(0)\frac{F_\Delta'(0)}{F_\Sigma(0)}\varepsilon \approx kF_\Sigma^2(\varepsilon)\eta\varepsilon \qquad (7.7.6)$$

因 ε 很小，故式(7.7.6)中 $F_\Sigma(\varepsilon)\approx F_\Sigma(0)$，$\eta = F_\Delta'(0)/F_\Sigma(0)$。由式(7.7.6)可知，在一定的误差角范围内，差信号的振幅 E_Δ 与误差角 ε 成正比。

E_Δ 的相位与 E_1、E_2 中的强者相同。例如，若目标偏在波束 1 一侧，则 $E_1 > E_2$，此时 E_Δ 与 E_1 同相，反之，则与 E_2 同相。由于在 △ 端，E_1、E_2 相位相反，因此目标偏向不同，E_Δ 的相位差为 180°。因此，△ 端输出差信号的振幅大小表明目标误差角 ε 的大小，其相位则表示目标偏离天线轴线的方向。

和差比较器可以做到使和信号 E_Σ 的相位与 E_1、E_2 之一相同。由于 E_Σ 的相位与目标偏

向无关，因此只要以和信号 E_Σ 的相位为基准，与差信号 E_Δ 的相位进行比较，就可以鉴别目标的偏向。

总之，振幅和差单脉冲雷达依靠和差比较器的作用得到如图 7.71 所示的和、差波束，差波束用于测角，和波束用于发射、观察和测距，和波束信号还用作相位比较的基准。

3）相位检波器和角误差信号的变换

和差比较器 Δ 端输出的高频角误差信号还不能用来控制天线跟踪目标，必须把它变换成直流误差电压，其大小应与高频角误差信号的振幅成比例，而其极性应由高频角误差信号的相位来决定。这一变换作用由相位检波器完成。为此，将和、差信号通过各自的接收通道，经变频中放后一起加到相位检波器上进行相位检波，其中和信号为基准信号。相位检波器输出为

$$U = K_{\mathrm{d}}U_\Delta\cos\varphi \qquad (7.7.7)$$

式中，$U_\Delta\propto E_\Delta$，为中频差信号振幅；φ 为和、差信号之间的相位差，这里 $\varphi=0$ 或 $\varphi=\pi$，因此，有

$$U = \begin{cases} K_{\mathrm{d}}U_\Delta, & \varphi = 0 \\ -K_{\mathrm{d}}U_\Delta, & \varphi = \pi \end{cases} \qquad (7.7.8)$$

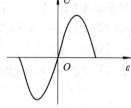

因为加在相位检波器上的中频和、差信号均为脉冲信号，所以相位检波器输出为正极性或负极性的视频脉冲（$\varphi=\pi$ 为负极性），其幅度与差信号的振幅即目标误差角 ε 成比例，脉冲的极性（正或负）则反映了目标偏离天线轴线的方向。把它变成相应的直流误差电压后，加到伺服系统控制天线向减小误差的方向运动。

图 7.73　角鉴别特性

图 7.73 画出了相位检波器输出视频脉冲幅度 U 与目标误差角 ε 的关系曲线，通常称为角鉴别特性。

2. 单平面振幅和差单脉冲雷达的组成

根据上述原理，可得到单平面振幅和差单脉冲雷达的基本组成方框图，如图 7.74 所示。该系统的简单工作过程为：发射信号加到和差比较器的 Σ 端，分别从 1 端和 2 端输出同相激励两个馈源。接收时，两波束的馈源接收到的信号分别加到和差比较器的 1 端和 2 端，Σ 端输出和信号，Δ 端输出差信号（高频角误差信号）。和、差两路信号分别经过各自的接收系统（称为和、差支路）中放后，差信号作为相位检波器的一个输入信号，和信号分三路：第一路

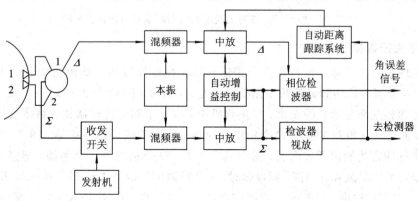

图 7.74　单平面振幅和差单脉冲雷达简化方框图

经检波器视放后用于测距和显示；第二路用作和、差两支路的自动增益控制；第三路作为相位检波器的基准信号。和、差两中频信号在相位检波器进行相位检波，输出就是角误差信号，变成相应的直流误差电压后，加到伺服系统，控制天线跟踪目标。和圆锥雷达扫描一样，进入角跟踪之前，必须先进行距离跟踪，并由距离跟踪系统输出一距离选通波门加到差支路中放，只让被选目标的角误差信号通过。

为了消除目标回波信号振幅变化（由目标大小、距离、有效散射面积变化引起）对自动跟踪系统的影响，必须采用自动增益控制。由和支路输出的和信号产生自动增益控制电压。该电压同时控制和差支路的中放增益，这等效于用和信号对差信号进行归一化处理，同时又能保持和差通道的特性一致。可以证明，由和支路信号作为自动增益控制后，和支路输出基本保持常量，而差支路输出经归一化处理后其误差电压只与误差角 ε 有关，与回波幅度变化无关。

图 7.74 所示的振幅和差单脉冲雷达方案已广泛应用在机械转动的精密跟踪测量雷达中。图中，相位检波器输出的角误差信号送至伺服系统，经过放大后转换成直流误差信号，控制驱动电机，使天线等信号轴向减小误差的方向运动。目前，大多数相控阵雷达采用空间馈电阵列天线的振幅和差单脉冲系统，如图 7.75 所示，两个初级馈源喇叭接收由公共的相控阵天线收集的回波信号，形成两个相互覆盖的天线波束，经过和差比较器形成和波束与差波束，其微波部分以后的接收系统与图 7.74 所示的机械扫描单脉冲雷达一样。

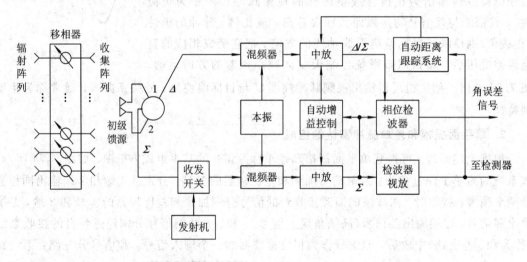

图 7.75　空间馈电阵列天线的振幅和差单脉冲雷达方框图

3. 双平面振幅和差单脉冲雷达

为了实现对空中目标进行自动方向跟踪，必须在方位角和高低角两个平面上进行角跟踪，因而必须获得方位角和高低角误差信号。为此，需要用 4 个馈源照射一个反射体，以形成 4 个对称的相互部分重叠的波束。在接收机中，有 4 个和差比较器和 3 路接收机（和支路、方位角差支路、高低角差支路）、两个相位鉴别器和两路天线控制系统等。图 7.76 是双平面振幅和差单脉冲雷达的原理方框图，图中 A、B、C、D 分别代表 4 个馈源。显然，如果 4 个馈源同相辐射共同形成和方向图，则接收时，4 个馈源接收信号之和 $(A+B+C+D)$ 为和信号（比较器 3 的 Σ 端的输出），$(A+C)-(B+D)$ 为方位角误差信号（比较器 3 的 Δ 端输出）；$(A+B)-(C+D)$ 为高低角误差信号（比较器 4 的 Σ 端输出）；而 $(A+D)-(B+C)$ 为无用信号，被匹配吸收负载所吸收。双平面单脉冲雷达的工作原理和单平面雷达一样，这里不再重复。

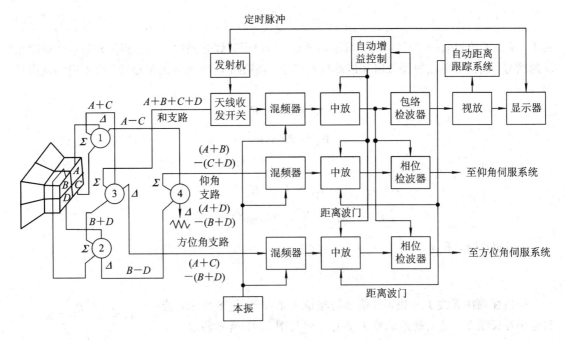

图 7.76　双平面振幅和差单脉冲雷达原理方框图

7.7.4　相位和差单脉冲雷达

相位和差单脉冲雷达是基于相位法测角原理工作的。在 7.2 节中，已介绍了比较两天线接收信号的相位可以确定目标的方向。若将鉴相器输出的误差电压经过变换、放大后加到天线驱动系统上，则可通过天线驱动系统控制天线波束运动，使之始终对准目标，实现自动方向跟踪。

图 7.77 示出了一个单平面相位和差单脉冲雷达原理方框图。它的天线由两个相隔数个波长的天线孔径组成，每个天线孔径产生一个以天线轴为对称轴的波束，在远区，两方向图几乎完全重叠，对于波束内的目标，两波束所收到的信号振幅是相同的。当目标偏离对称轴时，两天线接收信号由于波程差引起的相位差为

$$\varphi = \frac{2\pi}{\lambda} d \sin\theta \tag{7.7.9}$$

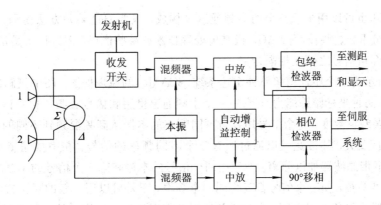

图 7.77　相位和差单脉冲雷达原理方框图

当 θ 很小时，有

$$\varphi \approx \frac{2\pi}{\lambda} d\theta \tag{7.7.10}$$

式中，d 为天线间隔；θ 为目标对天线轴的偏角。所以两天线收到的回波为相位相差 φ 而幅度相同的信号，通过和差比较器取出和信号与差信号。利用图 7.78 所示的矢量图，可求得和差信号为

$$\boldsymbol{E}_{\Sigma} = \boldsymbol{E}_1 + \boldsymbol{E}_2$$

$$\boldsymbol{E}_{\Sigma} = 2\boldsymbol{E}_1 \cos \frac{\varphi}{2}$$

差信号为

$$\boldsymbol{E}_{\Delta} = \boldsymbol{E}_2 - \boldsymbol{E}_1$$

$$\boldsymbol{E}_{\Delta} = 2\boldsymbol{E}_1 \sin \frac{\varphi}{2} = 2\boldsymbol{E}_1 \sin\left(\frac{\pi}{\lambda} d \sin\theta\right)$$

当 θ 很小时，有

$$E_{\Delta} = E_1 \frac{2\pi}{\lambda} d\theta$$

设目标偏在天线 1 一边，各信号的相位关系如图 7.78 所示，若目标偏在天线 2 一边，则差信号矢量的方向与图 7.78 所示相反，差信号相位也反相，所以差信号的大小反映了目标偏离天线轴的程度，其相位反映了目标偏离天线轴的方向。由图 7.78 还可看出，和、差信号相位相差 $90°$，为了用相位检波器进行比相，必须把其中一路预先移相 $90°$。图 7.77 中，将和、差两路信号经同一本振混频放大后，差

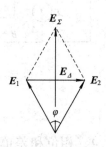

图 7.78 矢量图

信号预先移相 $90°$，然后加到相位检波器上，相位检波器输出电压即为误差电压，其余各部分的工作情况与振幅和差单脉冲雷达一样，这里不再重复。

从前面讨论的单脉冲雷达的工作原理可知，典型单脉冲雷达是三路接收机同时工作，将差信号与和信号进行相位比较后，取得误差信号（含大小和方向）。因此工作中要求三路接收机的工作特性严格一致（相移、增益）。各路接收机幅-相特性不一致的后果是测角灵敏度降低并产生测角误差。

7.7.5　单通道和双通道单脉冲雷达

单脉冲雷达也可以用少于三个的中频通道来构成，只要通过某种方法使和、差信号合并，并能在输出端分开。这些技术对 AGC 或其他处理技术有某些优点，但其代价是信噪比有损耗，或者方位角和仰角信号之间互相耦合。

图 7.79 所示为一个单通道单脉冲雷达系统（SCAMP）的原理框图。图中只画出一个坐标角跟踪（系统具有两种坐标跟踪能力），它在一个中频通道里用和信号去归一化差信号，得到所需的、不变的角误差灵敏度。每个信号用各自不同频率的本振从高频混频到不同的中频频率。在一个中放里进行放大，其带宽足以通过所有三个不同频率的信号。在中放输出端对信号硬限幅，并用三个窄带滤波器加以分离。然后用两个信号的本振和第三个信号的本振之间的差频将其中的两个信号差拍，使三个信号都变为同一个频率，于是可以用一般的相位检波器或者简单地用幅度检波器取得角误差电压。自动增益控制的作用和归一化作用是由硬限幅器完成的，它对差信号产生一个弱信号且受抑制的作用，正如硬限幅器对噪声中的弱信号进行抑制一样。

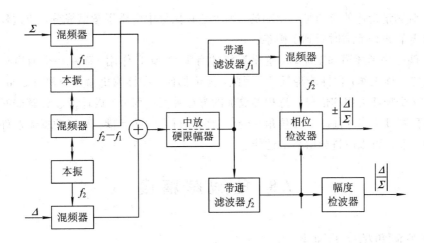

图 7.79 单通道单脉冲雷达系统的原理框图

单通道单脉冲雷达系统实际上提供的是瞬时 AGC 作用。在有热噪声存在时，其性能大致与三通道单脉冲雷达系统一样。但其限幅处理会产生一个严重的互相耦合问题，使得一部分方位角误差信号出现在俯仰角误差检波器的输出端，而俯仰角误差信号却出现在方位角误差检波器的输出端。根据接收机的组成及中频频率的选择，这种交叉调制可能产生严重的误差且容易受干扰。

在高频上将和信号与差信号合并以后也可以采用一种双通道的单脉冲接收机，如图7.80所示。微波分解器是一个在圆波导中做机械旋转的高频耦合环。在此波导中用互成 90°的电场极化激励方位角和俯仰角两个差信号。进入耦合器的能量含有两个差信号成分，它们分别按耦合器角位置 $\omega_s t$ 的余弦和正弦变化。这里，ω_s 为旋转的角速度。混合电路把组合了的差信号 Δ 加到和信号 Σ 中，除两个输出($\Sigma+\Delta$ 和 $\Sigma-\Delta$)的调制函数差 180°之外，其中每一个都类似于圆锥扫描跟踪的输出。在一个通道损坏的情况下，这种雷达能像仅在接收时进行波束扫描的圆锥扫描雷达一样工作，其性能基本上与圆锥扫描雷达相同。

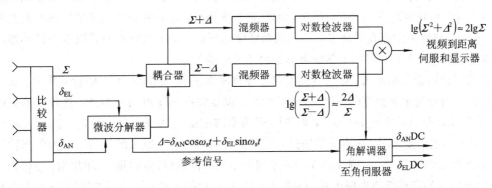

图 7.80 双通道单脉冲雷达系统的原理框图

两个通道的角误差信息彼此反相，其优点是接收信号中的信号起伏在提取角误差信息的中频输出(即对数检波器)中抵消。对数检波实质上是起了瞬时 AGC 的作用，给出需要不变的由和信号归一化的差信号角误差灵敏度。检波后的 Δ 信息是双极性的视频，误差信息就包含在它的正弦包络里。用角解调方法将此信号分解成两个成分，即方位角和俯仰角的误差信息。利用从耦合器的驱动装置来的参考信号，角解调器从 Δ 中取出正弦和余弦成分，以给出方位角和俯仰角的误差信号。双通道单脉冲技术已用于跟踪雷达和导弹靶场测量雷达。由微波分解器产生的调制作用对测量雷达的应用是有影响的,因为它在信号中增添了频谱成分,使这种雷达在要增加脉冲多普勒跟踪能力时遇到了困难。

只有在两个中频通道都工作时,这个系统才有瞬时 AGC 作用。而在一个通道损坏的情况下,系统虽然仍能工作,但性能降低了。因此,无论如何,在接收机输入端都有 3 dB 的信噪比损耗,虽然这个损耗可用和信号信息相参叠加的方法补偿一部分。设计微波分解器时要尽量减小损耗,而且精度很高才能减小方位角与俯仰角两通道之间的互耦。利用铁氧体器件来代替机械旋转的耦合器,可以改进分解器的性能。

7.8 角 跟 踪 精 度

7.8.1 影响测角精度的因素

跟踪雷达在测量目标的过程中会受到种种因素的影响,产生测角误差,影响测角精度。影响跟踪雷达测角精度的因素有很多,概括起来有:雷达性能和调整情况的好坏,目标的性质,传播条件和数据录取的性能等。

误差来源虽然繁多,但就误差性质来说可分为两类:系统误差和随机误差。系统误差可在雷达设计、加工、装备和调整使用过程中采取各种措施来减少,本节不予讨论。随机误差是各种噪声分量作用于系统而产生的,随机误差造成的跟踪过程中天线轴的颤抖现象(称为角颤)对跟踪雷达测角精度有很大影响。产生随机误差的噪声来源很多,在此不一一讨论,这里只就接收机内部热噪声、伺服系统噪声、目标振幅起伏和目标角噪声以及多路传播等方面产生的误差进行简单讨论。

1. 接收机内部热噪声引起的角跟踪误差

由于接收机内部热噪声的存在,即使天线轴对准了目标,相位鉴别器仍有输出。此电压通过伺服系统作用会使天线摆动,出现一误差角。这个误差角又产生一个有用的误差信号,使天线对准目标,直到误差信号功率与噪声功率达到平衡为止,这时的偏角就是热噪声引起的测量误差。因此,热噪声的存在限制了雷达角跟踪精度的提高。由于热噪声而被限定的最小跟踪误差常被称为热限。下面估算一下热噪声引起的角跟踪误差。

首先讨论圆锥扫描系统。如果我们发射脉冲宽度为 τ、重复频率为 f_r 的脉冲序列,那么圆锥扫描雷达信号的中频频谱图如图 7.81(a)所示。设接收机热噪声功率为 N,接收机等效噪声带宽(通常用接收机带宽代替)为 B,则热噪声功率谱密度为 N/B。由于跟踪支路外加距离波门,只有距离波门到来时,噪声才能通过,因而噪声功率减小为原来的 τ_c/T_r(τ_c 为距离波门宽度)。若伺服系统带宽为 β_n,则噪声在相位鉴别器中与基准电压(锥扫频率)相作用,使锥扫频率两侧 β_n 带宽内噪声谱折叠出现于零频率附近,即 $f_s \pm \beta_n$ 内的噪声在相位鉴别器与基准信号相作用后都可以进入到伺服系统,所以伺服系统带宽 β_n 等效为中频带宽 $2\beta_n$。又由于圆锥扫描的结果使信号产生了边带,使伺服系统响应于锥扫频率上,因此对于频谱中每一间隔 f_r 的频谱线都有两个等效的伺服系统频带。等效的伺服系统中频频率特性如图 7.81(b)所示。可以进入伺服系统的噪声功率为 $\dfrac{N}{B}4\beta_n\dfrac{\tau_c}{T_r}$,但是伺服系统分为方位角和仰角两个支路,所以输入每一路伺服系统的噪声功率为 $\dfrac{N}{B}2\beta_n\dfrac{\tau_c}{T_r}$。

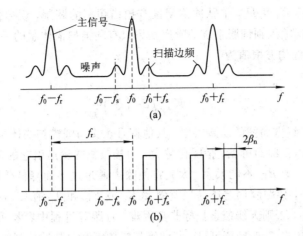

图 7.81 圆锥扫描雷达信号的中频频谱和等效的伺服系统中频频率特性

上述热噪声功率需要多少有用信号功率来平衡呢? 也就是说,需要天线偏离目标多大的角度才能平衡呢? 假设天线偏离目标的角度均方根值为 σ_N(因为热噪声是一随机起伏量,所以天线的误差角也是一随机量),天线方向图的误差斜率为 K_s,回波信号的平均振幅为 U_0。在连续工作时,误差角为 σ_N 的误差信号功率为 $\left(K_s \dfrac{\sigma_N}{\theta_{0.5}} U_0\right)^2$。由于信号为脉冲序列,因此经系统平滑后误差信号功率为 $\left(K_s \dfrac{\sigma_N}{\theta_{0.5}} U_0 \dfrac{\tau_c}{T_r}\right)^2$。当误差信号功率与热噪声功率相消时,天线处于平衡位置,所以:

$$\left(K_s \frac{\sigma_N}{\theta_{0.5}} U_0 \frac{\tau_c}{T_r}\right)^2 = \frac{N}{B} 2\beta_n \frac{\tau_c}{T_r} \tag{7.8.1}$$

则

$$\sigma_N = \frac{\sqrt{2}\theta_{0.5}}{K_s \sqrt{\dfrac{U_0^2}{N} \dfrac{\tau_c B}{\beta_n T_r}}} = \frac{1.4\theta_{0.5}}{K_s \sqrt{\tau_c B \left(\dfrac{S}{N}\right) \dfrac{f_r}{\beta_n}}} \tag{7.8.2}$$

式中,$U_0^2/N = S/N$ 为在接收机线性输出端的信噪比;$\theta_{0.5}$ 为天线波瓣的半功率波瓣宽度。

对于单脉冲体制来说,雷达信号的中频频谱图如图 7.82(a)所示,等效的伺服系统中频频

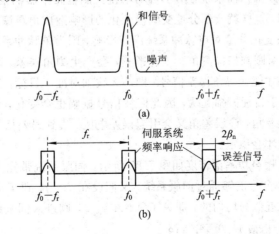

图 7.82 单脉冲雷达信号的中频频谱图和等效的伺服系统中频频率特性

率特性如图 7.82(b)所示。可见，单脉冲体制没有扫描频率的调制，误差信号只存在于一个通道内，所以单脉冲雷达输入到伺服系统的噪声功率只有圆锥扫描体制的一半，故由接收机热噪声引起的角跟踪误差的均方根值为

$$\sigma_{\mathrm{N}} = \frac{\theta_{0.5}}{K_{\mathrm{m}} \sqrt{B\tau_{\mathrm{c}} \left(\dfrac{S}{N}\right) \dfrac{f_{\mathrm{r}}}{\beta_{\mathrm{n}}}}} \tag{7.8.3}$$

式中，K_{m} 是单脉冲天线方向图的误差斜率，其他符号意义与圆锥扫描体制相同。

由式(7.8.2)和式(7.8.3)可见，信噪比越大，由接收机热噪声引起的角跟踪误差越小。$B\tau_{\mathrm{c}}$ 加大也可使误差减小，但 $B\tau_{\mathrm{c}}$ 不能太大，太大将使噪声通过过多而降低信噪比，一般取 1.2 左右，不超过 1.3。此外，角跟踪误差还与误差斜率 K_{s} 或 K_{m} 和 $\theta_{0.5}$ 有关。$\theta_{0.5}$ 减小，测角误差减小，不过 $\theta_{0.5}$ 不能太小，否则天线搜索目标非常困难，且跟踪过程中容易丢失目标，通常 $\theta_{0.5} = 1° \sim 4°$。由式(7.8.2)和式(7.8.3)还可见，若圆锥扫描体制和单脉冲体制的各参数一样，则关于由热噪声引起的角跟踪误差，单脉冲体制是圆锥扫描体制的 $1/\sqrt{2}$。但是，对于圆锥扫描体制，考虑到波束交叉损耗，为了使雷达总性能最佳，只能取 $K_{\mathrm{s}} = 1.5$，此时波束交叉损耗为 20 dB。对单脉冲而言，可通过合理设计馈源使测距、测角灵敏度最佳，通常取 $K_{\mathrm{m}} = 1.57$。单脉冲体制无波束交叉损耗，所以仅热噪声一项。在其他条件完全相同的情况下，单脉冲雷达比圆锥扫描雷达的角跟踪误差小 5 dB。

2. 目标振幅起伏引起的角跟踪误差

一个复杂目标的反射信号可以看成目标的各反射单元反射信号干涉的结果，即总的反射信号是各反射单元反射信号的矢量和。目标在飞行过程中由于偏航、倾侧、俯仰和震动等因素，各反射单元反射信号的相位会随机变化，因而合成的总反射信号振幅随机起伏。有时把振幅随机起伏的反射信号称为振幅起伏噪声。目标振幅起伏噪声的频谱宽度约从 0 赫兹到几十赫兹甚至几百赫兹，其频谱宽度和频谱形状与飞机类型、运动姿态有关。若目标是螺旋桨飞机，则频谱中还有明显的螺旋桨旋转频率成分。

振幅起伏噪声的慢变化分量(低频振幅起伏噪声)进入雷达伺服系统的通频带内，对圆锥扫描体制和单脉冲体制都有影响，但当采用自动增益控制时，这种影响可减小。尤其是对于单脉冲体制，自动增益控制系统采用了高增益放大器，且控制回路的带宽可以比较宽，因而能完全抑制这类振幅起伏。对圆锥扫描系统，由于自动增益控制电路不影响锥扫频率上的调制分量，从而在带宽上受到限制，这样就会部分地受到慢变化的影响造成角跟踪误差。

振幅起伏噪声的快变化分量对单脉冲系统没有影响，因为单脉冲系统的角误差信号是在同一个脉冲内获得的。它对圆锥扫描测角系统有影响，会产生测角误差。因为圆锥扫描系统必须经过一个圆锥扫描周期才能获得角误差信号。即使天线轴对准了目标，当天线波束由一个位置旋转到另一位置时，由于目标振幅起伏，因此回波信号振幅也会变化，有误差信号输出，使天线轴偏离目标产生一误差角，该误差角又会引起误差电压，直到误差信号功率与目标振幅起伏噪声功率相平衡时天线才会稳定。

假设目标振幅起伏噪声功率谱密度如图 7.83 所示，伺服系统带宽为 β_{n}，只有锥扫频率 f_{s} 两边 β_{n} 宽度以内的频率分量能够通过伺服系统。又假设在 $f_{\mathrm{r}} - \beta_{\mathrm{n}}$ 到 $f_{\mathrm{s}} + \beta_{\mathrm{n}}$ 这一频率范围内振幅起伏噪声功率谱密度近似为均匀的，即 $A^2(f) = A^2(f_{\mathrm{s}})$，则进入伺服系统的振幅起伏噪声功率为 $2A^2(f_{\mathrm{s}})\beta_{\mathrm{n}}$，其均方根值为 $\sqrt{2A^2(f_{\mathrm{s}})\beta_{\mathrm{n}}}$。

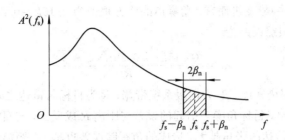

图 7.83 目标振幅起伏噪声功率谱密度

又假设振幅起伏噪声功率平均分配给方位角和仰角两信道，则振幅起伏噪声在一个信道上所造成的角误差为

$$\sigma_a = \frac{\theta_{0.5}\sqrt{2A^2(f_s)\beta_n}}{\sqrt{2}K_s}$$

圆锥扫描系统的 $K_s = 1.5$，所以：

$$\sigma_a = 0.67\theta_{0.5}\sqrt{2A^2(f_s)\beta_n} \tag{7.8.4}$$

由此可见，提高圆锥扫描频率 f_s 可使 $A^2(f_s)$ 减小（见图 7.83），因而可使振幅起伏噪声引起的角误差减小。但锥扫频率的提高受到其他因素的限制（机械结构和调制信号包络不失真），通常为 $20\sim50$ Hz。减小伺服系统带宽和减小波束宽度 $\theta_{0.5}$ 都可减小振幅起伏噪声所引起的误差。另外，选择圆锥扫描频率时要避开螺旋桨旋转调制频率。

3. 目标角噪声引起的误差

一个形状复杂的目标可以看成由大量点反射单元组成。每一单元都会反射雷达电波，总的回波是各单元反射电波的矢量和，并等效为由一个反射点所反射，该点即为目标的等效反射中心，又称视在中心。雷达对目标进行跟踪也就是对其反射中心进行跟踪。当目标运动，特别是运动姿态变化时，视在方向不断变化，等效反射中心也不断变化，这种变化是随机的，故称为目标角噪声，又称角闪烁。目标角噪声使雷达天线抖动，产生跟踪误差，这部分误差称为角噪声误差。为了便于读者了解，现以两个反射单元为例定性说明角闪烁现象。

如图 7.84 所示，有一目标含有两个反射单元 A 和 B，总的回波信号是 A 和 B 反射信号的合成。若 A 和 B 的反射信号强度及相位相同，则雷达跟踪轴对准 A、B 连线的中点 O 时，误差等于 0，好像目标的等效反射中心在 O 点。如果 A、B 的反射相位相同，但 B 点的反射强度比 A 点大，则雷达必须跟踪到靠近 B 点时误差才等于 0，好像等效反射中心移到了靠近 B 点的一边。如果 A 点反射强度比 B 点大，则等效反射中心移到靠近 A 点一边。如果 A、B 点反射信号的相位还有差别，则随着相位差的大小不同会起到减小或加大等效反射中心偏移程度的作用。一个复杂目标含有大量的反射单元，情况十分复杂，但等效反射中心的物理实质和只含两个反射单元的目标一样。

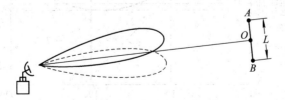

图 7.84 两个反射单元的等效反射中心

根据实验得到，对一般飞机而言，角噪声的均方根值为 $0.15L \sim 0.25L$（L 是飞机的视在宽度），则角噪声引起的跟踪误差为

$$\sigma_\theta = \frac{(0.15L \sim 0.25L) \sqrt{A_\theta^2 \beta_n}}{R} \tag{7.8.5}$$

式中，A_θ^2 为角噪声功率谱密度；β_n 为伺服系统带宽；R 为目标与雷达之间的距离。

由式(7.8.5)可看出，目标角噪声引起的误差与距离 R 成反比，与目标长度 L 成正比，L 越大，距离越近，目标对雷达的张角越大，造成的角跟踪误差也越大，距离越远，此项误差越可忽略。

角噪声对圆锥扫描系统和单脉冲系统的影响是相同的。

4. 伺服系统噪声引起的角跟踪误差

由于伺服系统中传动轴、轴承振动和摇摆，齿轮中齿形不规则，齿隙太大，机械元件不稳定，电机磁场不稳，碳刷打火，直流放大器零点漂移等电性能不稳定会产生伺服系统噪声。伺服系统的噪声来源很多，关系复杂，很难用计算方法来估算它的影响，通常都是用实测的方法来定量估计。伺服系统噪声所产生的测角误差均方根值只与伺服系统带宽有关，而与雷达其他参数和作用距离无关，即

$$\sigma_s \propto \sqrt{\beta_n} \tag{7.8.6}$$

以上讨论了 4 种噪声引起的角跟踪误差，可以看出它们都与伺服系统的带宽 β_n 有关，减小伺服带宽可以减小这 4 种噪声产生的测角误差。但伺服系统带宽又影响对目标跟踪时的动态误差，若伺服系统带宽变窄，则系统反应速度变慢，从而增加动态滞后误差，从这点出发希望伺服系统带宽宽一些，因此要全面考虑、合理选择伺服系统带宽。

7.8.2　对角跟踪误差的综合讨论

以上讨论了几种误差，可以看出，目标振幅起伏噪声和伺服噪声引起的误差与距离无关；接收机热噪声引起的误差随着距离增加而迅速增加，因为距离远，回波信号弱，信噪比下降；而目标角噪声引起的误差与距离成反比。图 7.85 画出了圆锥扫描雷达和单脉冲雷达总误差及各种误差与距离 R 的关系。图 7.85 中，曲线 1 为圆锥扫描系统的总随机误差，曲线 2 为单脉冲系统的总随机误差，曲线 3 为振幅噪声引起的误差，曲线 4 为伺服噪声引起的误差，曲线 5 为角噪声引起的误差，曲线 6 为接收机热噪声对圆锥扫描系统引起的误差，曲线 7 为接收机热噪声对单脉冲系统引起的误差。

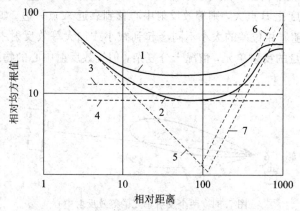

图 7.85　相对角跟踪误差(均方根值)曲线

　　根据前面讨论的几种误差，从图 7.85 中可以看出：

　　(1) 目标振幅噪声和伺服噪声引起的误差与距离 R 无关。

　　(2) 接收机热噪声引起的误差随着距离增加而迅速增加。这是因为远距离的回波信号弱，信噪比下降。

　　(3) 由角噪声引起的误差随着距离的减小而迅速增加。

　　(4) 在中距离范围具有最佳跟踪精度。对于圆锥扫描雷达，跟踪误差是由伺服噪声和振幅噪声造成的。对于单脉冲雷达，跟踪精度只受伺服噪声限制。

　　总之，单脉冲体制不受目标振幅噪声的影响，同时又可采用比较宽的自动增益控制带宽，天线方向图误差斜率比圆锥扫描体制大一些(单脉冲 $K_m=1.57$，圆锥扫描 $K_s=1.5$)，没有波束交叉损耗，接收机热噪声引起的角跟踪误差比圆锥扫描体制小，所以单脉冲雷达的跟踪精度比圆锥扫描雷达高。一般来说，单脉冲雷达的测角精度为 0.1～0.2 密位，而圆锥扫描雷达的测角精度约为 1～2 密位。

参 考 文 献

[1]　丁鹭飞，耿富禄. 雷达原理. 3 版. 西安：西安电子科技大学出版社，2002.

[2]　SKOLNIKI M I. 雷达手册. 2 版. 北京：电子工业出版社，2003.

[3]　张朋友，汪学刚. 雷达系统. 3 版. 北京：电子工业出版社，2011.

[4]　张光义，赵玉洁. 相控阵雷达技术. 北京：电子工业出版社，2006.

[5]　张光义. 相控阵雷达系统. 北京：国防工业出版社，2001.

[6]　南京电子技术研究所. 世界地面雷达手册. 北京：国防工业出版社，2005.

[7]　中航雷达与电子设备设计院. 机载雷达手册. 北京：国防工业出版社，2004.

[8]　HOFT D J. Solid State Transmit/Receive Module for the PAVE PAWS Phased Araay Radar. 1978 IEEE-MTT S International Microwave Symposium Digest, 1978, 21：33-35.

[9]　吴成春. 集成固体微波电器. 北京：国防工业出版社，1981.

[10]　李天成，杨德顺，王宗礼. 微波铁氧体器件. 西安：西北电讯工程学院出版社，1975.

[11]　戈稳. 雷达接收机技术. 北京：电子工业出版社，2005.

[12]　西北电讯工程学院《雷达系统》编写组. 雷达系统. 北京：国防工业出版社，1980.

第 8 章　运动目标检测

　　雷达要探测的目标通常是运动着的物体，如空中的飞机、导弹，海上的舰艇，地面的车辆等。但在目标的周围经常存在各种背景，如各种地物、云雨、海浪及敌人施放的金属丝干扰等。这些背景可能是完全不动的，如山和建筑物，也可以是缓慢运动的，如有风时的海浪，一般来说，其运动速度远小于目标的运动速度。这些背景所产生的回波称为杂波或无源干扰。

　　当杂波和运动目标回波在雷达显示器上同时显示时，会使目标的观察变得很困难。如果目标处在杂波背景内，弱的目标会淹没在强杂波中，特别是当强杂波使接收系统产生过载时，发现目标十分困难。目标不在杂波背景内时，要在成片杂波中很快分辨出运动目标回波也不容易。如果雷达终端采用自动检测和数据处理系统，则由于大量杂波的存在，将引起终端过载或者不必要地增大系统的容量和复杂性。因此，无论从抗干扰角度还是从改善雷达工作质量的角度来看，选择运动目标回波而抑制固定杂波背景都是一个很重要的问题。

　　区分运动目标和固定杂波的基础是它们在速度上的差别。由于运动速度不同而引起回波信号频率产生的多普勒频移不相等，因此可以从频率上区分不同速度目标的回波。在动目标显示（MTI）和动目标检测（MTD）雷达中使用了各种滤波器，滤去固定杂波而取出运动目标的回波，从而大大改善了在杂波背景下检测运动目标的能力，并且提高了雷达的抗干扰能力。

　　此外，在某些实际运用中，还需要准确地知道目标的运动速度，利用多普勒效应所产生的频率偏移，也能达到准确测速的目的。

8.1　多普勒效应及其在雷达中的应用

8.1.1　多普勒效应

　　多普勒效应是指当发射源和接收者之间有相对径向运动时，接收到的信号频率将发生变化。这一物理现象首先在声学上由物理学家克里斯顿·多普勒于 1842 年发现，1930 年左右被运用到电磁波范围。雷达应用日益广泛以及对其性能要求的提高，推动了利用多普勒效应来改善雷达工作质量的进程。

　　下面研究当雷达与目标有相对运动时，雷达站接收信号的特征。为方便起见，设目标为理想"点"目标，即目标尺寸远小于雷达分辨单元。

　　1. 雷达发射连续波的情况

　　这时发射信号可表示为

$$s(t) = A\cos(\omega_0 t + \varphi)$$

式中，ω_0 为发射角频率；φ 为初相；A 为振幅。

　　在雷达发射站处接收到由目标反射的回波信号为

$$s_r(t) = ks(t - t_r) = kA\cos[\omega_0(t - t_r) + \varphi] \tag{8.1.1}$$

式中，$t_r = 2R/c$ 为回波滞后于发射信号的时间，其中 R 为目标和雷达站间的距离，c 为电磁波传播速度，在自由空间传播时它等于光速；k 为回波的衰减系数。

如果目标固定不动，则距离 R 为常数。回波与发射信号之间具有固定相位差 $\omega_0 t_r = 2\pi f_0 \cdot 2R/c = (2\pi/\lambda)2R$，它是电磁波往返于雷达与目标之间所产生的相位滞后。

当目标与雷达站之间有相对运动时，距离 R 随时间变化。设目标以匀速相对于雷达站运动，则在 t 时刻，目标与雷达站间的距离为

$$R(t) = R_0 - v_r t \tag{8.1.2}$$

式中，R_0 为 $t=0$ 时的距离；v_r 为目标相对于雷达站的径向运动速度。

式(8.1.1)说明，在 t 时刻接收到的波形 $s_r(t)$ 上的某点是在 $t-t_r$ 时刻发射的。由于通常雷达和目标间的相对运动速度 v_t 远小于电磁波速度 c，因此延时 t_r 可近似写为

$$t_r = \frac{2R(t)}{c} = \frac{2}{c}(R_0 - v_r t) \tag{8.1.3}$$

回波信号与发射信号相比，高频相位差：

$$\varphi = -\omega_0 t_r = -\omega_0 \frac{2}{c}(R_0 - v_r t) = -2\pi \frac{2}{\lambda}(R_0 - v_r t)$$

是时间 t 的函数，当径向速度 v_r 为常数时，产生频率差为

$$f_d = \frac{1}{2\pi}\frac{\mathrm{d}\varphi}{\mathrm{d}t} = \frac{2}{\lambda}v_r \tag{8.1.4}$$

这就是多普勒频移，它正比于相对运动的速度，而反比于工作波长。当目标飞向雷达站时，多普勒频移为正值，接收信号频率高于发射信号频率；而当目标背离雷达站飞行时，多普勒频移为负值，接收信号频率低于发射信号频率。

多普勒频移可以直观地解释为：振荡源发射的电磁波以恒速 c 传播。如果接收者相对于振荡源是不动的，则它在单位时间内收到的振荡数目与振荡源发出的数目相同，即二者频率相等。如果振荡源与接收者之间有相对接近的运动，则接收者在单位时间内收到的振荡数目要比它不动时多一些，也就是接收频率增高；当二者做背向运动时，结果相反。

2. 窄带信号时的多普勒效应

常用雷达信号为窄带信号(带宽远小于中心频率)，其发射信号可以表示为

$$s(t) = \mathrm{Re}[u(t)\mathrm{e}^{\mathrm{j}\omega_0 t}]$$

式中，Re 表示取实部；$u(t)$ 为调制信号的复数包络；ω_0 为发射角频率。

同连续波发射时的情况相似，由目标反射的回波信号 $s_r(t)$ 可以写成

$$s_r(t) = ks(t - t_r) = \mathrm{Re}[ku(t - t_r)\mathrm{e}^{\mathrm{j}\omega_0(t - t_r)}] \tag{8.1.5}$$

当目标固定不动时，回波信号的复包络有一固定延迟时间，而高频则有一个固定相位差。

当目标相对于雷达站匀速运动时，按式(8.1.2)近似地认为其延迟时间 t_r 为

$$t_r = \frac{2R(t)}{c} = \frac{2}{c}(R_0 - v_r t)$$

则式(8.1.5)的回波信号表达式说明，回波信号与发射信号相比，复包络滞后 t_r，而高频相位差 $\varphi = -\omega_0 t_r = -2\pi(2/\lambda)(R_0 - v_r t)$，是时间的函数。当速度 v_r 为常数时，$\varphi(t)$ 引起的频率差为

$$f_d = \frac{1}{2\pi}\frac{\mathrm{d}\varphi}{\mathrm{d}t} = \frac{2}{\lambda}v_r$$

该频率称为多普勒频移，即回波信号的频率与发射信号的频率相比有一个多普勒频移。

8.1.2　多普勒信号的提取

我们已经知道，回波信号的多普勒频移 f_d 正比于径向速度，而反比于雷达工作波长 λ，即

$$f_d = \frac{2v_r}{\lambda} = \frac{f_0}{c} 2v_r$$

$$\frac{f_d}{f_0} = \frac{2v_r}{c}$$

多普勒频移的相对值正比于目标速度与光速之比，f_d 的正负值取决于目标运动的方向。在多数情况下，多普勒频移处于音频范围。例如，当 $\lambda = 10$ cm，$v_r = 300$ m/s 时，求得 $f_d = 6$ kHz。而此时雷达工作频率 $f_0 = 3000$ MHz，目标回波信号频率 $f_r = 3000$ MHz ± 6 kHz，两者相差的百分比是很小的。因此要从接收信号中提取多普勒频移需要采用差拍的方法，即设法取出 f_0 和 f_r 的差值 f_d。

1. 连续波多普勒雷达

为取出收发信号频率的差频，可以在接收机检波器输入端引入发射信号作为基准电压，在检波器输出端即可得到收发频率的差频电压，即多普勒频移电压。这时的基准电压通常称为相参(干)电压，而完成差频比较的检波器称为相干检波器。相干检波器就是一种相位检波器，在其输入端除了加基准电压外，还有需要鉴别其差频率或相对相位的信号电压。

图 8.1(a)～(c)画出了连续波多普勒雷达的原理性组成方框图、获取多普勒频移的差拍矢量图及各主要点的频谱图。

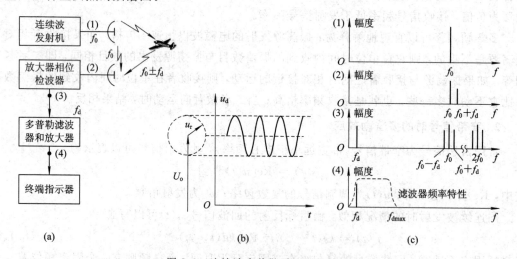

图 8.1　连续波多普勒雷达原理框图
(a) 组成框图；(b) 多普勒频移差拍矢量；(c) 频谱图

发射机产生频率为 f_0 的等幅连续波高频振荡，其中绝大部分能量从发射天线辐射到空间，很少部分能量耦合到接收机输入端作为基准电压。混合的发射信号和接收信号经过放大后，在相位检波器输出端取出其差拍电压，除去其中的直流分量，得到多普勒频移信号并送到终端指示器。

对于固定目标信号，由于它和基准信号的相位差 $\varphi = \omega_0 t_r$，保持为常数，因此混合相加的合成电压幅度也不改变。当回波信号振幅 U_r 远小于基准信号振幅 U_0 时，从矢量图上可求得其合成电压为

$$U_\Sigma \approx U_0 + U_r \cos\varphi \tag{8.1.6}$$

包络检波器输出正比于合成信号振幅。对于固定目标，合成矢量不随时间变化，检波器输出经隔直流后无输出。而运动目标回波与基准电压的相位差随时间按多普勒频移变化，即回波信号矢量围绕基准信号矢量端点以等角速度 ω_d 旋转，这时合成矢量的振幅为

$$U_\Sigma \approx U_0 + U_r \cos(\omega_d t - \varphi)$$

经相位检波器取出二电压的差拍，通过隔直流电容器得到输出的多普勒频移信号为

$$u = U_r \cos(\omega_d t - \varphi) \tag{8.1.7}$$

在检波器中，还可能产生多种和差组合频率，用低通滤波器取出所需要的多普勒频移 f_d 并送到终端指示(例如频率计)，即可测得目标的径向速度。

有关连续波雷达测速的详细讨论，可参阅 8.9 节。

2. 脉冲工作状态时的多普勒效应

脉冲雷达是最常用的雷达工作方式。当雷达发射脉冲信号时，和连续发射时一样，运动目标回波信号中产生一个附加的多普勒频移分量，所不同的是目标回波仅在脉冲宽度时间内按重复周期出现。

图 8.2 画出了利用多普勒效应的脉冲雷达方框图及各主要点的波形图，图中所示为多普

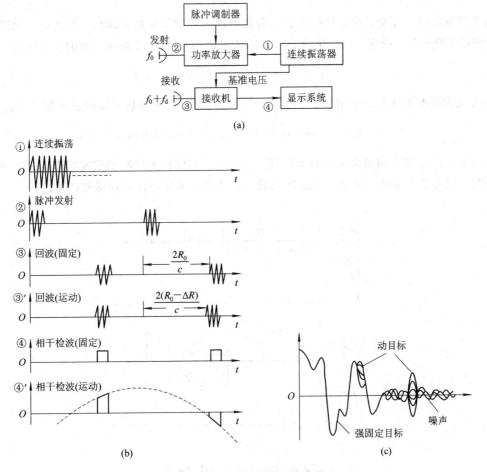

图 8.2　利用多普勒效应的脉冲雷达

(a) 原理方块图；(b) 主要波形图；(c) A 显画面(对消前)

勒频移 f_d 小于脉冲宽度倒数的情况。

　　和连续波雷达的工作情况相类比，发射信号按一定的脉冲宽度 τ 和重复周期 T_r 工作。由连续振荡器取出的电压作为接收机相位检波器的基准电压，基准电压在每一重复周期均和发射信号有相同的起始相位，因而是相参的。

　　相位检波器输入端所加电压有两个：连续的基准电压 u_k，$u_k = U_k \sin(\omega_0 t + \varphi_0)$，其频率和起始相位均与发射信号相同；回波信号 u_r，$u_r = U_r \sin[\omega_0(t-t_r)+\varphi_0']$，当雷达为脉冲工作时，回波信号是脉冲电压，只在信号来到期间，即 $t_r \leqslant t \leqslant t_r + \tau$ 时才存在，其他时间只有基准电压 U_k 加在相位检波器上。因此，经过检波器的输出信号为

$$u = K_d U_k(1 + m\cos\varphi) = U_0(1 + m\cos\varphi) \tag{8.1.8}$$

式中，U_0 为直流分量，为连续振荡的基准电压经检波后的输出，而 $U_0 m\cos\varphi$ 则代表检波后的信号分量。

　　在脉冲雷达中，由于回波信号为按一定重复周期出现的脉冲，因此 $U_0 m\cos\varphi$ 表示相位检波器输出回波信号的包络。图 8.3 给出了相位检波器的输出波形图。对于固定目标来讲，相位差 φ 是常数，其计算式为

$$\varphi = \omega_0 t_r = \omega_0 \frac{2R_0}{c}$$

合成矢量的幅度不变化，检波后隔去直流分量可得到一串等幅脉冲输出。对运动目标回波而言，相位差随时间 t 改变，其变化情况由目标径向运动速度 v_r 及雷达工作波长 λ 决定：

$$\varphi = \omega_0 t_r = \omega_0 \frac{2R(t)}{c} = \frac{2\pi}{\lambda} 2(R_0 - v_r t)$$

合成矢量为基准电压 U_k 与回波信号相加，经检波及隔去直流分量后得到脉冲信号的包络为

$$U_0 m\cos\varphi = U_0 m\cos\left(\frac{2\omega_0}{c}R_0 - \omega_d t\right) = U_0 m\cos(\omega_d t - \varphi_0) \tag{8.1.9}$$

即回波脉冲的包络调制频率为多普勒频移。这相当于连续波工作时的取样状态，在脉冲工作状态时，回波信号按脉冲重复周期依次出现，信号出现时对多普勒频移取样输出。

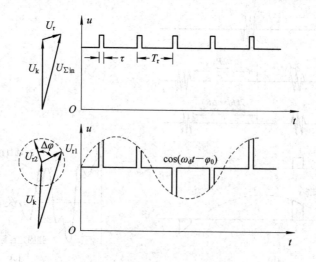

图 8.3　相位检波器的输出波形

脉冲工作时，相邻重复周期运动目标回波与基准电压之间的相位差是变化的，其变化量为

$$\Delta\varphi = \omega_{\mathrm{d}}T_{\mathrm{r}} = \omega_0 \frac{2v_{\mathrm{r}}}{c}T_{\mathrm{r}} = \omega_0 \Delta t_{\mathrm{r}}$$

式中，Δt_{r} 为相邻重复周期由于雷达和目标间距离的改变而引起两次信号延迟时间的差别。距离的变化是由雷达和目标之间的相对运动产生的。

相邻重复周期延迟时间的变化量 $\Delta t_{\mathrm{r}} = 2\Delta R/c = 2v_{\mathrm{r}}T_{\mathrm{r}}/c$，是很小的量，但当它反映到高频相位上时，$\Delta\varphi = \omega_0 \Delta t_{\mathrm{r}}$ 就会产生很灵敏的反应。相参脉冲雷达利用了相邻重复周期回波信号与基准信号之间相位差的变化来检测运动目标回波，相位检波器将高频的相位差转化为输出信号的幅度变化。脉冲雷达工作时，单个回波脉冲的中心频率也有相应的多普勒频移，但在 $f_{\mathrm{d}} \ll 1/\tau$ 的条件下（这是常遇到的情况），这个多普勒频移只使相位检波器输出脉冲的顶部产生畸变，这就表明要检测出多普勒频移需要多个脉冲信号。只有当 $f_{\mathrm{d}} > 1/\tau$ 时，才有可能利用单个脉冲测出其多普勒频移。对于运动目标回波，其重复周期的微小变化 $\Delta t_{\mathrm{r}} = 2v_{\mathrm{r}}T_{\mathrm{r}}/c$ 通常均可忽略。

8.1.3　盲速和频闪

当雷达处于脉冲工作状态时，将发生区别于连续工作状态的特殊问题，即盲速和频闪效应。

所谓盲速，是指目标虽然有一定的径向速度 v_{r}，但若其回波信号经过相位检波器后，输出为一串等幅脉冲，与固定目标的回波相同，此时的目标运动速度称为盲速。

而频闪效应则是指当脉冲工作状态时，相位检波器输出端回波脉冲串的包络调制频率 F_{d} 与目标运动的径向速度 v_{r} 不再保持正比关系，此时如用包络调制频率测速将产生测速模糊。

产生盲速和频闪效应的基本原因在于：脉冲工作状态是对连续发射的取样，取样后的波形和频谱都将发生变化，下面予以讨论。

当雷达信号为窄带信号时，运动目标的雷达回波 $s_{\mathrm{r}}(t)$ 为

$$s_{\mathrm{r}}(t) = \mathrm{Re}\{ku(t-t_{\mathrm{r}})\exp[\mathrm{j}(\omega_0 + \omega_{\mathrm{d}})(t-t_0)]\}$$

式中，t_{r} 为复包络延迟，而 f_{d} 为高频的多普勒频移。当雷达处于脉冲工作状态时，简单脉冲波形的复调制函数 $u(t)$ 可写成

$$u(t) = \sum_{n=-\infty}^{\infty} \mathrm{rect}\left(\frac{t-nT_{\mathrm{r}}}{\tau}\right)$$

式中，rect 表示矩形函数；τ 为脉冲宽度；T_{r} 为脉冲重复周期。

$u(t)$ 的频谱 $U(f)$ 是一串间隔 $f_{\mathrm{r}} = 1/T_{\mathrm{r}}$ 的谱线，谱线的包络取决于脉冲宽度 τ 的值。运动目标的回波信号是 $u(t-t_{\mathrm{r}})$ 和具有多普勒频移的连续振荡信号相乘，因而其频谱是两者的卷积：

$$s_{\mathrm{r}}(t) \Longleftrightarrow S_{\mathrm{r}}(f) = U(f) \otimes [\delta(f-f_0-f_{\mathrm{d}}) + \delta(f+f_0+f_{\mathrm{d}})]$$
$$= U(f-f_0-f_{\mathrm{d}}) + U(f+f_0+f_{\mathrm{d}})$$

如图 8.4(b) 所示，相当于把 $U(f)$ 的频谱中心分别搬移到 f_0+f_{d} 和 $-(f_0+f_{\mathrm{d}})$ 的位置上。

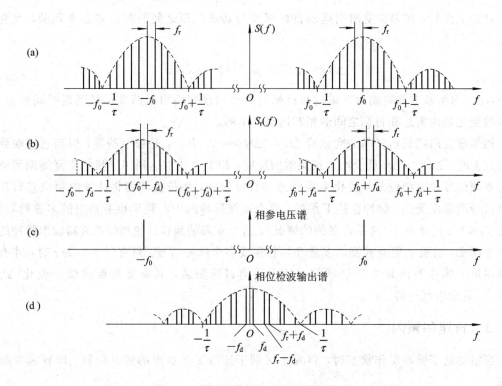

图 8.4 脉冲工作时各主要点信号频谱

(a) 发射信号频谱；(b) 接收信号频谱；(c) 相参电压谱；(d) 相位检波输出谱

相位检波器的输入端加有频率为 f_0 的相参电压和回波信号电压，在其输出端得到两个电压的差频，如图 8.4(d) 所示，其谱线的位置在 $nf_r \pm f_d$ 处，$n = 0, \pm 1, \pm 2, \cdots$，谱线的包络与 $U(f)$ 相同。

由图 8.4 的频谱图可以看出脉冲信号产生盲速的原因：固定目标时，$f_d = 0$，其回波的频谱结构与发射信号相同，是由 f_0 和 $f_0 \pm nf_r$ 的谱线组成的。对于运动目标回波，谱线中心移动 f_d，故其频谱由 $f_0 + f_d$、$f_0 + f_d \pm nf_r$ 的谱线组成，经过相位检波器后，得到 f_d 及 $nf_r \pm f_d$ 的差频，其波形为多普勒频移 f_d 调幅的一串脉冲。当 $f_d = nf_r$ 时，运动目标回波的谱线由 nf_r 组成，频谱结构与固定目标回波的相同，这时无法区分运动目标与固定目标。

从图 8.4 的频谱图上也可以分析产生频闪的原因：当多普勒频移 f_d 超过重复频率 f_r 的一半时，频率 nf_r 的上边频分量 $nf_r + f_d$ 与频率 $(n+1)f_r$ 的下边频分量 $(n+1)f_r - f_d$ 在谱线排列的前后位置上交叉。两个不同的多普勒频移 f_{d1} 和 f_{d2}，只要满足 $f_{d1} = nf_r - f_{d2}$，则二者的谱线位置相同而无法区分。同样，当 $f_{d1} = nf_r + f_{d2}$ 时，二者的频谱结构相同也是显而易见的。因此，在相参脉冲雷达中，如果要用相位检波器输出脉冲的包络频率来单值地测定目标的速度，必须满足的条件是

$$f_d \leqslant \frac{1}{2} f_r$$

这就是在取样系统中要保证信号不失真，取样频率 f_r 必须大于信号多普勒频移 f_d 的 2 倍的道理。超过这个值，将产生测速模糊，需用其他办法辅助解决单值测速问题。

盲速和频闪效应也可以由图 8.5 所示的矢量图及其对应的波形图加以说明。

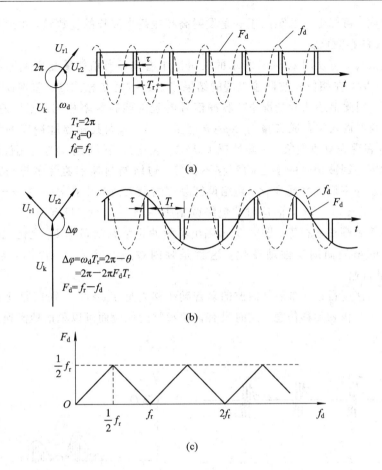

图 8.5　用矢量和波形图说明盲速和频闪

(a) 盲速说明；(b) 频闪说明；(c) F_d 的变化规律

从矢量图(见图 8.5(a))中可以看出，相邻周期运动目标的回波和基准电压之间相位差的变化量 $\Delta\varphi = \omega_d T_r$，根据 $\Delta\varphi$ 的变化规律即可得到一串振幅变化的视频脉冲。当 $\Delta\varphi = 2\pi$ 时，虽然目标是运动的，但相邻周期回波与基准电压间的相对位置不变，其效果正如目标是不运动的一样，这就是盲速。可求得盲速与雷达参数的关系。当 $\Delta\varphi = 2n\pi$，即

$$\Delta\varphi = \omega_d T_r = 2n\pi, \quad n = 1, 2, 3, \cdots$$

时，会产生盲速，这时，有

$$f_d T_r = n \quad \text{或} \quad f_d = n f_r$$

因 $f_d = 2v_r/\lambda$，故盲速为

$$v_{r0} = \frac{1}{2} n \lambda f_r$$

出现盲速是因为取样系统的观察是间断的，而不是连续的。在连续系统中，多普勒频移总是正比于目标运动的速度而没有模糊。但在脉冲工作时，相位检波器输出端的回波脉冲包络频率只在多普勒频移较脉冲重复频率低 $\left(f_d < \frac{1}{2} f_r\right)$ 时才能代表目标的多普勒频移。在盲速时，有

$$v_{r0} = \frac{1}{2} n \lambda f \quad \text{或} \quad v_{r0} T_r = \frac{1}{2} n \lambda$$

即在重复周期内，目标走过的距离正好是发射高频振荡半波长的整数倍，由此引起的高频相位差正好是 2π 的整数倍。

关于频闪效应，可从图 8.5(b) 所示的矢量图中看出。当相邻重复周期回波信号的相位差 $\Delta\varphi=2n\pi-\theta$ 时，在相位检波器输出端的结果与 $\Delta\varphi=\theta$ 时是相同的，差别仅为矢量的视在旋转方向相反，因此上述两种情况下，脉冲信号的包络调制频率相同。相位差 $\Delta\varphi=2n\pi+\theta$ 时，其相位检波器输入端合成矢量与 $\Delta\varphi=\theta$ 完全一样，因而其输出脉冲串的调制频率也相同。当 $\theta=0$ 时表现为盲速现象，一般情况下 $\theta\neq0$，表现为频闪现象，这时相位检波器输出脉冲包络调制频率与回波信号的多普勒频移不相等。包络调制频率随着多普勒频移的增加按雷达工作的重复频率周期性地变化。包络调制频率的最大值产生在 $\Delta\varphi=2n\pi-\pi$ 时，相应的多普勒频移为 $nf_r-(1/2)f_r$，而这时的包络调制频率 $F_d=f_r/2$。只有当 $f_d<f_r/2$ 时，包络调制频率和多普勒频移才相等。图 8.5(c) 画出了脉冲包络调制频率 F_d 变化规律曲线，它随着多普勒频移的增加而周期性地变化，这就是频闪效应。当 $f_d=nf_r$ 时，包络调制频率 $F_d=0$，这就是盲速。

对于某些高速度目标，如果其回波的多普勒频移满足 $f_d\gg1/\tau$，则在原理上可以从单个回波脉冲中获取多普勒频移信息，这时没有盲速和频闪效应而可以单值地测速，其波形和频谱如图 8.6 所示。

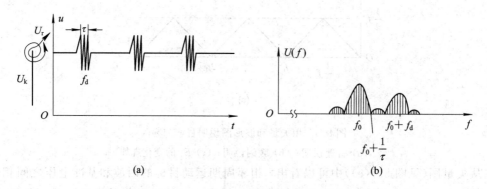

$$(a) \qquad\qquad\qquad (b)$$

图 8.6　高速目标 $(f_d>1/\tau)$ 的多普勒效应

(a) 波形；(b) 频谱

8.2　动目标显示雷达的工作原理及主要组成

8.2.1　基本工作原理

从 8.1 节的分析中可以看出，当脉冲雷达利用多普勒效应来鉴别运动目标回波和固定目标回波时，与普通脉冲雷达的差别是必须在相位检波器的输入端加上基准电压(或称相参电压)，该电压应和发射信号频率相参并保存发射信号的初相，且在整个接收信号期间连续存在。工程上，基准电压的频率常选在中频。这个基准电压是相位检波器的相位基准，各种回波信号均与基准电压比较相位。从相位检波器输出的视频脉冲有固定目标的等幅脉冲串和运动目标的调幅脉冲串。通常在送到终端(显示器或数据处理系统)之前要将固定杂波消去，故要采用相消设备或杂波滤波器滤去杂波干扰，而保存运动目标信息。下面将着重讨论相参电压的获取和固定杂波的消除这两个特殊问题。

8.2.2　获得相参振荡电压的方法

相参电压获得的途径和雷达发射机的类型有直接关系。目前，脉冲雷达所用发射机有自激振荡式（如末级为磁控管）和主振放大式两大类，下面分别进行讨论。

1. 中频全相参(干)动目标显示

当雷达发射机采用主振放大器时，每次发射脉冲的初相由连续振荡的主振源控制，发射信号是全相参的，即发射高频脉冲、本振电压、相参电压之间均有确定的相位关系。相位检波通常是在中频上进行的，因为在超外差接收机中，信号的放大主要依靠中频放大器。在中频进行相位检波，仍能保持和高频相位检波相同的相位关系。

如图 8.7 所示，主振源连续振荡的信号为 $U_0\cos(\omega_0 t+\varphi_0')$，它控制发射信号的频率和相位。

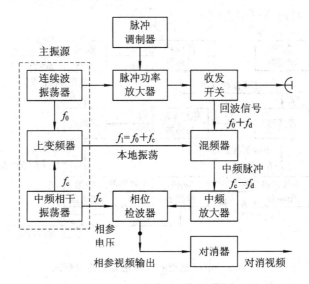

图 8.7　中频全相参(干)动目标显示雷达方框图

中频相参(干)振荡器的输出为 $U_c\cos(\omega_c t+\varphi_c)$。本振信号取主振源连续振荡信号和相参源的和频，即

$$u_1 = U_1\cos[(\omega_0+\omega_c)t+\varphi_0'+\varphi_c] \tag{8.2.1}$$

回波信号为 $U_1\cos[\omega_0(t-t_r)+\varphi_0']$，对于固定目标，$t_r$ 为常数；而对于运动目标，t_r 在每个重复周期均发生变化。回波信号与本振混频后取出中频信号，即 $U_r\cos(\omega_c t+\varphi_c+\omega_0 t_r)$，这个中频信号在相位检波器中与相参电压 $U_c\cos(\omega_c t+\varphi_c)$ 进行比相，其相位差为

$$\omega_0 t_r = \omega_0\frac{2R(t)}{c} = \frac{2\pi}{\lambda}(2R_0-2v_d t) = \varphi_0-2\pi f_d t$$

对于运动目标的回波，二者相位差按多普勒频移变化。

这里的相参(干)振荡器为连续振荡器，其频率稳定度可以做得比较高。

2. 锁相相参动目标显示

当雷达发射机采用自激振荡器（如磁控管振荡器）时，它的每一发射脉冲高频起始相位是随机的。因此，为了得到与发射脉冲起始相位保持严格关系的基准电压，应该采用锁相的办法，也就是使振荡电压的起始相位受外加电压相位的控制。原则上有两种锁相的办法：一种是将发射机输出的高频电压加到相参振荡器去锁相；另一种是将连续振荡的相参电压加到发射机振荡器去控制发射脉冲的起始相位。后一种方法要求较大的控制功率，因而在实际中用得较少。

直接用发射机输出在高频进行锁相存在实际困难，因为容易实现锁相和高频率稳定度两个要求是互相矛盾的。如果允许的频偏量 Δf 相同（Δf 的值影响动目标显示的工作质量），则锁相相参振荡器工作在中频时对频率稳定度 $\Delta f/f_c$ 的要求将明显降低。加之超外差接收通常在中频进行主要放大，并将中频信号送到相位检波器，因此，典型动目标显示的相参振荡器均工作于中频，在中频上实现锁相，其组成方框图如图 8.8 所示。锁相电压直接由发射机取出，避免了收发开关可能带来的干扰，从而保证了锁相质量。高频锁相电压与回波信号用同一本振电压混频，然后将混频所得的中频锁相电压加到相参振荡器输入端。用这个锁相电压锁定的中频相参振荡器电压可以作为相位检波器的基准电压。发射信号和本振信号的随机初相在比较相位时均可以消去。

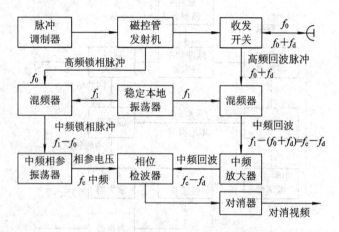

图 8.8　中频锁相的脉冲相参雷达方框图

下面介绍中频锁相时各点电压及其相位关系。

本地振荡器为

$$u_1 = U_1U_0\cos(\omega_1 t + \varphi_1) \tag{8.2.2}$$

发射机输出为

$$u_0 = U_0\cos(\omega_0 t + \varphi_0'),\ 当\ 0\leqslant t\leqslant\tau\ 时存在 \tag{8.2.3}$$

式中，φ_1 及 φ_0' 为初相，通常是随机量。经混频后取其差频作为锁相电压：

$$
\begin{aligned}
u_c &= U_c\cos[(\omega_1 - \omega_0)t + (\varphi_1 - \varphi_0')]\\
&= U_c\cos[\omega_c t + (\varphi_1 - \varphi_0')]
\end{aligned} \tag{8.2.4}
$$

相参振荡器的初相在每个重复周期均由中频锁相电压决定，而在整个接收回波时间内也连续存在，作为相参接收的相位基准。这时，目标回波信号为

$$u_r = U_r\cos[\omega_0(t - t_r) + \varphi_0'] \tag{8.2.5}$$

这里忽略了目标反射引起的相移。u_r 只当 $u_r\leqslant t\leqslant t_r+\tau$ 时存在。经混频后得到中频信号为

$$u_r' = U_r\cos[(\omega_1 - \omega_0)t + (\varphi_1 - \varphi_0') + \omega_0 t_r]$$

在相位检波器中，回波信号 u_r' 与基准电压比较相位时，初相 $\varphi_1 - \varphi_0'$ 可以消去，两者的相位差只取决于 $\omega_0 t_r$。当目标运动时，相邻重复周期的相位差按多普勒频移变化。

　　对于磁控管发射机的雷达,如果后面用数字信号处理,则接收相参可采用如图 8.9 所示的方式。将发射信号的随机相位 φ_t 测量出来,并和送到数字对消器前的接收信号相位 φ_r 相减,消去发射信号随机相位的影响,从而获得等效的接收相参。发射信号经稳定本振混频后获得中频发射脉冲,而后以相参振荡器(COHO)的电压为基准,在正交相位检波器中实现相参检波,获得 I 与 Q 两路基带输出,φ_t 的信息包含在基带输出中,$\varphi_t = \arctan Q/I$。

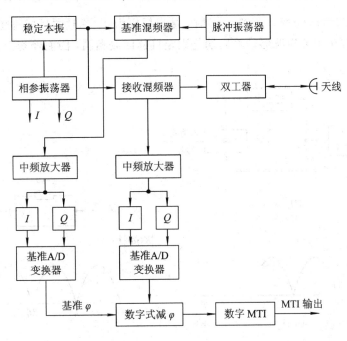

图 8.9　相位存储式接收相参 MTI

　　如果 A/D 变换器的精度足够,则这种方式的接收相参所能得到的对消结果将优于通常所用的锁相相参振荡器。这是因为连续工作的相参振荡器其频率稳定性比每次发射脉冲均被锁相而处于启断工作状态的相参振荡器要好得多。

8.2.3　消除固定目标回波

　　在相位检波器输出端,固定目标的回波是一串振幅不变的脉冲,而运动目标的回波是一串振幅调制的脉冲。将它们加到偏转调制显示器上,固定目标回波是振幅稳定的脉冲,而运动目标回波呈现上下跳动的蝴蝶效应。可以根据这种波形特点,在偏转显示器上区分固定目标与运动目标。如果要把回波信号加到亮度调制显示器或终端数据处理设备,则必须先消除固定目标回波。最直观的一种办法是将相邻重复周期的信号相减,使固定目标回波由于振幅不变而互相抵消,运动目标回波相减后剩下相邻重复周期振幅变化的部分输出。

1. 相消设备特性

　　由相位检波器输出的脉冲包络为

$$u = U_0 \cos\varphi$$

式中,φ 为回波与基准电压之间的相位差:

$$\varphi = -\omega_0 t_r = -\omega_0 \frac{2(R_0 - v_r t)}{c} = \omega_d t - \varphi_0$$

回波信号按重复周期 T_r 出现,将回波信号延迟一个周期后,其包络为

$$u' = U_0 \cos[\omega_d(t - T_r) - \varphi_0] \tag{8.2.6}$$

相消器的输出为两者相减：

$$\Delta u = u' - u = 2U_0 \sin\left(\frac{\omega_d T_r}{2}\right) \sin\left(\omega_d t - \frac{\omega_d T_r}{2} - \varphi_0\right) \tag{8.2.7}$$

输出包络为一个多普勒频移的正弦信号，其振幅为 $\left| 2U_0 \sin\frac{\omega_d T_r}{2} \right|$，该振幅也是多普勒频移的函数。当 $\omega_d T_r/2 = n\pi (n = 1, 2, 3, \cdots)$ 时，输出振幅为 0。这时的目标速度相当于盲速。此时，运动目标回波在相位检波器的输出端与固定目标回波相同，因而经相消设备后输出为 0，如图 8.10 所示。

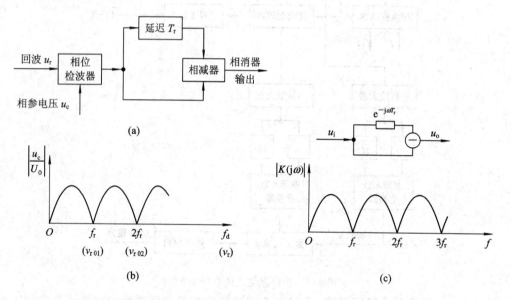

图 8.10 延迟相消设备及其输出响应

(a) 组成框图；(b) 速度响应；(c) 频率响应特性

相消设备也可以从频率域滤波器的观点来说明，而且为了得到更好的杂波抑制性能，常通过频率域设计较好的滤波器来实现。下面求解相消设备的频率响应特性。输出为

$$u_o = u_i(1 - e^{j\omega T_r})$$

网络的频率响应特性为

$$K(j\omega) = \frac{u_o}{u_i} = 1 - e^{-j\omega T_r} = (1 - \cos\omega T_r) + j\sin\omega T_r = 2\sin\pi f T_r e^{j(\frac{\pi}{2} - \pi f T_r)} \tag{8.2.8}$$

其频率响应特性如图 8.10(c) 所示。

相消设备等效于一个梳齿形滤波器，其频率特性在 $f = n f_r$ 各点均为 0。固定目标频谱的特点是：谱线位于 $n f_r$ 点上，因而在理想情况下，通过相消器这样的梳齿滤波器后输出为 0。当目标的多普勒频移为重复频率的整数倍时，其频谱结构也有相同的特点，故通过上述梳状滤波器后无输出。

2. 数字式相消器

相消器需要延迟线将信号延迟一个脉冲重复周期并和未延迟的信号相减。在早期用模拟信号进行处理时，延迟线是一个很关键的部件，先后采用过超声延迟线、电荷耦合器件 (CCD) 延迟线等来实现信号的周期延迟，效果均不理想。

　　近 20 年来，随着大规模/超大规模集成电路(LSI/VLSI)的迅猛发展，已经完全可以用数字技术来实现信号的存储、延迟和各种实时运算。用数字延迟线代替模拟延迟线是数字动目标显示(DMT)的基本特点。采用数字式对消器具有许多优点：它稳定可靠，平时不需要调整，便于维护使用，且体积小，重量轻。此外，数字式对消器还具有如下特点：① 容易得到长的延时，因而便于实现多脉冲对消，以改善滤波器的频率特性；② 容易实现重复周期的参差跳变，以消除盲速并改善速度响应特性；③ 容易和其他数字式信号处理设备(如数字式信号积累器等)配合，以提高雷达性能；④ 动态范围可做得较大。总之，它可以实现更为完善和灵活的信号处理功能。

　　数字式相消器的简单组成如图 8.11 所示。作为模拟和数字信号的接口，首先要把从相位检波器输出的模拟信号变为数字信号。模拟信号变为数字信号要经过时间取样和幅度分层两步。以时钟脉冲控制取样保持电路对输入相参视频信号取样，被时间量化的取样信号送到 A/D 变换器进行幅度分层，转为数字信号输出。数字信号的延迟可用存储器完成，将数字信号按取样顺序写入存储器内，当下一个重复周期的数字信号到来时，由存储器中读出同一距离单元的信号进行相减运算，在输出端得到跨周期相消的数字信号。这个数字信号可以很方便地用来进行其他数字处理(如积累、恒虚警等)，如果需要模拟信号作为显示，则可将数字信号经过数/模变换器变为模拟信号输出。

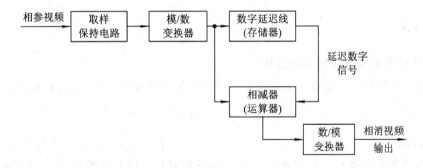

图 8.11　数字式相消器的简单组成方框图

　　模拟信号转换为数字信号时，取样间隔和量化位数这两个参数的选择必须慎重。取样定理证明，如果取样信号要保留原信号的全部信息，取样间隔 ΔT 应小于信号有效带宽倒数的一半，即取样频率要大于信号带宽的两倍。

　　每一个雷达杂波的回波为许多反射单元的回波矢量和，其功率谱与单个发射脉冲谱的形状类似。单个目标雷达回波的有效带宽通常以其脉冲宽度的倒数表示，所以取样间隔应小于脉冲宽度的一半，即在一个脉冲宽度以内取样两次以上。

　　取样次数增多虽可提高取样信号的质量，但实现起来所用设备量将增加。在雷达信号的量化过程中，有时在一个脉冲宽度内只取样一次，这样可以简化设备，它所引起的信杂比损耗约为 1.5 dB。

　　量化位数(模/数变换位数)的选取主要取决于量化噪声的影响。模/数变换首先将模拟信号量化分层。如数字位数为 N，则将输入动态范围(设从 $-E_{\mathrm{m}}$ 到 $+E_{\mathrm{m}}$)分成 2^N-1 层，幅度量化间隔为

$$\Delta = \frac{2E_{\mathrm{m}}}{2^N-1}$$

将幅度连续变化的取样保持信号量化为离散的分层数字信号，二者之间当然会有差别，这个差

别称为量化噪声。分层时，连续的取样保持信号和量化的标准电平相比较，以二分层的中线为界：超过中线的归于上层，低于中线的归于下层。这样一来，量化噪声限制在$(-\Delta/2, +\Delta/2)$区间内，且在一般情况下，在该区间内量化噪声分布的概率密度为均匀分布，则可算出量化噪声的方差 σ_Δ^2 为

$$\sigma_\Delta^2 = \int_{-\infty}^{\infty} x^2 \omega(x)\mathrm{d}x = \int_{-\Delta/2}^{\Delta/2} x^2 \frac{1}{\Delta}\mathrm{d}x = \frac{\Delta^2}{12} \tag{8.2.9}$$

输入的模拟信号包括目标回波、杂波和噪声，经过幅度分层量化以后，将增加一部分量化噪声。量化后总噪声的均方值 σ^2 可以认为是原噪声均方值 σ_n^2 和量化噪声均方值之和，则由于量化引起的信噪比损失（量化损耗）为

$$L_\Delta = 10\lg \frac{(\sigma_n^2 + \sigma_\Delta^2)}{\sigma_n^2} = 10\lg\left[1 + \frac{1}{3}\frac{E_m^2}{\sigma_n^2(2^N-1)^2}\right] \tag{8.2.10}$$

在动目标显示雷达中，E_m 相当于输入相消器的固定杂波的最大幅度。经过滤波器后，一般能使杂波的输出达到噪声电平。当 A/D 变换器的位数 N 选择到 $N \geqslant 7$ 后，量化损失低于 0.08 dB，可以忽略其影响。N 的选择还对系统改善因子有影响，这将在后面讨论。

8.3　盲速、盲相的影响及其解决途径

8.3.1　盲速

1. 盲速以及消除盲速影响的方法

正如 8.1 节所述，盲速在相邻两周期运动目标回波的相位差为 2π 的整数倍，即

$$\Delta\varphi = 2\pi\frac{2v_r T_r}{\lambda} = 2\pi f_d T_r = 2n\pi \tag{8.3.1}$$

时发生。这时，$f_{d0}=nf_r$ 或 $v_{r0}=(n/2)\lambda f_r$，$n=1$ 时为第一盲速，表示在重复周期 T_r 内目标所走过的距离为半个波长。由于处于盲速上的运动目标，其回波的频谱结构和固定杂波相同，经过对消器将被消除，因此，动目标显示雷达在检测盲速范围内的运动目标时将会产生丢失或极大降低其检测能力（这时依靠复杂目标反射谱中的其他频率分量）。如果要可靠地发现目标，应保证第一盲速大于可能出现的目标最大速度。

但在均匀重复周期时，盲速和工作波长 λ 以及重复频率 f_r 的关系是确定的，这两个参数的选择还受到其他因素的限制。以 3 cm 雷达为例，如果最大测距范围为 30 km，则其重复频率 f_r 应小于 5 kHz，由这个参数决定的第一盲速值 $v_{r0}=(\lambda/2)f_r=75$ m/s，这个速度远低于目前超音速目标的速度。也就是说，如果不采取措施，则在目标运动的速度范围内，将多次碰到各个盲速点而发生丢失目标的危险。事实上，最大不模糊距离和重复频率 f_r 的关系为

$$R_{0\max} = \frac{c}{2}T_r = \frac{c}{2f_r}$$

如果第一盲速点 $v_{r0}'=(1/2)\lambda f_r$，则最大不模糊距离 $R_{0\max}$ 和第一盲速 v_{r0}' 的关系为 $R_{0\max}v_{r0}'=(c/4)\lambda$。当工作波长 λ 选定后，两者的乘积为一常数，不能任意选定。通常在地面雷达中，常选择其重复频率 f_r 使之满足最大作用距离的要求，保证测距无模糊，而另外设法解决盲速问题。

解决盲速问题在原理上并不困难，因为在产生盲速时，满足 $v_r T_{r1}=n(\lambda/2)$，如果这时将

重复周期略为改变使之成为 T_{r2}，则 $v_r T_{r2} \neq n(\lambda/2)$，不再满足盲速的条件，动目标显示雷达就能检测到这一类目标。因此，当雷达工作时，采用两个以上不同重复频率交替工作（称为参差重复频率），就可以改善盲速对动目标显示雷达的影响。

2. 参差重复频率对动目标显示性能的影响

设雷达采用两种脉冲重复频率 f_{r1} 和 f_{r2} 交替工作，而 f_{r1} 和 f_{r2} 均满足最大不模糊测距的要求，则在一次对消器的输出端其响应分别为 $2u|\sin(\pi f_d T_{r1})|$ 和 $2u|\sin(\pi f_d T_{r2})|$，只有在两种重复频率上均出现盲速而输出为零时，才等效于参差后的盲速 v'_{r0}，它所对应的多普勒频移为 f'_{d0}，这时要满足：

$$f'_{d0} T_{r1} = n_1$$
$$f'_{d0} T_{r2} = n_2$$

式中，n_1、n_2 为整数，所以

$$f'_{d0} = \frac{n_1}{T_{r1}} = \frac{n_2}{T_{r2}}$$

如果选择 $T_{r1}=a\Delta T$，$T_{r2}=b\Delta T$，且 a、b 互为质数，则合成第一盲速点产生于 $n_1=a$，$n_2=b$ 点处。可以进行以下比较：当不采用参差重复频率时，其平均重复周期 $T_r=(T_{r1}+T_{r2})/2$，这时第一盲速值相应的多普勒频移为

$$f_{d0} = \frac{2v_{r0}}{\lambda} = f_r = \frac{2}{T_{r1}+T_{r2}}$$

采用参差后，第一盲速对应的多普勒频移为

$$f'_{d0} = \frac{n_1}{T_{r1}} = \frac{n_2}{T_{r2}} = \frac{a}{a\Delta T} = \frac{1}{\Delta T} = \frac{2v'_{r0}}{\lambda} \tag{8.3.2}$$

这时可求得采用参差频率后第一等效盲速提高的倍数为

$$k = \frac{v'_{r0}}{v_{r0}} = \frac{f'_{d0}}{f_{d0}} = \frac{\frac{1}{\Delta T}}{\frac{2}{T_{r1}+T_{r2}}} = \frac{a+b}{2} \tag{8.3.3}$$

当采用 N 个参差重复频率且其重复周期的比值为互质数 $(a_1, a_2, a_3, \cdots, a_N)$ 时，第一等效盲速提高的倍数为

$$k = \frac{v'_{r0}}{v_{r0}} = \frac{a_1+a_2+a_3+\cdots+a_N}{N} \tag{8.3.4}$$

在实际工作中，不仅要求第一等效盲速值要尽可能覆盖目标可能出现的速度范围，而且要求在该速度范围内响应曲线比较平坦。这两个要求实现起来常有矛盾，需要选择合适的参差数和最佳的参差比来解决。以两个重复频率参差的情况来说，盲速提高倍数越多，则合成曲线越不平坦，特别是第一凹点深度越大，这是人们所不希望的。改进的办法是采用 3 个以上重复频率的参差及好的参差比来得到较好的速度响应特性。图 8.12 画出了几种不同情况下的速度响应，横坐标为归一化的速度响应 v_r/v_{r0}，k 表示合成盲速比原盲速增大的倍数，参差比不同时，k 的值是不同的。

在图 8.12(a) 中，当 $T_{r1}/T_{r2}=2/3$ 时，盲速提高到重频不参差时的 2.5 倍，而当 $T_{r1}/T_{r2}=7/8$ 时，盲速提高到重频不参差时的 7.5 倍，但在原来第一盲速处输出较小，速度响应不平坦。图 8.12(b) 是三参差周期，其比值为 31:32:33 的速度响应。可以看出，三参差与二参差相比可获得较平坦的响应曲线。当选用合适参差比的四参差时，其速度响应将更为平坦。

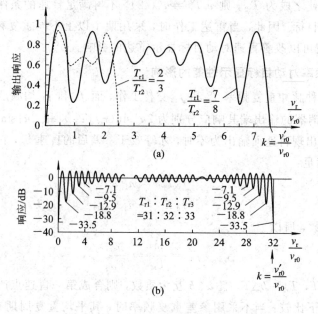

(a)

(b)

图 8.12 参差周期时的速度响应曲线

(a) 二参差；(b) 三参差

采用参差重复周期后的速度响应曲线可以在相应动目标显示（MTI）滤波器的频率响应中获得，因为速度和多普勒频移之间存在一一对应的关系。

滤波器组成原理图如图 8.13 所示。滤波器对 $N-1$
个重复周期的信号进行滤波处理，在参差重复周期时，
$t_i-t_{i-1}=T_i (i=1, 2, \cdots, N-1)$ 各不相等，其输出为

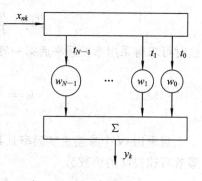

$$y_k = \sum_{n=0}^{N-1} w_n x_{nk}$$

式中，下标 k 表示距离单元数；w_n 为权值。

滤波器的频率响应 $Y(f)$ 为

$$Y(f) = \sum_{n=0}^{N-1} w_n e^{-j2\pi f t_n} \qquad (8.3.5)$$

式中：

图 8.13 参差 PRI 时的 MTI 滤波器

$$t_n = \sum_{m=0}^{n} T_m$$

速度响应主要取决于参差比值的选择，与权值 ω_i 也有一些关系。在等重复周期条件下，多级对消器串接时，其权值服从二项式。

采用参差重复频率不仅可以较好地解决盲速问题（使第一合成盲速大于最大目标速度），而且能用改变参差数及其比值的办法来获得不同的速度响应（等效 MTI 滤波器响应）。但采用参差重复频率后也带来一些相应的问题：

（1）不能消除远区杂波的二次回波，因为参差周期时，它们在脉冲间不处于同一距离单元上。

（2）参差周期时要做好高稳定度的发射机更加困难。

（3）由于参差而使雷达的改善因子受到限制。从频域上分析是因为参差后杂波将在 MTI

通带内产生分量而不能滤去。用直观的时域处理来观察可看到：当等重复周期对信号均匀取样时，不论 a 选取何值，双延迟线对消器能完全抵消输入的线性波形 $u(t)=c+at$（三延迟对消器可对消含有时间平方项的波形 $u(t)=c+at+bt^2$），而当重复周期参差时，如果用二项式加权系数，采用双延迟线对消器对线性波形进行处理，将产生输出剩余，剩余量正比于斜率 a 和 $r-1$，r 为周期比。若扫描雷达工作时波束内的脉冲数为 n，则经过大量仿真计算后可得到参差引起的改善因子限制值 I，该值可近似表示为

$$I \approx 20\lg\left(\frac{2.5n}{r-1}\right)\text{dB} \tag{8.3.6}$$

参差对改善因子的限制可以采用时变加权的办法加以克服。选择时变加权的原则是使参差后 MTI 滤波器仍能如同等重复周期一样对线性电压 $u(t)$ 完全消除，如图 8.14 所示。

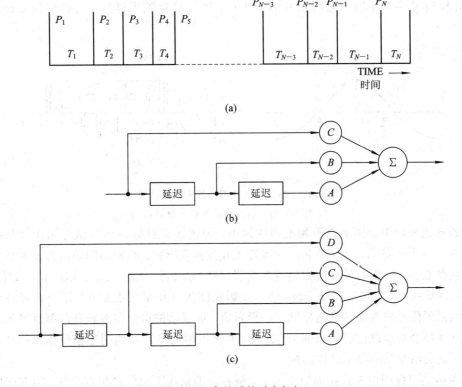

图 8.14 参差后的时变加权

(a) 脉冲串；(b) 双延迟对消；(c) 三延迟对消

在间隔 T_N，当回波由发射脉冲 P_N 产生时，双延迟对消器的权值为：$A=1$，$C=T_{N-2}/T_{N-1}$，$B=-1-C$，而三延迟对消器的权值则为

$$A = 1, \ C = 1 + \frac{T_{N-3} + T_{N-1}}{T_{N-2}}, \ B = -C, \ D = -1$$

采用时变加权值后对 MTI 滤波器的速度响应无明显影响。

当系统是动目标检测（MTD）处理时，在杂波滤波之后还有滤波器组处理，在组处理的多个脉冲期间，重复周期不能改变。这时只有采取组参差的办法来解决盲速问题。进行组参差时不会产生脉冲间参差的问题，但也得不到那样好的速度响应。

8.3.2　盲相

盲相问题是由相位检波器特性所引起的,产生盲相后将减弱雷达对运动目标的检测能力。

1. 点盲相和连续盲相

相位检波器输出经一次对消器后,运动目标回波 Δu 可由式(8.2.7)得到:

$$\Delta u = u' - u = 2U_0 \sin(\pi f_d T_r) \sin(\omega_d t - \pi f_d T_r - \varphi_0)$$

输出的振幅值大小为 $|2U_0 \sin(\pi f_d T_r)|$,与多普勒频移有关,其输出的振幅受多普勒频移调制。在某些点上,输出幅度为 0,这些点称为盲相,它由相位检波器的特性(见图 8.15(a))决定。从相检特性上看,如果相邻两个回波脉冲的相位相当于相检特性的 a、c 两点,则其相位差虽不同,却是一对相检器输出相等的工作点,因此经过相消器后,其输出为 0 而出现点盲相。

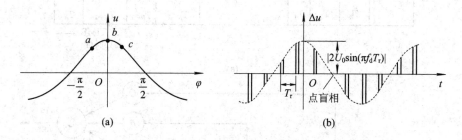

图 8.15　相检特性和相消器输出脉冲波形
(a) 相检特性;(b) 相消器输出脉冲波形

可以形象地用矢量图来说明相消器的输出。匀速运动目标的回波信号用围绕基准电压均匀旋转的一个矢量来表示,旋转的速度等于其多普勒频移。相检器的输出为该矢量沿基准电压方向的投影。一次对消器的输出则为相邻重复周期差矢量在基准电压轴方向的投影,如图 8.16(a)所示。当差矢量垂直于该轴时,投影长度为 0 而出现点盲相。用单路相位检波器时,只能得到信号矢量在基准电压轴上的投影值,形成回波振幅的多普勒调制且可能出现点盲相,这些都会给检测性能带来损失。此外,回波振幅的多普勒调制还会使输出脉冲串的包络失真,这会给角度的测量造成困难。

如果运动目标回波叠加在固定杂波上,则在一般情况下也将产生点盲相。但在强的杂波背景下情况可能发生变化,这时的矢量图如图 8.16(c)所示。回波叠加在很强的杂波上,可能产生连续盲相:接收机的限幅作用使动目标和固定杂波的合成矢量变成端点在限幅电平的一小段圆弧上来回摆动的矢量;杂波相对于基准信号的相位不同时,所占弧的位置也不一样,如果碰到像 OO' 那样的固定杂波相位,其合成矢量经过限幅以后端点在 cd 之间摆动;差不多在所有情况下差矢量均垂直于基准轴,相消器几乎没有输出。这种情况称为连续盲相,即对于一定相位的固定杂波,叠加在它上面的运动目标回波将连续丢失。

在实际工作中,对于连续盲相应给予充分注意,因为它可能使得在某次天线扫描里丢失在强杂波背景下的运动目标。

早期用单路一次相消器时,曾设法通过改进相位检波器的特性来解决盲相问题。目前由于对动目标显示性能的要求更高,而信号处理的数字技术也可以提供更好的手段,因此将采用矢量对消器来解决盲相和回波振幅的多普勒调制问题。

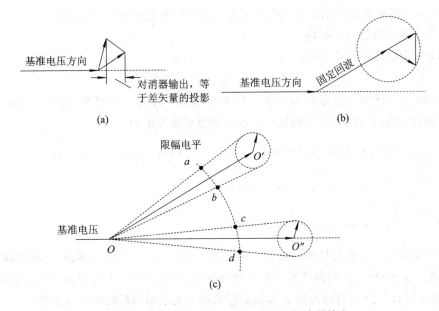

图 8.16　用矢量图说明相位检波器和相消器输出

(a) 动目标单独存在时；(b) 动目标与固定目标叠加；(c) 动目标叠加在强杂波上

2. 正交双通道处理(零中频处理)

中频对消器实现信号的矢量相减，可以消除盲相的影响，在中频用模拟延迟线来实现。矢量对消器也可以在视频用数字式对消系统来实现。由于数字信号处理所具有的突出优点，数字式矢量对消器将是当前及今后的主要工作模式。矢量对消器由正交的两路视频对消器组成，两路输出的模值为其矢量输出，其组成框图如图 8.17(a) 所示。正交双通道由两路相同的支路组成，差别只是其基准的相参电压相位相差 $90°$，这两路分别称为同相支路(I 支路)和正交支路(Q 支路)。单路相位检波器输出的电压为 $U_0\cos\varphi$，是回波矢量沿基准电压方向的投影。经过单路相消后输出得到信号差矢量 ΔU 在基准电压轴上的投影，如图 8.17(b) 所示。若差矢量和基准电压轴方向垂直，则其投影值为 0，出现盲相。如果用正交双通道，则二路可以同时得到两个投影量 I 和 Q，它们互相正交，当一个为 0 时，另一个值为最大，且 $\sqrt{I^2+Q^2}$ 正好等于差矢量 ΔU，这时的处理效果和中频对消是完全一样的，因为它得到了差

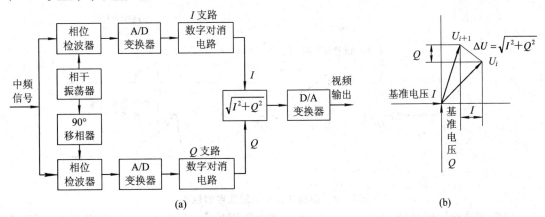

图 8.17　正交双通道处理

(a) 原理框图；(b) 矢量

　　矢量，保留了中频信号的全部信息，所以又称正交双通道处理为零中频处理。

　　下面介绍零中频处理的原理。

　　任一中频实信号 $s(t)$ 可以表示为

$$s(t) = a(t)\cos[\omega_i t + \varphi(t)] \tag{8.3.7}$$

式中，$a(t)$ 和 $\varphi(t)$ 分别为信号的振幅和相位调制函数，通常均采用窄带信号，因此 $a(t)$ 和 $\varphi(t)$ 与 ω_i 相比，均是时间的慢变函数。信号可以用复数表示为

$$s(t) = \frac{1}{2}a(t)\{\exp[j(\omega_i t + \varphi(t))] + \exp[-j(\omega_i t + \varphi(t))]\}$$

$$= \frac{1}{2}\{a(t)e^{j\varphi(t)}e^{j\omega_i t} + a(t)e^{-j\varphi(t)}e^{-j\omega_i t}\}$$

$$= \frac{1}{2}\{u(t)e^{j\omega_i t} + u^* e^{-j\omega_i t}\} \tag{8.3.8}$$

式中，$u(t) = a(t)e^{j\varphi(t)}$，称为复调制函数，它包含了信号 $s(t)$ 中的全部信息，即振幅调制和相位调制函数。以 $\varphi(t) = \omega_d t$ 为例来看，复调制函数 $u(t) = a(t)e^{j\omega_d t}$ 表示中频信号附加的多普勒频移为正值，可以从复调制函数的实部和虚部的相互关系中判断频率的正负值。

　　相位检波器是将中频信号 $s(t)$ 与相参电压差拍相比较，它的工作原理与混频相同，相参电压类似于混频时的本振电压。通常都选取相参振荡的频率和信号中频相同，因此，相位检波器输出的差拍为零，称之为零中频或基频信号。相位检波器虽然可以保留中频信号的相位信息，但是只用单路相位检波器时，将原中频信号在正频率轴与负频率轴上的频谱全部移到零频率的位置上，从而产生了频谱折叠，如图 8.4 和图 8.18 所示，这时已不能保留复调制函数 $u(t)$ 的全部信息。单路相位检波器完成的作用是将信号 $s(t)$ 与基准电压 $\cos\omega_i t$ 相乘：

$$s(t)\cos\omega_i t = \frac{1}{4}[u(t) + u^*(t)] + \frac{1}{4}[u(t)e^{j2\omega_i t} + u(t)e^{-j2\omega_i t}]$$

经低通滤波器后，取出前项缓变的低频分量为 $\frac{1}{4}[u(t) + u^*(t)]$。例如，当 $u(t) = a(t)e^{j\omega_d t}$ 时，$\frac{1}{4}[u(t) + u^*(t)] = \frac{1}{2}a(t)\cos\omega_d t$，是按多普勒频移变化的信号，但已不能区分频率的正负值。

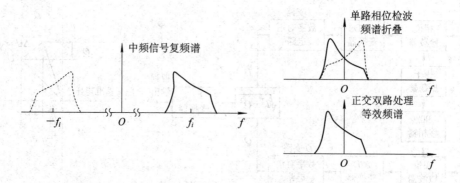

图 8.18　单路和正交双路处理的频谱

　　单路相位检波所得的 $u(t) + u^*(t)$，由于产生频谱折叠，复数谱正、负频率对称，因而失去了复调制函数 $u(t)$ 的某些特征。

要得到中频信号 $s(t)$ 的全部信息，应保证把复调制函数 $u(t)$ 单独取出来。这时的基本运算是信号 $s(t)$ 乘以复函数 $\mathrm{e}^{-\mathrm{j}\omega_i t}$，即得

$$s(t)\mathrm{e}^{-\mathrm{j}\omega_i t} = \frac{1}{2}\left[u(t)\mathrm{e}^{\mathrm{j}\omega_i t} + u^*(t)\mathrm{e}^{-\mathrm{j}\omega_i t}\right]\mathrm{e}^{-\mathrm{j}\omega_i t}$$

$$= \frac{1}{2}u(t) + \frac{1}{2}u^*(t)\mathrm{e}^{-\mathrm{j}2\omega_i t} \tag{8.3.9}$$

通过低通滤波器后，可以取出其复调制函数 $u(t)$ 而滤去高次项 $u^*(t)\mathrm{e}^{-\mathrm{j}2\omega_i t}$。

信号 $s(t)$ 和复函数 $\mathrm{e}^{-\mathrm{j}\omega_i t}$ 相乘为

$$s(t)\mathrm{e}^{-\mathrm{j}\omega_i t} = s(t)(\cos\omega_i t - \mathrm{j}\sin\omega_i t)$$
$$= s(t)\cos\omega_i t - \mathrm{j}s(t)\sin\omega_i t$$

而

$$u(t) = a(t)\cos\varphi(t) + \mathrm{j}a(t)\sin\varphi(t) \tag{8.3.10}$$

这就要求正交双通道处理：一支路和基准电压 $\cos\omega_i t$ 进行相位检波，称为同相支路 I；另一支路和基准电压 $\sin\omega_i t$ 进行相位检波，得到正交支路 Q，$\sin\omega_i t$ 由 $\cos\omega_i t$ 移相 $90°$ 得来，故输出值分别为 $a(t)\cos\varphi(t)$ 和 $a(t)\sin\varphi(t)$。如果要取振幅函数 $a(t)$（中频矢量值），则求同相和正交支路的平方和再开方；如果要判断相位调制函数的正负值，则需比较 I、Q 两支路的相对值。正交支路的输出也可以重新恢复为中频信号，计算如下：

$$s(t) = a(t)\cos[\omega_i t + \varphi(t)]$$
$$= a(t)\cos\varphi(t)\cos\omega_i t - a(t)\sin\varphi(t)\sin\omega_i t$$
$$= S_I\cos\omega_i t - S_Q\sin\omega_i t$$

即将零中频的 I、Q 分量分别与正交中频分量相乘后组合即可。

图 8.17 所示为典型的模拟式正交鉴相器，先将中频信号下变频到基带，获得正交的 I、Q 分量基带信号（I/Q 解调），然后将 I、Q 信号分别经 A/D 变换器转换为数字信号。正交双通道处理也可称为 I/Q 解调器，它实现了中频信号到复数表征的零频（基频）$I+\mathrm{j}Q$ 信号的频率变换。数字化后的 $I+\mathrm{j}Q$ 信号可以无信息损失地表示输入中频信号的全部幅度和相位信息。

模拟正交鉴相器的优点是：可以处理较宽的基带信号，对 A/D 变换器转换速率的要求相对较低。但它的缺点也明显：很难实现两个通道（分别有相位检波器和 A/D 变换器）的良好平衡，两路相干振荡器输出具有正交性，检波器有非线性，视频放大器有零漂等。综述之，模拟正交鉴相器在高精度高性能的全相参接收机中的应用会受限制。随着器件性能的快速提高，出现了能对中频信号直接取样的高速 A/D 变换器，这样就可以用数字正交鉴相器来取代传统的模拟正交鉴相器。

数字正交鉴相器（数字下变频器）的基本原理是：首先对中频模拟信号直接进行采样和 A/D 变换，然后采用数字信号处理的方法实现 I、Q 信号的分离。它的最大优点是可以获得很好的 I/Q 正交精度和稳定性，这就可以满足高性能接收机和处理系统的要求。

实现数字鉴相器的方法有多种，可参考 3.11.3 节及本章参考文献[15]。实现数字下变频时，对 A/D 变换器的转换速度要求提高，这在当前数字技术迅猛发展时期是能够做到的。随着 A/D 变换器采样频率的不断提高，采样点还会逐步推前到接收信号的更高频率上。

8.4　回波和杂波的频谱及动目标显示滤波器

运动目标检测的任务就是根据运动目标回波和杂波在频谱结构上的差别,从频率上将它们区分,以达到抑制固定杂波而显示运动目标回波的目的。为此,应首先弄清目标和杂波的回波特性,以便采用正确的措施。

8.4.1　目标回波和杂波的频谱特性

1. 目标回波的频谱特性

雷达发射相参脉冲串,其脉冲宽度为 τ,脉冲重复频率为 f_r。当天线不扫描而对准目标时,所得脉冲为无限脉冲串。调制信号 $u_1(t)$ 及其频谱 $U_1(f)$ 分别为

$$u_1(t) = E \sum_{n=-\infty}^{\infty} \mathrm{rect}\left(\frac{t-nT_r}{\tau}\right) = E\mathrm{rect}\left(\frac{t}{\tau}\right) \otimes \sum_{n=-\infty}^{\infty} \delta(t-nT_r)$$

$$U_1(f) = \frac{E\tau}{T_r} \frac{\sin\pi f\tau}{\pi f\tau} \sum_{n=-\infty}^{\infty} \delta(f-nf)$$

式中,E 为信号振幅。而高频连续振荡 $u_2(t)$ 及其频谱 $U_2(f)$ 为

$$u_2(t) = \cos\omega_0 t$$

$$U_2(f) = \frac{1}{2}\left[\delta(f-f_0) + \delta(f+f_0)\right]$$

发射的相参脉冲串 $u(t) = u_2(t)u_1(t)$,故基频谱 $U(f)$ 为

$$U(f) = U_1(f) \otimes U_2(f)$$

式中,$\otimes$ 表示卷积。相参发射脉冲的频谱是将 $U_1(f)$ 搬到 $\pm f_0$ 的位置上。雷达发射信号常用的是窄带信号,故运动目标回波频谱的特征是将发射信号频谱位置在频率轴上平移一个多普勒频移 $f_d = 2v_r/\lambda$,f_d 的符号由目标运动的方向来决定。

雷达工作时,天线总是以各种方式进行扫描。这时收到的回波脉冲为有限数,且其振幅受天线方向图调制。设天线方向图可用高斯函数表示,则收到回波脉冲串的包络函数可写为

$$m(t) = \sqrt{2}\pi\sigma\exp\left[-2\pi^2\sigma^2t^2\right] \tag{8.4.1}$$

式中,σ 是和天线波瓣宽度及扫描速度均有关的参数。σ 减小,表示观察的时间增加。天线扫描时所收到的回波信号可以用 $m(t)$ 和无限脉冲串 $u_r(t)$ 的乘积表示,$u_r(t)$ 为天线不扫描时的回波脉冲串,即

$$u_m(t) = m(t)u_r(t) \tag{8.4.2}$$

而包络函数 $m(t)$ 的频谱可求得为

$$M(f) = e^{-f^2/(2\sigma^2)} \tag{8.4.3}$$

扫描时回波信号的频谱 $U_m(f)$ 为

$$U_m(f) = M(f) \otimes U_r(f)$$

即无限回波脉冲串频谱 $U_r(f)$ 的每一根谱线均按 $M(f)$ 的形状展宽,如图 8.19(b)、(c)所示。谱线展宽的程度反比于天线波束照射目标的时间 T_θ。已求出当天线方向图为高斯形时谱线展宽的均方值为

$$\sigma_s = \frac{0.265}{T_\theta} = \frac{0.265f_r}{n} \tag{8.4.4}$$

式中，f_r 为雷达重复频率；n 为在单程天线方向图 3 dB 宽度内收到的脉冲数。中频回波信号经过相位检波器后，相当于把中频信号的频谱搬到零频率附近，根据目标多普勒频移 f_d 的不同，相位检波后谱线 $nf_r \pm f_d$ 的具体位置也有差异，每根谱线均按脉冲串包络的频谱形状展宽。天线扫描时，回波频谱的形状见图 8.19。图 8.19(d)中虚线表示单路相位检波所产生的频谱折叠情况，是由负频率轴频谱差拍而产生的。

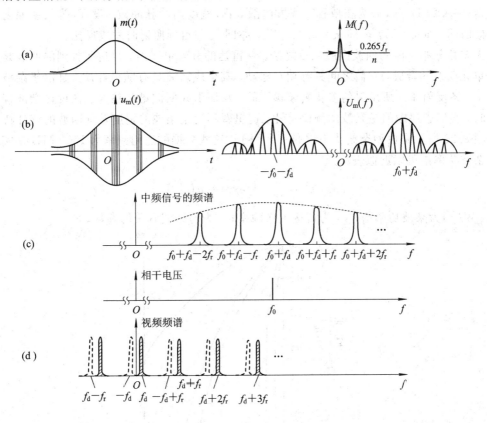

图 8.19　天线扫描条件下的回波信号谱

(a) 回波脉冲串包络函数与频谱；(b)、(c) 天线扫描时收到的回波及频谱；(d) 回波视频频谱

对于实际的运动目标回波，其频谱结构比较复杂：① 以飞机为例，由于目标回波是从各散射点得到的，当目标运动时，各点之间有相对运动，因此各反射点的多普勒频移不同，在接收机内可能形成差拍(称为二次多普勒效应)，结果合成回波信号的频谱展宽；② 由于回波信号的振幅起伏，会形成频谱的调制分量；③ 由旋转的螺旋桨或涡轮叶片本身产生的回波与机身的多普勒频移也是不相同的。因此，实际飞机的回波频谱在较宽的频带范围内存在，在机身的多普勒频移点上出现主峰。前面讨论的运动目标多普勒效应是在理想点目标情况下进行的，所得结果代表实际运动目标回波的基本特性，可以用来解释问题的主要方面。回波能量在频谱上的分散对正常检测条件是一种损失，但目标机身多普勒频移处于盲速时，其他频率分量的存在有助于发现目标。

2. 杂波频谱

雷达工作时可能碰到的杂波包括地物、海浪、云雨及敌人施放的金属箔等。除了孤立的建筑物等可认为是固定点目标外，大多数杂波均属于分布杂波且包含内部运动。

在上面讨论信号频谱时已包括了对固定点杂波频谱的讨论。当天线不扫描时，固定杂波的频谱是位于 $nf_r(n=0, \pm1, \pm2, \cdots)$ 位置上的谱线，用对消器可以全部滤去。当天线扫描时，由于回波脉冲数有限，将引起谱线的展宽。天线扫描会引起双程天线方向图对回波信号的调幅，这时杂波谱展宽可用高斯函数表示为

$$G(f) = G_0 e^{-f^2/(2\sigma_s^2)}$$

式中，$\sigma_s = 0.265 f_r/n$，n 为在单程天线方向图 3 dB 宽度内的脉冲数。设 T_θ 为天线照射目标的等效时间，则 $n = T_\theta f_r$，即 $\sigma_s = 0.265/T_\theta$，亦即 σ_s 与目标照射时间成反比。

大多数分布杂波的回波性质比较复杂。在雷达的分辨单元内，雷达所收到的回波是大量独立单元反射的合成，它们之间具有相对运动，其合成回波具有随机性质，且由于杂波内部的运动，各反射单元所反射的多普勒频移不同，从而引起回波谱的展宽。在设计杂波抑制滤波器时，我们感兴趣的是杂波的频谱特性，这里暂不讨论杂波的强度及其回波的统计特性。

图 8.20 所示是典型杂波功率谱的一个例子。这些数据的适用频率为 1000 MHz。实验测定的杂波功率谱可以近似表示为

$$W(f) = |g_0|^2 \exp\left[-a\left(\frac{f}{f_0}\right)^2\right] \tag{8.4.5}$$

式中，$W(f)$ 为杂波功率谱；f_0 为雷达工作频率；a 为与杂波有关的参数。

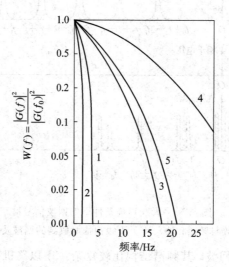

图 8.20　各种典型杂波功率谱

图 8.20 中的曲线说明如下：

1——密林小山，风速为 200 海里/时，$a=2.3\times10^{17}$；

2——稀少的小树，无风日，$a=3.9\times10^{19}$；

3——海浪回波，有风，$a=1.41\times10^{16}$；

4——云雨，$a=2.8\times10^{15}$；

5——锡箔片，$a=1\times10^{16}$。

杂波频谱也可以用杂波频率散布的均方根值 σ_c(Hz) 或速度散布的均方根值 σ_v(m/s) 来表示，即

$$W(f) = W_0 \exp\left(-\frac{f^2}{2\sigma_c^2}\right) = W_0 \exp\left(-\frac{f^2\lambda^2}{8\sigma_v^2}\right) \tag{8.4.6}$$

与式(8.4.5)比较后可知，$W_0 = |g_0|^2$，$a = c^2/(8\sigma_v^2)$，σ_c^2 称为杂波功率谱方差，而 $\sigma_c = 2\sigma_v/\lambda$，

σ_v 的量纲与速度相同。σ_v 的值与杂波内部起伏运动的程度有关，与工作波长无关，因而 σ_c 是描述杂波内部运动的较好方法。表 8.1 列出了文献中给出的杂波频谱的标准偏差 σ_v 值。同样的杂波（如有树林的小山）在不同风速环境下，其杂波谱宽度是不同的。相同的 σ_v 值，由于雷达工作波长不同，因此所产生杂波谱线的宽度也是变化的，工作波长越短，杂波谱的展宽越严重。

表 8.1　杂波频谱的标准偏差 σ_v

杂波种类	风速/(km/h)	σ_v/(m/s)	杂波种类	风速/(km/h)	σ_v/(m/s)
稀疏的树木	无风	0.017	海浪回波	8～20	0.46～1.1
有树林的小山	10	0.04	海浪回波	大风	0.89
有树林的小山	20	0.22	雷达箔条	—	0.37～0.91
有树林的小山	25	0.12	雷达箔条	25	1.2
有树林的小山	40	0.32	雷达箔条	—	1.1
海浪回波	—	0.7	雨云	—	1.8～4.0
海浪回波	—	0.75～1.0	雨云	—	2.0

雷达设备的不稳定也会使杂波功率谱展宽。例如，振荡器频率不稳将使固定目标回波展宽。

影响杂波谱展宽的因素有多种。如果各项因素是互不相关的，则杂波功率谱总的展宽可以用功率谱方差 σ_Σ^2 表示：

$$\sigma_\Sigma^2 = \sigma_1^2 + \sigma_2^2 + \cdots$$

综上所述，当杂波平均速度为 0 而只有内部起伏时，杂波的频谱位置在 nf_r 上，但每一根谱均展宽。如果杂波还有平均定向速度，则其频谱的位置将产生相应的多普勒频移。

由于杂波谱线的展宽，简单的一次对消滤波器将不能很好地滤去杂波，需要进一步改进滤波器的特性。特别是杂波具有多普勒频移时，滤波器的凹口还应对准杂波谱的平均多普勒频移位置才能收到预期结果。杂波谱的展宽将明显影响动目标显示系统的质量，因为滤波器不仅要滤去杂波谱，还应保证运动目标回波在尽可能大的速度范围内均有大的输出，因而滤波器的凹口又不能做得很宽。

8.4.2　动目标显示滤波器

动目标显示滤波器利用运动目标回波和杂波在频谱上的区别，可有效地抑制杂波而提取信号。那么，选用什么样的滤波特性才能达到此要求呢？下面我们进行讨论。

8.4.1 节已讨论了回波和杂波的频谱，它们都是指处于某一距离单元的目标（或杂波）在若干个重复周期中所收到回波的频谱。典型的地杂波的功率谱如图 8.21 所示。除了前面讨论过的杂波谱线展宽外，由于系统不稳等原因，还会使杂波频谱中出现杂乱分量，这种杂乱分量具有随机性，通常在进行分析时近似地把它看成均匀谱。综上所述，杂波功率谱 $C(f)$ 可以分为两部分：

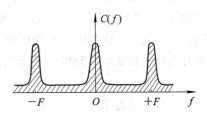

图 8.21　地杂波的功率谱

$$C(f) = C_1(f) + N_0$$

式中，N_0 为均匀分量的功率谱密度，它取决于系统的稳定性，稳定性越高，N_0 越小；$C_1(f)$ 是由杂波特性(包括天线扫描和杂波内部起伏)决定的梳状分量，天线扫过目标时收到的回波脉冲数越少，杂波内部起伏越大，则梳状谱的宽度就越宽。

根据最佳滤波理论，当已知杂波功率谱 $C(f)$ 和信号频谱 $S(f)$ 时，最佳滤波器的频率响应是

$$H(f) = \frac{S^*(f)e^{-j2\pi f t_s}}{C(f)} \tag{8.4.7}$$

式中，$S^*(f)$ 是 $S(f)$ 的共轭函数；t_s 是使滤波器能够实现而附加的延迟时间。式(8.4.7)的滤波器可分成两个级联的滤波器 $H_1(f)$ 和 $H_2(f)$，其传递函数形式为

$$H_1(f) = \frac{1}{C(f)} \tag{8.4.8}$$

$$H_2(f) = S^*(f)e^{-j2\pi f t_s} \tag{8.4.9}$$

粗略地讲，其中 $H_1(f)$ 用来抑制杂波，$H_2(f)$ 用来对脉冲串信号进行匹配滤波。

对于动目标显示雷达来讲，它应将杂波抑制而让各种速度(对应各种多普勒频移)的目标回波信号通过，所以动目标显示所用的滤波器相当于这里的 $H_1(f)$。至于与目标信号的匹配，在一般的动目标显示雷达中，对单个脉冲采用中频频带放大器来保证，而对脉冲串则采用非相参积累，这离式(8.4.9)的要求差距较大。

实际上能做到的杂波抑制滤波器只能使滤波特性的凹口宽度基本上和杂波梳状谱的宽度相当，这种情况也只能属于准最佳滤波。

下面讨论几种常用的动目标显示滤波器，着重讨论其滤波特性的凹口，以及通带内的平坦程度。当处于脉冲工作状态时，信号按重复周期间隔重复出现，因此所用滤波器的频响也应是梳齿状的。滤波器的基本组成元件是延迟时间等于重复周期的延迟线。用延迟线构成的滤波器属于时间离散系统，采用 Z 变换分析比较方便。

1. 一次相消器

图 8.10 所示的相消器就是一次相消器，当用 Z 变换进行分析时，可将它画成图 8.22(a) 的形式。

延迟时间是 T 的延迟线传输函数为 $e^{-sT} = z^{-1}$，故图 8.22(a)的传输函数为

$$H(z) = 1 - z^{-1} \tag{8.4.10}$$

它是一个单零点系统，零点的位置在 $z = +1$，令 $s = j\omega$，即 $z = e^{-j\omega T}$ 在 Z 平面上是单位圆。在 Z 平面上沿单位圆转动，就可以得到该离散系统的频率特性。

对于上述一次对消器，其频率特性即为对应于单位圆周上各点到零点($z = +1$)的长度。根据 $z = e^{-j\omega T}$ 的关系可以看出，当频率 f 从 0 变到 $1/T$ 时，辐角 ωT 从 0 变化到 2π，沿单位圆转了一周。当频率从 $1/T$ 变化到 $2/T$ 时，辐角 ωT 沿单位圆重复转一周。由此可见，时间离散系统的频率响应是以 $1/T$ 为周期的重复函数。滤波器频率响应可用下式表示：

$$z = e^{j\omega T}$$

代入其传输函数 $H(z)$，求得

$$H(e^{-j\omega T}) = 1 - e^{-j\omega T} = 2\sin\frac{\omega T}{2} \cdot \left(\sin\frac{\omega T}{2} + j\cos\frac{\omega T}{2}\right) \tag{8.4.11}$$

如果将一次相消滤波器加一条反馈支路，如图 8.22(b)所示，就可以改变滤波器的频率

特性。通常把有反馈支路的滤波器称为递归型滤波器，相应地，把无反馈支路的滤波器称为非递归型滤波器。图 8.22(b)中递归型一次相消滤波器的传递函数可通过下面的关系式求得：

$$W(z) = X(z) + K_1 W(z)z^{-1}$$
$$Y(z) = W(z) - W(z)z^{-1}$$

整理后得

$$H(z) = \frac{Y(z)}{X(z)} = \frac{1 - z^{-1}}{1 - K_1 z^{-1}} \tag{8.4.12}$$

式(8.4.12)表明，增加反馈支路的结果是在 Z 平面里引入一个新的极点 $z = K_1$，$K_1 < 1$。

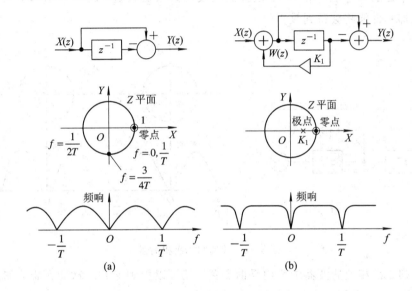

图 8.22　单次对消 MTI 滤波器

(a) 一次相消滤波器；(b) 加反馈支路的一次相消滤波器

滤波器的频率响应为单位圆上点到零点的长度除以该点到极点的长度。从图 8.22(b)可以看出，如果 K_1 接近于 1，则极点和零点十分接近，在单位圆上的各点(相当于不同频率)，除了靠近零点的一小段外，上述两个长度近似相等，二者相除近似为常数，即频率响应很平坦。在零点附近的一小段靠极点也很近，因此两个长度相除后较之只有零点时的频率响应值加大，而使滤波器抑制杂波的凹口变窄。K_1 越接近于 1，滤波器频率响应的平坦范围就越宽，但抑制杂波的凹口也越窄。在简单的动目标显示(MTI)雷达中，可利用这种方法来扩大速度响应范围。

递归滤波器可以比较灵活地改变其频率响应的形状，但它的暂态响应比较长。比较图 8.22 (a)、(b)可以看出，当输入为单个脉冲时，非递归一次相消电路输出一正、一负两个脉冲，而递归电路由于加了反馈，会输出一串脉冲。这种暂态响应限制了递归滤波器在雷达中的应用。

2. 二次相消器

图 8.23 所示为非递归二次相消器的组成及频率响应，由组成方框图可求得其传输函数为

$$H(z) = 1 - Kz^{-1} + z^{-2} \tag{8.4.13}$$

该滤波器具有两个零点，即

$$z_{1,2} = \frac{K \pm \sqrt{K^2 - 4}}{2} = \frac{K}{2} \pm \sqrt{\left(\frac{K}{2}\right)^2 - 1}$$

当 $K = 2$ 时，$H(z) = (1 - z^{-1})^z$，它等于两个一次相消器串接在 $z = +1$ 处，有双重零点。

当 K 的数值在 $+2 \sim -2$ 之间变化时，滤波器有一对位于圆上的共轭零点。此时有 $\theta_0 = \arccos(K/2)$，其相应的频率响应也画在下面。

从图 8.23 中可以看出，当 K 稍小于 $+2$ 时，一对共轭零点偏离实轴的角度 θ_0 很小。这时虽然零频率处的响应值不等于 0，但抑制杂波的凹口比较宽，对一些功率谱较宽的杂波，滤波器总的抑制性能将会得到改善。

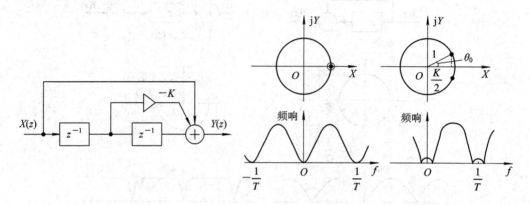

图 8.23　非递归二次相消器

在非递归二次相消滤波器中增加反馈支路，就可以得到递归二次相消器，如图 8.24 所示。根据它的输入/输出关系式，求得其传输函数为

$$H(z) = \frac{(1 + z^{-1})^2}{1 - K_1 z^{-1} + K_2 z^{-2}} \tag{8.4.14}$$

式(8.4.14)表明，加反馈的结果使滤波器除了原来的二重零点外，出现了两个极点，其位置为

$$z'_{1,2} = \frac{1}{2}(K_1 \pm \sqrt{K_1^2 - 4K_2})$$

当 $K_1^2 < 4K_2$ 时，它们是一对共轭极点。这对极点的作用是使在它附近频率点上相应的频率响应值得到提高，这样整个通频带范围内可以有较为平坦的频率响应曲线。改变极点的位置，可使频率响应得到变化。滤波器频率响应的表达式可通过将 $z = e^{j\omega T_r}$ 代入 $H(z)$ 中得到。

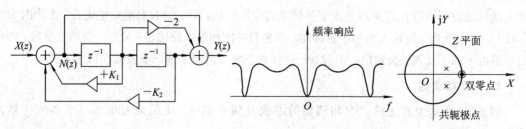

图 8.24　递归二次相消器

3. 多次相消梳状滤波器

原则上可以采用 n 根延迟线一次处理 $n+1$ 个脉冲来得到所需的滤波特性，此时滤波器的结构如图 8.25 所示。图上所画结构具有前馈支路（前馈系数为 α_0，α_1，α_2，…，α_n）和反馈支路（反馈系数为 β_1，β_2，…，β_n）。

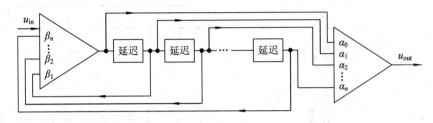

图 8.25　梳状滤波器的典型结构

当只有前馈支路（反馈系数 $\beta_1 = \beta_2 = \cdots = \beta_n = 0$）时，此梳状滤波器称为横向滤波器（或非递归滤波器、有限记忆滤波器等）。非递归二次相消器就是横向滤波器的一个例子，这时 $\alpha_0 = 1$，$\alpha_1 = -2$，$\alpha_2 = 1$。具有 n 个延迟元件的横向滤波器具有 n 个零点，因此设计者可以通过选择零点的位置来得到所需要的 MTI 滤波特性。一般情况下是选择合适的抑制杂波的凹口宽度并要求在速度范围内有较平坦的响应。在非递归滤波器中要得到较好的频率响应就需要足够多的延迟线和相应的处理脉冲数。带来的缺点是滤波器组成比较复杂，而且从目标杂波获得的回波数要足够多，以保证滤波器输出端得到稳定值。

如果梳状滤波器除前馈支路外还有反馈支路，如图 8.25 所示，则滤波器除零点外还有相应的极点，这就给设计者带来了更大的灵活性。一般来说，具有反馈支路的递归滤波器可以用较少的延迟线和处理脉冲数来获得比较好的频率响应。

递归滤波器虽具有较好的频率响应特性，但其暂态响应变差，这个情况在实际使用中会带来严重后果。例如，当雷达遇到大的孤立杂波时，滤波器处于暂态工作的状态，杂波过去之后，递归滤波器输出有振铃信号，这些振铃的存在将淹没实际存在的目标。而通常监视雷达工作时，从每一目标返回的回波脉冲数均有限，递归滤波器差不多均处于暂态工作状态，故这种滤波器在具有大量离散杂波、邻台干扰等情况下是不宜采用的。

相控阵雷达不宜采用递归滤波器，因为相控波束是离散式电扫描，当波束位置重置时，递归滤波器的暂态将严重影响新波位上信号的处理和检测，已有人提出了一些办法来改进。由于递归滤波器的暂态响应较差，因此在可能遭受对方电子干扰的军用雷达中通常都不采用它，但在民用多普勒气象雷达中，则广泛利用它来消除杂波，此时非递归滤波器可以在零多普勒频移处产生陡峭的多普勒凹口并且有平坦的通带响应，以便精确地估计气象反射率和降雨。

选用参差重复周期，可以改善 MTI 滤波器的速度响应，增大第一盲速并提供一定程度的滤波器整形，正如 8.3.1 节中所讨论的那样。

4. 抑制运动杂波滤波器

动目标显示滤波器也可以用来抑制运动杂波，这时滤波器的凹口应对准杂波的平均多普勒频移 f_d，$f_d = 2v_d'/\lambda$，v_d' 为杂波的平均运动速度。下面以一次相消为例来说明这类滤波器的组成。

如图 8.26(a) 所示，这种滤波器在 Z 平面内有一个零点，$z_1 = e^{j\theta_1}$，其中 $\theta_1 = 2\pi f_d' T_r$，则

其滤波器的凹口偏离零频率，而位于 f'_d。根据 Z 平面内零点的位置，可以写出滤波器的传输函数应为

$$H(z) = 1 - e^{j\theta}z^{-1} \tag{8.4.15}$$

这是一个复数滤波器，需要采用正交的两个通道来实现。

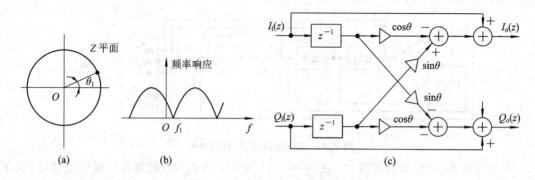

图 8.26　复数滤波器
(a) Z 平面图；(b) 频率响应；(c) 组成框图

设输入离散信号的 Z 变换为 $I_i(z)+jQ_i(z)$，包括同相 $I_i(z)$ 和正交 $Q_i(z)$ 两个分量，输出离散信号的 Z 变换为 $I_o(z)+jQ_o(z)$，同样包括两个分量。

传输函数为输入/输出之比，应满足预定的要求，即

$$H(z) = \frac{I_o(z) + jQ_o(z)}{I_i(z) + jQ_i(z)} = 1 - e^{j\theta}z^{-1} \tag{8.4.16}$$

将式(8.4.16)的实数项和虚数项分开，可得到

$$I_o(z) = (1 - \cos\theta z^{-1})I_i(z) + \sin\theta z^{-1}Q_i(z) \tag{8.4.17a}$$

$$Q_o(z) = (1 - \cos\theta z^{-1})Q_i(z) + \sin\theta z^{-1}I_i(z) \tag{8.4.17b}$$

根据以上两式就可以画出复数滤波器的组成方框，如图 8.26(c)所示。其中，三角形表示放大器，它可以产生正值，也可以产生负值；同相和正交两支路是互相交链的，如果要改变滤波器凹口的位置，只需改变 θ 的数值，即改变组成方框图的各相应放大器的增益即可。

8.4.3　MTI 的数字实现技术

数字式 MTI 处理通常在雷达接收机的零中频进行，形式上一般采用有限脉冲响应(FIR)滤波器实现。

设雷达零中频回波信号 $x(t)$ 为目标信号、杂波及噪声 3 个分量的合成：

$$x(t) = s(t) + c(t) + n(t)$$

式中，$s(t)$ 和 $c(t)$ 分别表示雷达回波中的目标信号和杂波信号分量，$n(t)$ 是加性高斯白噪声。MTI 滤波器的作用就是在保留有用目标回波信号分量 $s(t)$ 的前提下尽可能消除杂波回波分量 $c(t)$。为了利用数字技术实现杂波分量的对消，首先需经 A/D 变换器将连续型回波信号 $x(t)$ 按照奈奎斯特准则离散化为回波信号序列 $\{x(t_k), k=0, 1, \cdots\}$。对采样后的序列再以雷达脉冲重复周期 T_r 为间隔进行同距离单元回波抽取，得到雷达在一个脉冲相干处理间隔(CPI)内的回波脉冲序列 $x(t_k), x(t_k-T_r), x(t_k-2T_r), \cdots$。该序列代表了时间上处于同一CPI、位置上处于同一距离单元内的目标及杂波对相继一串发射脉冲的反射信息，将该序列通过一个设计权值为 $\boldsymbol{W}=(w_N, \cdots, w_1, w_0)^T$ 的 N 阶 FIR 滤波器，得到抑制杂波分量后的

输出序列 $y(t_k)$:

$$y(t_k) = \boldsymbol{W}^{\mathrm{T}} \boldsymbol{X}(t_k) = \sum_{i=0}^{N} w_i x(t_k - iT_r) \qquad (8.4.18)$$

式中, $\boldsymbol{X}(t_k) = [x(t_k - NT_r), \cdots, x(t_k - T_r), x(t_k)]^{\mathrm{T}}$, 为当前填充于 FIR 滤波器的 $N+1$ 个回波脉冲(因此这样的 N 阶 FIR 杂波对消器常称为 $N+1$ 脉冲对消器)。实现式(8.4.18)的 FIR 滤波器结构如图 8.27 所示。

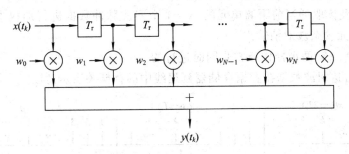

图 8.27　FIR 滤波器实现的 MTI 对消器

例如, 对于只存在固定地杂波和有用运动目标的雷达回波信号, 一个典型三脉冲数字式对消器的对消形式为

$$y(t_k) = x(t_k) - 2x(t_k - T_r) + x(t_k - 2T_r)$$

这里权系数矢量为 $\boldsymbol{W} = (1, -2, 1)^{\mathrm{T}}$。图 8.28 是该对消器的典型硬件结构。图中, 当一个新周期 T_r 的当前距离单元的回波脉冲数据到来时, 存储器中保存的前两个周期 T_r 内相同距离单元的回波数据将被读取, 利用这三个相邻周期上同距离单元回波数据完成上式的杂波对消运算, 回波中的固定杂波分量即可得以消除。与此同时, 当前存储单元的回波数据被下一个周期 T_r 的同距离单元回波脉冲数据所更新(取代), 如此重复, 直到一个 CPI 结束。

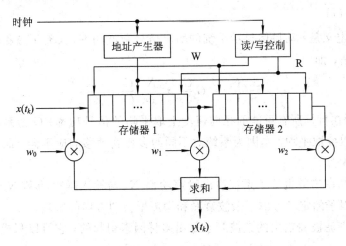

图 8.28　三脉冲 MTI 对消器

图 8.28 中, FIR 滤波器的每一个延迟节存储器采用一片数据存储器(由随机存取存储器 RAM 或先进先出存储器 FIFO 构成)实现。由于零中频输入数据 $x(t_k)$ 为 I、Q 两路, 因此存储器数据位宽应为双字宽度。考虑到全程距离处理的需要, 每个数据存储器的容量不能小于雷达一个脉冲重复周期 T_r 内的距离单元总数。每一个乘法单元代表 2 个(实数权值时)或 4 个(复数权值时)乘法器。累加求和器为双路, 分别完成同相和正交两路数据的相加运算, 形

成输出 $y(t_k)$ 的实、虚部。

　　输入回波序列 $\{x(t_k), k=0, 1, \cdots\}$ 按采样时钟速率通过杂波对消滤波器,在一个采样周期内需依次完成以下 3 个操作:

　　(1) 由各数据存储器读取当前要处理的距离单元内的回波数据。

　　(2) 将读取的当前距离单元回波数据写入下一延迟节存储器的对应地址。第一延迟节存储器对应地址写入当前 FIR 滤波器的输入数据。

　　(3) 将输入及读取的当前距离单元的 $N+1$ 个回波脉冲数据进行加权求和(FIR 滤波),得到当前距离单元的杂波对消输出。

　　实际中,(2)、(3)两个操作通常是同时进行的。

　　图 8.29 是雷达回波数据在数据存储器延迟线中的存储关系示意图。

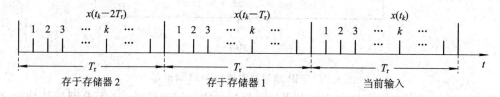

图 8.29　数据存储示意图

8.5　动目标显示雷达的工作质量及质量指标

8.5.1　质量指标

　　评价 MTI 雷达的工作质量常用以下几种性能指标。

1. 改善因子(I)

　　改善因子的定义是:动目标显示系统的输出信号杂波功率比(S_o/C_o)和输入信号杂波功率比 S_i/C_i 的比值,即

$$I = \frac{S_o/C_o}{S_i/C_i} = \bar{G}\frac{C_i}{C_o} = \frac{N_o}{N_i}\frac{C_i}{C_o} = \frac{C_i/N_i}{C_o/N_o} \tag{8.5.1}$$

式中,S_i 和 S_o 为在目标所有可能的径向速度上取平均的信号功率;$\bar{G}$ 为系统对信号的平均功率增益。之所以要取平均,是因为系统对不同的多普勒频移响应不同,而目标的多普勒频移在很大范围内分布。

　　系统的平均功率增益也等于系统输出噪声功率 N_o 与输入噪声功率 N_i 之比,即系统噪声增益,故改善因子的定义考虑了杂波衰减和噪声增益两方面的影响。

　　实际上由相消滤波器输出的杂波剩余是由多种因素引起的,它可以写成

$$C_o = C_{o扫描} + C_{杂波内部起伏} + C_{o系统不稳} + \cdots$$

因此,系统总的改善因子也由各种因素共同决定:

$$\frac{1}{I} = \frac{C_o}{GC_i} = \frac{1}{GC_i}(G_{o扫描} + C_{杂波内部起伏} + C_{o系统不稳} + \cdots)$$

$$= \frac{1}{I_{扫描}} + \frac{1}{I_{杂波起伏}} + \frac{1}{I_{系统不稳}} + \cdots \tag{8.5.2}$$

　　总的改善因子受各分项改善因子的限制,其数值总是小于任一分项的改善因子。各分项

改善因子也称为改善因子的限制值。

相消器输出的杂波功率 C_o 习惯上称为杂波剩余，它由多种因素组成，从性质上可分为两类：一类是对有一定宽度的梳状谱分量 $C_1(f)$（见图 8.21）抑制不彻底而残留的杂波剩余 C_{o1}；另一类是对应于系统不稳定和噪声类均匀谱分量的输出 C_{o2}。设均匀分量杂波在相消器输入端的功率为 N_i，则 $C_{o2}=N_i\bar{G}$，$\bar{G}$ 是相消器对信号的平均功率增益。当考虑 C_{o1} 和 C_{o2} 时，改善因子为

$$I = \bar{G}\frac{C_i}{C_{o1}+N_i\bar{G}} = \frac{I_1}{1+\dfrac{N_i}{C_i}I_1} \tag{8.5.3}$$

式中，$I_1 = \bar{G}C_i/C_{o1}$。式(8.5.3)说明了杂波特性部分的改善因子 I_1 与总改善因子 I 的关系，它们与均匀杂波分量在总杂波中所占的比例有关。当 N_i/C_i 趋于 0 时，系统的改善因子 I 完全由 I_1 决定。当 N_i/C_i 一定时，尽量使 I_1 加大。系统 I 所能达到的极限值为

$$I_{max} = \frac{C_i}{N_i} \tag{8.5.4}$$

综上所述，要使动目标显示雷达有好的改善因子，必须使各个因素的改善因子都较大，首先是高频部分的稳定性要好，使得由它而产生的杂波均匀谱分量很小，同时也应注意其他部分，特别要提高相消器对杂波梳状谱的改善因子。各种因素的改善因子要合理配合，如果其中一个已经很小，则过分提高其他指标对系统性能不会有多少好处。

2. 信杂比改善(I_{SCR})

对于采用多个多普勒滤波器的杂波滤波系统（例如下面要研究的动目标检测 MTD）来说，每个滤波器的输出均有不同的改善因子。这时最好在每个滤波器所对应的目标多普勒频移处定义信杂比改善 I_{SCR}。I_{SCR} 等于滤波器输出端的信杂比与输入端信杂比两者的比值。值得注意的是，此时信杂比的改善除了改善因子的因素外，还应乘以多普勒滤波器相参积累的增益。

3. 杂波中的可见度(SCV)

SCV 定义为在给定检测概率和虚警概率条件下，检测到重叠于杂波上的运动目标时，杂波功率和目标回波功率的比值。杂波中的可见度用来衡量雷达对于重叠在杂波上运动目标的检测能力。例如，杂波中可见度为 20 dB 时，说明在杂波比目标回波强 20 dB（功率大至相差 100 倍）的情况下，雷达可以检测出杂波中运动的目标。

杂波中可见度与改善因子的关系为

$$SCV(dB) = I(dB) - V_0(dB) \tag{8.5.5}$$

因为 SCV 是当雷达输出端的功率信杂比等于可见度系数 V_0 时雷达输入端功率信杂比的数值。例如，当 $V_0=6$ dB 时，如果改善因子 $I=23$ dB，则杂波中可见度 SCV$=23$ dB-6 dB$=17$ dB。

杂波中可见度和改善因子主要用来说明雷达的信号处理部分对杂波抑制的能力，但两部杂波中可见度相同的雷达在相同的杂波环境中，其工作性能可能有较大差别。因为除了信号处理能力外，雷达在杂波中检测目标的能力还与其分辨单元大小有关。雷达工作时的分辨单元为 $R^2\theta_\alpha\theta_\beta(1/2)c\tau$，其中 θ_α 和 θ_β 分别为方位和仰角波束宽度，τ 为脉冲宽度，R 为体分布杂波距雷达站的距离。在同样的杂波环境中，分辨单元越大，也就是雷达的分辨能力越低，这时进入雷达接收机的杂波功率 C_i 也越强。为了达到观察到目标时所需的信号杂波比，要求雷达的改善因子或杂波中的可见度进一步提高。

8.5.2　影响系统工作质量的因素

系统的工作质量可以用改善因子来衡量，因此影响系统工作质量的因素可以集中表现为它们对改善因子 I 的限制上。这些因素主要是天线扫描、杂波内部运动以及雷达系统各部件工作不稳定。下面将分别予以讨论。

1. 由于杂波内部运动和天线扫描而对改善因子 I 的限制

许多杂波源不是完全静止的，而可能处于运动状态，如从海上、雨滴和箔条来的杂波，被风吹动的树木，植被的回波等。其回波的幅度和相位会产生波动，导致杂波回波谱加宽，因而限制了可以取得的 MTI 改善因子。杂波频谱的形状也是人们所关心的，早期提出的高斯杂波谱模型与当时实验测量的杂波数据相吻合，而且这个模型在数学上也相对容易处理，一直受到使用者的欢迎。采用高斯杂波谱的模型为（见式(8.4.6)）

$$W(f) = W_0 \exp\left(-\frac{f^2}{2\sigma_c^2}\right)$$

非递归的单路或双路延迟线对消器只有 $f=0$ 和 $f=nf_r$ 处频率响应为 0，不能完全滤除这些杂波，可以根据滤波器的特性来计算由于杂波内部运动对改善因子 I 的限制：

$$I = \frac{\overline{S_o}/C_o}{S_i/C_i} = \frac{\overline{S_o}}{S_i}\frac{C_i}{C_o}$$

式中，$\dfrac{\overline{S_o}}{S_i}$ 为滤波器平均功率增益（对各种速度求平均）。

进入滤波器的杂波功率为

$$C_i = \int_{-f_r/2}^{f_r/2} W(f)\mathrm{d}f$$

由于信号和杂波功率及滤波器频率特性均按 f_r 重复实现，因此计算一个 f_r 的范围，所得结果不失一般性。输出杂波功率为

$$C_o = \int_{-f_r/2}^{f_r/2} G(f)W(f)\mathrm{d}f$$

$G(f)$ 为滤波器功率频响，对一次非递归相消器而言：

$$G(f) = 4\sin^2\left(\pi\frac{f}{f_r}\right)$$

可计算改善因子为

$$I_1 = 2\left(\frac{f_r}{2\pi\sigma_c}\right)^2 \tag{8.5.6}$$

式中，f_r 为重复频率，σ_c 为杂波功率谱的均方根谱宽。在相同谱宽的条件下，f_r 增大，则杂波谱占整个滤波器通带的比例减小，相对的平均功率增益增加，从而提高了改善因子。同理，也可以求出 k 级延迟线对消器（非递归）改善因子 I_k 的一般表达式为

$$I_k = \frac{2^k}{k!}\left(\frac{f_r}{2\pi\sigma_c}\right)^{2k} \tag{8.5.7}$$

以后当使用更灵敏的雷达进行测量时，发现实验所测得的雷达杂波谱随着工作频率的增加而下降的速度不像高斯谱预期的那样快，即用高斯谱模型预测的雷达性能过于乐观。为了更吻合测量的杂波谱数据，人们提出了谱密度下降没有高斯函数快的幂律模型。归一化幂律谱为

$$P(f) = \frac{1}{1 + (f/f_c)^n} \tag{8.5.8}$$

它比高斯谱能更好地描述测量到的杂波谱。在 X 波段，指数 n 的值等于 3。特征频率 f_c 是谱密度较零频率值减少一半时的值，其大小随风速改变。在 X、S 和 L 波段的实验测量表明，特征频率 f_c 随风速的增大而增大，适当选择 f_c 和 n 的值，幂律谱表达式可应用在工作频率为 35～95 GHz 的范围。

当杂波谱值低于零多普勒频移的峰值约 40 dB 时，发现幂律模型的下降并不像实验测量数据下降得那样快，因此用此模型预测的性能将会导致错误的结论。而一个修正的指数律模型能更好地表示风吹陆地杂波的特性，这种杂波正是高性能雷达要面临的。

修正的指数律模型源自美国麻省理工学院林肯实验室的工作，那里的工作人员对低掠射角陆地杂波谱做了详尽的研究，用精确的测量设备在广泛的地点进行杂波测量，所用频段从 VHF 到 X 波段。这种杂波模型主要用于描述风吹树木的杂波谱，修改参数后亦可适用于不同地貌。

杂波谱模型的表达式为

$$P_{\text{tot}}(v) = \frac{r}{r+1}\delta(v) + \frac{1}{r+1}P_{\text{ac}}(v)$$

式中，v 为多普勒速度（m/s）；r 是杂波谱中直流（dc）和交流（ac）功率之比；$\delta(v)$ 是直流分量的单位冲激响应；P_{ac} 是 ac 谱分量的形状。

归一化 $P_{\text{ac}}(v)$ 由双边指数表示为

$$P_{\text{ac}}(v) = \frac{\beta}{2}\exp[-\beta|v|], \qquad -\infty < v < \infty$$

式中，β 为指数形状参数，它与风速有关。关于指数杂波的详细内容，可参阅本章参考文献[13]。

3 种不同杂波谱（高斯谱、幂律、指数律）模型的比较见图 8.30。图中，参数 g 叫作高斯形状参数，$g = 1/(2\sigma_v^2)$，其中 σ_v^2 是以 m/s 表示的标准偏差。高斯谱可适合多普勒速度较低的杂波，幂律适合中等速度，而指数律可涵盖最大的杂波速度范围且和实测值吻合较好。

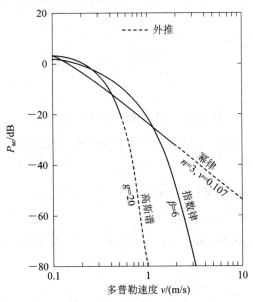

图 8.30　3 种分析频谱形状（每一种都归一化为单位频谱功率）

天线连续扫描时，由于双程天线方向图对收到的回波束脉冲串产生幅度调制，因而也会使收到的杂波功率谱展宽而产生更多剩余杂波。设天线波束形状为高斯形，方向图对点杂波的回波信号产生调幅，可计算得到其功率谱形状亦为高斯形，功率谱的方差为

$$\sigma_s = 0.265 f_r / n_B \qquad (8.5.9)$$

式中，n_B 为单程天线方向图 3 dB 宽度内的脉冲数。

将 σ_s 代入改善因子的计算公式后，可得到由于天线扫描而对改善因子的限制值为

$$I_1 = n_B^2 / 1.39 \text{（单路延迟对消）} \qquad (8.5.10a)$$

若有 k 条级联的延迟线对消处，则其改善因子的限制值为

$$I_k = \frac{2^k}{k!} (0.6 n_B)^{2k} \qquad (8.5.10b)$$

以上天线扫描对改善因子的限制不适用于相控阵步进扫描的情况。步进扫描时在每一个新的波位上要发射足够多的脉冲，以保证在滤波器暂态响应之后能获得有用的输出信号。

2. 由于雷达系统各主要部件工作不稳定而对改善因子的限制

影响改善因子的不稳定因素有：稳定本振和相参振荡器的频率变化；发射脉冲之间的频率变化(用脉冲振荡器时)或发射脉冲之间的相位变化(用功率放大器时)；相参振荡器的锁相不准或不稳；脉冲的时间抖动和幅度抖动；对消器延迟和未延迟通路的不匹配；等等。下面分别进行讨论。

1) 相位不稳

相位不稳将引起固定点目标回波矢量的摆动。设 u_c 表示相位稳定时固定目标的回波。由于相位摆动 $\Delta\varphi$，因而使其矢量变为 $u_c + \Delta u_1$，如图 8.31 所示。相位不稳是个随机量，故第二周期由于相位不稳而引起的矢量变化为 $u_c + \Delta u_2$，矢量的变化经过相位检波器后将变为幅度的变化。

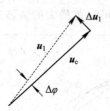

图 8.31 相位不稳引起回波矢量摆动

如果采用一次相消滤波器，则相消剩余功率的统计平均为其杂波剩余：

$$C_o = \overline{\Delta u_r^2} = \overline{|u_c + \Delta u_1 - (u_c + \Delta u_2)|^2} = \overline{|\Delta u_1 - \Delta u_2|^2}$$
$$= |\overline{\Delta u_1^2 + \Delta u_2^2 - 2\Delta u_1 \Delta u_2}|$$
$$= 2\overline{\Delta u^2} = 2u_c^2 \overline{\Delta\varphi^2} \qquad (8.5.11)$$

因为相位不稳是随机量，Δu_1 和 Δu_2 可认为是不相关的，所以 $\overline{\Delta u_1 \Delta u_2} = 0$。而输入杂波功率 $C_i = u_c^2$，故得到

$$\frac{C_o}{C_i} = \frac{2u_c^2 \overline{\Delta\varphi^2}}{u_c^2} = 2\overline{\Delta\varphi^2} \qquad (8.5.12)$$

改善因子为

$$I = \overline{G}\frac{C_{\mathrm{i}}}{C_{\mathrm{o}}}$$

对一次延迟对消器来讲，功率增益为

$$G(f) = 4\sin^2\frac{\omega T_{\mathrm{r}}}{2}$$

其平均功率增益为

$$\overline{G} = \frac{1}{f_{\mathrm{r}}}\int_{-f_{\mathrm{r}}/2}^{f_{\mathrm{r}}/2} G(f)\,\mathrm{d}f = 2$$

故得改善因子的限制值 $I_1 = \dfrac{1}{\Delta\varphi^2}$，用分贝表示时 $I(\mathrm{dB}) = 20\lg\left(\dfrac{1}{\Delta\varphi}\right)$。若相邻周期杂波回波之间有 0.01 rad 的相位不稳，则对 I 的限制值为 40 dB。

相位不稳可能由下面几种原因引起：

（1）发射机频率不稳定。设相邻二次发射脉冲的频率差为 Δf_{i}，则第二个回波脉冲在宽度 τ 期间变化相角为 $\Delta f_{\mathrm{i}}2\pi\tau$，其平均相位变化为

$$\overline{\Delta\varphi} = \frac{1}{2}\Delta f_{\mathrm{i}}2\pi\tau = \Delta f_{\mathrm{i}}\pi\tau \tag{8.5.13}$$

由此引起改善因子的限制为

$$I = 20\lg\frac{1}{\pi\Delta f_{\mathrm{i}}\tau} \tag{8.5.14}$$

（2）稳定本振和相参振荡器频率不稳。如果频率不稳定，且相邻周期频率的变化为 Δf_k，稳定本振和相参振荡器都是连续工作的，则由于频率变化所引起的相位差为

$$\Delta\varphi_k = 2\pi\Delta f_k t_{\mathrm{r}} \tag{8.5.15}$$

式中，t_{r} 为固定杂波返回雷达所需要的时间。如果 MTI 雷达最大作用距离所对应的时间为 T_{M}，则最大可能的 $\Delta\varphi_k = 2\pi\Delta f_k T_{\mathrm{M}}$。这时对改善因子的限制为 $I = 20\lg[1/(2\pi\Delta f T_{\mathrm{M}})]$。可以看出，$\Delta\varphi_k$ 和 t_{r} 成正比，因此，本振和相参振荡器频率不稳对近距离目标的影响要小些，而主要影响远距离目标的改善因子。

我们注意到相位差 $\Delta\varphi_k$ 只和频率不稳的绝对值 Δf_k 成正比。对于本振和相参振荡器而言，由于前者的工作频率要高得多，达到同样的 Δf_k 需要的频率稳定度 $\Delta f_k/f$ 更严格，因此，在动目标显示雷达中，为了提高系统的工作质量，主要矛盾是要解决好本地振荡器的频率稳定度。因为相位是在相邻两个重复周期中比较而言的，因此，对频率稳定度的要求主要是针对短期稳定度（有时称为瞬稳）而言的。

（3）锁相不稳。用功率放大器时，发射脉冲间可能会发生相位变化，而当发射机用脉冲振荡器时，又需对接收机相参振荡器进行相位锁定，锁定不完善也会引起相邻脉冲间的相位变化，这些相位变化对改善因子的限制为

$$I = 20\lg\frac{1}{\Delta\varphi}$$

以上关于相位不稳对改善因子的限制是针对双脉冲对消器而言的，而目前信号处理机所用滤波器更为复杂、精巧，系统的改善因子和本振稳定性的关系要用不同方法分析计算。已知本振的频率稳定度可以用其相位噪声频谱（相噪谱）在频域上表示，相噪谱可以测量出来并转换成对改善因子的限制量。相噪谱通过接收和信号处理滤波器后的剩余噪声功率是限制改善因子的一个重要因素。振荡器的稳定性越好，其相应相位噪声功率越小。如果信号

处理机有多个滤波器输出，则应分别计算各自的改善因子。具体的计算方法可参阅本章参考文献[10]。本振和相参振荡器相位波动所带来的噪声可能是高性能 MTI 雷达改善因子的主要限制因素，一般情况下，相位噪声比幅度不稳引起的噪声有更大影响。典型的相噪图见图 8.32。

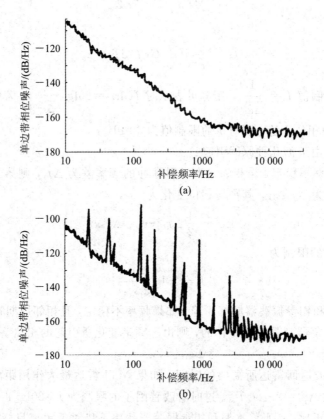

图 8.32　相噪图

(a) 振荡器相位噪声谱举例；(b) 来自电源的大虚假信号(毛刺)举例

2) 振幅不稳

发射脉冲的起伏也会限制改善因子。设 A 是脉冲幅度，ΔA 是脉冲间幅度的变化，则由这一项引起的改善因子为

$$I = 20\lg\frac{A}{\Delta A} \tag{8.5.16}$$

由于相邻周期接收机增益的变化也会引起同样效果，即使接收机采用限幅，但总会有很多达不到限幅电平的杂波，因此，上述限制仍然存在。在大多数发射机中，当频率稳定度和相位稳定度能满足要求时，幅度抖动问题还是可以解决的。

3) 发射脉冲时间抖动

由抖动产生的相消剩余为 $A_r = A(\varepsilon_1 - \varepsilon_2)$，考虑到抖动 ε 将在前后沿均产生相消剩余功率(见图 8.33)，则可得输出剩余功率为

$$C_o = 2\overline{A_r^2} = 2A^2\ \overline{(\varepsilon_1 - \varepsilon_2)^2} = 4A^2\ \overline{\varepsilon^2}$$

采用一次对消器时改善因子的限制值 I 为

$$I = \overline{C}\frac{C_i}{C_o} = \frac{1}{2}\left(\frac{\tau}{\varepsilon_e}\right)^2 = 20\lg\frac{\tau}{\sqrt{2}\varepsilon_e}\ (\text{dB}) \tag{8.5.17}$$

式中，ε_e 为时间抖动的均方根值。

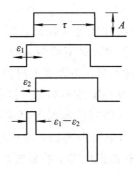

图 8.33　时间抖动产生的相消剩余

对于脉冲压缩信号来讲，相同的时间抖动将会使剩余值增大到 $\sqrt{B\tau}$ 倍，B 为信号带宽，由此引起的改善因子的限制值为

$$I = 20\lg \frac{\tau}{\sqrt{2}\varepsilon_e \sqrt{B\tau}} \tag{8.5.18}$$

由发射宽度不稳所产生的限制与时间抖动类似，但它只有前沿或后沿的剩余，故对改善因子的限制为

$$I = 20\lg \frac{\tau}{\varepsilon_e}$$

3. 模数(A/D)变换器的量化噪声

A/D 变换时引入的量化噪声也会限制系统可获得的改善因子 I。由于量化噪声的影响，在杂波和系统均是理想稳定的情况下，通过相消器后还会有杂波剩余输出。设 A/D 变换器的量化位数为 N，其输入端固定杂波的最大振幅为 E_m，量化间隔 $\Delta = 2E_m/(2^N-1)$，则由 A/D 变换器引入的信号电平均方根偏差(量化噪声)为 $\Delta/\sqrt{12}$，表现为脉冲振幅的偏差值：

$$\Delta A = \sqrt{2}\,\frac{\Delta}{\sqrt{12}} = \frac{1}{\sqrt{6}}\frac{2E_m}{2^N-1} = \frac{E_m}{\sqrt{1.5}(2^N-1)} \tag{8.5.19}$$

相位检波器输出端的信号为矢量在基准电压方向的投影，因此平均来说，较其最大值减小到原来的 $1/\sqrt{2}$(为其有效值)。

量化噪声对改善因子的限制可用下式求得：

$$I = 20\lg \frac{A}{\Delta A} = 20\lg \frac{E_m/\sqrt{2}}{E_m/[\sqrt{1.5}(2^N-1)]} = 20\lg[\sqrt{0.75}(2^N-1)] \tag{8.5.20}$$

计算结果大约为 $6N-1$ dB。量化位数通常取 $6\sim8$，此时量化噪声对改善因子的限制约为 $35\sim47$ dB，在一般情况下是可以满足要求的。由于某些新型高质量的动目标显示雷达要求改善因子很高及动态范围甚大，可能将转换位数 N 取 10 甚至更大的值，这时设备的复杂性当然会随之增加。

8.6　动目标检测(MTD)

早期的动目标显示(MTI)雷达性能不高，其改善因子一般在 20 dB 左右，这是由多方面因素造成的，如锁相相参系统的高频稳定性不够，采用模拟延迟线时通常只能做一次相消且其性能不稳定，这时 MTI 滤波器的抑制凹口宽度不能和杂波谱宽度相匹配，从而导致滤波器输出杂波剩余功率较大。

近 20 多年来，动目标显示系统的性能迅速提高，这一方面是由于低空突防或机载下视的需要，迫切希望雷达能提高在强杂波背景下检测运动目标的能力，即提高系统的改善因子；另一方面是由于科学技术的飞速发展，在客观上提供了这种可能性。

由式(8.5.4)知，当雷达高频系统稳定性不高时，将使固定杂波(地杂波)回波谱产生一部分接近均匀谱的杂散分量 N_i，它将限制改善因子可能达到的最大值。当雷达采用全相参的功率放大式发射机代替锁相相参的单级振荡器，或用信号处理的方法来改善锁相相参系统的高频稳定性后，雷达系统的高频稳定性有了明显提高。从目前的情况来看，全相参系统的高频稳定性可以做到不再成为提高改善因子的障碍。

在信号处理方面，在采用数字式延迟线代替模拟延迟线的数字动目标显示(DMTI)系统中，工作稳定可靠，且采用 I、Q 正交双通道处理改善了性能，再加上数字信号容易实现长时间的存储与延迟，因而能够采用高阶滤波器得到更合适的滤波特性。

主要依靠信号处理的潜在能力，再加上合理的系统配合，动目标显示(MTI)的性能还将得到进一步改善和提高，具体措施有：

(1) 增大信号处理的线性动态范围。

(2) 增加一组多普勒滤波器，使之更接近于最佳滤波，提高改善因子。

(3) 能抑制地杂波(其平均多普勒频移通常为 0)且能同时抑制运动杂波(如气象、鸟群等)。

(4) 增加一个或多个杂波图，可以起到帮助检测切向飞行大目标的作用。

做了上述改进的系统称为动目标检测(MTD)系统，以区别于只有对消器的动目标显示(MTI)系统。

8.6.1　限幅的影响和线性 MTI

1. 限幅的影响

早期动目标显示雷达的性能较差，其改善因子一般在 20 dB 左右，而通常雷达收到的杂波强度比机内噪声高出 20 dB 以上(如 50 dB 甚至更强)，因此通过对消器之后的杂波剩余功率为

$$\sigma_c^2 = \frac{1}{I} \frac{C_i N_o}{N_i} \tag{8.6.1}$$

式中，I 为改善因子；C_i 为输入杂波功率；N_i 和 N_o 分别表示输入和输出的噪声功率。又

$$10\lg \frac{\sigma_c^2}{N_o} = 10\lg \frac{C_i}{N_i} - 10\lg I$$

即杂波剩余高出噪声的分贝数是输入杂噪比(分贝)与改善因子之差。在强杂波时，大的杂波剩余将使检测虚警明显增大及终端饱和。当时解决这个问题的办法是在对消器前的中频放大采用限幅中放。限幅电平 L 的选择应满足以下关系：

$$\frac{L}{N_i} = I$$

式中，N_i 为输入噪声。这样相消器输出的杂波电平近似为噪声电平，得到近似恒虚警的性能。

　　但是中放限幅也会带来一些不利因素：限幅会使强杂波背景下的运动目标信号受到损失，波形产生失真，并妨碍后续的信号处理，个别情况还可能产生连续盲相。不仅如此，限幅作用会使杂波的相关性减弱，杂波谱展宽。以硬限幅为例，若输入杂波的相关系数为 $\rho_i(\tau)$，则输出杂波的相关系数为

$$\rho_o(\tau) = \frac{2}{\pi}\sin\rho_i(\tau) \tag{8.6.2}$$

　　式(8.6.2)表明，限幅作用使相关系数的图形变窄，从而使杂波的梳状谱展宽，特别是在高频端拖有长的"尾巴"，深入到相消滤波特性的通带中。加宽滤波特性的凹口宽度对抑制"尾巴"部分的杂波谱分量没有什么好处，因此采用限幅后会加大杂波剩余，而且杂波谱的展宽对于后续的信号处理将带来不能弥补的损失。

　　由图 8.34 可看出限幅作用对改善因子的限制。图中标出的是由于天线扫描引起的杂波谱展宽，它也适用于杂波内部运动谱展宽的情况。可以看出，当限幅电平高于杂波电平 10 dB 时，近似为线性工作，改善因子的限制值较大，而且二次对消明显比一次对消要好(以回波脉冲数 $n=20$ 为例，二者相差约 22 dB)。限幅越深，改善因子的限制值越小，而且一次和二次相消的差别也越小。同样以 $n=20$ 为例，在接近硬限幅时，一次和二次相消的改善因子的限制值只差约 5 dB。而三次相消(图上未画出)时，如果有较深的杂波限幅，则其改善因子只比二次相消好 2 dB，这点好处是微不足道的。

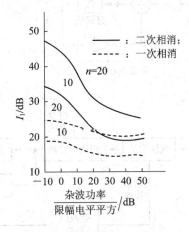

图 8.34　天线扫描引起的改善因子的限制值与限幅电平的关系(针对分布杂波)

　　从上面的讨论可知，如果限幅问题不解决，只是增加相消次数以改善滤波器特性，那么杂波特性的改善因子的限制值不可能有大的提高。因此为了提高整个系统的改善因子，必须避免限幅等非线性环节。

2. 线性 MTI 的实现

　　由于雷达收到的杂波回波强度很大，因此为了避免产生限幅，应当采用动态范围达 60 dB 或 80～90 dB 的高频和中频放大器。一般的高频放大器，特别是中频放大器不可能有这样大的动态范围，只有借助于增益控制。

　　在动目标检测系统中，保证中频处于线性工作状态所用的增益控制有其特殊性。增益控制电压应随着输入杂波的强度成比例地变化，但杂波(特别是地物杂波)的情况是多变的，即使在一次扫掠里，距离单元不同，杂波强度也可能有很大变化。因此，增益控制必须是快速的。此外，由于要进行相消运算，因此对于任一距离单元，相继扫掠周期的增益变化必须是

准确和已知的，而且还必须把它存储下来，以便在相消运算中加以考虑。

因此，要实现线性动目标显示系统，主要是解决满足上述要求的增益控制问题，现在用得最多的办法是以杂波图存储来控制各个距离单元的中放增益，其原理图如图 8.35 所示。图 8.35(a)是杂波图存储的原理图，它将雷达所监视的空间按距离和方位分割成许多空间单元，每一空间单元的距离长度相当于一个脉冲宽度或稍大些，方位宽度相当于半个波瓣宽度或更大些，这样分割形成的空间单元数一般达数十万个。每个空间单元的回波振幅分别加以存储(因为一个空间单元的方位宽度约为半个波瓣宽度，它对应于许多次扫掠，所以存储的应是一次天线扫描中多次扫掠的杂波平均值)。

杂波图存储的输入端可以从中频放大器输出经过振幅检波后得到。但常见到的地杂波存储常同时用来检测切向飞行目标，故其输入端是从相位检波器后经零多普勒滤波器再加振幅检波后得到的，如图 8.35(b)所示。这时杂波图存储的只是地杂波(其平均多普勒频移通常为 0)，地杂波是强度较大且随距离变化剧烈的杂波。因此用地杂波图存储的输出来控制线性中放的增益在多数情况下是合适的。

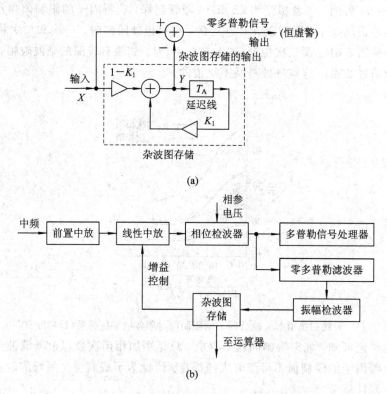

图 8.35　用杂波图存储控制中放增益

(a) 杂波图存储的原理图；(b) 线性 MTI 的实现框图

地杂波图存储应该随着实际情况及时更新，因为要用时间单元平均的杂波图来检测切向飞行目标。所谓时间单元平均，就是以一个天线扫描周期作为一个单元，每个空间单元里存储的应是多次天线扫描所得杂波的平均值估值。为了不使设备过于复杂，不宜采用多次扫描存储的滑窗式积累，而应采用单回路反馈积累的办法。例如，将新接收到的杂波值乘以 $1-K_1$，然后和该空间单元的原存储值乘以 K_1 相加后作为新的存储值。用 Z 变换分析可以得到杂波图存储的传输函数。因为 $Y(z)=(1-K_1)X(z)+K_1Y(z)z^{-1}$，所以传输函数 $H(z)$ 为

$$\frac{Y(z)}{X(z)} = H(z) = \frac{1 - K_1}{1 - K_1 z^{-1}} \tag{8.6.3}$$

这是一个单极点系统，其直流增益为 1，脉冲响应是指数式的，所以它相当于对多次扫描（天线扫描周期为 T_A）做指数加权积累，然后取得杂波的平均值估值。

杂波图存储的输出如果只用来控制中放增益，则其量化的数字位可以较少。如果该杂波图同时用作零多普勒信号的检测，则为了得到好的检测性能，存储的数码应有足够的位数，典型值为 8～12 位，以便能同时容纳输入端信号的全部动态范围。可见，杂波图的存储量是很大的，除了存储地杂波的信息外，在精巧的信号处理系统中还可能有存储其他信息的"地图"（如运动杂波、速度信息等），其单元尺寸及性能参数将根据具体要求而定。由于超大规模集成电路的迅猛发展，实现大容量存储及相应的运算在技术上是不难实现的。

8.6.2　多普勒滤波器组

在 8.4.2 节动目标显示滤波器中已讨论过，根据最佳线性滤波理论，在杂波背景下检测运动目标回波，除了杂波抑制滤波器 $H_1(f)$ 外，还应串接与脉冲串信号匹配的滤波器 $H_2(f)$，而

$$H_2(f) = S^*(f) e^{-j2\pi f t_s}$$

式中，$S(f)$ 是运动目标回波的频谱，$H_2(f)$ 则是信号匹配滤波器的频响。对于相参脉冲串来讲，$H_2(f)$ 又可以表示为

$$H_2(f) = H_{21}(f) H_{22}(f)$$

式中，$H_{21}(f)$ 为单个脉冲的匹配滤波器，通常在接收机中放实现；$H_{22}(f)$ 用于对相参脉冲串进行匹配滤波，它利用了回波脉冲串的相参性而进行相参积累，它是梳形滤波器，齿的间隔为脉冲重复频率 f_r，齿的位置取决于回波信号的多普勒频移，而齿的宽度应与回波谱线宽度一致。

要对回波相参脉冲串做匹配滤波处理，必须知道目标的多普勒频移以及天线扫描对脉冲串的调制情况（即信号的时宽，它决定信号的频宽）。在实际工作中，多普勒频移 f_d 不能预知，因此需要采用一组相邻且部分重叠的滤波器组，覆盖整个多普勒频移范围，这就是窄带多普勒滤波器组，如图 8.36 所示。

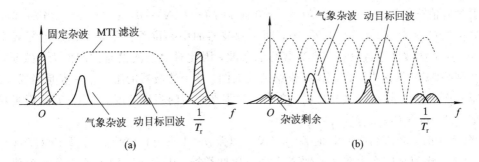

图 8.36　动目标显示滤波器和多普勒滤波器组的特性
（a）动目标显示滤波器的特性；（b）多普勒滤波器组的特性

1. 多普勒滤波器组的实现方法

具有 N 个输出的横向滤波器（N 个脉冲和 $N-1$ 根延迟线）经过各脉冲不同的加权并求和后，可以做成 N 个相邻的窄带滤波器组。该滤波器组的频率覆盖范围为 $0 \sim f_r$，f_r 为雷达

工作重复频率。

如图 8.37 所示，横向滤波器有 $N-1$ 根延迟线，每根延迟线的延迟时间 $T_r=1/f_r$。设加在 N 个输出端头的加权值为

$$w_{ik} = \mathrm{e}^{-\mathrm{j}2\pi(i-2)k/N}, \quad i=1, 2, \cdots, N \tag{8.6.4}$$

式中，i 表示第 i 个抽头；k 表示从 0 到 $N-1$ 的标记，每一个 k 值对应一组不同的加权值，相应地对应于一个不同的多普勒滤波器响应。由 k 表示的 N 个滤波器组成滤波器组。图 8.37(b)所示为 $N=8$ 时按式(8.6.4)加权所得各标记 k 的滤波器频率响应。

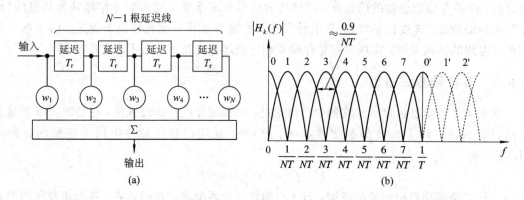

图 8.37　横向滤波器

(a) 组成；(b) $N=8$ 时滤波器的频响

可写出横向滤波器按式(8.6.4)加权时的脉冲响应为

$$h_k(t) = \sum_{i=1}^{N} \delta[t-(i-1)T]\mathrm{e}^{-\mathrm{j}2\pi(i-1)k/N} \tag{8.6.5}$$

脉冲响应的傅里叶变换就是频率响应函数：

$$H_k(f) = \mathrm{e}^{-\mathrm{j}2\pi ft}\sum_{i=1}^{N}\mathrm{e}^{-\mathrm{j}2\pi(i-1)(fT-k/N)} \tag{8.6.6}$$

滤波器振幅特性是频率响应的幅值，即

$$|H_k(f)| = \left|\sum_{i=1}^{N}\mathrm{e}^{-\mathrm{j}2\pi(i-1)(fT-k/N)}\right| = \frac{\sin[\pi N(fT-k/N)]}{\sin[\pi(fT-k/N)]} \tag{8.6.7}$$

滤波器的峰值产生于 $\sin[\pi(fT-k/N)]=0$ 或 $\pi(fT-k/N)=0$，π，2π，$\cdots$；当 $k=0$ 时，滤波器峰值位置为 $f=0$，$1/T$，$2/T$，$\cdots$，即该滤波器的中心位置在零频率以及重复频率的整数倍处，这个滤波器通过没有多普勒频移的杂波，因此对地杂波没有抑制能力。然而，它的输出在某些 MTI 雷达中可以用来提供给杂波地图。这个滤波器的第一个零点是当式(8.6.7)分子第一次取零值或 $f=1/(NT)$ 时，在第一对零点之间的频带宽度为 $2/(NT)$，而半功率带宽近似为 $0.9/(NT)$。

当 $k=1$ 时，峰值响应产生在 $f=1/(NT)$ 以及 $f=1/T+1/(NT)$，$2/T+1/(NT)$ 等处；当 $k=2$ 时，峰值响应产生在 $f=2/(NT)$ 处；以此类推，因而每一个 k 值决定一个独立的滤波器响应。全部的滤波器响应覆盖了从 0 到 f_r 的频率范围。由于信号的取样性质，其余的频带按同样的响应周期覆盖，因而会在频率上产生模糊。每个滤波器的形状和 $k=0$ 时的相同，只是滤波器的中心频率不同。图 8.37(b)所示的滤波器有时称为相参积累滤波器，因为通过该滤波器后，它将 N 个相参脉冲积累，使信号噪声比提高到 N 倍(对白噪声而言)。

如果要同时得到 N 个滤波器的响应，则图 8.37(a)中横向滤波器的每一个抽头应该有

N 个分开的输出并有相应的加权,其加权值由式(8.6.4)中令 $k=0\sim N-1$ 分别得到。

产生 N 个滤波器组可以用上述横向滤波器 N 组抽头分别加权的办法,这时需完成 $(N-1)^2$ 次乘法运算。但由式(8.6.4)也可看出,第 k 个滤波器完成的运算是

$$\sum_{i=1}^{N} s[(i-1)T]e^{-j2\pi(i-1)k/N} = s\left(\frac{k}{NT}\right) \qquad (8.6.8)$$

式中,$s[(i-1)/T]$ 为横向滤波器从输入开始各点的信号值。式(8.6.8)就是进行离散傅里叶变换的表达式,因此当 N 是 2 的乘方(例如 $N=2,4,8,16,\cdots$)时,可以用快速傅里叶变换(FFT)的算法来完成式(8.6.8),即用 FFT 实现 N 个滤波器组。FFT 算法差不多只要做 $(N/2)\text{lb}N$ 个乘法运算,就可以明显地节省处理所需的运算量。

用横向滤波器来实现窄带滤波器组时可以不采用式(8.6.4)所示的权值,而是根据特定的需要灵活地选用不同的加权矢量,这样设计者就能根据要求在不同频率处设置特性相异的滤波器。单个滤波器的设计对低副瓣要求和主瓣展宽之间要折中考虑,通常在零多普勒频移(即地杂波)所在处对低副瓣有更高要求。滤波器数目的选择则还要综合考虑硬件复杂度和滤波器间允许的跨接损失两个因素。

2. 窄带滤波器组信号处理的优点

在采用均匀排列的滤波器组时,每个窄带滤波器只占延迟线对消器通频带的约 $1/N$ 宽度,因而其输出端的信噪比有相应的提高。对于白噪声(含由于系统不稳而产生的噪声),采用窄带滤波器组后信噪比应提高近 N 倍。对于有色杂波来讲,各个滤波器输出端的改善因子均有提高(与延迟对消器比较),但提高的程度是不相同的:越靠近杂波中心的滤波器,其改善程度越差;杂波谱越宽,各滤波器的改善程度越差。采用窄带滤波器组之所以能较 MTI 对消器提高改善因子,是因为它把频带细分后,各滤波器的杂波输出功率只有各自通带范围内的杂波谱部分,而不是整个多普勒频带内的杂波功率。但要注意到,杂波不仅由各滤波器的主瓣进入,而且未加权的滤波器由于其副瓣值较高(-13.2 dB),副瓣的频率位置又处于强杂波处,因此由副瓣进入的杂波将明显降低其改善因子。解决的办法有两种:一种是在窄带滤波器组前面先采用对消器(一次或二次)将杂波的主要部分滤去,这样后接的滤波器组中通过副瓣进入的杂波将明显减少,各滤波器的改善因子会得到提高。这种方法实际上常用,因为滤去强杂波后,滤波器组的动态范围可明显减小,利于技术实现。第二种办法是采用加权法降低各个滤波器的副瓣,此举同样可以提高改善因子,所付代价是滤波器的主瓣有所加宽。

窄带滤波器组对运动杂波的抑制效果较好。来自鸟群或气象的运动杂波,其多普勒频移不是 0,普通对消器无法抑制它。如果不止一个运动杂波同时出现,则采用自适应滤波抑制也很困难。但这种运动杂波可能出现在窄带滤波器组中的某一滤波器内,而每个滤波器的检测门限可以根据该滤波器内所含噪声和杂波的强弱而选定,杂波强时门限值选得高,这样就可以将运动杂波的影响排除,使之不影响出现于其他滤波器内的信号。

8.6.3 动目标检测(MTD)处理器举例

1. 组成及原理

下面的例子是 20 世纪 70 年代中期由美国麻省理工学院林肯实验室(MIT Lincoln Laboratory)为机场监视雷达研制的动目标雷达信号处理器,称为动目标检测。

该处理器的简单方框图如图 8.38 所示,它采用了几种技术来提高杂波下检测运动目标

的能力，处理器全部采用数字技术实现。由方框图可以看出，MTD 处理器采用三脉冲对消器(二次对消器)后接八脉冲多普勒滤波器组。该滤波器组用频率域加权来降低滤波器的副瓣电平，用组参差的重复频率来消除盲速的影响，用自适应门限以及杂波图来检测零多普勒频移的切向飞行目标。在机场监视雷达上测得 MTD 信号处理机的改善因子大约为 45 dB，它比一般监视雷达上所用的限幅中放加三脉冲对消器(二次对消器)的改善因子提高约 20 dB，且 MTD 信号处理机前面要采用大动态范围的接收机，以避免由于限幅而引起改善因子的下降。接收机获得线性大动态范围的办法是由杂波图存储提供增益控制电压。

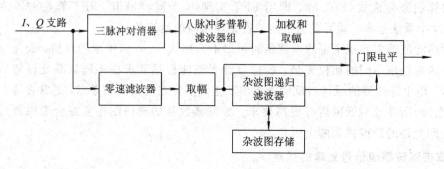

图 8.38　MTD 信号处理器的简单方框图

　　线性中放的输出送到正交的 I 和 Q 支路相位检波器，相位检波器输出的模拟信号用 A/D 变换器转换为 10 位二进制数字信号。当天线扫描约 1/2 波瓣宽度时，雷达发射相等的重复频率的 10 个脉冲。接收状态时，就称为一个相参处理间隔(CPI)，这 10 个脉冲由延迟线对消器和多普勒滤波器组进行处理，形成 8 个滤波器输出。天线扫过另外半个波瓣宽度时，用另一种重复频率发射 10 个脉冲。这样交替发射不相同的重复频率的脉冲组，可以保证脉冲组内的脉冲进行相参积累(窄带滤波器组)，组间重复频率的变化可以消除盲速的影响，同时可以将隐藏在气象杂波内的运动目标检测出来。组间进行脉冲参差还可以消除杂波二次回波的影响。

2. 多普勒滤波器组

　　采用多普勒滤波器组的依据及原理已在 8.6.2 节讨论。由于地面雷达站的重复频率都不高(一般在 1 kHz 左右)，因此窄带滤波器的数目只要几个或十几个即可。例子中采用 8 个相邻的窄带滤波器，在滤波器组前面接一个二次对消器，即可滤去最强的地杂波，这样就可以减小窄带滤波器组所需的动态范围，降低对滤波器副瓣的要求。多普勒滤波器组的实现方法已在 8.6.2 节中讨论，它可以用多路横向滤波器的办法或对每个距离单元的一组脉冲进行傅里叶变换来得到等效滤波器组，如果采用快速傅里叶变换的算法，可明显地减小运算量。

3. 运动杂波中目标的检测

　　采用两种重复频率时，检测运动杂波(如云、雨回波)中目标的好处如图 8.39 所示。图中两种重复频率的变化约为 20%，一种典型的雨杂波频谱如图(c)所示，该杂波的平均速度不为 0，运动飞机的窄频带谱如图(a)、(b)所示。由于频谱的折叠效应，在重复频率 1 时，飞机看起来占有滤波器 6' 和 7' 的位置，而在重复频率 2 时，飞机频谱位于 7' 和 8' 滤波器内。可见，在重复频率 2 时，目标和雨杂波处于同一滤波器中，因而必须和杂波回波相竞争才能被检测到。但在重复频率 1 时，在一个滤波器(滤波器 6')中只有飞机回波而无雨杂波，目标容易被检测到。因此用了两种重复频率，每种占半个波瓣宽度并发射 10 个脉冲，飞机目标通常至少在一个滤波器中自由地出现（没有杂波伴随），除非目标的径向速度和杂波完全相同。发射 10 个脉冲是因为两次对消时头两个脉冲不能用，真正有效的是后面 8 个脉冲，经处理后等效为 8 个窄带滤波器。

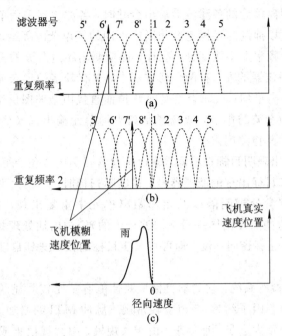

图 8.39　采用两种重复频率和滤波器组检测雨中的飞机

4. 零径向速度目标的检测

为了检测杂波背景下切向飞行的目标（目标的多普勒频移为 0，因而在通常的对消器中和地杂波一起被滤波器抑制而不能被检测），在动目标检测系统中用杂波图作为门限来检测零多普勒频率的切向飞行目标。如图 8.35(a)所示，每一空间单元杂波图存储的数据（相当于该单元杂波的平均值估值）用来作为该空间单元上所收到回波中零多普勒滤波器输出的检测门限，当输出超过门限时可认为有切向飞行目标存在。在零多普勒滤波器中，杂波和目标信号同时存在，只有当目标回波大于杂波时才可能被检测到。关于形成杂波图的原理，已在 8.6.1 节中讨论过，在这里所用杂波图存储的递归滤波器的 $K_1 = 7/8$，即每次天线扫描，零多普勒滤波器输出的 1/8 叠加到杂波图原存储值的 7/8 上而形成新的杂波图存储值。建立稳定的杂波图存储值大约需 10～20 个天线扫描周期，当该空间单元的杂波存储值变化时，杂波图也会相应改变。

用杂波图输出作为检测门限，相当于时间单元平均恒虚警电路，详细讨论可参看本章参考文献[12]中信号检测的有关内容。

5. 自适应门限

一般地面监视雷达主要是在强杂波背景下检测到目标并读出其距离，通常并不需要检测目标的速度数据。因此窄带多普勒滤波器的输出取幅后，可将同一距离单元的窄带滤波器输出加以适当合并，但直接相加是不行的。例如，当某频道有气象杂波时，该滤波器会有大的杂波输出，从而会掩盖同一距离单元其他滤波器输出的目标回波。为此，在合并滤波器输出前，应对每个滤波器单独做恒虚警率处理，即取一个自适应的门限值，保持输出的虚警率不超过给定值，这样就可以把这类杂波的输出降低到接近噪声的水平。每一个非零速滤波器的自适应门限是由同一滤波器的左右相邻 16 个距离单元输出求和取平均得到的，这相当于该滤波器杂波(气象等运动杂波)的统计平均值(这就是简单的邻近单元平均恒虚警电路)。

综上所述，同一距离单元的各滤波器输出合并时，各滤波器采用单独的自适应门限处理(即恒虚警率处理)，可以抑制与目标速度相同或不同的气象杂波等运动杂波。只有当目标速度和杂波速度相同时，频率上不能区分，这时只能检测出超过杂波的强目标回波。

在靠近零多普勒滤波器的左、右两个滤波器中，也有较多的地杂波通过。由于地杂波沿距离起伏很大，不用距离平均单元求其统计平均值而直接由杂波图供给，因此相邻零多普勒滤波器的门限应考虑地杂波的影响，或选择距离平均单元输出以及经过加权的杂波图输出两者之间的较大者作为其检测门限。

MTD 处理器的输出表明目标被检测，输出中包含目标的方位、距离，目标回波的振幅，雷达工作的重复频率和目标出现的滤波器号。在实际扫描时，一架大飞机的回波可以在多个多普勒滤波器、几个相参处理间隔以及相邻距离单元中重复出现，后面的数据处理器将 MTD 输出的所有点(这些点是由同一目标回波产生的)经过内插处理找出最佳的方位、距离以及目标的振幅，有时还有径向速度，即可将真实目标的数据送到自动跟踪电路用于进一步处理。

MTD 是一种相参检测系统，它的动目标检测性能有了比较明显的提高。最初用在 S 波段机场监视雷达时其改善因子约为 45 dB，较常规三脉冲 MTI 约增加 20 dB，证明是在杂波背景中检测飞机的一个重大进步。近年来，由于大规模、超大规模集成电路和微处理器的迅速发展，以及它们在信号处理方面得到了广泛应用，动目标检测系统的设备已不是太复杂了，它的应用会越来越广泛。改进的 MTD 系统其滤波器经常推广使用横向滤波器，而不用FFT，在滤波器设计上更灵活，减少了滤波器副瓣，其在杂波中检测动目标的能力有所提高，再加上精细的后处理系统，使其性能(分辨力、精度)得到了进一步改善。

8.7 自适应动目标显示系统

前面讨论的动目标显示对消滤波器主要针对地面雷达抑制地杂波。大多数情况下，地杂波的平均速度为 0，滤波器的凹口位置在零频率处。对于运动杂波来讲，杂波谱的中心会偏离零多普勒频率，如果不采取措施，就无法很好地消去这类杂波。运动杂波出现的机会甚多，例如地面雷达碰到的气象、箔条等杂波，以及运动平台上雷达站(如机载和舰载雷达)收到的地面杂波、海浪杂波都是运动杂波。

运动杂波的多普勒频移 f_{dc} 未知时，必须采用自适应的方法保证杂波落入 MTI 滤波器的凹口，以获得满意的杂波抑制。自适应的方法通常有两种：一种是移动 MTI 滤波器的凹口，使之对准杂波的平均多普勒频移 f_{dc}；另一种是 MTI 滤波器的特性不变，而将运动杂波的频谱搬移到固定杂波谱的位置上，从原理上讲，就是将相参振荡器的频率补偿一个运动杂波的平均多普勒频移 f_{dc} 来实现上述频谱搬移。

随着数字信号处理能力的迅速提高，人们可以研制出更为复杂和精巧的信号处理机来获得接近理论上"最佳"的处理效果并提高杂波背景下检测信号的能力。由于实际杂波的回波特性随着环境有很大变化(功率电平、谱形状、谱宽度、多普勒频移等)，因此要实现杂波背景下的最佳滤波器，必须采用自适应方法，实时估计出杂波的统计特性，然后据此估计值调整滤波器参数，以实现相应的最佳滤波。

8.7.1　自适应速度补偿

补偿杂波的平均多普勒频移可以采用移动 MTI 滤波器凹口或者补偿相参振荡器频率（相位）两种办法。

最早使用的系统采用改变相参振荡器频率的办法，其电路称为风速补偿电路。频率的改变值依据平均风速所产生的多普勒频移而定，可以采用多次混频滤波和压控振荡器（VCO）组成的模拟电路来获得所需的补偿相参电压。只有在全距离量程上杂波的多普勒频移相同时这种补偿方法才可能有效，因此实际使用中效果不佳。因为一个地区的风速场通常是不均匀的，且风速随高度而变化，对单个的云雨和箔条杂波源来说，就要求补偿的多普勒频移（或相移）可以随着距离而改变，因此只有采用数字处理技术才能实现上述要求。

速度（频率）补偿的原理可描述如下：加到正交双通道相位检波器的中频杂波电压为 $s_c(t)$，经正交检波后输出的零中频杂波复电压 $S_c = I_c + jQ_c$，等于中频杂波电压 $s_c(t)$ 与相参电压 $e^{-j\omega_i t}$ 相乘后滤去高频分量，可得

$$s_c(t) = a(t)\cos(\omega_i t + \varphi(t) + \varphi_0) \tag{8.7.1}$$

式中，$a(t)$ 为杂波振幅；$\varphi(t) = \omega_{dc} t$ 为运动杂波多普勒频移；$t = t_r + nT_r$，$n = 0, 1, 2, \cdots,$ $N-1$。相邻重复周期杂波回波之间的相位差 $\varphi(t) = \omega_{dc} T_r$。

如果将相参振荡电压的频率由 ω_i 变化到 $\omega_i + \omega_{dc}$，则正交双通道输出为 $s_c(t) \times$ $e^{-j(\omega_i + \omega_{dc})t}$。滤去高频分量后即可获得频移后的零中频输出为

$$\begin{cases} I_c = \dfrac{a(t)}{2}\cos\varphi_0 \\ Q_c = \dfrac{a(t)}{2}\sin\varphi_0 \end{cases}$$

这个杂波分量可以用普通 MTI 滤波器抑制。

脉冲雷达工作时，杂波也是按重复周期 T_r 在有限时间内出现的，故只需在杂波出现时间内将相参振荡器输出电压附加所需的移相量即可消去杂波回波中由于多普勒所产生的附加相移。这种附加移相的特点是每隔一个重复周期增加量为 $\omega_{dc} T_r$，而以进入 MTI 处理的第一个脉冲为基准，因此移相补偿适于组处理。数字移相器的移相量可以在不同距离上根据需要而改变，故数字移相补偿适用于全距离量程上有多个不同多普勒频移杂波源的情况。

运动杂波的相移补偿也可以在输入杂波数据上完成。当估计出杂波移相量 $\omega_{dc} T_r$ 后，对正交相位检波器输出进行相应的补偿。如果相参振荡器的频率和相位不变化，则相位检波器输出端的杂波复电压为

$$S_c = I_c + jQ_c = \frac{1}{2}a(t)[\cos(\omega_{dc} t + \varphi_0) + j\sin(\omega_{dc} t + \varphi_0)]$$

$$= \frac{1}{2}a(t)e^{j(\omega_{dc} t + \varphi_0)}, \quad t = t_r + nT_r \tag{8.7.2}$$

要对上述 S_c 进行补偿，只需对此杂波数据进行如下复数乘法校正：

$$S_c e^{-j\omega_{dc} t} = \frac{1}{2}a(t)e^{j\varphi_0} = \frac{1}{2}a(t)[\cos\varphi_0 + j\sin\varphi_0], \quad t = t_r + nT_r \tag{8.7.3}$$

即可得到经相移补偿后频谱移动的杂波，这时可以连接通常的 MTI 滤波器滤除杂波。

自适应的关键是实时地估计出杂波的多普勒频移 f_{dc} 或相移 $\omega_{dc} T_r$。下面以高斯杂波谱

$C(f)$为例进行讨论(高斯谱与大多数分布杂波的谱其形状很接近)。高斯杂波谱为

$$C(f) = P_c \frac{1}{\sqrt{2\pi}\sigma_f} \exp\left[-\frac{(f-f_{dc})^2}{2\sigma_f^2}\right] \tag{8.7.4}$$

式中，P_c 为杂波功率；σ_f 为杂波谱宽的标准偏差；f_{dc} 为杂波的多普勒频移。

杂波谱和杂波的自相关函数 $r_c(\tau)$ 是一对傅里叶变换，由此可获得杂波的自相关函数 $r_c(\tau)$ 为

$$r_c(\tau) = P_c \exp[-2(\pi\sigma_f\tau)^2]\exp[j2\pi f_{dc}\tau] \tag{8.7.5}$$

两个杂波回波在相邻重复周期 T_r 的复相关系数 $\rho(T_r)$ 可以写成

$$\rho(T_r) = \exp[-2(\pi\sigma_f T_r)^2]\exp[j2\pi f_{dc}T_r]$$
$$= |\rho(T_r)|\exp(j2\pi f_{dc}T_r) \tag{8.7.6}$$

式中，$\exp(j2\pi f_{dc}T_r)$ 为杂波多普勒频移引起的相移。在复相关系数 $\rho(T_r)$ 中包含了脉冲间相移 $\omega_{dc}T_r(=2\pi f_{dc}T_r)$ 的信息，复相关系数可在一次对消器相邻周期的杂波回波中获得，$\rho(T_r)$ 所需的统计平均则由同一杂波区内对多个距离单元内的数据求平均后得到：

$$\rho(T_r) = E\left\{\frac{|S_c^* S_c(T_r)|}{|S_c|^2}\right\} \tag{8.7.7}$$

式中，E 表示统计平均得到的期望值；$S_c(T_r)$ 为 S_c 相邻一个重复周期的杂波数据。可从 $\rho(T_r)$ 中提取相位量 $\exp(j2\pi f_{dc}T_r)$ 作为自适应补偿的权值。

图 8.40 所示为采用数据补偿的自适应 MTI 框图。如图所示，杂波的多普勒相移由相邻重复周期的杂波取样值获得：

$$\exp(j\omega_{dc}T_r) = \cos\omega_d T_r + j\sin\omega_d T_r = \cos\varphi + j\sin\varphi$$

在杂波区多个距离单元内求平均即可获得其期望值。由平均后的 $\cos\varphi$ 及 $\sin\varphi$ 两项可求出相移量 $\varphi = \omega_{dc}T_r$。φ 送入累加器，每隔周期 T_r 累加一次，依次获得累加后的相移量 $\theta = n\varphi$，$n = 1, 2, \cdots$。

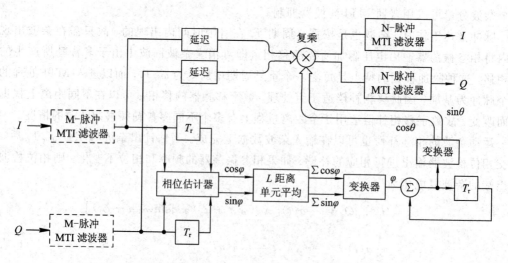

图 8.40　采用数据补偿的开环自适应 MTI(应对固定和运动杂波)

送至杂波数据复乘校正的移相量为 $e^{-j\omega_{dc}t}$(见式(8.7.3))，其中 $t = t_r - nT_r$，不失一般性，可令 $t_r = 0$，即校正相移量为 $e^{-j\omega_{dc}nT_r}$，$n = 1, 2, \cdots$。数据补偿在直角坐标系中进行，因为

$$S_c e^{-j\omega_{dc}nT_r} = (I_c + jQ_c)[\cos\omega_{dc}nT_r - j\sin\omega_{dc}nT_r]$$
$$= (I_c\cos\omega_{dc}nT_r + Q_c\sin\omega_{dc}nT_r) + j[Q_c\cos\omega_{dc}nT_r - I\sin\omega_{dc}nT_r] \tag{8.7.8}$$

所需的校正权值分别为 $\cos\omega_{dc}nT_r=\cos\theta$ 以及 $\sin\omega_{dc}nT_r=\sin\theta$。

补偿后的杂波数据相当于将运动杂波谱中心移到零频处，故后面可接正常的正交双通道 MTI 滤波器。滤波器的阶数由杂波谱宽度及所需改善因子指标决定。

因为杂波多普勒相移的估值及相应运算均需要时间，所以被补偿校正的杂波回波数据必须有一个对应的延迟，以便用估值出来的移相值对它们进行复乘运算。

图 8.40 中虚线所示的 MTI 滤波器是针对多普勒频移为 0 的地杂波而设置的。整个系统可以对付同一雷达分辨单元中有双杂波（地杂波和运动杂波）的情况。

速度补偿的另一类办法是移动 MTI 滤波器的凹口，使凹口对准运动杂波的多普勒频移 f_{dc}。此时杂波滤波器的传输函数为

$$H(z) = 1 - e^{j\theta}z^{-1} \quad （一次对消）$$

式中，$\theta = \omega_{dc}T_r$。

这是一个抑制运动杂波的复数滤波器，有关结构和分析详见 8.4.2 节及图 8.26。复数滤波器所需的权值分别为 $\cos\omega_{dc}T_r$ 和 $\sin\omega_{dc}T_r$，也需用上面讨论过的自适应方法对运动杂波进行相移估计后才能得出。当距离全程上有多个不同速度的杂波时，可以分别估计其移相值并实时馈予滤波器作为权值，保证滤波器在不同距离段有相异的凹口位置。当需要高阶滤波器来抑制频谱较宽的运动杂波时，其复数滤波器的传输函数 $H(z)$ 为

$$H(z) = (1 - e^{j\omega_{dc}T_r}z^{-1})^n \tag{8.7.9}$$

根据阶数 n 值的不同，将需要进行 $e^{j\omega_{dc}T_r}, \cdots, e^{jn\omega_{dc}T_r}$ 的复加权运算，其滤波器结构与图 8.26 所示的复数滤波器类同，但更为复杂。

8.7.2　自适应最佳滤波

MTI 滤波器采用的权值不同，对杂波的抑制效果也不相同。理论上，最优 MTI 滤波器的权值应该根据所采用的最优准则及杂波特性来确定。但实际中，为了简便，对固定的地杂波回波，权矢量一般采用固定值，这时对应的 MTI 滤波器频率特性在零频附近有固定的杂波抑制凹口（零陷）。而对于处于运动状态的杂波（如气象、海浪等杂波），由于其运动状态的时变特性，MTI 滤波器的特性应跟随杂波特性而进行实时调整，以使滤波器抑制凹口自动处于杂波谱的中心频率附近，并且为了最大限度地消除杂波，杂波滤波器的凹口宽度还应与杂波谱宽度相适应。这种情况下的滤波器权矢量不再是固定不变的常量，而应该是一个跟随杂波特性不断调整的时变权矢量，因此对运动杂波的动目标显示技术通常又称为自适应 MTI 技术。下面对基于平均改善因子最大准则的数字式自适应 MTI 的实现原理进行深入分析。

1. 基本原理

根据 FIR 滤波器的特性，MTI 滤波器的频率特性完全由其加权矢量 W 确定，因此 W 的求解是实现自适应 MTI 处理的关键。一般来说，若采用的优化准则不同，相应的自适应 MTI 滤波器的最佳权矢量也不相同。实际中常采用改善因子这一技术指标来衡量 MTI 系统的性能优劣。改善因子越大，MTI 系统对杂波的抑制效果就越好。一种常用的准则是使杂波滤波器的平均改善因子最大。该准则假定有用动目标信号的多普勒频移事先未知，但其多普勒频移的概率分布已知，且均匀分布于 $[-f_r/2, f_r/2]$ 上。理论分析证明，要使 MTI 滤波器的平均改善因子达到最大，MTI 滤波器的最佳权矢量应取为输入杂波的协方差矩阵的最小特征值 λ_{min} 所对应的特征向量，此时杂波滤波器的平均改善因子为

$$I_{\max} = \frac{1}{\lambda_{\min}} \tag{8.7.10}$$

　　自适应 MTI 滤波处理可以采用多种方法实现，既可以利用杂波的多普勒信息对回波数据进行自适应速度补偿，使杂波谱中心移至零频，然后用常规固定权值 MTI 对消器的方法实现，也可以采用实时修正权系数，使滤波器凹口位置自适应调整到杂波谱中心位置的方法来实现。前一种方法已在 8.7.1 节进行了叙述，以下仅讨论后一种实现方法。

　　由于基于平均改善因子最大的 MTI 滤波器的最佳权矢量涉及杂波协方差矩阵的特征问题求解，因此要确定最佳权矢量，首先需要知道输入杂波的协方差矩阵，该矩阵一般只能利用杂波回波数据通过统计估计方法近似得到。而对于协方差矩阵的特征问题求解，当矩阵的阶数较高时，其运算量非常大，难以满足实时处理的要求。但若输入的杂波功率谱密度函数为特殊的高斯型密度谱（工程上大多数情况下可以这样近似），则杂波过程的相关函数具有明确的解析形式。最佳权矢量可以利用这一解析形式离线预先求解，不需要实时求解，从而大大减小了自适应 MTI 实现的复杂度，这一点将在稍后讨论。

　　设 MTI 滤波器的输入信号如前所示，通常情况下，目标回波信号 $s(t)$ 为一窄带信号。假设 $c(t)$ 是一具有高斯型功率谱密度的运动杂波回波，其归一化功率谱密度函数具有如下形式：

$$S(f) = \frac{1}{\sqrt{2\pi\sigma_c^2}}\exp\left\{-\frac{(f-f_c)^2}{2\sigma_c^2}\right\}$$

式中，f_c 为杂波谱的中心频率，σ_c 为该杂波的均方谱宽（即标准偏差）。工程上通常使用半功率（3 dB）带宽，σ_c 与 3 dB 带宽 f_{3dB}（单边）的关系为 $f_{3dB} = \sqrt{2\ln 2}\sigma_c \approx 1.177\sigma_c$。

　　由杂波功率谱的表达式可以看出，高斯型杂波功率谱特性仅由其谱宽 σ_c 和谱中心频率 f_c 唯一确定，因而，对确定的 σ_c 和 f_c，基于最大平均改善因子的 MTI 滤波器的最佳权矢量也就唯一地确定了。所以，对于高斯型杂波谱情况，最佳权矢量 $\boldsymbol{W}$ 是 σ_c 和 f_c 的二元复函数矢量，记为 $\boldsymbol{W}(\sigma_c, f_c)$。

　　因为杂波归一化功率谱密度函数 $S(f)$ 与杂波过程的归一化自相关函数 $r(\tau)$ 为一对傅里叶变换对，所以由杂波功率谱容易得到杂波的归一化自相关函数：

$$r(\tau) = \mathscr{F}^{-1}[S(f)] = \exp(-2\pi^2\sigma_c^2\tau^2 + j2\pi f_c\tau)$$

对脉冲重复周期为 T_r 的脉冲雷达，令 $\tau = kT_r$，$k = 0, \pm 1, \pm 2, \cdots$，则有 $r(\tau)$ 的离散形式为

$$r(k) = \exp(-2\pi^2\sigma^2 k^2 + j2\pi f_0 k) \tag{8.7.11}$$

式中，$\sigma = \sigma_c T_r = \sigma_c/f_r$，$f_0 = f_c T_r = f_c/f_r$ 分别为杂波的归一化功率谱宽和归一化谱中心。

　　当输入杂波 $c(t)$ 为零均值的平稳随机过程时，其协方差函数与其自相关函数具有相同的形式，故杂波的标准（归一化）协方差矩阵为

$$\boldsymbol{R} = \begin{bmatrix} 1 & r(1) & \cdots & r(N) \\ r(-1) & 1 & \cdots & r(N-1) \\ \vdots & \vdots & & \vdots \\ r(-N) & r(1-N) & \cdots & 1 \end{bmatrix}$$

　　上式表明，如果已知杂波功率谱的谱中心及谱宽，就可以利用归一化自相关函数（式（8.7.11））构造出杂波标准协方差矩阵 $\boldsymbol{R}$，对 $\boldsymbol{R}$ 进行特征值求解即可得到杂波抑制滤波器的最佳权矢量。

　　然而，正如前面所提到的那样，当矩阵阶数较大时，求解特征值的运算量较大，难以满足实时性要求。为此，在高斯型杂波谱特性的假设条件下，可以先设计一个中心频率位于零频、凹口宽度与谱宽 σ_c 相适应的静态最佳滤波器，然后将该滤波器经过适当的变换以获得中心频率在 f_c、凹口宽度与谱宽 σ_c 相适应的动态最佳滤波器。为实现这一目的，令式(8.7.11)中的 $f_0 = 0$，则杂波相关函数序列成为如下的实序列：

$$r(k) = \exp(-2\pi^2\sigma^2 k^2)$$

将代表杂波谱宽的参量记为 $\xi = \exp(-2\pi^2\sigma^2)$，则 $r(k) = \xi^{k^2}$，此时杂波的标准协方差矩阵具有如下确定形式：

$$\boldsymbol{R} = \begin{bmatrix} 1 & \xi & \cdots & \xi^{N^2} \\ \xi & 1 & \cdots & \xi^{(N-1)^2} \\ \vdots & \vdots & & \vdots \\ \xi^{N^2} & \xi^{(N-1)^2} & \cdots & 1 \end{bmatrix} \tag{8.7.12}$$

　　因为式(8.7.12)中的 $\boldsymbol{R}$ 为一实对称矩阵，所以 $\boldsymbol{R}$ 的特征值和特征向量均为实量，从而当 $f_c = 0$ 时静态滤波器最佳权矢量为一实值矢量，记为 $\boldsymbol{W}(\sigma_c, 0) = (w_N, \cdots, w_1, w_0)^{\mathrm{T}}$。$\boldsymbol{W}(\sigma_c, 0)$ 可以通过对 $\boldsymbol{R}$ 矩阵的特征值及特征向量求解得到，其求解过程如下所述。令

$$|\boldsymbol{R} - \lambda\boldsymbol{I}| = 0$$

可以解得 $\boldsymbol{R}$ 的 $N+1$ 个特征值 $\lambda_0, \lambda_1, \cdots, \lambda_N$，取其中的最小值 $\lambda_{\min} = \min(\lambda_0, \lambda_1, \cdots, \lambda_N)$ 构造线性方程组：

$$(\boldsymbol{R} - \lambda_{\min}\boldsymbol{I})\boldsymbol{W} = 0$$

求解该方程组即可得到 $f_c = 0$ 时的静态最佳权矢量 $\boldsymbol{W}(\sigma_c, 0)$。式中，$\boldsymbol{I}$ 为 $N+1$ 阶单位矩阵。

　　$\boldsymbol{W}(\sigma_c, 0)$ 对于谱宽为 σ_c、谱中心位于零频的高斯型杂波是最佳的。而对相同谱宽、谱中心 $f_c \neq 0$ 的运动杂波，其最佳权矢量 $\boldsymbol{W}(\sigma_c, f_c)$ 可以通过对矢量 $\boldsymbol{W}(\sigma_c, 0)$ 进行如下的酉变换得到：

$$\boldsymbol{W}(\sigma_c, f_c) = \boldsymbol{U} \cdot \boldsymbol{W}(\sigma_c, 0) = \left[w_N(\mathrm{e}^{\mathrm{j}2\pi f_0})^N, \cdots, w_2(\mathrm{e}^{\mathrm{j}2\pi f_0})^2, w_1\mathrm{e}^{\mathrm{j}2\pi f_0}, w_0\right]^{\mathrm{T}}$$

$$\tag{8.7.13a}$$

式中：

$$\boldsymbol{U} = \mathrm{diag}((\mathrm{e}^{\mathrm{j}2\pi f_0})^N, \cdots, (\mathrm{e}^{\mathrm{j}2\pi f_0})^2, \mathrm{e}^{\mathrm{j}2\pi f_0}, 1) \tag{8.7.13b}$$

为酉矩阵，其作用相当于对 FIR 滤波器频率特性进行频移，即将滤波器的抑制凹口由归一化频率 $f = 0$ 平移到 $f = f_0 = f_c/f_r$ 处，其原理说明如下：

　　设当取 $\boldsymbol{W}(\sigma_c, 0)$ 权矢量时 FIR 滤波器 z 域系统函数为

$$H_0(z) = w_0 + w_1 z^{-1} + \cdots + w_N z^{-N}$$

令 $z = \mathrm{e}^{\mathrm{j}2\pi f}$，可以得到其频率响应为

$$H_0(\mathrm{e}^{\mathrm{j}2\pi f}) = w_0 + w_1\mathrm{e}^{-\mathrm{j}2\pi f} + \cdots + w_N\mathrm{e}^{-\mathrm{j}2\pi fN}$$

由式(8.7.13)知，当取 $\boldsymbol{W}(\sigma_c, f_c)$ 权矢量时 FIR 滤波器 z 域系统函数为

$$H(z) = w_0 + w_1(\mathrm{e}^{-\mathrm{j}2\pi f_0}z)^{-1} + \cdots + w_N(\mathrm{e}^{-\mathrm{j}2\pi f_0}z)^{-N}$$

其频率响应为

$$H(\mathrm{e}^{\mathrm{j}2\pi f}) = w_0 + w_1\mathrm{e}^{-\mathrm{j}2\pi(f-f_0)} + \cdots + w_N(\mathrm{e}^{-\mathrm{j}2\pi(f-f_0)})^N = H_0\left[\mathrm{e}^{\mathrm{j}2\pi(f-f_0)}\right]$$

　　显然，$H(\mathrm{e}^{\mathrm{j}2\pi f})$ 为 $H_0(\mathrm{e}^{\mathrm{j}2\pi f})$ 的频域右移形式，其示意图如图 8.41 所示。

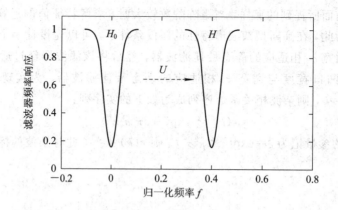

图 8.41　滤波器变换示意图

实时计算权值矢量 $\boldsymbol{W}(\sigma_c, 0)$ 仍然为 $\boldsymbol{R}$ 阵的特征值求解问题，只是由复矩阵简化为实矩阵，依然较为复杂。实际应用时可以采用先预算并存储的次优方法，即根据所要求的精度对谱宽参数 σ_c 在其可能出现的范围内进行量化，对每一个 σ_c 的量化值利用式(8.7.11)在 $f_0 = 0$ 条件下构造 $\boldsymbol{R}$ 阵，对 $\boldsymbol{R}$ 预先进行特征值求解以获得对应的最佳静态权矢量 $\boldsymbol{W}(\sigma_c, 0)$ 并将其存储。实现上，利用杂波回波数据对参数 σ_c 及 f_c 进行实时估计，根据 σ_c 估计值查表求出其对应的静态权矢量 $\boldsymbol{W}(\sigma_c, 0)$，根据 f_c 估计值对 $\boldsymbol{W}(\sigma_c, 0)$ 再进行相应的运算即可得到杂波滤波器的动态最佳权矢量 $\boldsymbol{W}(\sigma_c, f_c)$，这一过程的实现如图 8.42 所示。

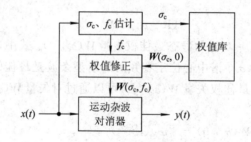

图 8.42　自适应 MTI 原理框图

2. 杂波参数 f_c 和 σ_c 的估计

在式(8.7.11)中，当 $k = 1$ 时的杂波归一化相关函数值为

$$r(1) = \exp(-2\pi^2 \sigma^2) \cdot \exp(j2\pi f_0) \tag{8.7.14}$$

式(8.7.14)表明，$r(1)$ 中已经包含了高斯型杂波的全部特征信息 f_c 和 σ_c。仍记 $\xi = \exp(-2\pi^2 \sigma^2)$，式(8.7.14)可写为

$$r(1) = \xi \exp(j2\pi f_0)$$

显然，复量 $r(1)$ 的模值反映了杂波的谱宽 σ_c，其相位反映的是杂波的中心频率 f_c。所以，实际上只需估计出复量 $r(1)$，由其模值和相角就可知道相应的杂波参数。

1) $r(1)$ 的估计

根据回波模型，仍假设 $c(t)$、$n(t)$ 为零均值平稳过程。当进行参数估计的采样只在杂波区进行时，$s(t) = 0$，此时 $x(t) = c(t) + n(t)$。通常情况下，杂波过程 $c(t)$ 和白噪声过程 $n(t)$ 互不相关，即

$$E[c^*(t)n(t+\tau)] = E[n^*(t)c(t+\tau)] = 0$$
$$E[n^*(t)n(t+\tau)] = 0, \quad \tau \neq 0$$

式中，E 表示求统计均值，符号 $*$ 表示复共轭。因此杂波过程 $c(t)$ 的标准协方差函数为

$$r(\tau) = \frac{E\left[c^*(t)c(t+\tau)\right]}{E\mid c(t)\mid^2} = \frac{E\left[x^*(t)x(t+\tau)\right]}{E\mid x(t)\mid^2 - R_n(0)}$$

式中，$R_n(0) = E\mid n(t)\mid^2$ 为噪声的功率，它可通过在脉冲雷达的休止期对 $x(t)$ 进行采样来估计。当雷达回波的噪声电平比杂波低得多时，该项可以忽略。

对脉冲体制雷达，有

$$r(k) = \frac{E\left[x^*(t)x(t+kT_r)\right]}{E\mid x(t)\mid^2 - R_n(0)}$$

从而得到

$$r(1) = \frac{E\left[x^*(t)x(t+T_r)\right]}{E\mid x(t)\mid^2 - R_n(0)}$$

对一般的遍历平稳随机过程，可由时间平均代替统计平均，因而 $r(1)$ 的估计式为

$$\hat{r}(1) = \frac{\sum_i \{x^*(t+iT_r)x[t+(i+1)T_r]\}}{\sum_i \left[\mid x(t+iT_r)\mid^2 - \mid n(t+iT_r)\mid^2\right]}$$

估计的精度与样本数呈正比，但实际中由于受雷达波束驻留时间及自适应反应时间等因素的制约，样本数不可能取得太大。

　　2）最佳权矢量的确定

　　根据式(8.7.14)有

$$\xi = \mid r(1)\mid \approx \mid \hat{r}(1)\mid \tag{8.7.15}$$

因 σ_c 与 ξ 一一对应，故 ξ 可用于权矢量的查表，不需明确求出 σ_c 值。

　　f_c 的作用体现于式(8.7.13b)中的 U 矩阵。U 矩阵元素由 $(\mathrm{e}^{\mathrm{j}2\pi f_0})^k = (\mathrm{e}^{\mathrm{j}2\pi f_c/f_r})^k$，$k = 0, 1,$ …，N 构成，因此 f_c 值亦不必求出，只需求其基本项 $\mathrm{e}^{\mathrm{j}2\pi f_0}$ 就可以了。由 $r(1)$ 的表达式可知：

$$\mathrm{e}^{\mathrm{j}2\pi f_0} = \frac{r(1)}{\xi} \approx \frac{\hat{r}(1)}{\mid \hat{r}(1)\mid} \tag{8.7.16}$$

由 ξ 估计值查表得到 $W(\sigma_c, 0)$，再由式(8.7.13)、式(8.7.16)计算即可得到最佳权矢量 $W(\sigma_c, f_c)$。

　　3）一个实际的自适应 MTI 系统

　　图 8.43 是应用于某相控阵雷达的自适应杂波抑制滤波器框图。图中，相位检波器输出的正交双路 I、Q 信号经过固定杂波三脉冲对消器先将地杂波滤除，其输出经运动杂波图检

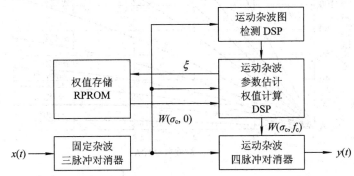

图 8.43　一个实际的自适应 MTI 系统

测 DSP 得到运动杂波出现的范围。由一片 DSP 构成的权矢量估计单元完成如下功能：根据运动杂波图确定的距离区间对杂波特征参数 ξ 及 $e^{j2\pi f_0}$ 进行估计，利用估计参数 ξ 查表得到静态权矢量 $\boldsymbol{W}(\sigma_c, 0)$，再利用估计参数 $e^{j2\pi f_0}$ 修正 $\boldsymbol{W}(\sigma_c, 0)$ 获得动态最佳权矢量 $\boldsymbol{W}(\sigma_c, f_c)$。运动杂波四脉冲对消器利用计算的最佳权矢量对输入回波中的运动杂波进行自适应抑制，其结构与图 8.28 类似。图 8.43 中的固定杂波三脉冲对消器采用固定权矢量 $\boldsymbol{W}=(1, -2, 1)^{\mathrm{T}}$，其频率响应如图 8.44 所示。图 8.45 是当运动杂波的归一化谱宽 $\sigma=1\%$、归一化杂波谱中心 $f_0=0$ 时设计的运动杂波四脉冲对消器的静态频率响应，将其右移 f_0 就得到自适应 MTI 滤波器的频率响应。

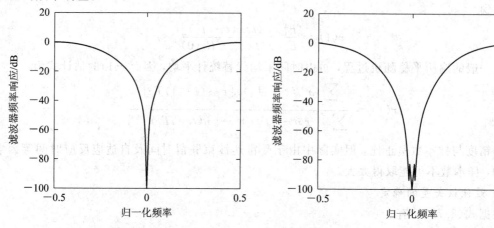

图 8.44　固定杂波三脉冲对消器的频率响应　图 8.45　运动杂波四脉冲对消器的静态频率响应($f_0=0$)

自适应 MTI 系统设计的关键是自适应权矢量估计，实际中有几个重要因素需要考虑。一方面，要考虑所选 MTI 滤波器的阶数 N。理论上，N 越大，所能获得的改善因子就越高。而实际中因为数字系统的改善因子首先受到 A/D 变换器位数的限制，因而过高的滤波器阶数并不能无限增加系统的改善因子，反而会增加系统的复杂性，降低系统的反应速度。另一方面，N 的大小还受波束驻留时间的限制，即不能超过波束驻留时间内的回波脉冲数。理论计算和实际应用表明，当输入杂波的相对带宽大于一定值后，改善因子对阶数的反应不再敏感。图 8.46 给出了改善因子 I 与阶数 N、杂波相对谱宽 σ 的关系曲线。

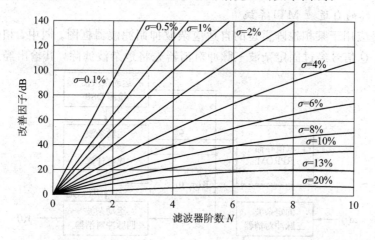

图 8.46　改善因子与 $\sigma(\%)$ 与 N、杂波相对谱宽 σ 的关系

　　自适应 MTI 系统设计中另一个要考虑的因素是杂波估计的采样样本数。由于相控阵雷达波束在一个波位的驻留时间较短，同一杂波可用的回波脉冲数较少，估计时求平均的样本数太少，因此，除对杂波进行多 PRF 周期平均外，还可利用杂波分布范围较广这一特点，对同一周期的连续多个杂波单元求平均，保证一定的估计精度。

　　基于最大平均改善因子的自适应 MTI 处理方法的特点是计算量小，适用于实际应用。由于其实现过程采用了对权矢量的预存及查表处理，因而，严格来说，这种方法属于一种次优的处理方法。试验结果表明，基于最大平均改善因子的自适应 MTI 处理算法对相对谱宽较小的运动杂波具有良好的抑制效果，而对较宽的运动杂波谱或频谱结构较复杂的运动杂波及杂波边缘区域，其抑制效果还不够理想。另外，当目标与运动杂波处于同一距离单元时，还存在有可能错误消除运动目标的问题。

8.8　脉冲多普勒雷达

　　20 世纪 60 年代以来，为了解决机载雷达的下视难题，人们研制了脉冲多普勒(PD)雷达体制。机载雷达下视时将遇到很强的杂波(地面、海面)，在这种杂波背景下检测运动目标主要依靠多普勒频域上的检测能力。MTI 雷达可用的多普勒频域空间受到盲速的限制：工作频率提高，在相同目标速度条件下其多普勒频移 f_d 相应提高，从而使第一盲速下降，而机载雷达受其他条件限制，因而，常采用高工作频率(如 X 波段)，多个盲速点的存在明显减小了可检测目标的多普勒空间；机载雷达还因平台的运动而导致杂波频谱展宽，这将进一步加剧可用于检测目标的多普勒空间减小。可以看出，工作于更高频段的机载雷达，需要用更好的办法来代替 MTI 以获得比较满意的运动目标检测能力。

　　提高雷达的脉冲重复频率(PRF)来避免盲速对检测动目标的影响，这种雷达称为脉冲多普勒雷达。提高 PRF 后雷达在给定的工作条件下没有盲速的影响，但在距离上将会产生多重模糊，所以说 PD 雷达是用距离模糊去换取多普勒空间无模糊的雷达。

　　在某些情况下，雷达以稍低的 PRF 工作，此时在距离和多普勒空间上均有可容忍的模糊，但其总体的工作性能更好。这种雷达称为中等重复频率(PRF)脉冲多普勒雷达。机载(运动平台上)有 3 种利用多普勒频移的脉冲雷达：

　　(1) 没有距离模糊但有多重多普勒模糊的 MTI 雷达(AMTI)。

　　(2) 有多重距离模糊但没有多普勒模糊的高 PRF 脉冲多普勒雷达(PD)。

　　(3) 中等 PRF 脉冲多普勒雷达，在距离和多普勒频域上均有模糊。

8.8.1　脉冲多普勒雷达的特点及其应用

　　脉冲多普勒雷达与动目标显示雷达都是以提取目标多普勒频移信息为基础的脉冲雷达。一般来说，脉冲多普勒雷达有以下特点：

　　(1) 有足够高的脉冲重复频率。脉冲多普勒雷达选用足够高的脉冲重复频率，保证在频域上能区分杂波和运动目标。当需要测定目标速度时，重复频率的选择应能保证测速没有模糊，但这时往往存在距离模糊。

　　为保证单值测速的要求，应满足下列关系式：

$$f_{dmax} \leqslant \frac{1}{2} f_r \tag{8.8.1}$$

式中，f_{dmax} 是目标相对于雷达的最大多普勒频移；f_r 是雷达的脉冲重复频率。

为保证单值测距的要求，应满足：

$$t_{dmax} \leqslant T_r \tag{8.8.2}$$

式中，t_{dmax} 为目标回波相对于发射脉冲的最大延迟；T_r 为雷达脉冲重复周期。

要同时保证单值测速和单值测距，应满足：

$$f_{dmax} t_{dmax} \leqslant \frac{1}{2} f_r T_r = \frac{1}{2} \tag{8.8.3}$$

在绝大多数机载下视雷达中，式(8.8.3)是不能满足的，因而测速和测距总有一维是模糊的。

例如，机载下视雷达，特别是战斗机雷达，考虑到体积和重量的限制，通常都选用较高的频段，如 X 波段。以典型的数据计算，设雷达的波长 $\lambda=3$ cm，目标与雷达的相对速度为 4000 km/h，按式(8.8.1)计算 f_r 应大于 148 kHz，这时不模糊测距范围大约只有 1 km。显然，大于 1 km 的目标，距离测量都是有模糊的。反之，若取较低的脉冲重复频率以保证距离测量没有模糊，则速度测量必然产生模糊。通常把速度无模糊、距离有模糊的高脉冲重复频率(HPRF)的利用多普勒效应的雷达称为脉冲多普勒(PD)雷达，而把距离无模糊、速度有模糊的低脉冲重复频率(LPRF)的利用多普勒效应的雷达称为机载动目标显示雷达(AMTI)。到 20 世纪 70 年代，为了适应战术应用的要求发展起来一种速度和距离都有适度模糊的中等脉冲重复频率的利用多普勒效应的雷达(MPRF)，这种雷达也归属于脉冲多普勒雷达体制。

(2) 能实现对脉冲串频谱中单根谱线的多普勒滤波。当杂波散射体在距离上均匀分布、位置随机且数量足够多时，这类散射体产生的杂波回波具有平稳高斯噪声的特性。杂波和热噪声的区别在于：热噪声具有相当宽的频谱范围，因而在一定频率范围内可认为是白噪声。杂波功率谱是频率的函数，它是一种非白噪声，也称有色噪声。如果杂波的功率谱为 $C(f)$，热噪声为 N_0，信号频谱为 $S(f)$，则根据匹配滤波理论，在有色噪声背景下输出端得到信噪比最大时的匹配滤波器的传输函数应为

$$H(f) = \frac{S^*(f)e^{-j2\pi f t_s}}{C(f)+N_0} \tag{8.8.4}$$

式中，t_s 为滤波器物理上能实现所需的延迟。

可以认为匹配滤波器 $H(f)$ 由两个级联滤波器 $H_1(f)$ 和 $H_2(f)$ 串接，其中：

$$H_1(f) = \frac{1}{C(f)+N_0} \tag{8.8.5}$$

$$H_2(f) = S^*(f)e^{-j2\pi f t_s} \tag{8.8.6}$$

在脉冲多普勒雷达中，运动目标回波为一相参脉冲串，其频谱为具有一定宽度的谱线，谱线的位置相对于发射信号频谱具有相应的多普勒频移，因此与信号匹配的滤波器应是梳状滤波器，其中每一梳齿就是与信号谱线形状相匹配的窄带滤波器。由于目标速度是未知的，因此与未知速度信号匹配的滤波器应是毗邻的梳状滤波器组。在信号处理时可以截取一频段，如 $f_0 - \frac{f_r}{2} \sim f_0 + \frac{f_r}{2}$，在这一频段中，设置与信号谱线相匹配的窄带滤波器组 $H_2'(f)$，这时相参脉冲串的频谱为单根谱线，失掉了距离信息，故在接收机的中频部分截取频段以前要加上距离选通波门(距离门)以便维持测距性能。考虑到距离门的取样性质(时域取样使频域函数周期化)，等效滤波器的特性仍是按取样频率重复的梳状滤波器组。然而这时 $H_2(f)$ 无须设计成周期性的滤波器组，而是单根谱线的滤波器组。由于早期技术实现手段的限制，以上两个滤波器串接的信号处理中，滤波器的特性还很难做到与信号完全匹配，因而其结果

只是朝着最佳处理的方向迈出了可喜的一步。近年来，数字技术和新模拟器件的飞跃发展给技术实现带来了更大的可能性，杂波滤波器后串接窄带滤波器组的信号处理方法将逐步取代只有杂波滤波器的早期动目标显示雷达，从而大大提高了雷达在杂波背景中检测运动目标的能力。

脉冲多普勒雷达具有对目标信号的单根谱线滤波的能力，因而还能提供精确的速度信息，而动目标显示雷达则不具有这种能力。

(3) 采用高稳定度的主振放大式发射机。只有发射相参脉冲串才可能对处于模糊距离的目标进行多普勒信号处理，只有发射相参脉冲串才有可能进行中频信号处理，因此脉冲多普勒雷达通常采用栅控行波管或栅控速调管作为功率放大器的主振式发射机，由它产生相参脉冲串，而不像早期动目标显示雷达那样可以采用磁控管单级振荡式发射机。此外，脉冲多普勒雷达要求发射信号具有很高的稳定性，包括频率稳定和相位稳定。发射系统采用高稳定度的主振源和功率放大式发射机，保证高纯频谱的发射信号，尽可能减少由于发射信号不稳而给系统带来附加噪声和由于谱线展宽而使滤波器频带相应加宽。只有发射信号具有高稳定性，才能保证雷达获得高的改善因子。

(4) 天线波瓣应有极低的副瓣电平。机载 PD 雷达的副瓣杂波占据很宽的多普勒频移范围，再加上多重距离模糊，使杂波重叠，其强度增大，只有极低的副瓣才能改善在副瓣杂波区检测运动目标的能力。

综上所述可以看出，脉冲多普勒雷达的高性能是以高技术要求为前提的，目前关键的技术要求是产生极高频谱纯度的发射信号、极低副瓣的天线、大线性动态范围的接收机及先进的信号处理技术等。

应当注意的是，MTI 雷达和 PD 雷达在发射机类型和信号处理技术上曾经有较大的差异。在 MTI 发展初期，发射机通常采用磁控管，PD 则采用高功率放大器发射机。当前 MTI 和 PD 都采用高功率放大器。信号处理方面，MTI 开始采用模拟延迟线对消器，PD 采用模拟滤波器组。现在两种雷达均采用数字处理，而且 MTD 也采用滤波器组。设备上的差异已不明显，两者的基本差异是所用的 PRF 不同，且 PD 雷达通常接收更多杂波而要求有更大改善因子。脉冲多普勒雷达与动目标显示雷达之间的区别不是绝对的，随着技术的发展，两者的区别将越来越不明显。

脉冲多普勒雷达原则上可用于一切需要在地面杂波背景中检测运动目标的雷达系统。目前典型应用的几个方面有机载预警、机载截击和火控、导弹寻的、地面武器控制和气象等。

8.8.2 机载下视雷达的杂波谱

脉冲多普勒雷达实质上就是根据运动目标回波与杂波背景在频率域中的频谱差别，尽可能地抑制杂波来提取运动目标的信息。从原理上讲，脉冲多普勒雷达相当于一种高精度、高灵敏度和多个距离通道的频谱分析仪，所以研究脉冲多普勒雷达应首先研究信号与杂波频谱的特性。

1. 目标的多普勒频移

设雷达站装在固定的平台上，目标相对于雷达站的径向速度为 v_{T0}，雷达接收信号相对于发射信号的多普勒频移为 $f_d = 2v_{T0}/\lambda$。对于机载雷达，考虑了目标与雷达的相对速度，$f_d = 2(v_{r0} + v_{T0})/\lambda$，式中，$v_{r0}$ 为载机速度在视线方向的投影。图 8.47 示出了多普勒频移与目标相对速度的关系，图中以 λ 为参变量。

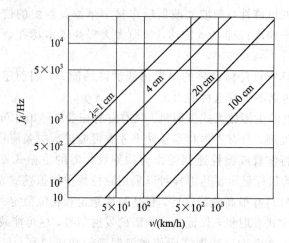

图 8.47　多普勒频移与目标相对速度的关系

2. 机载下视雷达的杂波谱

所谓杂波谱，是指机载雷达下视时，通过雷达天线主波瓣和副瓣进入接收机的地面或海面干扰背景的反射回波的频谱。由于机载雷达装设在运动平台上，即随载机的运动而运动，因此即使固定的反射物，也因反射点相对速度不同而产生不同的多普勒频移。

1）天线主瓣杂波

天线方向图采用针状波束时，主瓣照射点的位置不同，反射点有不同的相对速度，如图 8.48 所示，可求出杂波多普勒频移和主瓣位置的关系。设载机等高匀速直线飞行，速度为 v，α 为波束视线与载机速度矢量之间的方位角，β 为垂直面内的俯角，则反射点的相对速度为

$$v_r = v\cos\alpha\cos\beta \tag{8.8.7}$$

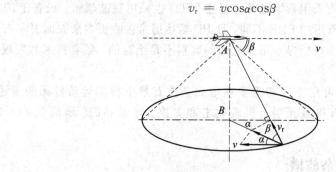

图 8.48　波速照射点和机载雷达的相对径向速度

反射点的多普勒频移为

$$f_{dMB} = \frac{2v_r}{\lambda} = \left(\frac{2v}{\lambda}\right)\cos\alpha\cos\beta \tag{8.8.8}$$

事实上，天线波束总有一定宽度，雷达在同一波瓣中所收到的杂波是由不同反射点反射回来的，而且它们的多普勒频移也不同，也就是说，主瓣杂波谱有一个多普勒频带。

先考虑天线波瓣在水平面内的宽度 θ_α，由 θ_α 引起的主瓣杂波多普勒频带宽度可近似表示为

$$\Delta f_d \approx \left|\frac{\partial f_d}{\partial \alpha}\right|\Delta\alpha = \left|\frac{2v}{\lambda}\cos\beta\sin\alpha\right|\theta_\alpha \tag{8.8.9}$$

式(8.8.9)表明,由 θ_a 引起的主瓣杂波多普勒频带随着天线扫描位置的不同而改变。当天线波束照射正前方,$\alpha \approx 0$ 时,由 θ_a 引起的主杂波频宽趋于 0;而当 $\theta = 90°$ 时,频谱宽度最宽,可用 $|\Delta f_{\rm d}|_{\rm max} = \dfrac{2v}{\lambda} \theta_\alpha$ 来估计最坏情况下的主杂波频谱宽度。频带的包络取决于天线波束的形状,波束中心对应的杂波强度最大。在用高 PRF 工作时,主杂波频带展宽后只占 PRF 的一小部分,故在滤波前不需要特别补偿。

天线在进行方位搜索时主瓣方位波束宽度和仰角波束宽度都会引起杂波谱展宽。仰角波束宽度引起的杂波谱展宽较小(天线方位扫描角越大,其展宽越小),方位波束宽度引起的展宽较大,且随着天线方位扫描角的增大而增大。下面的例子可以更清楚地说明这一点。设方位和仰角波束宽度 $\theta_\alpha = \theta_\beta = 4°$,波长 $\lambda = 3$ cm,飞机水平飞行速度 $v_{\rm r} = 300$ m/s,天线以俯仰角 $\beta = 6°$ 进行方位扫描,则可得到表 8.2 给出的杂波谱宽随方位扫描角变化的情况。

由表 8.2 可看出,方位波束宽度引起的杂波谱展宽比仰角波束宽度引起的杂波谱展宽严重得多,只是在小方位角($\alpha < 6°$)范围内,仰角波束宽度引起的杂波谱展宽才大于方位波束宽度引起的展宽,因此研究波束宽度引起的谱线展宽,往往只考虑方位波束宽度的影响。

当天线在铅垂面内具有宽波束时(如图 8.49 所示),随着电波的传播,地面反射点的位置由近而远改变,从而引起杂波的多普勒频移在重复周期内按一定规律变化。

表 8.2　主杂波多普勒频移和杂波谱线的展宽

方位角 α	主杂波多普勒频移 $f_{\rm d}$/Hz	θ_β 引起的主杂波谱展宽 $\Delta f_{\rm d}$/Hz	θ_α 引起的主杂波谱展宽 $\Delta f_{\rm d}$/Hz
0°	20 000	145	24
6°	19 778	145	145
30°	17 320	121	700
60°	10 000	70	1212
90°	0	0	1400

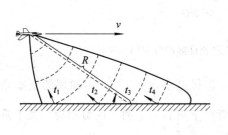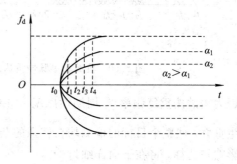

图 8.49　波瓣在铅垂面内较宽时,重复周期内地物干扰回波多普勒频移的变化曲线

当 $t < t_0 = \dfrac{2h}{c}$ 时,最近的地杂波尚未返回。t_0 时刻收到的高度线杂波,其多普勒频移为 0 (设飞机为水平直线飞行)。当 t 增大时,表明是由较远区域回来的地杂波,此时倾斜角 β 较

小，因而其回波的多普勒频移增加，极限值为 $f_{\mathrm{dmax}} = \dfrac{2v}{\lambda}\cos\alpha$。脉冲雷达工作时，在各时刻收到的地杂波是纵深 $c\tau/2$ 范围内各反射单元杂波的合成，因而占有更大的频带。

可以看出，当天线波束照射到正前方时，主瓣杂波谱的展宽主要由不同距离段反射多普勒频移的差别引起。

2）副瓣杂波

由天线副瓣产生的地杂波回波与地杂波性质、天线副瓣的形状及位置均有关系。照射到地面的副瓣可能在任一方向，因而照射点与雷达相对径向速度的最大可能变化范围为 $-v_r \sim +v_r$。由此引起的杂波多普勒频移的范围为 $-\dfrac{2v_r}{\lambda} \sim +\dfrac{2v_r}{\lambda}$。在高 PRF 工作条件下，副瓣杂波为多个模糊距离上副瓣杂波的积累，因而其强度大。要在很宽的副瓣杂波区检测运动目标，要求 PD 雷达有很高的改善因子。当然，天线也应有极低的副瓣电平。

3）高度线杂波

副瓣垂直照射机身下所引起的地杂波反射称为高度线杂波。当飞机水平飞行时，高度线杂波的频偏为零。由于副瓣有一定的宽度，因此高度线杂波也占有相应的频宽。因为距离近，所以高度线杂波虽由副瓣产生，但较一般副瓣杂波的强度大。由发射机泄漏所产生的干扰和高度线杂波具有相同的频谱位置。

运动目标回波的频偏随着目标与雷达间相对径向速度的不同而改变。对于迎面而来的目标，与雷达间的相对径向速度往往大于飞机速度 v，故其回波的多普勒频移较各类杂波为大，从而使其频谱处于非杂波区。有时（如载雷达的飞机和目标处于追击状态）目标回波的多普勒频移较小，而使其回波的频谱落入副瓣杂波区，这时必须使回波具有足够的能量才可能从杂波中检测出来。目标回波的频谱也占有一定宽度，因为通常目标均是复杂反射体，而且当天线扫描时，照射到目标上的时间是有限的。图 8.50 画出了机载相参脉冲雷达的杂波和目标回波的频谱结构。在脉冲工作时，频谱结构按重复频率 f_r 周期性出现，因此只画出了 f_0 附近一个重复频率范围内的情况。

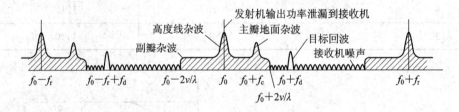

图 8.50 机载相参脉冲雷达的杂波和目标回波的频谱结构

因为频谱按重复频率 f_r 周期性出现，如果 f_r 选得过小，$f_r < \dfrac{2v}{\lambda}$，则相邻的副瓣杂波谱将产生重叠，使整个目标的检测均在较强的杂波背景下进行，不利于区分目标。关于重复频率的影响和选择，将在下面详细讨论。

图 8.51 给出了杂波区、无杂波区目标径向速度与载机地速之比随天线方位角变化的情况。方位角是指目标视线与速度矢量夹角的水平投影。该图以主瓣杂波为基准，即主瓣照射点的相对速度为零。图中，横坐标表示天线扫描方位角，纵坐标表示目标径向速度与载机地速之比，接近速度表示目标向雷达站飞行，离去速度表示目标背离雷达站飞行，φ_T 表示目标

速度矢量与雷达视线之间的夹角。可从图 8.51 中根据天线波束扫描角和目标的相对径向速度确定目标谱线处于副瓣杂波区还是无杂波区。

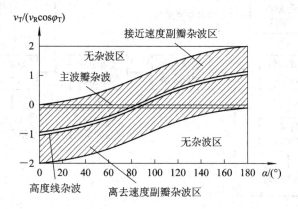

图 8.51　杂波区、无杂波区目标径向速度与载机地速之比随天线方位角变化的情况

8.8.3　典型脉冲多普勒雷达的组成和原理

典型脉冲多普勒雷达的原理框图如图 8.52 所示。图中包括搜索和跟踪两种状态。搜索状态在单边带滤波器以前用距离门放大器将接收机分成 N 个距离通道，每一个距离通道分别处理来自不同距离分辨单元的目标回波信号。距离波门的宽度一般与脉冲宽度相等，因此距离通道的数目应为 $T_{rmin}/\tau = N$。T_{rmin} 为最小重复周期（考虑采用多重复频率判定距离模糊时重复频率的变化），τ 为距离分辨单元对应的时宽（通常是发射脉冲的宽度）。每一距离门放大器依次由毗邻的距离波门分别控制。每一距离通道的信号处理包括单边带滤波器、主杂波抑制滤波器、多普勒滤波器组、检波和检波后积累及转换门限等。搜索状态的系统组成可以不包括图 8.52 中右下方的速度跟踪环、角跟踪环和距离跟踪坏。跟踪状态的系统组成，在圆锥扫描角跟踪情况下对应每一种重复频率只需要一个距离通道，这时距离门放大器的距离波门是距离自动跟踪系统中产生的距离跟踪波门。在单脉冲跟踪时，为了提取角误差信息，需要采用和差通道，因此考虑到多脉冲重复频率和采用单脉冲跟踪时跟踪状态的接收机实际上也是多路的，而跟踪通道的接收机在主杂波抑制滤波器以后只包括速度跟踪环、距离跟踪环和角跟踪环，可以不包括多普勒滤波器组、检波和检波后积累、转换门限等搜索通道中的设备。图 8.52 中为简便起见，将跟踪通道和搜索通道混合画在一起，应注意识别。

各组成部分的作用和特点如下：

（1）收发转换开关。收发转换开关与一般脉冲雷达的作用相同，但在脉冲多普勒雷达中，由于脉冲重复频率很高，要求转换及恢复时间很快，一般放电管已不能满足要求，通常需采用铁氧体环流器之类的快速开关。

（2）天线系统。从机载雷达的杂波干扰频谱可以看出，由于天线副瓣产生的频谱很宽，如果信号处于副瓣杂波区，检测将发生困难，因此 PD 雷达要求天线应有极低的副瓣性能，这一点比较突出，通常采用具有低副瓣的缝隙天线。

（3）发射系统。为了辐射相参脉冲，保证获得良好的频谱，输出足够的峰值功率，获得低噪声性能，PD 雷达多采用行波管-速调管或行波管-正交场放大器组成的功率放大器链。

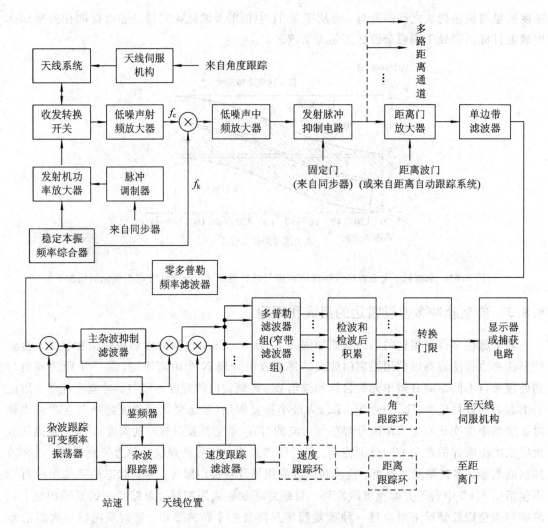

图 8.52 典型脉冲多普勒雷达的组成

为给混频提供本振信号和为本机提供相参相位的基准信号,脉冲多普勒雷达的前期采用晶体管倍频的本地振荡器,近来也采用变容二极管倍频器、阶跃二极管倍频器及甘氏振荡器作为本振微波功率源。

(4) 接收系统。脉冲多普勒雷达可用于对单目标和多目标搜索及跟踪,因此需要多路接收机,比一般脉冲雷达要复杂得多。此外,接收机要采用线性放大,因为主杂波可能比热噪声高 90 dB(一般回波信号只比热噪声高 10 dB 左右),因此要求接收机动态范围大,线性性能好,否则将会出现交叉调制,信号频谱展宽,使滤波器输出信杂比变坏。目前多采用参放作为射频放大器。

接收机还包括许多关键电路,如发射脉冲抑制电路、距离门放大器、单边带滤波器、主杂波抑制滤波器、多普勒滤波器组、检波和检波后积累及门限电路等,下面分别予以简述。

① 距离门放大器。由于 PD 雷达采用了单边带滤波器,因此它的带宽大约等于重复频率 f_r。回波信号通过单边带滤波器以后接近为单一频率的连续波,实际上由于窄带滤波器有一定的带宽,输出信号的时宽接近谱线宽度的倒数,因而破坏了原来脉冲信号的距离信息。为了测距的需要,必须在单边带滤波器以前(即在中频宽带部分)加距离门放大器,根据距离门

放大器来识别目标的距离。此外，距离门放大器还可以抑制距离门选通距离以外的接收机超额噪声。由于雷达重复频率很高，每一发射脉冲的杂乱回波要相继持续在几个重复周期内出现，这样就产生了杂波重叠。杂波在时间上几乎是均匀的，加有距离选择以后，可以抑制距离门放大器以外的干扰。距离门放大器的宽度根据鉴别力和系统要求来确定，一般与发射脉冲的宽度为同一数量级。

距离门放大器的数量根据雷达应完成的功能而定，对于搜索雷达，若距离量程为 20 km，每一距离门放大器的宽度相当于 400 m，则距离放大器数量应为 50，即需要距离通道为 50 路。对于跟踪雷达，为了消除距离模糊，要采用多个脉冲重复频率，或为了对多目标边扫描边跟踪，距离通道也需要多路，至少是所需跟踪目标的数目，但比搜索雷达还是要少许多。

② 发射脉冲抑制电路。由于收发转换开关的通断比有限，因此发射脉冲仍有泄漏。为减小发射机的泄漏功率，使发射机边带噪声不致降低接收机的性能，可采用射频与中频组合消隐的方法，即采用附加时间波门抑制的方法。这时为防止波门谐波处于多普勒带通滤波器（单边带滤波器）中，需采用平衡波门电路，同时使中频通带和脉冲重复频率同步，从而使脉冲重复频率的谐波全部落在通带的有用部分以外。

例如，中频为 30 MHz，脉冲重复频率为 110 kHz，则由于波门产生的第 272 次谐波是 29.92 MHz，273 次谐波是 30.03 MHz，处在单边带滤波器的有用通带以内，见图 8.53，因此会形成干扰。适当选择重复频率和中频可以使波门谐波处在通带以外。

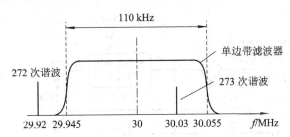

图 8.53　波门谐波与单边带滤波器

③ 单边带滤波器。单边带滤波器的带宽大致等于雷达重复频率，单边带滤波器的中心处于中频中心频率附近。单边带滤波器将信号频谱截取一段，使信号与杂波谱单值化，以便对主杂波进行单根谱线的滤波。若无单边带滤波器，则主杂波抑制滤波器必须是频域中的周期滤波器。

单边带滤波器用以滤除回波信号中重复频率的各次谐波，一般只保留固定目标和运动目标中心频率的谱线，即只保留目标回波的一根谱线，而滤除其余谐波成分的所有谱线，这时它的输出信号将比输入信号展宽。单边带滤波器的通带范围为 $f_0 - \dfrac{f_r}{2} \sim f_0 + \dfrac{f_r}{2}$，可根据需要稍加偏移。此外，采用单边带滤波器便于主杂波抑制滤波等信号处理在中频进行，避免视频处理时检波器引起的频谱折叠，这样可使信噪比或信杂比提高 3 dB。

④ 零多普勒频率滤波器。这里所说的零多普勒频率滤波器，实际上是对准中频中心频率的滤波器，主要用于消除高度线杂波。由于高度线杂波处于杂散的副瓣杂波之中，因此其幅度可能比副瓣杂波大许多。其频带比较窄，可用单独的抑制滤波器将其消除。因为这个杂波在频率上是比较固定的，因此滤波器不需对杂波进行跟踪。这个滤波器还可以进一步消除发射机泄漏的影响。

　　如果在滤波器组之前动态范围足够大，那么也可以不用专门的零多普勒频率滤波器，而只需要在安排多普勒滤波器组时空开这一段范围即可。

　　⑤ 主杂波抑制滤波器。主杂波可能比热噪声强 70～90 dB，必须加以抑制。按照在有色噪声背景下匹配滤波器的理论和式(8.8.5)，在对信号的谱线进行匹配滤波以前，需要经过频率响应为 $H_1(f)$ 的滤波。式(8.8.5)如果忽略热噪声和副瓣杂波的影响，可变为

$$H_1(f) = \frac{1}{C_b(f)} \tag{8.8.10}$$

式中，$C_b(f)$ 为主杂波功率谱。所以 $H_1(f)$ 应是主杂波功率谱的倒置滤波器。由于主杂波谱线的位置是移动的，因此主杂波频率与雷达平台速度、天线扫描角(v_r、α、β)有关。如果采用频率固定的滤波器，则必须对主杂波谱进行锁定，将主杂波锁定在主杂波抑制滤波器的凹口之中，即主杂波抑制通常采用主杂波抑制滤波器实现，图 8.54 就是它的开闭环组合系统。无论是开环还是闭环，都是利用误差电压 u_{MB} 控制压控振荡器的，使压控振荡器的输出频率跟随主杂波频率的变化而变化，以补偿输入信号中的主杂波频率 f_{dMB}，经混频后把主杂波频率锁定在主杂波滤波器凹口的中心频率 f_0 上，以便抑制主杂波。主杂波多普勒频移是按式(8.8.8)，根据已知雷达平台速度 v_r 和天线扫描角 α、β 计算而得的。它起初始调整的作用，使起始的 f_0 在鉴频器通带之内，以便闭环跟踪系统能正常工作，使主杂波频率精确地锁定在额定的某一中频 f_0 上。为了便于测量目标的实际频率，主杂波抑制滤波器后的混频器将频谱恢复到原来的位置上。主杂波抑制滤波器特性如图 8.55 所示。

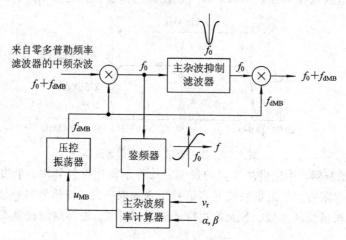

图 8.54　主杂波抑制滤波器

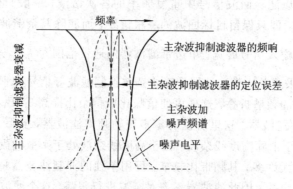

图 8.55　主杂波抑制滤波器特性

⑥ 多普勒滤波器组。多普勒滤波器组是脉冲多普勒雷达的关键组成部分。它的作用不仅是测速，还可提高杂波下能见度和噪声背景下的检测能力。它是一种白噪声下的匹配滤波器，相当于对 N 个脉冲的相参积累。输入信号和杂波经 $H_1(f)$ 滤波以后，需对信号的谱线进行匹配滤波，白噪声背景下匹配滤波器的频率响应为 $H_2(f)$。N 个相参脉冲串所形成的单根谱线的匹配滤波器应是窄带滤波器。考虑被天线高斯方向图双程调制的 N 个脉冲的相参脉冲串的谱线宽度约为 $\dfrac{0.265 f_r}{N}$，因此 N 个相参脉冲串的单根谱线的匹配滤波器的带宽也应约为 $\dfrac{0.265 f_r}{N}$。由于信号的谱线位置是未知的，因此为了检测任何速度的目标谱线，需要采用毗邻的窄带滤波器组，它们覆盖目标可能出现的整个频率范围。设单边带滤波器的带宽为 f_r，窄带滤波器的带宽为 $\dfrac{f_r}{N}$，则滤波器的数目为

$$M = f_r \div \frac{f_r}{N} \approx N \tag{8.8.11}$$

即每一距离通道应有含 N 个窄带滤波器的滤波器组。早期多采用晶体滤波器、陶瓷滤波器和机械带通滤波器作为窄带滤波器，目前采用光学傅里叶变换器、有源滤波器、数字滤波器或 CHIRP 变换器等构成窄带滤波器组。

若雷达重复频率为 20 kHz(中等重复频率)，窄带滤波器带宽为 300 Hz，则窄带滤波器组的数目为

$$M = \frac{20\,000}{300} \approx 66$$

考虑到窄带滤波器应有一定的重叠，这时需要的窄带滤波器数目应加大 40%，约为 92。

⑦ 检波和检波后积累。中等脉冲重复频率或高脉冲重复频率的脉冲多普勒雷达都存在距离模糊。为了判定距离模糊，测量目标的真实距离，往往需要采用两种以上脉冲重复频率，如采用三种重复频率。这样天线波束在目标上的驻留时间内，雷达收到的脉冲数需要分成 3 组，每组称为一帧，每帧采用一种重复频率，帧内的 N 个脉冲进行相参积累，帧间经检波以后采用非相参积累。这时由于信噪比较高，因此非相参积累与相参积累的效果很接近。

⑧ 转换门限。转换门限的作用是对 N 个距离通道中每一距离通道所含的 M 个频率通道(多普勒滤波器组含 M 个窄带滤波器)的输出进行顺序检测(问讯)，并建立自动恒虚警门限。通常以被问讯通道的邻近频率通道的平均输出作为恒虚警的自动门限。

综上所述，脉冲多普勒雷达接收机系统是一种复杂的信号处理系统，在这一系统中包括对发射机泄漏和高度线杂波的抑制滤波器、单边带滤波器、主杂波抑制滤波器、窄带滤波器组、视频积累和恒虚警检测，而且接收机是多路的，从而更增加了其复杂性。

单边带滤波器、主杂波抑制滤波器及窄带滤波器组相对于信号与杂波谱的关系示于图 8.56 中。图 8.56(a)表示信号与杂波的中频频谱；图(b)为单边带滤波器的特性；图(c)为主杂波抑制滤波器的特性，该滤波器凹口设置在固定频率 f_0 上；图(d)为窄带滤波器组的特性，它的中心频率可设置在某一个便于处理的中频 f_1 上。若用零中频处理时，f_1 亦可为 0。

(5) 速度跟踪环、距离跟踪环和角跟踪环。单目标的速度跟踪和角跟踪与连续波系统相似，采用单通道的速度跟踪滤波器测速，采用圆锥扫描或单脉冲系统测角。在脉冲多普勒雷达中，实现单脉冲角跟踪是比较困难的，这是因为单脉冲需要的多路接收机(典型的是三路接收机)其增益和相位要求一致。在这些接收机通道中每一路都含有复杂的杂波抑制滤波

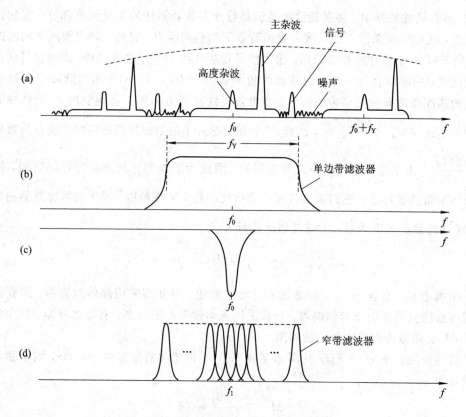

图 8.56　各种滤波器的相对关系
(a) 信号与杂波的中频频谱；(b) 单边带滤波器的特性；
(c) 主杂波抑制滤波器的特性；(d) 窄带滤波器组的特性

器，它们的带宽很窄，通常是多极点的滤波器。由于这些多极点的杂波抑制滤波器具有很陡的相位频率特性，因此难以做到三路相位一致。如果采用圆锥扫描或顺序波瓣进行角跟踪，则不存在多通道之间相位一致的问题，因而比较容易实现。

　　距离跟踪类似于典型脉冲雷达的距离跟踪，不同的是在典型脉冲雷达中波门分裂是在视频部分完成的，因此距离跟踪系统的接收机可以不独立，而脉冲多普勒雷达由于单边带滤波器和距离门放大器的存在，波门分裂必须在接收机的中频部分完成，被波门分裂的回波信号要进行单边带滤波、零多普勒滤波、主杂波跟踪滤波以及目标速度跟踪滤波等，因此为了实现距离跟踪，对于每一重复频率，需要两个几乎完整的接收机通道，而且为了能在脉间周期和遮挡期间进行跟踪，还需要一些特别的措施，比典型脉冲雷达距离跟踪要复杂得多。由图 8.53 可知，脉冲多普勒雷达距离跟踪和角跟踪是以速度跟踪为前提的，角跟踪又是以距离跟踪为前提的，只有实现了速度跟踪和距离跟踪以后才能实现角跟踪。同时能实现速度跟踪、距离跟踪、角跟踪(方位和仰角都实现跟踪)的系统称为四维分辨系统。具有四维分辨能力的系统可以在时间、空间和速度上分辨各类目标的回波信号。

　　图 8.52 是 PD 雷达在中频进行信号处理的典型例子。所用中频处理是模拟信号处理，它存在一些不足，如窄带中频滤波相参积累时间一定而不能适应不同情况，天线快速扫描的同时，晶体滤波器的振荡不能立即衰减以适应新位置等。数字技术发展至今，中频信号处理完全可以搬到零中频后用数字技术实现。这些内容已在 8.6 节及 8.7 节讨论过，这里不再重复。

8.8.4　脉冲重复频率的选择

脉冲多普勒雷达重复频率的选择是一个重要问题，这里分两种情况予以讨论：一是高脉冲重复频率时雷达重复频率数值的选择。在这种情况下，雷达重复频率选取什么数值主要取决于目标和雷达站之间的相对速度以及使用要求。要求雷达在无副瓣杂波区检测目标和要求雷达无模糊测速，这两种情况下选取的重复频率的数值是不同的，主杂波锁定和不锁定也是不同的。另一种情况是根据不同的战术应用应如何选取高、中、低重复频率。高、中、低重复频率各有优缺点，分别适应不同的情况，一般应按照雷达是用作仰视、尾随还是拦截目标，分别做出不同的选择。

1. 高脉冲重复频率时重复频率的选择

（1）使迎面目标谱线不落入副瓣杂波区中。当目标与雷达站接近飞行时，最大多普勒频移为

$$f_{dmax} = 2(v_r + v_t)/\lambda = f_{dMBmax} + f_{tmax}$$

式中，v_r、v_t 分别为载机和目标的速度；f_{dMBmax} 为主瓣中心最大多普勒频移，即副瓣最大多普勒频移；f_{tmax} 为目标对地的最大多普勒频移。

为了使最大多普勒频移的目标谱线不落入副瓣杂波区，以便在无杂波区检测目标，重复频率应选择（见图 8.57）：

$$f_0 + f_{rmin} - f_{dMBmax} \geqslant f_0 + f_{tmax} + f_{dMBmax} \tag{8.8.12}$$

即

$$f_{rmin} \geqslant 2f_{dMBmax} + f_{tmax} \tag{8.8.13}$$

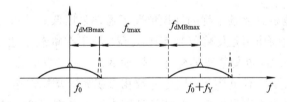

图 8.57　最大多普勒频移目标谱线不落入副瓣杂波区

（2）识别迎面和离去的目标。

① 接收机单边带滤波器相对于主杂波频率固定时重复频率的选择。

由于波束扫描、飞机速度或姿态变化时主瓣中心多普勒频移也随之变化，因此单边带滤波器的中心频率要相应地跟随主杂波频率变化（见图 8.58），则应使：

$$f_0 + f_{rmin} \geqslant f_0 + (f_{dMBmax} + f_{tmax}) + (f_{tmax} - f_{dMBmax})$$

即

$$f_{rmin} \geqslant 2f_{tmax} \tag{8.8.14}$$

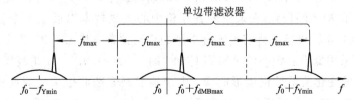

图 8.58　为克服测速模糊的重复频率的选择（单边带滤波器锁定在主杂波频率上）

② 接收机单边带滤波器相对于发射频率固定时重复频率的选择。

由于迎面目标的多普勒频移为 $f_0 + f_{dMBmax} + f_{tmax}$，离去目标的最低多普勒频移为 $f_0 + f_r - f_{tmax}$，因此为了使最低多普勒频移的离去目标的谱线不落入单边带滤波器中，以便能识别是迎面目标还是离去目标，最低重复频率应选择（见图 8.59）：

$$f_{rmin} \geqslant 2f_{tmax} + f_{dMBmax} \tag{8.8.15}$$

如图 8.59 所示，这时单边带滤波器的通带范围应从 $f_0 - f_{tmax}$ 到 $f_0 + f_{dMBmax} + f_{tmax}$，单边带滤波器的中心频率对 f_0 是固定的，但偏离 f_0 应为 $f_{dMBmax}/2$。

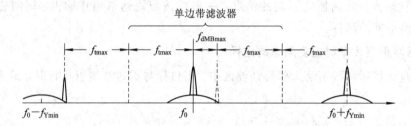

图 8.59　为克服速度模糊重复频率的选择（单边带滤波器频率固定时）

2. 高、中、低脉冲重复频率

前面介绍的脉冲多普勒雷达重复频率的选择依据是雷达应能单值测速，确保迎面目标的谱线与离去目标的谱线不发生混淆或迎面目标的谱线不会落入副瓣杂波之中，确保目标信号处于无杂波区，从而提高检测能力。这两种情况都属于高重复频率具体数值的选择。事实上，目前的脉冲多普勒雷达为了适应战术应用的需要不仅使用高重复频率，有时还兼有中重复频率和低重复频率。

机载雷达在没有地杂波背景干扰的仰视情况下通常采用低脉冲重复频率加脉冲压缩（作用距离较远时脉冲压缩的作用是使峰值功率不太高，易于在机载雷达中实现）。已有的分析结果表明，无杂波背景时高重复频率的脉冲多普勒雷达，由于发射脉冲的遮挡效应和距离波门的跨接损失，检测性能将不如具有相同脉冲数相参积累的常规雷达。低重复频率脉冲压缩这种信号形式对发射机来说容易实现，对信号处理来说设备也简单。但在机载下视且有地杂波干扰的情况下，低、中、高重复频率各有优缺点，应按使用条件和要求进行重复频率的选择。低重复频率一般指几千赫兹，这时无测距模糊；中重复频率一般是 10~20 kHz，这种情况既有测距模糊，又有测速模糊；高重复频率的范围是几十千赫兹到几百千赫兹，这时无测速模糊。由于多普勒频移与雷达的工作波长有关，所以低、中、高重复频率的划分不是绝对的。

图 8.60 给出了在较低天线副瓣（如离主瓣较近的副瓣为 -25~-30 dB，较远的副瓣为 -30~-45 dB）情况下，低、中、高重复频率时回波信号强度与天线副瓣杂波强度随距离变化的关系。图 8.60(a) 说明低重复频率时目标回波信号较副瓣杂波强，妨碍下视检测的主要因素是主瓣展宽，因此对远距离（100 km 以上）低速机载下视雷达可考虑采用低重复频率的机载动目标显示雷达（AMTI）。它采用偏置相位中心天线技术以后主瓣杂波频谱宽度被压窄，可得到较好的 MTI 性能。目前美国海军用的低空预警飞机 E-2C 以及以色列战斗机上的 Volvo 雷达都采用低重复频率的 AMTI 体制。图 8.60(b) 示出了中重复频率的情况，此时副瓣回波随距离的变化关系呈锯齿形曲线。由于地面副瓣杂波按重复周期在时域中是重叠的，因此使远距离回波可能处于近距离副瓣中。图 8.60(c) 示出了高重复频率的情况，此时副瓣重叠次数增多，副瓣回波的强度几乎是均匀的，因而在高重复频率时副瓣杂波影响是严重

的。但对于迎面快速目标，由于其谱线可能处于无杂波区，而且高重复频率时相参积累的脉冲数多，因而对目标进行拦截时应采用高重复频率才有利。在低空尾随目标时，相对速度低，处于副瓣杂波区检测，并考虑副瓣杂波强度的影响，选择中重复频率比高重复频率要好。

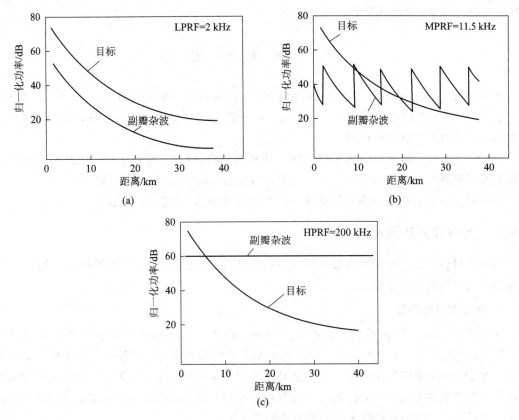

图 8.60　低、中、高重复频率时回波信号强度与副瓣杂波强度随距离的变化
（a）低重复频率；（b）中重复频率；（c）高重复频率

图 8.61 给出了中、高重复频率时作用距离随载机高度的变化。纵坐标表示载机的高度，横坐标表示检测概率为 85％时的作用距离 R_{85}，M 表示中重复频率，H 表示高重复频率，$f_{\rm t}$

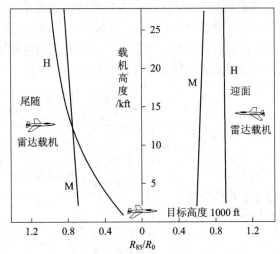

图 8.61　中、高重复频率时作用距离随载机高度的变化（R_0 为单位信噪比的距离）

为英尺，1 英尺＝0.3048 米。从图 8.61 中可看出，迎面攻击时高重复频率优于中重复频率；尾随时，在低空中重复频率优于高重复频率，在高空高重复频率优于中重复频率。

美国 F-15、F-16 和 F-18 战斗机 PD 雷达兼有中、高两种重复频率。高空预警飞机 AW-ACS 上的 E-3 雷达只有高重复频率。

8.9　速 度 测 量

测定目标运动的速度可以通过测量确定时间间隔的距离变化量 ΔR 来确定，即 $v = \Delta R / \Delta t$。采用这种办法测速需要较长的时间，且不能测定其瞬时速度。一般来说，测量的准确度也差，其数据只能用于粗测。

我们已经知道，目标回波的多普勒频移是和其径向速度 v_r 成正比的，因此只要准确地测出其多普勒频移的数值和正负，就可以确定目标运动的径向速度和方向。

下面分别讨论在连续波和脉冲雷达中测量多普勒频移（测速）的方法。

8.9.1　连续波雷达测速

当测出目标回波信号的多普勒频移 f_d 后，根据关系式 $f_d = 2v_r / \lambda$ 和雷达的工作波长 λ，即可换算出目标的径向速度 v_r。

1. 连续波雷达测速

连续波雷达测速的原理框图如图 8.1 所示。连续波雷达测量多普勒频移的原理已在 8.1.2 节讨论过。图 8.1 中相位检波器的输出经滤波器取出多普勒频移信号后送到终端指示器。滤波器的通频带应为 $\Delta f \sim f_{\mathrm{dmax}}$，其低频截止端用来消除固定目标回波，同时应照顾到能通过最低多普勒频移的信号，高频端 f_{dmax} 则应保证目标运动时的最高多普勒频移能够通过。连续波测量时，可以得到单值无模糊的多普勒频移值。

但在实际使用时，这样宽的滤波器通频带是不合适的，因为每一个运动目标回波只有一根谱线，其谱线宽度由信号有效长度（或信号观测时间）决定。滤波器的带宽应和谱线宽度相匹配，带宽过宽只能增加噪声而降低测量精度。如果采用和谱线宽度相匹配的窄带滤波器，则由于事先并不知道目标多普勒频移的位置，因而需要较大量的窄带滤波器，依次排列并覆盖目标可能出现的多普勒范围，如图 8.62 所示。根据目标回波出现的滤波器序号，即可判定其多普勒频移。如果目标回波出现在两个滤波器内，则可采用内插法求其多普勒频移。采用多个窄带滤波器测速时，设备复杂，但这时有可能观测到多个目标回波。

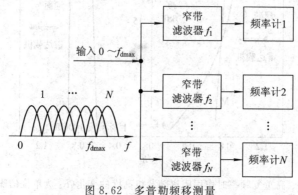

图 8.62　多普勒频移测量

图 8.1 所示为简单连续波雷达的组成框图。接收机工作时的参考电压为发射机泄漏电压，不需要本地振荡器和中频放大器，因此结构简单。但这种简单连续波雷达的灵敏度低，为改善雷达的工作效能，一般均采用改进后的超外差型连续波多普勒雷达，其组成框图见图 8.63。

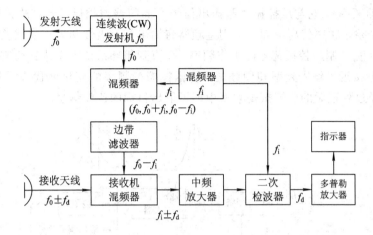

图 8.63　连续波多普勒雷达方框图（超外差式）

限制简单连续波雷达（零中频混频）灵敏度的主要因素是半导体的闪烁效应噪声，这种噪声的功率几乎和频率成反比，因而在低频端（即大多数多普勒频移所占据的音频段和视频段），其噪声功率较大。当雷达采用零中频混频时，相位检波器（半导体二极管混频器）将引入明显的闪烁噪声，因而降低了接收机灵敏度。

克服闪烁噪声的办法是采用超外差式接收机，将中频 f_i 的值选得足够高，使频率为 f_i 时的闪烁噪声降低到普通接收机噪声功率的数量级以下。

连续波雷达在实用上最严重的问题是收发之间的直接耦合。这种耦合除了可能造成接收机过载或烧毁外，还会增大接收机噪声而降低其灵敏度。发射机因颤噪效应、杂散噪声及不稳定等因素，会产生发射机噪声，由于收发间直接耦合，因此发射机的噪声将进入接收机，从而增大其噪声。所以，要设法增大连续波雷达收发之间的隔离度。当收发共用天线时，可采用混合接头、环流器等来得到收发间的隔离。根据器件性能和传输线工作状态，一般可得到 20～60 dB 的隔离度。如果要取得更高的收发间隔离度，应采用收发分开的天线并采取精心的隔离措施。

在图 8.63 中，如果要测量多普勒频移的正负值，则图中的二次检波器应采用正交双通道处理，以避免单路检波产生的频谱折叠效应。

连续波多普勒雷达可用来发现运动目标并能单值地测定其径向速度。利用天线系统的方向性可以测定目标的角坐标，但简单的连续波雷达不能测出目标的距离。这种系统的优点是：发射系统简单，接收信号频谱集中，因而滤波装置简单，从干扰背景中选择动目标的性能好，可发现任一距离上的动目标，适用于强杂波背景条件（如在灌木丛中缓慢行动的人或爬行的车辆）。由于最小探测距离不受限制，因此可用于雷达信管，或用来测量飞机、炮弹等运动体的速度。

2. 连续波多普勒跟踪系统

当只需测量单一目标的速度并要求给出连续和准确的测量数据时，可采用跟踪滤波器的办法来代替 N 个窄带滤波器。下面分别讨论几种跟踪滤波器的实现方法。

1) 频率跟踪滤波器

频率跟踪滤波器的带宽很窄(和信号谱线相匹配),且当多普勒频移变化时,滤波器的中心频率也跟着变化,始终使多普勒频移信号通过而滤去频带之外的噪声。图 8.64 画出了频率跟踪滤波器的组成方框图,它是一个自动频率微调系统。输入信号的频率为 $f_i + f_d$(f_i 为固定目标回波的频率),它与压控振荡器输出信号在混频器差拍后,经过放大器和滤波器送到鉴频器。如果差拍频率偏离中频 f_z,则鉴频器将输出相应极性和大小的误差控制电压,经低通滤波器后送去控制压控振荡器的工作频率,一直到闭环系统工作达到稳定,这时压控振荡器的输出频率接近于输入频率和中频之和。压控振荡频率的变化就代表了信号的多普勒频移,因而从经过处理后的压控振荡频率中即可取出目标的速度信息。

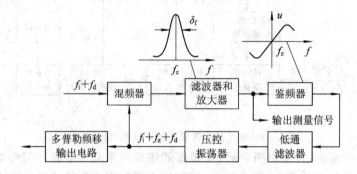

图 8.64 频率跟踪滤波器的组成

从图 8.64 中可以看出,频率跟踪滤波器就是一个自动频率微调系统,它调节压控振荡器的频率,从而保证输入信号的差频为固定值 f_z。系统的稳态频率误差正比于输入频率的变化量 Δf_i。

2) 锁相跟踪滤波器

频率跟踪滤波器是一个一阶有差系统,因为系统中没有积分环节。可以采用锁相回路来得到无稳态频偏的结果。相位差是频率差积分的结果,只有频率差等于 0 时才能得到固定的相位差。锁相回路的组成及其系统传递函数如图 8.65 所示。设输入信号为 $U_i \cos[(\omega_i + \Delta\omega_i)t + \varphi_i]$,其相角增量为 $\theta_i = \Delta\omega_i t + \varphi_i$;而压控振荡器输出电压为 $U_0 \cos[(\omega_0 + \Delta\omega_0)t + \varphi_0]$,其相角增量为 $\theta_0 = \Delta\omega_0 t + \varphi_0$。鉴相器的输出是输入相角 θ_i 和输出相角 θ_0 之差的函数,当其相角较小时,可用线性函数表示,这时输出电压 $u_1 = K_d(\theta_i - \theta_0)$。

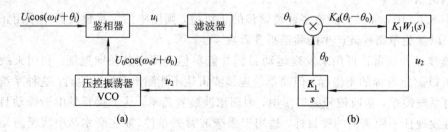

(a)   (b)

图 8.65 锁相回路

(a) 原理框图;(b) 系统传递函数

由于频率是相位的导数,而误差电压 u_2 直接控制压控振荡器的频率,因此对输出相角 θ_0 来讲,VCO 相当于一个积分环节。系统稳定工作后有相位误差 $\theta_e = \theta_i - \theta_0$,而没有频率误差。

　　因此，将锁相回路用作跟踪滤波器时，从压控振荡器输出的频率中取出多普勒频移，没有固定的频率误差。但用锁相回路时要求压控振荡器(VCO)的起始装定值更接近输入值，且目标的运动比较平稳。

8.9.2　脉冲雷达测速

　　脉冲雷达是最常用的雷达体制。相参脉冲雷达可取出目标的速度信息，这时相当于连续波雷达按重复频率 f_r 取样工作，其原理已在 8.1.2 节中讨论过。在 MTI 和 MTD 雷达中，主要是利用运动目标回波的多普勒频移来分辨运动目标和杂波的。当然，需要时也可以利用回波的多普勒信息来测定目标的速度，下面进行讨论。

1. 多目标测速

　　多目标测速和连续波雷达测速相同，见图 8.66。为了能同时测量多个目标的速度并提高测速精度，一般在相位检波器后(或在杂波抑制滤波器后)串接并联的多个窄带滤波器，滤波器的带宽应和回波信号谱线宽度相匹配，滤波器组相互交叠排列并覆盖全部多普勒频移测量范围。

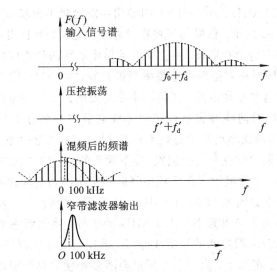

图 8.66　镜像频率干扰的说明

　　相参脉冲雷达中产生窄带滤波器组的原理和方法已在 8.6.2 节中讨论过，它可以用横向滤波器的办法或对输入回波串作离散傅里叶变换来实现(离散傅里叶变换常可用快速傅里叶变换来完成)。有了多个相互交叠的窄带滤波器，就可以根据目标回波出现的滤波器序号位置，直接或用内插法决定其多普勒频移和相应的目标径向速度。

　　和连续波雷达测速的不同之处在于：取样工作后，信号频谱和对应窄带滤波器的频响均按雷达重复频率 f_r 周期性重复出现，因而将引起测速模糊。为保证不模糊测速，原则上应满足：

$$f_{dmax} \leqslant \frac{1}{2} f_r$$

式中，f_{dmax} 为目标回波的最大多普勒频移，即选择重复频率 f_r 足够大，才能保证不模糊测速。因此在测速时，窄带滤波器的数目 N 通常比用于检测的 MTD 所需滤波器数目多。

　　有时雷达重复频率的选择不能满足不模糊测速的要求，即由窄带滤波器输出的数据是模糊速度值。要得到真实的速度值，就应在数据处理机中有相应的解速度模糊措施。解速度模糊与解距离模糊的原理和方法是相同的。

当只需对单个目标测速并要求连续给出其准确速度数据时，可采用下面讨论的速度跟踪系统。

2. 单目标测速——脉冲多普勒跟踪系统

通常所用的雷达是脉冲制工作的。相参脉冲雷达的回波由多根间隔 f_r 的谱线组成，对于运动目标回波来讲，可认为每根谱线均有相应的多普勒频移。测速时只要对其中一根谱线进行跟踪即可(通常选定中心谱线 $f_0 + f_d$)。对单根谱线进行跟踪的滤波器组成如图 8.64 所示。在鉴频器前面加窄带滤波器只让中心谱线通过而滤去其他谱线，我们注意到谱线滤波后即丢失距离信息，因而在频率选择前应有距离选通门给出距离数据且滤去该距离单元以外的噪声。

从图 8.64 中可看出，信号频率和压控振荡器频率经过一次混频就送到窄带滤波器，这在原理上是可以的，但技术实现上有困难。因为窄带滤波器的带宽很窄，通常用高 Q 的石英晶体制作，其中心频率和 Q 值都不容易做得很高。例如，采用 100 kHz 的中心频率，而接收机的中频一般较高(如 30 MHz、10 MHz)，因而用一次混频不容易消除镜像频率的干扰，会造成测速误差，如图 8.66 所示。信号与压控振荡器混频后，其频谱发生位移。如果一次混频时窄带滤波器的中心频率为 100 kHz，则位移后频谱中心线的位置应在 100 kHz 左右。滤波器可取出这根谱线，但同时还有距离中心频率两倍差频(200 kHz)附近的谱线，压控振荡频率差拍后亦在窄带滤波器的频带范围，这将产生不需要的误差控制电压，使整个频率跟踪产生附加误差，除非在混频器前能滤去镜像频率才能避免这一部分干扰。但在一次混频情况下，由于中频高，因此镜像频率离开中心频率只有 200 kHz，要滤去镜像而保留中心谱线(中心谱线随着信号的多普勒频移也在改变位置)是不现实的。采用二次或多次混频可以较好地解决镜像频率干扰问题。多次混频逐步将频率降低而每次混频前均滤去镜像频率。用二次混频实现频率跟踪的方框图如图 8.67 所示。例如，取接收机中频为 10 MHz，压控振荡器的频率为 8.9 MHz，则混频器 I 输出频率为 1.1 MHz 的信号，镜像频率滤波器 I 只需滤去距中心频率为 $2 \times 1.1 = 2.2$ MHz 附近的信号谱线即可。镜像频率滤波器I的中心频率为 10 MHz，上述要求比较容易做到。实际上，由于信号频谱会随多普勒频移的变化而移动，因此应保证任何条件下镜像频率均不通过滤波器。同理，如果加到混频器 II 的振荡器频率为 1 MHz，它和输入的 1.1 MHz 信号的差拍为 0.1 MHz，这时混频器前的镜像频率滤波器只需滤去 0.9 MHz 的镜像频率，这也是完全可以办到的。

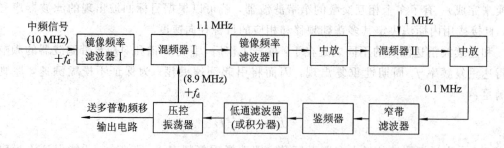

图 8.67　用二次混频实现频率跟踪的方框图

在多次混频时，可能产生各种组合波的干扰，因为这时输入信号频率也有一个多普勒频移的变化范围，因此应该谨慎选择各种混频频率，以减少这种干扰。

和连续波测速不同，脉冲雷达测速存在速度模糊，即跟踪回路不是跟在中心谱线而是跟在旁边的谱线上，压控振荡器输出的频率增量 $\Delta f = f_d \pm n f_r$，因此首先要判断是否有模糊。可以用距离的微分量作为比较的标准，这个量作为速度虽然精度不高，但它是单值的，只要其相应于多普勒频移的测量误差小于 $f_r/2$，即 $\Delta f_d = (2/\lambda) \Delta v_r < f_r/2$ 即可。将测距系统送来的微分量和测速回路的输出量加以比较，求出测速回路的模糊值 n。然后用适当的方式对测速回路压控振荡器发出指令，强制其频率突变 $n f_r$ 值，使得压控振荡器频率和信号的中心谱线之差能通过窄带滤波器，让系统跟踪在信号的中心谱线上，从而把压控振荡器的输出送到多普勒频移输出设备即可读出不模糊的速度值。

以上测速系统的原理性讨论是基于模拟系统的多普勒测速系统的技术来实现的，经历了从模拟系统到模拟-数字多普勒测速系统再到全数字式测速回路的发展、变化过程，随着雷达各分机系统的进一步数字化，测速功能块也将和雷达数字接收机和信息提取等单元有机地结合为一体，有关内容见第 9 章的参考文献[11]。

参 考 文 献

[1] SKOLNIK M I. Introduction to Radar System. New York：McGraw-Hill，2001.

[2] SKOLNIK M I. 雷达手册. 谢卓，译. 北京：国防工业出版社，1974.

[3] BARTON D K. Radar System Analysis. London：Prentice-Hall，1964.

[4] NATHANSON F E. Radar Design Principle. New York：McGraw-Hill Inc.，1969.

[5] BERKOWITZ R S. Modem Radar. New York：John Wiley & Sons Inc. 1965.

[6] BRIGHOM E O. The Fast Fourier Transform. London：Prentice-Hall. Inc.，1974.

[7] 保铮. 动目标显示雷达及其发展动向. 国外电子技术，1977，7，8.

[8] 戴树荪，等. 数学技术在雷达中的应用. 北京：国防工业出版社，1981.

[9] BARTON D K. Modem Radar System Andysis. London：Artech House，1988.

[10] SKOLNIK M I. Radar HandBook. 2nd ed. New York：McGraw-Hill，1990.

[11] 王德纯，丁家会，程望东，等. 精密跟踪测量雷达技术. 北京：电子工业出版社，2006.

[12] 丁鹭飞，张平. 雷达系统. 西安：西北电讯工程学院出版社，1984.

[13] BILLINGSLEY J B. Exponential Decay in Windblown Radar Ground Clutter Doppler Spectra：Multi-frequency Measurements and Model. MIT Lincoln Laboratory，1996.

[14] MITCHELL R L. Radar Signal Simulation. London：Artech House，1976.

[15] SKOLNIK M I. Radar Handbook. 3rd ed. 南京电子技术研究所，译. 北京：电子工业出版社，2010.

第 9 章　高分辨力雷达

　　雷达发展初期及现在使用的常规雷达，由于其分辨力较低，常将观测目标作为点目标处理。雷达的功能是对目标监测和跟踪，这样就可达到空（海）域监视及武器控制等方面的要求。而现代雷达除了检测和测量目标坐标以完成对目标的监测和跟踪外，还要求能对目标类型进行分类和识别。利用高分辨力雷达实现目标成像是分类、识别的一个重要手段，也是全天候实时侦察的重要手段，在实施精确打击中有着重要作用。

　　在 20 世纪 50 年代首次得到验证的合成孔径雷达（SAR）也许是脱离雷达监测和跟踪功能等常规用途最著名的例子。用机载和空载雷达进行合成孔径测绘，空中平台上的雷达照射到地球和海洋表面，通过对宽带反射数据进行采集和相参处理，提高了空间分辨力，可获得观测对象的清晰图像，并且能提供地球资源的丰富信息。因而，雷达除了侦察、测绘之外，还能提供地质、农业和海洋学方面的信息。

　　雷达技术提高分辨力而向测绘和成像方面发展的研究成果，也适用于解决长期存在于常规雷达中的一些难题，如目标的识别和分类，低能见度条件下对飞机和地面交通工具的导航等。

　　提高雷达空间分辨力包括提高距离分辨力和角度分辨力。距离分辨力的提高依靠大宽带信号的获得，而角度分辨力的提高在 SAR 中常和多普勒分辨相联系。在地面相控阵雷达中，当天线尺寸限定时，可采用角度超分辨处理技术。

9.1　雷 达 分 辨 力

　　在雷达工作区域内往往有多种目标出现，目标分辨力是指在多目标环境下雷达能否将两个或两个以上邻近目标区分开来的能力。分辨目标依靠的是目标回波参量之间的差别。目标的参量包括位置参量（距离、方位、仰角）和运动参量（速度、加速度）。只有一个以上的参量具有足够的差别才足以区分两个目标。

　　目标检测、参量估值和分辨是有机联系的几个过程，分辨一般总在检测之后进行。大的信号噪声比可以提供良好的检测性能和较高的测量精度，但对于分辨来讲，它仅仅是一个先决或必要条件，分辨还取决于目标回波之间的相互干扰。影响雷达实际分辨力的因素有很多，如分辨时的信噪比，被分辨目标间的回波强弱对比，以及实际采用的天线波束形状、发射信号波形及信号处理方法等。下面将集中讨论雷达目标参量的固有分辨力，即忽略噪声影响，采取最佳信号处理条件下雷达分辨的潜在能力，这种固有（潜在）分辨力由雷达的信号形式及天线方向图决定。

　　雷达目标按距离和速度参量分辨的能力主要取决于雷达信号波形，我们将在下面讨论。目标按方位角和仰角分辨的能力取决于雷达天线波束形状，这里不专门讨论，但这个问题和距离分辨有许多类似之处，只要将距离-速度二维分辨所得的结果加以引申，即可推广至角度分辨。

　　雷达测量精度和分辨力这两个指标对信号波形的要求有许多共同之处，但又不完全一致。比如，一个边缘陡峭的宽脉冲用来测距时，利用其前沿可以得到高的测距精度。然而，距离分辨力受脉冲宽度限制会变得很差。发射两个频率为一定间隔的无线电波也可以得到高的测距精度，但不具备距离分辨能力。

9.1.1　距离和速度分辨力

设 $u(t)$ 为雷达信号的复调制包络，则相邻两个等强度点目标的回波可以用 $u(t, \theta_1)$ 和 $u(t, \theta_2)$ 来表示，其中，θ_1 和 θ_2 代表不同的表征位置的参量（距离、频率）。现在的问题是用什么办法衡量二者的差别。

根据取样定理将 $u(t, \theta)$ 用 N 个取样值 $[u_1, u_2, \cdots, u_N]$ 表示，即将 $u(t, \theta)$ 表示为 N 维空间中的点 $\boldsymbol{u}$ 或矢量：

$$\boldsymbol{u}(\theta) = [u_1(\theta), u_2(\theta), \cdots, u_N(\theta)]$$

相邻点目标的回波信号 $u(t, \theta_1)$ 和 $u(t, \theta_2)$ 可近似表示为 N 维空间中相邻的两个点，即直观地用 N 维空间两点间的距离来衡量它们之间的可分辨程度。距离越大，表明参量 θ 越容易分辨，如图 9.1 所示。

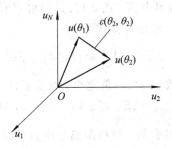

图 9.1　用 N 维空间中的距离衡量信号间的分辨能力

将 $u(\theta_1)$ 和 $u(\theta_2)$ 两点间的距离记为 $\varepsilon(\theta_1, \theta_2)$，则

$$\varepsilon(\theta_1, \theta_2) = \left[\sum_{k=1}^{N} |u_k(\theta_1) - u_k(\theta_2)|^2 \right]^{\frac{1}{2}} \tag{9.1.1a}$$

或

$$\varepsilon^2(\theta_1, \theta_2) = \sum_{k=1}^{N} |u_k(\theta_1) - u_k(\theta_2)|^2 \tag{9.1.1b}$$

再根据取样定理，将式(9.1.1b)中离散形式转化为连续的积分形式，可得

$$\varepsilon^2(\theta_1, \theta_2) = \int_{-\infty}^{\infty} |u(t, \theta_1) - u(t, \theta_2)|^2 \mathrm{d}t \tag{9.1.2}$$

式(9.1.2)右端即为两个目标信号 $u(t, \theta_1)$ 和 $u(t, \theta_2)$ 相差的平方，或称均方差。由此可知，均方差的几何意义就是平方距离。

将式(9.1.2)展开后得

$$\varepsilon^2(\theta_1, \theta_2) = 2\int_{-\infty}^{\infty} |u(t)|^2 \mathrm{d}t - 2\mathrm{Re}\int_{-\infty}^{\infty} u(t, \theta_1)u^*(t, \theta_2)\mathrm{d}t \tag{9.1.3}$$

由于信号能量 E 和它的复包络 $u(t)$ 之间存下述关系：

$$2E = \int_{-\infty}^{\infty} |u(t)|^2 \mathrm{d}t$$

因此式(9.1.3)又可写成

$$\varepsilon^2(\theta_1, \theta_2) = 2(2E) - 2\mathrm{Re}\int_{-\infty}^{\infty} u(t, \theta_1)u^*(t, \theta_2)\mathrm{d}t \tag{9.1.4}$$

信号能量一定，式(9.1.4)第一项为常数，第二项则是信号的复合自相关函数，它决定信号的分辨力。

下面讨论分辨力时均采用均方差准则，即从式(9.1.4)出发，首先分别讨论延迟(距离)和频移(速度)的一维分辨力，然后讨论延迟和频移联合时的二维分辨力。

1. 距离分辨力

下面我们单纯研究距离分辨力的问题。假设有两个静止的点目标，其他坐标数据一样，只是距离上稍有区别。它们与雷达站之间也不存在相对运动和多普勒频移。再假设两个目标回波具有相同的强度。接收到的信号为

$$u(t, \theta_1) = u(t - t_0) = u(t')$$
$$u(t, \theta_2) = u(t - t_0 - \tau) = u(t' - \tau)$$

式中，t_0 为第一目标的延迟；τ 为两目标间的时间间隔。

按均方差准则，由式(9.1.4)可得两回波信号间的方差为

$$\varepsilon^2(\tau) = 2 \cdot (2E) - 2\mathrm{Re}\int_{-\infty}^{\infty} u(t)u^*(t - \tau)\mathrm{d}t \qquad (9.1.5)$$

两目标回波间的方差越大，越容易分辨。由式(9.1.5)可以看出，由于 $2E$ 是常数，因此影响距离分辨力的唯一因素为 $y(\tau)$，它的计算式为

$$y(\tau) = \int_{-\infty}^{\infty} u(t)u^*(t - \tau)\mathrm{d}t \qquad (9.1.6)$$

该式常称为信号的距离模糊函数。$|y(\tau)|$ 值越小，方差 $\varepsilon^2(\tau)$ 越大，两目标越容易从距离上分辨。例如，当 $\tau = 0$ 时，若 $y(\tau)|_{\tau=0} = 2E$，而 $\varepsilon^2(\tau)|_{\tau=0} = 0$，则两个目标完全重合，不能分辨；当 $\left|\dfrac{y(\tau)}{y(0)}\right|$ 很小时，两目标很容易分辨。目标距离分辨力常以 $\dfrac{|y(\tau)|^2}{y^2(0)}$ 的大小来衡量。

式(9.1.6)表征的 $y(\tau)$ 是信号的复自相关函数，也是信号 $u(t)$ 通过其匹配滤波器 $u^*(-t)$ 后的输出响应，而且 $|y(\tau)|_{\tau=0} = |y(0)|$ 为输出最大值。因此若要求雷达具有高的距离分辨力，则所选择信号通过匹配滤波器后的输出应有很窄的尖锋。但是实际匹配滤波器输出的波形有以下三种类型，如图9.2所示。图9.2(a)所示的波形为单瓣的，其响应宽度越宽，分辨邻近距离目标的能力越弱；图(b)所示的波形主瓣较窄，对邻近目标的距离分辨能力较好，但常出现周期性离散旁瓣，其间隔时间为 T_γ，当目标间隔为 T_γ 或其整数倍时也无法分辨，这种情况称为模糊；图(c)的主瓣也比较窄，但存在高低不等的旁瓣，旁瓣的强度虽然明显低于主瓣，但强目标响应的旁瓣完全可能掩盖弱目标响应的主瓣而影响分辨，在多目标环境中，多个目标响应旁瓣的合成甚至可能掩盖较强目标的响应主瓣，同样不能清楚地分辨。由此可见，引起分辨困难的类型不止一种，因此目前还没有一个统一的参数来反映信号的距离分辨特性。

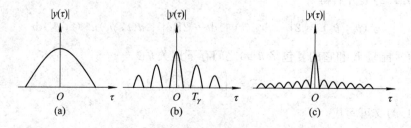

图9.2　几种典型的匹配滤波器输出

(a) 单瓣响应；(b) 周期模糊；(c) 基底旁瓣

　　有时采用主瓣宽度来定义信号的固有分辨力，通常采用 3 dB(半功率)波瓣宽度，称为名义分辨力，它表明主瓣对邻近目标分辨的能力。当目标延迟差较大时，为全面考虑主瓣和旁瓣对分辨性能的影响，又定义了时延分辨常数：

$$A_\tau = \frac{\int_{-\infty}^{\infty} |y(\tau)|^2 d\tau}{y^2(0)} \tag{9.1.7}$$

　　由傅里叶变换式 $y(\tau) \Leftrightarrow |U(f)|^4$ 以及巴塞瓦尔定理知，$U(f)$ 为信号复调制函数 $u(t)$ 的频谱。式(9.1.7)还可改写为

$$A_\tau = \frac{\int_{-\infty}^{\infty} |U(f)|^4 df}{\left| \int_{-\infty}^{\infty} |U(f)|^2 df \right|^2} \tag{9.1.8}$$

　　可见，距离分辨力取决于信号的频谱结构。式(9.1.8)将 $y(\tau)$ 的主瓣、旁瓣和模糊瓣的能量全部计算在内，作为衡量分辨力和测量多值性(和分辨模糊相对应)的参数。参数 A_τ 的缺点是没有表明分辨能力降低的原因(是主瓣还是旁瓣)。

　　很明显，如果 $y(\tau)$ 的形状是冲激函数 $\delta(t)$，则距离分辨能力最佳，除了完全重合的目标不能区分之外，其他目标均能很好地分辨且无模糊。实际的 $y(\tau)$ 不可能达到这种理想波形，于是我们用 $y(\tau)$ 和 $\delta(t)$ 接近(或相似)的程度来衡量信号的固有分辨力。引入有效相关时间 $T_{1,2}$ 来表示两个波形 $f_1(t)$ 和 $f_2(t)$ 的相似程度，其计算式为

$$T_{1,2} = \frac{\left| \int_{-\infty}^{\infty} f_1(t) f_2^*(t) dt \right|^2}{\left| \lim_{T \to \infty} \frac{1}{T} \int_{-T}^{T} f_1^2(t) dt \right| \cdot \left| \int_{-\infty}^{\infty} |f_2(t)|^2 dt \right|} \tag{9.1.9}$$

式中，$f_1(t)$ 为功率有限信号，故取其平均值。通常雷达信号的自相关函数 $y(\tau)$ 是能量有限信号，而冲激函数 $\delta(t)$ 的频谱密度为 1，是功率有限信号，即 $f_1(t) = \delta(t)$，$f_2(t) = y(\tau)$。式(9.1.9)可利用傅里叶变换对的关系式转为频域表示：

$$\beta = \frac{\left| \int_{-\infty}^{\infty} F_1(f) F_2(f) df \right|^2}{\left| \lim_{B \to \infty} \frac{1}{B} \int_{-\frac{B}{2}}^{\frac{B}{2}} |F_1(f)|^2 df \right| \cdot \left| \int_{-\infty}^{\infty} |F_2(f)|^2 df \right|} \tag{9.1.10}$$

则当 $f_1(t) = \delta(t) \Leftrightarrow F_1(f) = 1$，$f_2(t) = y(\tau) \Leftrightarrow F_2(f) = |U(f)|^2$ 时，可得

$$\beta_\delta = \frac{\left| \int_{-\infty}^{\infty} 1 \cdot |U(f)|^2 df \right|^2}{\left| \lim_{B \to \infty} \frac{1}{B} \int_{-\frac{B}{2}}^{\frac{B}{2}} 1^2 df \right| \cdot \int_{-\infty}^{\infty} |U(f)|^4 df} = \frac{\left| \int_{-\infty}^{\infty} |U(f)|^2 df \right|^2}{\int_{-\infty}^{\infty} |U(f)|^4 df} \tag{9.1.11}$$

式中，β_δ 称为有效相关带宽，它表明波形 $y(\tau)$ 的频谱与冲激函数频谱的相似程度。由于冲激函数是均匀谱，所以有效相关带宽越宽，频谱越相似，在时域里的自相关函数就越像冲激函数的形状，也就是具备的内在距离分辨力越高，实际距离分辨力也越好。对照式(9.1.8)可得

$$A_\tau = \frac{1}{\beta_\delta} \tag{9.1.12}$$

式中，A_τ 为时间量纲，是延时分辨常数，用来表示距离分辨的难易程度。A_τ 越小，说明能分辨两个目标的时间间隔越小，因此分辨力越好；A_τ 越大，能分辨两个目标的时间间隔越大，分辨力越差。

下面分析几种常见信号的延时分辨常数。

(1) 简单矩形脉冲。已知

$$u(t) = \text{rect}\left(\frac{t}{t_p}\right)$$

$$u(t) \Leftrightarrow t_p \frac{\sin \pi f t_p}{\pi f t_p}$$

若从频域进行分析，需要计算：

$$\int_{-\infty}^{\infty} |U(f)|^4 df = \int_{-\infty}^{\infty} t_p^4 \left(\frac{\sin \pi f t_p}{\pi f t_p}\right)^4 df$$

由于 $\int_{-\infty}^{\infty} t_p^4 \left(\frac{\sin \pi f t_p}{\pi f t_p}\right)^4 df$ 很难积分，因此改用式(9.1.7)从时域进行计算。矩形脉冲的自相关函数与其平方如图9.3所示，图中，t_p 为脉冲宽度，且 $y(0) = t_p$，所以：

$$\beta_\delta = \frac{3}{2t_p}, \quad A_\tau = \frac{2}{3} t_p \tag{9.1.13}$$

可见，矩形脉冲的有效带宽与 t_p 成反比，延时分辨常数与 t_p 成正比。脉冲越窄，分辨力越好；脉冲越宽，分辨力越差，与直观概念是一致的。

(2) 线性调频脉冲。复调制信号 $u(t) = \text{rect}\left(\frac{t}{t_p}\right) e^{jKt^2}$，调频带宽为 B_m，$B_m = \frac{K}{\pi} t_p$。对于大时宽带宽积，即 $B_m t_m \gg 1$，信号的频谱及自相关函数如图9.4所示，则按式(9.1.11)计算，其有效相关带宽为

$$\beta_\delta = \frac{\left|\int_{-\infty}^{\infty} |U(f)|^2 df\right|^2}{\int_{-\infty}^{\infty} |U(f)|^4 df} = \frac{t_p^2}{t_p^2/B_m} = B_m \tag{9.1.14}$$

延时分辨常数 $A_\tau = \frac{1}{\beta_\tau} = \frac{1}{B_m}$。

可见，线性调频信号的距离分辨力只由调频带宽 B_m 决定，而与脉宽 t_p 无关(应满足 $B_m t_p \gg 1$)。

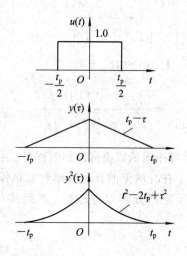

图9.3　矩形脉冲的运算波形

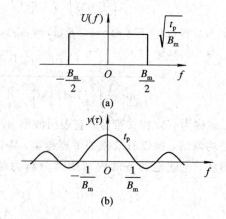

图9.4　线性调频脉冲的运算波形

2. 速度分辨力

这里只考虑速度分辨问题。假定两个点目标的其他坐标数据相同，回波信号强度也一

样，只是在径向速度上有差别，则两个目标的回波信号可写成 $u(t, \theta_1) = u(t)$ 和 $u(t, \theta_2) = u(t) e^{j2\pi\xi t}$。这里以第一目标的回波频率为基准，$\xi$ 是两个目标径向速度不同引起的回波多普勒频移差值。

根据式(9.1.4)，两个回波之间的均方差为

$$\varepsilon^2(\xi) = 2(2E) - 2\mathrm{Re}\int_{-\infty}^{\infty} u(t) u^*(t) e^{-j2\pi\xi t} \mathrm{d}t \qquad (9.1.15)$$

令

$$y(\xi) = \int_{-\infty}^{\infty} u(t) u^*(t) e^{-j2\pi\xi t} \mathrm{d}t \qquad (9.1.16a)$$

为速度模糊函数，$y(\xi)$ 的值越小，分辨性能越好。$y(\xi)$ 可用信号的频谱 $U(f)$ 表示为频率自相关函数，即

$$y(\xi) = \int_{-\infty}^{\infty} U(f) U^*(f - \xi) \mathrm{d}f \qquad (9.1.16b)$$

信号的速度分辨性能完全取决于 $y(\xi)$ 的形状。将式(9.1.16b)与式(9.1.6)比较，可以看出两者的对偶性：若用参数 ξ 置换 τ，用频谱函数 $U(f)$ 取代时间函数 $u(t)$，则这时在时域中讨论距离分辨力的公式都可以相应地移到频域中来讨论速度分辨力。

$y(\xi)$ 也可能出现如图 9.2 所示的几种波形，它们在速度分辨方面会产生相同的影响。因此定义速度分辨力也可以有几种方法。以 $y(\xi)$ 波形主瓣 3 dB 宽度来表示相邻的目标速度分辨力，并将其称为名义速度分辨力。当目标的速度差别较大时，还要考虑旁瓣对速度分辨的影响，故定义多普勒分辨常数为

$$A_\xi = \frac{\int_{-\infty}^{\infty} |y(\xi)|^2 \mathrm{d}\xi}{y^2(0)} \qquad (9.1.17)$$

利用傅里叶变换式 $y(\xi) \Leftrightarrow |u(t)|^2$ 以及巴塞瓦尔定理，式(9.1.17)可改写为

$$A_\xi = \frac{\int_{-\infty}^{\infty} |u(t)|^4 \mathrm{d}t}{\left[\int_{-\infty}^{\infty} |u(t)|^2 \mathrm{d}t\right]^2} \qquad (9.1.18)$$

式(9.1.18)和式(9.1.8)也有明显的对偶形式。

显然，从速度分辨力的观点来看，$y(\xi)$ 的最佳形式也是冲激函数 $\delta(\xi)$，故也用 $y(\xi)$ 和 $\delta(\xi)$ 的相似程度来衡量信号固有的分辨能力。按照式(9.1.9)并利用以下傅里叶变换关系：

$$\delta(\xi) \Leftrightarrow 1, \quad y(\xi) \Leftrightarrow |u(t)|^2$$

可定义有效相关时间 T_δ 为

$$T_\delta = \frac{\left|\int_{-\infty}^{\infty} 1 \cdot |u(t)|^2 \mathrm{d}t\right|^2}{\lim_{T \to \infty} \frac{1}{T} \int_{-T/2}^{T/2} 1 \cdot \mathrm{d}t \cdot \int_{-\infty}^{\infty} |u(t)|^4 \mathrm{d}t} = \frac{\left|\int_{-\infty}^{\infty} |u(t)|^2 \mathrm{d}t\right|^2}{\int_{-\infty}^{\infty} |u(t)|^4 \mathrm{d}t} \qquad (9.1.19)$$

对比式(9.1.18)，可得

$$T_\delta = \frac{1}{A_\xi} \qquad (9.1.20)$$

式中，T_δ 表明信号的频率自相关函数与冲激函数的相似程度，或信号包络与直流的相似程度。T_δ 值越大（A_ξ 值越小），速度分辨力越强。速度分辨力取决于信号的时域结构，时域上持续宽度越大，频域上的速度分辨力越强。

下面举几个常用信号的例子。

（1）矩形脉冲的有效时宽与频率分辨常数。按时域表示有

$$
\begin{cases}
u(t) = \begin{cases} 1, & -\dfrac{t_p}{2} \leqslant t \leqslant \dfrac{t_p}{2} \\[2mm] 0, & |t| > \dfrac{t_p}{2} \end{cases} \\[8mm]
T_\delta = \dfrac{\left[\displaystyle\int_{-\frac{t_p}{2}}^{\frac{t_p}{2}} u^2(t)\,\mathrm{d}t \right]^2}{\displaystyle\int_{-\frac{t_p}{2}}^{\frac{t_p}{2}} u^4(t)\,\mathrm{d}t} = t_p
\end{cases}
\tag{9.1.21}
$$

（2）线性调频脉冲。由于线性调频脉冲的复包络的绝对值为矩形，因此频率分辨率常数与矩形脉冲相同：

$$
\begin{cases}
T_\delta = t_p \\[2mm]
A_\xi = \dfrac{1}{t_p}
\end{cases}
\tag{9.1.22}
$$

可见，线性调频脉冲的频率分辨常数与包络宽度成反比，即包络越宽，对速度分辨越有利。此外，还可以看到，如果通常使用的脉宽为微秒量级，则单个脉冲的频率分辨力为兆赫量级，只用单个脉冲很难获得所需的频率分辨力。

3. 距离-速度二维分辨力

现在讨论距离和速度同时分辨的问题，即两个点目标之间在距离和速度上均有差别时的分辨问题。这时接收到的回波信号复包络为

$$
u(t, \theta_1) = u(t)
$$

$$
u(t, \theta_2) = u(t+\tau)\mathrm{e}^{-\mathrm{j}2\pi\xi t}
$$

这是以第一个目标的回波为基准的，第二个目标在距离上比它近 $\dfrac{c}{2}\tau = \Delta R$，速度（径向）又比它低 $\Delta v = \dfrac{\lambda}{2}\xi$，两目标回波振幅相同。此时仍用均方差准则来衡量其二维分辨力。

仍从式（9.1.4）出发，此时均方差为

$$
\varepsilon^2(\tau, \xi) = 2(2E) - 2\mathrm{Re}\int_{-\infty}^{\infty} u(t)u^*(t+\tau)\mathrm{e}^{\mathrm{j}2\pi\xi t}\,\mathrm{d}t
\tag{9.1.23}
$$

式（9.1.23）中的第二项为信号复包络的时间-频率复合自相关函数，由它来决定目标的二维分辨力。文献上常称它为模糊函数，并以 $\chi(\tau, \xi)$ 表示，即

$$
\chi(\tau, \xi) = \int_{-\infty}^{\infty} u(t)u^*(t+\tau)\mathrm{e}^{\mathrm{j}2\pi\xi t}\,\mathrm{d}t
\tag{9.1.24}
$$

模糊函数 $\chi(\tau, \xi)$ 的值越小，说明在该 (τ, ξ) 上的分辨力越高。可以依照一维分辨力的情况，用 $|\chi(\tau, \xi)|^2/|\chi(0, 0)|^2$ 来衡量目标的距离-速度联合分辨力。当其值接近于 1 时，目标很难分辨。

一维分辨力是二维分辨力的特例，即二维中某一维参量为零：

$$
y(\tau) = \chi(\tau, 0)
\tag{9.1.25a}
$$

$$
y(\xi) = \chi(0, \xi)
\tag{9.1.25b}
$$

关于模糊函数 $\chi(\tau, \xi)$ 的性质将在 9.1.2 节讨论。

9.1.2　模糊函数及其性质

下面分别讨论模糊函数的意义及性质。

1. 模糊函数的含义

1) 从分辨力出发定义模糊函数

在 9.1.1 节中，从分辨两个延迟差为 τ、频移差为 ξ 的目标回波出发推导其距离-速度二维分辨力时，得到的模糊函数为

$$\chi(\tau, \xi) = \int_{-\infty}^{\infty} u(t)u^*(t+\tau)\mathrm{e}^{\mathrm{j}2\pi\xi t}\,\mathrm{d}t$$

如果两个信号之间的差别越大越容易分辨，则要求 $\chi(\tau, \xi)$ 的值越小越容易分辨。上式是从两个信号的差平方积分原则出发得到的模糊函数。在 $\chi(\tau, \xi)$ 值小的地方，两个回波信号容易区分开来。和一维分辨力的情况类似，理想的二维分辨力要求模糊函数的绝对值在二维坐标的平面内都尽可能地逼近冲激函数，这时无论是时域还是频域的分辨力都是理想的。这种情况相当于将 $\chi(\tau, \xi)$ 所包含的体积集中于坐标原点附近。文献上常称 $|\chi(\tau, \xi)|^2$ 为模糊函数。

模糊函数也可由频域表示。已知能量原理为

$$\int_{-\infty}^{\infty} u(t)v^*(t)\mathrm{d}t = \int U(f)V^*(f)\mathrm{d}f$$

类比情况为

$$u(t)\mathrm{e}^{\mathrm{j}2\pi\xi t} \Longleftrightarrow U(f-\xi)$$

$$u^*(t+\tau) \Longleftrightarrow [U(f)\mathrm{e}^{\mathrm{j}2\pi f\tau}]^* = U^*(f)\mathrm{e}^{-\mathrm{j}2\pi f\tau}$$

式中，双线箭头表示傅里叶变换对，这时可将模糊函数 $\chi(\tau, \xi)$ 写成以下形式：

$$\chi(\tau, \xi) = \int_{-\infty}^{\infty} u(t)u^*(t+\tau)\mathrm{e}^{\mathrm{j}2\pi\xi t}\,\mathrm{d}t = \int_{-\infty}^{\infty} U^*(f)U(f-\xi)\mathrm{e}^{-\mathrm{j}2\pi f\tau}\,\mathrm{d}f$$

$$= \left[\int_{-\infty}^{\infty} U(f)U^*(f-\xi)\mathrm{e}^{\mathrm{j}2\pi f\tau}\,\mathrm{d}f\right]^* \tag{9.1.26}$$

下面讨论模糊函数 $\chi(\tau, \xi)$ 的物理意义。

从式 (9.1.26) 的频域表达式可直接看出，积分号中 $U(f)$ 是信号频谱，$U^*(f-\xi)$ 是匹配于不同频移差 ξ 信号匹配滤波器的频率响应，故 $U(f)U^*(f-\xi)$ 是信号通过不同多普勒频移差 ξ 匹配滤波器后的频谱，求积分式傅里叶反变换后即得到信号通过匹配于 $u(t)\mathrm{e}^{\mathrm{j}2\pi\xi t}$ 的滤波器后的波形响应簇。注意，式 (9.1.26) 是上述响应的共轭值，但当取实部运算或取包络时，二者是完全相同的。这说明：为了进行差平方分辨，对回波信号的处理也是通过匹配滤波器来获得模糊函数的各剖面。这种处理方式与检测、估值所要求的信号处理完全一致。

以上是从差平方积分原则出发得到的信号模糊函数或二维自相关函数，它只与信号形式有关。可以设定信号形式，给出不同的 τ、ξ 值加以运算，以此作为研究信号形式的依据。从差平方积分原则出发得到的模糊函数表达式 (式 (9.1.24)、式 (9.1.26)) 与匹配滤波器的输出表达式具有内在联系，因此有时直接从匹配滤波器的输出来定义模糊函数，因为匹配滤波器是在信号检测和估值时都要用到的信号处理部件。

2) 从匹配滤波器输出定义模糊函数

现在来分析匹配滤波器对不同多普勒频移信号的响应。先假设没有多普勒频移，信号复包络为 $u(t)$，则匹配滤波器的输出响应为

$$y(\tau) = \int_{-\infty}^{\infty} u(t)u^*(t-\tau)\mathrm{d}\tau$$

当信号具有多普勒频移时，其复包络为 $u(t)\mathrm{e}^{j2\pi\xi t}$，如果这时匹配滤波器的参数未变，即响应函数未变，则对有多普勒频移的信号不再匹配。这时滤波器输出仍为时域卷积：

$$y(\tau, \xi) = \int_{-\infty}^{\infty} u(t)u^*(t-\tau)\mathrm{e}^{j2\pi\xi t}\mathrm{d}t \qquad (9.1.27)$$

则 $y(\tau, \xi)$ 是模糊函数的另一种定义。

将 $y(\tau, \xi)$ 用频谱函数来表示，则因为有

$$u(t)\mathrm{e}^{j2\pi\xi t} \Longleftrightarrow U(f-\xi)$$
$$u(t-\tau) \Longleftrightarrow U(f)\mathrm{e}^{-j2\pi f\tau}$$

所以得到

$$y(\tau, \xi) = \int_{-\infty}^{\infty} U^*(f)U(f-\xi)\mathrm{e}^{-j2\pi f\tau}\mathrm{d}f \qquad (9.1.28)$$

相当于把式(9.1.24)中的 τ 改为 $-\tau$，即将时间轴方向颠倒。

模糊函数的两种定义(式(9.1.24)和式(9.1.27))形式和物理含义不完全相同，特别是对于调频信号，两种定义会有不同的图形，往往会引起混淆。20 世纪 70 年代中期，由于模糊函数应用日益广泛，国际上建议统一定义，将式(9.1.24)定义的模糊函数称为正型模糊函数或直观模糊函数，将式(9.1.27)定义的模糊函数或其相应的等效形式称为负型模糊函数。

一般匹配滤波器的输出都加到线性检波器并取其包络值，所以在用模糊函数时也是取其模值 $|\chi(\tau, \xi)|$，以表示包络检波器的作用。而且在实际分辨目标时，要依靠响应的平均特性或功率响应，因此不用 $|\chi(\tau, \xi)|$，而用 $|\chi(\tau, \xi)|^2$。也就是说，波形的分辨特性由匹配滤波器响应的模平方决定。因此，一般把绘制的 $|\chi(\tau, \xi)|^2$ 图称为模糊图，而 $|\chi(\tau, \xi)|^2$ 则称为模糊图函数。为了便于比较，我们还将模糊图进行归一化处理，从而更容易看出各种信号形式对不同环境的分辨能力。

现在举一个例子，当信号为高斯信号时，其模糊图如图 9.5 所示。可以看出，在 A 点，$|\chi(0, 0)|^2 = 1$，表示目标无法分辨。这是很自然的，因为 $\chi(0, 0)$ 说明两个目标距离相同，速度也一样，这就如同一个目标一样，自然无法分辨。在 B 点和 C 点，$|\chi(\tau, \xi)|^2 \approx 0$，这说明两目标的距离或距离和速度均有较大差别，因此可以分辨清楚。

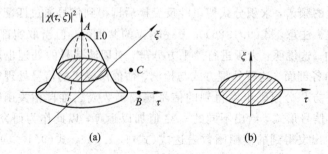

图 9.5　高斯信号的模糊图

(a) 高斯信号的模糊图；(b) 高斯信号的模糊度图

实际上，一方面由于立体模糊图不容易绘制，同时也想在投影图上标出能否分辨的界限，所以通常在最大值以下 −6 dB 的地方作一个与 $\tau\xi$ 平面平行的平面，这个平面与模糊图

的交迹，再投影到 $\tau\xi$ 平面上，构成如图 9.5(b) 所示的投影图，称为模糊度图，有时也称为模糊图。模糊度图的用途简述如下：它是以一个目标作为参考（即目标位于原点），以另一个目标的相对 (τ, ξ) 值作为变量而绘制的，因此对能量归一的信号，如果另一目标的相对 (τ, ξ) 值落入斜线区域之内，则认为两个目标不能分辨，如果另一目标的相对 (τ, ξ) 值落入斜线区域之外，则认为两个目标是可以分辨的。

2. 模糊函数的用途

模糊函数除了可以说明信号的分辨力情况外，还可以说明混淆情况。除 $\chi(0, 0)$ 尖峰外，有些信号还会在其他地方出现尖峰，常称为副瓣，这是多值性（混淆）问题。因为在 $\chi(0, 0)$ 附近，等强度的轮廓线是一个区域，视模糊图的尖锐程度而大小不同。在测量目标坐标时，该区域内均可认为是目标位置，因而造成目标观测误差，这是精度问题。模糊函数还可以说明抗干扰状态，当雷达的杂波区域图与信号模糊图重叠时，若信号响应波形，即模糊图与杂波区域不重叠，也即在杂波区域内 $\chi(\tau, \xi) \approx 0$，则此波形对该杂波具有良好的杂波抑制特性。

因此模糊函数是对雷达信号进行分析研究和波形设计的有效工具，也是分析、比较信号处理系统优劣的重要手段。模糊函数由雷达发射波形和滤波器特性决定，通过它可以研究雷达采用何种波形及处理滤波器后整个系统将具有什么样的分辨力、模糊度、测量精度和杂波抑制能力。下面先列出模糊函数和分辨力及精度的关系，至于模糊度和杂波抑制能力，将结合具体波形讨论。

从模糊图可看出：对某一固定速度的目标，从时间轴上来看就相当于对模糊图用 ξ 为常数的平面去切割。匹配滤波器对原信号（即没有多普勒失配时的响应）可以看作是用 $\xi=0$ 平面对模糊图的切割。由于切割平面通过模糊图的最大值，因此令式 (9.1.26) 中 $\xi=0$，则得到

$$\chi(\tau, 0) = \int_{-\infty}^{\infty} u(t)u^*(t+\tau)\mathrm{d}t = \int_{-\infty}^{\infty} |U(f)|^2 e^{-j2\pi f\tau}\mathrm{d}f \qquad (9.1.29)$$

式 (9.1.29) 称为距离模糊函数。它可以表示距离分辨力，参见式 (9.1.7) 及式 (9.1.8)，时间分辨常数可用模糊函数表示为

$$A_\tau = \frac{\int_{-\infty}^{\infty} |\chi(\tau, 0)|^2 \mathrm{d}\tau}{|\chi(0, 0)|^2} \qquad (9.1.30)$$

当 $\xi \neq 0$ 时，相当于用偏离最大值的某一个 ξ 值平面去切割模糊图，即不再通过最大值了。这时信号处理不在最佳状态，即有多普勒失配，也可以说匹配滤波器对多普勒频移信号没有自适应性。如果 $\tau=0$，则

$$\chi(0, \xi) = \int_{-\infty}^{\infty} |u(t)|^2 e^{j2\pi\xi t}\mathrm{d}t = \int_{-\infty}^{\infty} U(f)U^*(f-\xi)\mathrm{d}f \qquad (9.1.31)$$

称为速度模糊函数，它可以说明速度分辨力。这样一来，频率分辨常数也可用模糊函数表示为

$$A_\xi = \frac{\int_{-\infty}^{\infty} |\chi(0, \xi)|^2 \mathrm{d}\xi}{|\chi(0, 0)|^2} \qquad (9.1.32)$$

同理，可定义距离-速度二维分辨常数为

$$A_\tau A_\xi = \frac{\int_{-\infty}^{\infty}\int_{-\infty}^{\infty} |\chi(\tau, \xi)|^2 \mathrm{d}\tau\mathrm{d}\xi}{|\chi(0, 0)|^2} = 1 \qquad (9.1.33)$$

从而得到体积不变性的重要性质。

至于估值的理论精度和模糊函数的关系，可以参考参量估值已得的结果。

延迟估值的理论精度为

$$\sigma_{t_r}^2 = \frac{-1}{\dfrac{E}{N_0}\left[\dfrac{\partial^2}{\partial\tau^2}\mid y_s(\tau)\mid^2\right]_{\tau=t_r}} = \frac{1}{\dfrac{2E}{N_0}\beta^2} \tag{9.1.34}$$

式中：

$$y_s(\tau) = \chi(\tau - t_r,\ 0)$$

故可得

$$-2\beta^2 = \left[\frac{\partial^2}{\partial\tau^2}\mid\chi(\tau,\ \xi)\mid^2\right]_{\tau=0,\ \xi=0}$$

频移估值的理论精度：

$$\sigma_{\xi_0}^2 = \frac{-1}{\dfrac{E}{N_0}\left[\dfrac{\partial^2}{\partial\xi^2}\mid y_s(\xi)\mid^2\right]_{\xi=\xi_0}} = \frac{1}{\dfrac{2E}{N_0}\alpha^2} \tag{9.1.35}$$

式中：

$$y_s(\xi) = \chi(0,\ \xi - \xi_0)$$

故可得

$$-2\alpha^2 = \left[\frac{\partial^2}{\partial\xi^2}\mid\chi(\tau,\ \xi)\mid^2\right]_{\tau=0,\ \xi=0}$$

式(9.1.34)和式(9.1.35)说明，估值的理论精度取决于模糊函数模平方$\mid\chi(\tau,\ \xi)\mid^2$在最大点$(0,\ 0)$处二阶导数的大小，即与模糊函数在最大值处的尖锐程度有关。二阶导数值越大，最大值处的波峰越尖锐，噪声引起的最大值位置偏移就越小，回波的延时和频移估值就越精确。

3. 模糊函数的性质

模糊函数及其变形有一些有用的特性，可供研究设计信号形式时参考。

1) 对原点的对称性

从波形设计的角度来看，$\chi(\tau,\ \xi)$的绝对值$\mid\chi(\tau,\ \xi)\mid$（即幅度特性）是比较重要的，它对坐标原点是对称的：

$$\mid\chi(\tau,\ \xi)\mid = \left|\int_{-\infty}^{\infty} u(t)u^*(t+\tau)\mathrm{e}^{-\mathrm{j}2\pi\xi t}\mathrm{d}t\right|$$

以$-\tau$代替τ，以$-\xi$代替ξ，可得

$$\mid\chi(-\tau,\ -\xi)\mid = \left|\int_{-\infty}^{\infty} u(t)u^*(t-\tau)\mathrm{e}^{\mathrm{j}2\pi\xi t}\mathrm{d}t\right|$$

令$t-\tau=s$，有

$$\mid\chi(-\tau,\ -\xi)\mid = \left|\int_{-\infty}^{\infty} u(s+\tau)u^*(s)\mathrm{e}^{\mathrm{j}2\pi\xi(s+\tau)}\mathrm{d}s\right|$$

$$= \left|\mathrm{e}^{\mathrm{j}2\pi\xi\tau}\int_{-\infty}^{\infty} u^*(s)u(s+\tau)\mathrm{e}^{\mathrm{j}2\pi\xi s}\mathrm{d}s\right|$$

$$= \mid\chi^*(\tau,\ \xi)\mid = \mid\chi(\tau,\ \xi)\mid$$

此性质对波形设计是很重要的。

2) 原点有极大值

这个特性用模糊图函数表示为

$$| \chi(\tau, \xi) |^2 \leqslant | \chi(0, 0) |^2$$

利用施瓦兹不等式可得

$$| \chi(\tau, \xi) |^2 = | \int_{-\infty}^{\infty} u(t)u^*(t+\tau)e^{-j2\pi\xi t}dt |^2 \leqslant \int_{-\infty}^{\infty} | u(t) |^2 dt \int_{-\infty}^{\infty} | u^*(t+\tau) |^2 dt$$

由模糊函数公式可知

$$\int_{-\infty}^{\infty} | u(t) |^2 dt = \int_{-\infty}^{\infty} | u^*(t+\tau) |^2 dt = \chi(0, 0)$$

故以上性质得证。当信号能量归一化时，有

$$| \chi(0, 0) |^2 = 1$$

这一特性的物理意义在于：模糊图函数的最大点也就是差平方积分准则的最小点，即最难分辨点。这样的点自然是两个目标在距离上和径向速度上都没有差别的地方，即 $\tau = 0$，$\xi = 0$ 处。

3) 体积不变性

所谓体积不变性，就是

$$\int_{-\infty}^{\infty}\int_{-\infty}^{\infty} | \chi(\tau, \xi) |^2 d\tau d\xi = | \chi(0, 0) |^2 = (2E)^2$$

体积不变性说明模糊图的体积是常量，只要信号能量一样，体积与信号形式无关。但这并不是说雷达信号不需要进行设计了，因为虽然总体积不变，但由于信号形式不同，模糊图的分布也不同，因此其潜在分辨力、理论测量精度以及环境适应能力等因素也随之改变。可以根据雷达目标的环境等实际需要，选取适当的信号形式。

模糊函数还有许多其他性质，读者可参看本章参考文献[18]。

9.1.3　几种典型信号的模糊函数

下面具体讨论几种典型信号的模糊函数、模糊图函数和模糊度图。

1. 矩形脉冲

这是包络为矩形的载频固定的信号，为了使波形能量归一化，即

$$\int_{-\infty}^{\infty} | u(t) |^2 dt = 1$$

取矩形脉冲幅度为 $1/\sqrt{t_p}$，t_p 为脉冲宽度，于是

$$u(t) = \begin{cases} \dfrac{1}{\sqrt{t_p}}, & | t | \leqslant \dfrac{t_p}{2} \\[2mm] 0, & | t | > \dfrac{t_p}{2} \end{cases}$$

$$\chi(\tau, \xi) = \int_{-\infty}^{\infty} u(t)u^*(t+\tau)e^{j2\pi\xi t}dt$$

$$\chi(\tau, \xi) = \frac{(t_p - | \tau |)e^{j\pi\xi\tau}}{t_p} \cdot \frac{\sin\pi\xi(t_p - | \tau |)}{\pi\xi(t_p - | \tau |)}$$

或

$$|\chi(\tau,\xi)| = \begin{cases} \dfrac{\sin\pi\xi(t_p - |\tau|)}{\pi\xi(t_p - |\tau|)} \cdot \dfrac{(t_p - |\tau|)}{t_p}, & |\tau| < t_p \\ 0, & |\tau| > t_p \end{cases}$$

图 9.6(c)所示为$|\chi(\tau,\xi)|$立体模糊图。从图 9.6(a)中可以看出，速度为常数ξ时，沿时间轴的波形在$\xi=0$时为三角形，它是矩形脉冲的自相关函数。当延时为常数时，频域波形如图9.6(b)所示。当$\tau=0$时，为矩形脉冲的频谱。立体模糊图是三维空间模糊表面。

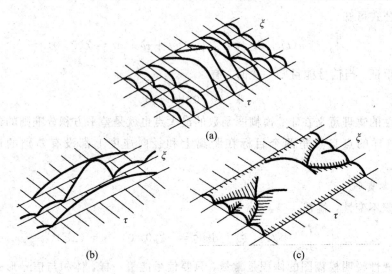

图 9.6　矩形脉冲的模糊图
(a) ξ为常数；(b) τ为常数；(c) 立体图

当$\xi=0$时，有

$$|\chi(\tau,\xi)| = |\chi(\tau,0)| = \left| \int_{-\infty}^{\infty} u(t)u^*(t+\tau)\mathrm{d}t \right| = \begin{cases} \dfrac{t_p - |\tau|}{t_p}, & |\tau| < t_p \\ 0, & |\tau| > t_p \end{cases}$$

相当于用$\xi=0$且与ξ轴垂直的平面切割模糊图所得的交迹，它正是单载频矩形脉冲包络的自相关函数，是一个三角形。

当$\tau=0$时，有

$$|\chi(\tau,\xi)| = |\chi(0,\xi)| = \left| \int_{-\infty}^{\infty} |u(t)|^2 e^{j2\pi\xi t}\mathrm{d}t \right| = \left| \dfrac{\sin\pi\xi t_p}{\pi\xi t_p} \right|$$

相当于用$\tau=0$且与τ轴垂直的平面切割模糊图所得的交迹，它是信号包络模值平方的傅里叶变换，此时为 sinc 函数。

一般绘制三维空间立体图形是不方便的，可以用二维图形表示，如图 9.7 所示。图中，

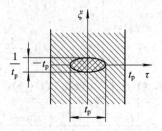

图 9.7　矩形脉冲的模糊度图

网格部分为 $\chi(\tau, \xi)$ 的强区，斜线阴影部分为弱区（但不为零），无阴影部分为零区。强区一般是以 -6 dB 水平切割后的轮廓线（交迹）。可见，单个脉冲的 $\chi(\tau, \xi)$ 的强区为近似椭圆形。这也说明如果切割门限电平选取合适，则不会产生额外的多值性。

当只取强区图形时，矩形脉冲的图形近似为椭圆，该椭圆即为模糊度图，如图 9.7 所示。它沿时间轴的宽度为脉冲宽度 t_p，沿频率轴的宽度为脉宽的倒数 $\dfrac{1}{t_p}$。改变脉冲宽度 t_p，可以改变椭圆的形状。例如，宽脉冲时，椭圆长轴和 τ 轴一致，而窄脉冲时其长轴和 ξ 轴一致。虽然椭圆的轴可以通过控制 t_p 使之变短或变长，但在另一个轴上则正好做相反的对应变化。原点附近不能同时沿 τ 轴和 ξ 轴都窄到任意程度。

2. 线性调频信号

设线性调频信号的归一化复包络为

$$u(t) = \frac{1}{\sqrt{t_p}} \mathrm{e}^{-\mathrm{j}\frac{\mu t^2}{2}}, \qquad -\frac{t_p}{2} \leqslant t \leqslant \frac{t_p}{2}$$

下面讨论负斜率调频信号的模糊函数：

$$\begin{aligned}
\chi(\tau, \xi) &= \int_{-\infty}^{\infty} u(t) u^*(t+\tau) \mathrm{e}^{\mathrm{j}2\pi\xi t} \mathrm{d}t \\
&= \frac{1}{t_p} \int_{-\infty}^{\infty} \mathrm{e}^{-\mathrm{j}\frac{\mu t^2}{2}} \mathrm{e}^{\mathrm{j}\frac{\mu(t+\tau)^2}{2}} \mathrm{e}^{\mathrm{j}2\pi\xi t} \mathrm{d}t
\end{aligned}$$

$$\chi(\tau, \xi) = \begin{cases} \mathrm{e}^{-\mathrm{j}\mu\tau^2} \dfrac{\mathrm{e}^{\mathrm{j}\frac{\omega_d}{2}\tau}}{t_p}(t_p - |\tau|) \dfrac{\sin\dfrac{\mu\tau+\omega_d}{2}(t_p-|\tau|)}{\dfrac{\mu\tau+\omega_d}{2}(t_p-|\tau|)}, & |\tau| < t_p \\[4mm] 0, & |\tau| > t_p \end{cases}$$

式中，$\omega_d = 2\pi\xi$。因此，可写出其绝对值函数为

$$|\chi(\tau, \xi)| = \frac{t_p - |\tau|}{t_p} \times \frac{\sin\dfrac{\mu\tau+\omega_d}{2}(t_p-|\tau|)}{\dfrac{\mu\tau+\omega_d}{2}(t_p-|\tau|)}, \qquad |\tau \leqslant t_p|$$

按上式绘出的模糊图如图 9.8 所示。

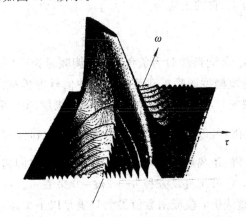

图 9.8　线性调频信号的模糊图（负斜率）

也可用 -6 dB 切割成模糊度图，如图 9.9 所示。由图可见，线性调频信号的模糊度图也近似椭圆形，不过其长轴偏离 τ、ξ 轴而倾斜一个角度。这样，坐标原点附近沿两个坐标轴的

宽度可以分别由信号带宽和信号时宽加以控制，这无疑对分辨力的设计是有利的。

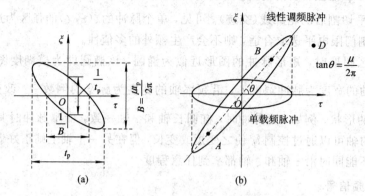

图 9.9　线性调频信号的模糊度图
(a) μ 为负值；(b) μ 为正值

模糊函数 $|\chi(\tau, \xi)|$ 沿 τ 轴向的切割为

$$|\chi(\tau, 0)| = \frac{t_p - |\tau|}{t_p} \frac{\sin \frac{\mu\pi}{2}(t_p - |\tau|)}{\frac{\mu\pi}{2}(t_p - |\tau|)}, \quad |\tau| < t_p$$

在 $|\tau| = 0$ 附近，函数接近于 $\mathrm{sinc}x$，其 -4 dB 间的宽度近似为 $\tau = \frac{2\pi}{t_p\mu} = \frac{1}{B}$，$B$ 为信号调频宽度。

同理，函数 $|\chi(\tau, \xi)|$ 沿 ξ 轴向的切割为

$$|\chi(0, \xi)| = \left| \frac{\sin\pi\xi t_p}{\pi\xi t_p} \right|$$

该函数为 sinc 函数，其 -4 dB 间的宽度近似为 $\xi = \frac{1}{t_p}$，由调频脉冲包络的时间宽度 t_p 单独决定。

线性调频信号模糊函数的最大值位于下式表示的一条直线上：

$$\mu\tau + 2\pi\xi = 0$$

该直线偏离 τ 轴的角度为 θ，它的正切为

$$\tan\theta = \frac{\xi}{\tau} = \frac{-\mu}{2\pi}$$

其大小正比于调频系数 μ。负向调频时为负角，正向调频时为正角，如图 9.9(b) 所示。

线性调频脉冲信号的模糊度图是单载频矩形脉冲信号的模糊度图剪切一个角度 θ，θ 的大小可由调频系数 μ 来决定。从线性调频脉冲信号的模糊度图中可以看出，分别控制 t_p 和 μ 值（同样 $B = \frac{\mu t_p}{2\pi}$ 也相应变化）可以得到较高的一维测距精度和分辨力、一维测速精度和分辨力。当进行二维测量和分辨（距离和速度均为未知）时，二者之间将产生耦合，称为线性调频波形的延时-多普勒耦合，它可用直线方程 $\mu\tau + 2\pi\xi = 0$ 来表示。

在 $\mu\tau + 2\pi\xi = 0$ 这条直线上，模糊函数值最大且满足以下关系：

$$\chi(\tau, \xi) \Big|_{\xi = -\frac{\mu\tau}{2\pi}} = \frac{t_p - |\tau|}{t_p}$$

图 9.10 示出了延时-多普勒耦合后的波形图。图中表示 3 个位于同一距离单元但多普勒

频移不同的目标回波经匹配于 $\xi=0$ 的滤波器后的输出。由于负向调频脉冲波的匹配滤波器具有相反的延迟特性，频率高的延迟时间较长，因此回波频偏为正值的信号出现在稍晚些的时候，而频偏为负值(频率较低)的信号通过匹配滤波器后在较早的时间出现，这样一来就将回波信号中频率的差别耦合到延迟的差别上，从而产生模糊。图中 3 个波形振幅的差别是由于频率偏移后一部分信号能量不能通过滤波器造成的。

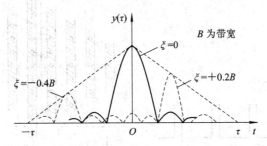

图 9.10　延时-多普勒耦合后的波形图

延时-多普勒耦合的情况也可直接由图 9.9 所示的线性调频信号的模糊度图看出。在 $\mu\tau+2\pi\xi=0$ 直线上的各点，$|\chi(\tau,\xi)|$ 值最大，因而最不易分辨。例如，延迟时间为 $-\tau_1$(时间导前 τ_1)而频移为 $+\dfrac{\mu}{2\pi}\tau_1$(多普勒频率为正值)的目标回波将和原点(0,0)坐标的目标回波在滤波器输出端同时出现而无法分辨。因此可以将正型模糊度图直接加在目标环境图上，观看环境的干扰情况。所谓目标环境图，就是在 $\tau\xi$ 平面上标出目标和干扰目标相对位置的图形。图 9.9 所示为正向调频信号($\mu>0$)的正型模糊度图。凡落入模糊度图内的目标都是互相模糊而分辨不出来的。图 9.9 中，A、B、O 3 个目标是互相模糊的，三者的匹配滤波器响应几乎重合，因而不能分辨，这是在只考虑回波能量大体相同时主瓣的影响而未计及旁瓣的作用的情况下得出的。

矩形脉冲与线性调频脉冲的模糊度图如刀刃形状，故称为刀刃状模糊度图。

3. 相参脉冲串信号

雷达工作时，天线波束以不同方式扫描，因而收到的点目标回波信号是一串脉冲，称为脉冲串。现代雷达多数采用全相参信号发射，所以回波信号是相参脉冲串。这类信号在不减小信号带宽的前提下加大了信号的持续时间，既保留了脉冲信号高距离分辨力的特点，又因信号持续时间长而具有较高的速度分辨性能，是雷达中应用广泛的一种信号。

下面讨论均匀脉冲串信号的模糊函数。设单个脉冲信号的复包络为 $u_c(t)$，则相参脉冲信号的复包络可表示为

$$u(t)=\sum_{n=0}^{N-1}u_c(t-nT_r)$$

式中，T_r 为脉冲重复周期。为了对能量进行归一化，下面的讨论中，将脉冲串信号的振幅乘以因子 $\dfrac{1}{\sqrt{N}}$，N 为脉冲串中的脉冲数，以矩形振幅脉冲串为例，脉宽为 t_p，复包络为

$$u_c(t)=\begin{cases}\dfrac{1}{\sqrt{t_p}}, & |t|\leqslant\dfrac{t_p}{2} \\[2mm] 0, & |t|>\dfrac{t_p}{2}\end{cases}$$

则可计算得到其模糊函数为

$$\chi(\tau, \xi) = \sum_{P=-(N-1)}^{N-1} \frac{e^{j2\pi\xi(N-1+P)T_r} e^{j2\pi\xi(\tau-PT_r)}}{Nt_p} \cdot \frac{\sin\pi\xi(t_p - | \tau - PT_r |)}{\pi\xi} \cdot \frac{\sin\pi\xi(N - | P | T_r)}{\sin\pi\xi T_r}$$

图 9.11 为 $N=5$ 时的模糊度图。

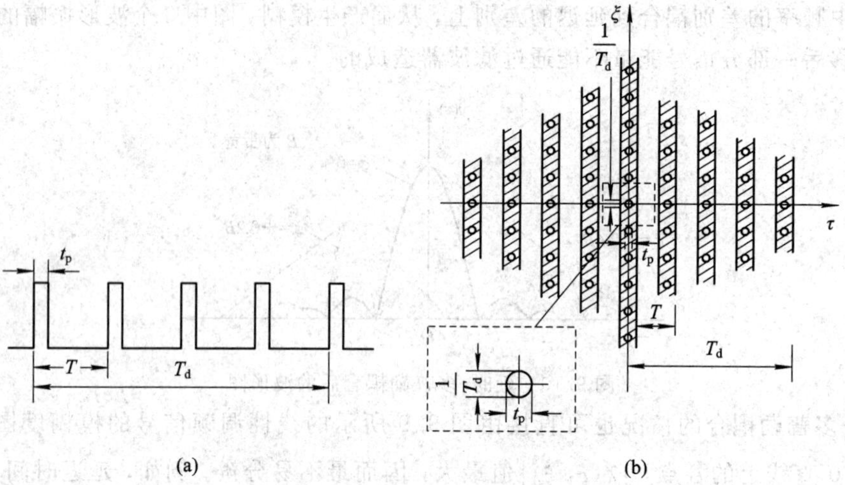

图 9.11　相参脉冲串的模糊度图

(a) 脉冲串；(b) 模糊度图

　　从图 9.11 中可以看出，模糊度图的长、短轴(与 τ、ξ 轴重合)分别通过选择 t_p 和 NT_r ($NT_r = T_d$)来控制，在整个模糊图中存在多个可能的距离和速度(多普勒)模糊，模糊是由于波形不连续导致的，这类模糊图称为钉板状模糊图。脉冲串信号广泛用于脉冲多普勒(PD)和 MTI 雷达，其距离和速度的模糊(多值性)可采用适当方法予以解决。

　　如图 9.11 所示，每个钉板的距离宽度为 t_p，由单个脉冲宽度决定，其速度宽度为 $\frac{1}{T_d}$，T_d 为总的信号持续时间，$\frac{1}{T_d}$ 决定速度测量的精度和分辨力。因此脉冲串测速的精度和分辨力较单个脉冲提高了 $\frac{NT_r}{t_p}$ 倍。钉板状模糊图的主要问题是每隔 T_r 或 $\frac{1}{T_r}$ 将分别在时间或速度轴上重复出现钉板，从而引起模糊，这是在使用时必须而且可以加以解决的。

　　4. 伪随机序列(码)

　　噪声调制波形(随机序列)的模糊度函数(如图 9.12 所示)称为图钉形模糊函数。

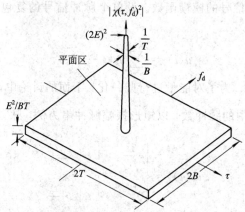

图 9.12　理想的图钉形模糊图可能由类噪声波形或伪随机编码脉冲波形(未给出副瓣结构的细节)产生

　　纯噪声波形在雷达上很少采用，但幅度恒定的伪噪声（伪随机）波形已经采用，其模糊度函数接近图钉形。伪随机序列常用于对信号的频率或相位进行调制。图钉形模糊函数的优点是：其延时和频率的测量精度和分辨力可分别由信号的调制带宽和脉冲持续时间独立确定。

　　常用的伪随机序列是一组 +1 和 -1 以不规则间隔出现的序列，它的特性和随机序列相似，主要是由于其自相关函数在原点出现峰值，离开原点后很快衰减，从而形成一个中心尖峰。但随机序列可重复产生，也可预先计算。如果 +1 和 -1 序列用来对雷达信号的高频载波相位进行调制，则称为伪随机二相编码序列。该信号可表示为

$$\varphi(t) = \sum_{n=1}^{N} u_n(t) e^{j\omega_0 t} = \sum_{n=1}^{N} u_n[t - (n-1)t_{\mathrm{p}}] e^{j\theta_n} e^{j\omega_0 t}, \quad 0 \leqslant t \leqslant N t_{\mathrm{p}}$$

式中，$u_n(t)$ 是幅度为 1、宽度为 t_{p} 的矩形脉冲；θ_n 为 0 或 π。由该式可计算其模糊函数 $\chi(\tau, \xi)$。

　　随机码还可分为巴克码、M 序列、L 序列、互补码等。图 9.13 给出了一个例子的图形，这类信号模糊函数的特点是：主峰瘦似针状，主峰在 τ 轴的宽度为 $\dfrac{1}{B_{\mathrm{e}}}$，而在 ξ 轴的宽度为 $\dfrac{1}{T_{\mathrm{e}}}$，$T_{\mathrm{e}}$ 和 B_{e} 分别为信号的等效时宽和等效带宽。尖峰周围有比较均匀的非零台基，其面积约为 $T_{\mathrm{e}} B_{\mathrm{e}}$。主峰决定的名义分辨单元为 $\dfrac{1}{T_{\mathrm{e}} B_{\mathrm{e}}} \ll 1$，说明这类信号只要能选用大的 T_{e} 和 B_{e} 值，就会有很高的延时和多普勒分辨能力。这种类型的模糊函数称为图钉形。伪随机编码信号的模糊函数大多呈近似图钉形，其逼近程度随 $T_{\mathrm{e}} B_{\mathrm{e}}$ 增大而提高。

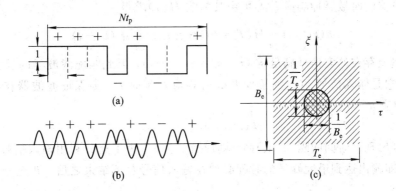

图 9.13　伪随机码的波形与模糊度
(a) 伪随机码视频；(b) 伪随机码高频；(c) 模糊度图

　　采用伪随机编码信号时，当目标回波信号与匹配滤波器间有多普勒失谐时，滤波器不能起脉冲压缩作用，故这种信号称为多普勒灵敏信号。如果只采用单路接收，则这种信号常用于目标多普勒变化范围较窄的场合。

9.2　高距离分辨力信号及处理

　　我们首先简要地复述一下匹配滤波器的基本概念及主要结论。信号噪声比是决定噪声背景下发现目标能力的参数，故常用它来作为衡量接收系统性能的准则。匹配滤波器就是以输出最大信噪比为准则的最佳线性滤波器。

　　当滤波器输入端为信号和噪声的混合物，即

$$x(t) = s_{\mathrm{i}}(t) + n(t)$$

时，先设噪声为均匀白噪声，其双边功率谱密度为 $P_n(f)=N_0/2$，而信号 $s_i(t)$ 已知，其频谱 $S_i(f)$ 为

$$S_i(f) = \int_{-\infty}^{\infty} s_i(t)e^{-j2\pi ft_0}\,dt$$

当滤波器的频响 $H(f)$ 为信号频谱 $S_i(f)$ 的复共轭时，称之为信号的匹配滤波，在其输出端可获得最大信号噪声比，即匹配滤波器的频率响应为

$$H(f) = kS_i^*(f)e^{-j2\pi\xi t_0}$$

式中，k 为常数；t_0 是使滤波器物理上可实现所附加的延时。匹配滤波器输出端可获得的信号噪声功率比的最大峰值为

$$d_{max} = \frac{信号输出功率最大峰值}{输出噪声平均功率} = \frac{2E}{N_0}$$

式中，E 为输入信号能量，其计算式为

$$E = \int_{-\infty}^{\infty} |S_i(f)|^2\,df = \int_{-\infty}^{\infty} |s_i(t)|^2\,dt$$

若按发射机峰值功率的定义（高频周期平均值），则匹配滤波器输出端的信噪比为

$$d'_{max} = \frac{输出信号峰值功率}{输出噪声平均功率} = \frac{E}{N_0}$$

该式说明输出端最大信噪比只取决于输入信号能量 E 和输入噪声功率谱密度 $N_0/2$，而与输入信号形式无关。

匹配滤波器的时域脉冲响应 $h(t)$ 可由其频响 $H(f)$ 求得

$$h(t) = \int_{-\infty}^{\infty} H(f)\exp(j2\pi ft)\,df = s_i^*(t_0-t)$$

由于物理上存在的实信号满足 $s_i^*(t_0-t)=s_i(t_0-t)$，因此匹配滤波器的脉冲响应 $h(t)=s_i(t_0-t)$，它是输入信号 $s_i(t)$ 的镜像并具有相应的延时 t_0。为保证滤波器在物理上可实现，其脉冲响应 $h(t)$ 应满足：

$$h(t) = 0, \quad t < 0$$

如果信号出现于时间间隔 $(0,t_s)$ 内，则应有 $t_0 \geqslant t_s$。为了充分利用输入信号能量，也应选择 $t_0 \geqslant t_s$，即输出达到最大峰值的时间必然在输入信号全部结束之后，即充分利用了信号的全部能量。

匹配滤波器输出 $y(t)$ 是输入 $x(t)$ 和 $h(t)$ 的卷积，即

$$y(t) = \int_{-\infty}^{\infty} h(u)x(t-u)\,du = \int_{-\infty}^{\infty} s_i(t_0-u)[s_i(t-u)+n(t-u)]\,du$$
$$= y_s(t) + y_n(t) = C_{ss}(t-t_0) + C_{sn}(t-t_0)$$

从原理上讲，匹配滤波器等效为一个互相关器，它的输出是信号 $S_i(f)$ 的自相关函数及信号和噪声的互相关函数。匹配滤波和相关接收在本质上是相同的，只是在技术实现的方法上有差异，可根据使用时的不同情况选用其中之一。从输出 $y(t)$ 可以看出，信号 $y_s(t)$ 达到最大值的时间是 $t=t_0$，即自相关函数值最大。

信号自相关函数 $y_s(t)$ 与信号频谱 $S_i(f)$ 的关系为

$$y_s(t) = C_{ss}(u) = \int_{-\infty}^{\infty} s_i(t)s_i(t-u)\,dt = \int |S_i(f)|^2 e^{j2\pi fu}\,df$$

即自相关函数是信号功率谱的傅里叶变换，信号频谱越宽，其时域上的自相关函数越窄，相应的距离分辨力越高。

距离(延时)分辨力是所用信号形式的固有特性，信号通过匹配滤波器后的输出 $y_s(t)$ 是信号的自相关函数。在距离分辨力的理论研究中，常定义延时分辨常数 A_τ 来表征信号的延时分辨特性：

$$A_\tau = \frac{\int_{-\infty}^{\infty} |y_s(t)|^2 \mathrm{d}t}{y_s^2(0)}$$

A_τ 值越小，信号固有的延时分辨力越强。根据傅里叶变换式：

$$y_s(t) \Leftrightarrow |S(f)|^2$$

以及巴塞瓦尔定理，A_τ 可改写为

$$A_\tau = \frac{\int_{-\infty}^{\infty} |S(f)|^4 \mathrm{d}f}{\left[\int_{-\infty}^{\infty} |S(f)|^2 \mathrm{d}f\right]^2}$$

其量纲为时间，而距离分辨力取决于信号的频谱结构。例如，简单矩形脉冲宽度为 τ 时，可计算得到 $A_\tau = 2\tau/3$；线性调频脉冲其调频带宽为 B_m 时，$A_\tau = 1/B_m$。

根据匹配滤波器理论，在白噪声背景下，滤波器输出端信号噪声功率比的最大峰值为 $2E/N_0$，即当噪声功率谱密度给定后，决定雷达检测能力的是信号能量 E。

早期脉冲雷达所用信号多是简单矩形脉冲信号，这时脉冲信号能量 $E = P_t\tau$，P_t 为脉冲功率，τ 为脉冲宽度。当要求雷达探测目标的作用距离增大时，应该加大信号能量 E。增大发射机的脉冲功率是一个途径，但它受到发射管峰值功率及传输线功率容量等因素的限制，有一定的范围。在发射机平均功率允许的条件下，可以通过增大脉冲宽度 τ 的办法来提高信号能量。但应该注意到，在简单矩形脉冲条件下，脉冲宽度 τ 直接决定距离分辨力。为保证上述指标，脉冲宽度 τ 的增加会受到明显的限制。提高雷达的探测能力和保证必需的距离分辨力这对矛盾，在简单脉冲信号中很难解决，因此有必要寻找和采用较为复杂的信号形式。

匹配滤波器输出信号是波形的自相关函数，它是信号功率谱的傅里叶变换值。因此，距离分辨力取决于所用信号的带宽 B。B 越大，距离分辨力越好。对于简单矩形脉冲，信号带宽 B 与其脉冲宽度 τ 满足 $B\tau \approx 1$ 的关系，因此采用宽脉冲时必然降低其距离分辨力。如果在宽脉冲内采用附加的频率或相位调制以增加信号带宽 B，那么当接收时用匹配滤波器进行处理，可将长脉冲压缩到 $1/B$ 的宽度，这样既可使雷达用长脉冲去获得大能量，同时又可以得到短脉冲所具备的距离分辨力。这种信号称为脉冲压缩信号或大时宽带宽积信号。因为脉冲采用附加调制后，其脉宽 τ 和带宽 B 的乘积大于 1，一般采用 $B\tau \gg 1$。

脉冲压缩的概念始于第二次世界大战初期，由于技术实现上的困难，直到 20 世纪 60 年代初，脉冲压缩信号才开始用于超远程警戒和远程跟踪雷达。20 世纪 70 年代以来，由于理论逐渐成熟和技术实现手段日臻完善，脉冲压缩技术广泛运用于三坐标、相控阵、侦察、火控等雷达，从而明显改进了这些雷达的性能。为了强调这种技术的重要性，往往把采用这种技术的雷达称为脉冲压缩雷达。为获得高的距离分辨力，必须采用脉冲压缩信号。此外，大时宽带宽信号由于发射功率的峰值较低，还具有低截获概率的优点。

下面讨论几种典型脉冲压缩(大时宽带宽积)信号的匹配滤波器及其实现方法，主要集中讨论白噪声背景下的匹配滤波器。如果在实际工作中遇到的是有色噪声，则只需串接一个频率特性反比于噪声功率谱的滤波器即可。

9.2.1 线性调频脉冲压缩信号的匹配滤波器

线性调频信号是通过非线性相位调制或线性频率调制(LFM)来获得大时宽带宽积的,在国外又将这种信号称为 Chirp 信号,这是研究得最早而且应用最广泛的一种脉冲压缩信号。采用这种信号的雷达可以同时获得远作用距离和高距离分辨力。与其他脉冲压缩信号相比,它还具有以下优点:所用匹配滤波器对回波信号的多普勒频移不敏感,因而可以用一个匹配滤波器来处理具有不同多普勒频移的信号,这将大大简化信号处理系统。另外,这类信号的产生和处理比较容易,且技术上比较成熟,这也是它获得广泛应用的原因。线性调频信号的主要缺点是存在距离与多普勒频移的耦合及匹配滤波器输出旁瓣较高。为压低旁瓣,常采用失配处理,这将降低系统的灵敏度。下面具体讨论线性调频信号。

线性调频信号可表示为

$$s_i(t) = A \operatorname{rect}\left(\frac{t}{\tau}\right) \cos\left(\omega_0 t + \frac{\mu t^2}{2}\right) \tag{9.2.1}$$

式中:

$$\operatorname{rect}\left(\frac{t}{\tau}\right) = \begin{cases} 1, & \left|\dfrac{t}{\tau}\right| \leqslant \dfrac{1}{2} \\ 0, & \left|\dfrac{t}{\tau}\right| > \dfrac{1}{2} \end{cases}$$

为矩形函数。

线性调频信号的包络是宽度为 τ 的矩形脉冲,但信号的瞬时载频是随时间线性变化的。瞬时角频率 ω_i 为

$$\omega_i = \frac{\mathrm{d}\varphi}{\mathrm{d}t} = \omega_0 + \mu t \tag{9.2.2}$$

在脉冲宽度 τ 内,信号的角频率由 $2\pi f_0 - \dfrac{\mu\tau}{2}$ 变化到 $2\pi f_0 + \dfrac{\mu\tau}{2}$,调频的带宽 $B_M = \dfrac{\mu\tau}{2\pi}$。对于这种信号,其时宽频宽积 D 是一个很重要的参数,表示如下:

$$D = B_M \tau = \frac{1}{2\pi} \mu \tau^2 \tag{9.2.3}$$

线性调频信号的波形见图 9.14。

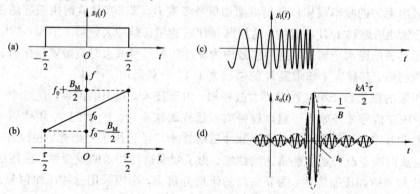

图 9.14 线性调频信号的波形

(a) 包络函数 $\operatorname{rect}\left(\dfrac{t}{\tau}\right)$;(b) 瞬时频率随时间的变化;

(c) 矩形包络线性调频脉冲信号;(d) 匹配滤波器的输出波形

＊**1. 线性调频信号通过匹配滤波器的输出**

首先讨论线性调频信号通过匹配滤波器的输出以观察脉冲压缩的情况，这个结果从时域上比较容易得到。滤波器输出信号 $s_o(t)$ 与输入信号 $s_i(t)$ 及滤波器脉冲响应 $h(t)$ 之间的关系是

$$s_o(t) = \int_{-\infty}^{\infty} s_i(x) h(t-x) \mathrm{d}x$$

而匹配滤波器的脉冲响应 $h(t) = k s_i(t_0 - t)$，故得

$$h(t-x) = k s_i [x - (t - t_0)]$$

令 $t - t_0 = t'$，则得

$$s_o(t') = k \int_{-\infty}^{\infty} s_i(x) s_i [x - (t - t_0)] \mathrm{d}x = k \int_{-\infty}^{\infty} s_i(x) s_i(x - t') \mathrm{d}x$$

将

$$s_i(x) = A\mathrm{rect}\left(\frac{x}{2}\right)\cos\left(\omega_0 x + \frac{\mu x^2}{2}\right)$$

$$s_i(x - t') = A\mathrm{rect}\left(\frac{x - t'}{\tau}\right)\cos\left[\omega_0(x - t') + \frac{\mu(x - t')^2}{2}\right]$$

代入上式后，再展开三角函数。因为当 ω_0 很高时，倍频项对积分值的贡献甚微，所以可略去倍频项。

按图 9.15 所示的积分限，可分两段求得积分值。

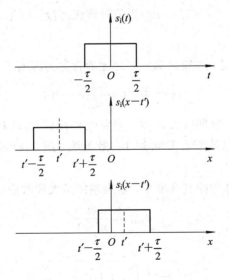

图 9.15　确定积分限

当 $0 \leqslant t' \leqslant \tau$ 时，有

$$s_o(t') = \frac{kA^2}{2}\int_{t'-\tau/2}^{\tau/2}\cos\left[\omega_0 t' + \mu t' x - \frac{\mu}{2}t'^2\right]\mathrm{d}x$$

$$= \frac{kA^2}{2}\frac{1}{\mu t'}\sin\left(\omega_0 t' + \mu t' x - \frac{\mu}{2}t'^2\right)\bigg|_{t'-\tau/2}^{\tau/2}$$

$$= \frac{kA^2}{2\mu t'}\left[\sin\left(\omega_0 t' + \frac{\mu\tau}{2}t' - \frac{\mu}{2}t'^2\right) - \sin\left(\omega_0 t' - \frac{\mu\tau}{2}t' + \frac{\mu}{2}t'^2\right)\right]$$

$$= \frac{kA^2}{\mu t'}\sin\left[\frac{\tau\mu}{2}t'\left(1 - \frac{t'}{\tau}\right)\right]\cos\omega_0 t' \tag{9.2.4}$$

当 $-\tau \leqslant t' < 0$ 时，有

$$s_o(t') = \frac{kA^2}{2} \int_{-\tau/2}^{t'+\tau/2} \cos\left[\omega_0 t' + \mu' x - \frac{\mu}{2} t'^2\right] \mathrm{d}x$$

$$= \frac{kA^2}{2\mu t'} \sin\left(\omega_0 t' + \mu' x - \frac{\mu}{2} t'^2\right)\Big|_{-\tau/2}^{t'+\tau/2}$$

$$= \frac{kA^2}{\mu t'} \sin\left[\frac{\tau\mu}{2} t'\left(1 + \frac{t'}{\tau}\right)\right] \cos 2\pi f_0 t' \tag{9.2.5}$$

合并式(9.2.4)和式(9.2.5)，可得

$$s_o(t') = \frac{kA^2\tau}{2} \frac{\sin\left[\frac{\tau\mu}{2} t'\left(1 - \frac{|t'|}{\tau}\right)\right]}{\frac{\tau\mu}{2} t'} \times \cos 2\pi f_0 t' \tag{9.2.6}$$

式(9.2.6)表示线性调频信号经过匹配滤波器的输出。它是一个固定载频 f_0 的信号，其包络调制函数如式(9.2.6)所示。当 $t' \ll \tau$ 时，包络近似为辛克(sinc)函数，即

$$\frac{kA^2\tau}{2} = \frac{\sin\left(\frac{\tau\mu}{2} t'\right)}{\frac{\tau\mu}{2} t'}$$

当 $x = \frac{\pi}{2}$ 时，$\frac{\sin x}{x} = \frac{2}{\pi}$，接近 -4 dB。匹配波滤器输出脉冲 -4 dB 间的宽度 $\tau' = 2t'$，而 $\frac{\tau\mu}{2} t' = \frac{\pi}{2}$，则压缩后脉冲宽度 $\tau' = \frac{2\pi}{\tau\mu} = \frac{1}{B_M}$，$B_M$ 为信号调频宽度。可见，压缩后的脉宽反比于 B_M，而与输入脉宽 τ 无关。

线性调频信号输入脉宽 τ 与输出脉宽 τ' 之比通常称为压缩比 D，即

$$D = \frac{\tau}{\tau'} = \frac{\tau}{1/B_M} = \tau B_M \tag{9.2.7}$$

它就是信号的时宽频宽积。早期线性调频信号常用的压缩比 D 在数十至数百的范围，而近代雷达用的线性调频信号其压缩比 D 可达 10^6 数量级。图9.14所示为线性调频信号的各主要波形。

通过匹配滤波器后，脉冲的宽度变窄，输出端的最大瞬时信噪比为

$$d_{max} = \frac{s_o^2(t_0)}{n_o^2(t)}$$

式中：

$$n_o^2(t) = \frac{1}{2\pi} \int_{-\infty}^{\infty} |H(\omega)|^2 \frac{N_0}{2} \mathrm{d}\omega$$

式中，N_0 为白噪声功率谱密度。匹配滤波器的频率响应为

$$H(\omega) = kS^*(\omega)\mathrm{e}^{-\mathrm{j}2\pi f t_0}$$

所以：

$$n_o^2(t) = \frac{N_0}{2} \frac{k^2}{2\pi} \int_{-\infty}^{\infty} |S^*(\omega)|^2 \mathrm{d}\omega = \frac{N_0}{2} k^2 \int_{-\infty}^{\infty} s^2(t) \mathrm{d}t = \frac{k^2 N_0 E}{2}$$

式中，E 为信号能量。由式(9.2.6)可知，当 $t = t_0$，即 $t' = t - t_0 = 0$ 时，有

$$s_o(0) = \frac{1}{2} kA^2\tau$$

故得匹配滤波器输出端最大瞬时信号噪声比为

$$d_{\max} = \frac{s_{\mathrm{o}}^2(0)}{n_{\mathrm{o}}^2(t)} = \frac{\left(\dfrac{1}{2}kA^2\tau\right)^2}{\dfrac{1}{2}k^2 N_0 E} = \frac{(kE)^2}{\dfrac{1}{2}k^2 N_0 E} = \frac{2E}{N_0}$$

式中，$E = \dfrac{1}{2}A^2\tau$，为线性调频脉冲的能量。当信号振幅 A 一定时，可以加大脉冲宽度 τ 来增加信号能量，而同时用增大调频宽度 B_{M} 的办法，保持输出脉冲宽度在允许范围内。

下面讨论线性调频信号经过匹配滤波器后信号幅度的变化。如果压缩网络是无源的，则根据能量守恒原理可知：输入和输出端的能量相等。设输入脉冲的脉冲功率为 P，其相应的信号振幅为 A，经匹配滤波器后压缩脉冲宽度 $\tau' = \dfrac{1}{B_{\mathrm{M}}}$，压缩脉冲振幅为 A'，相应的脉冲功率为 P'，则下述关系式成立：

$$E = P\tau = P'\tau' \quad \text{即} \quad \frac{P'}{P} = \frac{\tau}{\tau'} = D$$

脉冲功率与信号振幅的平方成正比，故得压缩前后脉冲振幅比为

$$\frac{A'}{A} = \sqrt{D}$$

可见，输出脉冲振幅增大为原来的 $\sqrt{D}$ 倍。

*2. 匹配滤波器的频率特性

下面讨论匹配滤波器的频率特性。为此应先求出信号的频谱 $S_{\mathrm{i}}(f)$：

$$
\begin{aligned}
S_{\mathrm{i}}(f) &= \int_{-\infty}^{\infty} s_{\mathrm{i}}(t)\exp(-\mathrm{j}2\pi f t)\,\mathrm{d}t \\
&= \frac{A}{2}\int_{-\tau/2}^{\tau/2} \exp\left\{+\mathrm{j}\left[2\pi(f_0 - f)t + \frac{\mu t^2}{2}\right]\right\}\mathrm{d}t \\
&\quad + \frac{A}{2}\int_{-\tau/2}^{\tau/?} \exp\left\{-\mathrm{j}\left[2\pi(f_0 + f)t + \frac{\mu t^2}{2}\right]\right\}\mathrm{d}t \\
&= S_{\mathrm{i+}}(f) + S_{\mathrm{i-}}(f)
\end{aligned}
\tag{9.2.8}
$$

信号的频谱分别集中于 $\pm f_0$ 附近。对于一般载频实信号，其指数型复数频谱相对于频率轴是正负对称的偶函数，且通常情况下，信号带宽均远小于中心频率 f_0，因此可认为正、负两部分频谱不产生重叠。下面只集中讨论具有代表性的正频率部分的频谱，即式(9.2.8)中的第一项。由于

$$S_{\mathrm{i+}}(f) = \frac{A}{2}\int_{-\tau/2}^{\tau/2} \exp\left\{\mathrm{j}\left[2\pi(f_0 - f)t + \frac{\mu t^2}{2}\right]\right\}\mathrm{d}t$$

将积分项内指数项进行配方：

$$
\begin{aligned}
2\pi(f_0 - f)t + \frac{\mu}{2}t^2 &= \frac{\mu}{2}\left[t^2 + \frac{2}{\mu}(\omega_0 - \omega)t + \left(\frac{\omega_0 - \omega}{\mu}\right)^2\right] - \frac{\mu}{2}\left(\frac{\omega_0 - \omega}{\mu}\right)^2 \\
&= \frac{\mu}{2}\left(t + \frac{\omega_0 - \omega}{\mu}\right)^2 - \frac{1}{2\mu}(\omega_0 - \omega)^2
\end{aligned}
$$

所以：

$$
\begin{aligned}
S_{\mathrm{i+}}(f) &= \frac{A}{2}\int_{-\tau/2}^{\tau/2} \exp\left\{\frac{\mathrm{j}\mu}{2}\left(t + \frac{\omega_0 - \omega}{\mu}\right)^2 - \frac{\mathrm{j}}{2\mu}(\omega_0 - \omega)^2\right\}\mathrm{d}t \\
&= \frac{A}{2}\exp\left[-\mathrm{j}\,\frac{(\omega_0 - \omega)^2}{2\mu}\right]\int_{-\tau/2}^{\tau/2} \exp\left[\frac{\mathrm{j}\mu}{2}\left(t + \frac{\omega_0 - \omega}{\mu}\right)^2\right]\mathrm{d}t
\end{aligned}
$$

为便于查表，设 $\sqrt{\mu}\left(t+\dfrac{\omega-\omega_0}{\mu}\right)=\sqrt{\pi}x$，则 $\mathrm{d}t=\sqrt{\dfrac{\pi}{\mu}}\mathrm{d}x$，于是正频率轴上的频谱可写为

$$S_{i+}(f)=\frac{A}{2}\sqrt{\frac{\pi}{\mu}}\exp\left[-\mathrm{j}\,\frac{(\omega-\omega_0)^2}{2\mu}\right]\int_{-x_1}^{x_2}\exp\left(\mathrm{j}\,\frac{\pi x^2}{2}\right)\mathrm{d}x$$

积分上、下限分别为

$$X_1=\frac{-\dfrac{\mu\tau}{2}+(\omega-\omega_0)}{\sqrt{\pi\mu}},\quad X_2=\frac{\dfrac{\mu\tau}{2}+(\omega-\omega_0)}{\sqrt{\pi\mu}}$$

最后得到频谱表达式为

$$S_{i+}(f)=\frac{A}{2}\sqrt{\frac{\pi}{\mu}}\exp\left[-\mathrm{j}\,\frac{(\omega-\omega_0)^2}{2\mu}\right][C(X_1)+\mathrm{j}S(X_1)+C(X_2)+\mathrm{j}S(X_2)] \qquad (9.2.9)$$

式中：

$$C(X)=\int_0^X\cos\frac{\pi y^2}{2}\mathrm{d}y,\quad S(X)=\int_0^X\sin\frac{\pi y^2}{2}\mathrm{d}y$$

为菲涅耳积分，它的数值可在专门的函数表上查到。菲涅耳积分具有以下特性：

$$C(-X)=-C(X),\quad S(-X)=-S(X)$$

按菲涅耳积分函数表可画出菲涅耳积分曲线，如图 9.16(a)所示。由图可见，除了奇对称特性外，菲涅耳积分还具有以下性质：

$$\lim_{X\to\pm\infty}C(X)=\lim_{X\to\pm\infty}S(X)=\pm 0.5$$

X 值越大，函数值在 ±0.5 附近的波动越小。

下面讨论线性调频信号频谱（正频域部分）的幅相特性。

振幅特性为

$$|S_{i+}(f)|=\frac{A}{2}\sqrt{\frac{\pi}{\mu}}\{[C(X_1)+C(X_2)]^2+[S(X_1)+S(X_2)]^2\}^{1/2} \qquad (9.2.10)$$

相位特性为

$$\arg S_{i+}(f)=+\arctan\left[\frac{S(X_1)+S(X_2)}{C(X_1)+C(X_2)}\right]-\frac{(\omega-\omega_0)^2}{2\mu} \qquad (9.2.11)$$

从振幅谱的表达式可以看出，信号的频谱分量主要集中在 ω_0 附近，其频带范围为 $\omega_0-\Delta\omega_M/2\sim\omega_0+\Delta\omega_M/2$。$\Delta\omega_M=2\pi B_M$，$B_M=\mu\tau/(2\pi)$，为调频信号宽度内的频率偏移。如果压缩比 D 值较大，$\mu\tau$ 值也较大，则在频带范围内，X_1 和 X_2 的值均较大，菲涅耳积分函数值的波动较小，因此幅频特性在频带内的响应较平坦。另外，压缩比 D 值越大，幅频特性在频带外幅度的下降越快，即频谱形状和矩形更接近。计算表明，当 $D=10$ 时，就有 95% 的信号能量包含在此频带范围内。图 9.16(b)画出了 3 种不同 D 值时线性调频脉冲的频谱。在压缩比 D 值较大时，信号频宽和调频带宽 B_M 很接近，因此在通常使用时常将调频带宽 B_M 和信号频宽 B 等同看待。

频谱的相位部分由 $\Phi_1(\omega)=-\dfrac{(\omega-\omega_0)^2}{2\mu}$ 和 $\Phi_2(\omega)=+\arctan\dfrac{S(X_1)+S(X_2)}{C(X_1)+C(X_2)}$ 组成。在频带范围（$\omega_M\pm\Delta\omega/2$）内，当压缩比 $D=B\tau\gg1$ 时，有

$$\frac{S(X_1)+S(X_2)}{C(X_1)+C(X_2)}\approx 1$$

即 $\Phi_2(\omega)\approx45°$。

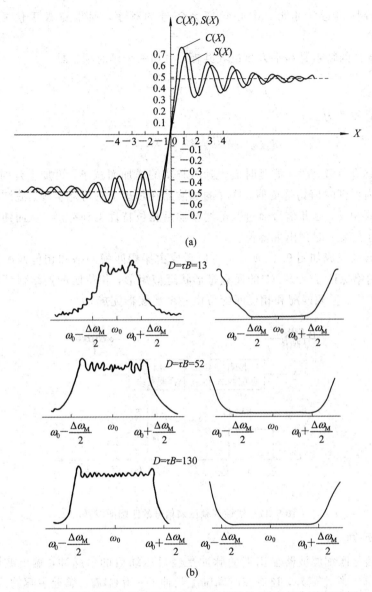

图 9.16　线性调频信号的幅频特性和相频特性(平方相位项未画出)

(a) 菲涅耳积分的图形；(b) 不同 D 值信号的幅相特性

表示线性调频信号特征的是其频谱的平方律相位项 $\Phi_1(\omega)$，在正向斜率调频的情况下，有

$$\Phi_1(\omega) = -\frac{(\omega - \omega_0)^2}{\mu}$$

该项具有与频差 $(\omega - \omega_0)$ 成平方关系而和调频斜率 μ 成反比关系的滞后相位。

采用同样的方法，可求出信号在负频率轴上的频谱 $S_{i-}(f)$，这两部分频谱对于 $f=0$ 点共轭对称，即 $S_{i-}(f) = S_{i+}^*(-f)$。

求出信号的频谱函数后，即可求得其匹配滤波器的频率特性为

$$H(f) = kS_o^*(f)\exp(-j2\pi ft_0)$$

通常使用的线性调频脉冲均满足 $D = \tau B \gg 1$，故其频谱的振幅分布很接近于矩形，而 $\Phi_2(\omega)$ 在频带范围内近似为常数，因此匹配滤波器的频率特性应是：

（1）振幅特性接近于矩形，中心频率为信号的频率，而带宽等于信号的调制频偏，即 $B_M = \mu\tau/(2\pi)$。

（2）相位特性的特点是和平方相位项共轭，再加一个延时项，即

$$\beta_f(\omega) = + \frac{(\omega - \omega_0)^2}{2\mu} - \omega t_0$$

滤波器的群延时特性为

$$T_f(\omega) = \frac{\mathrm{d}\beta_f(\omega)}{\mathrm{d}\omega} = \frac{\omega - \omega_0}{\mu} - t_0 \tag{9.2.12}$$

即要求滤波器具有色散特性，群延时值应随着频率的增加而减小，再加上延时 t_0，以保证在整个频带范围内群延时值均是负值。这样的滤波器在物理上有可能实现。滤波器的群延时特性正好和信号的相反，因此信号通过匹配滤波器后相位特性得到补偿，从而使输出信号相位均匀，保证信号在某一时刻出现峰值。

匹配滤波器的组成如图 9.17 所示，可以看成由振幅匹配网络和相位匹配网络两部分组成。振幅匹配网络保证 $f_0 \pm B_M/2$ 的通频带形状近似矩形，相位匹配网络保证所需的群延时特性。实际工作中，振幅匹配和相位匹配可由一个滤波器完成。

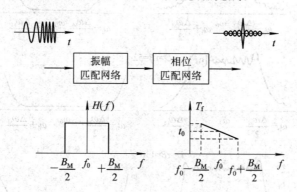

图 9.17　线性调频压缩信号的匹配滤波器

＊3. 副瓣抑制

线性调频信号匹配滤波器输出端的脉冲是经过压缩后的窄脉冲，输出波形具有辛克函数 $\sin x/x$ 的性质。除主瓣外，还有在时间轴上延伸的一串副瓣。靠近主瓣的第一副瓣最大，其值较主峰值只低 13.46 dB，第二副瓣再降低约 4 dB，以后依次下降。副瓣零点间的间隔为 $1/B$。一般雷达均要观察反射面差别很大的许多目标，这时强信号压缩脉冲的副瓣将会干扰和掩盖弱信号的反射回波，这种情况在实际工作中是不允许的。因此能否成功地使用线性调频脉冲压缩信号，就依赖于能否很好地抑制时间副瓣。

可以采用失配于匹配滤波器的准匹配滤波器来改善副瓣的性能，即在副瓣输出达到要求的条件下，使主瓣的展宽及其强度的变化值最小。

匹配滤波器输出端的信号 $s_o(t)$ 可以表示为

$$s_o(t) = \frac{1}{2\pi} \int_{-\infty}^{\infty} S(\omega) \cdot H(\omega) \mathrm{e}^{j\omega t} \mathrm{d}\omega = \frac{1}{2\pi} \int_{-\infty}^{\infty} S(\omega) S^*(\omega) \mathrm{e}^{j\omega t} \mathrm{d}\omega$$

$$= \frac{1}{2\pi} \int_{-\infty}^{\infty} |S(\omega)|^2 \mathrm{e}^{j\omega t} \mathrm{d}\omega \tag{9.2.13}$$

输出信号的形状是由信号谱和滤波器频率响应的乘积所决定的。要控制副瓣的大小，就必须设法改变信号频谱或滤波器频率响应，即采用加权或频谱整形的办法实现。

求最佳频谱函数以得到所需输出波形的问题与低副瓣天线设计问题相同。在设计天线时，改变孔径照射函数可得到一个低副瓣远区方向图，同时保持最小的主瓣展宽和增益损失。这个关系可由以下公式求出：

$$E(\phi) = \int_{-d/2}^{d/2} W(z) \exp\left[\mathrm{j}2\pi \frac{z}{\lambda} \sin\phi \right] \mathrm{d}z$$

式中，$E(\phi)$ 为远区电场强度；ϕ 为方向角；$W(z)$ 为电流分布函数；d 为天线尺寸。

远区场 $E(\phi)$ 由电流分布的傅里叶积分得到。所得天线方向图 $E(\phi)$ 和 $\sin\phi$ 的关系与匹配滤波器输出端波形和时间的关系相同。在天线设计中，人们研究了许多可能的电流分布函数 $W(z)$，以得到所需的低副瓣参数，这些结果完全可以用到线性调频信号压低副瓣的措施中，只要令

$$S(\omega) \cdot H(\omega) = W(\omega) \tag{9.2.14}$$

即可。通常均假设失配集中在振幅特性上，而令滤波器的相位特性和输入信号谱的相位特性保持共轭。

作为一般原理，对于任一所需输出时间函数 $s_\circ(t)$，其所要求的频谱函数可由傅里叶变换对得到：

$$W(\omega) = \int_{-\infty}^{\infty} s_\circ(t) \exp(-\mathrm{j}\omega t) \mathrm{d}t \tag{9.2.15}$$

根据这个公式可求出所要求的 $W(\omega)$。下面借用综合设计低副瓣天线时所得的两个结果作为加权函数的例子：

（1）泰勒（Taylor）函数加权。为简单起见，只取函数的前两项，得到

$$W(\omega)_{\mathrm{T}} = 1 + 0.84 \cos \frac{2\pi\omega}{\Delta\omega} \tag{9.2.16}$$

或者化成归一化（即 $\omega = 0$ 时，$W(0) = 1$）的形式：

$$W(\omega)_{\downarrow} = 0.088 + 0.912 \cos^2 \frac{\pi\omega}{\Delta\omega}$$

这种泰勒加权可以得到 -40 dB 的副瓣，主瓣稍加宽，大约为同样带宽矩形函数的压缩脉宽的 1.41 倍。

（2）汉明（Hamming）函数加权。与上面的泰勒函数加权很接近，其加权函数为

$$W(\omega)_{\mathrm{H}} = 0.08 + 0.92 \cos^2 \frac{\pi\omega}{\Delta\omega} \tag{9.2.17}$$

经汉明函数加权后，所得时间函数的副瓣较主峰值低 42.8 dB，而 3 dB 的主瓣脉冲宽度为不加权矩形频谱时的 1.47 倍。这是目前能得到最低副瓣的一种加权。

可以通过对发射脉冲包络加权，也可以对接收机匹配滤波器频率特性进行加权来得到所需的 $W(\omega)$。通常在高功率雷达中并不采用对发射信号包络加权的办法，因为发射机末级放大器的工作很难进行幅度控制，而且还会降低效率。最后在接收机滤波器中进行频率加权来达到降低副瓣的目的。

4. 线性调频信号的产生和处理

线性调频信号的优点之一是容易产生和处理。目前已经发展了许多新的器件和新的技术以实现线性调频信号的产生和匹配滤波，下面分别加以说明。

1）线性调频的产生

产生线性调频信号的基本方法有两种，即有源法和无源法，其组成方框图见图 9.18。有

源法利用线性变化的锯齿电压去控制压控振荡器的频率，以得到所需变化规律的调频波，经时间整形后送到倍频器和变频器，使之变为雷达工作频率上的线性调频波供发射系统使用。无源法则利用脉冲扩展滤波器来产生调频信号，它是目前用得较多的一种方法。设激励脉冲为 $\delta(t)$，其相应频谱为 $S_\delta(\omega)$，而扩展滤波器的频率特性为 $H(\omega)$，则滤波器输出波形 $s_i(t)$ 为

$$s_i(t) = \frac{1}{2\pi} \int_{-\infty}^{\infty} S_\delta(\omega) \times H(\omega) \mathrm{e}^{\mathrm{j}\omega t} \, \mathrm{d}\omega$$

$s_i(t)$ 波形经整形和混频后，就是发射机的输出波形。激励脉冲的选择应当使扩展以后的信号合乎线性调频的要求，即在扩展滤波器频带范围内具有均匀的频谱。例如，激励脉冲具有以下波形：

$$\delta(t) = \frac{\sin \frac{\mu t_\mathrm{p}}{2} t}{\frac{\mu t}{2} t_\mathrm{p}} \times \cos\omega_0 t$$

式中，ω_0 为扩展滤波器的工作频率。产生线性调频信号时，扩展滤波器常采用色散延迟线，其振幅频率特性在频带范围内是均匀的，呈矩形，而相位特性在频带范围内应具有平方特性，以便得到线性延迟性能。

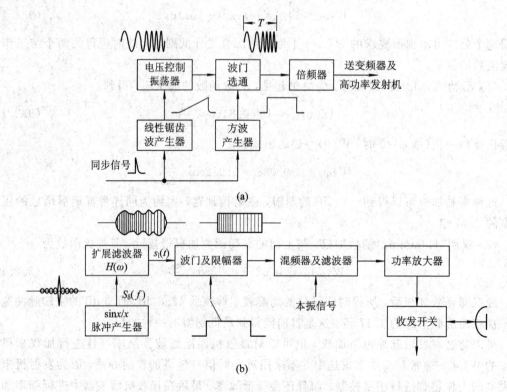

图 9.18　线性调频信号的产生

(a) 有源法；(b) 无源法

当发射机采用无源法产生线性调频信号时，接收系统的匹配滤波器可以采用和扩展滤波器频率特性呈复共轭的压缩滤波器。如果想在收发系统中采用相同频率特性的滤波器分别作为扩展和压缩之用，则可在接收机中的匹配滤波器之前加一个旁频反转电路，如图 9.19 所示。旁频反转电路实际上就是一个混频器，它的本振频率高于信号频率，输出取差频部分，滤去和频部分。差频信号的调频斜率和原输入信号正相反，故可利用原来的扩展滤波器

作为压缩的匹配滤波器使用。

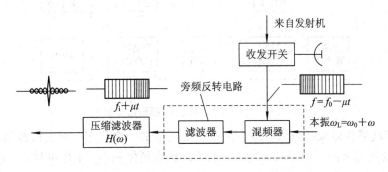

图 9.19　采用一种滤波器的无源线性调频系统

　　线性调频信号在雷达中使用时，常需要在脉冲与脉冲间进行有效的相参积累，例如在目标成像雷达及其他地面雷达中。常规雷达的距离延迟是相对于主脉冲而言的，因此脉冲重复频率触发与模拟法产生线性调频信号时的压控振荡器（VCO）或脉冲展宽滤波器之间的任何时间抖动，都会变成相邻脉冲间的相位误差数据。由于电路不稳所产生的时间抖动具有随机性，它所引起的相位误差是一种相位噪声。通过分析可知，当相位噪声的均方值大于 $10°$ 时会造成显著的相参积累损失。下面举例说明高分辨力雷达对电路时间抖动的要求。雷达工作频率 $f_0 = 10$ GHz（$\lambda = 3$ cm），中频为 750 MHz，线性调频信号带宽为 250 MHz，PRF $= 500$ Hz。此时发射频率中对 $10°$ 的时间抖动 Δt 为

$$\Delta t = \frac{10°}{360°} \cdot \frac{1}{10 \times 10^9} = 2.78 \times 10^{-12} \approx 3 \text{ ps}$$

即允许时间抖动 $\Delta t = 3$ ps。时间抖动是由 PRF 源的频率不稳以及线性调频信号形成电路时间不稳所引起的。由于 PRF 源不稳而要求达到的稳定度 $|\Delta f/f| = f \cdot \Delta t = 500 \times 3 \times 10^{-12} = 1.5 \times 10^{-9}$ 是容易达到的。而对模拟电路，如脉冲产生器、锯齿波产生器等，要达到小于 3 ps 的时间抖动则是比较困难的事。

　　除了对电路稳定性的要求外，用模拟法产生线性调频信号的另一个不足是很难获得所期望的频率线性度和波形平坦度，特别是在成像雷达需要大的时间带宽积时。不然，就需要附加的频率线性化、温控及校准方法，这会使设备变得复杂且可靠性下降。

　　现在可利用 DDS（直接数字频率合成）技术来产生近乎完美的线性调频信号。由于信号在数字域产生，其相位、幅度以及接通和断开的时间都用稳定的时钟频率控制，其输出波形的参数可实行精确控制，因而线性调频信号带宽上的相位和幅度起伏能得到合适的补偿。合成的波形可以实现脉冲到脉冲的快速变换。由时钟的稳定性决定接通和关断时，不像模拟系统那样依靠开关的稳定性，所以脉冲到脉冲间的时间抖动变小了。DDS 方法主要有 3 种：存储器直读法、可编程微机控制法及相位累加器法。

　　人们已经开发出供高分辨合成孔径雷达使用的 DDS Chirp 信号产生器，其时钟频率为 500 MHz，带宽为 230 MHz。图 9.20 是它的简化方框图。两个积累器提供两个相位积累，频率积累器的输入上有一个控制字，可以认为是固定相位，它的积累产生一个线性相位斜坡，再经过相位积累器就产生了线性频率调制（FM）所需的二次相位斜坡。相位积累器后的相位加法器对雷达系统的相位起伏进行校正，乘法器（图上未画）提供幅度校正或控制。

　　2）线性调频信号使用的匹配滤波器

线性调频信号用的匹配滤波器有多种形式，下面给出模拟处理和数字处理的例子。

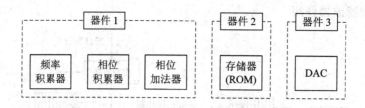

图 9.20　DDS CHIRP 产生器简化方框图

用声表面波器件做成的色散滤波器是模拟滤波器的一个代表。声表面波器件是 20 世纪 60 年代以后发展起来的一种新型器件,它的突出优点是体积小,工作可靠,器件制作的重复性好。声表面波色散延迟线的结构示意图如图 9.21 所示。基片的材料具有压电效应,例如常用的 $LiNbO_5$,在基片上用金属化光刻方法做了两个换能器,左边接输入信号,右边接负载。换能器的形状像交叉的手指,故称为叉指换能器。当交流信号输入时,由于压电效应使叉指之间的材料产生形变,这种周期性形变为超声波传播,其频率等于信号频率。向右传播的超声波到达换能器后转换为电信号输出,这就产生了输出信号的延迟。为了达到色散延迟(即不同频率具有不同的延迟)的目的,叉指换能器应做成参差形的,发射和接收端的参差互为镜像。恰当地设计叉指的宽度和间隔,就可以获得所需的色散特性。高频成分在换能器的稠密部分产生和接收,而在叉指的稀疏部分则产生和接收较低的频率分量。带宽是通过叉指间隔的变化来决定的。用声表面波器件做成的色散滤波器还具有容易加权的优点。在滤波器中,改变叉指的交叉长度,即可达到加权的目的。人们常用这种加权滤波器来抑制压缩后的距离副瓣强度。声表面波色散滤波器具有简单、尺寸小、制造时器件的再现性高等优点,是应用最广泛的器件之一。

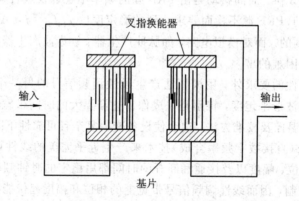

图 9.21　声表面波色散延迟线

近年来,数字器件迅猛发展,A/D 变换器和各种数字信号处理芯片(DSP)的运算速度和集成度显著提高,为雷达信号的实时处理提供了基础。数字信号处理的优点是工作稳定,重复性好,并具有较大的工作灵活性。例如,可以方便地改变处理模式,用适当增加硬设备的方法提高信号的精度、速度以及被处理信号的时宽带宽积等。下面将详细讨论数字脉冲压缩。

3) 数字脉冲压缩

(1) 数字脉冲压缩的优点、原理及实现。

① 数字脉冲压缩的优点。

如前所述,信号的脉冲压缩处理过程是用将目标反射的线性调频回波信号通过冲激响应变为发射信号共轭镜像的线性系统来实现的。脉冲压缩处理系统既可以是前述的模拟形式，也可以是数字形式。

近年来，由于高速 A/D 变换器、高速高密度可编程逻辑器件(FPGA)、高速数字信号处理器(DSP)等数字技术的迅速发展，以数字技术实现的脉冲压缩处理方式被广泛采用。数字处理的优点是工作稳定可靠，精度高，重复性好，并且具有很高的可编程性和灵活性，容易实现匹配滤波器传递函数及加权函数的自适应控制，从而提高距离分辨力，改善距离旁瓣性能。

② 数字脉冲压缩的原理与实现。

数字脉冲压缩一般在零中频(基带)实现，如图 9.22 所示。在每个雷达脉冲重复周期，雷达中频回波经零中频正交相位检波器后，输出两路含有回波调制信息的同相和正交分量信号。这两路信号按时域奈奎斯特采样定理进行采样后形成零中频复调制数字信号，通过与基带发射脉冲相匹配(含加权处理)的复数字滤波器后形成数字脉冲压缩输出。

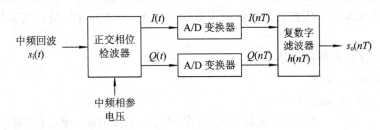

图 9.22　数字脉冲压缩原理

下面以线性调频脉冲信号的数字压缩为例展开讨论。对于非线性调频、脉冲编码等信号的数字压缩处理，原理上是相同的，此处不再赘述。

设雷达系统采用的基带线性调频复调制脉冲信号为

$$s_{\mathrm{B}}(t) = \mathrm{e}^{\mathrm{j}\frac{1}{2}\mu t^2}, \qquad |t| \leqslant \frac{\tau}{2}$$

则雷达接收机接收到的中频目标回波脉冲为

$$s_{\mathrm{i}}(t) = A \cdot \mathrm{Re}\big[\mathrm{e}^{\mathrm{j}\omega_0(t-t_{\mathrm{R}})+\mathrm{j}\frac{1}{2}\mu(t-t_{\mathrm{R}})^2}\big], \qquad |t-t_{\mathrm{R}}| \leqslant \frac{\tau}{2}$$

式中，τ 为雷达发射脉冲宽度，μ 为线性调频信号的调频斜率，ω_0 为接收机中频角频率，t_{R} 为目标回波脉冲相对于雷达发射脉冲的时间延迟。正交相位检波器输出的双路零中频回波脉冲信号为

$$s(t) = I(t) + \mathrm{j}Q(t) = A\mathrm{e}^{\mathrm{j}\left[\frac{1}{2}\mu(t-t_{\mathrm{R}})^2+\varphi\right]}, \qquad |t-t_{\mathrm{R}}| \leqslant \frac{\tau}{2} \tag{9.2.18}$$

其中：

$$I(t) = A\cos\left[\frac{1}{2}\mu(t-t_{\mathrm{R}})^2+\varphi\right], \qquad |t-t_{\mathrm{R}}| \leqslant \frac{\tau}{2}$$

$$Q(t) = A\sin\left[\frac{1}{2}\mu(t-t_{\mathrm{R}})^2+\varphi\right], \qquad |t-t_{\mathrm{R}}| \leqslant \frac{\tau}{2}$$

式中，$\varphi = -\omega_0 t_{\mathrm{R}}$，为回波的初始相位。

设 A/D 变换器的采样频率 $f_{\mathrm{s}} = 1/T$，则零中频脉冲信号的离散化形式为

$$s(nT) = I(nT) + \mathrm{j}Q(nT) = \mathrm{e}^{\mathrm{j}\left[\frac{1}{2}\mu(nT-t_{\mathrm{R}})^2+\varphi\right]}, \qquad |nT-t_{\mathrm{R}}| \leqslant \frac{\tau}{2}$$

数字脉冲压缩匹配滤波器的冲激响应为

$$h(nT) = w(nT) \cdot s_B^*(-nT) = w(nT) \cdot e^{-j\frac{1}{2}\mu(nT)^2}, \qquad |nT| \leqslant \frac{\tau}{2} \qquad (9.2.19)$$

式中，$w(nT)$ 为抑制时间旁瓣所采用的加权函数。数字脉冲压缩匹配滤波器的输出为

$$s_o(nT) = h(nT) * s(nT) = \sum_i h(iT)s(nT - iT) \qquad (9.2.20)$$

对式(9.2.20)两边进行 z 变换，则得数字脉冲压缩输出的频域形式：

$$S_o(z) = H(z) \cdot S(z) \qquad (9.2.21)$$

式中，$z = e^{j\omega T}$。

当脉冲压缩数字匹配滤波在时域通过离散卷积实现时，称为时域数字脉冲压缩；当数字匹配滤波在频域通过傅里叶变换及反变换实现时，称为频域数字脉冲压缩或快速卷积脉冲压缩。

③ 数字脉冲压缩举例。

为了说明数字脉冲压缩的处理效果，以下针对特定参数的线性调频脉冲信号进行数字脉冲压缩的计算机仿真。仿真的数字脉冲压缩结果如图 9.23 所示，仿真所采用的信号及处理参数如下：

信号形式：线性调频脉冲信号。

调频带宽：$B = 5$ MHz。

信号时宽：$\tau = 50$ μs。

采样频率：$f_s = 20$ MHz。采用过采样是为了使图 9.23 绘图清晰，理论上可取 $f_s = 5$ MHz。

加权函数：

仿真情况 1：不加权；

仿真情况 2：频域汉明(Hamming)加权。

$$W(f) = \begin{cases} 0.08 + 0.92\cos^2\dfrac{\pi f}{B}, & |f| \leqslant \dfrac{B}{2} \\ 0, & |f| > \dfrac{B}{2} \end{cases}$$

脉冲压缩实现：频域数字压缩。

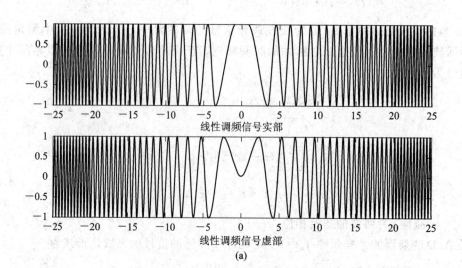

(a)

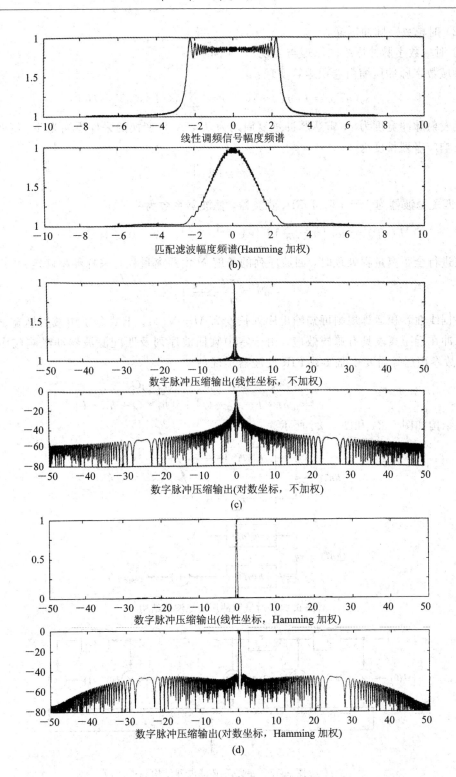

图 9.23　数字脉冲压缩仿真结果

（a）基带线性调频信号实、虚部波形；（b）线性调频信号频谱及匹配滤波器频响；

（c）未加权数字脉冲压缩结果；（d）Hamming 加权数字脉冲压缩结果

（2）时域数字脉冲压缩。

① 时域数字脉冲压缩的原理与实现。

时域数字脉冲压缩由卷积运算实现：

$$s_o(nT) = h(nT) * s(nT) = \sum_i h(iT)s(nT - iT)$$

设发射脉冲宽度为 τ，雷达脉冲重复周期为 T_r，A/D 变换的采样周期为 T，则匹配滤波器冲激响应序列长度为

$$M = \left\lceil \frac{\tau}{T} \right\rceil$$

因此，匹配滤波器为 $M-1$ 阶复 FIR 滤波器，滤波器系数为

$$h(nT) = w\left[\left(n - \frac{M}{2}\right)T\right] \cdot e^{-j\frac{1}{2}\mu\left[\left(n-\frac{M}{2}\right)T\right]^2}, \quad 0 \leqslant n \leqslant M-1$$

在进行全距离量程处理时，回波序列的长度 N 由距离量程与采样频率确定：

$$N = \left\lceil \frac{T_r - \tau}{T} \right\rceil$$

根据线性卷积运算规则可知输出序列长度为 $M+N-1$。上式分子中减去脉宽 τ 是由于发射脉冲在近距离段具有遮挡效应。由于零中频回波序列及匹配滤波器冲激响应序列均为复量，故卷积运算需要 4 路实数 FIR 滤波器实现：

$$\begin{aligned}
s_o &= h * s = (h_I + jh_Q) * (I + jQ) \\
&= [h_I * I - h_Q * Q] + j[h_I * Q + h_Q * I]
\end{aligned} \tag{9.2.22}$$

其实现结构如图 9.24 和图 9.25 所示。

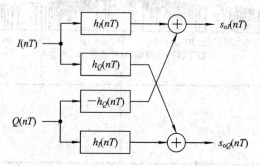

图 9.24　时域脉冲压缩滤波器结构

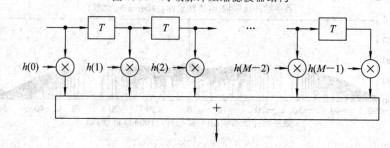

图 9.25　每路 FIR 滤波器结构

② 时域数字脉冲压缩的特点。

由时域脉冲压缩过程可知，时域数字脉冲压缩的优点是实时性好，输出相对于输入数据的延迟小；缺点是滤波器实现复杂，运算量大，特别是对大时宽带宽积信号，滤波器阶数 M 较大，实现所需硬件资源量很大，因而实际应用较少。

(3) 频域数字脉冲压缩。

① 频域数字脉冲压缩的原理与实现。

频域数字脉冲压缩在频域通过乘积运算实现：

$$S_o(z) = H(z) \cdot S(z)$$

上式为连续形式,需进行频域离散化处理。频域离散化的结果导致时域周期化,从而使时域的卷积求和变为周期序列的卷积求和。如果时域序列的周期(对应频域取样的频率)不够大,则时域周期卷积结果就可能出现混叠现象。根据频域取样定理,当频域取样频率不小于原时域卷积输出序列 $s_o(nT)$ 的长度时,频域的离散化不会导致时域波形的混叠。因此,为利用周期卷积实现线性卷积运算,需将 $h(nT)$、$s(nT)$ 序列进行补零扩展,使其长度与输出序列 $s_o(nT)$ 长度 $M+N-1$ 相等,相应地频域取样频率为 $(M+N-1)T$。将补零后的序列分别记为 $h(n)$、$s(n)$ 及 $s_o(n)$,并令 $L=M+N-1$,则有

$$s_o(n) = s_o(nT), \quad 0 \leqslant n \leqslant L-1$$

$$s(n) = \begin{cases} s(nT), & 0 \leqslant n \leqslant N-1 \\ 0, & N \leqslant n \leqslant L-1 \end{cases} \tag{9.2.23a}$$

$$h(n) = \begin{cases} h(nT), & 0 \leqslant n \leqslant M-1 \\ 0, & M \leqslant n \leqslant L-1 \end{cases} \tag{9.2.23b}$$

其 L 点离散傅里叶变换(DFT)分别为

$$S_o(k) = \mathrm{DFT}[s_o(n)] = \sum_{n=0}^{L-1} s_o(n) \mathrm{e}^{-\mathrm{j}\frac{2\pi}{L}nk}$$

$$S(k) = \mathrm{DFT}[s(n)] = \sum_{n=0}^{L-1} s(n) \mathrm{e}^{-\mathrm{j}\frac{2\pi}{L}nk}$$

$$H(k) = W(k) \cdot \mathrm{DFT}[h(n)] = W(k) \cdot \sum_{n=0}^{L-1} h(n) \mathrm{e}^{-\mathrm{j}\frac{2\pi}{L}nk}$$

式中,$W(k)$ 为频域加权函数。因而得到输入与输出离散傅里叶变换的频域关系式：

$$S_o(k) = H(k) \cdot S(k)$$

对 $S_o(k)$ 进行 L 点的离散傅里叶逆变换即得到输出脉冲压缩序列 $s_o(n)$：

$$s_o(n) = \mathrm{IDFT}[S_o(k)] = \frac{1}{L} \sum_{k=0}^{L-1} S_o(k) \mathrm{e}^{\mathrm{j}\frac{2\pi}{L}nk} \tag{9.2.24}$$

实际中为了能够利用快速傅里叶变换算法(FFT)实现 DFT 运算,还需将序列长度 L 进一步补零扩展为 2 或 4 的整数次幂,从而可利用 FFT 的基 2 或基 4 快速算法,大大节省了DFT 和 IDFT 的运算量,其实现原理如图 9.26 所示。

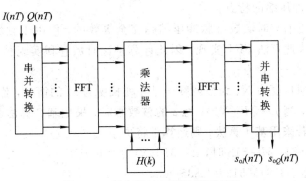

图 9.26　数字脉冲压缩的频域实现

图 9.26 的频域脉冲压缩可以利用专用 FFT 器件实现，也可以用 FPGA 实现，但目前常采用数字信号处理器(DSP)通过软件编程实现。软件实现的优点是灵活性好，调试方便。利用 DSP 实现频域数字脉冲压缩的原理如图 9.27 所示。

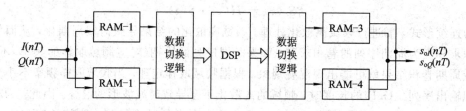

图 9.27　基于 DSP 实现的频域数字脉冲压缩

图 9.27 的工作过程为：输入的奇数和偶数脉冲重复周期数据交替进入 RAM - 1 和 RAM - 2，DSP 轮流对奇数和偶数周期数据进行脉冲压缩处理，输出脉冲压缩数据交替从 RAM - 3 和 RAM - 4 输出。当 DSP 对 RAM - 1 奇数周期数据进行脉冲压缩处理时，RAM - 2 接收偶数周期数据，同时 RAM - 3 准备接收当前奇数周期脉冲压缩结果，RAM - 4 输出上一偶数周期的脉冲压缩数据。下一周期的情况刚好相反：DSP 对 RAM - 2 中偶数周期数据进行脉冲压缩处理时，RAM - 1 接收奇数周期数据。同时 RAM - 4 准备接收当前偶数周期脉冲压缩结果，RAM - 3 输出上一奇数周期的脉冲压缩数据，如此循环往复。具体工作时序关系如图 9.28 所示。

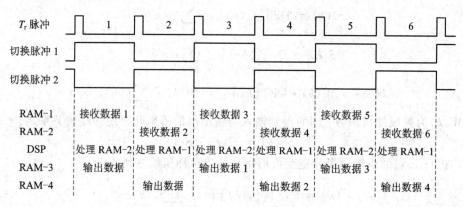

图 9.28　基于 DSP 脉冲压缩的工作时序

上述 DSP 处理系统要求 DSP 必须在一个脉冲重复周期内完成要求距离段上回波信号的数字脉冲压缩处理。

② 频域数字脉冲压缩的特点。

频域数字脉冲压缩与时域数字脉冲压缩是完全等效的，但由于频域数字脉冲压缩可以利用傅里叶变换的快速算法 FFT 实现，因此计算量比时域卷积实现脉冲压缩小很多，是目前主要采用的方法。

对输入信号序列长度为 N、线性调频信号序列长度为 M 的情况，若采用时域处理，则运算量与 MN 成正比；当 $L=M+N-1$ 为 2 的整数幂时，采用基 2 算法的频域处理其运算量与 $L \times \text{lb} L$ 成正比(若采用基 4 算法，则运算量将更小)。

例如，当 $N=3584$，$M=512$ 时，$L=M+N-1=4095$。

时域运算量级为：$3584 \times 512 = 1\ 835\ 008$。

频域运算量级为：$4096 \times \text{lb} 4096 = 4096 \times 12 = 49\ 152$。

　　频域数字脉冲压缩属于批处理算法，即必须接收到一个脉冲重复周期的全部回波数据后才能进行处理，故其输出是延时的。输出数据序列比输入序列至少延迟两个雷达脉冲重复周期。

　　对于大带宽线性调频信号以及需处理的距离段较长、特别是长脉冲重复周期的全程处理等情况，采用以上的单路处理方法难以实现。因为此时采样频率很高，采样信号序列较长，运算量极大，导致硬件处理速度无法满足实时性要求。这种情况下的数字脉冲压缩通常需采用并行或流水处理方式来实现。具体来说，可以采用数据分段、任务分段或数据和任务双重分段的处理模式。

　　③ 数字脉冲压缩的并行处理技术。

　　a. 数据分段并行处理。

　　数据分段并行处理是将输入数据序列分为多个相对较短的数据段，对每段进行脉冲压缩处理后再将其合并为全数据段脉冲压缩输出。

　　设匹配滤波器冲激响应序列长度为 M，雷达回波序列长度 $N_1 \gg M$，将 N_1 均匀分为 m 段，每段长度为 $N = N_1/m$。记每段子序列为

$$s_i(nT) = \begin{cases} s(nT), & iN \leqslant n \leqslant (i+1)N-1 \\ 0, & \text{其他} \end{cases}, \quad i = 0, 1, \cdots, m-1$$

则输出脉冲压缩序列为

$$s_o(nT) = h(nT) * s(nT) = \sum_{i=0}^{m-1} h(nT) * s_i(nT)$$
$$= h(nT) * s_0(nT) + h(nT) * s_1(nT) + \cdots + h(nT) * s_{m-1}(nT)$$

为在频域实现上式的线性卷积，需对各个子序列 $s_i(nT)$ 及 $h(nT)$ 补零扩展成长度为 $L = M + N - 1$ 的序列并左移至以原点为起始的序列：

$$s_i(n) = \begin{cases} s_i(nT + iNT), & 0 \leqslant n \leqslant N-1 \\ 0, & N \leqslant n \leqslant L-1 \end{cases}, \quad i = 0, 1, \cdots, m-1$$

$$h(n) = \begin{cases} h(nT), & 0 \leqslant n \leqslant M-1 \\ 0, & M \leqslant n \leqslant L-1 \end{cases}$$

对每个补零后的子序列完成子序列频域脉冲压缩：

$$S_{oi}(k) = H(k) \cdot S_i(k)$$

式中：

$$S_{oi}(k) = \sum_{n=0}^{L-1} s_{oi}(n) e^{-j\frac{2\pi}{L}nk}$$

$$S_i(k) = \sum_{n=0}^{L-1} s_i(n) e^{-j\frac{2\pi}{L}nk}$$

对 $S_{oi}(k)$ 进行 L 点的离散傅里叶逆变换即得到各子序列的脉冲压缩输出 $s_{oi}(n)$：

$$s_{oi}(n) = \frac{1}{L} \sum_{k=0}^{L-1} S_{oi}(k) e^{j\frac{2\pi}{L}nk}$$

最后将各子脉冲压缩序列以 $M-1$ 的重叠长度进行重叠相加，即可得到原完整回波序列的脉冲压缩结果：

$$s_o(n) = \sum_{i=0}^{m-1} s_{oi}(n - iN), \quad 0 \leqslant n \leqslant mN + M - 1$$

或写为

$$s_o(nT) = \sum_{i=0}^{m-1} s_{oi}(nT - iNT), \quad 0 \leqslant n \leqslant mN + M - 1$$

该过程的卷积等效解释如图 9.29 所示。

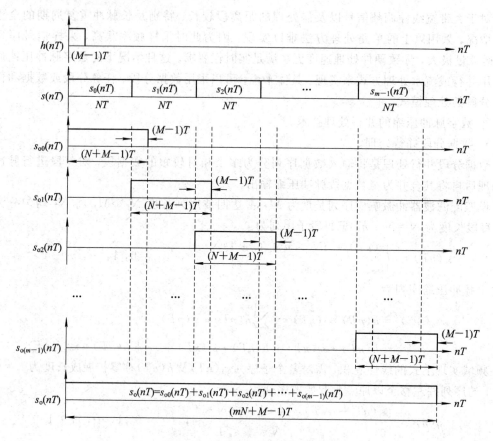

图 9.29　重叠相加法原理示意图

根据以上分析，基于重叠相加法实现的数据分段并行数字脉冲压缩的原理如图 9.30 所示。

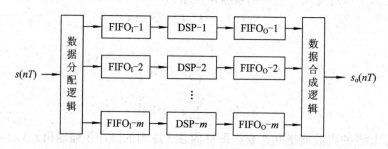

图 9.30　重叠相加法脉冲压缩实现原理

重叠相加法实现数字脉冲压缩的特点是：不需要等待全部数据接收完毕再进行处理，而是序贯进行处理。在当前支路回波子序列数据输入后，该支路即可开始进行该子数据段的脉冲压缩处理，同时下一支路开始接收下一段回波子序列，如此循环往复。其特点是脉冲压缩处理延迟为单条支路的处理时间，只要每一支路的处理时间小于一个脉冲重复周期，处理系统就可以实时完成输入数据的脉冲压缩处理，并且脉冲压缩输出的延迟仅为一个脉冲重复周期。

分段处理的一个特殊例子是：以脉冲重复周期序号的奇偶性分段。由于各段属不同的距离周期，因此输出不需要进行重叠相加合成。该方案要求其单路处理时间必须小于两个脉冲重复周期，其原理如图 9.31 所示。

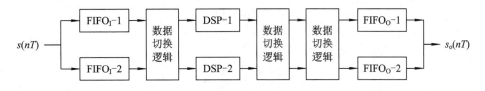

图 9.31　周期分段并行处理模式

b. 任务分段并行处理（流水处理方式）。

当处理器不能在单个脉冲重复周期内完成脉冲压缩处理时，也可以采用任务流水的方式予以解决。例如，将 FFT 及 IFFT 等任务按完成顺序进行分解，并分配给多级处理器以流水方式完成处理，其原理如图 9.32 所示。

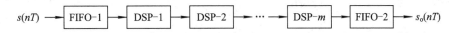

图 9.32　多级流水方式

任务分段流水处理方式要求每一级相互独立的任务必须在一个脉冲重复周期完成，因此，分级越多，脉冲压缩输出的延迟越大。一般对 n 级流水处理，总的处理延迟为 $n+1$ 个脉冲重复周期。

c. 并行、流水处理方式。

如图 9.33 所示，也可以将以上两种方式结合运用以达到更高的数据吞吐率，其控制方式也更加复杂。

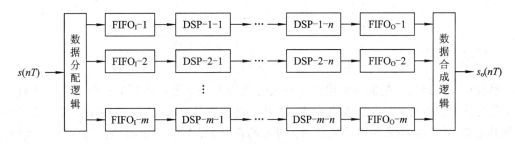

图 9.33　并行、流水处理方式

并行加流水的处理方式适用于脉冲压缩运算异常复杂的场合，如超宽带雷达信号的距离全程实时进行数字脉冲压缩处理。由于超宽带雷达的带宽可达数百兆，要求的系统采样频率可能达到 GHz 量级，采样数据量十分庞大，因此单一的并行或流水处理方式可能无法满足实时性要求。

当代高分辨测绘和目标成像中使用的一类重要波形称为展宽波形，它是大的时间-带宽积线性 FM 脉冲，对这种信号的处理采用相关和频谱分析技术，也称为去 Chirp 技术，在实现上比较方便，其基本原理如图 9.34 所示。将和发射信号参数相同的本振电压与位于 3 个不同位置 A、B、C 的回波相乘后，就可使目标位置的不同变为差拍频率的不同，从而用频谱分析仪分析接收信号的频率，即可找出其距离，因为不同的距离会转变为不同的信号频率。

这种接收方式保持了原信号的距离分辨力。

设频率变化率为 μ，脉冲宽度为 τ，则其频宽 $B=\mu\tau$。如果按匹配压缩，则其距离时间分辨力为 $1/B$。而相关接收后，得到单一频率信号，其时宽为 τ，此时谱线宽度为 $1/\tau$，在频率域上分辨 $1/\tau$ 的宽度等效于时间上的分辨能力为

$$\frac{1}{\tau} = \mu\Delta t$$

即

$$\Delta t = \frac{1}{\mu\tau} = \frac{1}{B} \tag{9.2.25}$$

这种技术极大地简化了信号处理(特别是当信号时宽频宽积甚大时)。回波信号经过与基准电压相乘后得到较低频率的窄带信号，容易进行处理，其缺点是距离窗口(参考电压的位置)需要和目标距离合理地靠近。如果目标分布在一定的距离带，则为了保证全部距离范围内的目标回波均有好的检测分辨性能，可以把参数的本振信号延伸到适当范围，如图 9.34 中虚线所示。

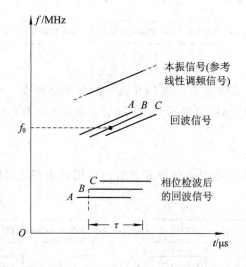

图 9.34 宽波形信号处理(相关接收)

线性调频压缩信号是最早采用的一种大时宽带宽积信号，时至今日仍是很受欢迎的一种信号形式。它的主要问题是压缩信号副瓣值太高而容易引起混淆，只好采用失配滤波器来压低其副瓣，从而会带来主瓣的展宽和信噪比的损失。信号有一定的多普勒容差性，但有距离-多普勒耦合。当耦合产生的距离测读误差不能容忍时，要分别采用正向和负向调频信号测读，取其平均值为正确读数。

除了线性调频信号外，人们也在研究各种非线性调频信号。非线性调频信号通过其匹配滤波器后即可获得低的时间副瓣，因为频率的非线性变化可以起到对频谱幅度加权的作用，所以不需要另加压低副瓣的滤波器，在理论上其输出信噪比没有损失。采用对称非线性调频时，其模糊图接近图钉形，而非刀刃形。当采用非线性调频信号时，技术实现时系统将比较复杂。

LFM 信号的压缩滤波器目前采用数字和模拟两种方法。鉴于数字处理的优势，能用数字处理的均优先采用数字方法。例如，输入脉宽为几百微秒，压缩后为 1 微秒量级的信号均采用数字处理。有些应用场合，如高分辨的 SAR、ISAR 中，压缩前脉冲为微秒级，压缩后的

脉冲为纳秒级，则在中频采用声表面波延迟线(SAW)压缩是一种合适的选择。

9.2.2 编码信号及其匹配滤波器

以上讨论的线性调频信号有比较大的时宽频宽积，可以用来解决雷达检测能力和距离分辨力的矛盾。线性调频信号是连续型的信号，为了满足雷达性能的上述要求，还可以采用离散型的编码信号。其中，具有较大实用意义的是二相编码信号，包括巴克编码、M 序列编码、L 序列编码和互补编码等。

这类信号与线性调频脉冲信号不同，当回波信号与匹配滤波器间有多普勒失谐时，滤波器输出信噪比下降，故有时称为多普勒灵敏信号。它常用于目标多普勒频移变化范围较窄的场合。在多普勒频移变化范围较大时，要对多普勒频移予以补偿，或用多路并联处理不同的多普勒频移信号。

二相编码信号的基本形式如图 9.35 所示。一个载波宽脉冲信号被分成 N 个宽度为 τ' 的单元，每个单元被"+"或"−"编码。其中，正号表示正常的载波相位，而负号相应为 $180°$ 相移。波形中第 k 个单元的振幅用 a_k 表示，假定每一段的振幅均为 1，而相位根据编码是 0 或 π。这时可用离散形式写出波形的自相关函数为

$$\Phi(m) = \sum_{k=1}^{N} a_k \cdot a_{k+m} \tag{9.2.26}$$

其中，$-(N-1) \leqslant m \leqslant N-1$。当 $m=0$ 时，自相关函数 $\Phi(0)$ 值最大，它等于码元数 N。由匹配滤波器理论可知，信号通过匹配滤波器的输出就是信号的自相关函数。因此，在雷达信号中所用的二相编码信号应要求其自相关函数具有高的主峰和低的副瓣。现以巴克码为例进行说明。巴克码自相关函数的主副瓣比等于压缩比，即等于码长 N，副瓣均匀，是一种比较理想的编码脉冲压缩信号，可惜它的长度有限。已经证明，对于奇数长度，$N \leqslant 13$；对于偶数长度，N 为一完全平方数，但已证明 N 在 4 到 6084 之间不存在，超过 6084 的码一般不采用。巴克码的自相关函数为

$$\Phi(m) = \begin{cases} N, & m = 0 \\ 0 \text{ 或 } 1, & m \neq 0 \end{cases} \tag{9.2.27}$$

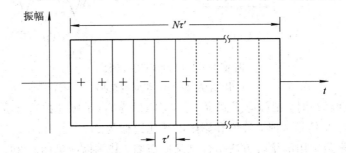

图 9.35 二相编码信号

求出自相关函数(应包括其精细结构)后，即可找出编码信号的功率谱。以 13 位巴克码为例，其功率谱函数为

$$P(\omega) = (\tau') \left[\frac{\sin(\omega\tau'/2)}{\omega\tau'/2} \right]^2 \left[12 + \frac{\sin(13\omega\tau')}{\sin\omega\tau'} \right] \tag{9.2.28}$$

可认为其频谱宽度主要由子脉冲宽度 τ' 决定。

L 序列是人们感兴趣的一种编码。它是用线性反馈移位寄存器所能获得的最大长度序

列。L序列的结构类似于随机序列，因而具有我们期望的自相关函数。L序列常被称为伪随机(PR)或伪噪声(PN)序列。一个典型的用移位寄存器产生PN码的方法如图9.36所示。n级移位寄存器初始均设置为1或组合0与1。

移位寄存器按时钟频率脉动，任一级的输出均是二进制序列。当选择合适的反馈连接时，输出是一个最大长度序列，之后重复输出。

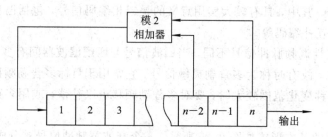

图9.36　用移位寄存器产生PN码

最大序列的长度为2^n-1，n为移位寄存器的级数。从n级移位寄存器所能获得的最大长度序列总数M为

$$M = \frac{N}{n} \prod \left(1 - \frac{1}{p_i}\right) \tag{9.2.29}$$

式中，p_i是N的质数。对于应用来讲，知道同样长度序列有多少种不同形式是很重要的。

最大长度序列的子脉冲数N也等于雷达信号的时宽带宽积。系统的带宽取决于时钟频率。改变时钟频率、反馈连接，就可产生不同时宽、频宽的波形。

L序列码(RN码)可以用于连续波(CW)雷达中，也可将产生器的输出切断后用于脉冲雷达中。在这两种情况下，其自相关函数的副瓣是不同的，如图9.37所示。

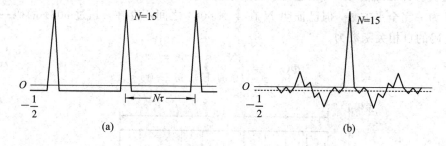

图9.37　L序列自相关函数
(a) 周期使用；(b) 非周期使用

周期使用(连续波)时，副瓣电平固定为－1，峰值为N(子脉冲数)；非周期使用时，低副瓣电平被破坏，当N值很大时，峰值和副瓣电平比近似为$N^{-1/2}$。

二相编码信号最常用的接收方法是数字脉冲压缩，其方框图见图9.38。码元产生器产生的二相编码序列除送到RF调制器和发射机外，还送到接收相关器。数字相关器如图9.38(b)所示。输入为接收信号序列，按时钟节拍输入移位寄存器，寄存器的级数等于序列的子脉冲数，每一级的输出均乘以加权值a_i。a_i的值按照参数序列定为＋1或－1，加权后相加获得相关函数或压缩脉冲。

二相编码信号是一种多普勒敏感信号，当多普勒引起的相移在脉冲宽度内不能忽略时，需要进行多普勒校正。例如，采用多个多普勒通道，以使信噪比(SNR)的损失减为最小。接收信号可以和多个本振（LO）频率混频，每个本振频率均偏离一个频率量 Δf，Δf 对应于多普勒分辨单元。图 9.38 所示的处理则在每一个多普勒支路重复。

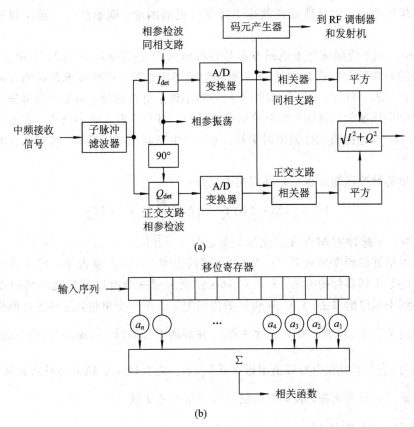

图 9.38　相位编码信号的数字脉冲压缩

（a）数字式相关；（b）数字相关器组成

　　二相编码信号具有图钉形模糊函数，是一种多普勒敏感信号。当多普勒引起的相移在子脉冲宽度内不能忽略时，需要进行多普勒校正，如使用多路多普勒通道。多路通道会使单个目标的响应不止来自一个滤波器，这也可能产生多普勒频移点的模糊或虚假报告。因此当工作中出现较大的多普勒频移时，二相编码可能不适用。此外，二相编码信号的副瓣电平相对较高。

　　因此，研究人员努力寻找更适合的编码信号以满足不同要求的雷达波形，如降低压缩波形的副瓣电平，具有较好的多普勒容差性，码元数较多且其长度有较大选择范围等。我们可以看到各种类型的新型大带宽波形不断出现，现举例如下：

　　（1）四相码。它是二相码的改进，四相码可改善二相码的不良发射频谱衰减，减小脉冲压缩失配损失等。

　　（2）多相码。多相码的子脉冲相位不是严格限制为 0 和 π。多相码可产生比二相码低的副瓣电平，且其多普勒容差性有所改善。Frank 码是其中的一个例子。

　　（3）合成码。合成码是 Barker 码的变型，为 13 位巴克码，它的每个码元也是巴克码，因此码长（也是其压缩比）为 $13 \times 13 = 169$，加大了压缩比，并可用加权横向滤波来减小其副瓣电平。

（4）非线性二相码序列。它用非线性反馈逻辑代替原来的线性递归，其最长序列的数量为 $2^{2n-1}/2n$（线性递归序列最长序列的数量近似为 $2^n/n$）。如果希望采用不同的编码以使相互干扰最小并保证编码的安全性或使欺骗干扰变得更加困难，则非线性二相序列是一个可能的选择。

（5）Costas 码。跳频或时频编码波形是将脉宽为 T 的宽脉冲分成 M 个相连的子脉冲，每个子脉冲的频率可在带宽 B 内从 M 个毗邻的频率中选择，这些频率之间的间隔等于子脉冲宽度的倒数（$\Delta B = M/T$）。有 B/M 个不同的频率供子脉冲选择，每个子脉冲宽度为 T/M。子脉冲的频率应该如何选择呢？如果单调递增（减），则为步进式频率波形，它近似于线性调频信号（LFM），当选择随机性频率时更好，可以产生副瓣低的模糊图，可能选择的序列方案有 $M!$ 种。

这种波形的脉冲压缩比也应是其时宽带宽积：

$$\mathrm{BT} = (M \cdot \Delta B)T = \left(M \cdot \frac{M}{T}\right) \cdot T = M^2$$

上式表明，所需子脉冲数 M 与压缩比的关系是 $M = \sqrt{BT}$。

如何选择最好的频率序列呢？有 $M!$ 种可能的方案。在一般情况下，用计算机全面搜索是费力且有时是不切实际的方法。J. P. Costas 建议采用一个可以很好地控制距离和多普勒副瓣的选择频率顺序的方法。Costas 码试图使副瓣不高于一个单位，这样图钉形模糊图的最大（电压）副瓣是 $\frac{1}{M}$ 中心峰值（M 为子脉冲数）。在远离中心区域，模糊图（以功率表示）的副瓣相对峰值约为 $\left(\frac{1}{M}\right)^2$，而在中心峰值附近接近 $\left(\frac{2}{M}\right)^2$。关于 Costas 码的各种研究和改进工作，引起了许多研究人员的兴趣，较详细的情况可参见参考文献[16]。

9.2.3　时间-频率码波形

超距离分辨力需要使用超宽频带信号。用于搜索和跟踪目标的雷达通常工作在较窄的频带，如果该雷达具备宽的变频带宽而可以工作在捷变频状态，则可以采用时间-频率码来合成高距离分辨力。

这种波形由一串 N 个脉冲组成，每个脉冲发射不同的频率，频率间的阶跃为一个固定值，如图 9.39 所示。

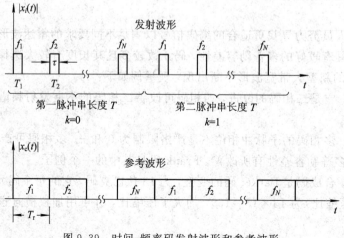

图 9.39　时间-频率码发射波形和参考波形

信号的距离分辨力或压缩脉冲宽度由脉冲串的全部带宽决定，而多普勒分辨力由波形的脉冲串长度 T 决定。例如，典型波形包含一串 N 个宽度为 τ 的脉冲，单个脉冲的谱宽为 $1/\tau$，则脉间频率阶跃的值应不大于 $1/\tau$，以保证脉冲串的组合频谱在频域上邻接而不出现缝隙。

这种在时域和频域上连接的 N 个脉冲具有以下参数：

（1）波形持续时间：$N\tau$。

（2）波形带宽：$N \cdot \dfrac{1}{\tau} = B$。

（3）时宽带宽积：N^2。

（4）压缩脉冲宽度：$\dfrac{1}{B} = \dfrac{\tau}{N}$。

下面讨论时间-频率码合成高距离分辨力的原理。设目标为点目标，雷达可以做相参处理，在基带（零中频）上取出目标的幅度和相位信息。用一个距离门选通信号来选出每个发射脉冲后在某个距离上的回波信号。如果脉冲串持续时间内目标有效视角不改变，则脉冲串所获目标数据可视为目标的瞬时离散频谱特性。

设发射波形为 $x(t)$，接收信号为 $y(t)$，运动目标回波延迟为 $z(t)$，则时间-频率码信号的发射波形可表示为

$$x_i(t) = B_i\cos(2\pi f_i t + \theta_i), \quad iT_r \leqslant t \leqslant iT_r + \tau,\, i \in 0 \sim N-1 \qquad (9.2.30)$$

式中，$f_i = f_0 + i\Delta\varphi$；$T_r$ 为单个脉冲的重复周期。

接收到的信号可表示为

$$y_i(t) = B_i'\cos[2\pi f_i(t - z(t) + \theta_i)], \quad iT_r + z(t) \leqslant t \leqslant iT_r + \tau + z(t)$$

延迟为

$$z(t) = \frac{2(R - v_t t)}{C} \qquad (9.2.31)$$

相参检测用的参考信号可表示为

$$x_c(t) = B\cos(2\pi f_i t + \theta_i), \quad iT_r \leqslant t \leqslant (i+t)T_r \qquad (9.2.32)$$

它在第 i 个重复周期内以频率 f_i 连续存在并作为基准信号。相参混频后输出的基带分量为

$$m_i(t) = A_i\cos[-2\pi f_i z(t)], \quad iT_r + z(t) \leqslant t \leqslant iT_r + \tau + z(t)$$

这是第 i 个重复周期收到的目标对第 i 个阶跃频率的响应。混频器输出的相位值 $\varphi_i(t)$ 为

$$\varphi_i(t) = -2\pi f_i z(t) = -2\pi f_i\left(\frac{2R}{C} - \frac{2v_t t}{C}\right) \qquad (9.2.33)$$

正交混频器输出可用极坐标表示为

$$G_i = A_i \mathrm{e}^{\mathrm{j}\varphi_i} \qquad (9.2.34)$$

脉冲串的谱宽是 $N \cdot \dfrac{1}{\tau}$，每个脉冲发射频率不同。在第 i 个频率上回波响应基带输出的样点是目标响应在该频率上的取样，由 N 个脉冲的回波响应组成目标回波在频率域的取样数据。对频域取样数据做傅里叶反变换，就可以获得合成的时域波形。

对频域取样数据做离散傅里叶反变换 IDFT 运算（或等效 FFT 算法），所获得的合成时域波形的取样值 H_l 为

$$H_l = \sum_{i=0}^{N-1} G_i \mathrm{e}^{\mathrm{j}\left(\frac{2\pi}{N}\right)l i}$$

式中，l_i 代表时域上的距离位置。令 $A_i = 1$，则归一化合成时域响应为

$$H_l = \sum_{i=0}^{N-1} \exp\left[j\left(\frac{2\pi}{N} l_i + \psi_i \right) \right] \tag{9.2.35}$$

现讨论目标速度 $v_t = 0$ 时的情况，此时 H_l 为

$$H_l = \sum_{i=0}^{N-1} \exp\left(j\frac{2\pi}{N} l_i - 2\pi f_i \frac{2R}{c} \right)$$

式中，$f_i = f_0 + i\Delta f$，Δf 为阶跃频率步长。合成时域波形的取样值：

$$H_l = \exp\left[-j2\pi f_0 \frac{2R}{c} \right] \frac{\sin\pi y}{\sin\frac{\pi y}{N}} \exp\left[j\frac{N-1}{2} \cdot \frac{2\pi y}{N} \right] \tag{9.2.36}$$

式中：

$$y = -\frac{2NR\Delta f}{c} + l \tag{9.2.37}$$

合成距离分布函数的幅度为

$$|H_l| = \left| \frac{\sin\pi y}{\sin\frac{\pi y}{N}} \right| \tag{9.2.38}$$

点目标响应的合成距离分布离散值和相应的分布包络均示于图 9.40 中。点目标响应将在 $y = 0$，$\pm N$，$\pm 2N$，…处达到最大，离这些峰值响应最近的距离位置表示成 $l = l_0$，系数 l_0 相应的距离为

$$R = \frac{c}{2N\Delta f}(l_0 \mp kN), \quad k = 1, 2, \cdots$$

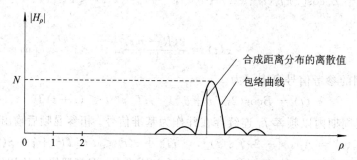

图 9.40　相应于点目标的合成距离分布

仔细观察可看出：

$$R = \frac{c}{2N\Delta f}(l_0 \mp kN) = l_0 \frac{c}{2N\Delta f} \mp k\frac{c}{2\Delta f}$$

而 $\tau = \frac{1}{\Delta f}$，故上式第二项为未合成前单个脉冲宽度所决定的距离单元数，k 值由选通距离门位置决定，第一项中 l_0 为合成距离分布的位置数，合成后距离分辨单元为 $\frac{c}{2N\Delta f}$。显然，不模糊距离长度为 $\frac{c}{2\Delta f}$，即单个脉冲宽度所决定的距离。相对于系数 l 从 0 到 $N-1$，离散距离间隔由所选频率步长大小及脉冲串数目来决定。取样分辨力定义为在分布曲线上任意两个相邻位置的距离增量。N 个频率阶跃脉冲在不模糊距离长度 $\frac{c}{2\Delta f}$ 内产生 N 个等步长的距离

增量，因此，取样分辨力可表示为

$$\Delta r_{\mathrm{s}} = \frac{1}{N} \cdot \frac{c}{2\Delta f} = \frac{c}{2B} \tag{9.2.39}$$

可以证明，当 N 值很大时，合成距离分布包络上 $2/\pi$ 点间的距离所确定的分辨力和取样分辨力相似，这就是由总带宽 $B=N\Delta f$ 所确定的瑞利分辨力。

目标运动速度 $v_{\mathrm{t}} \neq 0$ 时，其合成距离分布将产生展宽和距离位移现象，类似于线性调频波形的模糊图。

9.3　合成孔径雷达(SAR)

9.3.1　概述

雷达能够全天候、远距离对目标进行探测和定位，在第二次世界大战中发挥了重大作用。

第二次世界大战结束时，雷达的距离分辨力已达到小于 150 m，但对于 100 km 处目标的方位线分辨力则大于 1500 m。因此，从 20 世纪 50 年代开始，雷达技术研究的重要课题是明显改善距离和方位分辨力。距离分辨力的提高可采用复杂的大时宽频宽积信号来得到(如 9.2 节所述)，而寻找改善方位分辨力(横向分辨力)的新方法显得特别重要。当机载(空载)雷达用真实天线波束进行地形测绘时，方位(横向)分辨力是依靠天线产生窄的波束而达到的。机载雷达由于天线空间尺寸的限制而很难小于 2°，2° 波束在 100 km 处的横向分辨力约为 3500 m，要使方位横向分辨力在 100 km 处达到 150 m 的量级，应要求天线波束宽度为 0.086°。显然，机上的真实天线不可能做到。20 世纪 50 年代初期，美国密西根大学有一批科学家想到：一根长的线阵天线之所以能产生窄波束，是由于发射时线阵的每个阵元同时发射相参信号，接收时由于每个阵元同时接收信号，然后在接收系统中叠加形成很窄的接收波束。他们认为多个阵元同时发射、同时接收并非必需，可以先在第一个阵元发射和接收，之后依次在其他阵元上发射和接收，并把在每个阵元上接收的回波信号全部存储起来，之后进行叠加处理，其效果类似于长线阵同时发、收。因此，只要用一个小天线沿着长线阵的轨迹等速移动并辐射相参信号，记录下接收信号并进行适当处理，就能获得一个相当于很长线阵的方位(横向)高分辨力。人们称这种概念为合成孔径天线。采用这种合成孔径雷达技术的机载(空载)雷达称为合成孔径雷达(SAR)。

SAR 的特征是机载雷达依靠飞机沿航线等速直线飞行，等效地在空间形成很长的线阵列，从而获得很高的方位分辨力，而被测物(如地面)固定时能获得被测物的清晰图像。

当前，机载和星载 SAR 的应用十分广泛，其横向分辨力逐年提高，由早期的数十米进展到米的量级，近年来国外已有分辨单元达到亚米级的报道。对横向分辨力要求越高，所需合成孔径的长度越长，相应地就要增加信号相参积累时间，从而必然对信号相干性(或高频信号稳定性)要求更高，信号处理也更加复杂。

SAR 的二维高分辨在径向上依靠宽带信号，几百兆赫的信号频带可使距离分辨单元达到亚米级；在方位上依靠雷达平台的直线运动，等效地在空间形成很长的合成线性孔径。合成孔径的长度可达数百米甚至更长，从而可获得高的方位分辨力和小的横向分辨单元。

雷达成像技术(二维高分辨)的迅速发展，使 SAR 的应用领域越来越广泛。20 世纪 50 年代和 60 年代最早用于机载，到了 20 世纪 70 年代末已研制出用于人造卫星的星载 SAR。目前机载和星载 SAR 已广泛应用并在国民经济和国防建设方面发挥了重要作用。例如，军事上可用于战场侦察、目标识别、对地攻击等，民用方面则用于地形测绘、海洋观测、农作物评估、灾情预报等。此外，成像技术已不仅应用于专门的成像雷达，而是作为一种新的功能用于各种雷达，如在机载对地警戒、火控雷达中增加 SAR 成像功能，在对空警戒和跟踪的地基雷达中增加了 ISAR 功能等。

SAR 工作时目标（如地面）固定而雷达平台直线运动，可获得被测物的清晰图像。从 20 世纪 60 年代开始，人们依据 SAR 的理论和实践研究了当雷达固定、目标运动时获取目标图像的理论和方法，这种工作方式常称为逆合成孔径（ISAR），它在目标识别等方面具有重要意义。SAR 和 ISAR 在工作原理上是相通的，只不过运动方向倒置。20 世纪 80 年代实现了非合作目标的逆合成孔径成像，但由于目标是非合作的，它的运动轨迹未知且不规则，因此造成了 ISAR 成像的困难。现在对机动目标的 ISAR 成像仍是研究的热点。

SAR 的工作方式有正侧视、斜侧视、多普勒波束锐化和聚束定点照射等多种，它们的基本原理是相通的，下面的讨论以最常用的正侧视工作方式为例。正侧视时，天线波束指向垂直于雷达平台的运动方向。

下面首先集中讨论角度分辨力。通常有两种方式定义分辨力：一种是以天线方向性函数 $F(\theta)$ 的半功率宽度来定义的；另一种是以 $F(\theta)$ 的 $2/\pi$ 强度处的宽度来定义的，也称为瑞利分辨力。

雷达采用实际孔径天线时，设线阵天线长度为 L，均匀加权。在远场条件下，发射和接收均认为是平面波。若工作波长为 λ，则来自偏离视轴（垂直于阵面）方向的信号在天线端口处的相位是位置的函数。如果设目标方向偏离视轴的角度为 θ，则回波信号的单程相位差 $\varphi(x)$ 为

$$\varphi(x) = \frac{2\pi}{\lambda} x \sin\theta$$

式中，x 为接收点偏离相位基准点的位置。用复数形式表示的天线方向图函数 $F(\theta)$ 为

$$F(\theta) = \frac{1}{L}\int_{-\frac{L}{2}}^{\frac{L}{2}} e^{j\varphi(x)}\,dx = \frac{\sin\left(\frac{\pi}{\lambda}L\sin\theta\right)}{\frac{\pi}{\lambda}L\sin\theta}$$

其功率方向图为

$$F^2(\theta) = \left[\frac{\sin\left(\frac{\pi}{\lambda}L\sin\theta\right)}{\frac{\pi}{\lambda}L\sin\theta}\right]^2$$

半功率点处（采用归一化方向函数）：

$$\left[\frac{F(\theta)}{F(0)}\right]^2 = \left[\frac{\sin\left(\frac{\pi}{\lambda}L\sin\theta\right)}{\frac{\pi}{\lambda}L\sin\theta}\right]^2 = \frac{1}{2} \tag{9.3.1}$$

这是一个超越函数，其图解为

$$\frac{\pi}{\lambda}L\sin\theta = \pm 1.39\,\text{rad}$$

即

$$\sin\theta\,|_{3\mathrm{dB}} = \pm 0.44 \frac{\lambda}{L}$$

对于小的波束宽度，即 $\frac{\lambda}{L} \ll 1$，可认为 $\sin(\theta) \approx \theta$，则可得实际常用公式：

$$\theta\,|_{3\mathrm{dB}} = \pm 0.44 \frac{\lambda}{L}$$

或单程半功率波束宽度：

$$\theta\,|_{3\mathrm{dB}} = 0.88 \frac{\lambda}{L} \tag{9.3.2}$$

定义在 $2/\pi$ 处的瑞利分辨力为

$$\theta\,|_{4\mathrm{dB}} = \frac{\lambda}{L} \tag{9.3.3}$$

由此得到的横向分辨力为

$$\delta r_\mathrm{c}\,|_{3\mathrm{dB}} = R\theta\,|_{3\mathrm{dB}} = 0.88R \frac{\lambda}{L} \tag{9.3.4a}$$

$$\delta r_\mathrm{c}\,|_{4\mathrm{dB}} = R\theta\,|_{4\mathrm{dB}} = R \frac{\lambda}{L} \tag{9.3.4b}$$

式中，R 为目标距离。收、发双程时，可证明其半功率点分辨力为

$$\delta r_\mathrm{c}\,|_{3\mathrm{dB}}(\text{双程}) \approx 0.64 \frac{\lambda}{L} \tag{9.3.5}$$

现代雷达常采用离散阵元组成的线阵天线，在阵列法线指向时，其方向性函数为

$$F(\theta) = \frac{\sin\left[\dfrac{\pi Nd}{\lambda}\sin\theta\right]}{N\sin\left(\dfrac{\pi d}{\lambda}\sin\theta\right)}$$

式中，N 为阵元数，d 为阵元间隔，线阵天线长度 $L = Nd$。实际应用中 θ 值均较小，此时 $\sin\theta \approx \theta$，则上式也可近似为辛克函数，其波束宽度可近似采用前面推出的结果。

9.3.2 SAR 的基本工作原理

正侧视状态时的 SAR，其天线波束指向垂直于雷达平台的运动方向，如图 9.41 所示。机上的雷达等速直线运动，天线指向（视轴方向）与运动方向垂直。雷达在运动过程中不断地

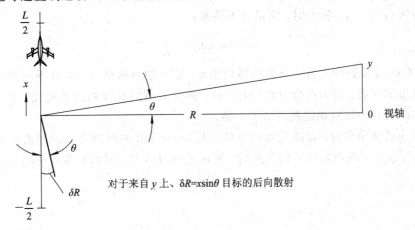

图 9.41 小合成孔径的几何关系

发射并接收来自目标的反射回波，回波经接收系统的相参处理对其振幅和相位信息进行检测和存储，雷达天线直线运动一段距离，则接收设备会收到一串在不同航线位置的目标回波，这些回波信息的叠加将等效于一个长天线阵所收到的回波信号，即综合成为一个大孔径的天线。与真实孔径天线不同的是，所收到不同位置的回波不是同时的，而是依靠雷达的直线运动分时按顺序获得的。

对于合成阵列而言，当目标处于无穷远处时，其反射的回波可视为平面波。而实际的目标距离往往不满足平面波照射的条件。对应于不同的距离，目标后向散射的波前是半径不同的球面波。如果接收系统在信号处理时，对合成阵列上各点对应于不同距离的球面波前分别予以相位补偿后再实行相参积累，则这样的处理模式称为聚焦处理。而在积累前不改变各点接收信号间的相位关系，即不加任何相位补偿时，这种情况称为非聚焦处理。

可以证明，聚焦处理时 SAR 的方位分辨力为

$$\delta r_a = \frac{D}{2} \tag{9.3.6}$$

式中，D 为雷达天线的真实孔径尺寸。方位分辨力与目标距离无关，这是一个很奇妙的特性，在实际使用时有很多好处。

非聚焦处理时方位分辨力为

$$\delta r_a = \sqrt{\frac{R_0 \lambda}{2}} \tag{9.3.7}$$

式中，R_0 为合成阵列中心到目标的距离，λ 为工作波长。

下面分别讨论这两种工作方式。

1. 非聚焦处理

非聚焦处理时的合成孔径长度 L 较小，可按远场平面波情况近似分析，然后加以修正。远场时，从视轴方向照射来的目标回波到达天线孔径的每一处是等相位的，如图 9.41 所示，可以认为与实际孔径天线相似。

图 9.41 中，偏离视轴横向距离 y 处目标回波的收、发双程相位差为

$$\varphi(x) = 2 \times \frac{2\pi}{\lambda} x \sin\theta \tag{9.3.8}$$

式中，x 为偏离相位基准点的距离，$x = v_p t$，是载机运动时产生的，v_p 为载机飞行速度；θ 为偏离视轴的方位角。当 θ 很小时，满足以下关系：

$$\sin\theta \approx \tan\theta = \frac{y}{R} \tag{9.3.9}$$

式中，y 为在距离 R 处偏离波束指向的横向距离。雷达随着载机飞行，在不同的位置发射并接收目标的反射回波。因为在合成孔径时，每个阵元收到的回波相位差是发、收双程的，因而较一般实际孔径天线时相位差增加了 1 倍。

当发射连续波信号时，合成孔径天线对 $-T/2 \sim +T/2$ 时间内收到的回波信号进行积累处理。如果在这段时间内对目标均匀照射，则对横向偏移为 y 时的积累响应为

$$F(\theta) = \int_{-T/2}^{T/2} e^{j\varphi(x)} \, dx$$

式中：

$$\varphi(x) = \frac{4\pi}{\lambda} \cdot \frac{v_p T y}{R}$$

所得结果与实际孔径的天线类似:

$$F(\theta) = \frac{\sin \dfrac{2\pi v_{\mathrm{p}} T y}{R\lambda}}{\dfrac{2\pi v_{\mathrm{p}} T y}{R\lambda}}, \quad y = R\theta \tag{9.3.10}$$

由归一化功率响应 $\left[\dfrac{F(\theta)}{F(0)}\right]^2 = \dfrac{1}{2}$,可得到半功率点的分辨力。半功率点处为

$$\frac{2\pi v_{\mathrm{p}} T y}{R\lambda} = \pm 1.39$$

$$y \big|_{3\mathrm{dB}} = \pm 0.22 \frac{R\lambda}{v_{\mathrm{p}} T}$$

用孔径长度 $L = v_{\mathrm{p}} T$ 表示的横向分辨力为

$$\delta \gamma_a \big|_{3\mathrm{dB}} = \pm 0.44 \frac{R\lambda}{L} \tag{9.3.11a}$$

按 $2/\pi$ 幅度处定义的瑞利分辨力则为

$$\delta \gamma_a = \frac{1}{2} \frac{\lambda}{L} \cdot R \tag{9.3.11b}$$

合成孔径雷达的横向分辨力比同样尺寸实孔径天线收、发双程时的分辨力(见式(9.3.4)、式(9.3.5))要高,因为阵元在每一个位置完成收、发双程而有 2 倍的相位差。

横向分辨力与合成孔径天线的长度 L 直接相关。在非聚焦处理时,L 值应是多少呢?下面予以讨论。实际工作情况下,目标与天线间的距离不是无穷大,合成孔径边缘处收到的点目标回波存在相位差。在非聚焦处理时,阵面上信号的相位差将影响合成孔径天线波束展宽和副瓣恶化,为此,孔径 L 受到限制。从图 9.41 中可以看到,以 $y=0$ 为基准,在孔径 L 的边缘处到达目标的距离也发生 ΔR 的变化,见图 9.42,即

$$R^2 + \left(\frac{L}{2}\right)^2 = (R + \Delta R)^2$$

$$\Delta R \approx \left(\frac{L}{2}\right)^2 \cdot \frac{1}{2R} \tag{9.3.12}$$

如果允许孔径边缘处往返相位差不超过 $\pi/2$,则 $\Delta R \leqslant \lambda/8$。相位差超过 $\pi/2$ 后,回波的一部分将抵消原来的积累信号。

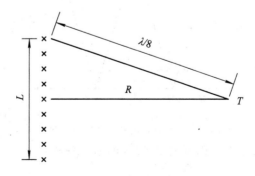

图 9.42　不聚焦的几何图形

由式(9.3.12)可得 $L_{\max} = \sqrt{R\lambda}$,由此可得横向分辨力为

$$\delta \gamma_a = \frac{1}{2} \frac{\lambda}{L} \cdot R = \frac{1}{2} \sqrt{R\lambda} \tag{9.3.13}$$

人们常提到远场和近场的问题。实际工作中目标距雷达的距离不可能是无穷远，故远场平面波也只能是一定条件下的近似。若将上面不超过 $\pi/2$ 的相位差作为一种准则，则可定义远区为：目标距雷达站的距离 $R \geqslant \dfrac{L^2}{\lambda} = \dfrac{L}{\lambda} \cdot L$，$L$ 为天线孔径长度。近似远场的距离和天线孔径尺寸 L 的平方成正比。这个距离要求对一般的真实孔径雷达总是满足的。以 X 波段的雷达为例，$\lambda = 0.03\,\text{m} = 3\,\text{cm}$，$L = 3\,\text{m}$，则远场条件的距离 $R \geqslant \dfrac{L}{\lambda} \cdot L = 300\,\text{m}$，一般情况下均可满足。但在合成孔径雷达时，由于 L 值较大，一般机载的 L 为数百米，设 $L = 200\,\text{m}$，则 $R > 1330\,\text{km}$，而机载 SAR 的观测距离为几十至 100 公里级，远不能满足远场工作的条件，因此，一般情况下 SAR 是在近场条件下工作的，所收到的回波信号是球面波。

2. 聚焦处理

下面将从天线阵列和脉冲压缩两个角度来讨论聚焦处理时的横向分辨力。

1) 从天线阵列观点来阐述合成孔径

由于接收球面波，因此天线阵列边缘收到的回波信号有附加相位项。聚焦处理时，这些附加相位项可以在信号处理过程中予以补偿，故此时合成孔径的长度可由实际天线波束宽度所能覆盖的长度 L_e 所决定，如图 9.43 所示，雷达天线由左向右移动，对点目标 P 进行探测，只有当天线波束照到 P 点时才会有回波，阵元右移到 A 点开始接触目标 P，移到 B 点时波束离开点目标。合成孔径有效的阵列长度 L_e 是 A、B 间的距离：

$$L_e = R \cdot \theta_B$$

式中，θ_B 为雷达天线波束宽度。如果实际天线孔径尺寸为 D，则瑞利方向图波宽：

$$\theta_B = \frac{\lambda}{D}$$

因此：

$$L_e = R \cdot \frac{\lambda}{D}$$

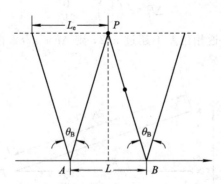

图 9.43　阵元波束宽度和合成阵列长度的关系

知道了合成孔径的长度 L_e，即可求得 SAR 的横向分辨力为

$$\delta \gamma_\alpha = \frac{1}{2} \frac{\lambda}{L_e} \cdot R = \frac{D}{2} \tag{9.3.14}$$

式(9.3.14)表明，聚焦处理时，SAR 的横向分辨力与目标距离 R 无关，而只正比于雷达实际天线的孔径 D。这个结论和真实孔径天线方向图的横向分辨力完全不同。可以看出，合成孔径天线的长度 L_e 是和距离 R 成正比增长的，而当 D 减小时，L_e 将相应增大。

聚焦处理时，要将合成孔径边缘处回波信号的平方相位差予以补偿，即要进行必要的信号处理，因此下面首先分析工作过程中点目标回波的性质。

2）从脉冲压缩技术的观点来阐述合成孔径

现将目标（地面的某一处）作为点源来分析，见图 9.44。根据多普勒效应可知，当雷达与目标之间存在相对运动时，目标回波频率会产生多普勒频移。双程产生的多普勒频移为

$$f_{\mathrm{d}} = \frac{2v}{\lambda}\sin\theta$$

雷达进行等速直线飞行时，垂直于其航线方向的某一目标相对于飞机的径向速度是变化的，如图 9.44(a) 所示。在角度 θ 不大时，因为

$$\sin\theta \approx \tan\theta = \frac{x}{R_0}$$

而

$$x = vt, \quad f_{\mathrm{d}} = \frac{2v}{\lambda}\sin\theta \approx \frac{2v}{\lambda}\frac{x}{R_0} = \frac{2v^2}{\lambda R_0}t$$

式中，v 为飞机航行速度，所以多普勒频移 f_{d} 与 x 或 t 的关系近似为直线，见图 9.45(b)。

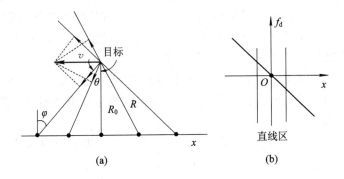

(a)　　　　　　　　　　(b)

图 9.44　动目标坐标及其多普勒频移-距离（时间）关系

(a) 动目标坐标；(b) 多普勒频移-距离（时间）关系

近场工作时，目标反射为球面波，由此出发也可求出其相位关系如图 9.45 所示。图中，雷达与目标之间的距离 R_0 与雷达位置 x 的关系为

$$R^2 = (R_0 + d)^2 = R_0^2 + 2R_0 d + d^2 = R_0^2 + x^2$$

当角度不大时，忽略高次项 d^2，则球面波引起的波程差为

$$d \approx \frac{x^2}{2R_0} \tag{9.3.15}$$

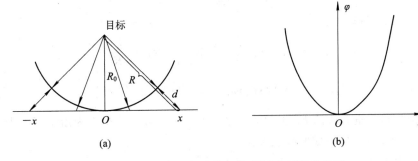

(a)　　　　　　　　　　(b)

图 9.45　动目标坐标及其相位-距离（时间）的关系

(a) 动目标坐标；(b) 相位-距离（时间）关系

由波程差引起的相对相移(双程相移)为

$$\varphi = \frac{2\pi}{\lambda} 2d = \frac{2\pi x^2}{R_0 \lambda} \tag{9.3.16}$$

由雷达运动引起的多普勒频移为

$$\omega_d = 2\pi f_d = \frac{\mathrm{d}\varphi}{\mathrm{d}t} = \frac{v\mathrm{d}\varphi}{\mathrm{d}x} = \frac{4\pi v^2}{R_0 \lambda} t = \frac{4\pi v}{R_0 \lambda} x \tag{9.3.17}$$

由式(9.3.16)可知,相移 φ 与 x 呈平方关系,见图 9.45(b)。由式(9.3.17)可知,多普勒频移 f_d 与 x 呈线性关系,见图 9.44(b)。

这就说明,雷达接收机收到的将是一个方位向的线性调频信号,其宽度等于单个天线波束宽度所决定的能收到信号的时间。这个信号若采用一般检取振幅显示的办法显示,则显示器画面的亮弧将与单个天线波束宽度一致,即角分辨力由单个天线决定。如前所述,这是不能满足要求的。既然接收到的信号是线性调频信号,那么能否用线性调频信号的脉冲压缩网络使收到的信号变窄呢?当然是可以的。我们知道,线性调频信号经过匹配滤波器之后,脉冲包络受到压缩,这等效于把天线的波束宽度变窄了,从而提高了角分辨力。不过,这时所用 x 轴(或时间 t 轴)不是目标的斜距离,而是代表 θ,即方位角的变化。所以,压缩后的信号提高了角分辨力,而不是提高了距离分辨力,这个信号宽度远大于信号往返于最大作用距离的时间,如果采用脉冲法工作,则远大于信号重复周期。

现在进一步分析合成孔径雷达的信号及其变换情况。先研究平面某距离上一个固定目标的反射信号的特性。设飞机为直线等速飞行,在机上雷达波束能照射到的范围内,机上将收到该固定点的回波。

把辐射信号以复信号形式表示,当只讨论相位时,假定发射单频信号:

$$s_t(t) = A\mathrm{e}^{\mathrm{j}\omega_0 t} \tag{9.3.18}$$

它经过点目标反射后又到达雷达天线。设该点目标的点反射系数为 K(为了简化,先略去方向图的影响),则反射信号为

$$s_r(t) = KA\mathrm{e}^{\mathrm{j}\omega_0(t-t_d)} \tag{9.3.19}$$

式中,t_d 为双程延迟时间,其计算式为

$$t_d = \frac{2R}{c} = \frac{2}{c}\sqrt{R_0^2 + x^2} = \frac{2R_0}{c}\sqrt{1 + \frac{x^2}{R_0^2}} \tag{9.3.20}$$

R_0 相当于航路捷径的垂直距离,通常 $x \ll R_0$,故

$$t_d \approx \frac{2R_0}{c}\left(1 + \frac{x^2}{2R_0^2}\right) = \frac{2}{c}\left(R_0 + \frac{x^2}{2R_0}\right) \tag{9.3.21}$$

代入式(9.3.19),可得

$$s_r(t) = KA\exp\left[\mathrm{j}\omega_0 t - \mathrm{j}\omega_0 \frac{2}{c}\left(R_0 + \frac{x^2}{2R_0}\right)\right]$$

$$= KA\exp\left(\mathrm{j}\omega_0 t - \mathrm{j}\frac{2\omega_0 R_0}{c} - \mathrm{j}\frac{\omega_0}{cR_0}x^2\right) \tag{9.3.22}$$

式中,第二项相移是垂直距离 R_0 引起的,为一个常量;第三项相移为沿 x 轴且与接收单元天线位置有关的相移,与 x 成非线性关系。

令第三项相移为

$$\varphi(x) = \frac{\omega_0 x^2}{cR_0} = \frac{2\pi}{\lambda}\frac{x^2}{R_0} \tag{9.3.23}$$

因
$$x = vt$$

式中，v 为飞机飞行速度，故

$$\varphi(t) = \frac{2\pi}{\lambda} \frac{v^2 t^2}{R_0} = bv^2 t^2 \tag{9.3.24}$$

根据已学知识可知，相位函数随时间成平方关系的信号为线性调频信号，其角频率为

$$\omega = \omega_0 + \mu t = \omega_0 - 2bv^2 t \tag{9.3.25}$$

式中：

$$\mu = -2bv^2$$

$$b = \frac{2\pi}{\lambda} \frac{1}{R_0}$$

可见，调频信号的角频率变化速度 μ 与飞机速度的平方成正比，与垂直距离成反比。这些可以从图 9.45 中的角速度与径向速度的变化直观地看出来。

因此，飞机运动时，目标角位置的有用信息主要包含在相位函数 $\varphi(x)$ 之中，这个 $\varphi(x)$ 或多普勒频移变化情况可从相参检波器的输出端得到。这个信号也叫零中频信号（即多普勒频移信号）或相参视频，其计算式为

$$s_c(x) = E e^{j\varphi(x)} \tag{9.3.26}$$

$\varphi(x)$ 中 x 的最大值是天线方向图主瓣照射的边界，即 $+\frac{\theta_{4dB}}{2} R_0$（$\theta_{4dB}$ 为单个天线 $\frac{2}{\pi}$ 强度处波束宽度，即瑞利波宽）。因为

$$\omega(x) = \frac{\mathrm{d}\varphi(x)}{\mathrm{d}x} = 2bx$$

$$\omega(t) = 2bv^2 t$$

所以

$$\omega_{\max}(t) = 2b \cdot \frac{\theta_{4dB} R_0 v}{2} = 2 \cdot \frac{2\pi}{\lambda} \frac{1}{R_0} \frac{\theta_{4dB} R_0 v}{2} - \frac{2\pi}{\lambda} \theta_{4dB} v \tag{9.3.27}$$

又
$$\theta_{4dB} = \frac{\lambda}{D}$$

式中，D 为实际天线孔径，所以

$$\omega_{\max}(t) = \frac{2\pi v}{D} \tag{9.3.28}$$

$$f_{d\max} = \frac{v}{D}, \quad f_{d\max}(x) = \frac{1}{D} \tag{9.3.29}$$

即最高多普勒频移 $f_{d\max}(x)$ 等于单个天线孔径的倒数，为一常量。因为频偏为 $2f_{d\max}$，所以线性调频信号的调频带宽为

$$\Delta f = 2f_{d\max} = \frac{2v}{D} \tag{9.3.30}$$

在聚焦处理时，压缩脉冲宽度为

$$\tau_0 = \frac{1}{\Delta f} = \frac{D}{2v} \tag{9.3.31}$$

它与输出波形的 -4 dB 宽度一致（τ_0 也是用时宽表示的方位分辨力）。用线距 x 表示的方位分辨力为

$$\tau_0(x) = \tau_0 \cdot v = \frac{D}{2} \tag{9.3.32}$$

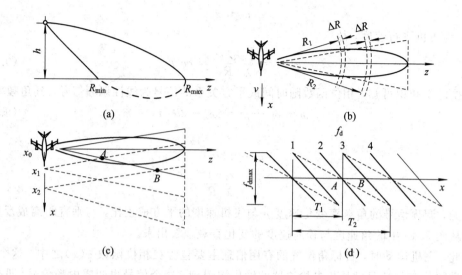

图 9.46　合成孔径雷达的照射情况与频移情况

(a) 铅垂面；(b) 水平面；(c) 不同距离目标的照射情况；(d) 不同距离目标的多普勒频移

式(9.3.32)表明，用脉冲压缩原理导出的结果与用合成阵列导出的结果(见式(9.3.14))一致。当辐射单频信号研究方位分辨力时，可得到以下结论：

(1) 点目标的回波是一个线性调频信号，信号的长度：

$$x = \theta_{4dB} \cdot R_0 = vT$$

则时间长度：

$$T = \frac{x}{v} = \frac{\theta_{4dB} \cdot R_0}{v}$$

信号的调频斜率 $\mu = \dfrac{4\pi}{\lambda}v^2/R_0$，与距离 R_0 成反比，而与平台速度 v 的平方成正比。调频带宽 $\Delta f = \dfrac{1}{2\pi}\mu T = \dfrac{2v}{D}$ 与距离 R_0 无关，因此方位分辨力也与距离无关。这是因为随着距离 R_0 的增加，信号调频斜率 μ 下降，但其时间长度 T 加大，如图 9.46(d) 所示。

(2) 如果距离 R_0 相同，则在与航线平行的线上各个点目标的回波将是一簇调频斜率相同的线性调频信号，它们将出现在不同的 x 位置上。而 x 位置相同、距离不同的目标，其回波信号的宽度和调频斜率均会变化。

SAR 工作时，方位分辨力依靠平台运动所形成的合成阵列，而距离的测量和分辨则要依靠脉冲工作并且将采用宽带脉冲信号，即辐射信号为

$$s_t(t) = \text{Re}[u(t)e^{j\omega_0 t}]$$

式中，$u(t)$ 为发射信号的复调制函数。

此时，点目标的回波为(复信号)

$$s_r(t) = ku(t - t_d)e^{j\omega_0(t - t_d)}$$

前面讲解单频信号发射时，已详细地讨论过 $e^{j\omega_0(t-t_d)}$ 的性质，产生方位维的线性调频 LFM 信号。在距离维上，复调制信号 $u(t-t_d)$ 由 $u(t)$ 的匹配滤波器处理，而输出是提供取距离信息的窄脉冲。由于延迟时间 t_d 是一个随 x 变化的量，因此将引起新的问题：在 x 的不同位置，同一目标的回波 $u(t-t_d)$ 将处于不同的距离位置上，即包络产生位移，称为距离徙动。有关距离徙动的影响及解决途径将在 9.3.4 节中讨论。

9.3.3 SAR 的参数

1. 合成孔径雷达的模糊问题

通常 SAR 均为脉冲工作状态,发射宽频带信号以获得高的距离分辨力,依靠载机平台的直线运动获得长的合成孔径,从而具有高的横向分辨力。雷达处于取样工作状态:发射信号以重复频率 f_r 取样完成测距,合成孔径在 x 轴上以 vT_r 的间隔取样,因此它存在测量距离和角度的二维模糊。

方位角模糊是由于在脉冲工作状态时合成孔径的工作等效于离散天线阵列的缘故,即在每个位置上发射、接收一个脉冲,经过 $d=vT_r$ 时间后再发射、接收下一个回波脉冲。离散天线阵列的方向图具有栅瓣多值性。合成孔径天线的方向图函数 $F(\theta)$ 为

$$F(\theta) = \left| \frac{1}{N} \cdot \frac{\sin\left(\frac{N}{\lambda} 2\pi d \sin\theta\right)}{\sin\left(\frac{2\pi}{\lambda} d \sin\theta\right)} \right| \tag{9.3.33}$$

由于收、发往返回程具有相位差,因此式(9.3.33)较一般阵列天线方向图中的相角增加了1倍。

在脉冲工作状态时,合成孔径雷达阵元距离 $d=vT_r$,v 为平台速度,T_r 为脉冲重复周期。式(9.3.33)的函数具有栅瓣多值性,栅瓣或模糊波束的位置为

$$\frac{2\pi}{\lambda} d \cdot \sin\theta_m = \pm n\pi, \quad n \text{ 为整数} \tag{9.3.34}$$

$n=1$ 为第一对模糊波束位置(见图 9.47):

$$\frac{2\pi}{\lambda} d \cdot \sin\theta_m = \pm \pi, \quad n=1$$

则
$$\sin\theta_m = \pm \frac{\lambda}{2d} = \pm \frac{\lambda}{2vT_r} \approx \theta_m, \quad \text{第一对模糊指向角 } \theta_m \text{ 不大时}$$

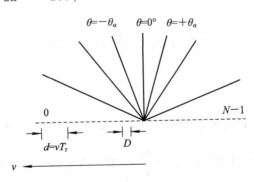

图 9.47 模糊波束指向

n 为其他整数时还有栅瓣出现。这些栅瓣形成的一列方位角几乎是等间隔且幅度相等的波瓣列。SAR 要测的是 $\theta=0°$ 这个合成波束所对准的地面目标区,而其他合成模糊波束对准方向所接收的回波形成了重叠在所要求地面目标区上的干扰信号,必须抑制掉这些干扰才能获得目标区的清晰图像。

抑制模糊波束的方法从原理上讲是明确的,因为线阵的实际方向图是阵元方向图和阵列方向图的乘积。如果设计阵元方向图(即真实天线的方向图)的零点正好在合成阵列天线方向图模糊波束出现的角度上,则可消除模糊栅瓣的影响,如图 9.48 所示。

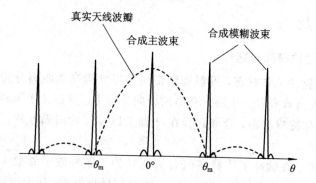

图 9.48　用真实天线波瓣抑制合成模糊波束

如果 SAR 天线的实际孔径尺寸为 D，则其方向图函数为

$$F(\theta) = \frac{\sin\left(\frac{\pi}{\lambda}D\sin\theta\right)}{\frac{\pi}{\lambda}\sin\theta}$$

该方向图的零点位置为

$$\frac{\pi D}{\lambda}\sin\theta_0 = n\pi, \quad n = \pm 1, \pm 2, \pm 3, \cdots$$

即

$$\sin\theta_0 = n\frac{\lambda}{D} \tag{9.3.35}$$

第一个零点位于 $n = \pm 1$，即 $\sin\theta_0 = \pm\frac{\lambda}{D}$ 处。

模糊栅瓣不产生影响的条件是阵列模糊栅瓣的位置与实际天线零点位置重合，即

$$\theta_{\mathrm{m}} = \theta_0$$

因为

$$\frac{2\pi}{\lambda}d\sin\theta_{\mathrm{m}} = \frac{\pi D}{\lambda}\sin\theta_0 = n\pi$$

所以

$$D = 2d = 2vT_{\mathrm{r}} \tag{9.3.36}$$

可见，实际天线孔径 D 受平台速度 v 及重复频率 $f_{\mathrm{r}} = \frac{1}{T_{\mathrm{r}}}$ 的限制。

聚焦式 SAR 的横向分辨力 $(\delta\gamma_a)_{\min} = \frac{D}{2} = vT_{\mathrm{r}}$，即最高分辨力随重复频率 f_{r} 的提高而提高。

脉冲工作时，SAR 也有距离模糊。最大不模糊距离由重复频率 f_{r} 决定，即 $\frac{c}{2R_{\max}} > f_{\mathrm{r}}$，$c$ 为光速。

关于 f_{r} 的选择，还有以下因素需要注意：① 脉冲工作时，以重复频率 f_{r} 对载机飞行过程中收到的横向信号进行取样；② 为保证取样后的信号不失真(不混叠)，取样频率 f_{r} 应保证大于其信号带宽：

$$f_{\mathrm{r}} \geqslant \Delta f_{\mathrm{d}}$$

式中，Δf_d 为横向信号的多普勒带宽。聚焦处理时，$\Delta f_d = \dfrac{2v}{D}$，而横向分辨力 $\delta \gamma_a = \dfrac{D}{2}$，因此：

$$f_r \geqslant \Delta f_d = \frac{2v}{D} = \frac{v}{\delta \gamma_a} \quad 或 \quad \delta \gamma_a \leqslant v T_r$$

上式取等号时是重复频率 f_r 的下限值 $f_{rL} = \dfrac{2v}{D}$。

SAR 对地面测绘时为条带式合成孔径，其几何关系如图 9.49 所示。如果要保证测绘带内最近点和最远点的回波不产生模糊，则应满足以下关系：当天线下视角为 α、仰角波束宽度为 α_r 时，所照射的测绘带宽 $R_g = R_r' \sec \alpha$，R_r' 为远、近回波脉冲的距离间隔。距离不模糊的基本关系为

$$\frac{2R_r'}{c} \leqslant T_r = \frac{1}{f_r}$$

而

$$R_r' = R_g \cos \alpha$$

即

$$\frac{2R_g \cos \alpha}{c} \leqslant T_r = \frac{1}{f_r}$$

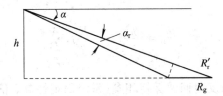

图 9.49　正侧视雷达测绘时的几何关系图

即允许的最高重复频率 f_{rH} 由下式决定：

$$f_{rH} \leqslant \frac{c}{2R_g \cos \alpha}$$

该式取等号时为最大值。而测绘带宽为

$$R_g = \frac{R c \alpha_r}{\sin \alpha}$$

式中，α_r 为雷达天线在铅垂面的波束宽度，$\alpha_r = \dfrac{\lambda}{D_H}$，$D_H$ 为天线铅垂面尺寸。综合以上关系，即可得到允许的（条带测绘时）最高 f_{rH} 与天线铅垂面波宽 α_r 及天线铅垂面尺寸 D_H 的关系为

$$f_{rH} \leqslant \frac{D_H \sin \alpha}{2R \lambda \cos \alpha} = \frac{D_H \tan \alpha}{2R \lambda}, \quad 最高值时取等号$$

允许的重复频率 f_r 的最低、最高值之比为

$$\frac{f_{rL}}{f_{rH}} = \frac{4R \lambda v}{D_H D \tan \alpha}$$

式中，$D_H \cdot D = A_n$，为实际天线面积。因此天线面积 $A_n = \dfrac{f_{rH}}{f_{rL}} \dfrac{4R\lambda v}{\tan \alpha}$，而 $\dfrac{f_{rH}}{f_{rL}} \geqslant 1$ 是必需的，则取等号时为天线最小面积，即

$$A_{n\min} = \frac{4R \lambda v}{\tan \alpha}$$

当场景距离远，载体速度 v 大时，天线最小面积将受到较大限制。机载 SAR 容易满足，而天基 SAR 时，由于卫星速度高，距离远，因此将采用孔径面积大的天线。

2. SAR 的距离方程

合成孔径雷达测绘工作时具有两个特点：回波是由地(海)面产生的面目标回波；聚焦处理时由一串相参脉冲积累后得到。其距离方程有其特点，如下所述。

一般雷达方程的单个脉冲回波时的信噪比为

$$\frac{S}{N} = \frac{P_t G^2 \lambda^2 \sigma}{(4\pi)^3 R^4 kT \Delta f L_d F_s} \tag{9.3.37}$$

式中，P_t 为发射机辐射脉冲功率；G 为天线增益；λ 为工作波长；L_d 为各种损失；k 为玻尔兹曼常数；σ 为目标的有效截面积；F_s 为系统噪声系数。

对面反射目标的有效截面积，在分辨单元内为

$$\sigma = \left(\frac{D}{2} \cdot \frac{ct_p}{2} \sec\beta \right) \sigma_0 \tag{9.3.38}$$

式中，$D/2$ 为方位分辨力，D 为实际天线孔径；t_p 为压缩后的脉冲宽度；β 为侧视雷达波束俯角；σ_0 为地面单位面积的散射系数。

飞机飞过时对目标的照射时间为 $\theta R/v$，θ 为单个天线的瑞利波束宽度。在这个时间内，积累的脉冲数为

$$N_B = \frac{\theta R}{v} f_r = \frac{R}{v} f_r \frac{\lambda}{D}$$

式中，f_r 为重复频率。

如果设这个分辨单元的反射回波保持相参(系统稳定性高、信号处理完善时)，则 N_B 个脉冲积累后，信噪比提高 N_B 倍。积累后的信噪比为

$$\frac{S}{N} = \frac{P_t G^2 \lambda^2}{(4\pi)^3 R^4 kT \Delta f F_s L_d} \left(\frac{D}{2} \cdot \frac{ct_p}{2} \sec\beta \right) \cdot \frac{R\lambda f_r}{vD} \cdot \sigma_0$$

$$= \frac{P_t G^2 \lambda^3 ct_p \sec\beta}{4^4 \pi^3 R^3 kT \Delta f F_s L_d} \cdot \frac{f_r}{v} \cdot \sigma_0 \tag{9.3.39}$$

或

$$P_t = \frac{R^3 kT \Delta f F_s L_d 4^4 \pi^3}{ct_p \sec\beta G^2 \lambda^3} \cdot \frac{S}{N} \cdot \frac{v}{f_r} \cdot \frac{1}{\sigma_0} \tag{9.3.40}$$

可见，合成孔径雷达的辐射功率与距离 R 的立方成正比，与飞行速度成正比，与方位分辨力 $D/2$ 无关，而与距离分辨力成反比。SAR 的辐射功率 P_t 正比于 R^3 而不是 R^4，是因为随着 R 增大，积累的脉冲数 N_B 也增加，当载体飞行速度 v 提高后，N_B 下降，从而相应提高 P_t。而方位分辨力改变时，分辨单元 σ 和积累的脉冲数 N_B 有相互抵消的效应，距离分辨力的提高会使 σ 下降而要求增大 P_t。

9.3.4　SAR 的信号处理

SAR 利用宽频带信号获得高的距离分辨力，利用长的合成孔径阵列获得高的横向分辨力，从而可以得到二维图像。宽带信号常采用 LFM，通过脉冲压缩系统(距离向)可得到高距离分辨力的窄脉冲，因而 SAR 的辐射信号 $s_t(t)$ 可表示为

$$s_t(t) = \text{Re}[u(t) e^{j\omega_0 t}]$$

式中，$u(t) = a(t) e^{j\varphi(t)}$，为信号的复调制函数。

点目标的回波复信号为

$$s_r(t) = ku(t - t_d) e^{j\omega_0(t - t_d)}$$

式中，延迟时间 $t_d = \dfrac{2R}{c} = \dfrac{2}{c}\sqrt{R_0^2 + x^2} \approx \dfrac{2}{c}\left(R_0 + \dfrac{x^2}{2R_0}\right)$，通常满足 $x \ll R$。相位项 $e^{j\omega_0(t-t_d)}$ 如前面的分析，说明在载机等速直线飞行时，$x = vt$，此时点目标方位向的回波串是一个多普勒频移调制的 LFM 信号。调制包络的滞后 t_d，则使压缩后的输出脉冲产生一个距离滞后 t_d，而且 t_d 值与 x 有关。这就是说在不同的 x 位置，距离滞后值是变化的，这种情况常称为距离徙动。它表明点目标回波的距离数据和方位数据之间存在耦合，这种耦合使基于匹配滤波器成像的实际计算和处理变得复杂。

下面先讨论最简单的情况，即距离徙动的影响可以忽略，这时可以将距离和方位向的压缩视为两个独立的一维滤波，如图 9.50 所示。

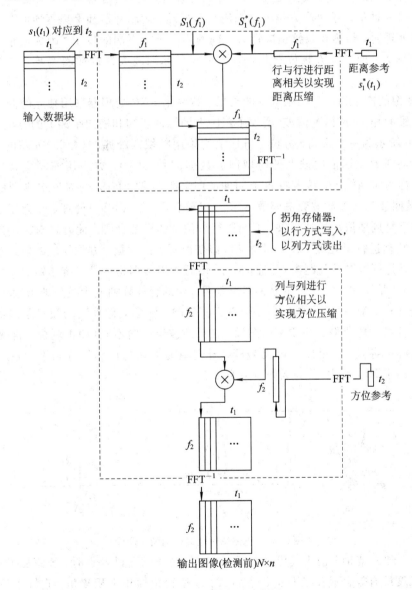

图 9.50　SAR 数字处理框图

利用光学技术的 SAR 信号处理开始于 20 世纪 50 年代中期。在地面的光学工作台上，通过使用特殊的透镜和相干光源，可以将记录在 SAR 飞机胶卷上的雷达数据处理为地图。

这种类型的光学处理是常规的 SAR 成像方法，而目前 SAR 成像的趋势则明显朝数字处理方向发展。数字处理虽然十分复杂，但它的优点是精确和灵活。数字处理设备可装在载机（或其他运动平台）上，只要数字部件的运算速度足够快，就可在载机上进行实时处理，而不像光学处理那样需要等载机着陆后在地面室内进行。

进行 SAR 数字信号处理时还需预先做运动补偿，以便去除运动平台非恒速、非直线运动以及由于气流影响产生的高低波动和左右摇摆等各种不规则分量，使输入至大容量存储器中待处理的数据具有载机等速、等高直线飞行的性质。

正侧视 SAR 常采用线性调频信号（LFM）来获得距离上的高分辨力。信号处理可采用两种方式：一种是在距离向用模拟处理，如用声表面波器件进行脉冲压缩，在方位（横向）上用数字处理；另一种是在距离和方位上均采用数字处理。运动补偿和聚焦等均可在数字处理中进行。横向处理时，聚焦相位校正应针对不同的距离进行不同的校正，因为近距离目标回波线性调频斜率大，即二次方相位变化快，远距离目标回波线性调频斜率小，二次方相位变化慢。

SAR 图像的产生是一种二维处理的结果。数字化 SAR 处理器采用独立的两个一维处理来实现，二维的相关（或匹配滤波）实现了斜距上的脉冲压缩和横向距离上的方位压缩。

图 9.50 所示为一个距离、方位二维压缩均采用频域匹配滤波（相关）处理的方框图。输入数据块为各重复周期依次排列的时域回波数据信号 $s_i(t_1)$，方位压缩需要大量的回波数据，在图上标为时间轴 t_2，接着将每个周期的时间信号做 FFT，变为依次排列的频域信号 $S_i(f)$，频域回波和匹配滤波频谱函数 $S_i^*(f)$ 相乘后，再经 FFT^{-1} 处理，变为压缩后的时间信号，仍按重复周期依次排列存入。下面进行方位维的压缩处理。此时是对不同周期的同一距离单元的数据进行组处理，故经拐角存储器获得所需的数据，方位处理的模式与距离上的压缩相同，只是压缩参数随距离不同而变化。最后输出数据是经过二维压缩的图像。

由于 SAR 是工作在宽频带的脉冲压缩信号，大的合成阵列使天线阵处于近场工作状态，因此距离徙动对 SAR 的成像质量是一个重要的问题，许多成像算法均须对距离徙动直接或间接地进行补偿才能获得较高质量的图像。在天线波束指向不同（如正侧视、斜视等）时，距离徙动的情况也各异，这里以正侧视为例，研究距离徙动与目标位置和平台运动之间的关系，如图 9.51 所示。图中，θ 为天线波束宽度。

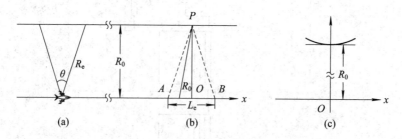

图 9.51 正侧视时距离徙动的示意图

当载机飞到 A 点时，波束前沿触及目标 P。而当载机飞到 B 点时，波束后沿离开 P 点。A 到 B 的长度即有效合成孔径 L_e，P 点对 A、B 的转角即相干积累角，它等于波束宽度 θ。目标到航线的垂直距离为 R_0。距离徙动通常以合成孔径边缘的斜距 R_e 与垂直距离 R_0 之差表示，即 $R_q = R_e - R_0 = R_0 \sec \dfrac{\theta}{2} - R_0$。通常波束宽度 θ 较小，$\sec \dfrac{\theta}{2} \approx 1 + \dfrac{1}{2}\left(\dfrac{\theta}{2}\right)^2$，而 θ 与横

向距离分辨力 $\delta\gamma_a$ 有以下关系：

$$\delta\gamma_a = \frac{D}{2} = \frac{\lambda}{2\theta}$$

可得到距离徙动为

$$R_q \approx \frac{1}{8}R_0\theta^2 = \frac{1}{32}\frac{\lambda^2}{(\delta\gamma_a)^2}R_0$$

当 SAR 做场景测绘时，场景内外侧的距离也会产生相应的距离徙动差，其值和场景宽度 W_r 有关，即

$$\Delta R_q = \frac{\lambda^2 W_r}{32(\delta\gamma_a)^2}$$

距离徙动 R_q 和距离徙动差 ΔR_q 对成像质量的影响表现在它们与距离分辨力 $\delta\gamma_a$ 的相对值上，如果 $R_q \ll \delta\gamma_a$，则徙动的影响不大，从而无须对回波信号包络做必要的移动（距离徙动补偿），如果 R_q 可以和 $\delta\gamma_a$ 相比拟，则必须做包络移动补偿。从图 9.51(c) 可看出，目标回波的真实距离是随 x 而改变的，从而使距离线弯曲，在做方位横向处理前必须予以补偿（移动回波包络），使其不同 x 位置的距离线是一条直线。

距离徙动 R_q 和 SAR 工作时诸因素间的关系是很明显的：

$$R_q \approx \frac{1}{32}\frac{\lambda^2}{(\delta\gamma_a)^2}R_0 = \frac{1}{8}R_0\theta^2$$

天线波束宽度 θ 增大时，R_q 相应地明显加大（与 θ 的平方成正比），这时的横向分辨力高。当横向分辨力相同时，工作波长增大，R_q 也明显加大。而场景条带较宽时，要注意相对距离徙动差。一般机载 SAR 若工作于 X 波段且对分辨力要求不高（$\delta\gamma_a = 3$ m 量级），则距离徙动补偿可以不考虑。如果工作波长 λ 较长，分辨力要求较高或垂直距离 R_0 较远，则都要改变距离做徙动补偿。

根据距离徙动影响的不同，信号处理有多种成像算法，最简单的情况是可以忽略徙动的影响而将距离向和方位向的压缩看成两个独立的一维滤波。如前所述，这种处理方式有时也称为距离-多普勒（R-D）算法，它是原始的正侧视距离-多普勒算法。实际上，实现随空间位置变化的二维匹配滤波是比较复杂的，在工程上研究成像算法（处理模式）是根据成像质量的要求进行必要的近似和简化，在不能进一步简化时探索易于实现的算法。SAR 除了在场景测绘时采用正侧视工作方式外，在机载 SAR 对地（海）探测时还会采用斜视和聚束式工作方式。正侧视时主要改善距离徙动和徙动差对成像算法的影响，在斜视工作时除了距离徙动外，还有距离走动的影响。

为了适应不同情况的成像要求，距离-多普勒（R-D）算法就有了各种改进型，如用于天线波束有一定斜视角的校正线性距离走动的 R-D 算法，频域校正距离走动和弯曲的 R-D 算法，适用于大斜视角的时域校正线性走动并在频域校正弯曲的 R-D 算法等。

当要求分辨力很高、波长较长时，若距离徙动和距离徙动差均要予以考虑，则常采用频率变标算法（Frequency Scaling，FS）；距离徙动算法（RMA）是在波数域实现场景图像的重建，它没有附加任何近似，在原理上可实现无几何形变的完全聚焦，是 SAR 成像的最优算法。可惜的是，在实现算法时，运算量相当大，而且若插值不精确将对场景质量产生明显影响。对于聚束式工作的 SAR，常采用极坐标格式（PFA）算法。之所以列出上述算法名称，是为了说明 SAR 成像处理的算法要根据实际情况选择，且算法还将会有新的发展。要了解各种算法的原理及实现，可参阅参考文献[15]。

9.4　逆合成孔径雷达(ISAR)

9.4.1　概述

合成孔径雷达(SAR)的本质是运动雷达对固定的目标成像,适用于地形测绘等场合。雷达装在运动载体(飞机、卫星)上,由于雷达相对于地面固定目标的运动,使固定目标的回波在不同的横向距离时有相异的多普勒频移,即同一点目标的回波将是一个多普勒频移变化的信号,该回波序列经过适当处理后可获得高的横向分辨力,再加上距离上(纵向)用大带宽信号获得高的距离分辨力,综合起来可以得到观测区域内清晰的地形图像。我们还注意到,当雷达进行合成孔径移动时,目标回波在距离上的徙动应小于距离分辨单元,才能进行有效的回波序列相参处理,如果超过则需经过适当的补偿才可能得到好的图像。

逆合成孔径雷达(ISAR)通常是静止的雷达对运动的目标进行纵向和横向二维高分辨力成像,以满足日益增长的对目标精细观察和识别分类的要求。ISAR 和 SAR 的运动方式正好相反,但实质相同,因为真正重要的是雷达和观测目标间的相对运动。因而这两种雷达的原理是基本相通的,两者用途不同,实际中碰到的问题和解决方法也不一样。例如,SAR 装在飞机上对地面目标成像,由于载机的航迹、速度等均可由机上多种传感设备获取,因此雷达本身的不规则运动也可依靠这些信息获得比较完善的补偿。而在 ISAR 成像过程中,当固定在地面的雷达对航行中的飞机回波做二维高分辨处理时,由于飞机的姿态角、高低角、速度和航向等的变化对雷达来说都是未知的,因而成像难度较大。

复杂目标(飞机、舰船等)都可看成是由许多散射点组成的。当雷达和目标之间有相对运动时,目标各散射点的回波均会产生多普勒频移。如果各散射点回波的多普勒频移均相同,则无法依靠它来分辨目标的各个散射点,只有在相对运动时,目标各散射点的多普勒频移不相同才可能利用多普勒频移的差别来分辨各个不同的散射点,从而实现成像。因而当目标平稳飞行时,将目标的运动分解成平动和转动两个分量。平动是指目标相对于雷达射线运动且姿态不变,此时目标各散射点回波的多普勒频移完全相同,这部分运动对雷达成像是没有贡献的。而目标围绕参考点转动时,目标上各散射点的多普勒值是不同的,这时就可能依靠各散射点回波的多普勒频移值的差别及处理时的多普勒分辨力来实现成像。这就是说,在 ISAR 成像时,要设法将目标运动的平动分量补偿掉,而等效地把目标运动的参考点移到转台轴上面成为转台目标成像,将运动目标通过平动补偿后成为匀速转动的平面转台目标。当飞机直线平稳飞行时,一般可满足或近似满足上述条件。如果飞机在直线飞行时有速度变化,仍可补偿成平面转台目标,则只是转速为非均匀的。当飞机进行变向的机动飞行时,平动补偿后的转台目标是三维转动的。

下面将讨论转台目标成像的基本原理。

9.4.2　转台目标成像

在 ISAR 成像时,天线孔径尺寸较 SAR 时的合成孔径尺寸要小得多,目标位于离雷达数十公里以外时,电波的平面波假设(远场)总是成立的,远场条件下的分析较之近场要方便得多。

目标物在天线波束内旋转,如图 9.52 所示。图中所示雷达波束对准转台,A 是旋转中心，旋转轴垂直于 xy 平面，称为 z 轴。目标物放在转台上，假设转台对雷达波是透明的（不反射）。图中表示放置在转台上立体物的 xy 平面投影。转台以转速 ω rad/s 做反时钟方向转动。雷达距转台中心 A 点的距离为 R_A。

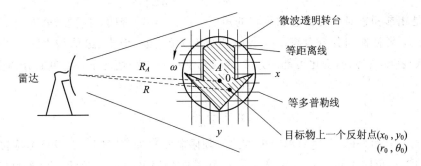

图 9.52　转台成像配置

将转台上立体物的任一点 (x_0, y_0, z_0) 与雷达的距离表示为 R，由于 (x_0, y_0) 可表示成图中所示的 (r_0, θ_0)，因此在旋转时有

$$R = \left[r_0^2 + R_A^2 + 2R_A r_0 \sin(\theta_0 + \omega t) \right]^{1/2} \tag{9.4.1}$$

通常，雷达距物体的距离总是远大于物体本身的尺寸，即满足：

$$R_A \gg (r_0 \cdot z_0)$$

于是式（9.4.1）近似为

$$R \approx R_A + x_0 \cos\omega t + y_0 \sin\omega t \tag{9.4.2}$$

由于在 xy 平面坐标上的任一点 (x_0, y_0) 上，立体物所有高度垂直线上的反射点 (x_0, y_0, z) 的散射强度均投影叠加到点 (z_0, y_0) 上，因此

$$\sigma(x_0, y_0) = \int_z \sigma(x_0, y_0, z)\mathrm{d}z \tag{9.4.3}$$

在 (x_0, y_0) 点的多普勒频移可求得为

$$f_\mathrm{d} = \frac{2}{\lambda}\frac{\mathrm{d}R}{\mathrm{d}t} = \frac{2y_0\omega}{\lambda}\cos\omega t - \frac{2y_0\omega}{\lambda}\sin\omega t \tag{9.4.4}$$

如果雷达接收的回波只在 $t=0$ 为中心的小时间范围内处理，即相参积累时间 ΔT 很小，则式（9.4.2）可简化为

$$R \approx R_A + x_0 \tag{9.4.5}$$

而式（9.4.4）可简化为

$$f_\mathrm{d} \approx \frac{2y_0\omega}{\lambda} \tag{9.4.6}$$

物体在 (x_0, y_0) 投影点的散射强度可以由不同距离和不同多普勒频移值的接收回波的幅度和相位求得。

上述条件下的等距离平面是和 z 轴平行的垂直于雷达视线的平面，它和 z、y 平面的交线如图 9.52 所示，称为等距离线。等多普勒平面是和 z 轴及雷达视线所组成平面相平行的平面，它和 zy 平面的交线也示于图 9.52 中，称为等多普勒线。

提高距离分辨力要靠单个脉冲具有大带宽 B，对应的分辨尺寸 $\delta r = \dfrac{c}{2B}$，横向分辨尺寸 $\delta r_\mathrm{a} = \delta y$，由式（9.4.6）知：只要能做到多普勒分辨力 $\delta f_\mathrm{d} = \dfrac{2\omega}{\lambda}\delta y$，就可达到所需横向分辨 δy。

δf_d 的分辨必须有足够的相参积累时间 $\Delta T = \dfrac{1}{\delta f_d}$，因此有

$$\delta r_a = \frac{\lambda}{2\omega} \cdot \frac{1}{\Delta T} = \frac{\lambda}{2\Delta\theta} \tag{9.4.7}$$

式中，$\Delta\theta$ 是相参积累时间内目标物旋转的角度。式(9.4.7)表明，横向分辨尺寸正比于波长而反比于 $\Delta\theta$，要使横向分辨力高(δr_a 小)，需要有大的 $\Delta\theta$。但当 $\Delta\theta$ 值增大时，R 值和 f_d 值均会有较大变化，它们的变化可能超过 δr 和 δf_d 值。在这种情况下，简单的分解算法：

$$\begin{cases} R \approx R_A + x_0 \\ y = \dfrac{\lambda f_d}{2\omega} \end{cases}$$

将不再成立。由此可知，上述简单处理方式必须限制相参处理时间 ΔT 或目标旋转角 $\Delta\theta$，而使散射点的走动范围不超过距离分辨单元 δr 和横向分辨单元 δf_d。如果 D_A 为目标物最大横向尺寸，则应有

$$\Delta\theta \cdot \frac{D_A}{2} < \delta r$$

即
$$\Delta\theta < \frac{2\delta r}{D_A} \quad 或 \quad \Delta T < \frac{2\delta r}{\omega \cdot D_A} \tag{9.4.8}$$

同理，若 D_r 为目标最大距离尺寸，则应有

$$\Delta\theta \cdot \frac{D_r}{2} < \delta r_a$$

即
$$\Delta\theta < \frac{2\delta r_a}{D_r} \tag{9.4.9}$$

当要求获得高的横向分辨力时，必须要有大的 $\Delta\theta$。这时，较大目标面上的外围散射点可能走过几个距离或多普勒分辨单元而使图像模糊。

一般情况下，散射点移动的值影响不大。例如，$\lambda = 3\text{ cm}$，$\Delta\theta = 3°$，则 $\delta r_a = \dfrac{3\text{ cm}}{2 \times 0.05} = 0.3\text{ m}$。对于厘米波雷达，要获得零点几米的横向分辨力，所需总转角 $\Delta\theta$ 一般为 $3°\sim5°$，是不大的。实现转台目标成像所需转角 $\Delta\theta$ 虽然较小，但在转动过程中，散射点还是会有纵向移动，设目标横向尺寸为 10 m，当转角为 0.05 rad 时，两侧散射点的纵向移动 $10 \times 0.05 = 0.5$ m。若横向尺寸为 40 m，则相对纵向移动为 2 m，超过 ISAR 的距离分辨单元。人们正设法改进成像算法，以解决由距离徙动所产生的不良影响。

9.4.3　运动目标的平动补偿

ISAR 成像如果采用转台模型来分析，则首先要将运动目标回波中的平动分量补偿掉而只剩转动分量，因此平动补偿的优劣将对成像质量有很大影响。

下面先讨论平动补偿原理。目标的平动分量使其各散射点都有相同的多普勒频移。不失一般性，先取运动目标上的一个散射点来分析。

点与雷达的距离为 $R(t_m)$，如果发射信号(复信号)$s_t(t)$ 为

$$s_t(t) = u(t)\mathrm{e}^{\mathrm{j}\omega_0 t}$$

则接收信号为

$$s_r(t) = \sigma u\left[t - \frac{2R(t_m)}{c}\right]\mathrm{e}^{\mathrm{j}\left[\omega_0\left(t - \frac{2R(t_m)}{c}\right)\right]}$$

式中，$R(t_m)$ 为 $t=t_m$ 时点目标的距离，目标运动时 $R(t_m)=R_m$ 发生变化，若 R_m 是 t_m 的线性函数，则目标为等速运动。R_m 为第 m 个重复周期时的距离。

经过相干检波（即将回波与 $e^{-j\omega_0 t}$ 相乘）后得到基频（零中频）回波为

$$s_r(t) = \sigma u\left(t - \frac{2R_m}{c}\right)e^{-j\frac{4\pi f_0}{c}R_m}$$

即回波较发射脉冲延迟 $\frac{2R_m}{c}$。回波值在脉冲内为复常数，其相位 φ 为

$$\varphi = -\frac{4\pi f_0}{c}R_m = -\frac{4\pi R_m}{\lambda}$$

发射信号为周期脉冲（重复周期为 T_r），目标运动时每次发射所对应的回波延迟 $\frac{2R_m}{c}$ 均在变化。在窄带发射（压缩后的脉宽为 τ_p）时，τ_p 为宽脉冲（微秒量级），若回波的延迟变化量 $\frac{2\Delta R_m}{c}$ 在观测期间远小于 τ_p，即可认为回波包络在观测期间的延迟没有变化。但距离变化量 ΔR_m 引起的相位变化不能忽略，$\Delta\varphi = -\frac{4\pi\Delta R_m}{\lambda}$，而 ΔR_m 是可以和波长 λ 相比拟的。我们在低距离分辨雷达中正是利用了回波序列的相位变化历程来提取目标多普勒信息的。

当发射信号为宽频带时，压缩后的脉冲为窄脉冲，现代宽带雷达的 τ_p 大约为纳秒量级。上述回波的表达式依然适用，即基频回波在脉冲内仍为复常数，其相位 $\varphi = -\frac{4\pi R_m}{\lambda}$。但此时同一散射点在不同重复周期的回波延迟的变化量常比脉宽 τ_p 要大或是可比的，其相位值不变，仍为 $\varphi = -\frac{4\pi R_m}{\lambda}$，此时回波包络序列在时间上是错开的。如果只取各次回波的相位变化，仍然可以得到该点的多普勒频移。不过通常是先进行包络对齐，即以某次回波的延迟为基准，将各次回波的包络和基准对齐（保持原回波包络的振幅和相位不变，只是搬移位置），再比较各次回波的相位，从而得到该目标点的多普勒频移。包络对齐的精度要求不高，约为脉宽的 $\frac{1}{4}\sim\frac{1}{8}$。

以上讨论的是运动点目标的多普勒频移。如果要将运动点目标转换成转角目标，则可将基准点的点目标转移到转台中心成为静止点目标，这时的回波移动在对包络进行延迟的同时，对该点回波的相位也需根据延迟量做相应的变化，即将该点回波序列的相位保持为常数（多普勒频移为 0），这是静止点目标的条件。

实际上，将运动点目标的回波序列转换为静止点目标的回波序列，其延迟调整的难度很大。包络对齐的精度要求不高，但连同相位一起就不一样了。距离变化引起的相位变化 $\Delta\varphi = -\frac{4\pi\Delta R_m}{\lambda}$。这时对包络对齐精度的要求极高，要达到亚毫米级实际上难以实现。只有换一种做法，先进行包络对齐，并由此估计多普勒频移，再根据估计到的多普勒频移计算出相邻回波的相位并加以校正，分两步完成包络对齐的相位校正，这时对包络对齐的精度要求不太高，是可以实现的。

有了点目标的模型基础，接下来来讨论复杂目标（飞机、船舰）的情况。根据复杂目标是由多个散射点组成的模型，在视角变化很小时，复杂目标可视为由一定分布的多个散射点所组成。运动的复杂目标相对于雷达可分为平动和转动两个分量。平动分量是指目标相对于雷

达射线的姿态保持不变而做平移运动，在远场平面波照射条件下，目标平移过程中，它上面各个散射点到雷达的距离变化量均相同。转动分量是围绕某一基准条转动，它会使散射点回波产生不同的多普勒(其大小依散射点离基准点的位置不同而异)。运动复杂目标的平动分量形成了多普勒频移，其大小由其径向速度而定，各散射点子回波的多普勒频移由于转动分量而有少许差异，由此形成了很窄的多普勒频谱。复杂目标的回波是多个散射点子回波的矢量和，在发射宽脉冲时这些子回波的延迟差远小于脉冲宽度，回波包络的波形仍和点目标时相似，总回波(基频)为

$$s_r(t) = s_m\left(t - \frac{2R_m}{c}\right) e^{-j\frac{2\pi f_0}{c} \cdot R_m}$$

式中，$s_m\left(t - \dfrac{2R_m}{c}\right)$ 为回波信号复包络，下标 m 表示为 t_m 次回波包络。各个重复周期的回波包络有些变化，因为复杂目标相对于雷达有转动，各散射点至雷达的距离差有改变，使子回波的矢量和产生缓慢变化，复包络可写成：

$$s_m\left(t - \frac{2R_m}{c}\right) = \left| s_m\left(t - \frac{2R_m}{c}\right) \right| e^{j\varphi_m}$$

而由目标平动延迟所产生的相位：

$$\varphi_{cm} = -j\frac{4\pi f_0}{c} R_m$$

有时称它为复包络的初相，在每次回波里它为常数，在一串回波序列里它呈有规律的变化而形成回波串的多普勒频率。

我们再来讨论距离高分辨雷达观测复杂目标的情况。高分辨雷达收到的脉冲宽度(压缩后)比一般复杂目标的长度小得多，只有亚米量级。因此径向距离上目标散射点的子回波在延时上是分开的，其距离分辨单元长度等于脉冲宽度所对应的长度，如图 9.53 所示，形成复杂目标的实包络距离像，其长度 L 由复杂目标的径向长度决定。回波的振幅和附加相位均是起伏的(相关时间为脉冲宽度)。

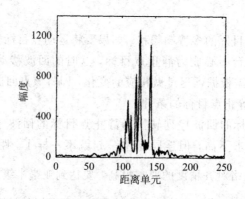

图 9.53　高分辨雷达复杂目标的实包络距离像

在高分辨窄脉冲条件下，相邻回波距离像的延迟变化是不能忽略的。ISAR 成像常需要数百甚至上千次回波，相干积累的时间常达到秒的量级，在此期间包络延时的变化常比目标长度大很多，因此必须进行包络对齐。

首先要进行包络对齐，运动目标相对于雷达还有转动，因此相邻重复周期的实包络距离

像的形状会有变化，但因为相隔时间短(毫秒量级)，飞机一类的目标转角很小(约为 0.01° 的量级)，所以可以认为相邻周期回波包络的形状基本没有变化。要进行包络对齐，可将两个距离像做滑动相关处理，两者对齐时其相关函数值最大。实现平动补偿的包络对齐时，常用的方法除上述互相关法外，还有模-2 距离法、模-1 距离法、最小熵法等，这些方法都可使包络对齐精度达到 $\frac{1}{4} \sim \frac{1}{8}$ 脉宽的量级。

包络对齐是将包络位置平移，信号结构(含其相位)是不变的。包络对齐后，可得到每个距离单元回波序列的相位变化历程。这些序列的变化表示这一距离单元内所有散射点子回波之和，其多普勒频谱是以平动多普勒为中心的窄谱，只是窄谱的分布各不相同，这与各距离单元内散射点的分布有关。

要将运动的复杂目标转换为转台目标，不能采用包络对齐过程中连同相位一齐搬移的方法，因为精度达不到要求，所以应分为两步：先进行包络对齐，之后将各距离单元的相位变化通过平滑提取初相 φ_{cm} 值并据此加以补偿以去除平动分量。这一分量对所有散射点的子回波都相同，故得到的初相值可对距离单元的回波序列进行同样校正，常称为初相校正。经初相校正后，就完成了运动目标到转台目标的转换。

转台轴心通常称为目标上的参考点(可以是某一实际散射点或多个密集散射点集成的一点)，平动补偿时要将目标上的某一特定参考点移到转台轴心上。

包络对齐及初相校正好之后，在此基础上，按距离单元的横向序列进行傅里叶变换(频谱分析)就可以得到各距离单元里散射点的横向分布。再将各距离单元的纵向高分辨综合起来，就成为目标的二维图像，即 ISAR 像。

以上讨论了 ISAR 成像的基本工作原理，实际成像时的情况要复杂得多，因而还有许多问题需要进一步研究、解决，才能获得比较满意的 ISAR 目标像。

9.5　阵列天线的角度高分辨力

普通天线的角度分辨力受限于著名的瑞利准则，即两个等幅的辐射源，若它们在角度上相隔 $\theta = \lambda/L$(单位为 rad)，则可以被分开，这里 λ 为工作波长，L 为天线孔径尺寸。原理上讲，提高角分辨力可以采用较短波长或增大天线孔径尺寸，不过这种方法不是经常可行的，因为合适的波长及天线尺寸选择是包括工作要求、环境因素及技术实现等多种因素折中考虑的结果。

然而，当雷达天线是相控阵列并在接收时采用数字波束形成(DBF)技术而具有足够的信号处理能力时，就有改进角分辨能力的可能性。

如图 9.54(a)所示，一个线阵天线(平面阵或共形阵也可考虑)有 N 个阵元，收集来自 θ 方向波前的电磁能量，假设为远场平面波，每个天线阵元配置了独立的接收机(RCVR)及 A/D 变换器(ADC)。在确定时间被天线阵接收到的一组信号称为一次快拍，经数字化处理后送到数字信号处理机。当电磁波连续照射到阵面时，就可收集到更多快拍并被数字信号处理机利用以得到周围环境所呈现的电磁源信息，其中包括辐射(散射)源的到达方向(Direction Of Arrival，DOA)、功率、源间的互相关、极化特性等。阵列天线工作在自适应状态时，可在杂波和干扰背景下检测到感兴趣的目标散射回波，并可对周围环境的功率分布做出估计，以便对它进行分类和跟踪。

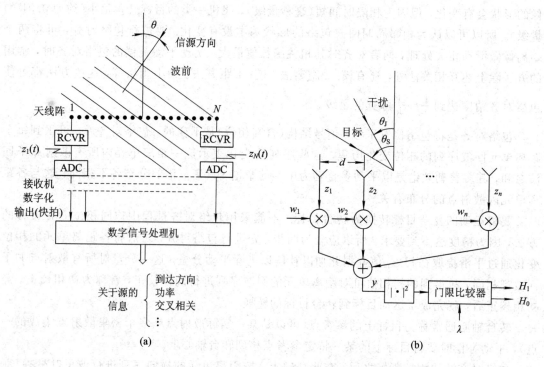

图 9.54　阵列天线框图

(a) 自适应天线的基本概念；(b) 检测有用目标方向和干扰对消的自适应阵

当偏离天线视轴 θ 方向上的一个辐射(散射)源的波前照射到阵列面上时，天线各阵元接收到的信号间有相位差。如果以阵列中心作为相位参考点，则第 k 个阵元接收信号的相角 φ_k 为

$$\varphi_k = \omega\chi_k \tag{9.5.1}$$

式中：

$$\chi_k = \frac{d}{\lambda}\left(k - \frac{N-1}{2}\right), \quad k \in [1, N]$$

是以波长计算的第 k 个阵元离阵中心的距离；ω 为空间角频率，计算式为

$$\omega = 2\pi\sin\theta \quad \text{或} \quad \omega = \frac{2\pi}{\lambda}\sin\theta \tag{9.5.2}$$

式(9.5.1)为由波程差产生的相位，不过这时用空间角频率 ω 来表示，ω 直接和信号源方向 θ 有关。可以看到，整个阵面上的相位值是空间角频率的线性函数。关于空间角频率，这里给出以下补充说明：以单频平面波为例(在近似远场条件下常按平面波分析)，电波以振荡频率 f_0(角频率 $\omega_0 = 2\pi f_0$)沿 l 方向传播，其时空复信号表达式为

$$s(t, l) = Ae^{j(\omega_0 t - kl)}$$

式中，振幅 A 为常数，与 t 和 l 无关。相位 $\varphi(t, l)$ 为 t 和 l 的线性函数，$\varphi(t, l) = \omega_0 t - kl$，其中 k 称为空间角频率(波数)。时间角频率 ω_0 以单位时间的弧度计，而空间角频率 k 以单位长度的弧度计，即

$$\omega_0 = \frac{\partial\varphi}{\partial t} \quad \text{和} \quad k = \frac{\partial\varphi}{\partial l}$$

而电波传播速度为

$$c = \frac{\partial \varphi}{\partial t} = \frac{\omega_0}{k} \quad 或 \quad k = \frac{\omega_0}{c} = \frac{2\pi f_0}{c} = \frac{2\pi}{\lambda_0}$$

时间信号可在频域分析，空间分布的信号也可在空间频率域（波数域）分析，且两者具有一定的对偶关系。差别在于：空间矢量是多维的，而不像时间量 t 是一维的；平面波恰好是一维空间信号的特例。在分析天线阵列时，通常只着重研究空间信号分布的特征。分析空间信号时，当分析的路径 x 和电波传播的路径 l 不同时，沿 x 方向的空间角频率要减小为 $k \cdot r = k\cos\alpha$，α 为 L 和 x 的夹角。结合图 9.54 可看出，阵面是 x 方向，$\alpha = 90° - \theta$，故空间角频率 $\omega = \frac{2\pi}{\lambda}\sin\theta$。当 $\theta = 0$ 时，$\varphi_k = 0$，沿阵面孔径上的接收信号是常量，这就是视轴方向；当 $\theta \neq 0$ 时，阵列上的信号相位沿阵列线性变化。如果用空间角频率 ω 来表示，则阵列上各阵元的接收信号是按空间顺序来观察的一个正弦波取样序列 $ae^{j\omega x_1}$，$ae^{j\omega x_2}$，$\cdots$，$ae^{j\omega x_N}$，空间角频率 ω 内包含波前到达角 θ 的信息。可以看出，空间域（即阵列孔径）的信号序列和更常碰到的时间域信号序列之间存在着完整的对偶性。例如，估计信号源 DOA 的问题等同于典型的由有限数据取样进行谱估计的问题，而空域干扰相消则可视为等效的滤波问题。因此，近代信号处理中的一些新理论、新方法可以顺利地移植到天线阵列信号处理中。

如果观测过程的空间角频率在频域上很容易分开，则对数据进行离散傅里叶变换就能有效地估计角频率。然而，当角频率更为靠近、DFT 处理无效时，就要求采用高分辨的处理技术。用数字波束形成技术，各阵元数字化后的信号送到数字信号处理机，用现代谱估计的算法来区分靠近辐射源（如干扰）或互相靠近的目标，也可以获得附加的信息，诸如源的强度、它们的互相关性、极化特性等，从而获得一个较高质量的空间谱，这对 ECCM 及雷达的其他用途均有好处。

要注意的是，高分辨力的处理技术并不能取代普通的基于和差波束的处理技术。实际上，如果只有一个目标存在，则单脉冲方法提供渐近无偏和最小方差的目标角度估计（即当阵元数较大或处理时间较长时），和差波束的组合也可适度提高角分辨力。如果多于一个目标而分在几个波束宽度内且天线副瓣较低，则单脉冲处理的性能依然是较好的。

空域处理时，经典的谱估计方法和时域相同，这就是传统的波束形成方法，见图 9.54(b)，由阵元收到的信号经加权后线性相加，其权值为

$$w_k = \exp[-j\omega x_k], \quad k \in [1, N] \tag{9.5.3}$$

式中，$\omega = 2\pi\sin\theta$，θ 为天线波束指向，x_k 是以波长计的阵元位置。当 θ 和信源到达方向 θ_s 相同时，加权后阵元接收信号的相位将得到补偿，求和时阵元信号相参加加而得到加强，由其他方向来的信号和噪声则得不到加强。这个波束对应于角频率 $\omega = 2\pi\sin\theta$ 的一个空域滤波器。当信源到达方向未知时，就需要在观测范围内形成多个不同方向的空域滤波器，常用的方法是波束在观测空间扫描。

角谱的数学表达式 $p(\theta)$ 为在每个方向上所收到的功率，此时权矢量 $\boldsymbol{W}(\theta)$ 随着 θ 改变。设阵元上接收的信号值为 z_k，则阵列信号矢量 $\boldsymbol{Z} = [z_1, z_2, \cdots, z_N]$，权矢量 $\boldsymbol{W}(\theta) = [w_{1\theta}, w_{2\theta}, \cdots, w_{N\theta}]^T$，此时 $p(\theta)$ 可表示为

$$p(\theta) = E[|\boldsymbol{W}^T(\theta)\boldsymbol{Z}|^2] = \boldsymbol{W}^H(\theta)\boldsymbol{M}\boldsymbol{W}(\theta) \tag{9.5.4}$$

式中，$\boldsymbol{M}$ 为接收信号的相关矩阵，$\boldsymbol{M} = E[\boldsymbol{Z}\boldsymbol{Z}^H]$，$E$ 表示统计平均。

当权矢量 $\boldsymbol{W} = \boldsymbol{S}^*$ 时，可得阵列输出端信噪比（SNR）的最大解，条件是具有白噪声背景及单频信号。

经典波束形成的优点是其计算具有有效性，角谱正比于入射平面波的功率；缺点是角分辨力与天线孔径尺寸成反比，副瓣会使角谱变形，强信号的副瓣会压制弱信号的主瓣。

现代高分辨角谱估计采用自适应阵，其权值及角谱估计是根据空间电磁环境的情况而自适应确定的。因此，下面首先讨论线阵所处环境的数学模型。

下面引入一个线阵列天线接收信号快拍的数学模型。线阵有 N 个阵元，阵元间隔 $d=0.5\lambda$。

信号环境包括 l 个来自不同方向 θ_i 的窄带平面波，$i\in[1, l]$，这里 $l<N$。在第 k 个阵元上第 i 个源的高频相位为 $\omega_i x_k$，其中 x_k 为第 k 个阵元的相位中心相对于阵列中心点的位置（以波长计算），而 $\omega_i=2\pi\sin\theta_i$。在第 k 个阵元上接收信号的时间取样值为

$$z_k(t) = n_k(t) + \sum p_i(t)g_k(\theta_i)\exp(j\omega_k x_k), \quad k\in[1, N] \qquad (9.5.5)$$

式中，$p_i(t)$ 是第 i 个源复振幅；$g_k(\theta_i)$ 是第 k 个阵元在 θ_i 方向的响应；$n_k(t)$ 为第 k 个阵元高斯噪声的取样值（为随机变量，在不同时间和不同阵元间均独立）；$t=n\Delta t$，为取样时间。

式(9.5.5)可写成以下矢量形式：

$$\boldsymbol{Z}(t) = \boldsymbol{Vp}(T) + \boldsymbol{n}(t) \qquad (9.5.6a)$$

其展开形式为

$$\boldsymbol{Z}(t) = \begin{bmatrix} z_1(t) \\ z_2(t) \\ \vdots \\ z_N(t) \end{bmatrix} = \begin{bmatrix} v_{11} & v_{12} & \cdots & v_{1l} \\ v_{21} & v_{22} & \cdots & v_{2l} \\ \vdots & \vdots & \vdots & \vdots \\ v_{N1} & v_{N2} & \cdots & v_{Nl} \end{bmatrix} \begin{bmatrix} p_1(t) \\ p_2(t) \\ \vdots \\ p_l(t) \end{bmatrix} + \begin{bmatrix} n_1(t) \\ n_2(t) \\ \vdots \\ n_N(t) \end{bmatrix} \qquad (9.5.6b)$$

$$= \begin{bmatrix} \boldsymbol{v}_1 & \boldsymbol{v}_2 & \cdots & \boldsymbol{v}_l \end{bmatrix} \begin{bmatrix} p_1(t) \\ p_2(t) \\ \vdots \\ p_l(t) \end{bmatrix} + \boldsymbol{n}(t)$$

式中：

$$v_{ki} = g_k(\theta_i)\exp(j\omega_k x_k)$$

N 维矢量 $\boldsymbol{Z}(t)$ 是 t 时刻的快拍，即在 t 时刻瞬间，在阵列的 N 个阵元同时得到的信号采样，信源方向的 $N\times l$ 矩阵 $\boldsymbol{V}$ 是慢变化的，而 l 维信源矢量 $\boldsymbol{p}$ 随时间快速变化，需将它描述为统计量，N 维矢量 $\boldsymbol{n}(t)$ 是接收机噪声。设 $\boldsymbol{p}(t)$ 和 $\boldsymbol{n}(t)$ 的均值为零，则观察信号矢量 $\boldsymbol{Z}(t)$ 的相关矩阵 $\boldsymbol{M}$ 为

$$\boldsymbol{M} = E[\boldsymbol{Z}^*(t)\boldsymbol{Z}^T(t)]\boldsymbol{V}^*\boldsymbol{P}\boldsymbol{V}^T + \sigma^2\boldsymbol{I} \qquad (9.5.7)$$

式中，$\boldsymbol{P}=E[\boldsymbol{p}^*(t)\boldsymbol{p}^T(t)]$；$\sigma^2$ 是噪声方差；$\boldsymbol{I}$ 是 N 维单位矩阵；矩阵 $\boldsymbol{P}$ 的对角线表明信源的综合平均功率，而偏离对角线的元素给出信源之间存在的相关性；$\boldsymbol{V}$ 为信号源的方向矩阵，表明各信源到达方向的性质。

下面举一个简单的例子来观察式(9.5.6)和式(9.5.7)。

若只有一个信源，即 $l=1$，且各阵元是各向同性的，即 $g_k(\theta_i)=1$，有

$$\begin{bmatrix} z_1(t) \\ z_2(t) \\ \vdots \\ z_N(t) \end{bmatrix} = \boldsymbol{V}_1\boldsymbol{P}_1(t) + \boldsymbol{n}(t)$$

$$V_1 = \begin{bmatrix} \exp(j\omega_1 x_1) \\ \exp(j\omega_2 x_2) \\ \vdots \\ \exp(j\omega_N x_N) \end{bmatrix} = \begin{bmatrix} \exp\left[j\dfrac{2\pi}{\lambda}d\sin\theta_1\left(\dfrac{1}{2}-\dfrac{N}{2}\right)\right] \\ \exp\left[j\dfrac{2\pi}{\lambda}d\sin\theta_1\left(\dfrac{2}{2}-\dfrac{N-1}{2}\right)\right] \\ \vdots \\ \exp\left[j\dfrac{2\pi}{\lambda}d\sin\theta_1\left(\dfrac{N}{2}-\dfrac{1}{2}\right)\right] \end{bmatrix}$$

$$M = \overline{|P_1|^2}\begin{bmatrix} 1 & \cdots & \exp\left[j\dfrac{2\pi}{\lambda}d\sin\theta_1(N-1)\right] \\ \vdots & 1 & \vdots \\ \vdots & & \vdots \\ \exp\left[-j\dfrac{2\pi d}{\lambda}\sin\theta_1(N-1)\right] & \cdots & 1 \end{bmatrix} + \sigma^2 I$$

$$= \sigma^2 I + \overline{|P_1|^2}V_1^* V_1^{\mathrm{T}} \tag{9.5.8}$$

式中，$\overline{|P_1|^2}$ 是信源的平均功率；V_1 是信源 P_1 的方向矢量。

由上例推广之，如果有 L 个非相关信源且各天线阵元为各向同性，则观测信号矢量 $Z(t)$ 的（协方差）相关矩阵 M 为

$$M = \sum_{i=1}^{L} \overline{P_i^2}V_i^* V_i^{\mathrm{T}} + \sigma^2 I \tag{9.5.9}$$

如果信源是相关的，则 M 的表达式将更复杂。

根据上述数学模型，可以直接将各种时域高分辨谱估计方法应用于空域角谱估计中，下面只引用结论。

（1）最大熵法（MEN）估计的空间角谱：

$$p_{\mathrm{MEN}}(\theta) = \frac{P_M^2}{\left|1 + \displaystyle\sum_{k=1}^{P} a_k \mathrm{e}^{\mathrm{j}2\pi\frac{d}{\lambda}\sin\theta_k}\right|^2} \tag{9.5.10}$$

式中，系数 a_k，$k \in [1, P]$ 可根据信号序列 $Z(t)$ 或其相关矩阵求得。

（2）特征矢量谱法（EVM）估计的空间角谱：

$$p_{\mathrm{EVM}}(\theta) = \frac{1}{\left[q_{\min}^{\mathrm{H}} \cdot V(\theta)\right]^2} \tag{9.5.11}$$

式中，$q_{\min}$ 是空间自相关矩阵 M 的最小特征值，M 的计算式为

$$M = \frac{1}{P}\sum_{k=1}^{P} Z(k)Z^{\mathrm{H}}(R)$$

其中，$Z(k)$ 是每次快拍得到的信号矢量；$V(\theta)$ 是方向矢量：

$$V(\theta) = [1, \mathrm{e}^{\mathrm{j}2\pi\frac{d}{\lambda}\sin\theta}, \cdots, \mathrm{e}^{\mathrm{j}2\pi\frac{d}{\lambda}(N-1)\sin\theta}]^{\mathrm{T}}$$

（3）最大似然估计法（CAPON）估计的空间角谱：

$$p_{\mathrm{CAPON}}(\theta) = \frac{1}{[V(\theta)]^{\mathrm{H}} \cdot M^{-1} \cdot V(\theta)} \tag{9.5.12}$$

（4）多个信号源分类法（MUSIC）估计的空间角谱：

$$p_{\mathrm{MUSIC}}(\theta) = \frac{1}{\displaystyle\sum_{i=1}^{n-k} [q_i^{\mathrm{H}} \cdot V(\theta)]^2} \tag{9.5.13}$$

式中，n 为自相关矩阵 $\boldsymbol{M}$ 的维数；k 表示 $\boldsymbol{M}$ 有 k 个大特征值，其余 $n-k$ 个为小特征值；$\boldsymbol{q}_i$ 为上述 $n-k$ 个小特征值所对应的特征矢量。

注意，$p_{\text{MUSIC}}(\theta)$ 不是一个真实的谱估计，但它很好地表示了多个源的到达方向（DOA）。

现代超分辨力的角谱估计算法适用于非相干源，如独立的噪声辐射器。超分辨力法基本上与通常理解的自适应天线一样，它们采用相同的硬件、类同的算法，但两个图形相互颠倒，自适应副瓣对消将天线零点对准干扰，而超分辨力的天线窄尖峰对准被测噪声源。超分辨力可以分辨相距很近的两个类噪声源，但是不能分辨由相同雷达照射的多个目标回波。由同一雷达照射的多个目标回波之间具有一定的相位关系，因此具有相关性。超分辨力或谱估计算法采用的是非线性数学运算。当来自同一部雷达的多个回波信号做非线性处理时，就会产生寄生信号，从而破坏角度分辨力。A. W. Rihaczek 在文献中首次认定超分辨力不能对雷达回波信号改善角分辨力。

除了直接采用高分辨力谱估计方法在一定情况下提高角分辨力外，人们正在探索和采用其他可以提高角分辨力的思路和方法。例如，当雷达天线在方位向扫描时，其回波信号序列相当于一个天线方向函数对物理空间目标进行卷积所得的结果。从数学模型上讲，提高方位分辨力就是寻找天线方向函数的逆函数对回波信号序列进行滤波，其输出可以估计出物理空间目标的情况。当实现了有效快速的逆函数滤波算法后，方位角分辨力将得到提高。

参 考 文 献

[1] BURDIC W S. Radar Signal Analysis. Englewood Cliffs：Prentice-Hall，1968.

[2] COOK C E. BERNFELD M. Radar Signals：An Introduction to Theory and Application. Salt Lake City：Academic Press，1967.

[3] BERKOWITZ R S. Modern Radar：Analysis，Evaluation and System Design. New York：John Wiley & Sons Inc. ，1965.

[4] SKOLNIK M I. Radar Handbook. 2nd ed. New York：McGraw-Hill Publishing Company，1990.

[5] SKOLNIK M I. Introduction to Radar Systems. 3rd nd. New York：McGraw-Hill，2001.

[6] 张直中. 雷达信号的选择与处理. 北京：国防工业出版社，1979.

[7] 林茂庸，柯有安. 雷达信号理论. 北京：国防工业出版社，1981.

[8] 里海捷克 A W. 雷达分辨理论. 北京：科学出版社，1973.

[9] WEHNER D R. 高分辨力雷达. 刘谦雷，等译. 南京：中国电子工业集团 14 研究所，1997.

[10] 丁鹭飞，张平. 雷达系统. 西安：西北电讯工程学院出版社，1984.

[11] 张直中. 逆合成孔径和成像雷达. 现代雷达，1986.

[12] GRIFFITHS H. A Tutorial on Synethetic Aperture Radar. IEEE National Radar Conference，1997.

[13] FARINA A. Antenna-Based Signal Processing Techniques for Radar Systems. London：Artech House，1992.

[14] 吴顺君. 近代谱估计方法. 西安：西安电子科技大学出版社，1994.

[15] 保铮，刑孟道，王彤. 雷达成像技术. 北京：电子工业出版社，2005.

[16] PEABLES P Z. Radar Principles. New York：John Wiley & Sons Inc. ，1998.

[17] RIHACEK A W. The Maximum Entropy of Radar Resolution. IEEE Trans. AES-17，1987.

[18] 斯科尔尼克 M I. 雷达手册（合订本）. 北京：国防工业出版社，1978.